Des

Apollonius von Perga

sieben Bücher über Kegelschnitte

nebst dem durch Halley wieder hergestellten

achten Buche.

Deutsch bearbeitet

von

H. Balsam.

Dabei ein Anhang,

enthaltend:

Die auf die Geometrie der Kegelschnitte bezüglichen Sätze aus Newton's „philosophiae naturalis principia mathematica."

Mit 31 Figurentafeln.

Berlin, 1861.

Verlag von Georg Reimer.

Einleitung.

Apollonius ist zu Perga, einer einst berühmten Stadt Pamphyliens, geboren zur Zeit des Ptolemäus Euergetes, Königs von Aegypten, der 247 v. Chr. zur Regierung kam; so berichtet uns Heraklius, der Verfasser einer Lebensbeschreibung des Archimedes nach dem Zeugniss des Eutocius. Bei den Schülern des Euklid in Alexandrien hat er dann lange Zeit mathematischen Studien obgelegen und unter dem Philopator, der im siebzehnten Jahre seiner Regierung, im Jahre 205 v. Chr., starb, war er nach dem Zeugniss des Ptolemäus Hephästion von grosser Berühmtheit, so dass man annehmen kann, dass er ungefähr vierzig Jahr jünger ist als Archimedes und nicht lange vor Geminus Rhodius, der sicher älter als Hipparch ist, gelebt habe. Geminus aber bezeugt, dass er wegen seines ausgezeichneten Werkes über die Kegelschnitte unter den Mathematikern seiner Zeit den Namen des grossen Geometers erlangt habe. In wie hoher Achtung er bei den Alten gestanden hat, erkennen wir übrigens nicht nur aus Vitruv Buch I. Cap. 1., wo er in der Aufzählung der Mathematiker der Reihenfolge nach sogar vor dem Archimedes genannt wird, sondern auch aus der grossen Anzahl von Commentatoren, die er bei den Griechen gefunden hat, dem Pappus, der Hypatia, dem Serenus und dem Eutocius. Der Commentar des Eutocius besteht in Anmerkungen hinter deu einzelnen Lehrsätzen, die theils Unterscheidungen der verschiedenen Fälle, die ein Satz zulässt, theils eine andere Art des Beweises, theils Auflösungen von Hülfsaufgaben enthalten, die Apollonius als bekannt voraussetzt. Am Anfang des ersten und vierten Buches giebt er einige historische Notizen und am Ende des ersten eine Inhaltsübersicht für dieses Buch, die bei den andern Büchern fehlt. Im Ganzen ist der Werth des Commentars von geringer Bedeutung für das Verständniss des Autors, und ein Gleiches gilt von den siebzig Lemmen des Pappus, die er im 7. Buche seiner Sammlungen als für die Kegelschnitte des Apollonius bestimmt uns hinterlassen hat. Diese Lemmen enthalten zum Theil nach unsern heutigen Vorstellungen allzu leicht Beweisbares, zum Theil lässt sich der materielle Inhalt derselben in den Gang der Beweise der apollonischen Lehrsätze recht gut aufnehmen, ohne dieselben allzu sehr zu verlängern, zum Theil endlich kann man nicht recht erkennen, für welche Lehrsätze sie als Hülfssätze erfordert werden, so dass man beim Studium des Apollonius selbst ein eigentliches Bedürfniss nach diesen Lemmen nicht empfindet. An sich jedoch haben dieselben als Uebungssätze vielleicht zum Gebrauch des Unterrichts wohl ein Interesse und können namentlich im Zusammenhang mit den zahlreichen Lemmen zu den andern zum Theil verloren gegangenen Schriften des Apollonius wohl als eine werthvolle Hinterlassenschaft betrachtet werden. In vorliegender Ausgabe ist das Nöthige daraus unmittelbar bei den zugehörigen Sätzen des Apollonius eingeschaltet worden, doch ist ein Gleiches nicht mit einigen Lemmen des Abdolmelek von Schiras zum siebenten Buche geschehen, die im Ganzen einen direkteren Zusammenhang mit den Apollonischen Beweisen haben als die des Pappus und die deshalb besonders angeführt sind. Aber auch bei den orientalischen Völkern hat im Mittelalter unser Autor die gleiche Aufmerksamkeit erweckt als bei den Griechen und ist mehrfach bearbeitet worden, bei den Arabern von Thebit ben Corah unter dem Chalifen Almamun um's Jahr 830 und von Beni Moses; bei den Persern von Abalphat von Ispahan unter dem Chalifen Abucalighiar um's Jahr 994 und von Abdolmelek, welche beide Auszüge von ihm verfassten und von jenem grossen persischen Mathematiker Nasireddin von Tus, der um's Jahr 1250 alle seine Werke herausgab und mit Noten versah. In Europa hatte zuerst Regiomontanus um die Mitte des fünfzehnten Jahrhunderts das Vorhaben geäussert, die vier ersten Bücher des Apollonius über Kegelschnitte herauszugeben, allein der Tod hinderte ihn an der Ausführung dieses Vorhabens, und so verdanken wir die erste lateinische Ausgabe vom Jahre 1537 dem Memmius, einem edlen Venetianer, dessen Sohn dieselbe nach dem Tode seines Vaters herausgab. Diese Ausgabe hat jedoch nur geringen Werth und Commandinus der Erklärer und Herausgeber so vieler alten Mathematiker veranstaltete 1566 eine bessere, in die er sowohl die Commentarien des Eutocius als die Lemmata des Pappus aufnahm, und welche dann wiederholt neu aufgelegt worden ist, so dass sie noch jetzt durchaus nicht selten ist.

Bis um die Mitte des siebzehnten Jahrhunderts waren die übrigen Bücher des Apollonius über Kegelschnitte nicht bekannt geworden, und es hatte deshalb Maurolicus, ein sicilianischer Geometer, den aus dem Pappus im Allgemeinen bekannten Inhalt des fünften und sechsten Buches in Form eines Supplementes zum Apollonius bearbeitet, welches Borelli im Jahre 1654 veröffentlichte. Während dieser Zeit hatte auch Vincenz Viviani, einer der berühmtesten Schüler des Galiläi, an einer Wiederherstellung des fünften Buches der Kegelschnitte gearbeitet, und da es mittlerweile bekannt geworden, dass in Florenz ein arabisches Manuscript der bisher für verloren gehaltenen Bücher aufgefunden sei, so gab er 1659 unter einer besondern Bescheinigung des Erzherzogs Leopold, Bruder des Grossherzogs Ferdinand II. von Toscana, dass ihm die wiederaufgefundene Handschrift des Apollonius noch nicht bekannt gewesen sei, seine „divinatio in quintum librum conicorum Appollonii“ heraus, die theils durch einfachere Beweise von bekannten Lehrsätzen der vier ersten Bücher, theils durch eine selbständige und zum Theil erweiterte Auffassung der Aufgaben über die Normalen an Kegelschnitten sich vortheilhaft auszeichnet. Zu dieser Zeit aber und schon etwas früher hatte Golius unter vielen andern Handschriften auch die der sieben ersten Bücher des Apollonius mit aus dem Orient gebracht und an den Grossherzog von Toscana verkauft, worüber wir schon im Jahre 1644 eine Notiz beim Pater Mersenna finden. Allein demohnerachtet hielten die Mathematiker die drei letzten Bücher noch immer für verloren, bis Borelli im Jahre 1658 durch Florenz reisend die Bibliothek der Medicäer durchforschte, das erwähnte Manuscript, das die Bearbeitung des Abalphat von Ispahan enthielt, auffand, und vom Grossherzog Ferdinand II. die Erlaubniss erhielt, dasselbe mit nach Rom zu nehmen, um es dort übersetzen zu lassen. Er gewann daselbst den Abraham von Echelles, Professor der orientalischen Sprachen, für das Unternehmen, und indem er seine mathematischen Kenntnisse mit den Sprachkenntnissen dieses letzteren verband, brachten sie in verhältnissmässig kurzer Zeit eine lateinische Ausgabe zu Stande. Abraham erzählt in seiner Vorrede selbst, wie grosse Schwierigkeit der Mangel der diakritischen Punkte, welche den arabischen Consonanten erst ihren unzweifelhaften Werth geben, das gleichartige Aussehen der zwar elegant, aber doch sehr cursorisch geschriebenen Buchstaben und noch bei weitem mehr die Dunkelheit in der Bedeutung der Worte und dem Inhalt selbst ihm bereitet haben und dass Borelli oft aus einem kleinen Bruchstück sofort eine ganze Schlussreihe beinahe mit denselben Worten herausgebracht, wie er sie nachher in der arabischen Handschrift erkannt habe, ein Umstand, dessen Richtigkeit den Mathematikern leicht begreiflich sein wird.

Die so entstandene Ausgabe erschien zu Florenz 1661; sie enthält im Anschluss an die schon von den arabischen Interpreten vorgenommenen Aenderungen eine etwas andere Anordnung der Lehrsätze als die des Apollonius, dessen Reihenfolge jedoch sich daraus noch erkennen lässt, und eine Anzahl neuer Definitionen, die ihren Zweck, die Beweise zu verkürzen und deutlicher zu machen, nicht immer glücklich erreichen; doch ist es wohl möglich, nach dieser Ausgabe eine genügende Kenntniss des Inhalts der Apollonischen Bücher zu gewinnen.

Bis zum Jahre 1710 existirte jedoch noch keine griechische Ausgabe der Kegelschnitte des Apollonius, weshalb Halley in Verbindung mit Gregory sich zur Herstellung einer solchen möglichst vollständigen Ausgabe des ganzen Werkes entschloss. Der letztere Gelehrte bearbeitete die vier ersten Bücher, die in lateinischer Ausgabe allgemein verbreitet waren, nach einem griechischen Codex der Bibliothek des Savilius und einem zweiten vom Dekan Baynard zu dem Zweck dargeliehenen, während er den griechischen Commentar des Eutocius aus dem Baroccianischen Exemplar der Bodlejanischen Bibliothek entnahm, und er verbesserte zugleich die lateinische Uebersetzung des Commandinus, um eine Ausgabe in beiden Sprachen vorzubereiten. Als aber diese Arbeit unter der Presse schon bis zur vier und vierzigsten Seite vorgeschritten war, ereilte ihn der Tod und Halley übernahm die fernere Besorgung auch dieses Theils, wie er von Anfang an die Bearbeitung der letzten Bücher des Apollonius sich vorgesetzt hatte. Die Quellen, welche ihm dabei zu Gebote standen, sind nach seiner Angabe folgende: 1) Die Bodlejanische Abschrift eines arabischen Codex, der von einer in ziemlich früher Zeit von Thebit ben Corah gemachten und um's Jahr 1260 von Nasir-eddin verbesserten Uebersetzung herrührt (nähere Angaben hierüber finden sich noch am Anfang des fünften Buches); 2) ein anderer arabischer Bodlejanischer Codex, der einen von Abdolmelek aus Schiras um 1210 gemachten, von Christian Ravius aus dem Orient mitgebrachten Auszug enthält; 3) die vorerwähnte Florentinische Ausgabe des von Abalphat von Ispahan herrührenden Auszugs von Abraham von Echelles und Borelli; 4) das älteste Golianische Exemplar, das der Erzbischof Narcissus Marsh von Armacha von den Erben des Golius gekauft und aus Irland dem Halley zusandte, als dieser schon den grössten Theil seiner Arbeit beendet hatte.

In allen diesen Handschriften und Ausgaben fehlte jedoch das achte Buch, das seit dem Eutocius, der etwa 480 nach Christo lebte, niemand mehr gesehen zu haben scheint. Aus der Inhaltsangabe des Apollonius selbst im Anfange des ganzen Werks, sowie aus dem Umstand, dass Pappus, welcher, wie oben erwähnt ist, zu allen übrigen Büchern einzeln Lemmata erdacht und im siebenten Buch seiner Sammlungen uns hinterlassen hat, die für das siebente und achte Buch bestimmten zusammenfasst, glaubte Halley schliessen zu dürfen, dass die Lehrsätze des siebenten Buchs die Determinationen für die im achten behandelten Aufgaben enthielten und dass es sonach möglich wäre, aus diesen Lehrsätzen, die die Gränzen angeben, bis zu welchen gewisse Eigenschaften der Kegelschnitte Statt finden, und welche deshalb „διοριστικά“ genannt werden, sowohl den Gegenstand als selbst die Reihenfolge der Aufgaben des achten Buches zu errathen. Er fügte demnach das von ihm wiederhergestellte achte Buch seiner Ausgabe der Kegelschnitte hinzu und brachte so ein Werk zu Stande, das an Vollständigkeit des Inhalts und Klarheit der Darstellung in der That nichts zu wünschen übrig lässt. Diese Ausgabe ist aber selten und darum ziemlich kostbar geworden, weshalb der Herausgeber der vorliegenden Arbeit schon aus diesem Grunde glaubt auf die Nachsicht der Mathematiker rechnen zu dürfen, wenn er den Versuch macht, den möglichst vollständigen Inhalt des Apollonischen Meisterwerks in deutscher Sprache zugänglich zu machen, wozu er noch besonders durch eine Bemerkung Chasles in seiner Geschichte der Geometrie ermuthigt wird, die uns erzählt, dass Peyrard in der Einleitung zur Uebersetzung des Archimedes auch eine französische Uebersetzung der Kegelschnitte des Apollonius angekündigt hatte und dass der Tod ihn hinwegnahm, als schon die ersten Bogen dieser Arbeit gedruckt waren. In Betreff der besondern Art der Bearbeitung, welche der Verfasser der vorliegenden Ausgabe für die beste gehalten hat, erlaubt er sich noch folgende Bemerkung zu machen. Die mathematischen Wahrheiten haben eine solche innere Kraft und Festigkeit, dass sie in der That der Beeinflussung durch die Sprache und die besondere Darstellungsform weniger unterworfen sind, als das in andern Wissenschaften der Fall ist, woraus denn folgt, dass bei der Uebertragung eines Autors aus einer Sprache in eine andere man sich grössere Freiheit erlauben darf, ohne den Inhalt wesentlich zu entstellen, als anderswo. Während daher im Folgenden der Wortlaut der Lehrsätze möglichst genau beibehalten ist, auch auf die Gefahr hin, dass dem deutschen Ausdruck hie und da Schwerfälligkeit vorgeworfen werden kann, hat der Verfasser geglaubt, besonders bei denjenigen Beweisen, die durch die grosse Zahl von Proportionen, durch welche sie ohne Ruhepunkt fortschreiten, der Lektüre eine ziemlich grosse Schwierigkeit entgegensetzen, eine etwas übersichtlichere und der jetzt üblichen sich anschliessende Form der Darstellung anwenden zu dürfen, bei der die Hauptmomente des Beweises durch besonders numerirte Zeilen hervorgehoben sind und dem Leser so die Uebersicht über das Ganze erleichtert wird. Möge nun die Arbeit für sich selbst reden.

Stettin, den 7. April 1860.

Balsam.

Apollonius grüsst den Eudemos.

Wenn du gesund bist und deine übrigen Angelegenheiten sich nach deinem Wunsch verhalten, ist es mir lieb. Mir geht es gut. Da ich mich zu Pergamus befand, sah ich, dass du begierig warst, die von mir bearbeiteten Sätze über die Kegelschnitte kennen zu lernen. Ich schicke dir daher das erste Buch, wie ich es nunmehr verbessert habe, und werde dir die übrigen der Reihe nach schicken, wenn ich Musse finden kann. Du wirst wohl dich dessen, was ich dir hierüber schon mitgetheilt habe, erinnern; dass ich nämlich diese Bücher auf die Bitte des Geometers Naucrates zu schreiben unternahm, zu der Zeit, als dieser in Alexandrien bei uns war, und weshalb ich auf die acht so entstandenen Bücher jetzt einen grösseren Fleiss verwende. Denn da Naucrates sobald als möglich zur See gehen wollte, habe ich dieselben damals nicht verbessert, sondern, was sich mir darbot, niedergeschrieben, in der Absicht, es nach der Beendigung wieder vorzunehmen. Weil ich nun Zeit habe, gebe ich heraus, was ich verbessert habe. Da einige von denen, die bei mir gewesen sind, das erste und zweite Buch vor der Verbesserung erhalten haben, so wundere dich nicht, wenn du Einiges findest, das sich anders verhält. Von den acht Büchern nun enthalten die vier ersten die Elemente dieser Disciplin. Das erste umfasst die Erzeugung der drei Kegelschnitte und derer, die man entgegengesetzte Schnitte nennt; und ihre hauptsächlichsten Eigenschaften, die ich ausführlicher und allgemeiner behandelt habe als die andern, die über denselben Gegenstand geschrieben haben. Das zweite Buch behandelt dasjenige, was sich auf die Durchmesser, die Achsen, und gewisse andere Linien bezieht, die mit dem Schnitt nicht zusammenkommen, und die die Griechen Asymptoten nennen; dann enthält es Anderes, das von allgemeinem Nutzen und nothwendig für die Aufgabenbestimmungen ist. Was ich aber Durchmesser und Achsen nenne, wirst du in diesem ersten Buche erklärt finden. Das dritte Buch enthält viele und bewundernswerthe Sätze, welche sowohl für die Construction der körperlichen Oerter, als auch für die Aufgabenbestimmungen von Nutzen sind, und von denen viele sehr schön und neu sind. Indem ich dies durchdachte, bemerkte ich, dass Euclid die Art und Weise, Oerter zu drei und vier Linien zu construiren nicht festgestellt habe, sondern nur einen kleinen Theil, uud auch diesen nicht besonders glücklich; denn diese Construction konnte nicht richtig geschehen, ohne das, was ich erfunden habe. Das vierte Buch lehrt, auf wie viele Arten Kegelschnitte unter sich und mit der Kreislinie sich schneiden können, und vieles andere, was zur vollständigen Lehre gehört, wovon nichts von meinen Vorgängern behandelt ist, in wie viel Punkten nämlich ein Kegelschnitt oder ein Kreis oder die entgegengesetzten Schnitte mit den entgegengesetzten Schnitten sich schneiden. Die übrigen vier Bücher gehören zu einer vollständigeren Wissenschaft. Das fünfte handelt zum grossen Theil von den grössten und kleinsten Linien, die von einem Punkt an einem Kegelschnitt gezogen werden können. Das sechste von den gleichen und ähnlichen Kegelschnitten. Das siebente enthält Sätze, die die Kraft des Bestimmens von Aufgaben haben. Das achte bestimmte Aufgaben über die Kegelschnitte. Nachdem diese alle herausgegeben sein werden, wird ein Jeder, der sie liest, nach seiner Herzensmeinung darüber urtheilen können. Lebe wohl.

Erste Erklärungen.

Wenn von einem Punkte nach dem Umfang eines Kreises, der nicht in derselben Ebene mit dem Punkt liegt, eine gerade Linie gezogen und nach beiden Seiten verlängert wird, und, indem der Punkt fest bleibt, im Umfang des Kreises herumgeführt wird, bis sie wieder an den Ort zurückkehrt, von wo sie sich zu bewegen anfing, so nenne ich die von der geraden Linie beschriebene Oberfläche, welche aus zwei Theilen besteht, die am Scheitel unter sich zusammenhängen, und welche beide in's Unendliche fortgehen, da ja die erzeugende gerade Linie in's Unendliche verlängert ist,

1. Die Kegeloberfläche.
2. Den Scheitel derselben den festen Punkt.
3. Die Achse die gerade Linie, welche durch den festen Punkt und den Mittelpunkt des Kreises gezogen wird*).
4. Kegel nenne ich den Körper, der von dem Kreis und dem Theil der Kegeloberfläche, der zwischen dem Kreis und dem Scheitel liegt, begränzt wird.
5. Scheitel des Kegels den Punkt, der auch Scheitel der Kegelfläche ist.
6. Achse die Linie, welche vom Scheitel nach dem Mittelpunkt des Kreises gezogen wird.
7. Grundfläche den Kreis selbst.
8. Gerade Kegel nenne ich diejenigen, deren Achse senkrecht auf der Grundfläche steht.
9. Schiefe Kegel, deren Achse nicht senkrecht auf der Grundfläche steht.

---

*) Diese Erklarung der Achse stimmt für den schiefen Kegel nicht überein mit der der neuern Geometer, welche unter der Achse eines schiefen Kegels diejenige Verbindungslinie des Scheitels mit dem Mittelpunkt eines Schnitts verstehen, welche senkrecht auf der Ebene dieses Schnittes steht.

10. Von jeder in einer Ebene befindlichen krummen Linie nenne ich einen Durchmesser eine solche Gerade, welche, von der krummen Linie ausgehend, alle mit einer gewissen Linie parallelen Sehnen, die in derselben gezogen werden, halbirt.
11. Scheitel den Endpunkt des Durchmessers, der sich in der krummen Linie befindet.
12. Jede der erwähnten parallelen Linien eine zu dem Durchmesser gehörige Ordinate.
13. Auf ähnliche Weise nenne ich auch, wenn zwei in einer Ebene liegende krumme Linien gegeben sind, einen Querdurchmesser eine solche Linie, die alle in jeder derselben einer gewissen Geraden parallel gezogenen Sehnen halbirt.
14. Scheitel der Linien nenne ich die Endpunkte der Durchmesser auf ihnen.
15. Längsdurchmesser zweier solcher Curven nenne ich eine solche Gerade, die, zwischen beiden liegend, alle mit einer gewissen Geraden parallelen von beiden Curven begränzten Linien halbirt*).
16. Conjugirte Durchmesser einer und zweier Curven nenne ich zwei solche Linien, von denen jede ein Durchmesser ist, und die der andern parallel gezogenen Linien halbirt.
17. Achse einer und zweier Curven nenne ich eine solche Linie, die ein Durchmesser ist, und senkrecht auf den von ihr halbirten Linien steht.
18. Conjugirte Achsen einer oder zweier Curven nenne ich gerade Linien, die conjugirte Durchmesser sind, und senkrecht auf einander stehen.

§. 1. **Lehrsatz 1.** Die geraden Linien, welche vom Scheitel einer Kegeloberfläche nach solchen Punkten, die auf ihr liegen, gezogen werden, befinden sich ganz in ihr.

*) Der Verfasser der deutschen Bearbeitung braucht auch die Ausdrucke erster und zweiter Durchmesser für zwei conjugirte Durchmesser eines Kegelschnitts, wovon ersterer bei der Hyperbel immer der Querdurchmesser ist, sowie grosse und kleine Achse, deren erstere bei der Hyperbel immer die die Hyperbel schneidende Achse bedeutet, auch wenn sie kleiner ist als die zweite.

Sei eine Kegelfläche mit dem Scheitel *A* gegeben und in ihr ein Punkt *B* angenommen, sei ferner die gerade Linie *ACB* gezogen; so wird behauptet, dass *ACB* auf der Oberfläche liegt. Angenommen, sie liege nicht darin; so seie *DE* die gerade Linie, die die Fläche erzeugt, *FE* der Kreis, durch den sie geführt wird. Wenn nun *A* fest bleibt und die gerade Linie *DE* durch den Kreis *EF* herumgeführt wird, muss sie einmal den Punkt *B* treffen. Dann hätten also zwei gerade Linien dieselben zwei Endpunkte, was unmöglich ist. Also liegt die von *A* nach *B* gezogene Linie nicht ausserhalb der Kegelfläche und folglich in derselben. Fig. 1.

§. 2. **Lehrsatz 2.** Wenn in einer der beiden am Scheitel zusammenstossenden Flächen zwei Punkte angenommen und durch eine gerade Linie verbunden werden, diese aber weder selbst, noch in ihrer Verlängerung den Scheitel trifft, so liegt sie innerhalb der Oberfläche, ihre Verlängerung aber ausserhalb derselben.

Sei eine Kegelfläche mit dem Scheitel *A* gegeben, der Kreis, indem die erzeugende Linie herumgeführt wird, sei *BC*, und in einer der beiden am Scheitel zusammenstossenden Flächen seien zwei Punkte *D* und *E* angenommen und durch eine gerade Linie verbunden, so behaupte ich, dass *DE* innerhalb der Fläche liegt, ihre Verlängerung aber ausserhalb. Man ziehe *AD*, *AE* und verlängere sie, bis sie den Grundkreis in den Punkten *B*,*C* schneiden, und ziehe *BC*, so wird *BC* innerhalb des Kreises, also auch innerhalb der Kegelfläche liegen. Man nehme nun in *DE* einen beliebigen Punkt *F* an, verbinde *AF* und verlängere es, bis es *BC* im Punkte *G* trifft. Weil nun *G* innerhalb der Kegelfläche liegt, wird auch *AG* und also auch der Punkt *F* innerhalb derselben liegen müssen; und auf die nämliche Weise wird gezeigt werden können, dass alle andern Punkte von *DE* innerhalb der Kegelfläche liegen; daher liegt also *DE* selbst innerhalb. Man verlängere nun *DE* zum Punkte *H*, so wird behauptet, dass *EH* ausserhalb der Kegelfläche sich befinde. Sei, wenn es möglich ist, ein Punkt *H* derselben nicht ausserhalb, und werde *AH* gezogen, so muss dieselbe verlängert, entweder den Umfang des Kreises oder innerhalb desselben die Ebene treffen; was nicht geschehen kann, denn sie trifft die ver- Fig. 2.

längerte *BC* hier im Punkte *K*. Also liegt *EH* ausserhalb der Kegelfläche. Die Linie *DE* selbt nun liegt also innerhalb, ihre Verlängerung ausserhalb der Kegelfläche.

§. 3. **Lehrsatz 3.** Wenn ein Kegel von einer durch den Scheitel gelegten Ebene geschnitten wird, so ist der Schnitt ein Dreieck.

Fig. 2. Sei ein Kegel mit dem Scheitel *A* gegeben, die Grundfläche der Kreis *BC*, und werde derselbe von einer Ebene durch den Scheitel *A* geschnitten, welche in der Kegelfläche die Linien *AB*,*AC* bildet, und in der Grundfläche die gerade Linie *BC*; so wird behauptet, dass *ABC* ein Dreieck sei. Die gerade Linie zwischen *A* und *B* muss aber nach §. 1. in der Kegelfläche und zugleich auch in der schneidenden Ebene liegen nach der Erklärung der Ebene; also ist sie der Durchschnitt der beiden Flächen, auf dieselbe Weise *AC*, und *BC* ist eine gerade Linie als Durchschnitt zweier Ebenen; also ist *ABC* ein Dreieck. Wenn also ein Kegel von einer Ebene durch den Scheitel geschnitten wird, so ist der Durchschnitt ein Dreieck.

§. 4. **Lehrsatz 4.** Wenn eine der beiden Flächen, die am Scheitel zusammenstossen, durch eine der Grundfläche parallele Ebene geschnitten wird, so wird der Theil der Ebene, der innerhalb der Kegelfläche liegt, ein Kreis sein, dessen Mittelpunkt in der Achse ist; der Körper aber, der von diesem Kreise und demjenigen Theil der Kegelfläche begränzt wird, welcher zwischen der schneidenden Ebene und dem Scheitel liegt, ist ein Kegel.

Fig. 3. Es sei eine Kegelfläche mit dem Scheitel *A* und dem Grundkreis *BC* gegeben, und es werde dieselbe durch eine dem Kreis *BC* parallele Ebene geschnitten, welche die Kegelfläche in der Linie *DE* durchschneidet; so wird behauptet, dass *DE* ein Kreis sei, der seinen Mittelpunkt in der Achse hat. Es sei der Mittelpunkt *F* des Kreises *BC* genommen und von *F* nach *A* gezogen, welche Linie der schneidenden Ebene in *G* begegne, ferner durch *AF* eine Ebene gelegt, welche den Grundkreis in der geraden Linie *BC*, die schneidende Ebene in der geraden *DE* trifft; endlich nehme man in der Linie *DE* auf der Kegelfläche einen beliebigen Punkt *H*, ziehe *AH*, verlängere es, bis es dem Grundkreis in K begegnet und ziehe GH und FK. Da nun die Ebenen DHE und BKC parallel sind, werden auch die in denselben befindlichen Durchschnittslinien DE und BC, sowie GH und FK parallel sein, weshalb

$$1)\ FA : GA = FB : GD$$
$$2)\ FA : GA = FK : GH$$
$$3)\ FA : GA = FC : GE$$

also:

$FB : GD = FK : GH = FC : GE$, und da nun $FB = FK = FC$, muss auch $GD = GH = GE$ sein.

Da nun dasselbe von allen in DE auf der Kegelfläche angenommenen Punkten gezeigt werden kann, so ist bewiesen, dass die Durchschnittslinie DE ein Kreis ist und ihren Mittelpunkt in der Achse AF hat.

Es erhellt ausserdem aus der Erklärung, dass der von dem Kreis DE und demjenigen Theil der Kegelfläche, der zwischen diesem Kreis und dem Scheitel A liegt, eingeschlossene Körper ein Kegel ist, und es ist zugleich gezeigt, dass der gemeinschaftliche Durchschnitt der schneidenden Ebene und des durch die Achse gelegten Dreiecks ein Durchmesser des in der schneidenden Ebene befindlichen Kreises ist.

§. 5. **Lehrsatz 5.** Wenn ein schiefer Kegel durch eine Ebene geschnitten wird, die durch die Achse geht und senkrecht auf der Grundfläche steht und dann von einer zweiten, die senkrecht auf der ersten steht, und von dem durch die erste gebildeten Achsendreieck ein ähnliches Dreieck dergestalt abschneidet, dass die Winkel an der Grundlinie verwechselt liegen, so ist der Durchschnitt der zweiten Ebene mit dem Kegel ein Kreis. Man nennt diesen Kreis einen Wechselschnitt.

Es sei ein schiefer Kegel mit dem Scheitel A und der Grundfläche BC gegeben; derselbe werde durch eine auf der Grundfläche senkrechte und durch die Achse gehende Ebene geschnitten, welche das Achsendreieck ABC giebt, ferner durch eine zweite auf der Ebene ABC senkrechte Ebene, welche von dem Dreieck ABC nach dem Scheitel A zu ein ähnliches Dreieck AGK abschneidet, dessen Winkel an der Grundlinie aber verwechselt liegen, so nämlich, dass der $\angle AKG = \angle ABC$ ist, und es sei der Durchschnitt Fig. 4.

dieser zweiten Ebene mit der Kegelfläche die Linie *GHK*; so wird behauptet, dass *GHK* ein Kreis ist.

Man nehme in den Linien *GHK*, *BC* zwei beliebige Punkte *H,L* an und fälle von ihnen auf die zuerst gelegte Ebene des Dreiecks *ABC* Lothe, so müssen diese, weil die Ebenen lothrecht stehen, die Durchschnittslinien *BC,GK* der beiden Ebenen *BC* und *GHK* mit *ABC* treffen. Seien also diese Lothe *HF* und *LM*. Es werde nun durch *F* mit *BC* eine Parallele *DFE* gezogen, so wird die durch *FH* und *DE* gelegte Ebene mit der Grundfläche parallel und also ihr Schnitt *DHE* in dem Kegel ein Kreis sein, dessen Durchmesser *DE* ist, also ist:

$$1)\ HF^2 = DF \cdot FE.$$

Da ferner nach Annahme $\angle AKG = \angle ABC$, und $\angle ABC = \angle ADE$ ist, ist das $\triangle EFK \sim \triangle GFD$, und also muss

$$EF : GF = FK : DF \text{ oder}$$

$$2)\ EF \cdot DF = GF \cdot FK \text{ sein, also ist } HF^2 = GF \cdot FK.$$

Da nun dasselbe für alle Punkte des Schnitts *GHK* bewiesen werden kann, ist gezeigt, dass dieser ein Kreis, und dass sein Durchmesser *GK* ist.

§. 6. **Lehrsatz 6.** Wenn ein Kegel von einer durch die Achse gehenden Ebene geschnitten und von einem Punkt der Kegelfläche, der nicht in dieser schneidenden Ebene liegt, eine Parallele mit einem auf der Grundlinie des entstandenen Achsendreiecks in der Grundfläche errichteten Loth gezogen wird, so trifft diese Parallele die Ebene des Achsendreiecks, und wird, über diesen Durchschnitt hinaus bis wieder an die Kegelfläche verlängert, von derselben halbirt.

Fig. 5. Sei ein Kegel mit dem Scheitel *A* und dem Grundkreis *BC* gegeben und werde derselbe von einer durch die Achse gelegten Ebene geschnitten, so dass das Achsendreieck *ABC* entsteht; wird ferner von einem beliebigen Punkt *M* im Umfang des Grundkreises die Linie *MN* senkrecht gegen *BC*, und von einem beliebigen in der Kegelfläche angenommenen Punkt *D* die Linie *DE* parallel mit *MN* gezogen, so wird behauptet, dass *DE* der Ebene des Achsendreiecks *ABC* begegnet und, nach der andern Seite bis zu ihrem Durchschnitt mit der Kegelfläche verlängert, durch die Ebene des Dreiecks *ABC* halbirt werde.

Man ziehe *AD*, verlängere es, bis es dem Umfang des Grundkreises in *K* begegnet, und fälle von *K* auf *BC* das Loth *KHL*, so wird *KH* parallel *MN*, also auch parallel *DE* sein. Man ziehe nun *AH*; da nun in dem Dreieck *AHK* *DE* parallel mit *HK* gezogen ist, muss es, verlängert, *AH* treffen und da *AH* in der Ebene *ABC* liegt, ist bewiesen, dass *DE* dieser Ebene begegnet; sei nun der Durchschnittspunkt *F*, und werde *DF* verlängert, bis es der Kegelfläche in *G* begegnet, so ist noch zu zeigen, dass $DF = FG$ ist. Da aber die Punkte *G* und *L* sowohl in der Kegelfläche, als in der Ebene des Dreiecks *AKH* liegen, welche durch den Scheitel *A* des Kegels geht, müssen sie sich mit diesem in gerader Linie befinden. Nun ist aber in dem Dreieck *AKL* *DG* parallel der Basis gezogen, also $KH : HL = DF : FG$ und da $KH = HL$, ist auch $DF = FG$. q. e. d.

§. 7. **Lehrsatz 7.** Wenn ein Kegel von einer durch die Achse gelegten Ebene und zugleich von einer andern Ebene, deren Durchschnittslinie mit der Grundfläche senkrecht auf der Grundlinie des durch die erste Ebene entstandenen Achsendreiecks oder ihrer Verlängerung steht, geschnitten wird, so werden diejenigen Linien, welche vom Umfang des durch die zweite Ebene entstandenen Kegelschnitts, parallel der in der Grundfläche befindlichen Durchschnittslinie gezogen werden, die gemeinschaftliche Durchschnittslinie der beiden gelegten Ebenen treffen, und auf der andern Seite bis zur Kegelfläche verlängert, von dieser Durchschnittslinie halbirt werden. Wenn der Kegel gerade ist, so steht die in der Grundfläche befindliche Linie senkrecht auf der Durchschnittslinie der schneidenden Ebene und des Achsendreiecks, ist aber der Kegel schief, so ist das nur dann der Fall, wenn die Ebene des Achsendreiecks senkrecht auf der Grundfläche des Kegels steht.

Sei ein Kegel mit dem Scheitel *A* und dem Grundkreis Fig. 6. *BC* gegeben, und werde derselbe von einer durch die Achse gelegten Ebene in dem Dreieck *ABC* und von einer zweiten Ebene geschnitten, deren Durchschnittslinie *DE* mit dem Grundkreis senkrecht auf *BC* oder seiner Verlängerung steht. Sei nun der durch die zweite Ebene erzeugte Kegelschnitt *DFE* und *FG* ihr Durchschnitt mit der Ebene des Achsendreiecks, und werde endlich von einem beliebigen Punkt *H* des Kegelschnitts eine Parallele *HK* mit *DE* gezogen, so wird behauptet, dass *HK* die Linie *FG* schneidet, und darüber hinaus bis zum Kegelschnitt verlängert durch *FG* halbirt werde.

Die Linie *HK* erfüllt genau die Voraussetzung des vorigen Lehrsatzes, weshalb die Richtigkeit der Behauptung erhellt. Es ist nun entweder der Kegel ein gerader, oder das Achsendreieck *ABC* senkrecht auf der Ebene des Grundkreises *BC*, oder keines von beiden der Fall.

Sei nun erstens der Kegel ein gerader, so steht die Ebene *ABC* auf der Grundfläche *BC* senkrecht, und da *DG* senkrecht auf *BC* steht, muss es auf der Ebene *ABC* und also auf *FG* rechtwinklig sein. Derselbe Schluss wird noch Statt finden, wenn der Kegel nicht gerade, aber die Ebene des Achsendreiecks *ABC* senkrecht auf der Grundfläche *BC* ist. Ist nun aber keins von beiden der Fall, so kann *DG* nicht senkrecht auf *FG* stehen. Denn wäre *DGF* ein Rechter, so müsste, da *DGB* nach Annahme ein Rechter ist, *DG* ein Loth auf der Ebene *ABC* und also auch die Ebene *BDC* lothrecht auf *ABC* sein, was gegen die Annahme ist.

Zusatz. Hieraus erhellt, dass die Linie *FG* ein Durchmesser des Kegelschnitts *DFE* ist, da sie alle in demselben einer gegebenen Richtung parallel gezogenen Linien halbirt; und es erhellt zugleich, dass ein Durchmesser die parallelen Linien, die er halbirt, unter schiefem Winkel durchschneiden könne.

§. 8. **Lehrsatz 8.** Wenn ein Kegel von einer durch die Achse gelegten Ebene und von einer zweiten Ebene so geschnitten wird, dass die Durchschnittslinien dieser Ebenen mit der Grundfläche senkrecht auf einander stehen, der Durchmesser aber des durch die zweite Ebene entstandenen Kegelschnitts mit einer der an den Scheitel anstossenden Seiten des in der ersten Ebene liegenden Achsendreiecks entweder parallel ist oder jenseit des Scheitels des Kegels zusammentrifft, und wenn sowohl die Kegelfläche als die schneidenden Ebenen in's Unendliche erweitert werden, so setzt sich auch der Kegelschnitt ohne Ende fort und eine von einem beliebigen Punkt desselben mit der in der

Grundfläche befindlichen Durchschnittslinie gezogene Parallele schneidet auf dem Durchmesser vom Scheitel an gerechnet immer eine gewisse Länge ab.

Sei ein Kegel mit dem Scheitel *A* und der Grundfläche *BC* gegeben, und werde derselbe von einer durch die Achse gelegten Ebene so geschnitten, dass das Achsendreieck *ABC* entsteht und von einer zweiten Ebene, deren Durchschnitt *DE* mit der Grundfläche senkrecht auf *BC* steht, und welche mit der Kegelfläche die Durchschnittslinie *DFE* hat; der Durchmesser dieses Kegelschnitts sei *FG*, welcher mit *AC* entweder parallel ist, oder jenseit des Scheitels *A* zusammentrifft, so wird behauptet, dass sich der Kegelschnitt *DFE* in's Unendliche fortsetze, wenn die Kegelfläche und die schneidende Ebene in's Unendliche erweitert werden. Man verlängere zugleich die Linien *AB*, *AC*, *FG*, so werden nach Voraussetzung *AC*, *FG* über *C* und *G* verlängert niemals zusammentreffen. Sei nun *H* ein beliebiger Punkt der verlängerten *FG* und werde durch *H* die Linie *KHL* parallel mit *BC* und *MHN* parallel mit *DE* gezogen, so wird die durch *KL*, *MN* gelegte Ebene parallel der durch *BC*, *DE* gehenden Grundfläche des Kegels, und folglich ihr Durchschnitt mit der Kegelfläche ein Kreis sein. Da nun die Punkte *D*, *E*, *M*, *N* sowohl in der zweiten schneidenden Ebene als in der Kegelfläche liegen, so ist gezeigt, dass der Kegelschnitt bis zu den Punkten *M*, *N* sich fortsetzt, und also auch in's Unendliche sich fortsetzen wird, wenn sowohl die Kegelfläche als die schneidende Ebene gehörig erweitert werden. Fig. 7.

Es erhellt zugleich, dass es möglich ist, in dem Kegelschnitt durch eine Parallele mit *DE* jede beliebige Länge, vom Durchmesser *FH* von *F* gerechnet, abzuschneiden. Denn sei *FX* irgend eine gegebene Länge, so wird die durch *X* mit *DE* gezogene Parallele, wie eben von der durch *H* gelegten gezeigt ist, den Kegelschnitt in zwei Punkten schneiden müssen.

§. 9. **Lehrsatz 9.** Wenn ein Kegel von einer Ebene, die beide Schenkelseiten eines Achsendreiecks trifft, und weder der Grundlinie parallel noch ein Wechselschnitt ist, durchschnitten wird, so ist der entstandene Kegelschnitt kein Kreis.

Fig. 8. Sei ein Kegel mit dem Scheitel A und der Grundfläche BC gegeben, und werde derselbe von einer Ebene, die weder der Grundfläche parallel noch ein Wechselschnitt ist, geschnitten, so dass der Kegelschnitt DKE entsteht, so wird behauptet, dass DKE kein Kreis sei. Angenommen er wäre ein Kreis, so erweitere man die schneidende Ebene, bis sie die Grundfläche in der Linie FG schneidet, und fälle vom Mittelpunkt H der Grundfläche BC ein Loth HG auf diese Durchschnittslinie; dann lege man durch HG und die Achse des Kegels eine Ebene, welche die Kegelfläche in den Geraden AB und AC trifft, so werden die Punkte D, E, in denen diese Geraden die schneidende Ebene DKE treffen, mit G in gerader Linie liegen, da sie in der Durchschnittslinie der Ebenen ABC, DKE liegen müssen. Sei nun K ein beliebiger Punkt des Kreises DKE, und werde durch K eine Parallele KL mit FG gezogen, so wird dieselbe nach §. 7. in ihrem Durchschnittspunkt M mit DE halbirt, und da dieses von allen mit FG parallel gezogenen Sehnen des Kreises DKE gilt, muss DE ein Durchmesser dieses Kreises sein. Da also DE auf KM und folglich auch auf FG lothrecht steht, ist FG und deshalb auch die Ebene DKE lothrecht auf der Ebene ABC. Man ziehe nun noch durch M die Parallele NMX mit BC, so wird, da auch KL parallel FG ist, die durch KL, MX gelegte Ebene der Grundfläche parallel und also ein Kreis sein. Nun wäre:

$KM^2 = NM \cdot MX = DM \cdot ME$, also $\triangle NMD$ ähnlich $\triangle MXE$ und Winkel ANX gleich Winkel AED, also der Schnitt DKE ein Wechselschnitt, was gegen die Annahme ist. Also ist gezeigt, dass DKE nicht ein Kreis sein kann.

§. 10. **Lehrsatz 10.** Wenn in einem Kegelschnitt zwei Punkte angenommen werden, so wird ihre Verbindungslinie innerhalb des Kegelschnitts und deren Verlängerung ausserhalb desselben fallen.

Nach §. 2. fällt eine solche Verbindungslinie innerhalb des Kegels, also auch innerhalb des Kegelschnitts.

§. 11. **Lehrsatz 11.** Wenn ein Kegel von einer durch die Achse gelegten Ebene und von einer zweiten Ebene so geschnitten wird, dass die Durchschnittslinien der beiden Ebenen mit der Grundfläche senkrecht auf einander stehen und wenn der Durchmesser des durch die zweite Ebene erhaltenen Kegelschnitts einer Schenkelseite des Achsendreiecks parallel ist, so ist das Quadrat einer von einem beliebigen Punkt des Kegelschnitts in der zweiten Ebene parallel der in der Grundfläche befindlichen Durchschnittslinie bis zum Durchmesser hin gezogenen Linie gleich dem Rechteck aus dem durch diese Linie vom Durchmesser nach dem Scheitel hin abgeschnittenen Stück und einer andern Länge, welche sich zu dem den Scheitel des Kegels mit dem des Kegelschnitts verbindenden Stück ebenso verhält wie das Quadrat der Grundlinie des Achsendreiecks zu dem Rechteck aus den beiden übrigen Seiten. Ein Kegelschnitt dieser Art heisst eine Parabel.

Sei ein Kegel mit dem Scheitel A und der Grundfläche Fig. 9. BC gegeben und werde derselbe von einer durch die Achse gelegten Ebene, die das Achsendreieck ABC bildet, und von einer zweiten Ebene geschnitten, deren Durchschnitt DE mit der Grundfläche senkrecht auf der Grundlinie BC des Achsendreiecks steht, und welche in der Kegelfläche die Linie DFE bildet, deren Durchmesser FG parallel der Seite AC des Achsendreiecks ist; werde ferner in der zweiten Ebene von F aus unter rechtem Winkel gegen FG eine Linie FH gezogen, so dass $FH : FA = BC^2 : BA \cdot CA$ ist, und endlich von einem beliebigen Punkte K des Kegelschnitts bis zum Durchmesser hin eine Parallele KL mit der Linie DE; so wird behauptet:

$$KL^2 = FL \cdot FH.$$

Man ziehe noch durch L die Parallele MN zu der Linie BC, so wird die durch KL, MN gelegte Ebene der Grundfläche parallel und ihr Durchschnitt mit der Kegelfläche ein Kreis sein; da nun nach Annahme DE senkrecht auf BC, ist auch KL senkrecht auf LM und also $KL^2 = ML \cdot LN$. Es ist aber

1) $ML : FL = BC : AC,$

2) $LN : FA = BC : AB,$ woraus:

3) $ML \cdot LN : FL \cdot FA = BC^2 : AC \cdot AB$ oder nach Annahme

4) $ML \cdot LN : FL \cdot FA = FH : FA$, und also:

5) $KL^2 = ML \cdot LN = FL \cdot FH$ q. e. d.

Die Linie FH oder die constante Seite des Rechtecks, dessen andere Seite die Abscisse ist, und welches dem Quadrat der Ordinate gleich ist, heisst Latus rectum oder Parameter.

§. 12. **Lehrsatz 12.** Wenn ein Kegel von einer durch die Achse gelegten Ebene und von einer zweiten Ebene geschnitten wird, so dass die Durchschnittslinien beider Ebenen mit der Grundfläche senkrecht auf einander stehen, und wenn der Durchmesser des durch die zweite Ebene entstandenen Kegelschnitts mit der einen Schenkelseite des in der ersten befindlichen Achsendreiecks jenseit des Scheitels des Kegels zusammentrifft, so wird das Quadrat einer von einem Punkt des Kegelschnitts bis zum Durchmesser hin parallel mit der in der Grundfläche befindlichen Durchschnittslinie gezogenen Ordinate gleich sein einem Rechteck, zu dessen einer Seite (der Länge) das Stück des verlängerten Durchmessers, das von dem Aussenwinkel des Achsendreiecks am Scheitel des Kegels abgeschnitten wird, dasselbe Verhältniss hat, als das Quadrat einer vom Scheitel des Kegels parallel dem Durchmesser des Kegelschnitts bis zur Grundfläche gezogenen Linie zu dem Rechteck der hierdurch in der Grundlinie des Achsendreiecks gebildeten Abschnitte, und dessen andere Seite (die Breite) die von der Ordinate auf dem Durchmesser abgeschnittene Abscisse ist, wenn dieses Rechteck noch vermehrt wird um ein anderes von gleicher Breite, das ähnlich und ähnlich gelegen ist mit einem andern, dessen Seiten das auf dem Durchmesser vom Aussenwinkel an der Spitze des Achsendreiecks abgeschnittene Stück und die Länge des vorerwähnten Rechtecks sind. Ein Kegelschnitt dieser Art heisst eine Hyperbel.

Anm. Dieser etwas weitlaufige Ausdruck ist beibehalten, weil gerade auf der Hinzufügung des zweiten Rechtecks der Name „Hyperbel" beruht; sonst kann einfacher gesagt werden: das Quadrat der Ordinate verhalt sich zu dem Rechteck aus den Abscissen, die vom Fusspunkt der Ordinate bis zu den Scheiteln des Kegelschnitts und seines Gegenschnitts gerechnet werden, wie das Quadrat der vom Kegelscheitel nach der Grundfläche parallel dem Durchmesser gezogenen Linie zu dem Rechteck der durch dieselbe auf der Grundlinie des Achsendreiecks entstandenen Abschnitte.

Sei ein Kegel mit dem Scheitel A und der Grundfläche BC gegeben, und werde er von einer Ebene durch die Achse geschnitten, welche das Achsendreieck ABC bildet, und von einer zweiten, welche die Grundfläche in der Linie DE senkrecht auf BC und die Kegelfläche in der Linie DFE durchschneidet, deren Durchmesser GF verlängert mit der Seite AC des Achsendreiecks jenseit des Scheitels in H zusammentrifft. Werde ferner vom Scheitel A mit FG die Parallele AK bis zu ihrem Durchschnitt mit BC und in F in der schneidenden Ebene DFE ein Loth FL auf FG gezogen, so dass $AK^2 : BK \cdot CK = FH : FL$ ist; sodann von einem beliebigen Punkte M des entstandenen Kegelschnitts bis zum Durchmesser hin die Linie MN parallel mit DE, endlich von N parallel mit FL die Linie NOX, welche von der Verbindungslinie HL in X getroffen wird, und durch L und X die Linien LO, XP parallel mit FN, so wird behauptet: Fig. 10.

$$MN^2 = FN \cdot XN.$$

Man ziehe noch durch N die Linie RS parallel mit BC, so wird die durch MN, RS gelegte Ebene parallel der Grundfläche, also ihr Durchschnitt mit der Kegelfläche ein Kreis, und da nach Annahme DE senkrecht auf BC, also auch MN senkrecht auf RS ist, 1) $MN^2 = RN \cdot NS$ sein. Nun ist

2) $RN : FN = BK : AK,$

3) $NS : HN = CK : AK,$ also

4) $RN \cdot NS : FN \cdot HN = BK \cdot CK : AK^2$, aber nach Annahme $BK \cdot CK : AK^2 = LF : HF = XN : HN$, also

5) $RN \cdot NS : FN \cdot HN = XN : HN$, und

6) $MN^2 = RN \cdot NS = FN \cdot XN$. q. e. d.

Die Linie LF heisst der Parameter oder das Latus rectum, die Linie HF das Latus transversum.

§. 13. **Lehrsatz 13.** Wenn ein Kegel von einer durch die Achse gelegten Ebene und von einer zweiten Ebene geschnitten wird, die beide Schenkelseiten des durch die erste entstandenen Achsendreiecks trifft und weder parallel der Grundfläche noch ein Wechselschnitt ist, und wenn die Durchschnittslinien der beiden Ebenen mit der nöthigenfalls erweiterten Grundfläche senkrecht auf einander stehen, so ist das Quadrat einer von einem beliebigen Punkt des Kegelschnitts parallel der in der Grundfläche befindlichen Durchschnittslinie bis zum Durchmesser gezogenen Ordinate gleich einem Rechteck, zu dessen einer Seite (der Länge) der Durchmesser des Kegelschnitts dasselbe Verhältniss hat, als das Quadrat einer vom Scheitel des Kegels parallel mit dem Durchmesser bis zu der erweiterten Grundfläche gezogenen Linie zu dem Rechteck aus den beiden Abschnitten, welche durch diese auf der verlängerten Grundlinie des Achsendreiecks entstehen, und dessen andere Seite (die Breite) eine der beiden zu der Ordinate gehörigen Abscissen ist, wenn dieses Rechteck noch vermindert wird um ein anderes von gleicher Breite, das ähnlich und ähnlich gelegen ist mit dem zwischen dem Durchmesser und der vorerwähnten Länge des ersten Rechtecks enthaltenen. Ein Kegelschnitt dieser Art heisst eine Ellipse.

Fig. 11. Sei ein Kegel mit dem Scheitel A und der Grundfläche BC gegeben und werde derselbe von einer durch die Achse gelegten Ebene, welche das Achsendreieck ABC bildet, und von einer zweiten Ebene geschnitten, die mit den beiden Seiten AB, AC oder ihren über B und C hinaus gehenden Verlängerungen in den Punkten E und D zusammentrifft, und weder der Grundfläche parallel noch ein Wechselschnitt ist, und deren Durchschnittslinie GF mit der nöthigenfalls erweiterten Grundfläche senkrecht auf der nöthigenfalls verlängerten BC steht. Sei ELD der hierdurch entstandene Kegelschnitt und ED sein Durchmesser, und werde in E in der Ebene ELD ein Loth EH errichtet, so dass, wenn AK eine von dem Scheitel des Kegels parallel mit ED bis zur Grundfläche gezogene Linie ist, $ED : EH = AK^2 : BK \cdot CK$ ist, ferner von einem beliebigen Punkt L des Kegelschnitts die Ordinate LM parallel mit der Durchschnittslinie FG gezogen und endlich in M eine Parallele mit EH, die der von D nach H gezogenen Verbindungslinie in X begegnet, und in X und H die Parallelen XO und HN mit DE, so wird behauptet:

$$ML^2 = EOXM.$$

Man ziehe noch durch M die Linie PR parallel mit BC, so ist ähnlich wie in den früheren Sätzen:

1) $$LM^2 = PM \cdot MR,$$

2) $$PM : EM = BK : AK,$$

3) $\underline{MR : DM = CK : AK,}$ also

4) $PM \cdot MR : EM \cdot DM = BK \cdot CK : AK^2$, da aber nach Annahme $BK \cdot CK : AK^2 = EH : ED = XM : DM$, ist

5) $PM \cdot MR : EM \cdot DM = XM : DM$, und also

6) $LM^2 = PM \cdot MR = EM \cdot XM$. q. e. d.

Die Linie EH heisst der Parameter oder das Latus rectum, die Linie ED das Latus transversum.

Anm. Die beiden letzten Lehrsätze über Hyperbel und Ellipse lassen folgenden Ausdruck zu: „Werden von beliebigen Punkten eines Kegelschnitts Ordinaten bis zu dem zugehorigen Durchmesser gezogen, so verhält sich bei Ellipse und Hyperbel das Quadrat jeder Ordinate zu dem Rechteck aus den Abschnitten, die sie auf dem Querdurchmesser bildet, wie das zugehörige latus rectum zum latus transversum. Bei der Parabel entsteht durch jede Ordinate auf dem Durchmesser nur ein Abschnitt und verhalten sich die Quadrate der Ordinaten wie die zugehörigen Abschnitte. Von dieser Form der Satze 11—13 machen wir im Folgenden häufig Gebrauch.

§. 14. **Lehrsatz 14.** Wenn die am Scheitel zusammenstossenden Kegelflächen von einer nicht durch den Scheitel gehenden Ebene geschnitten werden, so entsteht in jeder der Flächen ein Schnitt, der Hyperbel heisst, und beide Schnitte haben denselben Durchmesser, die Parameter, die zu den Ordinaten gehören, welche der Grundfläche des Kegels parallel sind, sind in beiden gleich, das latus transversum, nämlich die Verbindungslinie der beiden Scheitel, ist beiden gemeinschaftlich. Solche Schnitte heissen Gegenschnitte.

Sei ein Kegel mit dem Scheitel A und der Grundfläche Fig. 12.
BC gegeben und werde derselbe von einer nicht durch den Scheitel gehenden Ebene, die beide am Scheitel zusammenstossende Kegelflächen trifft, geschnitten, so dass in der einen derselben der Schnitt DEF, in der andern KHG entsteht, so wird behauptet, dass beide Schnitte Hyperbeln sind, die einen gemeinschaftlichen Durchmesser und ein gemeinschaftliches latus transversum so wie gleiche Parameter haben.

Man lege eine der Grundfläche parallele Ebene jenseit des Scheitels, die die zweite Kegelfläche in dem Kreis $XKOG$ trifft, ferner fälle man vom Mittelpunkt L der Grundfläche ein Loth LM auf die Durchschnittslinie DF dieser Grundfläche mit der Schnittebene, und lege durch ML und A eine Ebene, die also auch den Mittelpunkt Y des Kreises

XKOG trifft, und in der untern Kegelfläche das Achsendreieck *ABC*, in der oberen *AOX* bildet, so wird auch der Durchmesser *OX* senkrecht auf der Durchschnittslinie *KG* der Schnittebene mit der Ebene des Kreises *XKOG* stehen, ferner wird die zuletzt gelegte Ebene die Schnittebene längs der Geraden *MEHN* und die Kegelflächen in den Geraden *BEAO*, *CAHX* treffen. Zieht man nun noch durch *A* die Parallele *SAT* mit *MN* und errichtet in den Punkten *E* und *H* der Schnittebene Lothe auf *MN*,*EP* und *HR*, so dass

1) $EH : EP = AS^2 : BS \cdot SC$ und

2) $EH : HR = AT^2 : XT \cdot OT$ ist, so werden nach §. 12. *EP* und *HR* die Parameter der Hyperbeln *DEF* und *GHK*, die Gerade *MN* ihr gemeinschaftlicher Durchmesser und *EH* das ebenfalls gemeinschaftliche latus transversum. Da aber

3) $AS : SB = AT : TO,$

4) $AS : SC = AT : TX$

aus Aehnlichkeit der betreffenden Dreiecke, ist auch

5) $AS^2 : SB \cdot SC = AT^2 : TO \cdot TX,$

und also, wenn man (1) und (2) vergleicht, $EP = HR$. q. e. d.

Anm. Nun lässt sich die in Anm. zu §. 13. angegebene Eigenschaft auch auf zwei Gegenschnitte ausdehnen, und lautet also: Wird in einem Gegenschnitt zu irgend einem Durchmesser eine beliebige Ordinate gezogen und in dem andern Gegenschnitt für denselben Durchmesser eine andere, so verhalten sich die Quadrate dieser Ordinaten wie die Rechtecke aus den durch eine jede derselben auf dem Durchmesser entstandenen Abschnitten.

§. 15. **Lehrsatz 15.** Wenn in einer Ellipse von dem Mittelpunkt eines Durchmessers eine zugehörige Ordinate gezogen und nach beiden Seiten bis zum Durchschnitt mit derselben verlängert wird, und wenn sich die so erhaltene ganze Linie zum Durchmesser verhält wie der Durchmesser zu einer dritten Linie, so ist das Quadrat der geraden Linie, die von einem beliebigen Punkt der Ellipse parallel dem Durchmesser bis zur Ordinate gezogen wird, gleich einem Rechteck aus der vorerwähnten dritten Proportionale und dem Stück der Ordinate von der Ellipse bis zu den zuletzt gezogenen Parallelen vermindert um ein anderes Rechteck von derselben Breite, das ähnlich und ähnlich gelegen ist dem aus der verdoppelten Ordinate und der erwähnten dritten Proportionale. Verlängert man diese Parallele über die Ordinate hinaus bis zu ihrem zweiten Durchschnitt mit der Ellipse, so wird sie durch die Ordinate halbirt.

Sei eine Ellipse mit dem Durchmesser AB gegeben und durch die Mitte C des Durchmessers eine zugehörige Ordinate DCE nach beiden Seiten hin bis an den Umfang gezogen. In D errichte man ein Loth DF auf CD, so dass Fig. 13.

$$DE : AB = AB : DF \text{ ist,}$$

und ziehe EF; dann ziehe man von einem beliebigen Punkt G der Ellipse eine Parallele mit AB, bis sie DE in H und verlängert die Ellipse zum zweiten Male in V schneidet, vollende nun das Rechteck HDF zur Ecke K und ziehe durch den Schneidungspunkt L von EF und HK eine Parallele LM mit HD, so wird behauptet:

1) $GH^2 = DHLM,$

2) $GH = HV.$

Beweis. Nach Anm. zu §. 13. ist

1) $GX^2 : DC^2 = AX \cdot XB : AC^2$, oder da

$$AX \cdot XB = AC^2 - CX^2,$$

2) $GX^2 : DC^2 = AC^2 - CX^2 : AC^2$, woraus dividendo.

3) $DC^2 - GX^2 : DC^2 = CX^2 : AC^2$, da aber

$$GX = CH, \text{ ist } DC^2 - GX^2 = DH \cdot EH,$$

also 4) $DH \cdot EH : DC^2 = CX^2 : AC^2$ oder

$DH \cdot EH : DE^2 = CX^2 : AB^2$, da nun $EH : DE = HL : DF$,

und $AB^2 = DE \cdot DF$ ist, ergiebt sich

5) $DH \cdot HL : DE \cdot DF = CX^2 : AB^2$, oder

$$DH \cdot HL = CX^2 = GH^2. \text{ q. e. d.}$$

Um nun zu zeigen, dass $GH = HV$ ist, ziehe man von V noch die Ordinate VQ, dann ist $VQ = GX$, also

$$AX \cdot XB = AQ \cdot QB \text{ oder}$$

$AC^2 - CX^2 = BC^2 - CQ^2$, da aber $AC = BC$, ist also auch

$$CX = CQ \text{ d. h. } GH = HV.$$

§. 16. **Lehrsatz 16.** Wenn durch den Punkt, welcher den Querdurchmesser zweier Gegenschnitte halbirt, eine Linie parallel den zugehörigen Ordinaten gezogen wird, so ist dieselbe ein Durchmesser, der dem ersten zugeordnet (conjugirt) genannt wird.

Seien zwei Gegenschnitte GA, HB mit dem Durchmesser AB gegeben und in der Mitte C des letzteren die den zuge- Fig. 14.

hörigen Ordinaten parallele CD gezogen, so wird behauptet, dass CD ein dem AB zugeordneter Durchmesser ist.

Man nehme in einem der Schnitte einen beliebigen Punkt G und ziehe von da eine Parallele mit AB, bis sie den andern Schnitt in H trifft, ziehe in G und H die zugehörigen Ordinaten GK, HL. Da nun nach Anm. zu §. 14. $GK^2 : HL^2 = KA \cdot KB : LA \cdot LB$, GK aber gleich HL, ist auch

1) $KA \cdot KB = LA \cdot LB$, oder

2) $KC^2 - AC^2 = CL^2 - BC^2$ und da $AC = BC$,

auch $KC = LC$ oder $GX = XH$. q. e. d.

Zweite Reihe von Erklärungen.

1) Der Punkt, welcher einen Durchmesser einer Ellipse oder Hyperbel halbirt, heisst der Mittelpunkt des Kegelschnitts.

2) Eine Linie, die vom Mittelpunkt nach dem Umfang gezogen wird, heisst ein Radius oder Halbmesser desselben.

3) Auf ähnliche Weise heisst auch der Punkt, welcher das latus transversum zweier Gegenschnitte halbirt, der Mittelpunkt derselben.

4) Eine Linie, die vom Mittelpunkt parallel den einem gegebenen Durchmesser zugehörigen Ordinaten gezogen wird, gleich der mittleren Proportionale zwischen dem latus rectum und transversum ist und im Mittelpunkt halbirt wird, heisst der zweite oder conjugirte Durchmesser.

5) Das Rechteck aus dem latus transversum und dem latus rectum, die zu einem Durchmesser gehören, heisst das zum Durchmesser gehörige Rechteck.

6) Die Linie, welche die Berührungspunkte zweier Tangenten verbindet, heisst die Berührungssehne.

Anm. Für die am Schluss der §§. 11, 12, 13 erklärten Längen des latus transversum und latus rectum werden der Abkürzung halber im Folgenden die Buchstaben t und r gebraucht, wobei zu erwähnen ist, dass diese Namen selbst nichts weiter bedeuten, als wagrechte und senkrechte Seite des zu einem Durchmesser gehörigen Rechtecks. Aus diesem letzteren Grunde ist auch der Ausdruck „latus rectum“ statt des in neuerer Zeit üblichen „Parameter“ in der vorliegenden Arbeit meistens beibehalten worden.

Die Erkl. 5. und 6. hat der Uebersetzer zur Bequemlichkeit des Ausdrucks hinzugefügt.

§. 17. **Lehrsatz 17.** Wenn vom Endpunkt eines Durchmessers in einem Kegelschnitt eine Linie parallel den zugehörigen Ordinaten gezogen wird, so fällt dieselbe ganz ausserhalb des Kegelschnitts.

Sei ein Kegelschnitt mit dem Durchmesser *AB* gegeben, Fig. 15. so wird behauptet, dass die vom Scheitel *A* den zugehörigen Ordinaten parallel gezogene Linie ausserhalb des Kegelschnitts fällt. Denn wäre dies nicht der Fall und schnitte sie den Kegelschnitt in *C*, so würde, da von einem beliebigen Punkt *C* des Kegelschnitts die Ordinate *CA* gezogen ist, diese von dem Durchmesser halbirt werden müssen, also *A* zugleich Mitte und Endpunkt von *CA* sein, was unmöglich ist.

§. 18. **Lehrsatz 18.** Wenn eine Linie einem Kegelschnitt (Parabel oder Hyperbel) begegnet und verlängert nach beiden Seiten zu ausserhalb desselben liegt, und wenn von einem innerhalb desselben befindlichen Punkt eine Parallele mit dieser Linie gezogen wird, so schneidet diese, gehörig verlängert, an beiden Seiten den Kegelschnitt.

Sei ein Kegelschnitt und die ihn treffende Linie *AEB*, Fig. 16. welche verlängert an beiden Seiten ausserhalb des Kegelschnitts fällt, gegeben, und werde von einem innerhalb desselben befindlichen Punkt *C* eine Parallele mit *AB* gezogen, so behaupte ich, dass *CD* gehörig verlängert an beiden Seiten dem Kegelschnitt begegne. Man nehme irgend einen Punkt *F* auf dem Kegelschnitt und verbinde *E* mit *F*. Weil nun *AB* der Linie *CD* parallel ist, und *EF* die Linie *AB* trifft, muss sie auch *CD* treffen. Wenn nun der Durchschnittspunkt zwischen *E* und *F* fällt, ist klar, dass *CD* nachher den Kegelschnitt treffen muss, da *EF* ein begränztes Segment desselben abschneidet, wenn aber ausserhalb *E*, muss *CD* den Kegelschnitt schon vorher getroffen haben. Also trifft *CD* nach der Richtung *EB* zu verlängert den Kegelschnitt. Auf gleiche Weise kann gezeigt werden, dass sie auch nach der Seite *EA* hin demselben begegne, wozu nur nöthig ist eine Sehne *EF*, auf der andern Seite des Punktes *C* zu ziehen und dann ebenso wie oben zu schliessen. Folglich schneidet *CD* gehörig verlängert an beiden Seiten den Kegelschnitt.

§. 19. **Lehrsatz 19.** In einem Kegelschnitt trifft jede gerade Linie, die vom Durchmesser aus parallel den zugehörigen Ordinaten gezogen wird, den Kegelschnitt.

Fig. 17. Sei ein Kegelschnitt mit dem Durchmesser *AB* gegeben und werde ein beliebiger Punkt *B* darauf angenommen, und von *B* eine Linie *BC* parallel den zu diesem Durchmesser gehörigen Ordinaten gezogen, so wird behauptet, dass *BC*, gehörig verlängert, den Kegelschnitt trifft. Man nehme einen beliebigen Punkt *D* im Kegelschnitt, so wird die von *A* nach *D* gezogene Linie innerhalb des Kegelschnitts fallen. Weil aber die von *A* aus den zum Durchmesser *AB* gehörigen Ordinaten parallel gezogene Linie (nach §. 17.) ausserhalb des Kegelschnitts liegt, *AD* aber denselben trifft, wird eine von *B* aus den Ordinaten parallel gezogene Linie *BC* mit *AD* zusammentreffen müssen. Wenn dies nun zwischen *A* und *D* geschieht, wird *BC* nachher den Kegelschnitt treffen müssen, wenn aber jenseit *D*, muss sie schon vorher den Kegelschnitt geschnitten haben. Also schneidet die von einem beliebigen Punkt des Durchmessers den zugehörigen Ordinaten parallel gezogene Linie den Kegelschnitt.

§. 20. **Lehrsatz 20.** Die Quadrate zweier Ordinaten, die an denselben Durchmesser einer Parabel gezogen sind, verhalten sich wie die Abschnitte desselben vom Scheitel bis zu den Fusspunkten.

Wendet man Zeile 5. des Beweises von §. 11. auf zwei verschiedene Punkte K, K_1 an, so hat man $KL^2 = FL . FH$ und $K_1 L_1{}^2 = FL_1 \cdot FH$, woraus $KL^2 : K_1 L_1{}^2 = FL : FL_1$. q. e. d.

Anm. d. Eutoc. Fig. 18. Hieraus ergiebt sich ein Mittel für die Construction der Parabel durch einzelne Punkte. Man ziehe eine gerade Linie mit dem festen Endpunkt *A* und von beliebigen Punkten derselben *B*,*C* unter beliebigem Winkel die Parallelen *BD*,*CE*, so dass $BD^2 : CE^2 = BA : CA$, so sind *D*,*E* zwei Punkte der Parabel, deren Scheitel *A* ist.

§. 21. **Lehrsatz 21.** Wenn in einer Hyperbel oder Ellipse oder in einem Kreis Ordinaten gezogen werden, so verhält sich das Quadrat einer jeden derselben zu dem Rechteck der Abschnitte, die sie auf dem latus transversum bildet, wie das latus rectum zum latus transversum; also die Quadrate zweier Ordinaten unter sich wie die Rechtecke aus den auf dem latus transversum entstandenen Abschnitten.

Setzt man in Zeile 5. des Beweises zu §. 12. statt $RN \cdot SN$ seinen Werth MN^2 und statt $XN:HN$ das gleiche Verhältniss $LF:HF$, so erhält man den ersten Theil der Behauptung für die Hyperbel, und wenn man diesen auf zwei beliebige Punkte der Hyperbel anwendet, durch Vergleichung leicht den zweiten Theil. Auf ähnliche Weise verfährt man mit Zeile 5. in §. 13., dann hat man den Satz auch für die Ellipse.

Anm. 1. des Eutocius. Beim Kreis ist das latus rectum gleich dem latus transversum und die Ordinaten stehen senkrecht auf dem Durchmesser.

Anm. 2. desselben. Aus dem Lehrsatz ergiebt sich die folgende Construction Fig. 19. einer Hyperbel. Sei AB eine gerade Linie, die uber A hinaus beliebig verlängert wird, in A die Lange AC senkrecht dagegen gezogen, und B mit C verbunden. In beliebigen Punkten E, G der verlängerten BA errichte man Lothe EH, GK, bis sie die verlängerte BC in H, K schneiden, und ziehe unter beliebigem Winkel von E und G die Parallelen ED, GF, so dass $DE^2 = AE \cdot EH$ und $FG^2 = AG \cdot GK$ ist, so sind D, F Punkte der Hyperbel. Auf ähnliche Weise verfahrt man bei der Ellipse.

§. 22. **Lehrsatz 22.** Jede Sehne einer Parabel oder Hyperbel, die den Durchmesser nicht innerhalb des Kegelschnitts schneidet, trifft ihn ausserhalb.

Sei eine Parabel oder Hyperbel mit dem Durchmesser Fig. 20 a. AB, und eine Sehne CD, die den Durchmesser nicht innerhalb trifft, gegeben, so wird behauptet, dass die verlängerte CD ausserhalb des Kegelschnitts mit AB zusammentrifft. Man ziehe von C und D die Ordinaten CE, DB und betrachte zuerst die Parabel. Dann ist $CE^2 : DB^2 = AE : AB$, da aber $AE > AB$, muss auch $CE > DB$, also kann nicht CD parallel AB sein, und da es nicht innerhalb mit AB zusammentrifft, muss es ausserhalb des Kegelschnitts geschehen.

Betrachtet man nun die Hyperbel, deren latus transver- Fig 20 b. sum AF sei, so ist $CE^2 : DB^2 = AE \cdot FE : AB \cdot FB$, und da $AE \cdot FE > AB \cdot FB$, auch $CE > DB$, weshalb CD mit AB zusammentreffen muss, und da es nicht innerhalb geschehen kann, so muss also CD ausserhalb des Kegelschnitts mit AB zusammentreffen.

Anm. Bei der Hyperbel ist leicht zu zeigen, dass CD zwischen A und der Mitte M des latus transversum die Linie AB durchschneiden muss. Denn man verwandelt obige Proportion leicht in $CE^2 : DB^2 = ME^2 - MA^2 : MB^2 - MA^2$ und da $ME > MB$, muss $CE^2 : DB^2 > ME^2 : MB^2$ (wenn man zu

Zähler und Nenner eines unächten Bruchs Gleiches addirt, wird der Bruch kleiner), also auch $CE : DB > ME : MB$, woraus die Behauptung erhellt.

§. 23. **Lehrsatz 23.** Jede Sehne einer Ellipse, welche zwei conjugirte Durchmesser innerhalb der Ellipse nicht schneidet, trifft dieselben ausserhalb.

Fig. 21. Sei eine Ellipse mit den conjugirten Durchmessern *AB*, *CD* gegeben, und zwischen den Endpunkten *A* und *C* derselben zwei Punkte *E* und *F* in dem Umfang angenommen und durch eine gerade Linie verbunden, so wird behauptet, dass *EF*, verlängert, beide Durchmesser ausserhalb des Kegelschnitts treffe. Man ziehe von den Punkten *E* und *F* gegen den Durchmesser *AB* hin die Ordinaten *EG*, *FH*, und gegen *CD* hin *EK*, *FL*, so ist

1) $EG^2 : FH^2 = AG \cdot BG : AH \cdot BH,$

2) $FL^2 : EK^2 = CL \cdot LD : CK \cdot KD.$

Da aber *H* weiter von der Mitte *M* von *AB* entfernt liegt als *G*, ist $AG \cdot BG > AH \cdot BH$, und da *K* weiter von der Mitte *M* von *CD* entfernt liegt als *L*, ist $CL \cdot LD > CK \cdot KD$, folglich auch $EG > FH$ und $FL > EK$, weshalb *EF* weder mit *AB* noch mit *CD* parallel sein kann, und da es innerhalb die Durchmesser nicht mehr schneiden kann, muss es sie ausserhalb treffen.

§. 24. **Lehrsatz 24.** Wenn eine gerade Linie einer Parabel oder Hyperbel in einem Punkte begegnet und nach beiden Seiten hin ausserhalb des Kegelschnitts liegt, so wird dieselbe den Durchmesser schneiden.

Fig. 22. Sei eine Parabel oder Hyperbel mit dem Durchmesser *AB* gegeben, und begegne ihr die gerade Linie *CDE* im Punkte *D*, so dass sie zu beiden Seiten von *D* ausserhalb des Kegelschnitts fällt, so wird behauptet, dass *CDE* den Durchmesser *AB* schneidet. Man nehme auf der von *D* aus dem Scheitel abgewandten Seite des Kegelschnitts den Punkt *F* beliebig an und ziehe *FD*, so wird diese Linie nach §. 22. den Durchmesser schneiden. Sei *A* der Durchschnittspunkt. Da nun *CDE* mit dem Theile *DE* zwischen die Gerade *DA* und den Kegelschnitt fällt, muss sie den Durchmesser zwischen dem Scheitel und dem Punkt *A* treffen.

§. 25. **Lehrsatz 25.** Wenn eine gerade Linie einer Ellipse zwischen den Endpunkten zweier conjugirten Durchmesser in einem Punkte begegnet und zu beiden Seiten desselben ausserhalb der Ellipse fällt, so wird sie beide Durchmesser schneiden.

Sei eine Ellipse mit den conjugirten Durchmessern *AB* und *CD* gegeben, und werde dieselbe zwischen den Endpunkten *A* und *C* der Durchmesser von der Geraden *EF* im Punkte *G* so getroffen, dass diese Linie zu beiden Seiten von *G* ausserhalb des Kegelschnitts liegt, so wird behauptet, dass *EF*, verlängert, beide Durchmesser ausserhalb des Kegelschnitts schneidet. Man ziehe von *G* auf der dem Scheitel *A* abgewandten Seite die Sehne *GH*, so dass *H* zwischen *G* und *C* liegt, dann schneidet nach §. 23. die verlängerte *HG* den Durchmesser *BA*; da nun *EF* mit dem Theile *GF* zwischen die verlängerte *HG* und die Ellipse fällt, muss sie den verlängerten Durchmesser *BA* noch früher schneiden. Ein Gleiches kann in Bezug auf den Durchmesser *CD* durch eine nach der andern Seite gezogene Sehne bewiesen werden. Fig. 23.

§. 26. **Lehrsatz 26.** Wenn in einer Parabel oder Hyperbel eine gerade Linie parallel mit dem Durchmesser des Schnitts gezogen wird, so trifft dieselbe den Kegelschnitt in einem und nicht in mehreren Punkten.

Sei zuerst eine Parabel mit dem Durchmesser *AB* und dem latus rectum *AD* gegeben, und *EF* parallel dem Durchmesser gezogen, so wird behauptet, dass *EF* die Parabel schneidet. Seie *E* ein Punkt ausserhalb der Parabel und werde *EG* parallel den zum Durchmesser gehörigen Ordinaten gezogen, ferner nehme man in *AB* einen Punkt *C* so an, dass $AD \cdot AC > EG^2$ ist, und ziehe in *C* die Ordinate *CH*, so wird also auch $CH^2 > EG^2$, also muss *EF*, ehe sie *HC* trifft, den Kegelschnitt getroffen haben. Sei *K* der Schneidungspunkt, so wird behauptet, dass kein zweiter möglich ist. Denn wäre ein solcher, etwa *L*, vorhanden, so müsste nach §. 22. die gerade Linie *LK* den Durchmesser *AB* ausserhalb treffen, was gegen die Annahme ist. Fig. 24.

Sei zweitens eine Hyperbel mit dem latus rectum *AD* und dem latus transversum *AB* gegeben; man verfahre wie oben, ziehe von *C* parallel mit *AD* die Linie *CM*, bis sie die verlängerte *BD* in *M* schneidet, so wird, da $DA \cdot AC > EG^2$ nach Annahme und $CM \cdot AC > DA \cdot AC$, wie leicht Fig. 25.

erhellt, und endlich $HC^2 = AC \cdot CM$, auch $HC^2 > EG^2$ sein, woraus, wie oben, die Behauptung weiter gefolgert werden kann.

§. 27. **Lehrsatz 27.** Wenn eine gerade Linie den Durchmesser einer Parabel schneidet, so trifft sie gehörig verlängert an beiden Seiten den Kegelschnitt.

Fig. 26. Sei eine Parabel mit dem Durchmesser AB und eine gerade Linie CD, die den Durchmesser innerhalb des Kegelschnitts in D schneidet, gegeben, so wird behauptet, dass CD, gehörig verlängert, an beiden Seiten den Kegelschnitt schneidet. Man ziehe vom Scheitel A die Linie AE parallel den zugehörigen Ordinaten, so wird AE nach §. 17. ausserhalb des Kegelschnitts fallen. Es wird nun CD entweder mit AE parallel sein oder nicht. Im ersten Fall ist CD also den Ordinaten parallel und trifft deshalb nach §. 19. den Kegelschnitt. Ist sie aber nicht parallel, so verlängere man sie, bis sie AE im Punkte E schneidet, dann wird CD, ehe sie AE schneidet, den Kegelschnitt schon getroffen haben müssen. Es wird nun noch behauptet, dass CD auch nach der andern Seite hin verlängert, den Kegelschnitt schneiden muss. Sei AM das latus rectum und werde von dem schon nachgewiesenen Schneidungspunkt zwischen CD und dem Kegelschnitt die Ordinate GF gezogen, auf AB ein Punkt B bestimmt, so dass $AD^2 = AF \cdot AB$, und in B den Ordinaten parallel die Linie BK gezogen, bis sie die gegebene CD in C trifft, so wird behauptet, dass C der zweite Durchschnittspunkt der gegebenen Geraden CD mit der Parabel ist.

Es ist

1) $GF : BC = DF : BD$, und da nach Annahme $AF : AD = AD : AB$ auch dividendo $DF : BD = AD : AB$, also

2) $$GF^2 : BC^2 = AD^2 : AB^2.$$

Aus $AF : AD = AD : AB$ hat man aber $AF : AB = AD^2 : AB^2$, also

3) $GF^2 : BC^2 = AF : AB$ und folglich, da G auf der Parabel liegt, befindet sich auch C auf derselben. q. e. d.

Eutocius sagt, dass in einigen Ausgaben der folgende Beweis des 27. Lehrsatzes gestanden habe, von dem man leicht erkennt, dass er ein Mittel zur Construction der Durchschnittspunkte einer Geraden mit einer Parabel an die

Hand giebt, während der vorige nur aus dem schon vorhandenen ersten Durchschnittspunkt den zweiten finden lehrt.

Zweiter Beweis. Sei eine Parabel mit dem Durchmesser *AB* nnd der den Durchmesser schneidenden Linie *CD* gegeben, so wird behauptet, dass *CD* verlängert den Kegelschnitt an beiden Seiten schneide. Man ziehe in *A* den Ordinaten parallel *AE*; ist nun *CD* parallel *AE*, so schneidet es nach §. 17. den Kegelschnitt; ist es aber nicht parallel, so schneidet es *AE* in *E*; dann sei *AM* das latus rectum nach derselben Seite als *AE* gezogen, und auf der verlängerten *MA* das Stück *AF* dergestalt abgeschnitten, dass $AE^2 : \triangle AED = AM : AF$; ferner ziehe man durch *F* die Parallele *FG* mit *AB*, welche *DC* in *G* schneidet, verlängere *EA*, bis es die Parallele in *L* trifft, und bestimme eine Parallele *CB* mit *AE* dergestalt, dass das durch dieselbe von dem Winkel *EGL* oder seinem Scheitelwinkel abgeschnittene Dreieck *GCK* gleich dem Viereck *LADG* ist, so wird behauptet, dass der Punkt *C*, in welchem diese Parallele die Gerade *DC* trifft, sich auf der Parabel befindet. Sei zuerst die Parallele durch den Scheitelwinkel von *EGL* gelegt, und schneide sie *FG* in *K*. Man vollende noch das Rechteck *FABX*. Nun ist: Fig. 27.

1) $EA^2 : \triangle EAD = CB^2 : \triangle CBD$, und da $\triangle CGK = LADG$ und $EA^2 : \triangle EAD = AM : AF$, auch $ALKB = AFXB$, so ist

2) $CB^2 : AFXB = AM : AF$, also

3) $CB^2 = AM \cdot AB$, und folglich liegt der Punkt *C* auf der Parabel.

Ebenso leicht ist es zu zeigen, wenn die Parallele den Winkelraum *EGF* selbst durchschneidet.

§. 28. **Lehrsatz 28.** Wenn eine gerade Linie den einen von zwei Gegenschnitten berührt, und durch einen innerhalb des andern angenommenen Punkt damit eine Parallele gezogen wird, so wird diese, gehörig verlängert, an beiden Seiten mit dem Gegenschnitt zusammentreffen.

Seien zwei Gegenschnitte mit den Scheiteln *A* und *B*, und in dem einen, dessen Scheitel *A* ist, eine Tangente *CD* gegeben, und werde in dem andern ein Punkt *E* angenommen und durch denselben eine Parallele *EF* mit *CD* gezo- Fig. 28.

gen, so wird behauptet, dass *EF* an beiden Seiten mit dem Kegelschnitt zusammentreffe.

Da bewiesen ist, dass *CD*, gehörig verlängert, den Durchmesser schneidet (s. §. 24.), und *EF* parallel *CD* ist, wird auch *EF* denselben treffen; sei *G* der Schneidungspunkt, und werde in dem andern Schnitt *AH* gleich *GB* genommen, durch *H* eine Parallele *HK* mit *CD* gezogen, bis sie den Kegelschnitt in *K* trifft, und von *K* die Ordinate *KL* gezogen. Man setze nun $GM = HL$ und ziehe von *M* eine Parallele mit *KL*, bis sie *FE* in *N* schneidet. Da nun $\triangle KLH$ congruent $\triangle NMG$ ist, wird $KL = MN$, und da $LA \cdot LB = MA \cdot MB$ ist, liegt der Punkt *N* auf dem Kegelschnitt. Auf dieselbe Weise wird gezeigt, dass *FE* an der andern Seite den Kegelschnitt trifft.

§. 29. **Lehrsatz 29.** Wenn in zwei Gegenschnitten eine durch den Mittelpunkt gezogene gerade Linie dem einen Schnitt begegnet, so trifft sie auch den andern.

Fig. 29. Seien zwei Gegenschnitte mit dem Durchmesser *AB* und der durch das Centrum gehenden Geraden *CD* gegeben, welche den einen Schnitt mit dem Scheitel *A* in *D* trifft, so wird behauptet, dass *CD*, gehörig verlängert, auch den andern Schnitt treffe.

Man ziehe von *D* die Ordinate *DE*, setze $CF = CE$ und ziehe von *F* die Parallele *FG* mit *DE*, welche die verlängerte *DC* in *G* schneidet; da nun $DE = FG$ und $EA \cdot EB = FA \cdot FB$, wird der Punkt *G* auf dem Kegelschnitt sich befinden.

§. 30. **Lehrsatz 30.** Wenn in zwei Gegenschnitten oder in einer Ellipse eine gerade Linie durch den Mittelpunkt gezogen wird, und, verlängert, an beiden Seiten dem Kegelschnitt begegnet, so wird sie im Mittelpunkt halbirt werden.

Fig. 29 u. 30. Wenn alles wie im vorigen Satz eingerichtet ist, so folgt aus der Congruenz der Dreiecke *CDE* und *CFG* leicht, dass $DC = CG$. Und auf gleiche Weise wird es auch für die Ellipse bewiesen.

§. 31. **Lehrsatz 31.** Wenn im latus transversum einer Hyperbel ein Punkt jenseit des Mittelpunkts angenommen und von da eine gerade Linie gezogen wird, die den Kegelschnitt trifft, so wird ihre Verlängerung über diesen Durchschnittspunkt innerhalb der Hyperbel liegen.

Fig. 31. Sei eine Hyperbel mit dem Durchmesser *AB* gegeben,

und werde von dem Mittelpunkt C desselben eine Linie CD gezogen, die den Kegelschnitt in D trifft, so wird behauptet, dass die Verlängerung von CD innerhalb des Kegelschnitts fällt.

Sie falle, wenn möglich, ausserhalb und sei E ein Punkt in ihr. Man ziehe von D die Ordinate DH und von E die Parallele EG, die den Kegelschnitt in F trifft, so ist

1) $EG^2 : DH^2 > GA \cdot GB : HA \cdot HB$, da aber $EG : DH = CG : CH$ und $GA \cdot GB = GC^2 - CB^2$, $HA \cdot HB = HC^2 - CB^2$, müsste

2) $CG^2 : CH^2 > CG^2 - CB^2 : CH^2 - CB^2$ sein, was unmöglich ist, denn wenn von Zähler und Nenner eines unächten Bruchs gleiche Stücke subtrahirt werden, so wird derselbe grösser. Also kann die Verlängerung von CD nicht ausserhalb des Kegelschnitts fallen, und wenn deshalb jenseit des Mittelpunkts C ein Punkt angenommen und mit D verbunden wird, kann die Verlängerung dieser Geraden noch weniger ausserhalb der Hyperbel liegen.

Zusatz. Aus dem schon Bewiesenen folgt, dass eine Tangente der Hyperbel den Durchmesser zwischen dem Scheitel und dem Mittelpunkt schneiden muss.

§. 32. **Lehrsatz 32.** Wenn durch den Scheitel eines Kegelschnitts eine Linie parallel den zugehörigen Ordinaten gezogen wird, so berührt sie den Kegelschnitt und in den Raum zwischen dem Kegelschnitt und dieser Geraden kann keine andere gerade Linie fallen.

Sei zuerst eine Parabel mit dem Durchmesser AB ge- Fig. 32.
geben, und werde von dem Scheitel A eine den Ordinaten parallele Linie AC gezogen, so fällt AC nach §. 17. ausserhalb des Kegelschnitts. Es wird behauptet, dass in dem Raum zwischen AC und dem Kegelschnitt von A aus keine zweite Gerade gezogen werden kann. Denn wäre das möglich, so sei AD eine solche Gerade; und werde von dem beliebigen Punkte D derselben den Ordinaten parallel DE gezogen, welche den Kegelschnitt in G schneidet. Ist nun AF das latus rectum, so wird

1) $DE^2 : AE^2 > GE^2 : AE^2$, und da $GE^2 = AE \cdot AF$,

2) $DE^2 : AE^2 > AF : AE$.

Man bestimme nun den Punkt H auf dem Durchmesser AB, so dass

3) $DE^2 : AE^2 = AF : AH$ und ziehe von H den Ordinaten parallel die Linie HK bis zum Durchschnitt K mit AD, so ist, da $DE^2 : AE^2 = HK^2 : AH^2$, wenn man dies in (3) einsetzt,

4) $HK^2 : AH^2 = AF : AH$ oder $HK^2 = AH \cdot AF$.

also liegt der Punkt K auf der Parabel und die Linie AK liegt innerhalb derselben gegen die Annahme.

Fig. 33 u. 34. Sei zweitens der Schnitt eine Hyperbel oder Ellipse oder ein Kreis mit dem Durchmesser AB, AF das latus rectum, und werde BF gezogen. Zieht man nun in A die Linie AC den Ordinaten parallel, so fällt dieselbe ausserhalb des Kegelschnitts nach §. 17. Es wird behauptet, dass in den Raum zwischen der Geraden AC und dem Kegelschnitt eine zweite Gerade nicht fallen könne. Denn wäre dies möglich, so sei AD eine solche Gerade, und von einem beliebigen Punkte D derselben werde den Ordinaten parallel die Linie DE an den Durchmesser gezogen, welche den Kegelschnitt in G trifft. In E ziehe man EM parallel mit AF, bis zum Durchschnitt N mit BF. Nun ist

1) $DE^2 : AE^2 > GE^2 : AE^2$, und da $GE^2 = AE \cdot EM$,

2) $DE^2 : AE^2 > EM : AE$. Man verlängere daher EM bis zum Punkt N, so dass

3) $DE^2 : AE^2 = EN : AE$, ziehe AN, welche BF in X schneidet, ziehe von X die Linie XH parallel mit AF bis zum Durchmesser und von H den Ordinaten parallel HK bis zum Durchschnitt K mit der Geraden AD; da nun $DE^2 : AE^2 = KH^2 : AH^2$ und $EN : AE = HX : AH$, so giebt dies in (3) eingesetzt:

4) $KH^2 : AH^2 = HX : AH$ oder $KH^2 = AH \cdot HX$; also liegt der Punkt K auf dem Kegelschnitt und die Gerade AK innerhalb desselben gegen die Annahme.

§. 33. **Lehrsatz 33.** Wenn von einem Punkt einer Parabel an einen Durchmesser eine Ordinate gezogen, und dieser Durchmesser über seinen Scheitel um ein ebenso grosses Stück, als zwischen dem Scheitel und der Ordinate liegt, verlängert wird, so ist die Verbindungslinie des so erhaltenen Punktes mit dem Parabelpunkt eine Tangente.

Sei eine Parabel mit dem Durchmesser AB gegeben, und von einem beliebigen Punkt C derselben die Ordinate CD gezogen, und DA um sich selbst verlängert bis zum Punkte E, so wird behauptet, dass EC eine Tangente sei. Wäre sie es nicht, so müsste entweder ihre Verlängerung CF innerhalb fallen, oder zwischen E und C ein Schneidungspunkt statt finden. Fig. 35.

Fiele also erstens die Verlängerung von EC innerhalb, so sei F ein Punkt derselben und werde von F den Ordinaten parallel die Gerade FB bis zum Durchmesser gezogen, welche die Parabel in G trifft. Dann ist

1) $GB^2 : CD^2 > FB^2 : CD^2$ und da $FB^2 : CD^2 = BE^2 : DE^2$ und $GB^2 : CD^2 = BA : DA$, ist auch

2) $BA : DA > BE^2 : DE^2$, oder wenn man das erste Verhältniss mit 4 AE erweitert:

3) $4\,BA \cdot AE : 4\,DA \cdot AE > BE^2 : DE^2$, da aber $DE^2 = 4\,DA \cdot AE$, müsste $4\,BA \cdot AE > BE^2$ sein, was unmöglich ist, da $4\,AD\,(AD + DB) < (2\,AD + DB)^2$ ist.

Läge zweitens zwischen E und C ein Schneidungspunkt H mit der Parabel, so ziehe man die Ordinate HK, dann müsste, da $CD^2 : HK^2 = DE^2 : KE^2$ und auch $CD^2 : HK^2 = DA : KA$, also $DE^2 : KE^2 = DA : KA$, oder wenn man das zweite Verhältniss mit 4 AE erweitert: $DE^2 : KE^2 = 4\,AE \cdot DA : 4\,AE \cdot KA$, und da $DE^2 = 4\,AE \cdot DA$, müsste auch $KE^2 = 4\,AE \cdot KA$ sein, was unmöglich ist, da A nicht die Mitte von KE ist.

Anm. Es ist übrigens leicht, diesem Beweis die indirekte Form zu nehmen, welche in der That nur scheinbar ist, da es darauf ankommt, direkt zu beweisen, dass $FB < GB$ ist. Dies thut Viviani in seiner Divin. in quintum Apollonii.

§. 34. **Lehrsatz 34.** Wenn auf einer Hyperbel oder Ellipse oder einem Kreisumfang ein Punkt angenommen und von ihm eine Ordinate gezogen wird, und wenn auf dem Durchmesser zu den beiden Endpunkten des latus transversum und dem durch die Ordinate erhaltenen Punkt der letzterem zugeordnete vierte harmonische Punkt genommen wird, so ist die Verbindungslinie dieses Punktes mit dem zuerst auf dem Kegelschnitt angenommenen eine Tangente.

Sei eine Hyperbel oder eine Ellipse oder ein Kreisumfang mit dem Durchmesser AB gegeben, und auf dem Kegel- Fig. 36 u. 37.

schnitt ein Punkt C angenommen; ferner von C die Ordinate CD gezogen, und auf AB ein Punkt E so bestimmt, dass $AE : BE = AD : BD$ ist, so wird behauptet, dass die Gerade CE den Kegelschnitt berühre.

Wird also von einem andern Punkt F der Geraden EC die Linie FG parallel den Ordinaten nach dem Durchmesser hin gezogen, welche den Kegelschnitt in H schneidet, so ist zu beweisen:

$$FG > HG.$$

Man ziehe von A und B die Linien AL, BK parallel mit EC, und die Gerade CG, bis sie die Parallelen in O, M trifft, so wie CB, bis sie AL in X schneidet, verlängere CD, bis sie AL in N, BM in K schneidet. Da nun $AD : BD = AN : BK$, $AE : BE = CX : CB = XN : BK$, nach Annahme aber $AD : BD = AE : BE$, ist $AN : BK = XN : BK$ und also $AN = NX$. Mithin ist $AN \cdot NX > AO \cdot OX$ oder $\frac{AN}{AO} > \frac{OX}{NX}$ oder, da $\frac{OX}{NX} = \frac{BM}{BK}$, $\frac{AN}{AO} > \frac{BM}{BK}$ d. h. $AN \cdot BK > BM \cdot AO$.

Nun ist aber wegen Aehnlichkeit der Dreiecke CDE, NDA und KDB

$$NA \cdot BK : CE^2 = AD \cdot BD : DE^2$$

und wegen Aehnlichkeit der Dreiecke CGE, OGA und MGB

$$OA \cdot BM : CE^2 = AG \cdot BG : GE^2, \text{ also}$$

$$AD \cdot BD : DE^2 > AG \cdot BG : GE^2,$$

oder, da $DE^2 : GE^2 = DC^2 : GF^2$, ist $AD \cdot BD : DC^2 > AG \cdot BG : GF^2$, da aber $AD \cdot BD : DC^2 = AG \cdot BG : HG^2$, ist $AG \cdot BG : HG^2 > AG \cdot BG : GF^2$, und also $FG > HG$, und F ausserhalb des Kegelschnitts, was zu beweisen war.

Fig. 38. Anderer Beweis. Seien zwei Punkte G, D in einer begränzten Geraden AB angenommen, so dass $DA < DB$ und $GB > GA > DA$, von ihnen Parallelen GH, DC gezogen, und in der verlängerten BA ein Punkt E bestimmt, so dass 1) $GH^2 : GA \cdot GB = CD^2 : DA \cdot DB$ und 2) $AE : BE = AD : BD$, und die Gerade EC gezogen, welche GH in F trifft, so wird behauptet, $GF > GH$.

Bew. Da $GF^2 : CD^2 = GE^2 : DE^2$ und

$GH^2 : CD^2 = AG \cdot BG : AD \cdot BD$, bleibt zu zeigen

$GE^2 : DE^2 > AG \cdot BG : AD \cdot BD$. Nun ist, wenn

M die Mitte zwischen A und B ist, $AD \cdot BD = MA^2 - MD^2 = MD \cdot ME - MD^2 = MD \cdot DE$, und $AG \cdot BG = MA^2 - MG^2$. Setzt man dies ein, vertauscht die inneren Glieder und hebt mit DE, so erhält man:

$GE^2 : MA^2 - MG^2 > DE : MD$, oder componendo $GE^2 + MA^2 - MG^2 : GE^2 > ME : DE$.

Nun ist $GE^2 - MG^2 = ME \cdot (GE - MG)$ und $MA^2 = MD \cdot ME$, also eingesetzt und mit ME gehoben $GE - MG + MD : GE^2 > 1 : DE$ oder $GE + GD : GE > GE : GE - GD$, was einleuchtet. Mithin ist bewiesen, dass $GE^2 : DE^2 > AG \cdot BG : AD \cdot BD$ und also auch, dass $GF > GH$.

Anm. Ein anderer Beweis findet sich in Viviani divinatio in V. conicorum Ap.

§. 35. **Lehrsatz 35.** Wenn eine gerade Linie eine Parabel berührt und bis zu ihrem Durchschnittspunkt mit einem Durchmesser derselben verlängert wird, so wird die vom Berührungspunkt an den Durchmesser gezogene Ordinate auf diesem vom Scheitel an gerechnet ein ebenso grosses Stück abschneiden, als das zwischen dem Scheitel und dem Durchschnittspunkt mit der Tangente befindliche, und in den Raum zwischen der Tangente und dem Kegelschnitt kann vom Berührungspunkt aus keine zweite Gerade gezogen werden.

Sei eine Parabel mit dem Durchmesser AB gegeben, Fig. 39. auf ihr ein Punkt C angenommen und in diesem eine Tangente CA und die Ordinate CB gezogen; ist nun G der Scheitel, so wird behauptet, dass $AG = GB$ ist.

Wäre AG nicht gleich GB, so sei $GE = AG$ und in E die Ordinate EF gezogen, dann wird die gerade Linie AF den Kegelschnitt in F berühren nach §. 33. und also verlängert mit AC zusammen treffen müssen, also hätten die geraden Linien AC und AF zwei verschiedene Schneidungspunkte, was unmöglich ist. Also ist AG nicht ungleich GB. Ferner wird behauptet, dass in den Raum zwischen CA und dem Kegelschnitt keine andere gerade Linie von C aus gezogen werden kann. Denn wäre CD eine solche Gerade, so setze man $GE = GD$, ziehe in E die Ordinate EF, dann wird die Gerade DF den Kegelschnitt in F berühren, also ihre Verlängerung ausserhalb des Kegelschnitts liegen, und deshalb mit DC zusammentreffen müssen, also hätten die beiden Geraden DF,DC zwei verschiedene Schneidungspunkte, was unmöglich ist, mithin fällt in den Raum zwischen *AC* und dem Kegelschnitt keine andere gerade Linie.

§. 36. **Lehrsatz 36.** Wenn eine gerade Linie eine Hyperbel, Ellipse oder einen Kreisumfang berührt, und den verlängerten Querdurchmesser schneidet, und wenn vom Berührungpunkt an denselben Durchmesser eine Ordinate gezogen wird, so verhalten sich auf diesem die beiden Stücke von den Scheiteln des Kegelschnitts bis zum Durchschnittspunkt der Tangente ebenso wie die beiden Stücke vom Fusspunkt der Ordinate bis zu den Scheiteln in derselben Ordnung genommen; und in den Raum zwischen der Tangente und dem Kegelschnitt kann vom Berührungspunkt aus keine andere Gerade gezogen werden.

Fig. 40 u. 41. Sei eine Hyperbel oder eine Ellipse oder der Umfang eines Kreises mit dem Durchmesser *AB* gegeben, und im Punkte *C* derselben die Tangente *CD* und die Ordinate *CE* gezogen, so wird behauptet, dass $AD : BD = AE : BE$. Denn wäre das nicht der Fall, so sei $AD : BD = AG : BG$ und in *G* die Ordinate *GF* gezogen, dann würde *DF* den Kegelschnitt in *F* berühren nach §. 34. und deshalb verlängert mit *DC* zusammentreffen müssen, also hätten zwei gerade Linien zwei verschiedene Durchschnittspunkte, was unmöglich ist. Ferner wird behauptet, dass in den Raum zwischen dem Kegelschnitt und der Tangente *CD* von *C* aus keine andere gerade Linie gezogen werden könne. Denn wäre z. B. *CH* eine solche, so nehme man den Punkt *G* dergestalt, dass $AG:BG = AH:BH$, und ziehe in *G* die Ordinate *GF*, dann würde *HF* nach §. 34. den Kegelschnitt in *F* berühren und also, verlängert, mit *HC* zusammentreffen müssen, also hätten die beiden Geraden *HC*,*HF* zwei verschiedene Durchschnittspunkte, was unmöglich ist. Mithin lässt sich von *C* in den Raum zwischen dem Kegelschnitt und der Tangente *CD* keine andere gerade Linie ziehen.

§. 37. **Lehrsatz 37.** Wenn eine Tangente an einer Hyperbel, Ellipse oder einem Kreisumfang mit einem Durchmesser zusammentrifft, und von dem Berührungspunkte aus an diesen die Ordinate gezogen wird, so ist das Rechteck aus den beiden Abschnitten des Durchmessers vom Mittelpunkt des Kegelschnitts bis zu den Durchschnittspunkten der

Tangente und Ordinate gleich dem Quadrat des halben latus transversum. Das Rechteck aber aus dem Abschnitt zwischen Mittelpunkt und Ordinate und dem zwischen Ordinate und Tangente hat zum Quadrat der Ordinate dasselbe Verhältniss als das latus transversum zum latus rectum.

Ist eine Hyperbel, Ellipse oder ein Kreisumfang mit dem latus transversum *AB* und dem Centrum *F* gegeben, und von einem Punkt *D* derselben die Ordinate *CE* und die Tangente *CD* gezogen, so wird behauptet: Fig. 42 u. 43.

1) $FB^2 = FD \cdot FE,$

2) $FE \cdot ED = AE \cdot BE.$ (siehe §. 12. u. 13.)

Es verhält sich nach §. 36:

1) $AD : BD = AE : BE,$ woraus bei der Hyperbel durch Addition der Glieder eines Verhältnisses, bei der Ellipse und dem Kreis durch Subtraction:

2) $AB : BD = AE \pm BE : BE,$ und wenn man von den Vordergliedern die Hälften nimmt:

3) $FB : BD = FE : BE,$ woraus bei der *Hyperbel* durch Subtraction, bei Ellipse und Kreis durch Addition der Glieder eines Verhältnisses:

4) $FD : FB = FB : FE$ oder $FB^2 = FD \cdot FE.$

Addirt man in (3) die correspondirenden Glieder bei der Hyperbel oder subtrahirt sie bei Ellipse und Kreis, so erhält man:

$$AE : FE = DE : BE \text{ oder } FE \cdot DE = AE \cdot BE.$$

Anm. des Uebers. Diese Satze sind jetzt als Elementarsätze in der Lehre von den harmonischen Punkten hinreichend bekannt.

Anm. des Eutoc. Aus diesen letzten Sätzen erhellt, wie man von einem Punkt auf dem Durchmesser eines Kegelschnitts oder im Scheitel selbst eine Tangente an denselben ziehen kann.

§. 38. **Lehrsatz 38.** Wenn an eine Hyperbel, Ellipse oder einen Kreisumfang eine Tangente, die mit dem zweiten Durchmesser zusammentrifft, und vom Berührungspunkt nach diesem Durchmesser hin eine Parallele mit dem ersten Durchmesser gezogen wird, so ist das Rechteck aus den beiden Abschnitten auf dem zweiten Durchmesser vom Mittelpunkt des Kegelschnitts an bis zu der erwähnten Parallele und bis zu der Tangente, gleich dem Quadrat des halben zweiten Durchmessers; das Rechteck aber aus den beiden Abschnitten zwischen dem Mittelpunkt und jener Parallele und zwischen dieser Parallele und der Tangente verhält sich zu dem Quadrat der Parallelen wie das latus rectum zum latus transversum.

Fig. 44 u. 45. Sei eine Hyperbel oder Ellipse oder ein Kreisumfang mit dem Durchmesser AGB und dem zweiten Durchmesser CGD und eine Tangente ELF, die in E berührt, in L den ersten, in F den zweiten Durchmesser schneidet, gegeben, und von E parallel dem ersten Durchmesser die Linie EH bis zum zweiten Durchmesser gezogen, so wird, wenn r das latus rectum bedeutet, behauptet:

1) $$GC^2 = GF \cdot GH,$$

2) $$GH \cdot HF : EH^2 = r : AB.$$

Beweis. Zieht man noch von E die Ordinate EM, so ist

1) $$EM^2 : GM \cdot LM = r : AB \text{ nach §. 37.}$$

Aber da nach Nr. 4. der zweiten Reihe von Erklär. $r : CD = CD : AB$, so hat man $r : AB = CD^2 : AB^2 = CG^2 : AG^2$; und ersetzt man nun noch das in dem ersten Theile von 1. enthaltene Verhältniss $EM : LM$ durch das gleiche Verhältniss $GF : GL$, und schreibt statt des übrigen EM, HG, so erhält man

2) $HG \cdot GF : GM \cdot GL = CG^2 : AG^2$; da aber nach §. 37. $GM \cdot GL = AG^2$, ist auch $HG \cdot GF = CG^2$, q. e. d.

Ersetzt man aber in 1. das Verhältniss $EM : LM$ durch das gleiche $HF : HE$, schreibt statt des übrigen EM das gleiche HG und statt GM, HE, so hat man

$$HF \cdot HG : HE^2 = r : AB, \text{ q. e. d.}$$

Anm. 1. Hieraus zeigt man leicht, dass die Endpunkte des zweiten Durchmessers, der Fusspunkt der Tangente und der vom Berührungspunkt aus auf denselben gezogenen Ordinate harmonische Punkte sind.

Anm. 2. Aus dem Gesagten erhellt, dass die Linie EF den Kegelschnitt berührt, wenn entweder das Rechteck $FG \cdot GH$ gleich dem Quadrat von GC oder wenn das Rechteck $FH \cdot HG$ zu dem Quadrat von HE sich wie das latus rectum zum latus transversum verhalt, welches beides indirekt leicht gezeigt werden kann.

§. 39. **Lehrsatz 39.** Wenn eine Tangente an einer Hyperbel, Ellipse oder einem Kreisumfang den Durchmesser schneidet, und vom Berührungspunkt eine Ordinate gezogen wird, so hat zu einem jeden der beiden Abschnitte des Durchmessers, die zwischen der Ordinate und dem Mittelpunkt des

Schnitts und zwischen der Ordinate und Tangente liegen, die Ordinate ein Verhältniss, das zusammengesetzt ist aus dem Verhältniss des andern jener beiden Abschnitte zur Ordinate und dem des latus rectum zum latus transversum.

Der Apollonische Beweis ist folgender:

Sei AB das latus transversum eines Kegelschnitts mit dem Centrum F, und im Punkte C desselben die Ordinate CE, so wie die Tangente CD gezogen, und sei G eine Linie von der Beschaffenheit, dass $FE \cdot ED = CE \cdot G$ oder $G : FE = ED : CE$ ist, so hat man, da $CE^2 : FE \cdot ED$, also auch $CE^2 : CE \cdot G$, also $CE : G = r : AB$, Fig. 42 u. 43.

1) $CE : G = r : AB,$

2) $G : FE = ED : CE,$

woraus durch Zusammensetzung die Behauptung sich ergiebt.

Die Richtigkeit des Satzes erhellt übrigens unmittelbar aus §. 37., da hiernach das Quadrat der Ordinate zum Rechteck aus den erwähnten beiden Abschnitten sich wie das latus rectum zum latus transversum verhält, indem man nur einmal die Ordinate aus dem ersten Glied in's vierte und einen der beiden Abschnitte aus dem zweiten Glied in's dritte rückt, wodurch die Richtigkeit der Proportion nicht leidet.

§. 40. **Lehrsatz 40.** Wenn eine Tangente an einer Hyperbel, Ellipse oder einem Kreisumfang den zweiten Durchmesser schneidet und vom Berührungspunkt an diesen Durchmesser eine Parallele mit dem andern Durchmesser gezogen wird, so wird einer der beiden Abschnitte auf dem zweiten Durchmesser, die zwischen dem der Parallelen und dem Mittelpunkt des Schnitts und zwischen derselben und der Tangente liegen, zu der Parallelen ein Verhältniss haben, das zusammengesetzt ist aus dem Verhältniss des jedesmaligen andern Abschnitts zur Parallelen und dem des latus transversum zum latus rectum.

Die Richtigkeit des Satzes erhellt auf dieselbe Weise aus §. 38. als die des vorigen aus §. 37.

§. 41. **Lehrsatz 41.** Wenn in einer Hyperbel oder Ellipse oder einem Kreisumfang eine Ordinate gezogen wird und über der Ordinate und dem Halbmesser gleichwinklige Parallelogramme beschrieben werden, und die Ordinate zu der andern Seite des über ihr beschriebenen Parallelogramms ein Verhältniss hat, das zusammengesetzt ist aus dem Verhältniss des Halbmessers zu der andern Seite des über ihm beschriebenen Parallelogramms und dem des latus rectum zum latus transversum, und wenn noch ein Parallelogramm über dem Abschnitt des Durchmessers vom Mittelpunkt bis zur Ordinate, ähnlich dem über dem Halbmesser befindlichen, construirt wird, so ist bei der Hyperbel das über dem Halbmesser befindliche Parallelogramm gleich dem Unterschied zwischen dem zuletzt erhaltenen und dem über der Ordinate, bei Ellipse und Kreis aber gleich der Summe dieser selben Parallelogramme.

Fig. 46 u. 47. Sei eine Hyperbel mit dem latus transversum AB, dem Mittelpunkt E gegeben, von einem beliebigen Punkt C derselben die Ordinate CD gezogen und über EA ein beliebiges Parallelogramm $EAIF$, über CD aber damit ein gleichwinkliges $CDKG$ construirt, so dass: $CD : CG = EA \cdot r : EF \cdot AB$, wo r das latus rectum bedeutet; so wird behauptet, dass, wenn über ED ein mit $AEFI$ ähnliches Parallelogramm $DELM$ gezeichnet wird:

$$AEFI = DELM - CDKG.$$

Beweis. Nach §. 21. ist $CD^2 : DA \cdot DB$ oder $CD^2 : DE^2 - EA^2 = r : AB$; ersetzt man nun in der Voraussetzung das Verhältniss $r : AB$ durch das gleiche $CD^2 : DE^2 - EA^2$, so erhält man

$$CD : CG = CD^2 \cdot EA : (DE^2 - EA^2) \cdot EF,$$

oder wenn man das Produkt der innern gleich dem Produkt der äussern Glieder setzt und mit $CD \cdot EA$ dividirt:

$$CG \cdot CD = \frac{EF}{EA} \cdot DE^2 - EF \cdot EA$$

und setzt man endlich statt $\frac{EF}{EA} \cdot DE$ das gleiche EL, so erhält man

$$CG \cdot CD = EL \cdot ED - EF \cdot EA,$$

welches, da sich die Inhalte gleichwinkliger Parallelogramme, wie die Rechtecke aus ihren anstossenden Seiten verhalten, mit der Behauptung gleichbedeutend ist.

Auf ganz gleiche Weise erhält man bei gehöriger Aenderung der Zeichen bei der Ellipse

$$CG \cdot CD = EF \cdot EA - EL \cdot ED.$$

§. 42. **Lehrsatz 42.** Wenn eine Tangente einer Parabel den Durchmesser schneidet und vom Berührungspunkt eine Ordinate gezogen wird, von einem beliebigen Punkt des Kegelschnitts aber an den Durchmesser zwei Linien gezogen werden, von denen die eine der Tangente, die andere der Ordinate parallel ist, so ist das durch diese beide Linien entstandene Dreieck gleich dem Parallelogramm zwischen der Ordinate und dem Abschnitt des Durchmessers vom Scheitel bis zu der mit der Ordinate gezogenen Parallelen.

Sei eine Parabel mit dem Scheitel B und dem Durchmesser AB gegeben und in dem Punkt C derselben eine Tangente CA bis an den Durchmesser und die Ordinate CH gezogen, und werde ferner von einem beliebigen Punkt D der Parabel bis an den Durchmesser hin die Linie $DF \parallel CH$, und $DE \parallel CA$ gezogen, so ist, wenn man noch das Parallelogramm CHB bis zum Punkt G vollendet, und den Durchschnittspunkt von DF mit GC I nennt: Fig. 48.

$$\triangle DFE = \square BGIF.$$

Beweis. $\triangle DFE : \triangle CHA = DF^2 : CH^2 = BF : BH$, da aber $HB = BA$, ist $\triangle CHA = \square CGBH$, also $\triangle DFE : \square CGBH = BF : BH$, aber auch $\square IGBF : \square CGBH = BF : BH$, und also $\square IGBF = \triangle DFE$.

§. 43. **Lehrsatz 43.** Wenn eine Tangente an einer Hyperbel, einer Ellipse oder einem Kreisumfang mit dem Durchmesser zusammentrifft, vom Berührungspunkt an den Durchmesser eine Ordinate, und hiermit eine Parallele vom Scheitel aus gezogen wird, bis sie die Verbindungslinie des Berührungspunktes mit dem Mittelpunkt schneidet; wenn ferner von einem beliebigen Punkt des Kegelschnitts nach dem Durchmesser hin zwei Linien gezogen werden, von denen die eine der Tangente, die andere der Ordinate parallel ist, so ist das durch diese beide Linien und den Durchmesser begränzte Dreieck bei der Hyperbel gleich dem Dreieck, das von der zuletzt genannten Parallelen, dem Durchmesser und der Linie vom Mittelpunkt nach dem Berührungspunkt gebildet wird, vermindert um ein diesem ähnliches über dem Halbmesser beschriebenes Dreieck; bei der Ellipse und dem Kreis aber gleich demselben Unterschied mit verwechseltem Minuendus und Subtrahendus.

Fig. 49 u. 50. Sei eine Hyperbel oder eine Ellipse oder ein Kreisumfang mit dem Durchmesser AB und dem Centrum C gegeben, und in einem Punkt E des Schnitts die Tangente ED, die Ordinate EF, so wie im Scheitel B die Linie BL parallel EF gezogen, bis sie der Verbindungslinie CE in L begegnet; werden ferner von einem beliebigen Punkte G des Kegelschnitts an den Durchmesser hin $GH \parallel ED$ und $GK \parallel EF$ gezogen, letztere aber nöthigenfalls bis zu ihrem Durchschnitt M mit CE verlängert, so wird behauptet:

$$\triangle GKH = BKML.$$

Bew. Nach §. 39. ist das Verhältniss $EF : FD$ zusammengesetzt aus dem Verhältniss $CF : FE$ und dem Verhältniss des latus rectum zum latus transversum, da nun $EF : FD = GK : KH$ und $CF : FE = CB : LB$, so ist das Verhältniss $GK : KH$ zusammengesetzt aus dem Verhältniss $CB : LB$ und dem Verhältniss des latus rectum zum latus transversum, weshalb, da auch $\angle GKH$ und $\angle CKM$ gleich sind oder sich zu 2 Rechten ergänzen, nach §. 41. das doppelte Dreieck GKH bei der Hyperbel gleich dem doppelten Dreieck CKM, vermindert um das doppelte Dreieck CBL, und also auch $GKH = LBMK$ ist; bei der Ellipse findet Aehnliches Statt.

Anderer Beweis:

1) $\triangle CDE : \triangle CEF = CD : CF$,

2) $\triangle CLB : \triangle CEF = CB^2 : CF^2$, da nun nach §. 37. $CD : CB = CB : CF$, ist $CD : CF = CB^2 : CF^2$, und also

3) $\triangle CDE = \triangle CLB$, welches von $\triangle CEF$ abgezogen, bei der Hyperbel (wovon letzteres abgezogen bei der Ellipse) ergiebt:

4) $\triangle EDF = EFBL$. Nun ist

5) $\triangle KGH : \triangle EFD = KG^2 : EF^2 = KB \cdot KA : FB \cdot FA = KC^2 - BC^2 : FC^2 - BC^2$. Da aber $FC^2 : KC^2 : BC^2 = \triangle EFC : \triangle MKC : \triangle LBC$, ist auch

6) $KC^2 - BC^2 : FC^2 - CB^2 = \triangle MKC - \triangle LBC : \triangle EFC - \triangle LBC = MKBL : EFBL$, also

7) $\triangle KGH : \triangle EFD = MKBL : EFBL$, und also, da nach (4) $\triangle EFD = EFBL$, auch

8) $\triangle KGH = MKBL$.

Anm. Die Gleichheit der Dreiecke CBL und CDE ist besonders zu merken, welche übrigens erst in Lib. III. §. 1. vom Apollonius bewiesen ist.

§. 44. **Lehrsatz 44.** Wenn eine Tangente an einem von zwei Gegenschnitten den Durchmesser schneidet und im Berührungspunkt eine Ordinate gezogen wird, wenn ferner damit von dem Scheitel des andern Gegenschnitts eine Parallele gezogen wird, welche mit der Verbindungslinie des Mittelpunkts und des Berührungspunktes zusammentrifft, und wenn endlich von einem beliebigen Punkt des Kegelschnitts an den Durchmesser zwei Linien gezogen werden, deren eine der Tangente, die andere der Ordinate parallel ist, so ist das durch diese beiden Linien und den Durchmesser begränzte Dreieck gleich dem von den zuletzt gezogenen Parallelen, dem Durchmesser und der Linie vom Mittelpunkt nach dem Berührungspunkt begränzten Dreieck, vermindert um ein diesem ähnliches Dreieck über dem Halbmesser des Schnitts.

Seien zwei Gegenschnitte AF und BE mit dem Durch- Fig. 51. messer AB und dem Mittelpunkt C gegeben, und von einem Punkt F in dem Schnitt FA die Ordinate FO und die Tangente FG bis an den Durchmesser gezogen, dann die Verbindungslinie FC verlängert, bis sie dem Gegenschnitt in E begegnet, durch den Scheitel B werde die Linie BL parallel FO bis zum Durchschnitt mit FE, und von einem beliebigen Punkt N des Gegenschnitts BE die Linie $NK \parallel FG$ und $NH \parallel FO$, erstere bis an den Durchmesser, letztere nöthigenfalls verlängert bis zum Durchschnitt M mit FE, gezogen, so wird behauptet:

$$\triangle NHK = \triangle CMH - \triangle CBL.$$

Zieht man noch von E die Ordinate EX, so ergiebt sich die Richtigkeit der Behauptung aus dem vorigen Lehrsatz.

Corollar. Es folgt hieraus leicht, dass zwei Tangenten, die an den Endpunkten eines Durchmessers zweier Gegenschnitte gezogen werden, parallel sind.

§. 45. **Lehrsatz 45.** Wenn von einem Punkt einer Hyperbel, Ellipse oder eines Kreises bis an den zweiten Durchmesser eine Tangente und eine Parallele mit dem ersten Durchmesser, so wie eine Linie nach dem Mittelpunkt, und von einem beliebigen andern Punkt des Kegelschnitts bis an den zweiten Durchmesser zwei Linien parallel mit jenen zuerst erwähnten gezogen werden, so ist das von diesen letzteren und dem zweiten Durchmesser gebildete Dreieck bei der Hyperbel gleich der Summe zweier

Dreiecke, deren ersteres die Tangente zur Grundlinie und den Mittelpunkt zur Spitze hat, und deren anderes durch die vom zweiten Punkt mit dem ersten Durchmesser gezogene Parallele, den zweiten Durchmesser und die Linie vom Berührungspunkt nach dem Mittelpunkt gebildet wird, bei der Ellipse und dem Kreis gleich dem Unterschied derselben Dreiecke in gleicher Ordnung genommen.

Fig. 52 u. 53. Sei eine Hyperbel oder Ellipse oder der Umfang eines Kreises mit dem Durchmesser *AH*, dem zweiten Durchmesser *HD*, also dem Mittelpunkt *H*, gegeben, und von einem beliebigen Punkt *C* im Umfang die Tangente *CL*, die den ersten Durchmesser in *M*, den zweiten in *L* trifft, die Parallele *CD* mit dem ersten Durchmesser und die Linie *CH*, ferner von einem beliebigen zweiten Punkt *B* des Umfangs die Linie $BE \parallel CL$ und $BF \parallel CD$ gezogen, bis letztere *CH* in *G* schneidet, so wird behauptet, dass

bei der Hyperbel $\triangle BFE = \triangle CHL + \triangle GHF$,

bei Ellipse und Kreis $\triangle BFE = \triangle CHL - \triangle GHF$.

Man ziehe noch von *C* und *B* an den ersten Durchmesser die Ordinaten *CK*, *BN* und construire über *AH* das $\triangle AHX$ ähnlich mit $\triangle CDL$. Nach §. 39. ist das Verhältniss von $CK : KM$, d. h. $DL : CD$, zusammengesetzt aus dem Verhältniss $KH : CK$ und dem des latus rectum zum latus transversum, folglich wird nach §. 41. das über der Ordinate *CK* construirte Parallelogramm *CDHK* bei der Hyperbel gleich dem über der Abscisse *CD* construirten, dessen Hälfte *CDL* ist, vermindert um ein dem letzteren ähnliches über dem Halbmesser *AH*, bei Ellipse und Kreis gleich demselben Unterschied in verkehrter Ordnung sein, also auch

1) $\triangle CDH = \triangle CDL - \triangle AHX$ bei Hyperbel,

2) $\triangle CDH = \triangle AHX - \triangle CDL$ bei Ellipse.

Folglich in jedem Fall

3) $\triangle CLH = \triangle AHX.$

Nun ist zunächst für die Hyperbel

4) $\triangle CDH : \triangle GFH = CK^2 : BN^2 = HK^2 - HA^2 : HN^2 - HA^2$, und da

5) $HA^2 : HN^2 : HK^2 = \triangle HAX : \triangle FBE : \triangle DCL,$

6) $\triangle CDH : \triangle GFH = \triangle DCL - \triangle HAX : \triangle FBE - \triangle HAX,$

da aber nach 1) $\triangle CDH = \triangle DCL - \triangle HAX$, ist auch

7) $\triangle GFH = \triangle FBE - \triangle HAX$, oder nach (3):

$= \triangle FBE - \triangle CLH.$

Bei der Ellipse sind nur die Zeichen in den Zeilen 4, 6, 7 umgekehrt.

§. 46. **Lehrsatz 46.** Wenn von einem Punkt einer Parabel eine Tangente und durch ihren Berührungspunkt eine Parallele mit dem Durchmesser gezogen wird, so halbirt diese letztere alle der Tangente parallelen Sehnen.

Sei eine Parabel mit dem Durchmesser ABD und im Fig. 54. Punkte C derselben die Tangente CA, so wie die Parallele CM mit AB gegeben; wird nun von einem beliebigen Punkt L der Parabel eine Sehne LF parallel mit CA gezogen, so wird behauptet, dass diese durch CM in einem Punkt N halbirt werde.

Man ziehe von L, F und dem Scheitel B die Ordinaten LD, FG, BH, bis sie CM in den Punkten M, K, H schneiden, verlängere noch LF, bis es in E den Durchmesser schneidet, so ist nach §. 42.

1) $\triangle LDE = \square BHMD$,

2) $\triangle FGE = \square BHKG$, also $GFLD = \square GKMD$, folglich auch $\triangle KNF = \triangle LMN$ und da diese auch ähnlich sind, $LN = NF$. q. e. d.

§. 47. **Lehrsatz 47.** Wenn von einem Punkt einer Hyperbel, Ellipse oder eines Kreisumfangs eine Tangente und ein Radius gezogen wird, so halbirt letzterer, nöthigenfalls verlängert, alle der Tangente parallelen Sehnen.

Sei eine Hyperbel oder eine Ellipse oder ein Kreisumfang mit dem Durchmesser AB, dem Scheitel B und dem Fig. 55a u. b. Mittelpunkt C gegeben, und werde in einem beliebigen Punkt E des Umfangs eine Tangente ED bis an den Durchmesser und ein Radius EC, von einem andern beliebigen Punkt G des Umfangs aber eine mit ED parallele Sehne GN gezogen, so wird behauptet, dass GN von CE in einem Punkt O halbirt wird.

Man ziehe von G, N, B die Ordinaten GK, NF, BL, bis sie CE in den Punkten M, X, L schneiden, so ist nach §. 43.

1) $\triangle GHK = BLMK$,

2) $\triangle NFH = BLXF$, also $GNFK = KMXF$, und folglich $\triangle GOM = \triangle NOX$, da aber diese Dreiecke auch ähnlich sind, ist $GO = ON$. q. e. d.

§. 48. **Lehrsatz 48.** Wenn von einem Punkt im Umfang eines von zwei Gegenschnitten eine Tangente und ein Radius gezogen werden, so halbirt letzterer in seiner Verlängerung alle im zweiten Gegenschnitt parallel mit der Tangente gezogenen Sehnen.

Fig. 56. Seien zwei Gegenschnitte mit dem Durchmesser *AB*, dem Mittelpunkt *C* gegeben, und im Punkte *L* des einen von ihnen die Tangente *LK* und der Radius *LC* gezogen, so wird behauptet, dass die im andern Gegenschnitt parallel mit *LK* gezogene Sehne *NG* von der verlängerten *LC* in einem Punkt *O* halbirt wird. Man ziehe noch im Punkt *E*, wo die verlängerte *LC* den zweiten Gegenschnitt trifft, die Tangente *ED*, so ist nach dem, was in §. 44. am Schluss gesagt ist, diese parallel mit *LK*, wodurch der Satz auf den vorigen zurückgebracht ist.

§. 49. **Lehrsatz 49.** Wenn von einem beliebigen Punkt einer Parabel eine Tangente bis an einen Durchmesser und eine Parallele mit diesem, vom Scheitel aber den Ordinaten parallel eine Linie gezogen wird, und wenn, wie das Stück der Tangente zwischen dem Berührungspunkt und dieser letzten Parallelen, zu dem Stück der mit dem Durchmesser gezogenen Parallelen vom Berührungspunkt bis zu derselben Linie so eine neue Länge zur doppelten Tangente sich verhält, so ist das Quadrat einer von einem beliebigen Punkt der Parabel parallel mit der Tangente an die von ihrem Berührungspunkt ausgehende Parallele mit dem Durchmesser gezogene Linie gleich dem Rechteck des auf dieser dadurch abgeschnittenen Stückes und jener erwähnten neuen Länge, d. h. es ist für den vom Berührungspunkt ausgehenden Durchmesser diese neue Länge das zugehörige latus rectum.

Fig. 57. Sei eine Parabel mit dem Durchmesser *CBM*, dem Scheitel *B* gegeben, und werde im Punkte *D* derselben bis an den Durchmesser die Tangente *DC*, so wie die Parallele *FDN* mit dem Durchmesser, im Scheitel aber den Ordinaten parallel die Linie *BEF* gezogen, die die Tangente in *E*, die

Parallele ND in F schneidet; sei nun $DF : DE = 2\,CD : X$, so wird, wenn von einem beliebigen Punkt K der Parabel bis an DN hin eine Parallele KL mit DC gezogen wird, behauptet:

$$KL^2 = LD \cdot X.$$

Man ziehe noch die Ordinaten DG und KM, welche letztere FD in N trifft, und verlängere KL bis an den Durchmesser zum Punkt P. Nun ist

1) $$\triangle KPM = \square BFNM$$

und, wenn in letzterem das Stück DFE durch das gleiche CBE ersetzt wird,

2) $$\triangle KPM = NDCM;$$

subtrahirt man nun das gemeinschaftliche $NLPM$, so bleibt

3) $$\triangle KLN = LDCP.$$

Wenn aber ein Dreieck und ein Parallelogramm gleichen Inhalt und einen gleichen Winkel haben, so ist das Rechteck der diesen einschliessenden Seiten im Dreieck doppelt so gross als im Parallelogramm, also

$KL \cdot LN = DL \cdot 2\,DC$ und, da $DF : DE = LN : KL = 2\,CD : X$,

$KL \cdot 2\,DC = X \cdot LN$ also

$KL^2 = DL \cdot X$. q. e. d.

§. 50. **Lehrsatz 50.** Wenn eine Tangente an einer Hyperbel, Ellipse oder einem Kreise mit einem Durchmesser zusammentrifft, und vom Berührungspunkt eine Linie nach dem Mittelpunkt, vom Scheitel aus aber eine Ordinate bis zu dieser Verbindungslinie gezogen wird, und wenn, wie das Stück der Tangente zwischen dem Berührungspunkt und dieser Ordinate zu dem Stück der vom Mittelpunkt aus gezogenen Linie zwischen denselben Gränzen, so eine neue Länge sich zur doppelten Tangente verhält, so ist das Quadrat einer von einem beliebigen Punkt des Kegelschnitts aus parallel der Tangente bis an die Verbindungslinie des Mittelpunkts mit dem Berührungspunkt gezogenen Linie gleich dem Rechteck aus der vorerwähnten neuen Länge und dem Stück des Halbmessers zwischen dieser Linie und dem Berührungspunkt bei der Hyperbel vermehrt um ein Rechteck von gleicher Breite, das ähnlich ist dem zwischen dem doppelten Halbmesser und der neuen Länge, bei der Ellipse um ein eben solches vermindert.

Fig. 58a u. b. Sei eine Hyperbel oder Ellipse oder der Umfang eines Kreises mit dem Durchmesser AB und dem Mittelpunkt C gegeben, und im Punkte E an den Durchmesser hin die Tangente ED gezogen, die Verbindungslinie EC aber über C hinaus verdoppelt zum Punkt K, und nöthigenfalls auch über E verlängert, vom Scheitel B werde die Ordinate BFG, in E lothrecht gegen EC die Linie EH, so dass $FE : EG = EH : 2\,ED$, ferner die Verbindungslinie HK gezogen. Nun ziehe man von einem beliebigen Punkt L des Kegelschnitts eine Linie LMX parallel der Tangente, die CE in M, CD in X trifft, und von L auch die Ordinate LN, die CE in R schneidet; endlich ziehe man von M eine Parallele mit EH, bis sie HK in P trifft, so wird behauptet:

$$LM^2 = EM \cdot MP.$$

Constr. Man ziehe noch von C mit HK die Parallele CO, die MP in O, EH in S schneidet.

Beweis. Nach §. 43. ist

1) $$\triangle LNX = RNBG$$

und wenn man in letzterem das $\triangle GEF$ durch das gleiche Dreieck BFD ersetzt, (dass diese Dreiecke gleich sind, ist in III. 1. bewiesen, folgt aber auch leicht aus dem Bisherigen; ist ET die Ordinate in E, so ist $CD : CB = CB : CT = CG : CE$ und folglich BE parallel DG, also $\triangle DFB = \triangle GFE$)

2) $$\triangle LNX = RNDE,$$

oder wenn auf beiden Seiten $NRMX$ weggelassen wird,

3) $$\triangle LMR = EMXD,$$

und da diese einen Winkel gleich haben, ist:

4) $$LM \cdot MR = EM \cdot [ED + MX],$$

aber, da $FE : EG = LM : MR = EH : 2\,ED$, oder was dasselbe ist, $LM : MR = ES : ED$, ist

5) $$LM \cdot ED = MR \cdot ES,$$

also durch Multiplication von 4. und 5.

6) $$LM^2 = EM \cdot \frac{ES}{ED} [ED + MX];$$

da aber $ES : ED = MO : MX$, erhält man sogleich

7) $$LM^2 = EM [ES + MO],$$

und da endlich $ES = SH = OP$, $LM^2 = EM \cdot MP$. q. e. d.

§. 51. **Lehrsatz 51.** Wenn an einem von zwei Gegenschnitten eine Tangente gezogen wird, die den Durchmesser schneidet, vom Berührungspunkt nach dem Mittelpunkt eine gerade Linie gezogen und bis zum andern Gegenschnitt verlängert wird, im Scheitel des ersten aber eine Ordinate gezogen wird, und wenn, wie das Stück der Tangente zwischen dem Berührungspunkt und dieser Ordinate zu dem Stück der vom Mittelpunkt her gezogenen Linie zwischen denselben Gränzen, so eine neue Länge sich zur doppelten Tangente verhält, so ist das Quadrat einer Linie, die im andern Gegenschnitt parallel der Tangente bis an die vom Berührungspunkt durch den Mittelpunkt gehende Linie gezogen wird, gleich dem Rechteck aus dem durch sie darauf abgeschnittenen Stück und jener neuen Länge, vermehrt um ein Rechteck von gleicher Breite, das ähnlich ist dem aus dieser neuen Länge und dem zwischen beiden Gegenschnitten liegenden Stück der durch den Mittelpunkt gehenden Linie.

Seien zwei Gegenschnitte mit dem Durchmesser *AB*, dem Fig. 59. Mittelpunkt *E* und im Punkte *C* des einen die Tangente *CD* gegeben, werde ferner die Linie *CE* gezogen und bis an den andern Gegenschnitt zum Punkt *F* verlängert, und im Scheitel *B* des ersten der beiden Gegenschnitte die Linie *BLG* den Ordinaten parallel gezogen, die *CD* in *L*, *CE* in *G* schneidet, und sei $CL : CG = X : 2\,CD$, wo *X* eine neue Länge ist, so ist klar, dass in dem Gegenschnitt *BC* das Quadrat einer von einem beliebigen Punkt des Schnitts an die verlängerte *EC* parallel mit *CD* gezogenen Linie gleich einem Rechteck aus *X* und dem durch eine solche Parallele auf *EC* gebildeten Abschnitt vermehrt um ein Rechteck von gleicher Breite ähnlich den zwischen *X* und *CF* enthaltenen ist. Es wird nun behauptet, dass dasselbe auch im andern Gegenschnitt *AF* statt findet.

Man ziehe in *F* die Tangente *FM* und im Scheitel *A* den Ordinaten parallel *AKN*. Nun ist $FM \parallel CD$ und $FM = CD$ und da auch $EF = EC$, also überhaupt die zu beiden Seiten von *E* liegenden geradlinigen Figuren congruent sind, ist also $FK : FN = X : 2\,FM$, woraus die Behauptung erhellt.

Durch diese Lehrsätze ist nun gezeigt, dass in der Parabel eine jede Linie, die parallel mit dem aus der Erzeugung herrührenden Durchmesser gezogen wird, ein Durchmesser ist; in der Hyperbel aber, der Ellipse und den Gegenschnitten jede durch den Mittelpunkt gehende Linie; dass ferner für jeden Durchmesser die Quadrate der parallel mit der Tangente im Scheitel gezogenen Ordinaten bei der Parabel gleich den daran liegenden Rechtecken [aus Abscisse und latus rectum] sind, bei der Hyperbel und den Gegenschnitten gleich diesen Rechtecken vermehrt um eine gewisse Figur und bei der Ellipse vermindert um dieselbe Figur; endlich folgt hieraus, dass, was für die aus der Erzeugung herrührenden Durchmesser bewiesen ist, auch gelte für beliebige andere Durchmesser.

§. 52. **Aufgabe 1.** Wenn ein rechter Winkel, dessen einer Schenkel eine gegebene Länge hat und dessen anderer Schenkel unbegränzt ist, gegeben ist, eine Parabel zu construiren, für welche der letztgenannte Schenkel ein Durchmesser, der erstgenannte das zugehörige latus rectum ist und in welcher die zu diesem Durchmesser gehörigen Ordinaten einen gegebenen Winkel mit demselben bilden.

Sei eine Ebene mit der Geraden *AB* und dem festen Endpunkt *A* und ausserdem senkrecht darauf die Länge *AD* gegeben; man soll eine Parabel construiren, deren Durchmesser *AB*, Scheitel der Punkt *A*, und zugehöriges latus rectum die Länge *AD* ist, und zwar

1. für den Fall, dass der Ordinatenwinkel ein Rechter ist.

Fig. 60 a. Construction. Verlängere *BA* um ein beliebiges Stück *AE*, das grösser als der vierte Theil von *AD* ist, suche zu *AE* und *AD* die mittlere Proportionale und construire in der lothrecht auf der gegebenen stehenden Ebene über *AE* ein Dreieck *AEF*, dessen Seite $AF = AE$, und *EF* gleich der erwähnten mittleren Proportionale ist (dieses Dreieck ist möglich, weil die Grundlinie $EF = \sqrt{AE \cdot AD} < 2\,AE$ ist); ziehe von *F* eine Linie *FK* parallel und gleich mit *AE*, ziehe *AK* und beschreibe darum als Durchmesser einen Kreis, dessen Ebene lothrecht auf der Ebene des Dreiecks *AEF* steht, so ist der Durchschnitt desjenigen Kegels, dessen Spitze *F* und dessen Grundfläche der erwähnte Kreis ist, mit der gegebenen Ebene die verlangte Parabel.

Beweis. Man lege durch einen beliebigen Punkt *X* des erhaltenen Durchschnitts eine Ebene parallel mit der des Kreises *AK*, die die verlängerten Linien *FA*, *FK*, *EA* in den

Punkten N, M, B und den Kegelschnitt zum zweiten Male in L trifft.

Da nun erstens die Schnittebene XAL parallel mit der Seitenlinie FM des Kegels ist, muss der erhaltene Kegelschnitt eine Parabel sein. Da zweitens die Ebenen NXM,XBA lothrecht auf der Ebene NFM stehen, muss auch ihr Durchschnitt XBL lothrecht auf BA und BN stehen; also ist B die Mitte von XL und die Linie AB ein Durchmesser der Parabel, der von den zugehörigen Ordinaten unter einem rechten Winkel geschnitten wird. Drittens ist zu zeigen, dass $XB^2 = AB \cdot AD$ ist. Setzt man aber in $\frac{XB^2}{AB}$ zuerst $XB^2 = NB \cdot BM$, dann $\frac{NB}{AB} = \frac{EF}{AE}$ und $BM = EF$, so erhält man $\frac{XB^2}{AB} = \frac{EF^2}{AE}$, welches nach Construction gleich AD ist.

2. für den Fall, dass der Ordinatenwinkel kein Rechter, sondern der Winkel HAE ist.

Construction. Mache AE gleich der Hälfte von AD, Fig. 60b. fälle von E auf AH das Loth EH, ziehe von H die Linie HL parallel EA, fälle von A auf HL das Loth AL, halbire HL in K und suche zu KL,AL die dritte Proportionale KM, beschreibe dann wie in voriger Auflösung für die Gerade KL mit dem festen Endpunkt K als Durchmesser, die Länge KM als latus rectum und den Ordinatenwinkel gleich einem Rechten eine Parabel, so ist das die verlangte.

Beweis. Errichte in K auf HL das Loth KG, das AH in F, AE in G schneidet. Die Parabel geht nun erstens durch den Punkt A, weil $AL^2 = KL \cdot KM$ nach Constr. Zweitens ist AB ein Durchmesser derselben, weil AB parallel mit KL ist nach §. 46., ferner ist AH eine Tangente und also HAE der Ordinatenwinkel nach §. 33. und §. 46. Drittens ist die Linie AD gleich dem zu dem Durchmesser AB gehörigen latus rectum, denn hiesse dasselbe X, so müsste nach §. 49. $AG : AF = 2\,AH : X$, da aber $\triangle AGF \sim \triangle AHE$, ist $AG : AF = AH : AE$, also $X = 2\,AE = AD$. q. e. d.

§. 53. **Aufgabe 2.** Wenn zwei begränzte Gerade, die einen rechten Winkel bilden, gegeben sind und die erste über den Scheitelpunkt hinaus verlängert wird, in der Ebene der beiden Linien eine Hyperbel zu finden, so dass die verlängerte Gerade ein Durchmesser, die Spitze des rechten

Winkels der Scheitelpunkt, der Ordinatenwinkel ein gegebener Winkel und die ursprünglich gegebenen Geraden das latus transversum und latus rectum sind.

Seien *AB* und *AC* zwei gegebene begränzte Gerade, die bei *A* einen rechten Winkel bilden, man soll über der verlängerten *BA* in der Ebene *BAC* eine Hyperbel construiren, deren Scheitel *A*, deren Durchmesser und zugleich latus transversum *BA*, und deren latus rectum *AC* ist,

1. für den Fall, dass der Ordinatenwinkel ein Rechter ist.

Fig. 61. Construction. Construire in der auf der Ebene *BAC* in der Linie *BA* lothrecht stehenden Ebene einen Kreis, dessen Sehne *AB* ist, und dessen auf *AB* senkrechter Durchmesser *LE* von *AB* in *K* so getheilt wird, dass nicht $EK : KL > BA : AC$. Nimm dann auf *KL* einen Punkt *M* an, so dass $EK : KM = BA : AC$ ist, und errichte in *M* auf *LE* ein Loth, das den Kreis in *F* trifft (es muss aber den Kreis treffen, da der Punkt *M* innerhalb des Kreises liegt), ziehe *FA*,*BF* und schneide auf der verlängerten *BF* das Stück $FX = FA$ ab, so ist der Durchschnitt des Kegels, dessen Spitze *F* und dessen Grundfläche ein um *AX* als Durchmesser senkrecht gegen die Ebene *AFB* beschriebener Kreis ist, mit der Ebene *BAC* die verlangte Hyperbel.

Beweis. Ziehe *FE*, das *BA* in *N* schneidet, und lege durch einen beliebigen Punkt *R* des erhaltenen Kegelschnitts eine Ebene parallel mit dem um *AX* beschriebenen Kreis, die die verlängerten Linien *BA*, *FA*, *FX* in den Punkten *D*, *H*,*G*, den Kegelschnitt zum zweiten Mal in *P* schneidet. Der durch den Kegel in der Ebene *BAC* erzeugte Schnitt ist nun erstens eine Hyperbel, denn die Schnittebene wird von der Verlängerung der Seitenlinie *FX* des Kegels über den Scheitel desselben hinaus im Punkte *B* getroffen. Da zweitens die Ebenen *GRH* und *RDB* lothrecht auf der Ebene *BAF* stehen, muss ihre Durchschnittslinie *RDP* lothrecht sowohl auf *DG* als auf *DB* stehen, mithin ist *D* die Mitte von *RP*, also *BA* ein Durchmesser der Hyperbel und der zugehörige Ordinatenwinkel ein Rechter. Drittens ist zu zeigen, dass *AC* das latus rectum ist, oder was dasselbe ist, dass $RD^2 : DA \cdot DB = AC : BA$ Da in dem gleichschenkligen Dreieck *GFH* der Aussenwinkel an der Spitze durch die Gerade *FE* halbirt wird, denn Bogen

$BE = EA$ nach Construction, ist EF parallel mit GH, also $\triangle ADH \sim \triangle ANF$ und deshalb $DH : AD = FN : AN$, ferner $\triangle GDB \sim \triangle FNB$ und deshalb $GD : BD = FN : BN$, also erhält man, da noch $RD^2 = GD \cdot DH$ und $AN \cdot BN = FN \cdot EN$ ist: $RD^2 : DA \cdot DB = DH \cdot DG : DA \cdot DB = FN^2 : BN \cdot AN = FN : NE = MK : KE = AC : BA$ und also AC das latus rectum. q. e. d.

2. Fall. Angenommen der Ordinatenwinkel sei kein Rechter, sondern der Winkel BAH.

Construction. Halbire BA in D, beschreibe über AD Fig. 62.
einen Halbkreis, ziehe parallel mit AH eine Linie GF zwischen die verlängerte BA und den Halbkreis, so dass $GF^2 : GA \cdot GD = AC : AB$ (siehe Anmerkung), ziehe DF, die den Schenkel des gegebenen Winkels in H schneidet; nimm auf der Linie DF den Punkt L, so dass $DL^2 = DF \cdot DH$, verlängere LD um sich selbst zum Punkte K, errichte in F auf DF ein Loth FM, so dass $AF^2 = FL \cdot FM$, ziehe KM, die das in L auf KL errichtete Loth in N trifft und construire endlich für die beiden begränzten Geraden KL, LN als latus transversum und latus rectum und den Ordinatenwinkel gleich einem Rechten eine Hyperbel nach der vorigen Auflösung, so ist dies die verlangte.

Beweis. Verlängere noch das in L errichtete Loth LN, bis es AH in O, AB in X trifft. Die construirte Hyperbel geht nun erstens durch den Punkt A, da nach Construction $AF^2 = LF \cdot FM$ ist. Zweitens ist AH eine Tangente an ihr und folglich BAH für den Durchmesser BA der zugehörige Ordinatenwinkel, da $DL^2 = DH \cdot DF$ nach Construction. Drittens ist zu zeigen, dass das für das latus transversum BA zugehörige latus rectum Y gleich AC ist. Nach §. 50. ist aber $AX : AO = 2\,AH : Y$ und da $AX : AO = GA : GF$ und $AD : AH = GD : GF$, erhält man $AX \cdot AD : AO \cdot AH = GA \cdot GD : GF^2 = BA : AC$; ersetzt man hierin das Verhältniss $AX : AO$ durch das nach §. 50. gleiche $2\,AH : Y$, so erhält man $2\,AH \cdot AD : Y \cdot AH = BA : AC$, worin sich AH hebt, und da $2\,AD = BA$, ist auch $Y = AC$. q. e. d.

Anm. Die Auflosung der Aufgabe zwischen einen Halbkreis und den Fig. 63.
verlängerten Durchmesser desselben eine Gerade von gegebener Richtung so zu legen, dass ihr Quadrat zu dem Rechteck der durch sie auf dem Durch-

messer gebildeten Abschnitte ein gegebenes Verhältniss hat, kann folgendermassen geschehen.

Sei AD der Durchmesser, $p:q$ das gegebene Verhaltniss, α der gegebene Winkel. Trage an AD im Punkte A den Winkel α an, fälle vom Mittelpunkt S auf den zweiten Schenkel ein Loth, das den Kreis in T trifft; ziehe in T eine Tangente, die den verlangerten Durchmesser DA in U trifft, und suche auf TU einen Punkt Z, so dass $UZ:TZ=p:\frac{q-p}{2}$, ziehe SZ, die den Kreis in F trifft, so ist die durch F parallel mit TU gelegte Linie die verlangte. Seien G, V, W die Punkte, in denen der verlangerte Durchmesser DA, die Linie ST und der Kreis zum zweiten Male von der durch F gelegten Parallelen getroffen werden, so ist $UZ:ZT=GF:FV=p:\frac{q-p}{2}$, und folglich $GF:GW=p:q$; erweitert man das erste Verhältniss mit GF und setzt statt $GF\cdot GW$ das gleiche $GA\cdot GD$, so erhält man $GF^2:GA:GD=p:q$. w. z. b. w.

§. 54. **Aufgabe 3.** Wenn zwei begränzte Gerade, die einen rechten Winkel bilden, gegeben sind, um die eine derselben als Durchmesser eine Ellipse zu beschreiben, die in der Ebene der beiden Geraden liegt, die Spitze des rechten Winkels zu einem Scheitel und die erste der beiden Geraden zum latus transversum, die andere zum latus rectum hat.

Seien BA, AC die gegebenen Geraden, die bei A einen rechten Winkel bilden; man soll über BA als Durchmesser in der Ebene BAC eine Ellipse construiren, deren latus transversum AB und deren latus rectum AC ist,

1. für den Fall, dass der Ordinatenwinkel ein Rechter und AB grösser als AC ist.

Fig. 64. Construction. Construire über BA als Sehne in der auf BAC lothrechten Ebene einen Kreis, nenne die Mitte des einen Kreisbogens über AB D, und ziehe von D eine Sehne DF, deren Verlängerung die verlängerte BA in E schneidet, so dass $DE:EF=BA:AC$ ist. Ziehe FA und FB und schneide auf beiden gleiche Stücke FG, FH ab; construire über GH als Durchmesser in der auf FAB lothrechten Ebene einen Kreis GNH, so ist der Durchschnitt desjenigen Kegels, dessen Spitze F und dessen Grundfläche der um GH beschriebene Kreis ist, mit der gegebenen Ebene die verlangte Ellipse.

Beweis. Verlängere AB und GH, bis sie sich in K schneiden, ziehe von K ein Stück KM der Durchschnittslinie der beiden Ebenen *CAB* und *GNH*, ferner von *F* eine Parallele mit *AB*, bis sie die verlängerte *GH* in *L* schneidet

Der erhaltene Kegelschnitt ist nun erstens eine Ellipse, weil beide Punkte *A* und *B* auf den Schenkeln des gleichschenkligen Dreiecks *GFH* sich befinden und nicht einer jenseit des Scheitels liegt.

Da zweitens die Ebenen *GNH* und *CAB* lothrecht auf der Ebene des Achsendreiecks *FGH* stehen, muss auch ihre Durchschnittslinie *MK* und die ihr parallelen Linien lothrecht auf der Ebene *FGH* stehen, folglich ist *AB* ein Durchmesser der Ellipse, und der zugehörige Ordinatenwinkel ein Rechter.

Es bleibt drittens zu beweisen, dass in dieser Ellipse die Quadrate der Ordinaten zu den Rechtecken aus den Abschnitten, die sie auf dem latus transversum bilden, sich verhalten wie $AC : AB$. Es verhalten sich nach §. 13. Lehrsatz und Anmerkung die Quadrate der Ordinaten zu den Rechtecken der Abschnitte auf dem latus transversum in der Ellipse wie $LG \cdot LH : FL^2$; da Dreieck *FGH* gleichschenklig ist, die Peripheriewinkel über dem Bogen *AB*, *BD*, *DA* zusammen zwei Rechte betragen, und $BD = DA$ ist, muss der Peripheriewinkel *BFD* gleich dem Basiswinkel *FGH* und also *GL* parallel *ED* sein. Also $LG : FL = EF : EA$ und $LH : FL = EF : EB$ oder zusammengesetzt: $LG \cdot LH : FL^2 = EF^2 : EA \cdot EB = EF^2 : EF \cdot ED = EF : ED = AC : AB$. q. e. d.

2. für den Fall, dass der Ordinatenwinkel ein Rechter, aber *AB* kleiner als *AC* ist.

Construction. Halbire *AB* in *D*, errichte in *D* ein Loth *EF*, das gleich der mittleren Proportionale zwischen *AB* und *AC* ist und in *D* halbirt wird, und ziehe in *F* senkrecht gegen *EF* eine Linie *FG*, so dass $AC : AB = EF : FG$, wobei also $FG < EF$ ist, und construire nach dem vorigen Fall eine Ellipse für *EF* als latus transversum, *FG* als latus rectum, *F* als Scheitel und den Ordinatenwinkel gleich einem Rechten, so ist das die verlangte. Fig. 65.

Beweis. Da $AC : EF = EF : AB$, ist auch $AC : AB = EF^2 : AB^2 = ED^2 : AD^2$, und da $AC : AB = EF : FG$, also

$EF : FG = ED^2 : AD^2$, und deshalb sowohl A als B auf der Ellipse, und AC das für das latus transversum AB zugehörige latus rectum.

3. für den Fall, dass der Ordinatenwinkel kein Rechter ist, sondern der gegebene Winkel BAH.

Fig. 66. Construction. Halbire AB in D, beschreibe über AD einen Halbkreis, ziehe zwischen dem Halbkreis und dem Durchmesser AD parallel mit AH die Linie FG, so dass $FG^2 : AG \cdot GD = AC : AB$ (siehe Anmerkung), ziehe DF, welches den Schenkel AH in H trifft; nimm in DH den Punkt L, so dass $DL^2 = DF \cdot DH$, verlängere LD um sich selbst zum Punkte K, verlängere AF bis zu einem Punkt M, so dass $AF^2 = LF \cdot MF$, ziehe KM, welches ein in L auf DL errichtetes Loth in N schneidet, und beschreibe für KL als latus transversum, LN als latus rectum und den Ordinatenwinkel gleich einem Rechten eine Ellipse, nach dem 1. oder 2. Fall, so ist dies die verlangte.

Beweis. Man verlängere das Loth LN, bis es AH in O, die verlängerte DA in X schneidet. Die Ellipse geht nun erstens durch den Punkt A, weil $AF^2 = LF \cdot FM$ nach Construction. Zweitens ist AH eine Tangente und also BAH der zum Durchmesser gehörige Ordinatenwinkel, weil $DL^2 = DF \cdot DH$ nach Construction. Drittens ist zu zeigen, dass das zu dem latus transversum AB zugehörige latus rectum Y gleich AC ist. Nach §. 50. ist $AX : AO = 2\,AH : Y$, es ist aber ferner $AX : AO = AG : GF$ und $AD : AH = GD : GF$, also zusammengesetzt $AX \cdot AD : AO \cdot AH = AG \cdot GD : GF^2 = AB : AC$, oder wenn statt $AX : AO$ das nach §. 50. gleiche Verhältniss $2\,AH : Y$ eingesetzt wird, $2\,AH \cdot AD : Y \cdot AH = AB : AC$ und wenn AH gehoben wird, da $2\,AD = AB$, auch $Y = AC$. q. e. d.

Anmerkung. Die Aufgabe, zwischen einen Halbkreis und seinen Durchmesser eine Linie von gegebener Richtung zu legen, so dass ihr Quadrat zu dem Rechteck der durch sie gebildeten Abschnitte ein gegebenes Verhaltniss hat, geschieht ebenso wie in der Anmerkung zu §. 53. angegeben ist, wenn nur der Punkt Z auf der verlangerten UT statt auf UT selbst bestimmt und statt $\frac{q-p}{2}$, $\frac{q+p}{2}$ genommen wird.

§. 55. **Aufgabe 4.** Wenn zwei begränzte gerade Linien gegeben sind, die einen rechten Winkel bilden, Gegenschnitte zu construiren, von denen die eine der gegebenen Linien das latus transversum, und ihr Endpunkt der Scheitel, die andere Linie aber das latus rectum ist, und für welche der Ordinatenwinkel gegeben ist.

Seien *EB*, *BH* die gegebenen begränzten Geraden, die bei *B* einen rechten Winkel bilden, und α der gegebene Winkel, so construire man zuerst nach §. 53. eine Hyperbel für *EB* als latus transversum, *BH* als latus rectum, α als Ordinatenwinkel; errichte dann auf *BE* in *E* ein Loth $EK = BH$ und construire eine zweite Hyperbel für *BE* als latus transversum, *EK* als latus rectum, α als Ordinatenwinkel, so sind diese beiden Hyperbeln die verlangten Gegenschnitte. Fig. 67.

§. 56. **Aufgabe 5.** Wenn zwei begränzte gerade Linien, die sich halbiren, gegeben sind, um jede derselben als latus transversum ein Paar Gegenschnitte zu construiren, so dass die gegebenen geraden Linien für beide Paare conjugirte Durchmesser sind und das latus transversum von jedem Paar Gegenschnitte die mittlere Proportionale zwischen latus transversum und latus rectum des andern Paares ist.

Seien *AC*, *DE* die gegebenen Geraden, die sich im Punkte *B* halbiren; man soll für jede derselben als Durchmesser Gegenschnitte construiren, so dass *AC*, *DE* für beide Paare conjugirte Durchmesser sind, und *DE* die mittlere Proportionale zwischen latus rectum und transversum der um *AC* beschriebenen Gegenschnitte, *AC* aber die mittlere Proportionale zwischen latus rectum und transversum der um *DE* beschriebenen ist. Sei *LC* die dritte Proportionale zu *CA*, *DE* und senkrecht gegen *AC*, und werden für die beiden rechtwinkligen Geraden *AC*, *CL* als latus transversum und rectum Gegenschnitte *FAG*, *HCK* construirt mit dem gegebenen Ordinatenwinkel *DBC*, so wird *DE* der zu *CA* gehörige conjugirte Durchmesser sein, weil es die mittlere Proportionale zwischen dem latus rectum *LC* und dem latus transversum *CA*, parallel den Ordinaten, und im Punkte *B* halbirt ist. Sei ferner *DR* die dritte Proportionale zu *DE*, *AC* und senkrecht gegen *DE*, und werden für die beiden rechtwinkligen Geraden *ED*, *DR* als latus transversum und Fig. 68.

latus rectum Gegenschnitte *NDM*, *OEX* construirt mit dem gegebenen Ordinatenwinkel *DBC*, so wird *AC* für diese Gegenschnitte der zu *DE* zugehörige conjugirte Durchmesser sein. Also halbirt *AC* alle der Linie *DE* parallelen Sehnen in den Gegenschnitten *FAG*, *HCK*, und *DE* alle der Linie *AC* parallelen Sehnen in den Gegenschnitten *MDN*, *OEX*. Dies aber war verlangt. Solche Gegenschnitte heissen conjugirte Schnitte.

Zweites Buch des Apollonius von Perga über Kegelschnitte.

Apollonius grüsst den Eudemos.

Es freut mich, wenn Du wohl bist; ich befinde mich ziemlich nach Wunsch. Ich habe meinem Sohn Apollonius das zweite Buch der Kegelschnitte, das ich geschrieben habe, übergeben, dass er es Dir bringe. Du wirst dasselbe sorgfältig durchlesen und denen mittheilen, die Dir dessen würdig scheinen werden. Auch dem Geometer Philonidas, den ich in Ephesus Dir zum Freunde gemacht habe, wirst Du dasselbe zu lesen geben, wenn er einmal nach Pergamus kommt. Sorge, dass Du gesund bleibst.

---

§. 1. **Lehrsatz 1.** Wenn auf einer Tangente im Scheitel einer Hyperbel vom Berührungspunkt aus nach beiden Seiten gleiche Stücke abgeschnitten werden, welche einzeln gleich der mittleren Proportionale zwischen dem halben latus transversum und dem halben latus rectum sind, so treffen die Linien, die vom Mittelpunkt nach den erhaltenen Endpunkten gezogen werden, mit der Hyperbel nicht zusammen.

Sei eine Hyperbel mit dem Durchmesser AB, dem Mittelpunkt C und dem latus rectum BF gegeben, und werde auf der im Scheitel B gezogenen Tangente nach jeder Seite zu ein Stück, BD nach der einen, BE nach der andern Seite, abgeschnitten, dessen Quadrat gleich dem vierten Theile des Rechtecks aus AB und BF ist, und die Linien CD, CE gezogen, so wird behauptet, dass diese Linien mit der Hyperbel nicht zusammentreffen. Fig 69.

B e w e i s. Träfe die verlängerte CD die Hyperbel in G, so ziehe man die Ordinate GH, dann wäre

1) $GH^2 : HB \cdot HA$, d. h. $GH^2 : HC^2 - CB^2 = BF : BA$, oder wenn das zweite Verhältniss mit $\frac{AB}{4}$ erweitert und $\frac{1}{4} BA \cdot BF = BD^2$, $\frac{1}{4} BA^2 = CB^2$ gesetzt wird,

2) $GH^2 : HC^2 - CB^2 = BD^2 : BC^2$.

Es ist aber aus der Aehnlichkeit der Dreiecke CHG, CDB

3) $GH^2 : HC^2 = BD^2 : BC^2$.

Also müsste $HC^2 = HC^2 - CB^2$ sein, welches unmöglich ist, und folglich kann die verlängerte CD mit der Hyperbel nicht zusammentreffen.

§. 2. **Lehrsatz 2.** Unter denselben Voraussetzungen ist zu zeigen, dass von C aus in den Winkelraum DCE keine andere Asymptote gezogen werden kann.

Fig. 70. Wäre CL eine solche Asymptote, so ziehe man vom Scheitel B mit CD eine Parallele, bis sie CL in L trifft; ferner von L parallel mit DB die Ordinate LH, welche die verlängerte CD in G, die Hyperbel in K schneidet. Nun ist nach dem, was in §. 1. bewiesen:

1) $KH^2 : HC^2 - CB^2 = GH^2 : HC^2$, oder

2) $GH^2 - KH^2 : CB^2 = GH^2 : HC^2 = DB^2 : CB^2$;

also müsste $GH^2 - KH^2 = DB^2$ sein, was unmöglich ist, denn $GH^2 - KH^2 = (GH - KH) \cdot (GH + KH) = GK \cdot (GK + 2KH)$ und $GK > GL$, aber $GL = DB$. Mithin ist bewiesen, dass ausser CG und CM keine andere Asymptote in den Winkelraum GCM gezogen werden kann.

§. 3. **Lehrsatz 3.** Wenn eine gerade Linie eine Hyperbel berührt, so schneidet sie beide Asymptoten und ihr Berührungspunkt ist die Mitte des Stücks zwischen den Asymptoten; das Quadrat ihrer Hälfte aber ist gleich dem vierten Theil des zum Durchmesser nach dem Berührungspunkt gehörigen Rechtecks.

Fig. 71. Sei ABC eine Hyperbel, E ihr Mittelpunkt, EF, EG die Asymptoten und in B eine Tangente gezogen. Träfe diese nun eine Asymptote EF nicht, so könnte man auf ihr nach der Seite dieser Asymptote zu ein Stück BH gleich der mittleren Proportionale zwischen dem halben latus rectum und dem halben latus transversum abschneiden, dann wäre nach §. 1. EH eine andere Asymptote, was nach §. 2. unmöglich ist. Also trifft die Tangente jede Asymptote und es ist das Quadrat jedes Stücks zwischen Berührungspunkt und Asymptote gleich dem vierten Theil des zum Durchmesser gehörigen Rechtecks.

§. 4. **Aufgabe 1.** Wenn ein Winkel und zwischen seinen Schenkeln ein Punkt gegeben ist, eine Hyperbel zu construiren, die durch den Punkt geht und die Schenkel des Winkels zu Asymptoten hat.

Sei *BAC* der Winkel, *D* der Punkt zwischen seinen Schenkeln; man soll eine Hyperbel construiren, die durch *D* geht und *AB*, *AC* zu Asymptoten hat. Man ziehe *DA* und verlängere es über *A* bis *E*, so dass $AE = AD$ ist; ferner ziehe man von *D*, parallel mit *BA*, die Linie *DF*, welche *AC* in *F* schneidet, mache $AF = FC$ und ziehe *CD*, welche *AB* in *B* trifft. Endlich nehme man zu *DE* und *BC* die dritte Proportionale *G* und beschreibe für den Durchmesser *ED* das latus transversum *ED*, das latus rectum *G* und den Ordinatenwinkel *BDA* eine Hyperbel, so ist dies die verlangte. Fig. 72.

Weil $AF = FC$ und *FD* parallel *AB*, ist $BD = DC$, und da *BC* die mittlere Proportionale zwischen latus rectum und transversum, ist es *BD* zwischen den Hälften dieser Linien, also sind *AB*, *AC* Asymptoten der Hyperbel.

Anm. Commandinus sagt, dass diese Aufgabe nicht vom Apollonius, sondern vom Eutocius oder irgend einem andern herrührt; 1) weil Archimedes im 4. Satz des 2. Buchs uber Kugel und Cylinder sagt: ὡς δὲ δεῖ διὰ τοῦ δοθέντος σημείου περὶ τὰς δοθείσας ἀσυμπτώτους γράψαι ὑπερβολὴν, δείξομεν οὕτως, ἐπειδὴ οὐκ αὐτόθεν κεῖται ἐν τοῖς κωνικοῖς στοιχείοις. 2) Weil Pappus unter den Lemmen, die er zum fünften Buch giebt, diese Aufgabe mit derselben Auflösung behandelt.

§. 5. **Lehrsatz 4.** Wenn ein Durchmesser einer Parabel oder Hyperbel eine Sehne halbirt, so ist die Tangente im Scheitel dieses Durchmessers parallel der halbirten Sehne.

Sei *ABC* eine Parabel oder Hyperbel mit dem Durchmesser *DBE*, *FBG* eine Tangente im Scheitel *B*; und werde die Sehne *AC* vom Durchmesser *DB* im Punkte *E* halbirt, so wird behauptet, dass *AC* parallel *FG* ist. Wäre dies nicht der Fall, so ziehe man die Sehne *CH* parallel mit *FG* und verbinde *H* mit *A*. Trifft nun *CH* den Durchmesser *DB* in *K*, so ist nach I. 46. und 47. $HK = CK$, und also *AH* parallel mit *KE*, was nach I. 22 unmöglich ist. Fig. 73.

§. 6. **Lehrsatz 5.** Wenn ein Durchmesser einer Ellipse oder eines Kreises eine nicht durch den Mittelpunkt gehende Sehne halbirt, so ist diese halbirte Sehne parallel der Tangente in einem Endpunkte dieses Durchmessers.

Fig. 74. Sei eine Ellipse oder ein Kreisumfang mit dem Durchmesser *AB* gegeben, und werde eine nicht durch den Mittelpunkt gehende Sehne *CD* vom Durchmesser *AB* in *E* halbirt, so wird behauptet, dass *CD* parallel der im Endpunkt *A* des Durchmessers gezogenen Tangente ist. Wäre dies nicht der Fall, so sei *DF* parallel mit der Tangente; wird nun *DF* vom Durchmesser in *G* getroffen, so ist $DG = GF$ und *CF* parallel mit *GE*, was unmöglich ist. Denn entweder ist *G* der Mittelpunkt des Kegelschnitts, dann muss nach I. 23. die verlängerte *CF* mit dem Durchmesser zusammentreffen, oder *G* ist nicht der Mittelpunkt, dann ziehe man von *D* durch den Mittelpunkt *K* die Sehne *DKH*, dann ist also $DK = KH$ und also *CH* parallel mit *AB*; es war aber auch *CF* parallel *AB*, also lägen die drei Punkte *C,F,H* in gerader Linie, was unmöglich ist; also ist die Linie *DC* parallel der Tangente in *A*.

§. 7. **Lehrsatz 6.** Wenn mit einer Tangente eines Kegelschnitts oder Kreises eine parallele Sehne gezogen und der Berührungspunkt der Tangente mit dem Mittelpunkt der Sehne verbunden wird, so ist diese Verbindungslinie ein Durchmesser.

Fig. 75. Sei ein Kegelschnitt oder ein Kreis *ABC* mit der Tangente *FG* in *B* gegeben, parallel mit *FG* die Sehne *AC* gezogen, und ihre Mitte *E* mit dem Berührungspunkt *B* verbunden, so wird behauptet, dass *BE* ein Durchmesser ist. Wäre dies nicht der Fall, so sei *BH* ein Durchmesser, dann müsste $AH = HC$ sein, was unmöglich ist, da $AE = EC$ nach Voraussetzung. Also ist *BH* kein Durchmesser, und ebenso wenig eine andere Linie ausser *BE*.

§. 8. **Lehrsatz 7.** Wenn eine gerade Linie eine Hyperbel in zwei Punkten schneidet, so trifft sie an beiden Seiten verlängert mit den Asymptoten zusammen und die beiden Abschnitte derselben, die zwischen den Asymptoten und der Hyperbel liegen, sind gleich.

Fig. 76. Sei eine Hyperbel *ABC* mit den Asymptoten *DE,DF* gegeben, und werde dieselbe von der Geraden *AC* in den

Punkten A und C getroffen, so wird erstens behauptet, dass AC mit beiden Asymptoten zusammentrifft. Sei G die Mitte von AC, so ist DG ein Durchmesser der Hyperbel, weshalb die Tangente im Scheitel B desselben parallel mit AC ist. Diese Tangente trifft nach §. 3. mit den Asymptoten zusammen, also muss auch ihre Parallele AC mit denselben Linien zusammentreffen. Seien nun H,K die Punkte, in denen die Tangente, E,F die Punkte, in denen AC die Asymptoten trifft, so ist, weil $HB = KB$, auch $EG = FG$, und da $AG = CG$, auch $EA = CF$, was zu beweisen war.

§. 9. **Lehrsatz 8.** Wenn eine gerade Linie, die die Asymptoten trifft, von der Hyperbel halbirt wird, so hat sie nur einen Punkt mit dieser gemein.

Trifft eine Gerade die Asymptoten in den Punkten C Fig. 77.
und D, und die Hyperbel in E, so dass $CE = DE$ ist, so kann sie die Hyperbel nicht in einem zweiten Punkt in B treffen, denn sonst müsste nach vorigem Satz $CE = BD$ sein, was unmöglich ist.

§. 10. **Lehrsatz 9.** Wenn eine gerade Linie eine Hyperbel und ihre Asymptoten schneidet, so ist das Rechteck aus den Abschnitten, die auf ihr zwischen einem Hyperbelpunkt und den beiden Asymptoten liegen, gleich dem vierten Theil des Rechtecks, das zu dem die Gerade halbirenden Durchmesser gehört.

Sei eine Hyperbel ABC mit den Asymptoten ED,EF und Fig. 78.
einer Geraden, die die Hyperbel in A,C, die Asymptoten in D,F schneidet, gegeben. Man ziehe vom Mittelpunkt E nach der Mitte G von AC eine Linie, die die Hyperbel in B trifft, verlängere EB um sich selbst bis H, errichte senkrecht auf HB in B das zum latus transversum HB gehörige latus rectum BM, so wird behauptet: $AD \cdot AF = \frac{1}{4} HB \cdot BM$.

Man ziehe noch in B die Tangente, die die Asymptoten ED,EF in K und L schneidet. Nun ist:

1) $DG^2 : EG^2 = BK^2 : EB^2 = \frac{1}{4} HB \cdot BM : EB^2$,

2) $AG^2 : EG^2 - EB^2 = BM : HB = \frac{1}{4} HB \cdot BM : EB^2$, also

3) $DG^2 : EG^2 = AG^2 : EG^2 - EB^2$ oder

4) $DG^2 - AG^2 : EB^2 = DG^2 : EG^2 = \frac{1}{4} HB \cdot BM : EB^2$, also

$DG^2 - AG^2 = \frac{1}{4} HB \cdot BM$. Da aber $DG^2 - AG^2 = AD \cdot AF$, ist $AD \cdot AF = \frac{1}{4} HB \cdot BM$. q. e. d.

§. 11. **Lehrsatz 10.** Wenn eine gerade Linie beide Schenkel des Nebenwinkels vom Asymptotenwinkel durchschneidet, so trifft sie die Hyperbel nur in einem Punkt und das Rechteck aus den Abschnitten, die auf ihr zwischen dem Hyperbelpunkt und den Asymptoten liegen, ist gleich dem Quadrat der Hälfte des mit dieser Geraden parallelen Durchmessers.

Fig. 79. Sei eine Hyperbel zwischen den Asymptoten CH, CK gegeben und werde der Nebenwinkel von KCH von einer Geraden in den Punkten E, F getroffen, so wird zuerst behauptet, dass die Linie EF die Hyperbel nur in einem Punkte schneide. Man ziehe von C eine Parallele mit EF, so muss diese in den Asymptotenwinkel selbst hinein fallen und die Hyperbel in einem Punkte B treffen nach §. 2., und also ein Durchmesser sein; folglich kann nach I. 26. EF nur in einem Punkte die Hyperbel schneiden. Sei L der Schneidungspunkt, so wird behauptet: $LF \cdot LE = CB^2$.

Man ziehe in B die Tangente, die die Asymptoten CH, CK in den Punkten D, M schneidet, und von L parallel damit die Ordinate LG, die die Asymptoten in den Punkten H und K trifft. Nun ist:

1) $LH : HG = LE : GC$,

2) $\underline{LK : GK = LF : GC}$, also

3) $LH \cdot LK : HG^2 = LF \cdot LE : GC^2$, oder da

$$HG^2 : GC^2 = DB^2 : BC^2,$$

4) $LH \cdot LK : DB^2 = LF \cdot LE : CB^2$, und da nach vorigem Satz $LH \cdot LK = DB^2$, ist also auch:

$$LF \cdot LE = CB^2. \text{ q. e. d.}$$

§. 12. **Lehrsatz 11.** Wenn von einem Punkte einer Hyperbel bis an jede der beiden Asymptoten eine gerade Linie und von einem andern Punkte derselben Parallelen mit den gezogenen Linien bis an dieselben Asymptoten gezogen werden, so ist das Rechteck aus den vom ersten Punkt gezogenen Linien gleich dem Rechteck aus den vom andern Punkt gezogenen.

Fig. 80. Sei eine Hyperbel ABD mit den Asymptoten CE, CF gegeben, und von einem Punkt A derselben an die Asymptoten die Linien AE, AG, von einem andern Punkt D die Linien

DH, DF parallel je einer der vorigen bis an die entsprechenden Asymptoten gezogen, so wird behauptet:

$$AE \cdot AG = DF \cdot DH.$$

Man ziehe noch AD, welche die Asymptoten in K, L trifft, so ist

1) $$AE : DH = AK : DK,$$

2) $$AG : DF = AL : DL$$, also

3) $AG \cdot AE : DF \cdot DH = AK \cdot AL : DK \cdot DL$, und da $AK \cdot AL = DK \cdot DL$ nach §. 8., so ist auch

$$AG \cdot AE = DF \cdot DH.$$

§. 13. **Lehrsatz 12.** Wenn in dem Raum zwischen der Hyperbel und den Asymptoten eine Parallele mit der einen Asymptote gezogen wird, so trifft sie mit der Hyperbel und zwar nur in einem Punkte zusammen.

Sei eine Hyperbel LBH mit den Asymptoten CE, CF gegeben und in dem Raum zwischen ihnen die Linie DG parallel mit CE gezogen, so wird behauptet, dass dieselbe mit der Hyperbel und zwar nur in einem Punkte zusammentrifft. Fig. 81.

Träfe sie nicht mit derselben zusammen, so sei H ein beliebigen Punkt der Hyperbel und von ihm HF parallel mit EC bis an die Asymptote gezogen, werde ferner auf DG der Punkt G so bestimmt, dass $CD \cdot DG = CF \cdot FH$ ist, dann CG gezogen, bis es die Hyperbel in B trifft (siehe §. 2.), und endlich von B an die Asymptote CF die Linie BJ parallel EC gezogen, so müsste $BJ \cdot CJ = HF \cdot CF = CD \cdot DG$ sein, was unmöglich ist, da $CD : CJ = DG : BJ$ ist. Träfe aber die Linie DG die Hyperbel in zwei Punkten K und L, so müsste $CD \cdot DK = CD \cdot DL$ sein, was ebenfalls unmöglich ist.

Also trifft die Linie DG die Hyperbel nur in einem Punkt.

§. 14. **Lehrsatz 13.** Wenn eine Hyperbel und ihre Asymptoten in's Unendliche verlängert werden, so kommen sie einander immer näher, so dass ihre wechselseitige Entfernung kleiner wird als irgend eine angebbare Grösse.

Sei eine Hyperbel mit den Asymptoten CD, CE gegeben, so wird zuerst behauptet, dass sich die Hyperbel den Asymptoten nähert, je weiter beide verlängert werden. Fig. 82.

Seien DE, JH zwei parallele, zwischen den Asymptoten

gezogene Linien, DE aber, die dem Mittelpunkt näher liegt, begegne der Hyperbel in B; zieht man CB, bis es JH in K trifft, so ist K innerhalb der Hyperbel. Sei nun G der Schneidungspunkt der Hyperbel mit JK, so ist, weil $DB \cdot BE = JG \cdot GH$ und $GH > BE$, auch nothwendig $DB > JG$; also nähert sich die Hyperbel, je weiter sie verlängert wird, desto mehr der Asymptote CD. Sei nun X eine gegebene kleine Länge, so schneide man auf DB ein Stück $DF < X$ ab und ziehe von F eine Parallele mit CD, so muss diese nach §. 13. die Hyperbel in einem Punkt L treffen; zieht man nun noch durch L eine Parallele mit DE, die die verlängerte CD in M trifft, so ist $LM = DF$ und mithin kleiner als X; also wird die Entfernung zwischen der Asymptote und der Hyperbel zuletzt kleiner als irgend eine angebbare Grösse*).

Anm. Aus dem Gesagten ist klar, dass die Linien CD, CE der Hyperbel näher kommen, als irgend andere gerade Linien, die nicht die Hyperbel selbst treffen, und dass es keinen kleineren Winkel als DCE giebt, zwischen dessen Schenkeln sich die Hyperbel befindet.

Zu dieser Anmerkung haben sich in den verschiedenen Exemplaren, die Eutocius benutzt hat, noch längere Auseinandersetzungen gefunden, welche Eutocius selbst weggelassen hat, weil sie ihm überflüssig erschienen und von denen er nur einen kurzen Bericht giebt; man kann sich den Inhalt derselben leicht vergegenwärtigen, wenn man alle Fälle zeichnet, in denen ein Winkel eine Hyperbel zwischen seinen Schenkeln enthält, und jedesmal zeigt, dass dieser Winkel nicht kleiner sein kann, als der Asymptotenwinkel. Auch ein Lemma des Pappus, worin bewiesen wird, dass zwei zu denselben Asymptoten gehörige Hyperbeln sich nicht schneiden, einander aber näher kommen als irgend angebbar ist, findet sich von Commandinus an diese Stelle gesetzt; die Richtigkeit des ersten Theils dieser Behauptung ergiebt sich fast unmittelbar aus §. 8., und der zweite Theil folgt eben so leicht aus §. 14.

---

*) Anm. des Uebers. Die kürzeste Entfernung von einem Hyperbelpunkt zur Asymptote ist das Loth; wenn also LM nicht senkrecht auf CM ist, so wird die eigentliche Entfernung noch kürzer als LM sein.

§. 15. **Lehrsatz 14.** Gegenschnitte haben dieselben Asymptoten.

Da die Tangenten an den Gegenschnitten, welche in den Endpunkten eines Durchmessers gezogen werden, parallel sind, und die Stücke, welche auf jeder derselben vom Scheitelpunkt aus nach §. 1. abgeschnitten werden müssen, um die Asymptoten zu erhalten, gleich sind, so erhellt leicht, dass jede Asymptote des einen Gegenschnitts die Verlängerung einer Asymptote des andern ist.

§. 16. **Lehrsatz 15.** Wenn beide Schenkel des Nebenwinkels eines Asymptotenwinkels, in dem und dessen Scheitelwinkel sich Gegenschnitte befinden, von einer geraden Linie geschnitten werden, so trifft diese auch jeden der Gegenschnitte in einem Punkt und die Abschnitte derselben zwischen den Asymptoten und den Hyperbeln sind einander gleich.

Seien zwei Gegenschnitte mit den Scheiteln A,B dem Fig. 83. Mittelpunkt C und den Asymptoten DCG,ECF gegeben und eine gerade Linie gezogen, die DC in H, CF in K schneidet, so wird behauptet, dass dieselbe mit jedem der Gegenschnitte nur in einem Punkt zusammentreffe. Dies folgt aus §. 11. für jede der beiden Hyperbeln einzeln. Seien nun L und M die Punkte, in denen die Gegenschnitte getroffen werden, und werde durch C ein Durchmesser AB parallel LM gezogen, so ist ebenfalls nach §. 11., $HL \cdot LK = AC^2$, $HM \cdot MK = BC^2$, also $HL \cdot LK = HM \cdot MK$ und deshalb auch $HL = MK$.

§. 17. **Lehrsatz 16.** Conjugirte Gegenschnitte haben dieselben Asymptoten.

Seien zwei Paar conjugirte Gegenschnitte mit den conjugirten Durchmessern AB,DE und dem Mittelpunkt C gegeben, so wird behauptet, dass sie gemeinsame Asymptoten haben.

Man ziehe in den Punkten A,B,D,E die Tangenten an Fig. 84. die Hyperbeln, welche FAG,GEH,HBK,KDF heissen. Nun sind FG und KH parallel DE, und FK und GH parallel AB, (I. 56.); also $FKHG$ ein Parallelogramm und die Diagonalen desselben GK,FH gehen durch den Punkt C und halbiren sich daselbst. Da nun DE^2 gleich dem zum Durchmesser AB gehörigen Rechteck ist, ist DC^2 oder jedes der vier Quadrate KB^2, BH^2, AG^2, AF^2 gleich dem vierten Theil des zum Durchmesser *AB* gehörigen Rechtecks, mithin *KG*, *FH* die Asymptoten für die Gegenschnitte mit den Scheiteln *A* und *B*, und auf ganz dieselbe Weise wird gezeigt, dass sie es auch für die Gegenschnitte mit den Scheiteln *D* und *E* sind.

§. 18. und 19. **Lehrsatz 17.** und **18.** Wenn an einem von zwei Paaren conjugirter Gegenschnitte eine Tangente gezogen wird, so trifft dieselbe jeden der daneben liegenden Gegenschnitte je in einem Punkt, und der Berührungspunkt ist die Mitte zwischen diesen beiden Schneidungspunkten.

Fig. 85. Seien conjugirte Gegenschnitte *A*, *B*, *D*, *E* gegeben und im Punkte *E* an einen derselben eine Tangente gezogen, so wird zuerst behauptet, dass diese Tangente die beiden daneben befindlichen Gegenschnitte je in einem Punkte trifft. Seien *CF*, *CG* die Asymptoten der Schnitte, so muss die Tangente nach §. 3. dieselben treffen, und deshalb nach §. 11. auch die daneben befindlichen Gegenschnitte.

Seien nun *I*, *H* die Schneidungspunkte, so wird ferner behauptet, dass $EI = EH$ ist. Sind *G* und *F* die Punkte, in denen die Asymptoten geschnitten werden, so ist nach §. 2. $GE = EF$ und nach §. 16. $IG = FH$, also auch $EI = EH$. q. e. d.

§. 20. **Lehrsatz 19.** Wenn an einen von zwei Paaren conjugirter Gegenschnitte eine Tangente, und vom Mittelpunkt eine Linie nach dem Berührungspunkt und eine andere parallel mit der Tangente bis zum Durchschnitt mit den conjugirten Schnitten gezogen werden, so ist die Tangente in einem dieser zuletzt erwähnten Schneidungspunkte parallel der Linie vom Mittelpunkt nach dem Berührungspunkt der ersten Tangente, und die Linien, welche durch den Mittelpunkt nach den Berührungspunkten gehen, sind conjugirte Durchmesser der Gegenschnitte.

Fig. 86. Seien zwei Paar conjugirte Gegenschnitte *A*, *B*, *D*, *E* und an einem Punkt *F* eines derselben eine Tangente *FGH* gegeben, vom Mittelpunkt *C* aber eine Linie nach *F* und eine Parallele mit *FGH* gezogen, welche den conjugirten Schnitt *D* in *I* trifft, so wird behauptet:

1) dass die in *I* gezogene Tangente $IK \parallel CF$ ist,

2) dass die verdoppelten *FC*, *IC* conjugirte Durchmesser sind.

Beweis. Man ziehe von F an den Durchmesser CA die Ordinate FL und von I an den zu CA conjugirten Durchmesser CD die Ordinate IM. Nun ist, wenn r das zu BA gehörige latus rectum bedeutet:

1) $FL^2 : LG \cdot LC = r : AB$ nach I. §. 37.,

2) $MI^2 : MK \cdot MC = AB : r$ nach I. §. 56. und §. 37. also

$FL^2 : LG \cdot LC = MK \cdot MC : MI^2$, da aber

$FL : LG = MC : MI$ wegen Aehnlichkeit der Dreiecke FLG, CMI, muss auch

$FL : LC = MK : MI$ und also auch

$\triangle FLC \sim \triangle KMI$; nun ist $\angle ICL = \angle MIC$ und subtrahirt man davon $\angle FCL = \angle MIK$, so bleibt $\angle FCI = \angle KIC$, also $FC \parallel KI$. Bedeutet ferner S das latus rectum für das latus transversum $2\,CI$, so ist zweitens zu zeigen, dass

$$CI : CF = CF : \tfrac{1}{2} S.$$

Man ziehe noch im Scheitel D eine Tangente, die IK in O, IC in N trifft, so ist

1) $IN : IO = 2\,IK : S$ (I. 50.), oder da

$IN : IO = FG : FC$,

2) $FG : CF = IK : \tfrac{1}{2} S$. Es ist aber

$CH : CD = CD : FL$, mithin

3) $CH : FL = HG : FG = CH^2 : CD^2$, oder

4) $\triangle CHG : \triangle FGC = \triangle CHG : \triangle DNC$, also

$\triangle FGC = \triangle DNC = \triangle IKC$ (2. Bew. von I. 43.). Da nun $\angle KIC = \angle GFC$, muss $FG : IK = CI : CF$, welches oben in (2) substituirt giebt $CI : CF = CF : \tfrac{1}{2} S$. Auf dieselbe Weise kann gezeigt werden, dass CI zu CF wie CF zu dem zu $2\,CF$ gehörigen latus rectum sich verhält. Mithin sind $2\,IC$, $2\,FC$ conjugirte Durchmesser.

§. 21. **Lehrsatz 20.** Unter denselben Voraussetzungen ist zu zeigen, dass der Punkt, in welchem die Tangenten in den Endpunkten zweier conjugirter Durchmesser zusammentreffen, auf einer Asymptote liegt.

Seien conjugirte Gegenschnitte mit den conjugirten Durchmessern AB, DE und dem Centrum C gegeben, und F der Schneidungspunkt der in A und D gezogenen Tangenten, so wird behauptet, dass F auf einer Asymptote liegt. Fig. 84.

CD^2 ist gleich dem vierten Theil des zum Durchmesser

AB gehörigen Rechtecks, und da $AF = CD$ ist, ist nach §. 1. *CF* eine Asymptote, mithin *F* ein Punkt auf derselben.

§. 22. **Lehrsatz 21.** Wenn in conjugirten Gegenschnitten vom Mittelpunkt an einen der Schnitte eine Linie und eine zweite parallel der ersten so gezogen wird, dass sie einen der benachbarten Schnitte durchschneidet und bis an die Asymptoten reicht, so ist das Rechteck aus den Abschnitten dieser Linie zwischen einem Punkt der Hyperbel und den beiden auf den Asymptoten gleich dem Quadrat der zuerst vom Mittelpunkt an einen Schnitt gezogenen Linie.

Fig. 87. Seien conjugirte Gegenschnitte *A*, *B*, *D*, *E* mit dem Mittelpunkt *C* gegeben, und von *C* an einen derselbon die Linie *CD*, parallel mit *CD* aber eine andere Linie gezogen, die den benachbarten Schnitt *A* in den Punkten *F* und *G*, die Asymptoten in den Punkten *H* und *I* trifft, so ist zu zeigen, dass

$$HF \cdot FI = CD^2.$$

Ist *M* die Mitte von *FG*, so ist *CM* der zu der Ordinate *FM* gehörige Durchmesser, und wenn *A* der Punkt ist, in welchem *CM* die Hyperbel trifft, die Tangente in *A* parallel mit *FM* und *CD*. Ist nun *AN* das Stück derselben bis zu einer Asymptote, so ist $AN^2 = HF \cdot FI$ nach §. 10., aber da nach §. 20. *CA* und *CD* conjugirte Durchmesser sind, ist $AN = CD$, also auch $CD^2 = HF \cdot FI$.

§. 23. **Lehrsatz 22.** Wenn in conjugirten Gegenschnitten vom Mittelpunkt aus an einen der Schnitte eine Linie und parallel damit eine andere gezogen wird, welche drei benachbarte Schnitte trifft, so ist das Rechteck aus den Abschnitten dieser Linie, die zwischen einem Punkt des mittleren Schnitts und den beiden auf den benachbarten Schnitten liegen, gleich dem doppelten Quadrat der zuerst gezogenen Linie.

Fig 87 Seien conjugirte Gegenschnitte *A*, *B*, *D*, *E* gegeben, und vom Mittelpunkt *C* an einen derselben eine Linie *CD*, parallel damit aber eine andere Linie gezogen, die den Schnitt *A* in den Punkten *F*, *G*, die benachbarten Schnitte *D* und *E* aber in den Punkten *K* und L trifft, so wird behauptet, dass $KF \cdot FL = 2\,CD^2$.

Man ziehe noch die Asymptoten, welche die Linie *FG*

in den Punkten H und I treffen, und nenne M die Mitte zwischen F und G, so ist also auch M die Mitte zwischen K und L und zwischen H und I.

Nun ist

1) $CD^2 = HF \cdot FI = MH^2 - MF^2$ nach §. 22.,

2) $CD^2 = HK \cdot KI = MK^2 - MH^2$ nach §. 11.

also 3) $2\,CD^2 = MK^2 - MF^2 = KF \cdot FL$. q. e. d.

§. 24. **Lehrsatz 23.** Wenn zwei Linien eine Parabel jede in zwei Punkten so schneiden, dass kein Durchschnittspunkt der einen zwischen den Durchschnittspunkten der andern liegt, so schneiden sich die beiden Linien ausserhalb der Parabel.

Sei eine Parabel $ABCD$ gegeben, welcher zwei Gerade AB und CD so begegnen, dass keiner der Durchschnittspunkte A und B der einen zwischen den Durchschnittspunkten C und D der andern liegt, so wird behauptet, dass AB, CD ausserhalb der Parabel zusammentreffen. Man ziehe durch B und C die Durchmesser EBF, GCH, so sind diese parallel und treffen jeder die Parabel nur in einem Punkt; verbindet man also BC, so sind die Winkel FBC, HCB zusammen gleich zwei Rechten; also bilden AB, DC in ihren Verlängerungen mit BC Winkel, die zusammen kleiner als zwei Rechte sind, und folglich treffen sich diese Verlängerungen ausserhalb des Schnitts. Fig. 88.

§. 25. **Lehrsatz 24.** Wenn zwei Linien eine Hyperbel jede in zwei Punkten so schneiden, dass kein Durchschnittspunkt der einen zwischen den Durchschnittspunkten der andern liegt, so schneiden sich die beiden Linien ausserhalb der Hyperbel, jedoch innerhalb des Asymptotenwinkels.

Sei eine Hyperbel mit den Asymptoten CD, CE gegeben und von zwei geraden Linien FG, HI so durchschnitten, dass nicht einer der Punkte H, I zwischen den Punkten F, G liegt, so wird behauptet, dass die Linien GF, IH ausserhalb der Hyperbel, jedoch innerhalb des Winkelraums DCE zusammentreffen. Man ziehe CF, CH und verbinde F mit H. Weil nun die Verlängerungen der Geraden GF, IH innerhalb der Winkel CFH, CHF fallen, diese Winkel zusammengenommen kleiner als zwei Rechte sind, so müssen Fig. 89.

sie innerhalb des Dreiecks *CFH*, also auch innerhalb des Winkelraums *DCE* zusammen kommen.

Anm. Auf gleiche Weise kann dasselbe von zwei die Hyperbel berührenden Geraden gezeigt werden.

§. 26. **Lehrsatz 25.** Wenn in einer Ellipse oder einem Kreise zwei Sehnen, die nicht durch den Mittelpunkt gehen, sich schneiden, so werden sie sich nicht gegenseitig halbiren.

Fig. 90. Wäre es möglich, dass in einer Ellipse oder einem Kreis zwei Sehnen *DE*, *FG* sich gegenseitig halbirten, ohne durch den Mittelpunkt *C* zu gehen, so ziehe man von *C* nach ihrem Schneidungspunkt *H* bis an den Umfang in *A* eine Linie, dann ist *CA* ein Durchmesser, welcher *DE* halbirt, also die Tangente in *A* parallel mit *DE*; auf gleiche Weise müsste sie aber auch parallel mit *FG* sein, was unmöglich ist, also können *DE*, *FG* sich nicht gegenseitig halbiren.

§. 27. **Lehrsatz 26.** Wenn die Verbindungslinie der Berührungspunkte zweier Tangenten einer Ellipse oder eines Kreises durch den Mittelpunkt dieses Schnitts geht, so sind die Tangenten parallel; wenn die Berührungssehne aber nicht durch den Mittelpunkt geht, so treffen die Tangenten auf der dem Mittelpunkte abgewandten Seite derselben zusammen.

Fig. 91. Sei eine Ellipse oder ein Kreis mit dem Mittelpunkt *C* und zwei Tangenten in *A* und *B* gegeben, und gehe die Linie *AB* durch den Mittelpunkt *C*, so wird behauptet, dass die Tangenten parallel sind. Die Tangente *DE* ist nach §. 6. parallel den zum Durchmesser *AB* gehörigen Ordinaten, deren es nach §. 26. nicht zwei verschiedene in demselben Punkt geben kann; und da ein Gleiches auch von der Tangente *FG* im Punkte *B* gilt, so ist bewiesen, dass *DE* parallel *FG* ist.

Fig. 92. Geht aber *AB* nicht durch den Mittelpunkt, so ziehe man von *A* den Durchmesser *AH*; dann ist die Tangente in *H* parallel mit *DE*, also muss die Tangente in *B* mit *DE* zusammentreffen und zwar in dem Theile *AD* und seiner Verlängerung, also auf der dem Mittelpunkt abgewandten Seite von *AB*; denn da die Ellipse selbst ohne Unterbrechung von *A* bis *H* fortläuft, die Tangente in *B* aber ganz ausserhalb derselben liegt, ist es offenbar unmöglich, dass sie mit den in *A* und *H* gezogenen Tangenten parallel sein kann, in welchem Fall sie ja die innerhalb der Ellipse liegende Gerade *AH* schneiden müsste.

§. 28. **Lehrsatz 27.** Wenn in einem Kegelschnitt oder einem Kreise eine Linie zwei parallele Sehnen halbirt, so ist sie ein Durchmesser des Schnitts.

Sei ein Kegelschnitt mit den beiden parallelen Sehnen *AB*,*DE* gegeben, und deren Mitten *F* und *G* verbunden, so wird behauptet, dass *FG* ein Durchmesser ist. Wäre dies nicht der Fall, so sei *FH* der von *F* gezogene Durchmesser, der *DE* in *J* trifft. Nun müsste auch $DJ = JE$ sein, was unmöglich ist; also kann keine andere Linie ein Durchmesser sein als *FG*. Fig. 93.

Anm. des Eutocius. Dieser Satz bietet in Verbindung mit den früheren ein leichtes Mittel zu untersuchen, ob eine vorgelegte Curve ein Kegelschnitt ist und zu welcher der vier Arten derselben er gehört. Man ziehe von 2 Punkten der vorgelegten Curve 2 Paar paralleler Sehnen und verbinde die Mitten jedes Paars. Halbirt nun jede dieser Verbindungslinien alle der entsprechenden Richtung parallelen Sehnen, so ist die vorgelegte Curve ein Kegelschnitt. Sind die beiden Verbindungslinien parallel, so ist sie eine Parabel, divergiren sie nach dem Innern der Curve zu, so ist sie eine Hyperbel, im andern Falle ein Kreis oder eine Ellipse, je nachdem die Halbmesser alle gleich oder nicht alle gleich sind.

§. 29. **Lehrsatz 28.** Wenn zwei Tangenten eines Kegelschnitts oder eines Kreises sich in einem Punkt treffen, und von diesem Punkt nach der Mitte der Berührungssehne eine Linie gezogen wird, so ist dieselbe ein Durchmesser des Kegelschnitts.

Sei ein Kegelschnitt *BLC* und in *B* und *C* die Tangenten, die sich in *A* treffen, gegeben; wird nun von der Mitte *D* von *BC* eine Linie nach *A* gezogen, so ist zu beweisen, dass diese Linie ein Durchmesser ist. Wäre sie es nicht, so ziehe man von *D* aus den Durchmesser, dann wird derselbe eine der Tangenten vor dem Punkte *A* treffen müssen; treffe er also *BA* in *E*. Zieht man nun *CE*, so muss diese Linie den Kegelschnitt noch in einem Punkt treffen (I. 36.); ist also *F* dieser Punkt, so ziehe man durch *F* parallel mit *BC* eine Linie, welche den Kegelschnitt zum zweiten Mal in *K*, die Tangente *BA* in *G*, und den Durchmesser *DE* in *H* trifft; weil nun $BD = CD$, muss auch $GH = HF$, und da der Durchmesser *ED* die Sehne *BC* halbirt, muss er auch die paral- Fig. 94.

lele Sehne *KF* halbiren, was unmöglich ist; also kann nicht eine andere Linie als *DA* der durch *D* gehende Durchmesser sein.

§. 30. **Lehrsatz 29.** Wenn zwei Tangenten eines Kegelschnitts oder eines Kreises in einem Punkt sich treffen, so halbirt der von diesem Punkt aus gezogene Durchmesser die Berührungssehne.

Fig. 95. Sei ein Kegelschnitt *BC* mit den Tangenten in *B* und *C*, die sich in *A* treffen, gegeben; wird nun von *A* aus ein Durchmesser gezogen, so ist zu beweisen, dass derselbe die Berührungssehne *BC* in *D* halbirt. Wäre dies nicht der Fall, so sei *E* die Mitte von *BC*; dann müsste nach vorigem Satz *EA* ebenfalls ein Durchmesser sein, was unmöglich ist. Denn ist der Kegelschnitt eine Ellipse oder ein Kreis, so müsste der Mittelpunkt *A* ausserhalb liegen, ist er eine Parabel, so müssten sich zwei Durchmesser schneiden, und ist er endlich eine Hyperbel, so müssten sich zwei Tangenten derselben im Scheitelpunkt des Asymptotenwinkels schneiden, was nach §. 25. Anm. ebenfalls unmöglich ist. Also ist kein anderer Punkt ausser *D* die Mitte von *BC*.

§. 31. **Lehrsatz 30.** Wenn zwei Gegenschnitte und an jedem eine Tangente gegeben sind und die Verbindungslinie der Berührungspunkte durch den Mittelpunkt geht, so sind die Tangenten parallel, geht sie aber nicht durch den Mittelpunkt, so schneiden sich die Tangenten und zwar auf derselben Seite, auf welcher der Mittelpunkt liegt.

Fig 96. Seien zwei Gegenschnitte mit den Tangenten in *A* und *B* gegeben, und gehe erstens die Verbindungslinie *AB* durch den Mittelpunkt *C*, so wird behauptet, dass die Tangenten *DE* und *FG* parallel sind. Nach I. 48. halbirt *ACB* die im Schnitt *B* parallel mit *DE* gezogenen Sehnen, also ist die im Scheitel *B* parallel mit *DE* gezogene Linie eine Tangente nach I. 32., und da es nicht zwei verschiedene Tangenten in *B* giebt, ist die daselbst gezogene Tangente *FG* auch parallel mit *DE*. Geht nun zweitens die Verbindungslinie der Berührungspunkte *A,H* zweier Tangenten *DE* und *JK* nicht durch den Mittelpunkt, so ziehe man von *A* durch *C* die Linie *AB*, und in *B* die Tangente *FG*; nun müssen sich die Tangenten in *B* und *H* innerhalb des Asymptotenwinkels schneiden, folglich schneidet *HK* auch die mit *FG* parallele Linie *DE* und zwar auf derselben Seite von *AH*, auf welcher der Mittelpunkt liegt.

§. 32. **Lehrsatz 31.** Wenn zwei Gegenschnitte gegeben sind, und jeder von einer Geraden in zwei Punkten geschnitten oder auch in einem Punkt berührt wird, diese beide Geraden aber nicht parallel sind, so muss ihr Schneidungspunkt in einem der beiden Nebenwinkel des Asymptotenwinkels liegen.

Seien zwei Gegenschnitte von zwei Geraden *AB,DC* je Fig. 97. in zwei Punkten geschnitten, und *FJ,GH* die Asymptoten, dann wird behauptet, dass *AB,CD*, wenn sie nicht parallel sind, sich in einem der Nebenwinkel *FCH,GCJ* des Asymptotenwinkels schneiden.

Nach §. 8. muss *AB* sowohl als *CD* beide Asymptoten schneiden, also können sie nur in dem Raum der Nebenwinkel mit einander zusammentreffen. Ein Gleiches gilt auch, wenn eine oder beide Linien die Hyperbeln nur berühren.

§. 33. **Lehrsatz 32.** Wenn einer von zwei Gegenschnitten von einer Geraden entweder in zwei Punkten geschnitten oder berührt wird, so trifft diese Gerade nicht den andern Gegenschnitt, sondern geht durch drei Winkelräume, nämlich den zu dem betreffenden Schnitt gehörigen Asymptotenwinkel und seine beiden Nebenwinkel.

Seien zwei Gegenschnitte gegeben, und einer derselben Fig. 98. von einer Geraden in zwei Punkten *A,B* geschnitten, so wird behauptet erstens, dass *AB* nicht den andern Gegenschnitt trifft. Man ziehe die Asymptoten; dann schneidet *AB* beide Asymptoten in *F* und *G*, und da sie dieselben nicht zum zweiten Male schneiden kann, wird sie nicht in den Scheitelwinkel des Asymptotenwinkels gelangen können, also erstens den zweiten Gegenschnitt nicht treffen, und zweitens durch die drei Winkelräume gehen.

§. 34. **Lehrsatz 33.** Wenn an einem von zwei Gegenschnitten eine Tangente und in dem andern eine damit parallele Sehne gezogen sind, so ist die Linie vom Berührungspunkt der Tangente nach der Mitte der Sehne ein Durchmesser.

Seien zwei Gegenschnitte *A,B* und an einem derselben Fig. 98.

in *A* eine Tangente *DE*, im andern eine mit *DE* parallele Sehne *FG* gegeben; ist nun *H* die Mitte von *FG*, so soll bewiesen werden, dass *AH* ein Durchmesser ist. Wäre dies nicht der Fall, so ziehe man von *A* den Durchmesser, der den Gegenschnitt in *L*, die Sehne *FG* in *J* trifft. Da nun nach §. 31. die Tangente in *L* parallel *DE* ist, muss sie auch parallel *FG* und folglich *J* die Mitte von *FG* sein, was unmöglich ist; also kann keine andere Linie als *AH* der von *A* ausgehende Durchmesser sein.

§. 35. **Lehrsatz 34.** Wenn ein Durchmesser eine Sehne in einem von zwei Gegenschnitten halbirt, so ist die Tangente im Endpunkt des Durchmessers an den andern Gegenschnitt gezogen der Sehne parallel.

Nach I. 32. ist die Tangente, die im Endpunkt des Durchmessers an denselben Gegenschnitt, in dem die Sehne liegt, gezogen wird, parallel der Sehne, und da sie nach §. 31. auch parallel der Tangente ist, die im Endpunkt des Durchmessers an den andern Gegenschnitt gezogen wird, ist diese letztere gleichfalls der Sehne parallel.

§. 36. **Lehrsatz 35.** Wenn in zwei Gegenschnitten parallele Sehnen gezogen werden, so ist die Verbindungslinie ihrer Mitten ein Durchmesser der Gegenschnitte.

Fig. 99. Seien *A* und *B* zwei Gegenschnitte, *DE*,*FG* zwei parallele Sehnen je in einem derselben, und *H*,*J* die Mitten dieser Sehnen so wird behauptet, dass *HJ* ein Durchmesser ist. Wäre er es nicht, so sei von *H* der Durchmesser gezogen, der die Schnitte in *A*,*B*, *FG* in *K* trifft; nun muss die Tangente in *A* parallel mit *DE*, also auch parallel mit *FG* sein, also $FK = KG$, was unmöglich ist. Also ist keine andere Linie ausser *HJ* der von *H* ausgehende Durchmesser.

§. 37. **Lehrsatz 36.** Wenn eine nicht durch den Mittelpunkt gezogene Linie zwei Gegenschnitte durchschneidet, so sind die vom Mittelpunkt nach der Mitte dieser durchschneidenden Geraden und parallel mit derselben gezogenen Linien zwei conjugirte Durchmesser der Gegenschnitte.

Fig. 100. Seien zwei Gegenschnitte *A* und *B* von einer nicht durch den Mittelpunkt gehenden Geraden in den Punkten *D* und *E* geschnitten, vom Mittelpunkt *C* aber eine Linie parallel

DE, die die Schnitte in *A* und *B* trifft, und eine andere nach der Mitte *F* von *DE* gezogen, so wird behauptet, dass diese Linien *CA*,*CF* conjugirte Durchmesser sind.

Man ziehe *EC*, und verlängere es, bis es den Gegenschnitt in *G* schneidet, ziehe *DG* und verlängere *CA*, bis es *DG* in *H* trifft. Nun ist $EC = CG$ und weil auch $EF = DF$, die Linie *DG* parallel *FC*. Da ferner *CA* parallel *DE*, muss $DH = HG$, also auch die Tangente in *A* parallel mit *DG* oder *CF* sein, folglich sind *CA*,*CF* conjugirte Durchmesser (I. 16).

§. 38. **Lehrsatz 37.** Wenn an jeden von zwei Gegenschnitten eine Tangente gezogen wird und diese Tangenten nicht parallel sind, dann ist die Linie von ihrem Schneidungspunkt nach der Mitte der Berührungssehne ein zweiter Durchmesser der Gegenschnitte und der zugehörige erste Durchmesser eine Parallele mit der Berührungssehne durch den Mittelpunkt.

Seien zwei Gegenschnitte *A* und *B* gegeben, und an einen derselben in *D*, an den andern in *E* Tangenten gezogen, die sich in *F* treffen; ist nun *G* die Mitte von *DE*, so ist zu beweisen, dass *FG* ein zweiter Durchmesser der Gegenschnitte ist. Wäre das nicht der Fall, so ziehe man von *G* einen solchen Durchmesser, der die über *F* verlängerte Tangente *EF* in *H* trifft, so muss die gerade Linie *DH* den Gegenschnitt *A* noch in einem Punkt treffen (I. 36.); ist nun *A* dieser Punkt, so ziehe man durch *A* eine Parallele mit *DE*, welche *GH* in *J*, *EH* in *K* und den andern Gegenschnitt in *B* trifft. Nun müsste, weil *GH* ein Durchmesser und $DG = GE$, *AB* aber parallel *DE* ist, auch $AJ = JB$, und zugleich aus dem Dreieck *DEH* $AJ = JK$ sein, was unmöglich ist; also ist keine andere Linie von *G* aus ein zweiter Durchmesser ausser *GF*. q. e. d. Fig. 101.

§. 39. **Lehrsatz 38.** Wenn an jeden von zwei Gegenschnitten eine Tangente gezogen wird und diese Tangenten sich in einem Punkt treffen, dann halbirt der von diesem Punkt aus gezogene Durchmesser die Verbindungslinie der Berührungspunkte.

Der Beweis wird ebenso wie der von §. 30. geführt, und stützt sich zuletzt darauf, dass nicht zwei Tangenten an den Gegenschnitten im Mittelpunkt zusammentreffen können.

§. 40. **Lehrsatz 39.** Wenn an jeden von zwei Gegenschnitten eine Tangente gezogen wird, diese Tangenten sich in einem Punkt treffen und durch ihren Schneidungspunkt eine Parallele mit der Berührungssehne bis an die Gegenschnitte gezogen wird, so sind die von den hierdurch auf den Gegenschnitten erhaltenen Punkten nach der Mitte der Berührungssehne gezogenen Geraden Tangenten an den Gegenschnitten.

Fig. 102. Seien zwei Gegenschnitte *A* und *B* gegeben und an *A* in *D*, an *B* in *E* Tangenten gezogen, die sich in *F* schneiden, sei ferner durch *F* eine Parallele mit *DE* gezogen, die den Gegenschnitten in *G,H* begegnet, und *J* die Mitte von *DE*, so wird behauptet, dass die Geraden *GJ,HJ* Tangenten an den Gegenschnitten sind.

Nach §. 38. ist *JF* ein zweiter Durchmesser der Gegenschnitte; sei also der Punkt *C* derselben der Mittelpunkt, und werde durch *C* eine Parallele mit *DE* gezogen, welche die Gegenschnitte in *A* und *B* trifft; weil nun *CJ* die Linie *DE* halbirt, sind *AB,CJ* conjugirte Durchmesser und also *DJ* eine an den zweiten Durchmesser gezogene Ordinate; also ist nach I. 38. das Rechteck $CJ \cdot CF$ gleich dem Quadrat des halben zweiten Durchmessers. Da nun aber *HF* gleichfalls eine an den zweiten Durchmesser gezogene Ordinate ist, so folgt hieraus umgekehrt, dass *JH* und auf ähnliche Art, dass auch *JG* eine Tangente ist.

§. 41. **Lehrsatz 40.** Wenn zwei Gegenschnitte von zwei nicht durch den Mittelpunkt gehenden und sich schneidenden Geraden getroffen werden, so können diese Geraden sich nicht gegenseitig halbiren.

Fig. 103. Seien zwei Gegenschnitte *A* und *B* von den nicht durch den Mittelpunkt *C* gehenden Geraden *AD,EB*, die sich in *F* schneiden, getroffen, so wird behauptet, dass diese Geradeu sich nicht halbiren. Denn wäre dies der Fall, so ziehe man *CF* und durch *C* eine Parallele mit *FA*, welche den Gegenschnitt *A* in *H*, und eine andere Parallele mit *FB*, welche den Gegenschnitt *B* in *G* trifft; nun müsste, wie früher bewiesen, so wohl die Tangente in *H*, als die Tangente in *G* parallel *CF* sein, was unmöglich ist, da *GH* nicht durch den Mittelpunkt geht. Also können *AD,EB* sich nicht gegenseitig halbiren.

§. 42. **Lehrsatz 41.** Wenn zwei Paar conjugirte Gegenschnitte von zwei nicht durch den Mittelpunkt gehenden Geraden getroffen werden, so können sich diese Geraden nicht halbiren.

Seien conjugirte Gegenschnitte *A* und *B*, *D* und *E* gegeben und von zwei sich in *K* schneidenden Geraden *FG*,*HJ*, die nicht durch den Mittelpunkt *C* gehen, getroffen, so wird behauptet, dass diese Geraden sich nicht halbiren. Wäre dies der Fall, so ziehe man *CK* und durch *C* eine Parallele mit *FG*, welche die Gegenschnitte *A* und *B* in den Punkten *A* und *B*, und eine andere mit *HJ*, welche die Gegenschnitte *D* und *E* in den Punkten *D* und *E* trifft. Nun müssten, weil *CK* die der Geraden *AB* parallele Linie *FG* halbirt, *CK* und *AB* conjugirte Durchmesser, und also die Tangente in *A* parallel mit *CK* sein, und auf ähnliche Weise müssten *CK*,*CD* conjugirte Durchmesser, also die Tangente in *D* ebenfalls parallel *CK* sein; dies ist aber unmöglich, da nach §. 19. die Tangente in *A* die beiden Gegenschnitte *D* und *E* und die Tangente in *D* die beiden Gegenschnitte *A* und *B* trifft, also die beiden Tangenten im Winkelraum *DCA* zusammentreffen müssen. Fig. 104.

§. 43. **Lehrsatz 42.** Wenn einen von zwei Paaren conjugirter Gegenschnitte eine gerade Linie in zwei Punkten schneidet und vom Mittelpunkt eine Linie nach der Mitte dieser Geraden und eine andere parallel damit gezogen werden, so sind diese Linien conjugirte Durchmesser der Gegenschnitte.

Seien *A* und *B*, *D* und *E* conjugirte Gegenschnitte und einer derselben *A* von einer Geraden in den Punkten *L* und *M* getroffen; wird dann vom Mittelpunkt *C* eine Linie nach der Mitte *N* von *LM* und eine andere *DE* parallel mit *LM* gezogen, so ist zu beweisen, dass diese beiden Linien conjugirte Durchmesser der Gegenschnitte sind. Nach §. 5. ist die Tangente in *A* parallel mit *LM*, also auch mit der durch *C* damit gezogenen Parallelen *DE*, mithin sind nach §. 20. *CA*,*CD* conjugirte Durchmesser der Gegenschnitte. Fig. 105.

§. 44. **Aufgabe 2.** In einem gegebenen Kegelschnitt einen Durchmesser zu finden.

Man ziehe zwei parallele Sehnen und verbinde ihre Mitten. (Beweis durch Umkehrung von I. 46, 47 und 48.)

§. 45. **Aufgabe 3.** In einer gegebenen Ellipse oder Hyperbel den Mittelpunkt zu finden.

Man suche nach §. 44. zwei Durchmesser, so ist deren Schneidungspunkt der Mittelpunkt.

§. 46. **Aufgabe 4.** In einer gegebenen Parabel die Achse zu finden.

Man suche nach §. 44. einen Durchmesser, ziehe senkrecht dagegen eine Sehne, halbire dieselbe und ziehe durch ihre Mitte eine Parallele mit dem Durchmesser.

§. 47. **Aufgabe 5.** In einer gegebenen Ellipse oder Hyperbel die Achsen zu finden.

Fig. 106. Man suche den Mittelpunkt C, nehme einen beliebigen Punkt D des Schnitts, beschreibe mit CD einen Kreis, der den Schnitt zum zweiten Mal in E trifft, und fälle von C auf DE ein Loth, so ist dies die eine Achse und die durch C mit DE gezogene Parallele MN die andere.

§. 48. **Lehrsatz 43.** Nachdem die Achsen, wie in voriger Aufgabe gezeigt ist, gefunden sind, soll bewiesen werden, dass es keine andern Achsen giebt.

Fig. 106. Sei, wenn es möglich ist, CG eine andere Achse, so fälle man von D auf CG das Loth DH, welches verlängert den Kegelschnitt zum zweiten Male in J trifft; dann ist $DH = HJ$, und, wenn man CJ zieht, auch $CJ = CD$, folglich auch $CJ = CE$; dies ist aber unmöglich. Denn zieht man noch von J und E senkrecht gegen MN die Ordinaten JK, EL, so müsste, weil $CJ = CE$, auch $CK^2 + KJ^2 = CL^2 + LE^2$ oder $KJ^2 - LE^2 = CL^2 - CK^2$ und wenn man $CL^2 = CN^2 - ML \cdot LN$ und $CK^2 = CN^2 - MK \cdot KN$ setzt, $KJ^2 - LE^2 = MK \cdot KN - ML \cdot LN$. Weil aber J und E Punkte des Kegelschnitts und IK, EL Ordinaten sind, ist $KJ^2 : LE^2 = MK \cdot KN : ML \cdot LN$, also müsste $KJ^2 = MK \cdot KN$ sein. Dann aber wäre der Kegelschnitt MIN ein Kreis, was gegen die Voraussetzung ist.

Also können ausser den in §. 47. construirten Achsen keine anderen gezogen werden.

§. 49. **Aufgabe 6.** Wenn ein Kegelschnitt und ein

nicht innerhalb befindlicher Punkt gegeben sind, durch den Punkt an den Kegelschnitt eine Tangente zu ziehen.

I. Ist der gegebene Kegelschnitt eine Parabel, so lassen sich drei Fälle unterscheiden.

1) Der Punkt liegt auf der Parabel.

Man fälle von ihm auf die Achse ein Loth, verlängere die Achse über den Scheitel hinaus um das durch das Loth abgeschnittene Stück und verbinde den erhaltenen Endpunkt mit dem gegebenen Punkt, so ist diese Verbindungslinie die gesuchte Tangente. I. 33. Fig. 107.

2) Der Punkt liegt auf der Verlängerung der Achse.

Man schneide auf der Achse vom Scheitel nach innen zu ein Stück ab gleich dem Stück zwischen dem Scheitel und dem gegebenen Punkt, errichte in dem erhaltenen Punkt nach beiden Seiten zu ein Loth, das die Parabel in zwei Punkten trifft und verbinde diese Punkte mit dem gegebenen, so sind dies die verlangten Tangenten. Fig. 107.

3) Der Punkt P liegt beliebig ausserhalb der Parabel.

Man ziehe von P eine Parallele mit der Achse, welche die Parabel in A trifft, schneide darauf von A nach innen zu ein Stück $AB = PA$ ab, ziehe in A die Tangente an die Parabel und in B eine Parallele damit, die die Parabel in C und D trifft; dann sind PC und PE die verlangten Tangenten. (I. 46. I. 33.) Fig. 108.

II. Ist der gegebene Kegelschnitt eine Hyperbel, so lassen sich fünf Fälle unterscheiden.

1) Der gegebene Punkt P liegt auf der Hyperbel.

Man suche die Achse, fälle von P darauf ein Loth PD; sind nun A und B die Scheitel, so bestimme man einen Punkt E in der Achse, so dass $AE : BE = AD : BD$; dann ist EP die gesuchte Tangente. (I, 34.) Fig. 109.

2) Der gegebene Punkt E liegt in der Achse.

Sind wieder A und B die Scheitel, so bestimme man in der verlängerten BA einen Punkt D, so dass $AD : BD = AE : BE$, errichte in D auf die Achse nach beiden Seiten zu ein Loth, das die Hyperbel in P,F trifft, dann sind PE,EF die verlangten Tangenten. (I. 34.) Fig. 109.

3) Der gegebene Punkt P liegt beliebig ausserhalb der Hyperbel, jedoch innerhalb des Asymptotenwinkels.

Fig. 110. Man ziehe von P durch den Mittelpunkt C eine Linie, welche die Hyperbel in A, ihren Gegenschnitt in B trifft; bestimme in dieser Linie einen Punkt D, so dass $AD : BD = AP : BP$, ziehe in A die Tangente und in D eine Parallele damit, welche die Hyperbel in E,F schneidet, dann sind PE, PF die verlangten Tangenten. (I. 47. I. 34.)

4) Der gegebene Punkt P liegt in einer Asymptote.

Fig. 111. Ist C der Mittelpunkt, so nehme man die Mitte D von CP und ziehe durch D eine Parallele mit der andern Asymptote, welche die Hyperbel in E trifft, dann ist PE die verlangte Tangente. (II. 3.)

5) Der Punkt P liegt innerhalb des Nebenwinkels des Asymptotenwinkels.

Fig. 112. Man ziehe von P nach dem Mittelpunkt C und parallel mit PC eine Sehne DE in der Hyperbel, verbinde deren Mitte F mit C, welche Linie die Hyperbel in A und den Gegenschnitt in B trifft, dann bestimme man die Grösse des zum Durchmesser AB gehörigen Rechtecks Q^2 durch die Proportion: $DF^2 : FA \cdot FB = Q^2 : AB^2$ und ferner auf der verlängerten PC einen Punkt G dergestalt, dass $CP \cdot CG = Q^2$ ist, ziehe endlich von G eine Parallele mit CF, welche die Hyperbel in H trifft; dann ist PH die gesuchte Tangente. (I. 38. I. 47. I. 21. Zweite Reihe von Erkl. No. 4.)

Wenn endlich der gegebene Punkt im Scheitelraum des Asymptotenwinkels liegt, so ist die Construction einer Tangente unmöglich.

III. Sei drittens der gegebene Kegelschnitt eine Ellipse, so lassen sich zwei Fälle unterscheiden.

1) Der Punkt P liegt im Umfang derselben.

Fig. 113. Fälle von P auf die Achse ein Loth PD, und wenn A,B die Scheitel der Achse sind, bestimme in deren Verlängerung einen Punkt E, so dass $AE : BE = AD : BD$, dann ist EP die verlangte Tangente. (I. 34.)

2) Der Punkt P liegt beliebig ausserhalb derselben.

Fig. 114. Ziehe von P durch den Mittelpunkt C und, wenn A,B die hierdurch erhaltenen Scheitel sind, bestimme in AB einen Punkt D dergestalt, dass $AD : BD = AP : BP$, ziehe ferner nach Vorigem in A oder B eine Tangente und eine Parallele

damit durch D, welche die Ellipse in E,F trifft, dann sind PE,PF die verlangten Tangenten. (I. 34. I. 47.)

§. 50. **Aufgabe 7.** An einen gegebenen Kegelschnitt eine Tangente zu ziehen, die mit der Achse nach der Seite des Kegelschnitts zu einen gegebenen spitzen Winkel bildet.

I. Für die Parabel.

Sei eine Parabel mit dem Scheitel A und der Achse AF, sowie der spitze Winkel α gegeben; man soll an erstere eine Tangente ziehen, die mit der Achse nach der Seite des Schnitts zu den Winkel $DEA = \alpha$ bildet.

Analysis. Ist an einer Parabel AD im Punkte D die Tangente gezogen, welche die Achse im Punkt E unter dem verlangten Winkel schneidet, und von D auf die Achse das Loth DF gefällt, so wie AD gezogen, so ist das Dreieck DEF durch zwei Winkel der Gestalt nach bestimmt, und weil $EA = AF$, auch der Punkt A in der Grundlinie, also der Winkel DAF gegeben.

Construct. Trage an einer beliebigen Linie GH in H einen Rechten und in G den Winkel α an, verbinde die erhaltene Spitze J des Dreiecks mit der Mitte K von GH; trage nun an die Achse der Parabel im Scheitel A nach innen zu den gefundenen Winkel JKH nach beliebiger Seite an und ziehe in dem Durchschnittspunkt D des erhaltenen Schenkels mit der Parabel die Tangente an dieselbe, so ist dies die verlangte. Fig. 115.

Bew. Ist E der Schneidungspunkt der Tangente mit der Achse, DF das von D auf die Achse gefällte Loth, so ist $\triangle DAF \sim \triangle JKH$ aus zwei Winkeln, also $DA : AF = JK : KH$, also auch $DA : AE = JK : KG$ und also $\triangle DAE \sim \triangle JKG$ aus 2 Seiten und dem eingeschlossenen Winkel, folglich $\angle DEF = \angle JGH = \alpha$. q. e. d.

Anm. Da der Winkel JKH nach zwei Seiten der Achse zu angetragen werden kann, so giebt es zwei Tangenten, die der Aufgabe genugen.

II. Für die Hyperbel.

Sei ein spitzer Winkel α und eine Hyperbel AD gegeben; man soll an diese eine Tangente ziehen, die mit der Achse nach der Seite der Hyperbel zu einen Winkel DEA gleich α bildet.

Anal. Ist im Punkte D einer Hyperbel eine Tangente Fig. 116a.

gezogen, die die Achse im Punkte E unter dem verlangten Winkel schneidet, und DF das von D auf die Achse gefällte Loth, C der Mittelpunkt, A,B die Scheitel, so ist nach I. 37. $DF^2 : FE \cdot FC = r : t$, und da wegen des bekannten Winkels DEF das Verhältniss $DF : FE$ gegeben ist, ist auch durch Division $DF : FC$ mithin der Winkel DCF gegeben. Man bemerkt ferner, dass, da die verlängerte ED die Asymptote in einem Punkt G treffen muss, der Winkel DEF oder α grösser als der halbe Asymptotenwinkel GCE sein muss.

Construct. Errichte in einem beliebigen Punkt J auf einem Schenkel des Winkels α, dessen Scheitel H sei, ein Loth, das den andern Schenkel in K trifft, und bestimme auf der verlängerten JH einen Punkt M, so dass $KJ^2 : JH \cdot JM = r : t$*), ziehe MK und trage den Winkel KMJ an die Achse CA der Hyperbel im Punkte C nach der Seite der Hyperbel zu an, bis sein Schenkel die Hyperbel in D trifft, so ist die in D gezogene Tangente DE die verlangte.

Bew. Man ziehe von D die Ordinate DF und die Linie DC, so ist $\triangle DFC \sim \triangle KJM$ wegen gleicher Winkel, also: 1) $KJ : JM = DF : FC$; weil aber (2) $KJ^2 : JH \cdot JM = r : t$ nach Construct. und (3) $DF^2 : FE \cdot FC = r : t$ nach I. 37., ist $KJ^2 : JH \cdot JM = DF^2 : FE \cdot FC$, welches durch (1) dividirt, giebt $KJ : JH = DF : FE$, also ist $\triangle KHJ \sim \triangle DEF$ und folglich $\angle DEF = \angle KHJ = \alpha$, wie verlangt war.

Es bleibt noch zu zeigen, dass, wenn der gegebene Winkel α grösser als der halbe Asymptotenwinkel ist, die Construction immer ausführbar ist.

Sei JHL gleich dem halben Asymptotenwinkel und werde in A auf CA ein Loth errichtet, das die Asymptote in O trifft. Nun ist $CA^2 : AO^2 = t : r$ nach II. 3., also auch $HJ^2 : JL^2 = t : r$ und folglich $HJ^2 : JK^2 < t : r$; weil nun $HJ \cdot MJ : JK^2 = t : r$ nach Construction, muss $MJ > HJ$ und folglich $MJ^2 : JK^2 > t : r$, also $MJ^2 : JK^2 > HJ^2 : JL^2$ oder $MJ : JK$

*) Anm. Die Bestimmung des Punktes M geschieht am einfachsten so, dass man zuerst $HJ = t$ und dann $JM = \frac{KJ^2}{r}$ macht; denn dann ist in der That

$$KJ^2 : JH \cdot JM = JM \cdot r : JH \cdot JM = r : t.$$

$> HJ : JL$, woraus folgt, dass der Winkel KMJ kleiner als der halbe Asymptotenwinkel LHJ ist, und in diesem Falle wird der Schenkel des an AC in C angetragenen Winkels KMJ nothwendig die Hyperbel schneiden, also die Construction ausführbar sein.

Anm. Da der Winkel KMJ an zwei Seiten von CA angetragen werden kann, sind zwei Tangenten möglich, die der Aufgabe genügen.

III. Für die Ellipse.

Sei ein Winkel $\alpha = KHJ$ und eine Ellipse gegeben; an diese eine Tangente zu ziehen, die mit der Achse nach der Ellipse zu einen Winkel gleich α bildet. Fig. 116b.

Analysis. Wäre DE die verlangte Tangente, DF die von D an die Achse gezogene Ordinate und DC die Linie nach dem Mittelpunkt, dann müsste $DF^2 : CF \cdot FE = r : t$ und da $DF : EF$ durch die Winkel gegeben ist, so ist auch $DF : CF$, mithin der Winkel DCF bekannt.

Construction. Mache einen Schenkel HJ des gegebenen Winkels α gleich t, errichte in J ein Loth, das den andern Schenkel in K trifft, bestimme in der verlängerten HJ einen Punkt M, so dass $r : KJ = KJ : JM$, ziehe KM und trage den Winkel KMJ in C an die Achse der Ellipse beliebig an; trifft nun der Schenkel die Ellipse in D, so ist die in D gezogene Tangente DE die verlangte.

Bew. Ist DF noch die in D gezogene Ordinate an die Achse, so ist $DF^2 : CF \cdot FE = r : t$ und da auch $KJ^2 : JM \cdot JH = JM \cdot r : JM \cdot JH = r : t$, ist $DF^2 : CF \cdot FE = KJ^2 : JM \cdot JH$. Weil aber $\triangle CDF \sim \triangle KMJ$, muss $DF : CF = KJ : MJ$ und deshalb auch $DF : FE = KJ : JH$, und folglich $\angle DEF = \angle KHJ = \alpha$ sein.

§. 51. **Aufgabe 8.** An einer gegebenen Parabel oder Hyperbel eine Tangente zu construiren, welche mit dem durch den Berührungspunkt gehenden Durchmesser einen gegebenen spitzen Winkel bildet.

Wenn eine Parabel gegeben ist, so ergiebt sich aus dem Parallelismus der Durchmesser leicht, dass man nur die vorige Aufgabe aufzulösen hat.

Sei eine Hyperbel AD und ein spitzer Winkel α gegeben, es soll an erstere eine Tangente gezogen werden, die Fig. 117.

mit dem nach dem Berührungspunkt gezogenen Durchmesser einen Winkel gleich α bildet.

Analys. Wäre DE die verlangte Tangente, CD der Durchmesser nach dem Berührungspunkt, DF die von D an die Achse gezogene Ordinate, so wäre in der Figur CDF der rechte Winkel bei F, der Winkel CDE und das Verhältniss $DF^2 : FE \cdot FC = r : t$ bekannt; daraus ist aber ihre Gestalt bestimmt; denn beschreibt man über einer beliebigen Länge $\varepsilon\gamma$ als Sehne einen Kreisbogen, der den Winkel α als Peripheriewinkel enthält, und fällt von einem beliebigen Punkt des Kreises δ ein Loth $\delta\phi$ auf die verlängerte $\gamma\varepsilon$, so ist, wenn λ der zweite Schneidungspunkt dieses Lothes mit dem Kreis ist, $\delta\phi^2 : \phi\varepsilon \cdot \phi\gamma = \delta\phi^2 : \delta\phi \cdot \phi\lambda = \delta\phi : \phi\lambda$, weshalb sich die Lage des Lothes aus dem gegebenen Verhältniss $\delta\phi^2 : \phi\varepsilon \cdot \phi\gamma$ leicht bestimmen lässt.

Construct. Man ziehe eine gerade Linie $\varepsilon\gamma$ und beschreibe darüber einen Kreisbogen, der den Winkel α als Peripheriewinkel enthält, schneide auf einer andern beliebigen geraden Linie von einem Punkt G aus das latus rectum und transversum nach derselben Seite zu den Punkten H und J ab, halbire HJ in K, fälle vom Mittelpunkt μ des über $\varepsilon\gamma$ beschriebenen Kreisbogens ein Loth $\mu\nu$ auf $\varepsilon\gamma$ und theile es durch den Punkt β, so dass $\mu\nu : \beta\nu = KG : HG$, ziehe von β eine Parallele mit $\varepsilon\gamma$, welche den Kreis in δ trifft, ziehe $\delta\gamma$ und trage den erhaltenen Winkel $\delta\gamma\varepsilon$ an CA im Punkte C an, bis sein Schenkel die Hyperbel in D trifft, so ist die in D gezogene Tangente DE die verlangte.

Bew. Man ziehe noch $\delta\varepsilon$ und das Loth $\delta\phi$ von δ auf $\gamma\varepsilon$, welches verlängert den Kreis zum zweiten Mal in λ trifft, ferner das Loth DF von D auf die Achse und im Scheitel A die Tangente, die eine Asymptote in L trifft. Nun ist zunächst zu zeigen, dass der Schenkel des an CA angetragenen Winkels $\delta\gamma\varepsilon$ die Hyperbel nothwendig treffen muss. Es ist (1) $CA^2 : LA^2 = t : r$ (II. 3.), und da $\mu\beta : \beta\nu = \frac{t-r}{2} : r$, $2\mu\beta$ oder $\lambda\delta : \delta\phi = t - r : r$ also auch $\lambda\phi : \delta\phi = t : r$, oder, wenn das erste Verhältniss mit $\delta\phi$ erweitert und $\phi\gamma \cdot \phi\varepsilon$ statt $\lambda\phi \cdot \delta\phi$ gesetzt wird, $\phi\gamma \cdot \phi\varepsilon : \delta\phi^2 = t : r$ und folglich (2) $\phi\gamma^2 : \delta\phi^2 > t : r$, welches mit (1) verglichen zeigt, dass $\phi\gamma : \delta\phi > CA : LA$, folglich Winkel $\delta\gamma\phi$ kleiner als LCA ist, und also schneidet der Schenkel des im CA angetragenen Winkels $\delta\gamma\phi$ nothwendig die Hyperbel. Nun bleibt zu zeigen, dass die im Schneidungspunkt D gezogene Tangente DE mit dem Durchmesser CD einen Winkel gleich α bildet. Es ist $\triangle DFC \sim \triangle \delta\phi\gamma$ wegen gleicher Winkel, und da $DF^2 : FE \cdot FC = r : t$ nach I. 37. und $\delta\phi^2 : \phi\gamma \cdot \phi\varepsilon = r : t$, wie oben gezeigt ist, also (3) $DF^2 : FE \cdot FC = \delta\phi^2 : \phi\gamma \cdot \phi\varepsilon$, und aus obiger Aehnlichkeit (4) $DF : FC = \delta\phi : \phi\gamma$, also (3) durch (4) dividirt $DF : FE = \delta\phi : \phi\varepsilon$, folglich Winkel $FDE = \phi\delta\varepsilon$, welches von den gleichen Winkeln $FDC, \phi\delta\gamma$ subtrahirt, giebt $EDC = \varepsilon\delta\gamma$ und also gleich α. w. z. b. w.

§. 52. **Lehrsatz 44.** Der spitze Winkel, den eine Tangente an einer Ellipse mit dem nach dem Berührungspunkt gezogenen Durchmesser bildet, ist nicht kleiner als der Nebenwinkel des Winkels, den die von den Endpunkten der grossen Achse nach einem Endpunkt der kleinen gezogenen Linien bilden.

Sei eine Ellipse mit dem Mittelpunkt C, der grossen Achse AB und der halben kleinen CD gegeben, AD und BD und in einem beliebigen Punkt E des Umfangs sowohl der Halbmesser EC als auch die Tangente gezogen, die die verlängerte Achse BA in F, die verlängerte BD in G trifft, so wird behauptet, dass der Winkel CEG nicht kleiner als Winkel GDA ist.

Sei erstens $BD \parallel CE$, dann ist, weil $AC = BC$, wenn H der Durchschnitt von AD und CE ist, auch $AH = DH$ und folglich $FG \parallel AD$ (Umkehr. von I. 47.), also Winkel $CEG = GDH$. Fig. 118.

Sei ferner BD nicht parallel CE und noch von E an die Achse die Ordinate EJ gezogen. Nun ist Winkel ECJ ungleich Winkel DBC, also auch $DC^2 : CB^2$ ungleich $EJ^2 : CJ^2$, und da $DC^2 : CB^2 = EJ^2 : CJ \cdot JF$, ist $CJ \cdot JF$ ungleich CJ^2, also JF ungleich CJ. Sei nun ein beliebiger Kreis und darin eine Sehne XY gegeben, so dass der zu XY gehörige stumpfe Peripheriewinkel gleich ADB ist, ferner von der Mitte des Bogens S ein Durchmesser SMQ gezogen, der XY in P schneidet. Nimmt man nun in XY einen Punkt L, so dass $XL : LY = CJ : JF$ und zieht in L lothrecht gegen XY die Sehne NO, deren Mitte R ist, so ist zunächst leicht zu zei- Fig. 119.

gen, dass $NL^2 : XL \cdot LY < SP^2 : PX^2$, also kleiner als $DC^2 : AC \cdot CB$ oder als $EJ^2 : CJ \cdot JF$ ist. Denn $NL^2 : XL \cdot LY = NL^2 : NL \cdot LO = NL : LO = NR - RL : NR + RL$ und da in letzterem Verhältniss das Vorderglied kleiner als das Hinterglied ist, wird es vergrössert, wenn beide Glieder um dasselbe Stück wachsen, also wenn in beiden SM statt NR gesetzt wird, also hat man, da $RL = PM$ ist, $NL^2 : XL \cdot LY < SM - NP : SM + MP$, d. h. als $SP : PQ$ oder $SP^2 : SP \cdot PQ$ oder $SP^2 : XP^2$. Nimmt man also in der verlängerten LN einen Punkt T, so dass $TL^2 : XL \cdot LY = SP^2 : PX^2 = EJ^2 : CJ \cdot JF$, so ist $\triangle XTY$ ähnlich $\triangle CEF$; denn da $XL : LY = CJ : JF$, ist $XL^2 : XL \cdot LY = CJ^2 : CJ \cdot JF$ und da $TL^2 : XL \cdot LY = EJ^2 : CJ \cdot JF$, ist durch Division $XL^2 : TL^2 = CJ^2 : EJ^2$, also $\triangle XLT$ ähnlich $\triangle CJE$ und auf gleiche Weise $\triangle YLT$ ähnlich $\triangle FJE$. Mithin ist, da $\angle XTY$ kleiner als $\angle XNY$, letzterer aber gleich ADB, auch $\angle CEF$ kleiner als ADB und sein Nebenwinkel GEC grösser als ADG. w. z. b- w.

§. 53. **Aufgabe 9.** An eine Ellipse eine Tangente zu ziehen, die mit dem nach dem Berührungspunkt gezogenen Durchmesser einen gegebenen spitzen Winkel bildet, welcher jedoch nicht kleiner sein darf als der, den zwei Linien von den Endpunkten der kleinen Achse nach einem Endpunkt der grossen gezogen bilden.

Sei eine Ellipse mit der grossen Achse AB, der kleinen DK, dem Mittelpunkt C und ein spitzer Winkel α nicht kleiner als der Winkel DAK gegeben, man soll eine Tangente GEF an die Ellipse ziehen, so dass der spitze Winkel GEC gleich α ist.

Fig. 118. 1) Sei $\alpha = DAK$. Man ziehe AD, halbire es in H, ziehe CH, bis es die Ellipse in E trifft, so ist die durch E mit AD gezogene Parallele die verlangte Tangente.

Fig. 119 und 120. 2) Sei $\alpha > DAK$, also sein Nebenwinkel $\beta < ADB$. Man zeichne einen beliebigen Kreis und darin eine Sehne XY, so dass der dadurch gebildete kleinere Bogen den Peripheriewinkel β enthält, ziehe von der Mitte S dieses Bogens einen Durchmesser $SPMQ$ und bestimme in SP einen Punkt Z, so dass $ZP : ZM = r : \frac{r+t}{2}$, ziehe durch Z eine Parallele mit XY, die den Kreis in N trifft, trage den Winkel

NXY an die Achse *CA* im Punkte *C* an; trifft nun der Schenkel die Ellipse in *E*, so ist die Tangente in *E* die verlangte.

B e w e i s. Ziehe noch von *N* aus die Sehne *NLO* parallel mit *SQ*.

Da nach Voraussetzung der Winkel $\beta = XSY$ kleiner als *ADB* ist, ist $XP \cdot PY : SP^2$ oder $PQ : SP < AC \cdot BC : DC^2$, d. h. als $t : r$, mithin, wenn man auf beiden Seiten 1 addirt und die Vorderglieder halbirt, $\frac{PQ + SP}{2} : SP < \frac{t+r}{2} : r$, und da $ZM : ZP = \frac{t+r}{2} : r$, ist also $SM : SP < ZM : ZP$ oder, wenn man auf beiden Seiten 1 subtrahirt, $PM : SP < PM : ZP$, also $SP > ZP$; folglich muss die durch *Z* gezogene Parallele den Kreis nothwendig schneiden und die Construktion immer möglich sein. Nun folgt aus $ZP : ZM = r : \frac{t+r}{2}$ leicht $ZP : 2\,ZM - ZP = r : t$, also auch $NL : LO$ oder $NL^2 : XL \cdot LY = r : t$; da aber $EI^2 : CI \cdot IF = r : t$ und $\triangle XNL$ ähnlich $\triangle CIE$, also $NL : XL = EI : IC$, folgt durch Division auch $NL : LY = EI : IF$, also $\triangle NLY$ ähnlich $\triangle EIF$ und Winkel $LNY = IEF$, also auch Winkel $\beta = XNY = CEF$. w. z. b. w.

Drittes Buch des Apollonius von Perga über Kegelschnitte.

§. 1. **Lehrsatz 1.** Wenn zwei Tangenten eines Kegelschnitts sich schneiden und die Durchmesser nach den Berührungspunkten gezogen und verlängert werden, so ist das Dreieck, dessen Ecken ein Berührungspunkt, der Durchschnitt des nach diesem gezogenen Durchmessers mit der zweiten Tangente und der Kreuzungspunkt der Tangenten sind, gleich dem andern ähnlich gebildeten Dreieck.

Fig.121-124. Seien A, B zwei Punkte eines Kegelschnitts, in welchen Tangenten gezogen sind, die sich in F kreuzen, sei ferner D der Durchschnitt der Tangente in A mit dem nach B gezogenen Durchmesser und E der Durchschnitt der Tangente in B mit dem nach A gezogenen Durchmesser, so wird behauptet, dass $\triangle AEF = \triangle DBF$.

Constr. Ziehe von B eine Parallele mit AD, bis sie EA in G trifft.

Fig. 121. Beweis. 1) für die Parabel. Nach I. 35. ist $EA = AG$; da nun $AG = BD$, ist $EA = BD$, und da die Dreiecke AEF und BDF ausserdem noch gleiche Winkel haben, sind sie congruent, also auch gleich.

Fig.122-124. 2) für Ellipse und Hyperbel. Nach I. 37. ist $CE : CA = CA : CG$. Da nun $CA : CG = CD : CB$, ist auch $CE : CA = CD : CB$ und folglich $\triangle CAD = \triangle CBE$, oder wenn man auf beiden Seiten das Stück $CEFD$ bei der Hyperbel und $CAFB$ bei der Ellipse abzieht oder hinzufügt, so erhält man $\triangle AEF = \triangle DBF$. q. e. d.

Anm. Bei der Ellipse sind in der Figur zwei Fälle zu unterscheiden, je nachdem die Punkte A und E, B und D auf derselben Seite des Mittelpunkts oder auf verschiedenen Seiten liegen.

§. 2. **Lehrsatz 2.** Wenn ausser den im vorigen Lehrsatz angenommenen Linien noch von einem beliebigen Punkt des Kegelschnitts Parallelen mit den Tangenten gezogen werden, so ist das Viereck aus diesen beiden Parallelen, einer Tangente und dem nicht dazu gehörigen Durchmesser gleich dem Dreieck, das von derselben Tangente, dem dazu gehörigen Durchmesser und der Parallelen mit der andern Tangente gebildet ist.

Sei unter denselben Bezeichnungen wie im vorigen Lehrsatz *G* der auf dem Kegelschnitt angenommene Punkt und treffe die mit der Tangente in *A* gezogene Parallele die Tangente in *B* im Punkt *H* und den durch *B* gehenden Durchmesser in *K*, ferner die mit der Tangente in *B* gezogene Parallele die Durchmesser von *A* und *B* beziehlich in *I* und *L*, so wird behauptet, dass Viereck *GHEI* gleich Dreieck *HBK* ist. Fig. 125-130.

Beweis. Es ist in allen 6 Figuren bei der Parabel nach I. 42., bei Ellipse und Hyperbel nach I. 43. $\triangle GLK = BLIE$. Subtrahirt oder addirt man nun auf beiden Seiten das Stück *LBHG*, so erhält man die Behauptung.

§. 3. **Lehrsatz 3.** Wenn ausser den im Lehrsatz 1. angenommenen Linien von zwei beliebigen Punkten des Kegelschnitts Parallelen mit den Tangenten gezogen werden, so sind die Vierecke, welche von drei dieser Parallelen und je einem Durchmesser so gebildet werden, dass jedes an einen der beiden beliebig angenommenen Punkte anstösst, einander gleich.

Anm. Es lassen sich an jedem der beiden Punkte vier derartige Vierecke bilden, und da die Vierecke, die nach dem Lehrsatz gleich sein sollen, nicht beide an denselben Durchmesser anstossen, so bleiben für jedes an einem Punkt ausgewählte nur zwei an den andern Punkt anstossende zur Vergleichung, aus welchen das richtige leicht auszuwählen ist.

Seien *A* und *B* wie früher die Punkte, durch welche Durchmesser und Tangenten gezogen sind, ferner *C*, *D* zwei beliebige Punkte, entweder beide zwischen *A* und *B* oder beide ausserhalb und auf derselben Seite angenommen; werden nun durch *C* und *D* Parallelen mit den Tangenten gezogen und schneidet die von *C* ausgehende mit der Tangente in *B* den Durchmesser von *A* in *G*, die von *D* ausgehende denselben in *F*, dagegen die von *C* ausgehende Parallele mit Fig. 131-133.

der Tangente in A den Durchmesser von B in H, die von D ausgehende denselben in I, ist ferner E der Kreuzungspunkt von CH mit DF, so ist zu beweisen, dass Viereck $CEFG$ = Viereck $DEHI$.

Beweis. Seien noch M, K und L die Durchschnittspunkte der Linien CG, DF und BH mit der Tangente in A, so ist nach vorigem Paragraph

1) $$DILK = \triangle AKF,$$

2) $$CHLM = \triangle AMG,$$

woraus durch Subtraktion entsteht

3) $DIHE \pm MKEC = \pm FGMK$ oder $DIHE = CEFG$.

Anm. 1. Die Bedeutung der Zeilen (1) und (2) ist in den beiden ersten Figuren einleuchtend, und bei Zeile (3) für diese nur zu unterscheiden, dass in der ersten das Minuszeichen, in der zweiten das Pluszeichen vor $MKEC$, während auf der andern Seite in beiden Fällen das Pluszeichen zu nehmen ist. In der dritten Figur sind die Vierecke $DILK$ und $CHLM$ sogenannte überschlagene Vierecke, deren Inhalt dem Unterschied der beiden Dreiecke, aus welchen sie bestehen, gleich zu setzen ist; auch kann über das Zeichen dieses Unterschiedes kein Zweifel sein, denn sei N der Durchschnittspunkt von CG mit BI, und denke man sich den Punkt C dem Punkte B nähern und ihn überschreiten, so wird dann das Viereck $CHLM$ in ein einfaches ubergehen, welches positiv zu nehmen ist, also ist $CHLM = LMN - CNH$ und ebenso, wenn O der Kreuzungspunkt von DK und BI ist, $DILK = LKO - DOI$.

Anm. 2. Es findet sich zu diesem Satz eine Anmerkung des Eutocius, dass die bei der Behauptung vorkommenden Vierecke nur dann entstehen, wenn die beiden Punkte C und D entweder beide zwischen A und B oder beide ausserhalb derselben angenommen werden; wenn aber einer von ihnen zwischen A und B und der andere ausserhalb angenommen wird, entständen die Vierecke nicht; dies ist jedoch nur so zu verstehen, dass in den erstgenannten Fällen die Vierecke einfache convexe Vierecke sind, im letzten Fall dagegen eins derselben ein überschlagenes Viereck ist; wie man sich durch Zeichnung einer Figur leicht überzeugen kann.

§. 4. **Lehrsatz 4.** Wenn an jeden von zwei Gegenschnitten eine Tangente gezogen wird, so dass diese Tangenten sich schneiden, und wenn die beiden Durchmesser nach den Berührungspunkten gezogen und über den Mittelpunkt verlängert werden, so ist das Dreieck, dessen Ecken ein Berührungspunkt, der Kreuzungspunkt der Tangenten und der Durchschnitt des von diesem Berührungspunkt ausgehenden Durchmessers mit der am andern gezogenen Tangente sind, gleich dem andern ähnlich gebildeten Dreieck.

Fig. 134. Seien in den Punkten A und B zweier Gegenschnitte

Tangenten gezogen, die sich in F kreuzen, ferner in A der Durchmesser AC, der BF in E, und in B der Durchmesser BC, der AF in D schneidet, so wird behauptet, dass $\triangle AFE = \triangle BFD$ ist.

Man ziehe in dem Punkt G, wo der Durchmesser AC den Gegenschnitt trifft, die Tangente, welche BC in H schneidet, so ist $\triangle ACD$ congruent $\triangle CGH$, aber $\triangle CGH$ nach §. 1. gleich $\triangle CBE$, folglich, wenn man zu den gleichen Dreiecken ACD und CBE das Stück $CDFE$ hinzufügt, $\triangle AFE = \triangle BFD$.

§. 5. **Lehrsatz 5.** Wenn zwei je an einen Gegenschnitt gezogene Tangenten sich schneiden und von einem beliebigen Punkt eines der beiden Gegenschnitte zwei Linien gezogen werden, eine parallel der Tangente an diesem Gegenschnitt und die andere parallel der Berührungssehne, so ist das von diesen beiden Parallelen und dem nach dem Kreuzungspunkt der Tangenten gezogenen Durchmesser gebildete Dreieck vermindert um das ihm ähnliche Dreieck, das am Kreuzungspunkt entsteht, gleich dem Dreieck, das die mit der Berührungssehne gezogene Parallele mit der vorerwähnten Tangente und dem Durchmesser nach ihrem Berührungspunkt bildet.

Seien in den Punkten A und B zweier Gegenschnitte Fig. 135-137. Tangenten gezogen, die sich in D kreuzen, und von einem beliebigen Punkt E eines der beiden Gegenschnitte an den Durchmesser CD die beiden Linien $EG \parallel AD$ und $EF \parallel AB$ gezogen, sei ferner H der Punkt, in welchem die Tangente, und I der, in welchem der Durchmesser AC die Linie EF schneidet, so wird behauptet: $\triangle EFG - \triangle HFD = \triangle AHI$.

Beweis. Nach I. 45. ist $\triangle EFG = \triangle CFI + \triangle ACD$, und subtrahirt man auf beiden Seiten $\triangle HFD$, so erhält man

$$\triangle EFG - \triangle HFD = \triangle CFI + \triangle ACD - \triangle HFD$$
$$= \triangle AHI. \text{ q. e. d.}$$

Anm. Es mag noch derselbe Satz an einer einfachen Hyperbel bewiesen werden. Seien also in den Punkten A und B einer solchen Tangenten die Fig. 138. sich in D kreuzen, und von einem andern beliebigen Punkt E EF parallel AB und EG parallel AD bis an den Durchmesser CD gezogen, seien ferner H und I die Punkte, in welchen EF die Linien AD und AC schneidet, so ist zu beweisen, dass

$$\triangle FDH - \triangle FGE = \triangle AHI.$$

Zieht man noch im Scheitel X die Tangente XY bis an den Durchmesser CA, so ist nach III. §. 1. $\triangle CXY = \triangle CDA$ und nach I. §. 43. $\triangle EFG = \square XYIF$, also:

$$CGEI = \triangle CFI - \triangle GFE = \triangle CFI - FXYI = \triangle CXY = \triangle CDA,$$

und subtrahirt man von $CGEI = \triangle CDA$ das gemeinsame $CDHI$, so bleibt $DGEH = \triangle AHI$ oder $\triangle FDH - \triangle FGE = \triangle AHI$. q. e. d.

§. 6. **Lehrsatz 6.** Wenn an zwei Gegenschnitten zwei sich schneidende Tangenten und die Durchmesser nach ihren Berührungspunkten, ferner von einem beliebigen Punkt eines der beiden Gegenschnitte Parallelen mit den Tangenten gezogen werden, so ist das Viereck zwischen diesen beiden Parallelen, einer Tangente und dem nicht zu ihr gehörigen Durchmesser gleich dem Dreieck, das an derselben Tangente uud dem zu ihr gehörigen Durchmesser durch eine jener Parallelen abgeschnitten wird.

Fig. 139 und 140. Seien A und B die Punkte, in welchen die Tangenten AI und BY und die Durchmesser AD, BE gezogen sind, F ein beliebiger Punkt eines der beiden Gegenschnitte und $FG \parallel BY$, bis es AI in G trifft, $FH \parallel AI$, bis es BE in H trifft, gezogen, sei ferner K der Durchschnittspunkt von AD und FG, so wird behauptet, dass

$$FHIG = \triangle AKG.$$

Ist X der Schneidungspunkt von FG und BC, so kann man die Behauptung auch schreiben:

$$\triangle IGX - \triangle FHX = \triangle AKG.$$

Beweis. Man ziehe noch in D die Tangente, die FG in M, BE in L schneidet; ist nun Y noch der Schneidungspunkt der Tangente in B mit AD, so ist nach I. 44. und III. 1.:

$$\triangle FXH = \triangle CXK - \triangle CBY = \triangle CXK - \triangle CAI, \text{ also}$$

$$\triangle CAI = \triangle CXK - \triangle FXH$$

und fügt man auf beiden Seiten das Viereck $CKGI$ hinzu, so ist

$$\triangle AKG = \triangle XIG - \triangle XHF. \text{ q. e. d.}$$

§. 7. **Lehrsatz 7.** Wenn in zwei beliebigen Punkten zweier Gegenschnitte (die nicht Endpunkte eines Durchmessers sind) Tangenten und Durchmesser und von zwei andern beliebigen Punkten Parallelen mit den Tangenten gezogen werden, welche sowohl den Durchmessern als je einer Tangente begegnen, so sind zwei Vierecke, deren jedes aus drei dieser Parallelen und einem Durchmesser gebildet wird, so dass es an einen der zuletzt angenommenen Punkte anstösst, einander gleich.

Anm. Dieser Satz, welcher eine Ausdehnung des §. 3. auf Gegenschnitte ist, wird für mehrere Fälle besonders bewiesen, namlich

1) wenn die beiden zuletzt angenommenen Punkte in den Theilen der Gegenschnitte zwischen den zuerst angenommenen Punkten und zwischen den Endpunkten der von ihnen ausgehenden Durchmesser liegen, im vorliegenden §. 7.

2) wenn einer der Punkte zwischen den Endpunkten der Durchmesser liegt und der andere ein solcher Endpunkt selbst ist, im §. 9.

3) der Fall, in welchem beide Punkte Endpunkte der Durchmesser sind, führt zurück auf Lehrsatz 4, doch ist für diesen Fall im § 8. die Gleichheit zweier andern Vierecke bewiesen.

4) der Fall, in welchem die beiden Punkte ausserhalb der zuerst angenommenen Punkte und der Endpunkte der von ihnen ausgehenden Durchmesser liegen, in §. 10.

5) der Fall, dass einer der Punkte zwischen den zuerst angenommenen Punkten, der andere ausserhalb der Endpunkte der von diesen ausgehenden Durchmesser liegt, kann gleichfalls leicht erwiesen werden.

Seien in den Punkten A und B eines von zwei Gegenschnitten Tangenten und Durchmesser AD, BE gezogen, und von zwei andern Punkten F und G, deren einer auf der einen Hyperbel zwischen A und B, der andere auf der andern zwischen D und E liegt, Parallelen mit den Tangenten, welche einander in den Punkten H und X, den Durchmessern in den Punkten I, M, K, L begegnen, so wird behauptet Fig. 141.

$$FIKH = GLMH \text{ oder } FXLM = GXIK.$$

Beweis. Seien N, O, P die Punkte, in welchen BC, FI, GH die Tangente in A schneiden. Nun ist nach vorigem Satz: 1) $\triangle AKP = LGPN$ und nach §. 2. $\triangle AIO = FONM$; setzt man also in (1) statt des Stückes AIO das ihm gleiche Viereck, so ist das Vieleck $IKPNMF = LGPN$, und fügt man hierzu noch das Stück $NMHP$, so erhält man $FIKH = GLMH$. q. e. d.

§. 8. **Lehrsatz 8.** Wenn in zwei Punkten A und B eines von zwei Gegenschnitten Tangenten und Durchmesser und in den beiden andern Endpunkten dieser Durchmesser Parallelen mit den Tangenten gezogen werden, so sind die Vierecke, welche diese Parallelen mit je einer Tangente und dem nicht dazu gehörigen Durchmesser bilden, einander gleich.

Fig. 142. Seien in den Punkten *A* und *B* eines von zwei Gegenschnitten die Durchmesser *AD* und *BE* und die Tangenten und in den Punkten *D*, *E* Parallelen mit den Tangenten gezogen, welche mit je einer Tangente und dem nicht dazu gehörigen Durchmesser die Vierecke *EFGH* und *DIKL* bilden, so wird behauptet, dass $DIKL = EFGH$.

Sei *M* der Kreuzungspunkt der Tangenten in *A* und *B*, und *GK* und *AB* gezogen, so ist nach III. 1. $\triangle AMG = \triangle BMK$, und addirt' man hierzu $\triangle GMK$, so ist $\triangle AGK = \triangle BGK$, also *AB* parallel *GK* und $CG : CA = CK : CB$, also auch $2\,CA : CA - CG = 2\,CB : CB - CK$, d. h. $AD : AG = BE : BK$, aber wegen Aehnlichkeit der Dreiecke *AGM* und *ADL* und *BKM* und *BEH* verhält sich $\triangle ADL : \triangle AGM = AD^2 : AG^2$ und $\triangle BEH : \triangle BKM = BE^2 : BK^2$, also auch

$$\triangle ADL : \triangle AGM = \triangle BEH : \triangle BKM$$

und da $\triangle AGM = \triangle BKM$, ist auch $\triangle ADL = \triangle BEH$, also, wenn man $\triangle ACK = \triangle BCG$ subtrahirt, $DCKL = ECGH$ und addirt man hierzu $\triangle DCI = \triangle ECF$, so erhält man $DIKL = EFGH$. q. e. d.

Fig. 143. §. 9. Besonderer Fall zu Lehrsatz 7. Wenn in zwei Punkten *A* und *B* eines von zwei Gegenschnitten Tangenten und Durchmesser *AD*, *BE*, von einem Punkt *F* des andern Gegenschnitts zwischen *D* und *E* Parallelen *FG*, *FH* mit den Tangenten in *B* und *A* bis an die Durchmesser *AC*, *BC*, endlich im Endpunkt *D* Parallelen *DKI* und *DL* mit den Tangenten in *A* und *B* gezogen werden, so ist zu beweisen, dass

$$1)\ \triangle DIC = FHCG \text{ und } 2)\ DLFG = HLDI.$$

Fig. 144. Beweis. Es ist nach III. 2. $\triangle DKG = FHIK$ und fügt man hierzu noch *KICG*, so ist $\triangle DIC = FHCG$; fügt man aber *FKDL* hinzu, so ist $DLFG = HLDI$. q. e. d.

§. 10. Besonderer Fall zu Lehrsatz 7. Seien in den Punkten *A* und *B* eines von zwei Gegenschnitten Tangenten und Durchmesser *AD*, *BE* und von zwei andern Punkten *F* in der einen Hyperbel ausserhalb *AB* und *G* in der andern ausserhalb *DE* Parallelen *FM*, *FI*, *GL*, *GK* mit den Tangenten bis an die nicht zu diesen Tangenten gehörigen

Durchmesser gezogen. Sind *H* und *X* die Punkte, in denen sich diese Parallelen kreuzen, so ist zu beweisen, dass

1) $FHKI = GHML$

oder die überschlagenen Vierecke *FXLM* und *GXIK* einander gleich sind, d. h. wenn *S* und *Z* die Kreuzungspunkte von *GL*, *AC* und von *FI*, *BC* sind:

2) $\triangle LZX - \triangle FZM = \triangle ISX - \triangle GSK.$

Beweis zu Th. 1. Seien noch *N*, *O*, *P* die Punkte, in welchen die Tangente in *A* die Linien *CB*, *FI*, *GH* durchschneidet, und *DY* die Tangente in *D* bis an den Durchmesser *BE*, *BT* die in *B* bis an den Durchmesser *CA*.

Nun ist nach I. 44.

1) $\triangle GKS = \triangle CLS - \triangle CAN$, und da $\triangle CBT = \triangle CAN$

2) $\triangle CIZ - \triangle CAN = \triangle FZM$, dies addirt giebt:

3) $\triangle GKS + \triangle CIZ = \triangle CLS + \triangle FZM$,

und fügt man hierzu das Stück *GSCZFH* auf beiden Seiten zu, so erhält man

$FHKI = GHML$. q. e. d.

Subtrahirt man Zeile 3) von $XSCZ = XSCZ$, so erhält man $\triangle XIS - \triangle GKS = \triangle XLZ - \triangle FZM$, welches die zweite Thesis ist.

§. 11. enthält dasselbe als §. 5.

§. 12. **Lehrsatz 12.** Wenn in zwei Punkten je eines Gegenschnitts (die nicht Endpunkte eines Durchmessers sind) Tangenten und zwei Durchmesser, deren einer von einem Berührungspunkt, der andere von der Mitte der Berührungssehne ausgeht, und ferner von zwei Punkten derjenigen Hyperbel, von welcher aus der eine Durchmesser gezogen ist, Parallelen mit der Tangente an dieser Hyperbel und mit der Berührungssehne gezogen werden, so sind zwei Vierecke, welche von drei dieser Linien und je einem der Durchmesser gebildet werden und deren jedes an einen der angenommenen Punkte anstösst, einander gleich.

Seien *A* und *B* zwei Punkte zweier Gegenschnitte, *AD* Fig. 145-147. und *BD* die Tangenten in ihnen, *E* die Mitte ihrer Verbindungslinie, seien ferner von zwei Punkten *F*, *G* des Gegenschnitts *A* die Parallelen *FL*, *GM* mit der Tangente in *A* bis an den Durchmesser *ED* und die Parallelen *FH*, *GI* mit

AB bis an den Durchmesser *AC* gezogen, welche *AD* beziehlich in *N,O* schneiden. Ist nun *K* der Kreuzungspunkt von *FL* und *GI*, so ist zu beweisen

$$FHIK = GKLM.$$

Sind *X, Y* die Punkte, in welchen *FH, GI* den Durchmesser schneiden, so sollen aus den verschiedenen Fällen, welche der Satz zulässt, für den Beweis hier folgende drei behandelt werden: 1) *X* und *Y* liegen zwischen *E* und *D*, 2) *X* liegt zwischen *E* und *D*, *Y* jenseit *D*, 3) *X* liegt zwischen *E* und *D*, *Y* jenseit *E*, aus welchen sich die andern Fälle, wenn *X* und *Y* jenseit *D* oder jenseit *E* liegen, leicht herleiten lassen.

Beweis für Fall 1. (Fig. 145.) Es ist nach III. 5.

1) $\triangle GYM - \triangle OYD = \triangle AOI,$

2) $\triangle FXL - \triangle NXD = \triangle ANH,$ woraus durch Subtraktion

$$GKLM - FKYX + NOYX = NOIH, \text{ oder } GKLM = FHIK.$$

Für Fall 2. (Fig. 146.)

Es ist, wie oben, nach III. 5.

1) $\triangle GYM - \triangle OYD = \triangle AOI,$

2) $\triangle FXL - \triangle NXD = \triangle ANH,$ woraus durch Subtraktion:

$$GKLM - FKYX - \triangle OYD + \triangle NXD = NOIH \text{ oder}$$
$$GKML = FKON + NOIH = FHIK.$$

Für Fall 3. (Fig. 147) kann zwar in ähnlicher Art als Fall (1) und (2) abgeleitet werden, kürzer aber folgendermassen:

$$\left.\begin{array}{ll} 1) & FNDL = \triangle AHN, \\ 2) & GODM = \triangle AIO, \end{array}\right\} \text{ nach III. 5.}$$

$$\text{also} \quad GODM - FNDL = \triangle AIO - \triangle AHN$$

$$\text{d. i. } GYM - DYO - FXL + DXN \text{ oder } GKLM - FXYK - NXYO = HNOI$$

$$OKFN = OKFN \text{ addirt, giebt}$$

$$GKLM = FHIK. \text{ q. e. d.}$$

§ 13. **Lehrsatz 13.** Wenn in conjugirten Gegenschnitten zwei Tangenten an neben einander liegende Hyperbeln und die Durchmesser nach den Berührungspunkten gezogen werden, so ist ein Dreieck, dessen Ecken der Mittelpunkt, ein Berührungspunkt und der Durchschnittspunkt der in diesem gezogenen Tangente mit dem nach dem andern gezogenen Durchmesser sind, gleich dem andern ähnlich gebildeten Dreieck.

Seien A und B die Punkte der nebeneinander liegenden Hyperbeln, D der Durchschnitt der Tangente in A mit dem Durchmesser von B, E der der Tangente in B mit dem Durchmesser von A, so wird behauptet, dass Fig. 148 und 149.

$$\triangle CAD = \triangle CBE.$$

Man ziehe noch von A eine Parallele mit BE, welche CB in F schneidet. Es ist nun nach II. 20. und I. 38. $CD : CB = CB : CF$, aber $CB : CF = CE : CA$, also $CD \cdot CA = CB \cdot CE$ und da die Winkel bei C in den beiden Dreiecken CAD und CBE entweder gleich oder supplementar sind, ist $\triangle CAD = \triangle CBE$.

§ 14. **Lehrsatz 14.** Wird unter denselben Voraussetzungen als im vorigen Lehrsatz auf einer der nebeneinander liegenden Hyperbeln ein beliebiger Punkt angenommen und von ihm bis an den an diese Hyperbel gehenden Durchmesser Parallelen mit den Tangenten gezogen, so ist das hierdurch entstandene Dreieck gleich demjenigen, das die mit der Tangente an derselben Hyperbel gezogene Parallele mit den beiden Durchmessern bildet vermindert um das ähnliche Dreieck über dem an dieselbe gehenden Halbmesser.

Seien wie vorher in den Punkten A nnd B zweier benachbarter Hyperbeln Tangenten und Durchmesser gezogen, die sich wechselseitig in D, E treffen, werden ferner von einem beliebigen Punkt F der Hyperbel B Parallelen FG, FH mit den Tangenten in A und B bis an den Durchmesser CB gezogen, von welchen FH den Durchmesser CA in I trifft, so wird behauptet. Fig. 150.

$$\triangle FGH = \triangle CHI - \triangle CBE.$$

Man ziehe noch von A an den Durchmesser CB die Parallele AK mit BE. Ist nun r und t das latus rectum und transversum für den Durchmesser CB an der Hyperbel B, so ist:

1) $$FH^2 : CH^2 - CB^2 = r : t,$$

aber nach II. 20. und einer leichten Folgerung aus I. 38. auch:

2) $$AK^2 : CK^2 + CB^2 = r : t,$$ also

3) $$FH^2 : AK^2 = CH^2 - CB^2 : CK^2 + CB^2$$ oder

4) $$\triangle FGH : \triangle ADK = \triangle CHI - \triangle CBE : \triangle CKA + \triangle CBE$$ und da nach vorigem Satz $\triangle CBE = \triangle CAD$, ist

$\triangle ADK = \triangle CKA + \triangle CBE$, also auch $\triangle FGH = \triangle CHI - \triangle CBE$. q. e. d.

§. 15a. **Lehrsatz 15.** Wenn conjugirte Gegenschnitte gegeben sind und in zwei Punkten eines derselben Tangenten und Durchmesser, von einem Punkt einer der benachbarten Hyperbeln aber Parallelen mit den Tangenten bis an die Durchmesser gezogen werden, so ist das Dreieck, das diese Parallelen mit einem Durchmesser bilden, vermindert um das, welches die mit der Tangente im Endpunkt dieses Durchmessers gezogene Parallele mit beiden Durchmessern macht, gleich dem Dreieck, dessen Grundlinie eine Tangente (vom Berührungspunkte bis zum andern Durchmesser) und dessen Spitze der Mittelpunkt ist.

Fig. 151. Seien in den Punkten A und B einer Hyperbel die Durchmesser AC, BC und die Tangenten AD, BE, die sich in K kreuzen, ferner von einem beliebigen Punkt F die Parallelen FG, FH mit den Tangenten AD, BE bis an den Durchmesser BC gezogen, FH aber treffe den andern Durchmesser AC in I, so wird behauptet:

$$\triangle FGH - \triangle CHI = \triangle BEC.$$

Man ziehe von A eine Parallele AX mit BE bis an den Durchmesser CB.

Nun ist

1) $\triangle FGH : \triangle ADX = FH^2 : AX^2$

$= CB^2 + CH^2 : CX^2 - CB^2$ (siehe vorigen Beweis)

$= \triangle CBE + \triangle CHI : \triangle CAX - \triangle CBE$

und da nach I. 43.

$\triangle ADX = \triangle CXA - \triangle CBE$, so ist auch

$\triangle FGH = \triangle CBE + \triangle CHI$. q. e. d.

§. 15b. Wenn unter denselben Voraussetzungen von zwei beliebigen Punkten der benachbarten Hyperbel Parallelen mit den Tangenten gezogen werden, so sind zwei Vierecke, aus je drei dieser Parallelen und einem Durchmesser so gebildet, dass jedes an einen der angenommenen Punkte anstösst, einander gleich.

Fig. 151. Seien ausser den oben gezogenen Linien noch von einem zweiten Punkt K der Hyperbel F die Parallelen KL, KM an die Durchmesser BC, AC gezogen, deren letztere den Durchmesser BC in N schneidet, und sei O der Kreuzungspunkt von FH mit KL, so wird behauptet: $FGLO = KMIO$.

Es ist nach dem, was oben bewiesen:

1) $\triangle FGH - \triangle CHI = FGCI = \triangle BCE,$

2) $\triangle KLN - \triangle CNM = KLCM = \triangle BCE,$

also $FGCI = KLCM$, und wenn man $LCIO$ auf beiden Seiten abzieht, bleibt $FGLO = KMIO$. q. e. d.

§. 16.a. **Lehrsatz 16.** Wenn zwei Tangenten eines Kegelschnitts sich schneiden und von einem beliebigen Punkt des letzteren mit einer der Tangenten eine Parallele gezogen wird, welche sowohl den Kegelschnitt zum zweiten Male als die andere Tangente trifft, so verhält sich das Quadrat des hierdurch auf der Tangente vom Berührungspunkt an abgeschnittenen Stücks zum Rechteck der beiden Abschnitte auf der Parallelen, beide von der Tangente an gerechnet, wie das Quadrat der einen Tangente zum Quadrat der andern.

Seien A und B zwei Punkte eines Kegelschnitts, deren Tangenten sich in D schneiden, und von einem beliebigen Punkt E des Umfangs eine Parallele mit BD gezogen, die den Schnitt zum zweiten Mal in F und die Tangente AD in G schneidet, so wird behauptet: Fig. 152 und 153.

$$AG^2 : GE \cdot GF = AD^2 : BD^2.$$

Seien H,M die Durchschnittspunkte von AD und GF mit dem Durchmesser BC, I und K die Durchschnitte von DB und GF mit dem Durchmesser AC und werde von E eine Parallele mit AD gezogen, die BC in L trifft. Nun ist:

$$\begin{aligned} AG^2 : AD^2 &= \triangle AGK : \triangle ADI \\ &= \triangle ADI + GMBD - MBIK : \triangle ADI \\ &= \triangle BDH + GMBD - \triangle ELM : \triangle BDH \end{aligned}$$

nach III. 1. und I. 43.

$$\begin{aligned} &= \triangle HGM - \triangle ELM : \triangle BDH \\ &= GM^2 - ME^2 : BD^2 \\ &= GE \cdot GF : BD^2 \quad \text{q. e. d.} \end{aligned}$$

Der Beweis gilt an Fig. 152. und Fig. 153., und mit einziger Aenderung der Zeichen für alle übrigen Fälle, z. B. Fig. 154.

§. 16 b. Wenn bei einer Ellipse oder einem Kreise die nach den Berührungspunkten gezogenen Durchmesser den Tangenten parallel sind, so findet das oben Behauptete gleichfalls Statt, und kann folgendermaassen bewiesen werden.

Es ist in Fig. 155., in welcher ausser den im Satz erwähnten Linien nur noch die Ordinate EN an den Durchmesser AC gezogen und X der zweite Durchschnitt von AC mit dem Kegelschnitt ist,

1) $EN^2 : AN \cdot NX = BC^2 : AC^2$, also

2) $AG^2 : GM^2 - ME^2 = AD : BD^2$ oder endlich

3) $AG^2 : GE \cdot GF = AD : BD$. q. e. d.

§. 17a. **Lehrsatz 17.** Wenn an einem Kegelschnitt zwei sich schneidende Tangenten gezogen sind und von zwei andern beliebigen Punkten desselben je eine Parallele mit einer Tangente gezogen wird, so dass diese Parallelen sich selbst und den Kegelschnitt noch in einem zweiten Punkt treffen, so verhält sich das Rechteck aus den auf einer dieser Linien gebildeten Abschnitten, vom Kreuzungspunkt der Parallelen bis zum Kegelschnitt gerechnet, zu dem andern ähnlich gebildeten Rechteck wie das Quadrat der der ersten Linie parallelen Tangente zum Quadrat der andern.

Fig. 156 und 157. Seien in den Punkten A und B eines Kegelschnitts Tangenten gezogen, die sich in D treffen, und von zwei andern Punkten desselben, E und F, von E eine Parallele mit BD, von F mit AD, welche Parallelen den Kegelschnitt beziehlich in G und H, sich selbst in X schneiden, so wird behauptet:

$$EX \cdot XG : FX \cdot XH = BD^2 : AD^2.$$

Construction. Man ziehe die Durchmesser AC, BC, welche den Tangenten BD, AD in den Punkten S und Q begegnen, ferner von E eine Parallele mit AD, welche BC in O, und von F eine Parallele mit BD, welche AC in R trifft, nenne die Punkte, in welchen EG die Durchmesser AC, BC schneidet, K und L, und die, in welchen FH dieselben trifft, I, P.

Beweis. Nun ist:

1) $EL^2 : XL^2 = \triangle ELO : \triangle XLP$, also

2) $EL^2 - XL^2 : \triangle ELO - \triangle XLP = EL^2 : \triangle ELO$
$= BD^2 : \triangle BDQ$,

ferner auf gleiche Weise:

3) $FI^2 : XI^2 = \triangle FIR : \triangle XIK$, also

4) $FI^2 - XI^2 : \triangle FIR - \triangle XIK = FI^2 : \triangle FIR$
$= AD^2 : \triangle ADS$.

Da nun $\triangle ELO - \triangle XLP = EXPO$ und $\triangle FIR - \triangle XIK$

$= FXKR$, und nach III. 3. $EXPO = FXKR$ und nach III. 1. $\triangle BDQ = \triangle ADS$, und da $EL^2 - XL^2 = EX \cdot XG$ und $FI^2 - XI^2 = FX \cdot XH$, folgt aus Vergleichung von (2.) und (4.):

$$EX \cdot XG : FX \cdot XH = BD^2 : AD^2. \text{ q. e. d.}$$

§. 17b. Wenn bei einer Ellipse oder einem Kreise die beiden Tangenten so gezogen sind, dass die Durchmesser nach den Berührungspunkten ihnen parallel sind, so findet das oben Behauptete gleichfalls Statt und kann folgendermaassen bewiesen werden.

Es ist, wenn die Linien, wie oben gezogen und benannt sind, in Fig. 158.:

1) $EL^2 : BC^2 - IX^2 = AC^2 : BC^2$,

2) $FI^2 : CA^2 - XL^2 = BC^2 : AC^2$, also

3) $EL^2 : BC^2 - IX^2 = CA^2 - XL^2 : FI^2 = AC^2 : BC^2$,

also auch

4) $CA^2 + EL^2 - XL^2 : CB^2 + FI^2 - XI^2 = AC^2 : BC^2$ oder

5) $CA^2 + EX \cdot XG : CB^2 + FX \cdot XH = AC^2 : BC^2$, woraus man leicht erhält: $EX \cdot XG : FX \cdot XH = AC^2 : BC^2 = BD^2 : AD^2$.

Anm. Hieraus ergiebt sich leicht, dass, wenn von einem Punkt zwei Linien durch einen Kegelschnitt gezogen werden, das Verhältniss des Rechtecks aus den Abschnitten der einen zu dem aus den Abschnitten der andern gleich demselben Verhaltniss für zwei von einem beliebigen andern Punkte parallel den ersten gezogene Linien ist.

§. 18. **Lehrsatz 18.** Wenn an zwei Gegenschnitte zwei sich schneidende Tangenten und von einem beliebigen Punkt eines der beiden Gegenschnitte eine Parallele mit einer Tangente gezogen werden, bis letztere sowohl die andere Tangente als die Gegenschnitte zum zweiten Male schneidet, so ist das Quadrat des hierdurch auf der Tangente abgeschnittenen Stücks zum Rechteck aus den Abschnitten auf der Parallelen (beide von der Tangente an gerechnet) wie das Quadrat der einen Tangente zu dem der andern.

Seien in den Punkten A und B zweier Gegenschnitte Fig. 159. Tangenten gezogen, die sich in D kreuzen, und von einem andern beliebigen Punkte E eine Parallele mit BD, welche die Gegenschnitte zum zweiten Mal in F und die Tangente AD in G trifft, so wird behauptet (wie in § 16.):

$$AG^2 : GE \,.\, GF = AD^2 : BD^2.$$

Man ziehe noch in A und B die Durchmesser, deren

ersterer BD in J, GE in K und deren letzterer AD in H, GE in M schneidet, endlich von E an den Durchmesser BM die Linie EL parallel AD. Nun ist:

$$MG^2 : ME^2 = \triangle MGH : \triangle MEL, \text{ also}$$

$$MG^2 - ME^2 : LEGH = MG^2 : \triangle MGH = BD^2 : \triangle BDH,$$

und da nach III. 6. $LEGH = \triangle AKG$ und nach III. 1. $\triangle BDH = \triangle ADI$, so ist $MG^2 - ME^2 : \triangle AKG = BD^2 : \triangle ADI$, oder wenn die inneren Glieder vertauscht werden und statt $\triangle AKG : \triangle ADI$ gesetzt wird $AG^2 : AD^2$, sowie statt $MG^2 - ME^2$ $GE \cdot GF$:

$$GE \cdot GF : BD^2 = AG^2 : AD^2$$

oder $AG^2 : GE \cdot GF = AD^2 : BD^2$. q. e. d.

Ein anderer Beweis für den Fall, in welchem die Punkte A und B nicht auf derselben Hyperbel liegen, ist folgender.

Fig. 160. Sei die Bezeichnung vor der Construction des Beweises wie oben und werden von den Punkten β, wo der von B gezogene Durchmesser den Gegenschnitt trifft, und von A die Parallelen $\beta\delta$ und AO an die Linien AD und $B\beta$ gezogen.

Nun ist:

$$A\delta : \delta H = O\beta : \beta H = OB : HB = AD : DH, \text{ also}$$

$A\delta : AD = \delta H : DH$ und da $\delta H : DH = \delta\beta : DB$, auch $A\delta : AD = \delta\beta : DB$ oder $A\delta : \delta\beta = AD : BD$; da aber nach §. 16.

$$AG^2 : GE \cdot GF = A\delta^2 : \delta\beta^2, \text{ ist nun auch}$$

$$AG^2 : GE \cdot GF = AD^2 : BD^2. \text{ q. e. d.}$$

§. 19. **Lehrsatz 19.** Wenn an zwei Gegenschnitte zwei sich schneidende Tangenten und mit diesen zwei Parallelen gezogen werden, deren jede die Schnitte in zwei Punkten trifft, so verhält sich das Rechteck aus den Abschnitten auf der einen Parallelen, von dem Scheidungspunkt der Parallelen bis zu den beiden Punkten auf dem Kegelschnitt gerechnet, zu dem ähnlich gebildeten Rechteck auf der andern Parallelen wie das Quadrat der einen Tangente zu dem Quadrat der andern.

Fig. 161. Seien in den Punkten A und B die sich in D kreuzenden Tangenten an zwei Gegenschnitten und von zwei andern Punkten E und F, von ersterem eine Parallele mit BD, von letzterem mit AD gezogen, welche Parallelen die Gegenschnitte noch in den Punkten G und H und sich gegenseitig in X treffen, so wird behauptet, wie in §. 17.:

$$XE \cdot XG : XF \cdot XH = BD^2 : AD^2.$$

Man ziehe noch von A und B die Durchmesser, deren ersterer XF in I, BD in S, XE in K, deren letzterer XE in L, AD in Q, XI in P trifft, und von E an BQ die Linie EO parallel AD, sowie von F an AK die Linie FR parallel BD.

Nun ist:

1) $IX^2 : \triangle IXK = IF^2 : \triangle IFR = AD^2 : \triangle ADS$,

2) $LX^2 : \triangle LXP = LE^2 : \triangle LEO = BD^2 : \triangle BDQ$, also

3) $IX^2 - IF^2 : XKRF = AD^2 : \triangle ADS$ und

4) $LX^2 - LE^2 : XPOE = BD^2 : \triangle BDQ$, weil aber nach III. 7. $XPOE = XKRF$ und nach III. 5. $\triangle BDQ = \triangle ADS$ ist 5. $XF \cdot XH : XE \cdot XG = AD^2 : BD^2$. q. e. d.

Fällt wie in Fig. 162. der Punkt X nicht ausserhalb, sondern innerhalb des Winkelraums BDA, so ziehe man die Durchmesser $A\alpha$, $B\beta$, ziehe in α und β die Tangenten, welche sich in δ schneiden, nenne S und ς die Punkte, in welchen BD, $\beta\delta$ die Linie $A\alpha$, und T und τ diejenigen, in welchen AD und $\alpha\delta$ die Linie $B\beta$ durchschneiden, so ist $\triangle BSC$ congruent $\triangle \beta\varsigma C$, $\triangle ATC$ congruent $\triangle \alpha\tau C$, $\triangle ASD$ congruent $\triangle \alpha\varsigma\delta$, $\triangle BTD$ congruent $\triangle \beta\tau\delta$, weshalb $AD = \alpha\delta$ und $BD = \beta\delta$, und da der Punkt X ausserhalb des Winkelraums $\alpha\delta\beta$ liegen muss, wenn die von ihm mit den Tangenten gezogenen Parallelen die Gegenschnitte treffen sollen, ist hierdurch dieser Fall auf den vorigen zuuückgeführt.

Fällt endlich der Punkt X, wie in Fig. 163., innerhalb einer Hyperbel, so sei wieder $A\alpha$ der von A gezogene Durchmesser, $\alpha\delta$ die Tangente in α, dann ist im zweiten Beweis von §. 18. gezeigt, dass

$\alpha\delta : B\delta = AD : BD$ und in §. 17 a.

$XE \cdot XG : XF \cdot XH = B\delta^2 : \alpha\delta^2$, also auch $= BD^2 : AD^2$.

Anm. Hieraus ergiebt sich leicht die Folgerung: Zieht man von einem beliebigen Punkt zwei Gerade, welche zwei Gegenschnitte in je zwei Punkten schneiden, so ist das Verhaltniss des Rechtecks aus den Abschnitten der einen zu dem aus den Abschnitten der andern gleich demselben Verhältniss für zwei von einem beliebigen andern Punkt mit den ersten Geraden gezogene Parallelen.

§. 20. **Lehrsatz 20.** Wenn an zwei Gegenschnitte zwei sich schneidende Tangenten und durch ihren Schneidungspunkt sowohl als durch irgend einen andern Punkt der Gegenschnitte Parallelen mit der Berührungssehne gezogen werden, so verhält sich das Quadrat des durch die letzte Parallele auf einer Tangente abgeschnittenen Stücks zu dem Rechteck aus den Abschnitten auf der Parallele selbst von der Tangente bis zu den Gegenschnitten gerechnet, wie das Quadrat dieser Tangente vom Berührungspunkt bis zum Kreuzungspunkt der Tangenten, zu dem Quadrat der halben durch diesen Kreuzungspunkt gezogenen Parallelen.

Fig. 164. Seien in den Punkten A und B zweier Gegenschnitte Tangenten gezogen, die sich in D kreuzen, und durch D sowohl als durch einen beliebigen Punkt F eines Gegenschnitts die Parallelen DE, FGH mit der Berührungssehne AB gezogen, so wird behauptet:

$$AG^2 : FG \cdot GH = AD^2 : ED^2.$$

Man ziehe den Durchmesser AC, welcher FG in K, ED in L, und DC, welcher FG in I schneidet, ferner durch F und E an CD die Linien FM, EN parallel mit AD. Nun ist:

$AG^2 : AD^2 = \triangle AGK : \triangle ADL$, aber nach III. 5. $\triangle AGK = \triangle IFM - \triangle IGD$ und $\triangle ADL = \triangle EDN$ und $\triangle IFM - \triangle IGD : \triangle EDN = IF^2 - IG^2 : ED^2 = FG \cdot GH : ED^2$, ist also $AG^2 : AD^2 = FG \cdot GH : ED^2$. q. e. d.

§. 21. **Lehrsatz 21.** Werden an zwei Gegenschnitte zwei sich schneidende Tangenten und die Berührungssehne, von einem beliebigen Punkt eines Schnittes aber eine Parallele mit einer Tangente und von einem andern eine Parallele mit der Berührungssehne gezogen, welche Parallelen sowohl sich selbst als die Gegenschnitte schneiden, so verhält sich das Rechteck aus den Abschnitten der ersten Parallelen zu dem aus den Abschnitten der zweiten (vom Kreuzungspunkt der Parallelen bis an die Gegenschnitte gerechnet), wie das Quadrat der Tangente bis zum Berührungspunkt zum Quadrat der halben durch den Kreuzungspunkt der Tangenten bis an die Gegenschnitte gezogenen Parallelen mit der Berührungssehne.

Fig. 165. Seien in den Punkten A und B Tangenten gezogen, die sich in D kreuzen, von dem Punkte F eines der Schnitte eine Parallele mit AD, welche dem Schnitt zum zweiten Mal in H, den Durchmessern CA, CD in K und P begegnet, und von einem andern Punkt G des Schnitts eine Parallele mit AB, welche dem zweiten Schnitt in I, der von F gezogenen Parallelen in X und den Durchmessern CA, CD in M, O begegnet, werde ferner durch D eine Parallele mit AB gezogen, die den einen Schnitt in E trifft, so wird behauptet:

$$XF \cdot XH : XG \cdot XI = AD^2 : ED^2.$$

Man ziehe noch durch F eine Parallele mit AB, die AC in L, durch G und E Parallelen mit AD, die CD in Q und R treffen, und nenne N den Durchschnitt von ED mit AC.

Nun ist:

1) $XK^2 : KF^2 = \triangle XKM : \triangle FKL$,

2) $OG^2 : OX^2 = \triangle OGQ : \triangle OXP$, also

3) $XK^2 - KF^2 : FLMX = XK^2 : \triangle XKM = AD^2 : \triangle ADN$,

4) $OG^2 - OX^2 : GXPQ = OG^2 : \triangle OGQ = ED^2 : \triangle EDR$

und da nach III. 12. $FLMX = GXPQ$ und nach III. 5. $\triangle ADN = \triangle EDR$, erhält man 5. $XK^2 - KF^2 : OG^2 - OX^2 = AD^2 : ED^2$ oder $XF \cdot XH : XG \cdot XI = AD^2 : ED^2$. q. e. d.

§. 22. **Lehrsatz 22.** Wenn an zwei Gegenschnitte ein Querdurchmesser, und eine beliebige Parallele damit, so wie eine andere mit der zugehörigen Ordinatenrichtung gezogen werden, welche Parallelen sowohl sich selbst als die Gegenschnitte treffen, so verhält sich das Rechteck aus den Abschnitten auf der ersten zu dem Rechteck auf den Abschnitten der letzteren wie das latus transversum zum latus rectum.

Sei AB ein Querdurchmesser zweier Gegenschnitte und Fig. 166. werde damit eine Parallele gezogen, die die Schnitte in F und G, so wie eine andere mit der zugehörigen Ordinatenrichtnng, die die erste Parallele in H, die Gegenschnitte in D, E trifft, so wird behauptet:

$$HF \cdot HG : HD \cdot HE = \mathrm{t} : \mathrm{r},$$

Sei I der Durchschnitt von DE mit AB und werde noch von F die Ordinate FK gezogen, so ist

1) $DI^2 : IC^2 - AC^2 = FK^2 : KC^2 - AC^2 = \mathrm{r} : \mathrm{t}$,

also 2) $DI^2 - FK^2 : IC^2 - KC^2 = \mathrm{r} : \mathrm{t}$,

aber $DI^2 - FK^2 = HD \cdot HE$ und $IC^2 - KC^2 = HF \cdot HG$,

also $HD \cdot HE : HF \cdot HG = \mathrm{r} : \mathrm{t}$. q. e. d.

§. 23. **Lehrsatz 23.** Wenn conjugirte Schnitte und an zwei gegenüberliegenden derselben zwei Tangenten gegeben sind, welche sich innerhalb eines der benachbarten Schnitte treffen, und wenn zwei Parallelen mit diesen Tangenten gezogen werden, solche sowohl sich selbst als diese benachbarten Schnitte treffen, so verhalten sich die Rechtecke aus den Abschnitten auf diesen Parallelen wie die Quadrate der Tangenten.

Fig. 167. Seien in den Punkten A und B zweier Gegenschnitte Tangenten gezogen, die sich innerhalb eines der benachbarten conjugirten Schnitte in D kreuzen und mit diesen Tangenten zwei Parallelen, die sich gegenseitig in X und die den Hyperbeln A und B conjugirten Schnitte in E, F, G, H treffen, so wird behauptet:

$$XE \cdot XF : XG \cdot XH = AD^2 : BD^2.$$

Man ziehe die Durchmesser AC, BC, welche der Geraden EF in L, K, der Geraden GH in M, I begegnen, ziehe von E eine Parallele mit BD, die AC in P und von G eine Paralle mit AD, die BC in N trifft; ist nun noch R der Durchschnitt von AD und BC, Q der von BD und AC, so ist

1) $EL^2 : \triangle ELP = XL^2 : \triangle XLM = AD^2 : \triangle ADQ$,

2) $GI^2 : \triangle GIN = IX^2 : \triangle IXK = BD^2 : \triangle BDR$,

also auch

3) $EL^2 - XL^2 : XEPM = AD^2 : \triangle ADQ$ und

4) $GI^2 - XI^2 : GXKN = BD^2 : \triangle BDR$,

und da nach III. 15 b. $XEPM = GXKN$ und nach III. 4. $\triangle ADQ = \triangle BDR$, so folgt:

5) $EL^2 - XL^2 : GI^2 - XI^2 = AD^2 : BD^2$ oder

6) $XE \cdot XF : XG \cdot XH = AD^2 : DB^2$. q. e. d.

§. 24. **Lehrsatz 24.** Wenn in conjugirten Gegenschnitten zwei conjugirte Durchmesser und zwei Parallelen mit diesen gezogen werden, die sich in dem Raum zwischen den Schnitten begegnen, so ist das Rechteck aus den Abschnitten der ersten Parallelen vermehrt um ein anderes, zu welchem sich das Rechteck aus den Abschnitten der andern Parallelen ebenso verhält wie das Quadrat des zweiten Durchmessers zu dem des ersten, gleich dem halben Quadrat dieses ersten Durchmessers.

Fig. 168. Seien AB, DE conjugirte Durchmesser an zwei Paaren conjugirter Gegenschnitte und eine Parallele mit AB, die die Gegenschnitte A und B in G und H trifft, sowie eine andere mit DE, die die Gegenschnitte D und E in I und K

trifft, gezogen, ist nun F der Durchschnittspunkt dieser Parallelen, so wird behauptet:

$$GF \cdot FH + \frac{CA^2}{CD^2} \cdot KF \cdot FI = 2\,CA^2.$$

Sei L der Durchschnitt von AB und IK, M der von DE und GH, so ist

1) $GM^2 - CA^2 : LF^2 = CA^2 : CD^2,$

2) $MF^2 : LI^2 - CD^2 = CA^2 : CD^2$, also

3) $GM^2 - CA^2 : LF^2 = MF^2 : LI^2 - CD^2 = CA^2 : CD^2$ und

4) $GM^2 - MF^2 - CA^2 : LF^2 - LI^2 + CD^2 = CA^2 : CD^2,$

woraus componendo leicht folgt:

5) $HF \cdot FG : 2CD^2 - KF \cdot FI = CA^2 : CD^2$, also

6) $HF \cdot FG = 2CA^2 - \frac{CA^2}{CD^2} \cdot KF \cdot FI.$ q. e. d.

Oder von Zeile 2. an etwas kürzer:

3) $GM^2 : LF^2 + CD^2 = MF^2 + 2CA^2 : LI^2 + CD^2$
$= CA^2 : CD^2$ und

4) $MF^2 - GM^2 + 2CA^2 : LI^2 - LF^2 = CA^2 : CD^2$ oder

5) $2CA^2 - GF \cdot FH = IF \cdot FK \cdot \frac{CA^2}{CD^2}.$ q. e. d.

Anm. Dieser Beweis gilt ohne Aenderung auch für die Fälle, in welchen der Schneidungspunkt der Parallelen innerhalb der einen oder der andern Hyperbel liegt, wobei nur zu merken ist, dass jedes der Rechtecke $GF \cdot FH$ oder $KF \cdot FI$ sein Zeichen wechselt, sobald der Punkt F die Hyperbel überschreitet, durch deren Durchschnittspunkte es gebildet ist. Diese Fälle behandelt Apollonius besonders im 25. und 26 Lehrsatz, die ich wegen des geringen Unterschiedes mit dem 24. nicht besonders beweise. Liegt der Schneidungspunkt in einer Hyperbel selbst, so reducirt sich die Behauptung auf die des Lehrsatzes 22. im 2. Buche. Um jedoch auch den Gang des Apollonischen Beweises anzugeben, folgt derselbe hier für den Fall, dass der Schneidungspunkt der Parallelen innerhalb des Asymptotenwinkels liegt.

Seien in der vorigen Figur noch die Asymptoten gezogen, welche die in A gezogene Tangente in N und O, die Parallele GH in den Punkten P und Q und die Parallele IK in R und S treffen. Nun ist, weil $CD = AN$ und $\triangle CAN \sim \triangle PFR$, so wie $\triangle CAO \sim \triangle QFS$ Fig. 168.

1) $CA : AN = PF : FR$ und

2) $CA : AO = QF : FS$, also

3) $CA^2 : CD^2 = FP \cdot FQ : FR \cdot FS.$

Es ist aber:

$$FP \cdot FQ = MF^2 - MP^2 = MG^2 - MP^2 - MG^2 + MF^2$$
$$= GP \cdot GQ - FG \cdot FH$$
und nach II. 10 $\quad = CA^2 - FG \cdot FH.$

Ferner auf ähnliche Art:

$$FR \cdot FS = LR^2 - LF^2 = LI^2 - LF^2 - LI^2 + LR^2$$
$$= FI \cdot FK - IR \cdot IS$$
und nach II. 10. $\quad = FI \cdot FK - CD^2.$

Setzt man diese Werthe oben in 3. ein, so erhält man

4) $CA^2 : CD^2 = CA^2 - FG \cdot FH : FI \cdot FK - CD^2$ oder
$2CA^2 - FG \cdot FH : FI \cdot FK = CA^2 : CD^2$. q. e. d.

§. 27. **Lehrsatz 27.** Wenn in einer Ellipse oder einem Kreis conjugirte Durchmesser und mit diesen je eine Parallele gezogen werden, welche sich selbst und den Kegelschnitt schneiden, so ist die Summe der Quadrate der Stücke auf der Parallelen mit dem ersten Durchmesser, vom gegenseitigen Durchschnitt bis zum Kegelschnitt gerechnet, vermehrt um die Summe zweier Rechtecke über den Stücken der andern Parallelen, welche ähnlich und ähnlich gelegen sind mit dem Rechteck aus dem zweiten Durchmesser und seinem zugehörigen latus rectum, gleich dem Quadrat des ersten Durchmessers.

Fig. 169. Seien AB, DE conjugirte Durchmesser einer Ellipse, GH, IK Parallelen damit, die sich in F kreuzen, r das zum zweiten Durchmesser DE gehörige latus rectum, so wird behauptet:

$$FG^2 + FH^2 + FI^2 \cdot \frac{r}{DE} + FK^2 \cdot \frac{r}{DE} = AB^2.$$

Beweis. Sei noch L der Durchschnitt von IK und AB, M der von GH und DE, so ist:

1) $FG^2 + FH^2 = (MG - MF)^2 + (MG + MF)^2 = 2MG^2$
$+ 2MF^2 = 2DM \cdot ME \cdot \frac{r}{DE} + 2CL^2.$

Es ist aber

2) $DM \cdot ME \cdot \frac{r}{DE} = DC^2 \cdot \frac{r}{DE} - MC^2 \cdot \frac{r}{DE} = AC^2 - FL^2$
$\cdot \frac{r}{DE}$, weil $\frac{r}{DE} = \frac{AC^2}{DC^2}$ ist, und ferner, weil $IL^2 = CA^2 \cdot \frac{DE}{r}$
$- CL^2 \cdot \frac{DE}{r}$, erhält man leicht

3) $CL^2 = CA^2 - IL \cdot \frac{r}{DE}.$

Setzt man (2) und (3) in (1) ein, so hat man

$$4)\ FG^2 + FH^2 = 2CA^2 - 2FL^2 \cdot \frac{r}{DE} + 2CA^2 - 2IL^2 \cdot \frac{r}{DE}$$

$$= 4CA^2 - 2FL^2 \cdot \frac{r}{DE} - 2IL^2 \cdot \frac{r}{DE},$$

und da endlich

$$2IL^2 + 2FL^2 = 2\left(\frac{FK + FI}{2}\right)^2 + 2\left(\frac{FK - FI}{2}\right)^2 = FK^2 + FI^2$$

ist, so erhält man

$$5)\ FG^2 + FH^2 = AB^2 - FK^2 \cdot \frac{r}{DE} - FI^2 \cdot \frac{r}{DE} \cdot \text{ q. e. d.}$$

§. 28. **Lehrsatz 28.** Wenn in conjugirten Gegenschnitten conjugirte Durchmesser und mit diesen je eine Parallele gezogen werden, so verhält sich die Summe der Quadrate der Abschnitte auf einer dieser Parallelen, von ihrem gegenseitigen Kreuzungspunkt bis an das eine Paar Gegenschnitte gerechnet, zu der Summe der Quadrate der Stücke auf der andern bis zu den andern Gegenschnitten gerechnet, wie das Quadrat des zur ersten Parallele gehörigen Durchmessers zu dem Quadrat des zur zweiten gehörigen.

Seien *AB*, *DE* conjugirte Durchmesser zweier conjugirter Gegenschnitte, *GH*, *IK* Parallelen damit, die sich in *F* kreuzen, so wird behauptet: Fig. 170.

$$FI^2 + FK^2 : FG^2 + FH^2 = DE^2 : AB^2.$$

Man ziehe noch von *G* die Ordinate *GN* an den Durchmesser *AB*, und von *I* die Ordinate *IO* an *DE*, und nenne *L* den Schneidungspunkt von *IK* und *AB*, *M* den von *GH* und *DE*, so ist

$$1)\ GN^2 : CN^2 - CA^2 = CD^2 : CA^2,$$

$$2)\ CO^2 - CD^2 : IO^2 = CD^2 : CA^2, \text{ also}$$

$$3)\ GN^2 + CO^2 - CD^2 : CN^2 - CA^2 + IO^2 = CD^2 : CA^2$$

oder auch

$$4)\ GN^2 + CO^2 : CN^2 + JO^2 = CD^2 : CA^2, \text{ aber}$$

$GN^2 + CO^2 = FL^2 + LI^2 = \frac{1}{2}(FI^2 + FK^2)$ nach dem, was im vorigen Satz bewiesen; und ebenso $CN^2 + IO^2 = MG^2 + MF^2 = \frac{1}{2}(FG^2 + FH^2)$, welches in (4) eingesetzt, ergiebt:

$$FI^2 + FK^2 : FG^2 + FH^2 = CD^2 : CA^2. \text{ q. e. d.}$$

§. 29. **Lehrsatz 29.** Unter denselben Voraussetzungen als im vorigen Lehrsatz verhält sich die Summe der Quadrate der Stücke auf einer Parallelen, vom Kreuzungspunkt derselben bis zu den Asymptoten gerechnet, vermehrt um das halbe Quadrat des parallelen Durchmessers zu der Summe der Quadrate der Stücke auf der andern Parallelen, von ihrem Kreuzungspunkt bis zu den Gegenschnitten gerechnet, wie das Quadrat des einen Durchmessers zu dem des andern.

Fig. 170. Seien P und Q die Durchschnittspunkte der Parallelen IK mit den Asymptoten, so wird behauptet, dass $FP^2 + FQ^2 + \frac{1}{2}DE^2 : FG^2 + FH^2 = DE^2 : AB^2$ ist.

Beweis. Vergleicht man diese Behauptung mit der des vorigen Lehrsatzes, so zeigt sich, dass man beweisen muss:

$$FI^2 + FK^2 = FP^2 + FQ^2 + \tfrac{1}{2}DE^2, \text{ oder}$$
$$FI^2 + FK^2 - FP^2 - FQ^2 = \tfrac{1}{2}DE^2.$$

Es sei nun zuerst F zwischen Q und P gelegen, so hat man

$$FI^2 - FP^2 + FK^2 - FQ^2 = IP\cdot(FI + FP) + KQ(FK + FQ)$$

oder da nach II. 8. $KQ = IP$ ist:

$$\begin{aligned} FI^2 - FP^2 + FK^2 - FQ^2 &= IP\cdot(FI + FP + FK + FQ) \\ &= IP\cdot(IK + PQ) = IP\cdot(2PQ + 2IP) = 2IP\cdot IQ \\ &= 2CD^2 \text{ (nach II. 16.)} \\ &= \tfrac{1}{2}DE^2. \end{aligned}$$

Ein ähnlicher Beweis findet Statt, wenn F zwischen P und I liegt.

§. 30. **Lehrsatz 30.** Wenn von einem Punkt innerhalb des Asymptotenwinkels einer Hyperbel an dieselbe zwei Tangenten und eine Parallele mit einer Asymptote gezogen werden, so wird das Stück der letzteren zwischen dem Ausgangspunkt und der Berührungssehne der Tangenten von der Hyperbel halbirt.

Fig. 171. Sei D ein Punkt innerhalb des Asymptotenwinkels einer Hyperbel, DA, DB die Tangenten an dieser, DF eine Parallele mit der einen Asymptote, welche die Hyperbel in E, die Berührungssehne in F trifft, so wird behauptet:

$$DE = EF.$$

Man ziehe vom Mittelpunkt C durch D einen Durchmesser, der die Hyperbel in I, AB in G trifft, von E an diesen Durchmesser die Ordinate EH und in J die Tangente, die eine Asymptote in K trifft. Nun ist:

1) $$EH^2 : HD^2 = KI^2 : CI^2$$

wegen Aehnlichkeit der Dreiecke EHD und KIC,

2) $$EH^2 : HC^2 - CI^2 = KI^2 : CI^2,$$

weil KI gleich dem halben zweiten Durchmesser der Hyperbel nach II. 3. Hieraus folgt aber:

$HD^2 = HC^2 - CI^2$, und weil $CI^2 = CD \cdot CG$ nach I. 37.,

$$CD \cdot CG = HC^2 - HD^2 = CD \cdot (HC + HD),$$ woraus

$CG = HC + HD$, und wenn man auf beiden Seiten CD abzieht:

$DG = 2\,HD$, weshalb $DH = HG$ und $DE = EF$. q. e. d.

§. 31. **Lehrsatz 31.** Wenn von einem Punkt ausserhalb des Asymptotenwinkels an zwei Gegenschnitte je eine Tangente und mit einer Asymptote eine Parallele gezogen werden, so wird das Stück dieser letzteren vom Ausgangspunkt bis zur verlängerten Berührungssehne von der einen Hyperbel halbirt.

Seien von einem Punkt D ausserhalb des Asymptoten- Fig. 172. winkels zweier Gegenschnitte an diese die Tangenten DA, DB und mit der einen Asymptote eine Parallele gezogen, welche die Berührungssehne in F und den Gegenschnitt A in E trifft, so wird behauptet:

$$DE = EF.$$

Beweis. Man ziehe noch den Durchmesser DC, welcher AB in G trifft, ferner von E an CD die Ordinate EH, so wie von C den mit AB parallelen Halbmesser CI und in I die Tangente IK bis zu der Asymptote, mit welcher die Parallele DF gezogen ist.

Nun ist:

1) $$EH^2 : HD^2 = CI^2 : IK^2$$

wegen Aehnlichkeit der Dreiecke EHD, CIK,

2) $$EH^2 : CH^2 + IK^2 = CI^2 : IK^2$$

nach I. 38., II. 3. und einer leichten Folgerung daraus.

Also $HD^2 = CH^2 + IK^2$, und da nach I. 38. auch $IK^2 = CG \cdot CD$, $CG \cdot CD = HD^2 - CH^2 = CD \cdot (HD - CH)$, also $CG = HD - CH$, oder wenn man CH auf beiden Seiten addirt, $GH = HD$, also auch $FE = ED$. q. e. d.

§. 32. **Lehrsatz 32.** Wenn von einem Punkt innerhalb des Asymptotenwinkels einer Hyperbel Tangenten an diese und eine Parallele mit der so entstandenen Berührungssehne, von der Mitte dieser letzteren aber eine Parallele mit einer Asymptote gezogen werden, so wird das Stück dieser Parallelen zwischen ihrem Ausgangspunkt und der vom Ausgangspunkt der Tangenten gezogenen Parallelen von der Hyperbel halbirt.

Fig. 173. Seien von einem Punkt D innerhalb des Asymptotenwinkels einer Hyperbel an diese zwei Tangenten DA, DB, die Berührungssehne AB und von ihrer Mitte G eine Parallele mit einer Asymptote gezogen, welche die von D mit AB gezogene Parallele in F, die Hyperbel in E trifft, so wird behauptet:

$$GE = EF.$$

Beweis. Man ziehe den Durchmesser CDG, von E daran die Ordinate EH, ferner im Scheitel I die Tangente, bis sie die mit GF parallele Asymptote in K trifft.

Nun ist:

1) $$EH^2 : HG^2 = IK^2 : CI^2$$

wegen Aehnlichkeit der Dreiecke EHG und CIK,

2) $$EH^2 : CH^2 - CI^2 = IK^2 : CI^2, \text{ woraus}$$

$$HG^2 = CH^2 - CI^2, \text{ und da } CI^2 = CD \cdot CG,$$

$$CD \cdot CG = CH^2 - HG^2 = CG \cdot (CH - HG)$$

oder $CD = CH - HG$, d. h. $HG = CH - CD = DH$, mithin auch $GE = EF$. q. e. d.

§. 33. **Lehrsatz 33.** Wenn von einem Punkt ausserhalb des Asymptotenwinkels zweier Gegenschnitte an diese je eine Tangente, und mit der so entstandenen Berührungssehne eine Parallele, von der Mitte der Berührungssehne aber eine Parallele mit einer Asymptote gezogen werden, so wird das Stück dieser Parallele von der Berührungssehne bis zu der vom Ausgangspunkt der Tangenten damit gezogenen Parallelen durch die Hyperbel halbirt.

Fig. 174. Seien von einem Punkt ausserhalb des Asymptotenwinkels zweier Gegenschnitte an diese die Tangenten DA, DB, und von der Mitte G der Berührungssehne eine Parallele mit einer Asymptote gezogen, welche die Hyperbel in E, eine von D mit AB gezogene Parallele aber in F trifft, so wird behauptet:

$$GE = EF.$$

Man ziehe noch den Durchmesser GCD, von E daran die Ordinate EH, ferner von C den mit BA parallelen Halbmesser CI und im Scheitel I die Tangente, bis sie die mit GF parallele Asymptote in K trifft, so ist:

1) $$EH^2 : HG^2 = CI^2 : IK^2$$

wegen Aehnlichkeit der Dreiecke EHG, CIK,

2) $$EH^2 : HC^2 + IK^2 = CI^2 : IK^2$$

aus I. 38., II. 3. und einer leichten Folgerung daraus.

Also $HG^2 = HC^2 + IK^2$, aber $IK^2 = CG \cdot CD$ nach I. 38., mithin $CG \cdot CD = HG^2 - HC^2 = CG \cdot (HG + HC)$,

oder $CD = HG + HC$, also $HD = HG$,

weshalb auch $GE = EF$. q. e. d.

§. 34. **Lehrsatz 34.** Wenn von einem Punkt in einer Asymptote einer Hyperbel an diese eine Tangente und eine Parallele mit der andern Asymptote gezogen werden, so wird das Stück dieser Parallelen von ihrem Ausgangspunkt bis zu einer durch den Berührungspunkt der Tangente mit der ersten Asymptote gezogenen Parallelen durch die Hyperbel halbirt.

Seien von einem Punkt D in einer Asymptote einer Hy- Fig. 175. perbel an diese eine Tangente DA und eine Parallele mit der andern Asymptote gezogen, welche die Hyperbel in E und eine vom Berührungspunkt A mit der Asymptote CD gezogene Parallele in F trifft, so wird behauptet:

$$DE = EF.$$

Sei B der Punkt, in dem DA die zweite Asymptote trifft, und noch von A an CD eine Parallele AH mit BC gezogen, so ist nach II. 12.:

$CH \cdot HA = CD \cdot DE$, da aber nach II. 3. $DA = AB$, also auch $DH = HC$ oder $CH = \frac{1}{2} DC$, muss auch $HA = 2\,DE$ oder, was dasselbe ist, $DE = EF$ sein. q. e. d.

Anderer Beweis. Man ziehe EA, welche verlängert die Asymptote CB in K, CD in I trifft, so ist, weil $DA = AB$, auch $EA = AK$, aber $AK = IE$ (II. 8.), folglich auch $IE = EA$ und daher $DE = EF$. q. e. d.

§. 35. **Lehrsatz 35.** Wenn von einem Punkt in einer Asymptote einer Hyperbel eine Tangente an diese und eine beliebige andere Linie, die die Hyperbel in zwei Punkten trifft, durch den Berührungspunkt der Hyperbel aber eine Parallele mit dieser Asymptote gezogen werden, so verhält sich auf der beliebig gezogenen Geraden das Ganze zum äusseren Stück wie die beiden Stücke innerhalb der Hyperbel.

Fig. 176. Seien von einem Punkt D in einer Asymptote einer Hyperbel eine Tangente DA und eine beliebige Linie gezogen, die die Hyperbel in E, F trifft, durch den Berührungspunkt aber eine Parallele mit CD, die EF in G schneidet, so wird behauptet:

$$DE : DF = GE : GF.$$

Beweis. Man ziehe von E, A, F Parallelen mit den Asymptoten CD, CB, welche diese beziehlich in den Punkten I und K, L und M, N und O treffen, nenne H den Punkt, in welchem DF die zweite Asymptote trifft.

Nun ist nach II. 12.

1) $CI \cdot IE = CL \cdot LA = CN . NF,$

mithin

2) $CI : CL = LA : IE,$

3) $CL : CN = NF : LA,$ also

4) $IL : CL = IE - LA : IE$ und

5) $LN : CL = LA - NF : NF,$ da aber $DA = AB$ nach II. 3. ist auch $DM = MC$, und da $DE = FH$ nach II. 8., ist auch $DK = CO$, mithin $KM = MO$ oder $IE - LA = LA - NF$, folglich ergiebt sich aus Vergleichung von (4) und (5)

6) $IL : LN = NF : IE$

$= CI : CN$ nach (1),

aber $IL : LN = GE : GF$ und $CI : CN = DE : DF,$

also $GE : GF = DE : DF.$ q. e. d.

Fig. 177. Anderer Beweis. Man ziehe EA, welche CB in O, CD in P trifft, und von B eine Parallele mit DF, die PO in Q trifft.

Nun ist

1) $BQ : EH = OQ : OE,$ oder weil wegen Gleichheit von AB und AD auch $AQ = AE$ und $BQ = DE$, EH ferner gleich DF und $AO = EP$ ist:

2) $DE : DF = PE - AE : PA,$ und da

$PE : AE = DE : GE,$ auch

3) $DE : DF = DE - GE : DG,$ woraus durch Subtraction der correspondirenden Glieder:

4) $GE : GF = DE : DF.$ q. e. d.

§. 36. **Lehrsatz 36.** Wenn von einem Punkt in einer Asymptote zweier Gegenschnitte eine Tangente an einen derselben und eine beliebige Gerade, die jeden der Gegenschnitte in einem Punkt trifft, durch den Berührungspunkt der Tangente aber eine Parallele mit der erwähnten Asymptote gezogen werden, so verhalten sich auf der beliebig gezogenen Geraden die beiden Stücke, welche zwischen dem Punkt auf der Asymptote und den Gegenschnitten, wie die beiden, welche zwischen dem Punkt auf der Parallelen mit der Asymptote und den Gegenschnitten liegen.

Sei D ein Punkt auf einer Asymptote zweier Gegenschnitte, DA eine Tangente an einen derselben, und eine beliebige Gerade von D gezogen, die die Gegenschnitte in den Punkten E, F und eine von A mit der Asymptote CD gezogene Parallele in G trifft, so wird behauptet: Fig. 178.

$$DE : DF = GE : GF.$$

Erster Beweis. Man nenne B den Durchschnitt von DA, H den von DF mit der zweiten Asymptote und ziehe von den Punkten E, A, F Parallelen mit den Asymptoten CB, CD, welche diese beziehlich in den Punkten I und K, L und M, N und O treffen. Nun ist wie leicht aus II. 12 folgt:

1) $CI \,.\, IE = CL \cdot LA = CN \cdot NF$,

also 2) $CI : CL = LA : IE$,

3) $CL : CN = NF : LA$, woraus durch Subtraktion der Glieder eines Verhältnisses in (2), durch Addition in (3) folgt:

4) $IL : IE - AL = CL : IE$,

5) $NL : NF + LA = CL : NF$.

Aber $IE - AL$ oder KM ist gleich $NF + LA$ oder MO, weil wegen Gleichheit von DA und AB auch $DM = CM$ und wegen Gleicheit von DE und HF (II. 16) auch $DK = CO$; hiernach ergiebt sich also aus (4) und (5)

6) $IL : NL = NF : IE$

$= CI : CN$,

aber $IL : NL = GE : GF$ und $CI : CN = DE : DF$, folglich auch

7) $GE : GF = DE : DF$. q. e. d.

Zweiter Beweis. Man ziehe AE, die CB in O, CD in P trifft, schneide AO von AE ab zum Punkt Q, ziehe DQ. Nun ist, weil auch $DA = AB$, DQ parallel BH, folglich Fig. 179.

1) $DE : EH = EQ : EO$, und, weil $AO = EP$ ist,

$= AE - EP : AE + EP$.

Weil aber $AE : EP = GE : DE$, ist auch

$AE - EP : AE + EP = GE - DE : GE + DE$, mithin

2) $DE : EH = GE - DE : GE + DE$, woraus durch Addition der correspondirenden Glieder

3) $GE : GH + DE = DE : EH$, weil aber $DE = HF$, ist $GH + DE = GF$ und $EH = DF$, also

4) $GE : GF = DE : DF$. q. e. d.

Dritter Beweis. Man ziehe ausser wie oben AE noch von A eine Parallele mit BC, welche DH in R trifft, so ist, weil $DA = AB$, auch $DR = RH$ und

1) $ER : RH = EA : AO = EA : EP = GE : DE$; aber $ER = \frac{1}{2} EF$ und $RH = \frac{1}{2} DH$, mithin

2) $EF : DH = GE : DE$, woraus durch Addition der correspondirenden Glieder unter Berücksichtigung von $DE = HF$:

3) $GF : DF = GE : DE$. q e. d.

§ 37. **Lehrsatz 37.** Wenn von einem Punkt an einen Kegelschnitt oder an zwei Gegenschnitte zwei Tangenten und eine beliebige den Kegelschnitt oder bei Gegenschnitten die eine Hyperbel in zwei Punkten schneidende Gerade gezogen werden, so verhalten sich auf dieser letzteren die beiden Stücke vom Ausgangspunkte bis zu den Durchschnittspunkten mit dem Kegelschnitt wie die beiden Stücke von der Berührungssehne zu denselben Durchschnittspunkten gerechnet.

Fig. 180-183. Sei D ein Punkt ausserhalb eines Kegelschnittes oder zweier Gegenschnitte und seien von ihm aus die Tangenten DA und DB und die schneidende Gerade DEF, welche die Berührungsehne in G trifft, gezogen, so wird behauptet:

$$DE : DF = GE : GF.$$

Beweis. Man ziehe die Durchmesser durch A und D und von E und F an letzteren die Ordinaten, welche diesen Durchmesser, die Tangente DA und den durch A gezogenen Durchmesser beziehlich in den Punkten H, I, K und L, M, N treffen, ferner von E und F Parallelen mit der Tangente DA, die CD beziehlich in O und P treffen.

Nun ist:

1) $\triangle DIH : \triangle DML = DI^2 : DM^2 = DE^2 : DF^2$,

2) $\triangle EHO : \triangle FLP = EH^2 : FL^2 = DE^2 : DF^2$,

mithin $\triangle DIH : \triangle DML = \triangle EHO : \triangle FLP = DE^2 : DF^2$ und deshalb durch Subtraction auch

3) $\triangle DIH - \triangle EHO : \triangle DML - \triangle FLP = DE^2 : DF^2$.

Es ist aber ferner

4) $\triangle AKI : \triangle AMN = AI^2 : AM^2 = GE^2 : GF^2$

und da nach III. 2. bei einem Kegelschnitt, nach III. 5 bei Gegenschnitten $\triangle AKI = EIDO$ und $\triangle AMN = FMDP$, erhält man aus Vergleichung von (3) und (4):

$DE^2 : DF^2 = GE^2 : GF^2$ oder $DE : DF = GE : GF$. q. e. d.

Ein in neuerer Zeit üblicher auf III. 16. und 18. und sonach mittelbar ebenfalls auf III. 3. und III. 5 sich stützender Beweis ist folgender: Seien in Fig. 182. unter denselben Bezeichnungen als oben die Durchschnitte von *EH* und *FL* mit dem Kegelschnitt und der Tangente *DB* beziehlich *Q*, *R* und *S*, *T* genannt, so ist, weil *DC* die Linie *AB* halbirt, auch $HI = HR$ und $HE = HQ$, mithin $IQ = ER$ und aus ähnlichen Gründen $MS = FT$. Nun ist nach III. 16. bei einem Kegelschnitt, nach III. 18. bei Gegenschnitten

(1) $AI^2 : AM^2 = IE \cdot IQ : MF \cdot MS = IE . ER : MF \cdot FT$.

Da aber $IE : MF = DE : DF$ und auch $ER : FT = DE : DF$, ist

(2) $IE \cdot ER : MF \cdot FT = DE^2 : DF^2$ und da endlich

(3) $AI : AM = GE : GF$, folgt durch Vergleichung von (1) mit (2) und (3):

$GE^2 : GF^2 = DE^2 : DF^2$ oder $GE : GF = DE : DF$. q. e. d.

§. 38. **Lehrsatz 38.** Wenn von einem Punkt an einen Kegelschnitt oder an zwei Gegenschnitte die beiden Tangenten, von der Mitte der so entstandenen Berührungssehne aber eine beliebige den Kegelschnitt oder bei Gegenschnitten die eine Hyperbel in zwei Punkten schneidende Gerade gezogen werden, so verhalten sich auf dieser die beiden Stücke von ihrem Ausgangspunkt bis zu den Kegelschnittspunkten wie die beiden Stücke zwischen einer durch den Ausgangspunkt der Tangenten mit der Berührungssehne gezogenen Parallelen und den Kegelschnittspunkten.

Seien von einem Punkt *D* an einen Kegelschnitt oder an zwei Gegenschnitte die Tangenten *DA*, *DB* und von der Mitte *G* der Berührungssehne *AB* eine beliebige den Kegelschnitt in *E*, *F* und eine durch *D* mit *AB* gezogene Parallele in *R* schneidende Gerade gezogen, so wird behauptet: Fig. 184, 185, 186.

$$GE : GF = RE : RF.$$

Man ziehe noch die Durchmesser durch D und A, von E und F an ersteren die Ordinaten, welche die Durchmesser durch D, die Tangente DA und den Durchmesser in A beziehlich in den Punkten H, I, K und L, M, N treffen, ferner von E und F Parallelen mit DA, welche den Durchmesser von D in O und P treffen.

Nun ist:

1) $\triangle DIH : \triangle DML = DI^2 : DM^2 = RE^2 : RF^2$,

2) $\triangle EHO : \triangle FLP = HE^2 : FL^2 = HG^2 : GL^2 = AI^2 : AM^2$,

3) $\triangle AKI : \triangle AMN = AI^2 : AM^2$,

also 4) $\triangle EHO \pm \triangle AKI : \triangle FLP \pm \triangle AMN = AI^2 : AM^2 = GE^2 : GF^2$,

aber $\triangle EHO \pm \triangle AKI = \triangle DIH$ und $\triangle AMN \pm \triangle LFP = \triangle DML$

nach (III. 2. und 5.), wobei das obere Zeichen in Fig. 184. und 185., das untere in Fig. 186. zu nehmen ist, nnd folglich aus Vergleichung von (1) und (4):

$RE^2 : RF^2 = GE^2 : GF^2$ oder $RE : RF = GE : GF$. q. e. d.

§. 39. **Lehrsatz 39.** Wenn von einem Punkt ausserhalb des Asymptotenwinkels an zwei Gegenschnitte die Tangenten und eine beliebige Gerade, welche sowohl jeden der Gegenschnitte als die Berührungssehne in einem Punkt schneidet, gezogen werden, so verhalten sich auf dieser Geraden die Stücke vom Ausgangspunkt bis zu den beiden Punkten auf den Gegenschnitten wie die beiden Stücke von der Berührungssehne bis zu denselben Punkten gerechnet.

Die Construction und der Beweis dieses Satzes können an der Fig. 187. buchstäblich wie bei §. 37. geführt werden.

§. 40. **Lehrsatz 40.** Wenn von einem Punkt ausserhalb des Asymptotenwinkels an zwei Gegenschnitte Tangenten und von der Mitte der so entstandenen Berührungssehne eine beliebige Gerade gezogen werden, welche sowohl jeden der Gegenschnitte als auch die vom Ausgangspunkt der Tangenten mit der Berührungssehne gezogene Parallele in einem Punkt schneidet, so verhalten sich auf dieser Geraden die beiden Stücke von der Berührungssehne bis zu den Kegelschnittspunkten wie die beiden von der Parallelen mit der Berührungssehne bis zu denselben Punkten gerechnet.

Die Construction und der Beweis dieses Satzes kann an Fig. 188. buchstäblich wie in §. 38. geführt werden*).

§. 41. **Lehrsatz 41.** Drei Tangenten einer Parabel theilen sich so, dass aus ihren Stücken sich drei gleiche Verhältnisse bilden lassen.

Beweis des Apollonius. Seien DA, DB zwei Tangenten einer Parabel, die dritte aber in dem Punkt I gezogen, wo der von D gezogene Durchmesser die Parabel trifft; sind nun K, L die Durchschnittspunkte der dritten Tangente mit DA, DB, H der von DI mit AB, so ist, weil $DI = IH$ (I. 35.) und KL parallel AB ist, auch $DK = KA$, $DL = LB$ und weil $AH = HB$ (II. 30.), auch $KI = IL$, mithin $AK : KD = DL : LB = KI : IL$. q. e. d. Fig. 189.

Sei nun aber die dritte Tangente in einem andern Punkt E zwischen I und A gezogen und treffe DA, DB in F und G, so ist zu beweisen:

$$AF : FD = DG : GB = FE : EG.$$

Man ziehe durch E den Durchmesser, welcher DA, DB AB beziehlich in M, N, O trifft und von A und B an diesen Durchmesser die Parallelen AP, BQ mit FG.

Nun ist:

$$ME = EP \text{ (I. 35.), also } AF = FM \text{ und}$$

1) $AF : AK = 2AF : 2AK = AM : AD = AO : AH$,

oder wenn man die Hinterglieder verdoppelt:

2) $AF : AD = AO : AB$ und folglich

3) $AF : FD = AO : OB$.

Auf dieselbe Weise ist $NE = EQ$ (I. 35.), also $NG = GB$ und

4) $BG : BL = 2BG : 2BL = BN : BD = BO : BH$,

oder wenn man die Hinterglieder verdoppelt:

5) $BG : BD = BO : BA$ und also

6) $BG : GD = BO : OA$.

---

*) Es wäre daher leicht moglich gewesen, die Lehrsätze 37. und 39., 38. und 40. zu vereinigen, indess ist dies im Anschluss an Apollonius und auch deshalb nicht geschehen, weil wegen der Verschiedenheit der Figuren es gut ist, dieselbe Eigenschaft in verschiedenen Fallen zu betrachten.

Endlich ist

7) $AO : BO = AP : BQ = 2FE : 2GE = FE : GE$;

mithin aus Vergleichung von (3.), (6.), (7.):

$$AF : FD = DG : BG = FE : EG.$$ q. e. d.

Fig. 190. Ein in neuerer Zeit üblicher Beweis ist folgender:

Seien unter Beibehaltung obiger Bezeichnungen von den Punkten E, F, G Durchmesser gezogen, die AB beziehlich in R, S, T treffen und seien U, V die Durchschnittspunkte von FS mit AE und von GT mit BE.

Nun ist $AH = HB$, $AU = UE$, $BV = VE$ nach (II. 30.), also auch $AS = SR$, $BT = TR$; da nun $AR + RB = 2AS + 2BT = AB$, ist $AS + BT = AH$ und folglich $BT = SH$ und $AS = TH$, also selbstverständlich $AS : SH = HT : TB = SR : RT$ und folglicha uch $AF : FD = DG : GB = FE : EG$. q. e. d.

§. 42. **Lehrsatz 42.** Wenn zwei parallele Tangenten einer Ellipse oder zweier Gegenschnitte von einer dritten durchschnitten werden, so ist das Rechteck aus den Stücken, welche auf ihnen abgeschnitten werden, gleich dem Quadrat des halben Durchmessers, der mit ihnen parallel ist.

Fig. 191. und 192. Seien in den Endpunkten A und B des Durchmessers einer Ellipse oder zweier Gegenschnitte Tangenten gezogen, welche von einer dritten, deren Berührungspunkt E ist, in den Punkten F und G geschnitten werden, und sei CD ein mit AF oder BG paralleler Halbmesser, so ist zu beweisen:

$$AF \cdot BG = CD^2.$$

Beweis. Man ziehe von E an AB und CD die Ordinaten EI und EL und nenne H und K die Durchschnittspunkte von GF mit den verlängerten AB, CD. Nun ist nach I. 37.:

1) $CI : CA = CA : CH$, also auch

2) $AI : HA = CB : CH$, woraus ferner

3) $HA : HI = HC : HB$, also auch

4) $AF : EI = CK : BG$ oder $AF \cdot BG = EI \cdot CK = CL \cdot CK$, aber nach I. 38. $CL \cdot CK = CD^2$ und folglich $AF \cdot BG = CD^2$. q. e. d.

§. 43. **Lehrsatz 43.** Werden an eine Hyperbel zwei Tangenten gezogen, so ist das Rechteck aus den Abschnitten, welche die eine auf den Asymptoten bildet, gleich dem

Rechteck aus den Abschnitten, die die andere Tangente bildet.

Seien in den Punkten A und B einer Hyperbel Tangenten gezogen, deren erstere die Asymptoten in den Punkten D und E, letztere in den Punkten F und G trifft, so ist zu beweisen, dass Fig. 193.

$$CD \cdot CE = CF \cdot CG.$$

Man ziehe von A und B Parallelen AH, BI mit der einen Asymptote CD bis an die andere CE, so ist nach II. 12. $CH \cdot HA = CI \cdot IB$ und da nach II. 3. $DA = AE$ und $FB = BG$, ist $CE = 2\,CH$, $CD = 2\,AH$, $CG = 2\,CI$, $CF = 2\,BI$, also $CD \cdot CE = 4\,CH \cdot AH$ und $CF \cdot CG = 4 \cdot CI \cdot IB$, mithin

$$CD \cdot CE = CF \cdot CG. \text{ q. e. d.}$$

§. 44. **Lehrsatz 44.** Wenn zwei Tangenten einer Hyperbel oder zweier Gegenschnitte die Asymptoten treffen, so ist die Berührungssehne parallel den beiden Linien, welche die Durchschnittspunkte der Tangenten mit den Asymptoten verbinden.

Seien in den Punkten A und B einer Hyperbel oder zweier Gegenschnitte Tangenten gezogen, welche die Asymptoten in den Punkten D und E, F und G treffen, so wird behauptet: Fig. 194 und 195.

$$AB \parallel FE \parallel DG.$$

Beweis. Es ist nach vorigem Satz $CD \cdot CE = CF \cdot CG$ (was auch bei Gegenschnitten leicht nachzuweisen), folglich FE parallel DG, und da A die Mitte von DE, B von FG nach I. 3., ist auch $AB \parallel FE \parallel DG$. q. e. d.

§. 45. **Lehrsatz 45.** Wenn in den Endpunkten der Achse einer Ellipse oder zweier Gegenschnitte Tangenten gezogen und von einer beliebigen dritten Tangente durchschnitten werden, und wenn in der Achse auf jeder Seite ein Punkt bestimmt wird, so dass das Rechteck der Abschnitte, die er bildet, gleich dem Quadrat der halben kleinen Achse ist (und zwar muss bei der Ellipse jeder der so bestimmten Punkte innerhalb der Achse, bei Gegenschnitten in ihrer Verlängerung liegen), so schliessen die Linien, welche von einem so bestimmten Achsenpunkt nach den beiden Durchschnittspunkten der dritten Tangente mit den beiden ersten Tangenten gezogen werden, einen rechten Winkel ein.

Fig. 196. und 197. Sei AB die Achse einer Ellipse oder zweier Gegenschnitte und seien die Tangenten in A und B von einer dritten in D gezogenen in den Punkten E und F durchschnitten, sei ferner S ein Punkt zwischen A und B bei der Ellipse, ausserhalb AB bei der Hyperbel, so dass $AS \cdot BS =$ dem Quadrat der halben kleinen Achse ist, so wird behauptet, dass

$$\angle ESF = 1 \text{ Rechten.}$$

Beweis. Nach III. 42. ist $AE \cdot BF$ gleich dem Quadrat der halben kleinen Achse, also $AE \cdot BF = AS \cdot BS$ und $\triangle AES$ ähnlich dem $\triangle BSF$, also $\angle ESA = \angle BFS$ und da $\angle BFS + BSF = 1R$, auch $\angle ESA + \angle BSF = 1R$, mithin auch $\angle ESF = 1R$. q. e. d.

Erklärung. Die beiden auf die beschriebene Art in der Achse zu bestimmenden Punkte heissen die Brennpunkte.

§. 46. **Lehrsatz 46.** Wird übrigens unter denselben Voraussetzungen als im vorigen Satz der Schneidungspunkt der dritten Tangente und einer der beiden parallelen mit den beiden Brennpunkten verbunden, so machen diese beiden Verbindungslinien gleiche Winkel mit den in diesem Schneidungspunkt zusammenstossenden Tangenten.

Fig. 198. Sei H der zweite Brennpunkt, so liegen, weil ESF und EHF nach vorigem Satz rechte Winkel sind, die vier Punkte E, F, S, H in einem Halbkreis, mithin ist $\angle FEH = \angle FSH$ als Peripheriewinkel auf demselben Bogen, $\angle FSH$ aber $= \angle SEA$ nach vorigem Beweis, also $\angle FEH = \angle SEA$. q. e. d.

§. 47. **Lehrsatz 47.** Werden unter denselben Voraussetzungen als in den vorigen Lehrsätzen die Durchschnittspunkte der dritten Tangente mit den in den Endpunkten der Achse gezogenen mit beiden Brennpunkten verbunden, so steht die Linie von einem der durch diese Verbindungslinien erhaltenen Kreuzungspunkte nach dem Berührungspunkt der dritten Tangente senkrecht auf dieser.

Fig. 196. und 197. Sei übrigens unter denselben Bezeichnungen als oben I der Kreuzungspunkt von FS und EH, so ist zu beweisen, dass

$$ID \text{ lothrecht auf } EF \text{ steht.}$$

Wäre eine andere Linie IL lothrecht, so hätte man $\triangle FIL$ ähnlich $\triangle FBH$ und $\triangle EIL$ ähnlich ESA, ferner

$\triangle FHI$ ähnlich $\triangle ESI$, wie leicht aus den zuletzt bewiesenen Sätzen folgt, sonach

1) $FL : FB = FI : FH = EI : ES = EL : EA$

oder wenn man im ersten und letzten Verhältniss die innern Glieder vertauscht:

2) $FL : EL = FB : EA$;

aber nach einer leichten Folgerung aus III. 16. ist:

$$FD : ED = FB : EA,$$

was der vorigen Proportion widerspricht, und es ist also unmöglich, dass eine andere Linie ausser ID lothrecht auf EF steht, mithin ID lothrecht auf EF. q. e. d.

§. 48. **Lehrsatz 48.** Die Linien vom Berührungspunkt einer Tangente nach den Brennpunkten gezogen, bilden gleiche Winkel mit der Tangente.

Seien unter Beibehaltung der obigen Bezeichnungen noch SD und HD gezogen, so wird behauptet: Fig. 198 und 199.

$$\angle SDE = \angle HDF.$$

Weil $IDE = ISE = 1$ Rechten nach den vorigen Sätzen, liegen die Punkte S, I, D, E in einem Kreis, und weil $\angle IDF = \angle IHF = 1$ Rechten, auch die Punkte H, I, D, F; folglich ist:

1) $\angle EDS = \angle EIS$ und $\angle FDH = \angle FIH$

bei der Ellipse oder $= \angle EIS$ bei der Hyperbel als Peripheriewinkel, aber $\angle EIS = \angle FIH$ und also in jedem Fall $\angle SDE = \angle HDF$. q. e. d.

§. 49. **Lehrsatz 49.** Wird von einem Brennpunkt auf eine Tangente ein Loth gefällt, so schliessen die Linien vom Fusspunkt desselben nach den Endpunkten der Achse einen rechten Winkel ein.

Sei unter Beibehaltung obiger Bezeichnungen HK ein Loth von H auf EF gefällt und KA, KB gezogen, so ist zu zeigen, dass: Fig. 199 und 200.

$$\angle AKB = 1 \text{ Rechten}.$$

Die Punkte F, K, H, B liegen in einem Kreise, weil $\angle FKH$ und $\angle FBH$ rechte Winkel sind, aus ähnlichen Gründen die Punkte E, K, H, A. Also ist $\angle HKB = \angle HFB = \angle EHA$ und $\angle HKA = \angle HEA$ als Peripheriewinkel; da aber $\angle EHA + \angle HEA = 1$ Rechten, muss auch

$$\angle HKB + \angle HKA = 1 \text{ Rechten. q. e. d.}$$

§. 50. **Lehrsatz 50.** Ist der Berührungspunkt einer Tangente mit einem Brennpunkt verbunden, und zieht man mit dieser Verbindungslinie eine Parallele vom Mittelpunkt bis an die Tangente, so ist diese Parallele gleich der halben Achse.

Fig. 201 und 202. Man ziehe unter Beibehaltung der obigen Bezeichnungen vom Mittelpunkt C mit SD eine Parallele CK bis an die Tangente EF, so ist zu zeigen, dass

$$CK = \tfrac{1}{2} AB.$$

Zieht man noch von H die Parallele HN mit SD bis an dieselbe Tangente und verbindet H mit K, so ist, weil $SC = HC$, auch $DK = KN$, und weil $\angle EDS = \angle KNH$ als correspondirender oder Wechselwinkel und gleich $\angle HDN$ nach §. 48., ist auch $\angle KNH = \angle HDK$, folglich HK senkrecht auf EF und deshalb nach vorigem Satze $BKA = 1$ Rechten, mithin

$$CK = \tfrac{1}{2} AB. \text{ q. e. d.}$$

§. 51. **Lehrsatz 51.** Werden in einer Hyperbel oder in zwei Gegenschnitten von den Brennpunkten nach einem beliebigen Punkt des Kegelschnitts Linien gezogen, so ist deren Unterschied gleich der Achse.

Fig. 202. Seien bei einer Hyperbel oder zwei Gegenschnitten AB die Achse S, H die Brennpunkte, D ein beliebiger Punkt im Umfang, so ist zu zeigen, dass $HD - SD = AB$.

Man ziehe in D die Tangente und durch C eine Parallele mit SD, die die Tangente in K, HD in O schneidet, so ist, weil $\angle ODK = \angle SDK$ (nach §. 48.), auch $\angle OKD = \angle ODK$ und folglich $OK = OD$ oder $OK = \frac{1}{2} HD$; da aber $OK = OC + CK$ und $OC = \frac{1}{2} SD$ so wie $CK = \frac{1}{2} AB$ (§. 50.), so hat man $\frac{1}{2} SD + \frac{1}{2} AB = \frac{1}{2} HD$ oder $AB = HD - SD$. q. e. d.

§. 52. **Lehrsatz 52.** Wenn von den beiden Brennpunkten einer Ellipse an einen beliebigen Punkt des Umfangs Linien gezogen werden, so ist deren Summe gleich der Achse.

Fig. 203. Seien AB die Achse, S, H die Brennpunkte, D ein beliebiger Punkt im Umfang einer Ellipse, so ist zu beweisen, dass $HD + SD = AB$.

Man ziehe in D die Tangente EF und von C eine Parallele mit SD, die die Tangente in K, HD in O trifft, so ist, weil $\angle EDS = \angle FDH$ (nach §. 48.), auch $\angle OKD = \angle ODK$, mithin $OD = OK$ oder $\frac{1}{2} HD = OK$, aber $OK = CK$

— CO und da $CK = \frac{1}{2} AB$ (nach §. 50.) und $CO = \frac{1}{2} SD$, erhält man $\frac{1}{2} AB - \frac{1}{2} HD = \frac{1}{2} SD$ oder

$$HD + SD = AB. \text{ q. e. d.}$$

§. 53. **Lehrsatz 53.** Wenn in einer Ellipse, Hyperbel oder in zwei Gegenschnitten von den Endpunkten eines Durchmessers nach einem beliebigen Punkt des Kegelschnitts Linien gezogen werden, welche entweder selbst oder in ihrer Verlängerung die in den Endpunkten des Durchmessers gezogenen Tangenten schneiden, so ist das Rechteck aus den auf den Tangenten abgeschnittenen Stücken gleich dem Quadrat des zu dem vorerwähnten zugehörigen conjugirten Durchmessers.

Seien in einer Ellipse, Hyperbel oder in zwei Gegenschnitten von den Endpunkten A, B eines Durchmessers nach dem beliebigen Punkt E des Umfangs die Linien AE, BE gezogen, welche die in B und A gezogenen Tangenten in den Punkten F und G treffen, und sei DI der zu AB gehörige conjugirte Durchmesser, so wird behauptet: Fig 204 und 205.

$$AG \cdot BF = DI^2.$$

Man ziehe von E an AB die Ordinate EH, so ist

1) $AG : EH = AB : BH$,

2) $BF : EH = AB : AH$, also

3) $AG \cdot BF : EH^2 = AB^2 : BH \cdot AH$ oder

$$AG \cdot BF : AB^2 = EH^2 : BH \cdot AH = DI^2 : AB^2 \text{ (I. 21).}$$

Da also das zweite Glied gleich dem vierten ist, muss auch $AG \cdot BF = DI^2$. q. e. d.

§. 54. **Lehrsatz 54.** Wenn von einem Punkt ausserhalb einer Ellipse, Hyperbel oder Parabel Tangenten an diese, von den beiden Berührungspunkten aber Parallelen mit diesen Tangenten so wie Linien nach einem beliebigen Punkt des Kegelschnitts gezogen werden, welche entweder selbst oder in ihrer Verlängerung die mit den Tangenten gezogenen Parallelen schneiden, so ist das Verhältniss des Rechtecks aus den auf diesen Parallelen abgeschnittenen Stücken zum Quadrat der Berührungssehne zusammengesetzt aus dem Verhältniss der Quadrate der beiden Stücke, welche auf der von der Mitte der Berührungssehne nach dem Ausgangspunkt der Tangenten gehenden Linie zwischen dieser Mitte und einem Kegelschnittspunkt und zwischen diesem Punkt und dem Ausgangspunkt der Tangenten liegen, und aus dem Verhältniss des Rechtecks der Tangenten zum Quadrat der halben Berührungssehne.

Fig. 206. Seien von einem Punkte D an eine Ellipse, Hyperbel oder Parabel die Tangenten DA, DB, von A und B aber Parallelen mit DB, DA so wie Linien nach einem beliebigen Punkt E im Kegelschnitt gezogen, welche den Parallelen beziehlich in F, G begegnen, so ist, wenn H die Mitte von AB, I der Durchschnitt von DH mit dem Kegelschnitt ist, zu beweisen:

$$AG \cdot BF : AB^2 = HI^2 \cdot AD \cdot BH : DI^2 \cdot AH^2.$$

B e w e i s. Man ziehe noch von E und I Parallelen mit AB, deren erstere den Kegelschnitt zum zweiten Mal in K, die Linien DA, DB, DH beziehlich in L, M, N, deren letztere DA, DB in O und P trifft, so ist $\triangle GAB$ ähnlich $\triangle BME$, $\triangle FBA$ ähnlich $\triangle ALE$, also

1) $AG : AB = BM : ME,$

2) $BF : AB = AL : LE,$ mithin

3) $AG \cdot BF : AB^2 = BM \cdot AL : ME \cdot LE$
$= BM \cdot AL^2 : ME \cdot LE \cdot AL$

und da, wie leicht zu zeigen $ME = LK$ und nach III. 16. $AL^2 : LK \cdot LE = AO^2 : OI^2$, erhalten wir

4) $AG \cdot BF : AB^2 = BM \cdot AO^2 : AL \cdot OI^2$
$= BD \cdot AO^2 : AD \cdot OI^2$
$= AD \cdot BD \cdot AO^2 : AD^2 \cdot OI^2.$
$= AD \cdot BD \cdot IH^2 : DH^2 \cdot OI^2.$

Weil aber endlich $AH : OI = DH : DI$ oder $DH \cdot OI = AH \cdot DI$, erhalten wir

5) $AG \cdot BF : AB^2 = HI^2 \cdot AD \cdot BD : DI^2 \cdot AH^2$. q. e. d.

§. 55. **Lehrsatz 55.** Wenn von einem Punkte ausserhalb des Asymptotenwinkels in zwei Gegenschnitten Tangenten an diese und von den Berührungspunkten Parallelen mit diesen Tangenten sowie Linien nach einem beliebigen Punkt eines der beiden Gegenschnitte gezogen werden, welche entweder selbst oder verlängert die Parallelen schneiden, so verhält sich das Rechteck aus den auf den Parallelen abgeschnittenen Stücken zum Quadrat der Berührungssehne wie das Rechteck aus den Tangenten zum Quadrat der von ihrem Ausgangspunkt bis an einen der Gegenschnitte gezogenen Parallelen mit der Berührungssehne.

Seien vom Punkt D ausserhalb des Asymptotenwinkels zweier Gegenschnitte an diese die Tangenten DA, DB, von A und B Parallelen mit DB, DA und Linien nach einem beliebigen Punkt E eines der beiden Kegelschnitte gezogen, die die von B und A gezogenen Parallelen beziehlich in F und G treffen, so ist, wenn DR eine von D bis an einen der beiden Gegenschnitte gezogenen Parallele mit AB ist, zu beweisen, dass Fig. 207.

$$AG \cdot BF : AB^2 = AD \cdot BD : DR^2.$$

Beweis. Man ziehe noch durch E eine Parallele mit AB, die den andern Gegenschnitt in K, die Tangenten DA, DB in L, M trifft, so ist $\triangle GAB$ ähnlich dem $\triangle BME$ und $\triangle FBA$ ähnlich dem $\triangle ALE$, mithin

1) $AG : AB = BM : ME$,

2) $BF : AB = AL : LE$, also

3) $AG \cdot BF : AB^2 = BM \cdot AL : LE \cdot ME$
$= BM \cdot AL^2 : LE \cdot ME \cdot AL$

und da $AL^2 : LE \cdot ME = AD^2 : DR^2$ nach III. 20. und $BM : AL = BD : AD$, erhält man

4) $AG \cdot BF : AB^2 = BD \cdot AD^2 : DR^2 \cdot AD$
$= BD \cdot AD : DR^2$. q. e. d.

§. 56. **Lehrsatz 56.** Wenn von einem Punkt innerhalb des Asymptotenwinkels an eine Hyperbel zwei Tangenten, von den Berührungspunkten aber Parallelen mit diesen Tangenten und Linien nach einem beliebigen Punkt des zugehörigen andern Gegenschnitts gezogen werden, welche diese Parallelen schneiden, so ist das Verhältniss des Rechtecks aus den auf den Parallelen entstandenen Abschnitten zum Quadrat der Berührungssehne zusammengesetzt aus dem Verhältniss der Quadrate der beiden Stücke des durch den Ausgangspunkt der Tangenten gehenden Durchmessers, welche zwischen der Mitte der Berührungssehne und dem andern Gegenschnitt und zwischen diesem Gegenschnitt und dem Ausgangspunkt der Tangenten liegen und aus dem Verhältniss des Rechtecks der Tangenten zum Quadrat der halben Berührungssehne.

Seien von einem Punkte D innerhalb des Asymptotenwinkels zweier Gegenschnitte Tangenten DA, DB an die eine Hyperbel, und von A und B Parallelen mit DB, DA so wie Fig. 208.

Linien nach einem beliebigen Punkt E des andern Gegenschnitts gezogen, welche den Parallelen beziehlich in F und G begegnen, so ist, wenn H die Mitte von AB, I der Durchschnitt von DH mit dem zweiten Gegenschnitt ist, zu beweisen:

$$AG \cdot BF : AB^2 = HI^2 \cdot AD \cdot BD : DI^2 \cdot AH.^2$$

Beweis. Man ziehe noch durch E und I Parallelen mit AB, deren erstere den Gegenschnitt zum zweiten Mal in K, die Tangenten DA, DB in L,M und DH in N, deren letztere DA und DB in O und P trifft, so ist, weil $\triangle\, GAB$ ähnlich $\triangle\, BME$ und $\triangle\, FBA$ ähnlich $\triangle\, ALE$,

1) $AG : AB = BM : ME$,

2) $BF : AB = AL : LE$, also

3) $AG \cdot BF : AB^2 = AL \cdot BM : LE \cdot ME$
$= AL^2 \cdot BM : ME \cdot LE \cdot AL.$

Es ist aber $ME = LK$ und nach III. 18.
$AL^2 : LK \cdot LE = AO^2 : OI^2$, und da ausserdem $BM : AL = BD : AD$, erhält man

4) $AG \cdot BF : AB^2 = AO^2 \cdot BD : OI^2 \cdot AD$
$= AO^2 \cdot BD \cdot AD : OI^2 \cdot AD^2$,

und da $AO : AD = HI : DH$

5) $AG \cdot BF : AB^2 = HI^2 \cdot AD \cdot BD : OI^2 \cdot DH^2$.

Weil aber endlich $OI : AH = DI : DH$, ist $OI^2 \cdot DH^2 = DI^2 \cdot AH^2$, mithin

6) $AG \cdot BF : AB^2 = HI^2 \cdot AD \cdot BD : DI^2 \cdot AH^2$. q. e. d.

Anm. Es ist leicht zu erkennen, dass in diesen letzten vier Lehrsätzen des dritten Buchs der Keim der Lehre von der Erzeugung der Kegelschnitte durch projektivische Gerade und Strahlbuschel enthalten ist; denn das constante Rechteck $AG \cdot BF$ macht die Geraden, auf denen es von den festen Punkten A und B aus abgeschnitten wird, nach Steinerscher Bezeichnung zu projektivisch ähnlichen Geraden, mit welchen die Strahlbüschel bei B und A perspektivisch sind, diese Strahlbüschel sind also unter sich projektivisch schief und erzeugen deshalb einen Kegelschnitt. Da ferner, sobald die Geraden AG, BF mit den festen Punkten A und B und die Grösse des constanten Rechtecks $AG \cdot BF$ gegeben sind, auch AD, BD, AB, AH bekannt sind, so st sogleich das Verhaltniss $HI : DI$ gegeben und somit ein Weg angedeutet, wie aus zwei in schiefer Lage gegebenen projektivischen Strahlbüscheln alsbald der Mittelpunkt und ein Paar conjugirter Durchmesser des dadurch bestimmten Kegelschnitts gefunden werden konnen; denn theilt man die Gerade HD nach dem gegebenen Verhältniss $HI : DI$, so sind die beiden Theilungspunkte die Durchschnittspunkte des Durchmessers DH mit dem Kegelschnitt, die Mitte zwischen ihnen der Mittelpunkt und DH, AB die Richtungen eines Paars conjugirter Durchmesser.

Viertes Buch des Apollonius von Perga über Kegelschnitte.

Apollonius grüsst den Attalus.

Früher schon habe ich von den acht Büchern, die ich über Kegelschnitte verfasst habe, die drei ersten an den Eudemus von Pergamus gerichtet herausgegeben. Da ich aber nach dessen Tode beschlossen habe die Uebrigen an Dich zu senden, weil Du begierig bist meine Schriften über diesen Gegenstand kennen zu lernen, sende ich Dir jetzt das vierte Buch. In ihm ist die Frage abgehandelt, in wie viel Punkten höchstens zwei Kegelschnitte oder ein Kegelschnitt und ein Kreis sich schneiden können ohne ganz zusammen zu fallen, ausserdem, in wie viel Punkten höchstens ein Kegelschnitt oder ein Kreis oder ein Paar Gegenschnitte mit einem Paar Gegenschnitte sich treffen können, so wie manches Andre diesem Aehnliche. Den ersten dieser Gegenstände hat der Samier Conon an den Trasideus schreibend behandelt, in dem er jedoch bei den Beweisen nicht richtig verfahren ist, weshalb ihn auch der Cyrenäer Nicoteles leicht tadelt. Des zweiten (Kegelschnitt und Kreis) thut Nicoteles in dem Buch gegen Conon in der Art Erwähnung, als ob er leicht bewiesen werden könnte, aber ich habe ihn weder von ihm selbst noch von irgend einem andern bewiesen gefunden. Der dritte Gegenstand aber und anderes damit Verwandtes ist soweit mir bekannt nicht einmal irgend einem in den Sinn gekommen. Das, wovon ich gesagt habe, dass es von andern nicht bewiesen worden ist, bedarf vieler und mannigfaltiger neuer Sätze, von denen ich die meisten in den drei ersten Büchern, die übrigen in diesem behandelt habe. Die Betrachtung dieser Gegenstände aber gewährt einen nicht unbedeutenden Nutzen für die Auflösungen der Probleme sowohl als für ihre Determinationen. Nicoteles schreibt zwar wegen der Zwietracht, die er mit Conon hatte, dass nichts von dem, was dieser erfunden hat, zu den Determinationen gehöre; dies behauptet er aber fälschlich, denn wenn es auch möglich ist ohne diese Untersuchungen Determinationen zu geben, so wird doch mit Hülfe derselben Vieles leichter erkannt, wie dass etwas auf vielfältige Art geschehen könne und auf wie viele Art oder auch, dass es auf gar keine Weise geschehen könne, welche vorausgehende Kenntnissnahme eine grosse Hülfe für die Auflösung der Probleme gewährt. Ausserdem sind diese Lehrsätze sehr nützlich zur Feststellung der Erklärungen und auch wenn kein Nutzen vorhanden wäre, so sind sie doch um ihrer selbst willen werth aufgenommen zu werden, denn auch viele andere Sätze sind wir gewohnt aus diesem Grunde allein und aus keinem andern in die mathematischen Disciplinen aufzunehmen.

Brief des Eutocius.

Das vierte Buch, lieber Freund Anthemis, behandelt die Frage, auf wie viele Art Kegelschnitte unter sich und mit einem Kreis und Gegenschnitte mit Gegenschnitten sich schneiden; und es ist so elegant und verständlich, besonders in der von mir besorgten Ausgabe, dass es keiner weiteren Erklärungen bedarf, denn was etwa in den Lehrsätzen selbst an Deutlichkeit fehlt, ersetzen die von Apollonius hinzugefügten Beweise. In diesem Buche aber wird Alles durch die indirecte Beweisart dargethan, deren sich auch Euclides in dem, was er über Kegelschnitte, Kreis und Berührungen schrieb, bedient hat. Diese Beweisart ist in der That bequem und hat sowohl dem Aristoteles als den Geometern und besonders dem Archimedes nothwendig geschienen. Nach der Lesung dieser vier Bücher nun wird es Dir möglich sein alle Aufgaben, die über Kegelschnitte gestellt werden können, aufzulösen und zu construiren. Denn Apollonius selbst sagt am Anfang des Ganzen, dass die vier ersten Bücher für die Grundlage dieser Lehre hinreichen; die übrigen vier aber zu einer ausführlicheren Behandlung gehören. Lies sie also fleissig und wenn es Dir gut scheint, dass ich die Uebrigen in derselben Art herausgebe, so wird auch das mit Gottes Hülfe geschehen. Lebe wohl.

Anm. des deutschen Bearb. Obgleich es die Absicht der Bearbeitung ist, ein möglichst getreues Abbild des griechischen Meisterwerks zu liefern, so enthalten doch die Lehrsätze des 4 ten Buchs, wie sie beim Apollonius aufgeführt sind, so viele specielle Fälle derselben Eigenschaft, dass es zweckmässig geschienen hat, dieselben nach der jetzt üblichen Art der Behandlung etwas zusammenzuziehen.

§§. 1.—4. **Lehrsatz 1.—4.** Wenn von einem Punkt ausserhalb eines Kegelschnitts oder Kreises zwei gerade Linien gezogen werden, von denen eine denselben berührt, die andre ihn in zwei Punkten schneidet und auf der letzteren Linie zu den beiden Durchschnittspunkten und dem ausserhalb angenommenen Punkt der letzterem zugeordnete vierte harmonische Punkt gesucht wird, so trifft die Linie vom Berührungspunkt der Tangente nach diesem Punkt entweder selbst oder in ihrer Verlängerung den Kegelschnitt zum zweiten Male und die Linie von dem so erhaltenen Schneidungspunkt nach dem ausserhalb angenommenen Punkt ist eine Tangente.

Sei D ein Punkt ausserhalb eines Kegelschnitts oder zweier Gegenschnitte, DA eine Tangente und DEF eine Linie, die den Kegelschnitt oder die Gegenschnitte in zwei Punkten E und F trifft, sei G der vierte harmonische Punkt zu E, F, D, so wird behauptet, dass die Linie GA den Kegelschnitt oder die Gegenschnitte noch ein zweites Mal trifft und dass die von diesem Punkt nach D gezogene Linie eine Tangente ist. Fig. 209, 210 und 211.

Der Punkt D kann bei Ellipse und Parabel oder Kreis beliebig ausserhalb angenommen werden, immer wird von ihm aus ein Durchmesser, der den Kegelschnitt schneidet, und folglich ausser DA noch eine zweite Tangente DB gezogen werden können. Ist der gegebene Kegelschnitt aber eine Hyperbel, so ist, wenn der Punkt D innerhalb des Asymptotenwinkels liegt, dasselbe möglich als vorher, wenn er aber in einem Nebenwinkel desselben sich befindet, so kann eine zweite Tangente an den zur Hyperbel gehörigen Gegenschnitt gezogen werden.

Der Fall, wo der Punkt D in einer Asymptote selbst liegt, wird besonders behandelt werden.

Beweis. Man ziehe nun in jedem der vorerwähnten Fälle die zweite Tangente DB und verbinde B mit A. Weil nun von D zwei Tangenten an den Kegelschnitt gehen, welche mit Ausnahme des letzten Falls denselben vollständig zwischen sich enthalten, während die Linie DEF denselben in zwei Punkten trifft, so muss die Linie DEF die Verbindungslinie von B und A in jedem dieser Fälle schneiden; dies muss aber auch im letzten Fall, wo D ausserhalb des Asymptotenwinkels einer Hyperbel liegt, geschehen, denn DEF schneidet dann einen begrenzten Theil der Hyperbel ab, die Linie BA aber kann die Hyperbel in keinem andern Punkt als in A treffen, also muss sie durch EF gehen. Gesetzt nun, dieser Schneidungspunkt von EF und AB wäre ein anderer Punkt als G, z. B. H, so muss nach III. 37. $DE : DF = HE : HF$ sein, was der Annahme $DE : DF = GE : GF$ widerspricht. Mithin muss die Linie AB den Punkt G und folglich auch umgekehrt AG nöthigenfalls verlängert den Punkt B treffen, w. z. b. w.

Hierher gehören auch die von Apollonius in den Lehrsätzen 15. und 16. behandelten Fälle, bei deren erstem der Punkt D innerhalb des Asymptotenwinkels einer Hyperbel angenommen wird, die Gerade DEF aber so gezogen wird, dass sie beide Gegenschnitte in je einem Punkt trifft (Fig. 212.), und bei deren zweitem der Punkt D ausserhalb des Asymptotenwinkels liegt, und wo deshalb nicht blos E und F, sondern auch A und B auf beiden Gegenschnitten liegen (Fig. 213). Die Behauptung ist übrigens in diesen Fällen ganz dieselbe wie oben, und der Beweis beruht auf III. 39.

§. 5. **Lehrsatz 5.** Wenn von einem Punkt in einer Asymptote einer Hyperbel eine Tangente und eine die Hyperbel in zwei Punkten schneidende Gerade gezogen werden und in dieser wie oben der vierte harmonische Punkt gesucht wird, so ist die Verbindungslinie dieses Punktes mit dem Berührungspunkt der Tangente parallel der Asymptote, in welcher der zuerst angenommene Punkt liegt.

Fig. 214. Beweis wird auf gleiche Art als der vorige mit Hülfe von III. 35. geführt.

Hierher gehört auch der von Apollonius im Lehrsatz 17. behandelte Fall, in welchem die von *D* aus gezogene Gerade zwei Gegenschnitte in je einem Punkt trifft. Der Beweis dieses Falls beruht auf III. 36.

§§. 6. und 7. **Lehrsatz 6. und 7.** Wenn von einem Punkt ausserhalb einer Hyperbel eine Tangente an diese, so wie eine Parallele mit einer Asymptote gezogen werden, und diese letztere über den Durchschnitt mit der Hyperbel hinaus um sich selbst verlängert wird, so trifft die von dem so erhaltenen Endpunkt nach dem Berührungspunkt der Tangente gezogene Linie die Hyperbel oder ihren Gegenschnitt noch in einem Punkte und die von diesem Schneidungspunkt nach dem zuerst angenommenen Punkt gezogene Linie ist eine Tangente an der Hyperbel oder an ihrem Gegenschnitt.

Der Beweis wird wie oben geführt und beruht auf III. 30. Fig. 215. und 31., und die Sätze 6. und 7. unterscheiden sich dadurch, dass bei ersterem der Punkt *D* innerhalb des Asymptotenwinkels liegt, bei letzterem ausserhalb.

§. 8. **Lehrsatz 8.** Wenn von einem Punkt in einer Asymptote einer Hyperbel eine Tangente an diese und eine Parallele mit der andern Asymptote gezogen werden und wenn diese über ihren Durchschnittspunkt mit der Hyperbel hinaus um sich selbst verlängert wird, so ist die von dem so erhaltenen Endpunkt nach dem Berührungspunkt der Tangente gezogene Linie parallel der ersten Asymptote.

Beweis wie oben, und beruht auf III. 34. Fig. 216.

§§. 9. — 12. **Lehrsatz 9. — 12.** Zieht man von einem Punkt ausserhalb eines Kegelschnitts zwei Gerade, deren jede ihn in zwei Punkten schneidet, und bestimmt in diesen Geraden die dem äussern Punkt zugeordneten vierten harmonischen Punkte, so trifft deren Verbindungslinie den Kegelschnitt in zwei Punkten, oder wenn ein ausserhalb des Asymptotenwinkels einer Hyperbel angenommener Punkt gegeben war, die Hyperbel und ihren Gegenschnitt in je einem Punkt und die Linien von dem zuerst angenommenen Punkt nach diesen beiden Durchschnittspunkten sind Tangenten.

Sei *D* der Punkt ausserhalb, *DEF*, *DIK* die beiden Fig. 217, 218 und 219. schneidenden Geraden, *H*,*L* die dem Punkt *D* zugeordneten vierten harmonischen Punkte derselben, so wird behauptet, dass *HL* den Kegelschnitt oder die Gegenschnitte in zwei Punkten trifft und dass die Linien von *D* nach diesen Punkten Tangenten sind.

Man kann in jedem der möglichen Fälle von *D* aus zwei Tangenten *DA*, *DB* an den Kegelschnitt oder die Gegenschnitte ziehen, und dann muss die Linie *AB* sowohl den Punkt *H* als den Punkt *L* nach III. 37 treffen und mithin trifft auch umgekehrt *HL* den Kegelschnitt oder die Gegenschnitte in den Punkten *A* und *B* und *AD* und *DB* sind Tangenten.

Hierher gehören auch die von Apollonius in den Lehrsätzen 18. und 19. behandelten Fälle, bei welchen die Geraden *DEF*, *DIK* so gezogen werden, dass sie beide Gegenschnitte schneiden, und bei deren erstem *D* innerhalb des Asymptotenwinkels einer Hyperbel, bei deren zweitem er ausserhalb liegt, und welche ganz eben so behandelt werden können (Fig. 220. und 221.).

§. 13. **Lehrsatz 13.** Wenn von einem Punkt in einer Asymptote einer Hyperbel zwei diese in je zwei Punkten schneidende Gerade gezogen werden und in jeder derselben der dem äussern Punkt zugeordnete vierte harmonische Punkt bestimmt wird, so ist die Verbindungslinie dieser letzteren parallel der genannten Asymptote, trifft daher die Hyperbel in einem Punkt und die Linie von diesem Punkt nach dem zuerst angenommenen ist eine Tangente.

Fig. 222. Beweis wie oben, und beruht auf III. 35.

Hierher gehört auch der von Apollonius im Lehrsatz 20. behandelte Fall, in welchem die beiden schneidenden Geraden nicht eine Hyperbel in zwei Punkten, sondern diese und ihren Gegenschnitt in je einem Punkt treffen, und welcher auf III. 36. zurückführt (Fig. 223.).

§. 14. **Lehrsatz 14.** Wenn von einem Punkt in einer Asymptote einer Hyperbel eine diese in zwei Punkten schneidende Gerade und eine Parallele mit der andern Asymptote gezogen werden, und wenn in ersterer der dem äusseren zugeordnete vierte harmonische Punkt bestimmt, letztere aber über ihren Durchschnittspunkt mit der Hyperbel um sich selbst verlängert wird, so ist die Verbindungslinie der so erhaltenen Punkte parallel der ersten Asymptote, trifft die

Hyperbel in einem Punkt und die Linie von diesem Punkt nach dem zuerst angenommenen ist eine Tangente.

Folgt aus III. 34. und 35. Fig. 224.

Hierher gehört auch der Lehrsatz 21. des Apollonius, welcher dieselbe Eigenschaft für den Fall behandelt, in welchem die schneidende Gerade nicht eine Hyperbel in zwei Punkten, sondern sie und ihren Gegenschnitt in je einem Punkte trifft (Fig. 225.).

§. 22. **Lehrsatz 22.** Wenn von einem Punkt innerhalb oder ausserhalb des Asymptotenwinkels zwei gerade Linien gezogen werden, deren eine die eine Hyperbel oder die Gegenschnitte in zwei Punkten schneidet, deren andere der einen Asymptote parallel ist, und wenn in ersterer der dem äusseren Punkt zugeordnete vierte harmonische Punkt bestimmt, letztere aber um sich selbst verlängert wird, so schneidet die Verbindungslinie der so erhaltenen Punkte die Hyperbel oder die Gegenschnitte in zwei Punkten und die von diesen Punkten nach dem zuerst angenommenen Punkt gezogenen Linien sind Tangenten.

Beweis beruht auf III. 30. 31. 37. 39. Fig. 226.

§. 23. **Lehrsatz 23.** Wenn von einem Punkt innerhalb oder ausserhalb des Asymptotenwinkels zweier Gegenschnitte Parallelen mit den Asymptoten gezogen und über ihre Durchschnittspunkte mit denselben um sich selbst verlängert werden, so trifft die Verbindungslinie der so erhaltenen Endpunkte die eine Hyperbel oder die Gegenschnitte in zwei Punkten und die von diesen Punkten nach dem zuerst angenommenen Punkt gezogenen Linien sind Tangenten.

Beweis beruht auf III. 30. und 31. Fig. 227.

§. 24. **Lehrsatz 24.** Zwei Kegelschnitte können nicht so beschaffen sein, dass sie sich in einem Theile ihres Umfangs deckten, in dem andern aber auseinandergingen.

Sei *ABC*, wenn es möglich ist, der gemeinschaftliche Theil zweier Kegelschnitte, welche sich jenseits *A* in die beiden Theile *AD*, *AE* trennen, so ziehe man von *A* aus die Sehne *AH* in den gemeinschaftlichen Theil und von einem andern Punkt *C* desselben, der aber ausserhalb des gemeinschaftlichen Segments über *AH* angenommen ist, eine Parallele mit *AH*, welche die bei *A* auseinandergehenden Zweige in zwei ver- Fig. 228.

schiedenen Punkten *D* und *E* treffen muss. Zieht man nun in dem gemeinschaftlichen Segment über *AH* eine mit *AH* parallele Sehne *IK* und verbindet deren Mitte *L* mit der Mitte *G* von *AH*, so muss die Linie *LG* (I. 47.) auch die Mitten von *CD* sowohl als von *CE* treffen, was unmöglich ist. Also können nicht zwei Kegelschnitte sich in einem Theile decken, in einem andern aber auseinandergehen.

§. 25. **Lehrsatz 25.** Zwei Kegelschnitte können sich nicht in mehr als in vier Punkten schneiden.

Wenn es möglich ist, dass zwei Kegelschnitte mehr als vier Durchschnittspunkte haben, so seien *A, B, C, D, E* fünf auf einander folgende, d. h. fünf solche, dass kein anderer Durchschnittspunkt zwischen ihnen liegt.

Fig. 229. Verbindet man nun *A* mit *B* und *C* mit *D*, so werden diese Linien einander entweder ausserhalb der Kegelschnitte schneiden oder parallel sein müssen. Treffen sie sich also erstens in *L*, so ziehe man *LE* und bestimme in *LBA* sowohl als in *LCD* die dem Punkt *L* zugeordneten vierten harmonischen Punkte *F* und *G*, und verbinde *F* mit *G*, so muss diese Linie *LE* in einem Punkt *H* treffen, und bestimmt man nun in der Linie *LHE* zu diesen drei Punkten den dem Punkt *E* zugeordneten vierten harmonischen Punkt *M*, so muss, da beide Kegelschnitte die Gerade *LE* zum zweiten Mal treffen müssen (s. Anm.), dieser Punkt der beiden Kegelschnitten gemeinschaftliche Schneidungspunkt sein und in dem Bogen zwischen *B* und *C* liegen, was gegen die Annahme ist.

Fig. 230. Wäre zweitens *AB* und *CD* parallel, so verbinde man ihre Mittelpunkte *F* und *G* und ziehe von *E* eine Parallele mit *AB*, die *FG* in *H* schneidet; verlängert man nun *EH* um sich selbst, so muss der so erhaltene Punkt beiden Kegelschnitten angehören und zwischen *B* und *C* liegen, was gegen die Annahme ist.

Mithin ist bewiesen, dass zwei Kegelschnitte sich nicht in mehr als vier Punkten schneiden können.

Anm. Dass eine gerade Linie einen Kegelschnitt nur in zwei Punkten treffen kann, ist oben bewiesen, und daraus folgt, dass die zwischen *D* und *A* befindlichen Theile beider Kegelschnitte und also auch der Punkt *E* innerhalb des Winkelraums *ALD* sich befinden mussen, folglich muss die Gerade *EL* jeden zwischen *B* und *C* die Schenkel des Winkels verbindenden Zug nothwendig schneiden, woraus vielleicht das oben Gesagte noch klarer wird.

§. 26. **Lehrsatz 26.** Wenn zwei Kegelschnitte sich in einem Punkt berühren, so treffen sie sich ausserdem höchstens in zwei Punkten.

Sei A ein Punkt, in welchem sich zwei Kegelschnitte berühren, und B und C zwei Schneidungspunkte von der Art, dass weder zwischen A und B, noch zwischen B und C ein anderer gemeinschaftlicher Punkt der Kegelschnitte sich befindet. Sei nun, wenn es möglich ist, D noch ein gemeinschaftlicher Punkt jenseits C, und ziehe man in A die beiden Kegelschnitten gemeinsame Tangente, welche mit der Geraden BC entweder in einem Punkt L zusammentrifft oder derselben parallel ist.

Sei nun das erstere der Fall, so bestimme man in LBC den L zugeordneten vierten harmonischen Punkt F und ziehe AF, dann muss AF die DL in einem Punkt H schneiden, und bestimmt man nun in der Geraden DHL den dem Punkt D zugordneten vierten harmonischen Punkt M, so muss dieser beiden Kegelschnitten angehören und zwischen A und B liegen, was gegen die Annahme ist. Fig. 231.

Wäre aber BC mit der Tangente in A parallel, so ziehe man von seiner Mitte F nach A und von D eine Parallele mit BC, die AF in H trifft; verlängert man nun DH um sich selbst, so erhielte man wieder einen Punkt, der beiden Kegelschnitten gemeinschaftlich ist und zwischen A und B liegt, was gegen die Annahme ist.

Also können zwei Kegelschnitte, die sich in einem Punkt berühren, ausserdem höchstens zwei Punkte gemein haben.

§. 27. **Lehrsatz 27.** Wenn zwei Kegelschnitte sich in zwei Punkten berühren, so können sie in keinem andern Punkt zusammentreffen.

Seien A und B zwei Punkte, in denen sich zwei Kegelschnitte berühren, so treffen die in ihnen gezogenen gemeinschaftlichen Tangenten sich entweder in einem Punkt L oder sie sind parallel.

Sei also ersteres der Fall und, wenn es möglich ist, C noch ein gemeinschaftlicher Punkt der Kegelschnitte in dem Theil des Raums ausserhalb des Dreiecks LAB, so ziehe man CL, welche AB in H schneidet, und bestimme zu den Fig. 232.

drei Punkten C, H, L den dem C zugeordneten vierten harmonischen Punkt M, dann müsste dieser beiden Kegelschnitten angehören, was gegen den vorigen Satz ist.

Fig. 233. Sei zweitens C ein gemeinschaftlicher Punkt innerhalb des Raums LAB, dann ziehe man von C eine Parallele mit AB, welche die von L nach der Mitte F von AB gezogene Linie in einem Punkt H schneidet, und verlängere CH um sich selbst, so muss der so erhaltene Punkt beiden Kegelschnitten gemeinschaftlich sein, was ebenfalls gegen den vorigen Satz ist.

Fig. 234. Sind endlich die Tangenten in A und B parallel, so ist nach II. 27. AB ein Durchmesser beider Kegelschnitte, und gäbe es nun noch einen gemeinschaftlichen Punkt C derselben, so müsste, wenn von C an den Durchmesser eine Ordinate gezogen und um sich selbst verlängert würde, noch ein gemeinschaftlicher Punkt beider Kegelschnitte erhalten werden, was ebenfalls gegen den vorigen Satz ist.

Also haben zwei Kegelschnitte, die sich in zwei Punkten berühren, ausserdem keinen gemeinschaftlichen Punkt.

§. 28. **Lehrsatz 28.** Zwei Parabeln können nicht mehr als einen Berührungspunkt mit einander haben.

Fig. 235. Seien, wenn es möglich ist, A und B zwei Berührungspunkte zweier Parabeln, so ziehe man in ihnen die Tangenten, die sich in L treffen, und verbinde L mit der Mitte F von AB, dann müsste die Mitte von LF (nach I. 35. und II. 29.) ein beiden Parabeln gemeinschaftlicher Punkt sein, was gegen den vorigen Satz ist.

§. 29. **Lehrsatz 29.** Eine Parabel, die ausserhalb einer Hyperbel liegt, kann diese nicht in zwei Punkten berühren.

Fig. 236. Seien, wenn es möglich ist, A und B zwei Berührungspunkte einer Hyperbel mit einer ausserhalb befindlichen Parabel, so ziehe man in A und B die gemeinschaftlichen Tangenten, die sich in L schneiden, ziehe von L nach der Mitte F von AB, so muss LF ein Durchmesser sein und also den Mittelpunkt C der Hyperbel treffen, ferner jeden der beiden Kegelschnitte zwischen L und F in einem besondern Punkt, zuerst die Parabel in G und dann näher an F die Hyperbel in M schneiden. Nun ist $LG = GF$ (I. 35.) und $LC : CM$

$= CM : CF$ (I. 37.), also auch $ML : FM = CL : CM$ und also $FM > ML$, welches der andern Folgerung $LG = GF$ widerspricht; also kann eine Hyperbel von einer ausserhalb liegenden Parabel nicht in zwei Punkten berührt werden.

§. 30. **Lehrsatz 30.** Eine Parabel kann eine Ellipse oder einen Kreis nicht in zwei Punkten von innen berühren.

Seien, wenn es möglich ist, A und B zwei Berührungs- Fig. 237. punkte einer Ellipse und Parabel, so dass der durch AB begränzte Parabelabschnitt innerhalb der Ellipse liegt. Man ziehe in A und B die Tangenten, welche sich in L schneiden und von L nach der Mitte F von AB eine Linie, die zuerst die Ellipse in M und dann näher an F die Parabel in G so wie weiterhin den Mittelpunkt C der Ellipse (II. 29.) trifft. Nun ist $FG = GL$ (I. 35.) und $CF : CM = CM : CL$ (I. 37), also $FM : ML = CF : CM$ und folglich $FM < ML$, welches der andern Folgerung $FG = GL$ widerspricht; also kann eine Ellipse von einer Parabel nicht in zwei Punkten von innen berührt werden.

§. 31. **Lehrsatz 31.** Zwei Hyperbeln, welche denselben Mittelpunkt haben, können sich nicht in zwei Punkten berühren.

Seien, wenn es möglich ist, A und B die Berührungs- Fig. 238. punkte zweier Hyperbeln, welche denselben Mittelpunkt C haben. Man ziehe in A und B die Tangenten, die sich in L schneiden, so trifft die Linie von L nach der Mitte F von AB sowohl das Centrum C als jede Hyperbel zwischen L und F in einem besondern Punkt G und M, und dann müsste nach I. 37. sowohl $CM^2 = CL \cdot CF$ als $CG^2 = CL \cdot CF$ sein, was unmöglich ist.

§. 32. **Lehrsatz 32.** Wenn eine Ellipse eine andere oder einen Kreis von demselben Mittelpunkt in zwei Punkten berührt, so geht die Verbindungslinie der Berührungspunkte durch den Mittelpunkt.

Seien A und B die Punkte, in denen sich zwei Ellipsen Fig. 239. von demselben Mittelpunkt C berühren. Ginge AB nicht durch den Mittelpunkt, so müssten die Tangenten A und B sich in einem Punkt L treffen (II. 27.); zöge man dann von L nach der Mitte F von AB eine Linie, welche sowohl das Centrum C als jede Ellipse in einem besondern Punkt G, M

trifft, so entsteht wieder der Widerspruch, dass $CG^2 = CF \cdot CL$ und auch $CM^2 = CF \cdot CL$ sein müsste.

§. 33. **Lehrsatz 33.** Ein Kegelschnitt kann einem andern, der nicht nach derselben Seite zu hohl ist, in nicht mehr als zwei Punkten begegnen.

Anm. Durch jede Sehne eines Kegelschnitts entstehen bei Parabel und Hyperbel ein begränzter Bogen, der seine hohle Seite nach der Sehne zukehrt, bei der Ellipse zwei begranzte Bogen auf jeder Seite der Geraden, welche gleichfalls ihre Krümmungen von beiden Seiten her der Geraden zukehren; schneiden sich also zwei Kegelschnitte in zwei Punkten, so lasst sich durch deren Verbindungslinie leicht entscheiden, ob die auf derselben Seite liegenden Bogen ihre Krummung nach derselben Seite zukehren oder nicht.

Fig. 240. Seien A, B, C drei gemeinschaftliche Punkte zweier Kegelschnitte und zwar so, dass B in dem durch A und C begränzten Bogen liegt, so müssen, da ABC ein beiden Kegelschnitten einbeschriebenes Dreieck ist, diese ihre Höhlung derselben Seite von AC zukehren, w. z. b. w.

§. 34. **Lehrsatz 34.** Wenn ein Kegelschnitt oder ein Kreis einem von zwei Gegenschnitten in zwei Punkten begegnet und die zwischen den Durchschnittspunkten liegenden Bogen nach derselben Seite zu gekrümmt sind, so treffen die Verlängerungen des ersten Kegelschnitts über die Durchschnittspunkte hinaus den zweiten Gegenschnitt nicht.

Fig. 241. Seien A und B die Durchschnittspunkte eines Kegelschnitts mit einer Hyperbel, so dass die begränzten Bogen auf derselben Seite von AB liegen; da nun die Gerade AB den zweiten Gegenschnitt nicht trifft nach II. 33., so kann auch der jenseits dieser Geraden liegende Theil des Kegelschnitts mit dem andern Gegenschnitt nicht zusammenkommen.

§. 35. **Lehrsatz 35.** Wenn ein Kegelschnitt oder ein Kreis einem von zwei Gegenschnitten begegnet, so kann er den andern in nicht mehr als zwei Punkten treffen.

Fig. 242. Seien B, C, D, wenn es möglich ist, drei Schneidungspunkte eines Kegelschnitts mit einer Hyperbel, A der Durchschnitt desselben mit dem Gegenschnitt dieser Hyperbel. Weil nun der Kegelschnitt $ABCD$ den Schnitt A trifft, so können die zwischen B und C liegenden begränzten Bogen ihre Krümmungen nicht nach derselben Seite zu kehren nach §. 34., wenn das aber nicht der Fall ist, kann ein dritter Schneidungspunkt

D nicht vorhanden sein nach § 33; also kann der Kegelschnitt *ABC*, der den einen Gegenschnitt in *A* trifft, den andern nur in zwei Punkten schneiden.

§. 36. **Lehrsatz 36.** Ein Kegelschnitt oder ein Kreis kann mit einem Paar Gegenschnitten nicht mehr als vier Punkte gemein haben.

Dies folgt unmittelbar aus dem vorigen Satz, denn wenn ein Kegelschnitt beide Gegenschnitte überhaupt trifft, so ist dort gezeigt, dass er keinen in mehr als zwei Punkten schneidet.

§. 37. **Lehrsatz 37.** Wenn ein Kegelschnitt oder ein Kreis einen von zwei Gegenschnitten mit seiner hohlen Seite berührt, so kann er den andern nicht treffen.

Sei *A* der Punkt, in welchem ein Kegelschnitt eine Hyperbel mit seiner hohlen Seite, d. h. so dass beide Curven auf derselben Seite der Tangente liegen, berührt. Weil nun diese Tangente nach II. 33. den andern Gegenschnitt nicht trifft, so kann auch der ganz auf der einen Seite derselben liegende Kegelschnitt den auf der andern Seite liegenden Gegenschnitt nicht treffen. Fig. 243.

§. 38. **Lehrsatz 38.** Wenn ein Kegelschnitt oder Kreis jeden von zwei Gegenschnitten in einem Punkt berührt, so kann er dieselben in keinem andern Punkt treffen.

Seien *A* und *B* die Berührungspunkte eines Kegelschnitts mit zwei Gegenschnitten, so kann in keinem dieser Punkte die Berührung mit der hohlen Seite des Kegelschnitts geschehen, da sonst derselbe nach dem vorigen Satz den andern Gegenschnitt nicht treffen könnte. Zieht man also in *A* und *B* die gemeinschaftlichen Tangenten, so liegt der Kegelschnitt ganz zwischen denselben, wenn sie parallel sind, und in einem der von ihnen gebildeten Winkelräume, wenn das nicht der Fall ist, während die Gegenschnitte ganz ausserhalb der angegebenen Räume sich befinden, folglich kann kein weiterer Schneidungspunkt Statt finden. Fig. 244.

§. 39. **Lehrsatz 39.** Wenn eine Hyperbel einer andern in zwei Punkten begegnet, so dass die zwischen den Durchschnittspunkten liegenden Bogen ihre Krümmungen gegen einander kehren, so können die Gegenschnitte derselben sich nicht treffen.

Fig. 245. Seien A und B die Punkte, in welchen zwei Hyperbeln sich so schneiden, dass die zwischen diesen Punkten liegenden Bogen ihre Krümmungen gegen einander kehren, so ziehe man die Gerade AB; diese kann nun keinen der Gegenschnitte treffen und es muss auf der Seite derselben, auf welcher der begränzte Theil einer Hyperbel liegt, auch der zugehörige Gegenschnitt sich befinden (II. 33.). Da nun die begränzten Theile der Hyperbeln auf verschiedenen Seiten der Geraden AB sich befinden sollen, so leuchtet ein, dass deren Gegenschnitte gleichfalls auf verschiedenen Seiten liegen, sich also nicht treffen.

§. 40. **Lehrsatz 40.** Wenn eine Hyperbel jeden von zwei Gegenschnitten trifft, so kann ihr Gegenschnitt keinem derselben in mehr als einem Punkt begegnen.

Fig. 246. Seien A, B die Punkte, in welchen eine Hyperbel ACB zwei Gegenschnitten A und B begegnet, so wird behauptet, dass ihr Gegenschnitt keinem derselben in zwei Punkten begegnen kann. Träfe er den Schnitt A in zwei Punkten D und E, so könnte die Gerade DE nach II. 33. weder den Schnitt B noch den Schnitt ACB treffen; dies ist aber unmöglich, da diese Schnitte sich in B treffen und also keinen Zwischenraum übrig lassen, durch welchen die Gerade DE hindurch gehen könnte.

Auf gleiche Weise kann gezeigt werden, dass der Gegenschnitt von ACB keinen der beiden Schnitte A und B berühren kann, da sonst die gemeinschaftliche Tangente auf denselben Widerspruch führt wie die Gerade DE.

§. 41. **Lehrsatz 41.** Wenn eine Hyperbel jedem von zwei Gegenschnitten in zwei Punkten begegnet, so trifft ihr Gegenschnitt keinen derselben.

Fig. 247. Seien A, B und C, D die Punkte, in welchen eine Hyperbel zweien Gegenschnitten AB und CD begegnet, so wird behauptet, dass der Gegenschnitt von $ABCD$ keinen der beiden Gegenschnitte AB und CD in einem Punkt treffen kann. Man ziehe die Geraden AB und CD, welche sich in H schneiden. Weil nun AB und CD zwei Geraden sind, deren jede die Hyperbel $ABCD$ in zwei Punkten schneidet und so, dass nicht ein Durchschnittspunkt einer Geraden zwischen die der andern fällt, muss der Punkt H nach II. 25. innerhalb des Asymptotenwinkels von *ABCD* fallen und der Gegenschnitt von *ABCD* zwischen den Schenkeln des Scheitelwinkels von *AHD* sich befinden. Weil aber die Gerade *AB* den Gegenschnitt *CD* nicht treffen kann und eben so wenig die Gerade *CD* den Gegenschnitt *AB*, können diese beiden Schnitte in den Scheitelwinkel von *AHD* gar nicht hineinkommen und folglich auch mit dem Gegenschnitt von *ABCD* keinen Durchschnittspunkt haben.

§. 42. **Lehrsatz 42.** Wenn eine Hyperbel eine andre in vier Punkten schneidet, so treffen sich die Gegenschnitte dieser Hyperbeln in keinem Punkt.

Seien *A, B, C, D* vier Punkte, in welchen sich zwei Hyperbeln schneiden, so wird behauptet, dass ihre Gegenschnitte sich nicht treffen können. Wir unterscheiden zuerst die beiden Fälle, in deren erstem man die Punkte *A, B, C, D* auf beiden Hyperbeln in derselben Ordnung so durchlaufen kann, dass in dem begränzten Theil einer jeden Hyperbel zwischen denselben zwei auf einander folgenden Punkten keiner der übrigen Durchschnittspunkte liegt, wie in Fig. 248. und den zweiten, in dem das nicht möglich ist. Im ersteren Falle nun ziehe man *AB* und *CD*, die sich (nach II. 25.) in einem Punkt *L* schneiden müssen, und bestimme in *LAB* sowohl als in *LCD* die dem Punkt *L* zugeordneten vierten harmonischen Punkte *P* und *Q*, so trifft die Verbindungslinie von *PQ* nach IV. 9. jede Hyperbel in zwei Punkten und die Linien von *L* nach diesen Punkten sind Tangenten. Träfen nun die Gegenschnitte der Hyperbeln, welche beide ganz im Scheitelwinkel von *ALD* liegen, sich in einem Punkte *E*, so ziehe man *EL*, welche Linie *PQ* in einem Punkt *R* treffen muss, und bestimme in dieser Linie zu *E, L, R* den dem Punkt *E* zugeordneten vierten harmonischen Punkt. Dann müsste dieser nach einer leichten Folgerung aus III. 39. beiden Hyperbeln *ABCD* angehören und also diese sich noch in einem fünften Punkte schneiden, was unmöglich ist. Also können ihre Gegenschnitte sich nicht treffen. Im zweiten Fall (Fig. 249.) schneiden sich *AB* und *CD* in einem Punkt *L* innerhalb des Asymptotenwinkels der einen Hyperbel und *AD* und *BC* in einem Punkt *M* innerhalb des Asymptotenwinkels der andern, mithin liegt der eine Gegenschnitt ganz

Fig. 248 und 249.

im Scheitelwinkel von *ALD*, der andere ganz in dem von *AMB* und können einander also nicht treffen, da diese Scheitelwinkel gänzlich ausser einander liegen.

Anm. Bei Apollonius ist nur der erste Fall behandelt.

§. 43. **Lehrsatz 43.** Wenn eine Hyperbel eine andere in zwei Punkten so schneidet, dass die begränzten Theile beider auf derselben Seite der entstandenen Sehne liegen, und wenn eine dieser Hyperbeln ausserdem noch den Gegenschnitt der andern trifft, so trifft ihr Gegenschnitt keinen der übrigen Schnitte.

Fig. 250. Seien *A, B* die Punkte, in denen eine Hyperbel eine andere auf die oben erwähnte Art schneidet, *C* ein Punkt, in dem sie mit dem Gegenschnitt zusammenkommt, so wird behauptet, dass ihr Gegenschnitt keinen der andern Schnitte treffen kann. Zieht man die Geraden *AC, BC*, so liegt dieser Gegenschnitt nach II. 25. ganz in dem Scheitelwinkel von *ACB*. Da aber keine der beiden Geraden *AC* oder *BC* weder die Hyperbel *AB* noch die Hyperbel *C* in einem ferneren Punkte schneiden kann, so können diese Hyperbeln in den Scheitelwinkel von *ACB* nicht hinein kommen und mithin auch den darin befindlicchen Schnitt nicht treffen.

§. 44. **Lehrsatz 44.** Wenn eine Hyperbel einer anderen in drei Punkten begegnet, so treffen sich die Gegenschnitte dieser Hyperbeln höchstens in einem Punkt.

Fig. 251 und 252. Seien *A, B, C* die drei Punkte, in welchen die Hyperbel *AMBC* eine andere *ANBC* trifft, so wird behauptet, dass die Gegenschnitte dieser Hyperbeln einander höchstens in einem Punkte treffen. Denn träfen sie sich in zwei Punkten *D* und E, so wäre entweder *DE* parallel *AB* oder nicht.

Fig. 251. Im ersteren Falle verbinde man die Mitten *F* und *G* von *AB* und *DE*, so ist *FG* nach III. 36. ein Durchmesser für beide Paare von Gegenschnitten, also muss eine von *C* parallel mit *AB* gezogene Sehne von *FG* halbirt werden, und da dies in beiden Hyperbeln *AMBC* und *ANBC* geschehen müsste, so hätten diese ausser den Punkten *A, B, C* noch einen vierten Punkt gemein, was dem §. 42. widerspricht.

Fig. 252. Im zweiten Falle, wenn *DE* nicht parallel *AB* wäre, verlängere man beide, bis sie sich in *F* schneiden, und ziehe von *C* eine Parallele mit *AB*, welche die nöthigenfalls verlängerte *DF* in *G* und die Hyperbeln *AMBC* und *ANBC* zum zweiten Mal in den Punkten *X* und *Y* trifft. Dann ist nach Anm. zu III. 19.:

1) $FA \cdot FB : FE \cdot FD = GC \cdot GX : GE \cdot GD$ und

2) $FA \cdot FB : FE \cdot FD = GC \cdot GY : GE \cdot GD$, also $GX = GY$, oder mit andern Worten, *GC* trifft beide Hyperbeln zum zweiten Male in demselben Punkt, was wieder gegen §. 42. ist.

§. 45. **Lehrsatz 45.** Wenn eine Hyperbel einen von zwei Gegenschnitten berührt und den andern in zwei Punkten schneidet, so trifft ihr Gegenschnitt keinen der beiden andern Gegenschnitte.

Seien *A*, *B* die Punkte, in denen eine Hyperbel *AMC* Fig. 253a. eine andere *AND* schneidet, *C* der Punkt, in dem sie den Gegenschnitt *O* von *AND* berührt, so wird behauptet, dass der Gegenschnitt *P* von *AMC* keinen der beiden Gegenschnitte *AMD* und *O* trifft. Zieht man die Gerade *AB* und die Tangente in *C*, welche sich in *E* schneiden, so muss der Schnitt *P* ganz im Scheitelwinkel von *AEC* sich befinden, in welchen keiner der Schnitte *AND* und *O* hineinkommen kann, wenn nicht drei Schneidungspunkte oder ein Berührungspunkt und ein Schneidungspunkt zwischen einer Geraden und zwei Gegenschnitten Statt finden sollen. Mithin trifft der Schnitt *P* keinen der Schnitte *AND* und *O*.

Anm. Es ist jedoch noch der in Fig. 253b. dargestellte Fall möglich, in welchem der Berührungspunkt *C* auf der Hyperbel *AMC* zwischen den Schneidungspunkten *A* und *B* liegt. In diesem Fall liegt der Gegenschnitt *P* ganz im Scheitelwinkel von *ACB*, in welchen keiner der übrigen Schnitte hineinkommen kann.

§. 46. **Lehrsatz 46.** Wenn eine Hyperbel eine andere in einem Punkt berührt und in zwei Punkten schneidet, so treffen sich die Gegenschnitte dieser Hyperbeln nicht.

Seien *A* der Punkt, in welchem eine Hyperbel eine andere berührt, *B* und *C* die Punkte, in denen sie dieselbe schneidet, so wird behauptet, dass die Gegenschnitte sich nicht schneiden. Angenommen also, sie träfen sich in *D*. Nun ist entweder die gemeinschaftliche Tangente in *A* der Linie *BC* parallel oder nicht.

Im ersteren Falle ziehe man von *A* nach der Mitte *E* Fig. 254.

von *BC*, dann ist *AE* ein Durchmesser beider Paare von Gegenschnitten, und zieht man also von *D* an denselben eine Parallele *DF* mit *BC* nnd verlängert sie um sich selbst bis *G*, so müsste der erhaltene Punkt *G* gleichfalls beiden Gegenschnitten angehören, was gegen IV. 44. ist.

Träfe aber *EA* den Punkt *D* selbst, so müsste die dort gezogene Parallele mit *BC* eine zweite gemeinsame Tangente sein, beide Paare von Gegenschnitten hätten also denselben Mittelpunkt und die von *B* und *C* gezogenen Durchmesser müssten gleichfalls zu ihren andern Endpunkten Schneidungspunkte der Gegenschnitte haben, was unmöglich ist.

Fig. 255. Sind aber zweitens *BC* und die Tangente in *A* nicht parallel, sondern treffen sich in *E*, so bestimme man in *EBC* den dem Punkt *E* zugeordneten vierten harmonischen Punkt *G*, ziehe *AG* und *DE*, welches *AG* in einem Punkt *L* schneiden muss; bestimmt man nun noch in *DEL* den dem Punkt *D* zugeordneten vierten harmonischen Punkt, so müsste das ein gemeinsamer Punkt beider Hyperbeln sein, was gegen IV. 26. ist.

§. 47. **Lehrsatz 47.** Wenn eine Hyperbel eine andere in einem Punkt schneidet und in einem Punkt berührt, so können die Gegenschnitte derselben sich höchstens in einem Punkt treffen.

Sei *A* der Punkt, in dem eine Hyperbel eine andere berührt, *B* der Punkt, in dem sie dieselbe schneidet, so wird behauptet, dass die Gegenschnitte sich nur in einem Punkt *C* schneiden können. Gesetzt, sie träfen sich noch in *D*, so ist *CD* der Tangente in *A* entweder parallel oder nicht.

Fig. 256. Im ersteren Fall ist die Linie von der Mitte *F* von *CD* nach *A* ein Durchmesser beider Paare Gegenschnitte und die von *B* daran gezogene Ordinate müsste um sich selbst verlängert einen neuen gemeinsamen Punkt beider Kegelschnitte geben, was gegen den vorigen Satz ist.

Fig. 257. Im zweiten Fall treffe *CD* die in *A* gezogene Tangente im Punkte *E*. Zieht man nun von *B* eine Parallele mit der Tangente *AE*, bis sie die verlängerte *CD* in *F* trifft, und nennt *M* und *N* die Punkte, in denen diese Linie *BF* die Hyperbeln zum zweiten Male schneidet, so muss nach Anm. zu III. 19.:

$$EA^2 : EC \cdot ED = FB \cdot FM : FC \cdot FD = FB \cdot FN : FC \cdot FD$$

sein, d. h. die Punkte M und N müssen zusammenfallen, was nach vorigem Satz unmöglich ist.

§. 48. **Lehrsatz 48.** Wenn eine Hyperbel eine andere in einem Punkte berührt, so können sich die Gegenschnitte höchstens in zwei Punkten treffen.

Seien A der Berührungspunkt zweier Hyperbeln, B und C Durchschnittspunkte ihrer Gegenschnitte, so wird behauptet, dass kein dritter Durchschnittspunkt D möglich ist.

Denn es ist entweder BC der Tangente in A parallel oder nicht.

Im ersteren Falle ist die Linie von A nach der Mitte G von Fig. 258.
BC ein gemeinsamer Durchmesser und die von D an diese gezogene Ordinate müsste um sich selbst verlängert einen neuen gemeinsamen Punkt beider Gegenschnitte treffen, was gegen IV. 42. ist.

Im letzteren Falle treffe die verlängerte BC die in A Fig. 259.
gezogene Tangente in E und eine von D mit BC gezogene Parallele dieselbe in F und die beiden Gegenschnitte zum zweiten Mal in den Punkten M und N, so muss nach Anm. zu III. 19.

$$EA^2 : EB \cdot EC = FA^2 : FD \cdot FM = FA^2 : FD \cdot FN$$

sein, oder die Punkte M und N müssten zusammenfallen, was gegen IV. 42. ist.

§. 49. **Lehrsatz 49.** Wenn eine Hyperbel jeden von zwei Gegenschnitten berührt, so kann ihr Gegenschnitt keinen derselben treffen.

Seien A und B die Punkte, in denen eine Hyperbel AB Fig. 260.
zwei Gegenschnitte A und B berührt; schneiden sich nun die Tangenten von A und B in C, so muss der Gegenschnitt von AB ganz in dem Raum des Scheitelwinkels von ACB sich befinden, während die Gegenschnitte A und B in den Räumen der Nebenwinkel von ACB liegen, mithin können diese Schnitte nicht zusammentreffen.

§. 50. **Lehrsatz 50.** Wenn zwei Gegenschnitte von zwei anderen je in einem Punkt berührt werden, indem die sich berührenden Schnitte nach gleicher Seite zu gekrümmt sind, so schneiden sich dieselben in keinem andern Punkt.

Seien A und B die beiden Punkte, in denen zwei Paar Fig. 261.

Gegenschnitte einander berühren, und wenn es möglich ist, *D* noch ein Schneidungspunkt ausserdem.

Man ziehe in *A* und *B* die Tangenten, die sich in *E* treffen, und von *E* den zweiten Durchmesser, der *AB* in *F* halbirt. Dann müsste die von *D* an diesen zweiten Durchmesser gezogene Ordinate *DG* um sich selbst verlängert einen neuen Durchschnittspunkt der Gegenschnitte treffen, was gegen IV. 47. ist.

Wären die Tangenten in *A* und *B* parallel, so hätten beide Paare von Gegenschnitten denselben Mittelpunkt, also gäbe ein Durchschnittspunkt *D* auf der einen Seite sofort einen zweiten auf der andern Seite des Mittelpunkts.

§. 51. **Lehrsatz 51.** Wenn eine Hyperbel eine andere in zwei Punkten berührt, so treffen sich die Gegenschnitte dieser Hyperbeln nicht.

Fig. 262. Seien *A, B* die Punkte, in welchen sich zwei Hyperbeln berühren, und wenn es möglich ist, *D* der Punkt, in dem sich ihre Gegenschnitte schneiden. Man ziehe in *A* und *B* die Tangenten, die sich in *E* schneiden; zieht man nun die Gerade *DE,* so muss dieselbe *AB* in einem Punkt *F* schneiden, und bestimmt man zu *D*, *E*, *F* den dem Punkt *D* zugeordneten vierten harmonischen Punkt, so müsste dieser nach einer leichten Umkehrung von III. 39. beiden Hyperbeln angehören, was gegen IV. 27. ist.

§. 52. **Lehrsatz 52.** Wenn eine Hyperbel eine andere berührt, so dass die Krümmungen nach entgegengesetzten Seiten zu liegen, so treffen die Gegenschnitte dieser Hyperbeln einander nicht.

Fig. 263. Man ziehe die gemeinschaftliche Tangente und dann liegen die Gegenschnitte auf verschiedenen Seiten derselben, können einander also nicht treffen.

§. 53. **Lehrsatz 53.** Ein Paar Gegenschnitte kann von einem andern Paare höchstens in vier Punkten geschnitten werden.

Da alle einzelnen Fälle, die diese Behauptung einschliesst, schon in den früheren Sätzen enthalten sind, so besteht der Beweis nur in der Aufstellung der einzelnen Möglichkeiten und dem Anführen des Lehrsatzes, dem jeder einzelne widerspricht. Seien also *A,B* und *C,D* zwei Paare von Gegenschnitten, welche einander in fünf Punkten träfen, so unterscheiden wir folgende 14 Fälle.

Es schnitte:

1) *A* den *C* in mehr als vier Punkten; gegen §. 25.
2) *A* den *C* in vier Punkten, *B* den *C* in einem Punkt; gegen §. 36.
3) *A* den *C* in vier Punkten, *B* den *D* in einem Punkt; gegen §. 42.
4) *A* den *C* in drei Punkten, *B* den *C* in zwei Punkten; gegen §. 36.
5) *A* den *C* in drei Punkten, *B* den *C* in einem Punkt, den *D* in einem Punkt; gegen §. 40.
6) *A* den *C* in drei Punkten, *B* den *D* in zwei Punkten; gegen §. 44.
7) *A* den *C* in zwei Punkten, *B* den *C* in zwei Punkten, den *D* in einem Punkt; gegen §. 40.
8) *A* den *C* in zwei Punkten, *B* den *C* in einem Punkt, den *D* in zwei Punkten; gegen §. 40.
9) *A* den *C* in einem Punkt, *B* den *C* in drei Punkten, den *D* in einem Punkt; gegen §. 35.
10) *A* den *C* in einem Punkt, *B* den *C* in zwei Punkten, den *D* in zwei Punkten; gegen §. 41.
11) *A* den *C* in einem Punkt, *B* den *C* in einem Punkt, den *D* in drei Punkten; gegen §. 35.
12) *A* den *C* in vier Punkten, den *D* in einem Punkt; gegen §. 36.
13) *A* den *C* in drei Punkten, den *D* in zwei Punkten; gegen §. 36.
14) *A* den *C* in zwei Punkten, den *D* in einem Punkt, *B* den *C* in zwei Punkten; gegen §. 40., wie im Beweis dort bemerkt ist.

Da hierin alle möglichen Fälle enthalten sind, so ist gezeigt, dass zwei Paare von Gegenschnitten nicht mehr als vier Durchschnittspunkte haben können.

§. 54. **Lehrsatz 54.** Wenn ein Paar Gegenschnitte mit einem andern einen Berührungspunkt haben, so treffen sie sich ausserdem höchstens in zwei Punkten.

Auch dieser Satz ist bereits in den früheren enthalten und es lassen sich folgende einzelne Fälle aufstellen, wobei wieder A,B und C,D die beiden Paare von Gegenschnitten bedeuten. Wir nehmen in allen Fällen an, dass A den C in einem Punkt berührt, so ist zu zeigen, dass ausserdem nicht drei Schneidungspunkte möglich sind.

1) Schnitte A den C noch in drei Punkten; gegen §. 26.
2) Schnitte A den C in zwei Punkten, den D in einem Punkt; gegen §. 37.
3) Schnitte A den C in einem Punkt, den D in zwei Punkten; gegen §. 37.
4) Schnitte A den D in drei Punkten; gegen §. 35.
5) Schnitte A den C in zwei Punkten, B den C in einem Punkt; gegen §. 37.
6) Schnitte A den C in zwei Punkten, B den D in einem Punkt; gegen §. 46.
7) Schnitte A den C in einem Punkt, B den C in zwei Punkten; gegen §. 37.
8) Schnitte A den C in einem Punkt, B den C in einem Punkt, den D in einem Punkt; gegen §. 37.
9) Schnitte A den C in einem Punkt, B den D in zwei Punkten; gegen §. 47.
10) Schnitte A den C in einem Punkt, den D in einem Punkt, B den C in einem Punkt; gegen §. 37.
11) Schnitte A den C in einem Punkt, den D in einem Punkt, B den D in einem Punkt; gegen §. 37.
12) Schnitte A den D in einem Punkt, B den C in zwei Punkten; gegen §. 40.
13) Schnitte A den D in einem Punkt, B den C in einem Punkt, den D in einem Punkt; gegen §. 52.
14) Schnitte A den D in einem Punkt, B den D in zwei Punkten; gegen §. 40.
15) Schnitte A den D in zwei Punkten, B den C in einem Punkt; gegen §. 45.
16) Schnitte A den D in zwei Punkten, B den D in einem Punkt; gegen §. 45.
17) Schnitte B den C in drei Punkten; gegen §. 35.
18) Schnitte B den C in zwei Punkten, den D in einem Punkt; gegen §. 40., wie im Beweis dort bemerkt ist.
19) Schnitte B den C in einem Punkt, den D in zwei Punkten; gegen §. 40.

20) Schnitte *B* den *D* in drei Punkten; gegen §. 48.

Da also kein Fall möglich ist, in welchem zwei Paar Gegenschnitte ausser einem Berührungspunkt noch drei Schneidungspunkte hätten, so ist die Behauptung erwiesen.

§. 55. **Lehrsatz 55.** Wenn ein Paar Gegenschnitte mit einem andern Paar zwei Berührungspunkte hat, so können sie sich in keinem andern Punkte treffen.

Es könnte:

1) *A* den *C* zweimal berühren und *A* den *C* einmal schneiden; gegen §. 27.
2) *A* den *C* zweimal berühren und *A* den *D* einmal schneiden; gegen §. 37.
3) *A* den *C* zweimal berühren und *B* den *C* einmal schneiden; gegen §. 37.
4) *A* den *C* zweimal berühren und *B* den *D* einmal schneiden; gegen §. 51.
5) *A* den *C* einmal und den *D* einmal berühren und *A* den *C* einmal schneiden; gegen §. 38.
6) *A* den *C* einmal und den *D* einmal berühren und *B* den *C* einmal schneiden; gegen §. 49.
7) *A* den *C* einmal, *B* den *D* einmal berühren, *A* den *C* einmal schneiden; gegen §. 50.
8) *A* den *C* einmal, *B* den *D* einmal berühren, *A* den *D* einmal schneiden; gegen §. 40.

Da also kein Fall möglich ist, in welchem zwei Paare von Gegenschnitten ausser zwei Berührungspunkten noch einen Schneidungspunkt hätten, so ist die Behauptung erwiesen.

Nachrichten über den Codex,

aus welchem **Halley** die lateinische Uebersetzung der Kegelschnitte des Apollonius entnommen hat.

Der ausgezeichnete „Codex Armachanus" hat am Eingang des Buches in grosser Schrift den arabischen Titel „Buch der Kegelschnitte nach Nasir-eddin von Tus", und sowohl am Anfang als am Ende des fünften, sechsten und siebenten Buches finden sich die Worte: „Buch des Apollonius über die Kegelschnitte", übersetzt von Thebit ben Corah, verbessert von Beni Moses. Am Ende aber befindet sich eine Nachschrift, die gleichsam eine kurze Geschichte ist, von wessen Hand, an welchem Orte und zu welcher Zeit dieser Codex geschrieben ist. Diese Nachschrift ist nach der Uebersetzung des Dr. Sike, Professor der orientalischen Sprachen in Cambridge, folgende: „Dies ist die Erzählung, die am Ende des Buches niederschrieb der grosse Muley Nasireddin. Der Schreiber dieser Zeilen, Mohammed Ebn Mohammed Ebn Al hasan von Tus vollendete dieses Buch und die Correctur dieses Exemplars unter dem Beistand des allgütigen Gottes am 21. Tage des Monats Dhi 'lhajje im Jahr 645 (den 9. März des Jahres 1248). Er hatte angefangen sich damit zu beschäftigen am 12. Tage des Monat Rabià des vorhergehenden Jahres (16. August 1247) und von diesem Zeitraum standen ihm nur zwei Dritttheile zu Gebote. Die Abfassung der Scholien aber zu diesem Exemplar, die Anordnung und Verbesserung der Figuren beendete Achmed Ebn Aly Abu 'lfaraj Mohammed mit dem Beinamen Ebn 'lbawwab von Bagdad im Monat Moharram 662 (October 1263), lobend

Gott für seine Wohlthaten und betend für seinen auserwählten Propheten Mohammed und dessen Familie. Ehre sei Gott und Friede seinen auserwählten Dienern. Unser Vertrauen und unsere beste Hülfe ist Gott."

„Vollendet ist dieses Exemplar in der Stadt Maraga in der zweiten Ferie am zehnten Tage des Monats Schaaban im Jahre 702 (30. März 1303), im persischen Monat Chordad am Tage Asmon."

Am Ende des Exemplars ist ausserdem angegeben, woher es abgeschrieben ist, und dass der achte Theil des Buches nicht in's Arabische übersetzt ist, weil er sich auch nicht im Griechischen vorgefunden hat. Hieraus geht hervor, dass kaum irgend eine Hoffnung auf Wiedererlangung des achten Buches vorhanden ist. Die Stadt Maraga, in der vor 400 Jahren (Halley schreibt 1710) dieses schöne Exemplar der „Conica" geschrieben sein soll, liegt an der Gränze Mediens und Assyriens, unter 82° östlicher Länge und $37\frac{1}{3}$° nördlicher Breite, die Stadt Tus, woher Nasir eddin stammt, beinahe in derselben Breite unter $92\frac{1}{2}$° östlicher Länge, während Bagdad 80° Länge hat nach den Tafeln von Graves.

Fünftes Buch des Apollonius von Perga über Kegelschnitte.

Apollonius grüsst den Attalus.

In diesem fünften Buch habe ich Sätze über die längsten und kürzesten Linien, die von einem Punkt an den Umfang eines Kegelschnitts gezogen werden können, zusammengestellt. Man muss aber wissen, dass diejenigen, welche vor mir oder zu meiner Zeit lebten, die Lehre von den kürzesten Linien nur kurz behandelt und nur bewiesen haben, welche Linien die Kegelschnitte berühren und welche Eigenschaften diesen Tangenten zukommen. Aber hiervon habe ich im ersten Buch gehandelt, woselbst ich jedoch die Lehre von den kürzesten Linien übergangen habe. Ich hatte vor, auch bei der Behandlung dieses Gegenstandes dieselbe Ordnung inne zu halten, die ich bei den vorausgeschickten Elementen der drei Kegelschnitte beobachtet habe, nämlich auf jeden beliebigen Durchmesser der Schnitte Rücksicht zu nehmen; weil aber die Eigenschaften, die dann zu betrachten wären, zu zahlreich sind, so habe ich jetzt nur unternommen, das zu zeigen, was sich auf die Achsen oder Hauptdurchmesser bezieht. Die hierauf bezüglichen Sätze aber über die kürzesten Linien habe ich sehr genau eingetheilt und in Ordnungen unterschieden und dann die vorerwähnten Sätze über die längsten Linien hinzugefügt. Das so Behandelte ist für die dieser Wissenschaft Beflissenen besonders nothwendig sowohl zur Eintheilung und zur Determination als zur Construction der Aufgaben, abgesehen davon, dass dieser Gegenstand zu den Dingen gehört, welche würdig sind, um ihrer selbst willen betrachtet zu werden. Lebe wohl!

§§. 1—3. **Lehrsatz 1—3.** Wenn bei Hyperbel oder Ellipse im Scheitel einer Achse ein Loth gleich dem halben zugehörigen latus rectum errichtet und dessen Endpunkt mit dem Mittelpunkt des Kegelschnitts verbunden wird, so ist das Quadrat einer beliebigen Ordinate an dieser Achse gleich dem doppelten des Vierecks, das diese Ordinate mit den vorgenannten drei Linien bildet.

Sei AB eine Achse einer Hyperbel oder Ellipse, AD ein Loth darauf in A gleich dem halben zugehörigen latus rectum und CD gezogen. Sei ferner vom Punkt E des Kegelschnitts die Ordinate EF an die Achse gezogen, welche CD in G schneidet, so wird behauptet:

$$EF^2 = 2ADGF.$$

Fig. 264 und 265. Erster Fall (S. 1. des Ap.). Die Ordinate EF trifft diejenige Halbachse CA oder bei der Hyperbel die Verlängerung derjenigen Halbachse CA, auf deren Endpunkt A das Loth errichtet ist.

Constr. und Beweis. Man verlängere AD um sich

selbst bis H, ziehe BH, das die Ordinate EF oder deren Verlängerung in I trifft, und vollende das Rechteck $AFIK$, so ist nach I. 12. und I. 13.:

$$EF^2 = AFIK; \text{ aber dass}$$
$$AFIK = 2\,ADGF, \text{ erhellt, weil}$$

$AD = DH = GI$ und folglich auch $GF = DK$ ist, mithin ist gezeigt, dass:

$$EF^2 = 2\,AFGD. \text{ q. e. d.}$$

Zweiter Fall (S. 2. des Ap.). Die Ordinate trifft das Centrum C, dann ist $CE^2 = 2\triangle ACD$. Fig. 266.

Es ist, übrigens unter Beibehaltung der obigen Bezeichnungen $CE^2 = ACID$ nach I. 12 und 13., mithin, wie von selbst einleuchtet, $CE^2 = 2\triangle ACD$.

Dritter Fall (S. 3. des Ap.). Die Ordinate EF trifft die Hälfte CB der Achse oder deren Verlängerung, auf deren Endpunkt das Loth nicht errichtet ist. Fig. 267.

In diesem Fall ist zu beweisen, dass EF^2 gleich dem doppelten Unterschied der Dreiecke CAD und CFG ist, denn dass dieser Unterschied für den Inhalt des Vierecks $AFGD$ in diesem Falle gesetzt werden muss, ist bekannt. Seien dieselben Bezeichnungen als oben beibehalten und werde noch in B ein Loth errichtet, das die verlängerte DC in L trifft, so ist nach Fall I.:

$$EF^2 = 2\,BLGF = 2\triangle BLC - 2\triangle FGC,$$

da aber $\triangle BLC$ congruent dem $\triangle CAD$ ist, folgt, dass

$$EF^2 = 2\triangle CAD - 2\triangle CFG. \text{ q. e. d.}$$

§. 4. **Lehrsatz 4.** Wenn auf der Achse einer Parabel vom Scheitel nach innen zu ein Stück gleich der Hälfte des latus rectum abgeschnitten wird und von dem so erhaltenen Punkt Linien an den Umfang der Parabel gezogen werden, so ist die kürzeste derselben die nach dem Scheitel gezogene und von je zwei übrigen diejenige die kürzere, welche dem Scheitel näher liegt. Das Quadrat einer jeder dieser Linien übertrifft das Quadrat der kürzesten um das Quadrat der Abscisse, welche durch die von ihrem Endpunkt gefällte Ordinate auf der Achse entsteht.

Sei $FECBA$ eine Parabel und auf der Achse nach innen zu ein Stück AO gleich dem halben latus rectum abgeschnitten, seien ferner von O an den Umfang der Parabel die Fig. 268.

Linien OB, OC, die Ordinate OE und jenseit derselben noch OF gezogen, so ist zu zeigen:

$$OA < OB < OC < OE < OF.$$

Man ziehe noch von den Punkten B, C, F die Ordinaten BG, CH, FI.

Nun ist nach I. 11.:

$$BG^2 = 2\,AG \cdot AO = 2\,AG \cdot GO + 2\,AG^2,$$

mithin ist:

$$OB^2 = OG^2 + BG^2 = OG^2 + 2\,AG \cdot GO + 2\,AG^2$$
$$= (OG + AG)^2 + AG^2 = OA^2 + AG^2.$$

Auf gleiche Weise ist $OC^2 = OA^2 + AH^2$.

Ferner ist $OE^2 = 2\,OA^2 = OA^2 + OA^2$ und endlich ist

$$OF^2 = OI^2 + FI^2 = OI^2 + 2\,OA \cdot AI = OI^2 + 2\,OI \cdot OA$$
$$+ 2\,OA^2 = (OI + OA)^2 + OA^2 = IA^2 + OA^2,$$

mithin ist die Behauptung vollständig erwiesen.

§. 5. **Lehrsatz 5.** Wenn auf der Achse einer Hyperbel vom Scheitel nach innen zu ein Stück gleich dem halben latus rectum abgeschnitten wird, so gelten für die von dem so erhaltenen Punkt an den Umfang der Hyperbel gezogenen Linien dieselben Behauptungen als bei der Parabel. Nur ist der Ueberschuss des Quadrats einer solchen Linie über das Quadrat der kürzesten gleich einem Rechteck über der zugehörigen Abscisse, welches ähnlich ist dem aus der Hauptachse und aus der Summe dieser und des latus rectum gebildeten und zwar so, dass die Abscisse der Hauptachse entspricht.

Fig. 269. Sei eine Hyperbel $FEBA$ gegeben und vom Scheitel A auf der Hauptachse nach innen zu ein Stück AO gleich dem halben latus rectum AD abgeschnitten, von O aber die Ordinate OE so wie die Linien OB, OF diesseit und jenseit der Ordinate an den Umfang gezogen, so wird behauptet:

1) $$OA < OB < OE < OF,$$

2) $$OB^2 - OA^2 = AG^2 \cdot \frac{(CA + AD)}{CA}.$$

Man ziehe die Ordinaten BG, FI so wie die Linien CD, OD, welche entweder selbst oder in ihren Verlängerungen von BG in den Punkten K und L, von FI in P und Q geschnitten werden, nenne N den Durchschnitt von EO mit CP und fälle endlich das Loth DM von D auf GK.

Nun ist nach §. 1.:

1) $BG^2 = 2\,AGKD,$

2) da $OG = GL$ ist, $OG^2 = 2\triangle OGL,$ mithin

3) $OB^2 = OG^2 + BG^2 = 2\,AGKD + 2\triangle OGL$
$= 2\triangle OAD + 2\triangle DLK = OA^2 + DM \cdot LK.$

Weil aber $OA = AD$, ist auch $DM = LM$, und da $DM : MK = CA : AD$, ist auch $DM : LK = CA : CA + AD$, und setzen wir statt DM das gleiche AG, so erhalten wir

$$OB^2 = OA^2 + AG^2 \cdot \frac{(CA + AD)}{CA}.$$

Auf ganz gleiche Art erhalten wir auch die Zeilen

$$OE^2 = OA^2 + 2\triangle DON\,,\ OF^2 = OA^2 + 2\triangle DQP \text{ oder}$$
$$OE^2 = OA^2 + OA \cdot ON\ \ ,\ OF^2 = OQ^2 + AI \cdot AP,$$

und aus der Aehnlichkeit der Dreiecke DLK, DON, DQP ergiebt sich $ON : OA = QP : AI = LK : AG = CA + AD : CA.$ Da also die Rechtecke, um welche die Quadrate der Linien OB, OE, OF der Reihe nach das Quadrat von OA übertreffen, ähnlich sind und eine immer zunehmende Breite haben, so erhellt, dass jede folgende dieser Linien länger ist als die vorhergehende.

§. 6. **Lehrsatz 6.** Wenn unter denselben Voraussetzungen als in den beiden vorigen Sätzen der Kegelschnitt eine Ellipse und die Achse die grosse Achse derselben ist, so gelten gleichfalls die obigen Behauptungen, und es ist demnach die längste aller Linien, die von dem erhaltenen Punkt an den Umfang gehen, diejenige, welche mit der kürzesten einen Winkel von 180 Grad bildet. Der Ueberschuss des Quadrats einer beliebigen über das Quadrat der kürzesten Linie ist gleich einem Rechteck über der zugehörigen Abscisse, das ähnlich ist dem aus der Hauptachse und ihrem Ueberschuss über das latus rectum gebildeten.

Es ist unter denselben Bezeichnungen als oben möglich, den Fig. 270. vorigen Beweis buchstäblich auf die neue Figur anzuwenden bis zu der Zeile: $OB^2 = OA^2 + DM \cdot LK$; dann ist wieder wie oben $DM = LM$ und aus der Proportion $DM : MK = CA : AD$ erhalten wir diesmal $DM : LK = CA : CA - AD$, woraus sich leicht ergiebt:

$$OB^2 = OA^2 + AG^2 \cdot \frac{(CA - AD)}{CA}$$

und dann das Uebrige wie oben gefolgert werden kann.

§. 7. **Lehrsatz 7.** Wenn auf der Hauptachse eines beliebigen Kegelschnitts vom Scheitel nach innen zu ein kleineres Stück als das halbe latus rectum abgeschnitten wird, so ist unter den von dem so erhaltenen Punkt an den Umfang gezogenen Linien die kürzeste die nach dem erwähnten Scheitel gezogene und von je zwei übrigen auf derselben Seite der Achse befindlichen diejenige länger, welche mit der kürzesten den grösseren Winkel bildet.

Fig. 271. Sei auf der Achse eines Kegelschnitts vom Scheitel A nach innen zu ein Stück $AP < \frac{r}{2}$ abgeschnitten und von P an den Umfang auf derselben Seite von PA Linien PB, PC gezogen, so ist zu zeigen:

$$PA < PB < PC.$$

Man schneide von A aus noch $AO = \frac{r}{2}$ auf der Achse ab und ziehe OB, OC, AB, BC.

Nun ist $OA < OB$ nach §. 4 – 6., mithin auch $\angle OBA < \angle OAB$, also desto mehr $\angle PBA < \angle PAB$ und folglich $PA < PB$. Es ist aber auch $OB < OC$ und folglich $\angle OCB < \angle OBC$ und also desto mehr $\angle PCB < \angle PBC$, mithin $PB < PC$. Also ist die Behauptung erwiesen.

§. 8. **Lehrsatz 8.** Wenn auf der Achse einer Parabel vom Scheitel nach innen zu ein grösseres Stück als das halbe latus rectum abgeschnitten wird, so ist unter den von dem so erhaltenen Punkt an den Umfang gezogenen Linien die kürzeste diejenige, deren Projektion auf die Achse gleich dem halben latus rectum ist und von je zwei andern auf derselben Seite der Achse liegenden die der kürzesten näher liegende die kleinere. Der Ueberschuss des Quadrats einer beliebigen dieser Linien über das Quadrat der kürzesten ist aber gleich dem Quadrat des Stücks der Achse, das zwischen den Fusspunkten der zugehörigen Ordinaten liegt.

Fig. 272. Sei auf der Achse der Parabel GCA vom Scheitel A aus nach innen ein Stück AO, das grösser als $\frac{r}{2}$ ist, ferner von O auf OA ein Stück $OB = \frac{r}{2}$ abgeschnitten, und in B die Ordinate BC, in O die Ordinate OF errichtet, ferner OC, OD zwischen OC und OA, OE zwischen OC und OF und OG jenseit

OF an den Umfang so wie von den Endpunkten dieser Linien die Ordinaten DH, EI, GK gezogen, so ist zu zeigen, dass $OC < OD$ und $OC < OE < OF < OG$ ist, ferner, dass z. B. $OD^2 - OC^2 = BH^2$, woraus dann das Uebrige der Behauptung folgt.

Es ist

1) $OC^2 = OB^2 + CB^2 = OB^2 + 2\,OB \cdot BA$, ferner

2) $OD^2 = OH^2 + DH^2 = (OB + BH)^2 + 2\,OB \cdot AH$
$= OB^2 + 2OB \cdot BH + BH^2 + 2OB \cdot AH = OB^2 + 2OB \cdot BA + BH^2$,

ebenso

3) $OE^2 = OI^2 + EI^2 = (BO - BI)^2 + 2\,OB \cdot AI$
$= OB^2 - 2OB \cdot BI + BI^2 + 2OB \cdot AI = OB^2 + 2OB . BA + BI^2$,

4) $OF^2 = 2\,OB \cdot OA = 2\,OB^2 + 2\,OB \cdot BA$
$= OB^2 + 2\,OB \cdot BA + OB^2$,

endlich

5) $OG^2 = OK^2 + GK^2 = (BK - OB)^2 + 2OB \cdot AK = BK^2 - 2\,OB \cdot BK + OB^2 + 2\,OB \cdot AK = OB^2 + 2\,OB \cdot BA + BK^2$.

Aus der Vergleichung der so erhaltenen Schlusswerthe von OC^2, OD^2, OE^2, OF^2, OG^2 ergiebt sich von selbst die Richtigkeit der Behauptung, dass OC die kürzeste unter allen diesen Linien ist, und aus den zwischen den Quadraten von OD, OE, OF, OE und dem von OC erhaltenen Unterschieden BH^2, BI^2, BO^2, BK^2 erhellt von selbst, dass von zweien dieser Linie diejenige kürzer ist, welche OC näher liegt. Auch die auf verschiedenen Seiten von OC liegenden Linien lassen sich mit Hülfe dieser Unterschiede leicht vergleichen.

Anm. Es ist gut die Bemerkung hinzuzufügen, dass OA ein Maximum unter den benachbarten Linien ist, so dass unter allen von O an den ganzen Umfang der Parabel gehenden Linien ein Maximum umgeben von zwei Minimis sich findet, jenseit welcher die Linien auf beiden Seiten in's Unendliche wachsen.

§. 9. **Lehrsatz 9.** Wenn auf der Achse einer Hyperbel vom Scheitel nach innen zu ein Stück grösser als das halbe latus rectum abgeschnitten wird, so ist unter den von dem so erhaltenen Punkt auf einer Seite der Achse an den Umfang gezogenen Linien die kürzeste diejenige, deren Endpunktsordinate die Achse so trifft, dass das Stück der letzteren vom Mittelpunkt bis zum Fusspunkt der Ordinate zu dem von diesem Fusspunkt bis zum Ausgangspunkt der Linien sich verhält wie das latus transversum zum latus rectum. Von je zwei andern auf derselben Seite dieses Minimums befindlichen Linien ist die dem Minimum nähere kürzer. Der Ueberschuss des Quadrats einer beliebigen dieser Linien über das Quadrat der kürzesten ist gleich einem Rechteck über dem Stück der Achse, das zwischen den Fusspunkten der zugehörigen Ordinaten liegt, das ähnlich ist dem aus dem latus transversum und der Summe desselben und des latus rectum gebildeten.

Fig. 273. Sei auf der Achse einer Hyperbel *HFA* vom Scheitel *A* aus nach innen das Stück $AO > \frac{r}{2}$ abgeschnitten und werde das Stück *CO* durch einen inneren Punkt *B* so getheilt, dass, wenn *AL* das in *A* errichtete halbe latus rectum ist, die Proportion $CB:BO = CA:AL$ Statt findet, werde dann in *B* die Ordinate *BD*, in *O* die Ordinate *OG*, ferner *OD* und zwischen *OD* und *OA* *OE*, zwischen *OD* und *OG* *OF*, jenseit *OG* *OH* an den Umfang, so wie die Ordinaten *EI*, *FR*, *HW* gezogen, so wird behauptet, dass *OD* die kürzeste unter den von *O* an die Hyperbel gezogenen Geraden ist und dass z. B.

$$OE^2 - OD^2 = BI^2 \cdot \frac{CA + AL}{CA},$$

woraus dann die übrige Behauptung sich ergiebt.

Man ziehe *CL*, das die verlängerten *EI*, *DB*, *FR*, *GO*, *HW* in *M*, *N*, *S*, *V*, *X* trifft, ferner *ON*, das die nöthigenfalls verlängerten *EI*, *FR*, *HW* in *P*, *T*, *Y* trifft, und fälle von *N* das Loth *QNU* auf *IP* und *RS*.

Nun ist

$$CB : BO = CA : AL = CB : BN,$$

folglich $BO = BN$ und deshalb auch $NQ = QP$. Es ist aber

1) $OD^2 = OB^2 + BD^2 = 2 \triangle OBN + 2\,ALNB = 2\,ONLA,$

2) $OE^2 = OI^2 + EI^2 = 2 \triangle OIP + 2\,ALMI = 2\,ONLA$
$+ 2 \triangle MNP,$

3) $OF^2 = OR^2 + FR^2 = 2 \triangle ORT + 2\,ALSR = 2\,ONLA$
$+ 2 \triangle TNS,$

4) $OG^2 = 2\,OALV = 2\,ONLA + 2 \triangle ONV,$

5) $OH^2 = OW^2 + HW^2 = 2 \triangle OYW + 2\,ALXW$
$= 2\,ONLA + 2 \triangle NXY.$

Aus der Vergleichung der so erhaltenen Endwerthe von OE^2, OF^2, OG^2, OH^2 mit dem von OD^2 ergiebst sich, dass sie sämmtlich grösser als das letztere sind und dass die betreffenden Unterschiede gleich den doppelten ähnlichen Dreiecken *MNP*, *TNS*, *ONV*, *YNX* sind. In einem dieser Dreicke *MNP* haben wir aber die Proportion $NQ : MQ = CA : AL$, mithin $NQ : NQ + MQ$ oder $NQ : MP = CA : CA + AL$, mithin $2 \triangle MNP = NQ \cdot MP = BI^2 \cdot \frac{CA + AL}{CA}$; und ähnlich für die übrigen Dreiecke. Mithin ist die ganze Behauptung erwiesen.

§. 10. **Lehrsatz 10.** Wenn auf der grossen Achse einer Ellipse vom Scheitel nach innen zu ein grösseres Stück als das halbe latus rectum abgeschnitten wird, so ist unter den von dem so erhaltenen Punkt an den auf einer Seite der Achse befindlichen Theil des Umfangs gezogenen Linien die kürzeste diejenige, deren Endpunktsordinate die Achse zwischen dem oben genannten Scheitel und dem Ausgangspunkt der Linien so trifft, dass das Stück vom Mittelpunkt bis zum Fusspunkt der Ordinate zu dem von diesem Fusspunkt bis zum Ausgangspunkt der Linien sich wie die grosse Achse zu ihrem latus rectum verhält. Von je zwei andern auf derselben Seite dieses Minimums liegenden Linien ist die demselben nähere kürzer. Der Ueberschuss des Quadrats einer solchen Linie über das der kürzesten ist gleich einem Rechteck über dem Stück der Achse, das zwischen den zugehörigen beiden Ordinaten liegt, welches ähnlich ist dem aus der grossen Achse nnd ihrem Ueberschuss über das latus rectum gebildeten Rechteck.

Sei auf der grossen Achse einer Ellipse vom Scheitel Fig. 274.
A nach innen zu ein Stück *AO* grösser als das halbe latus rectum *AL* abgeschnitten und zwischen *O* und *A* ein Punkt *B* so bestimmt, dass $CB : BO = CA : AL$ ist, ferner in *B* die Ordinate *BD*, in *O* die Ordinate *OG* errichtet und sowohl *OD* als zwischen *OD* und *OA* *OE*, zwischen *OD* und *OG* *OF* und jenseit *OG* *OH* an die Ellipse so wie die Ordinaten *EI*, *FR*, *HW* gezogen, so wird behauptet

1) dass *OD* die kürzeste der Linien *OD*, *OE*, *OF*, *OG*, *OH* ist,

2) dass auf jeder Seite von *OD* die entfernteren Linien länger als die näheren sind,

3) dass z. B. $OE^2 - OD^2 = BI^2 \cdot \frac{CA - AL}{CA}$ ist.

Wir haben wie oben $CB:BO = CA:AL = CB:BN$ und deshalb $BO = BN$ sowie in Folge dessen $NQ = QP$. Es ist aber

1) $OD^2 = OB^2 + BD^2 = 2\triangle OBN + 2\,ABNL = 2\,ONLA,$

2) $OE^2 = OI^2 + EI^2 = 2\triangle OIP + 2\,AIML = 2\,ONLA + 2\triangle MNP,$

3) $OF^2 = OR^2 + FR^2 = 2\triangle ORT + 2\,ARSL = 2\,ONLA + 2\triangle TNS,$

4) $OG^2 = 2\,AOVL = 2\,ONLA + 2\triangle VNO,$

5) $OH^2 = OW^2 + WH^2 = 2\triangle OWY + 2\triangle CAL - 2\triangle CXW = 2\,ONLA + 2\triangle XNY.$

Vergleichen wir die hier erhaltenen Schlusswerthe von OE^2, OF^2, OG^2, OH^2 mit dem von OD^2, so zeigt sich, dass sie der Reihe nach um die doppelten Dreiecke MNP, TNS, VNO, XNY grösser sind. Als Höhen dieser Dreiecke lassen sich die Geraden BI, BR, BO, BW ansehen, und da $NQ:QM = CA:AL$ und $NQ = QP$ ist, haben wir $NQ:MP = CA:CA - AL$, mithin

$$MP = BI \cdot \frac{(CA - AL)}{CA},\text{ also } 2\triangle MNP = BI^2 \cdot \frac{CA - AL}{CA}.\text{ q. e. d.}$$

§. 11. **Lehrsatz 11.** Unter den vom Mittelpunkt einer Ellipse an den Umfang gezogenen Linien ist die kürzeste die halbe kleine Achse, die längste die halbe grosse Achse, und von den dazwischen befindlichen Linien jede der kleinen Achse nähere kürzer als die entferntere. Der Ueberschuss des Quadrats einer beliebigen dieser Linien über das Quadrat der halben kleinen Achse ist aber gleich einem Rechteck über dem Stück der grossen Achse zwischen dem Mittelpunkt und dem Fusspunkt der zugehörigen Ordinate, das ähnlich ist dem aus dieser Achse und ihrem Ueberschuss über ihr latus rectum gebildeten.

Fig. 275. Sei CB die halbe kleine, CA die halbe grosse Achse einer Ellipse, CD, CI zwischen ihnen an den Umfang gezogene Linien, deren Endpunktsordinaten DE, IK sind, so ist zu zeigen, dass $CA > CI > CD > CB$ und, wenn AL das halbe latus rectum ist, dass

$$CD^2 - CB^2 = CE^2 \cdot \frac{CA - LA}{CA}.$$

Man verlängere AL, bis es gleich CA wird, zum Punkt

F, ziehe CL, CF und verlängere DE, IK, bis sie CL in G und M, CF in H und N schneiden. Nun ist:

1) $CB^2 = 2 \triangle CAL,$

2) $CD^2 = DE^2 + CE^2 = 2\, AEGL + 2 \triangle ECH = 2 \triangle CAL + 2 \triangle CGH,$

3) $CI^2 = IK^2 + CK^2 = 2\, AKML + 2 \triangle CKM = 2 \triangle CAL + 2 \triangle CMN,$

4) $CA^2 = 2 \triangle CAF = 2 \triangle CAL + 2 \triangle CLF.$

Aus der Vergleichung der sonach für CB^2, CD^2, CI^2, CA^2 erhaltenen Schlusswerthe ergiebt sich die Richtigkeit des ersten Theils der Behauptung, und da $2 \triangle CGH = CE^2 \cdot \frac{CA - AL}{CA}$ leicht aus der Proportion $CE : GH = CA : CA - AL$, wie schon in früheren Sätzen ähnlich geschehen ist, abgeleitet werden kann, ist auch der zweite Theil der Behauptung erwiesen.

§. 12. **Lehrsatz 12.** Wenn auf einer von einem Punkt der Achse an den Umfang eines Kegelschnitts gezogenen Minimallinie ein beliebiger Punkt angenommen wird, so ist unter den von diesem Pnnkt an den Umfang gezogenen Linien, welche die Achse selbst nicht durchschneiden, das Stück der Minimallinie selbst die kürzeste und nach beiden Seiten hin jede davon entferntere länger als die nähere.

Sei von einem Punkt O auf der Achse OA eines Kegelschnitts die Minimallinie OB an den Umfang und von einem Punkt P dieser Minimallinie die Linien PC, PD beliebig an den Umfang gezogen, so dass C und D zwischen B und A liegen, so wird behauptet: Fig. 276.

$$PB < PC < PD < PA.$$

Man ziehe die Linien BC, CD, DA, OC, OD.

Es ist nach Annahme und früheren Sätzen $OB < OC < OD < OA$, mithin auch $\angle OBC > \angle OCB$, also desto mehr $\angle OBC > \angle PCB$ und folglich $PC > PB$; auf gleiche Weise $\angle OCD > ODC$, also desto mehr $\angle PCD > \angle PDC$, mithin $PD > PC$ u. s. f. Auf gleiche Weise kann bei Linien auf der andern Seite von OB verfahren werden.

§. 13. **Lehrsatz 13.** Wenn von einem Punkt der Achse einer Parabel eine von der Achse selbst verschiedene Minimallinie an den Umfang gezogen wird, so ist der Winkel, den sie nach dem Scheitel zu mit der Achse bildet, ein spitzer und das Stück der Achse, welches zwischen dem Anfangspunkt und der Endpunktsordinate der Minimallinie liegt, ist gleich dem halben latus rectum der Parabel.

Fig. 277. Sei O ein Punkt der Achse OA einer Parabel, von welchem die Minimallinie OB an die Parabel gezogen ist, so ist zu zeigen, dass der Winkel BOA ein spitzer ist und das Stück OC, das die Ordinate BC des Punktes B auf der Achse bildet, gleich dem halbem latus rectum ist.

Es ist zunächst einleuchtend, dass das Stück OA grösser als das halbe latus rectum sein muss, da sonst nach §. 4. und §. 7. OA selbst die Minimallinie sein würde und OB grösser als OA sein müsste. Schneidet man nun auf OA ein Stück $OC = \frac{r}{2}$ ab und errichtet in C eine Ordinate, so muss diese den Punkt B treffen, denn träfe sie einen andern Punkt E der Parabel, so wäre nach §. 8. OE die Minimallinie und nicht OB, was gegen die Annahme ist; also ist Winkel BOC ein spitzer und OC gleich dem halben latus rectum.

§. 14. **Lehrsatz 14.** Wenn von einem Punkt auf der Achse einer Hyperbel eine Minimallinie an den Umfang gezogen wird, die mit der Achse einen Winkel bildet, so ist dieser nach dem Scheitel der Hyperbel zu ein spitzer und die von dem Endpunkt der Minimallinie gezogene Ordinate theilt die Achse so, dass das Stück derselben vom Mittelpunkt bis zum Fusspunkt der Ordinate zu dem von diesem Fusspunkt bis zum Ausgangspunkt der Minimallinie sich verhält wie das latus transversum zum latus rectum.

Fig. 278. Sei vom Punkt O der Achse OA einer Hyperbel an diese die Minimallinie OB und von B die Ordinate BD gezogen, so ist zu zeigen, dass Winkel BOA ein spitzer ist und dass, wenn C der Mittelpunkt der Hyperbel ist, $CD : DO = t : r$.

Es erhellt aus §. 5. und §. 7., dass $OA > \frac{r}{2}$ sein muss, mithin ist $CA : OA < t : r$, und theilt man CO durch einen Punkt D, so dass $CD : DO = t : r$, so liegt deshalb D zwischen A und O. Träfe nun das in D errichtete Loth die Hyperbel nicht in B, sondern in E, so wäre nach §. 9. OE die Minimallinie und nicht OB, was gegen die Annahme ist, mithin theilt die von B gefällte Ordinate die Achse so, dass CD

$:DO = t:r$ und es ist der Winkel BOD ein spitzer als schiefer Winkel des rechtwinkligen Dreiecks OBD. q. e. d.

§. 15. **Lehrsatz 15.** Wenn von einem Punkt der grossen Achse einer Ellipse eine Minimallinie, die einen Winkel mit der Achse bildet, an den Umfang gezogen wird, so ist dieser Winkel nach dem Mittelpunkt zu ein stumpfer; ist aber der Ausgangspunkt der Mittelpunkt selbst, so steht die Minimallinie auf der Achse senkrecht. Im ersteren Falle trifft die Ordinate vom Endpunkte der Minimallinie die grosse Achse zwischen dem zunächst gelegenen Scheitel und dem Ausgangspunkt der Linie, so dass das Stück vom Mittelpunkt bis zum Fusspunkt der Ordinate zu dem von diesem Fusspunkt bis zum Ausgangspunkt sich verhält wie das latus transversum zum latus rectum.

Der Theil des Satzes, der sich auf die vom Mittelpunkt gezogene Linie bezieht, folgt unmittelbar durch Umkehrung von §. 11. und der andere Theil wird ebenso bewiesen als der vorige Satz.

§§. 16—18. **Lehrsatz 16—18.** Wenn auf der kleinen Achse einer Ellipse ein Punkt angenommen wird, der von einem Scheitel nach innen zu um das halbe zugehörige latus rectum entfernt ist, so ist unter allen von diesem Punkt an den Umfang gezogenen Linien dieses abgeschnittene Stück der kleinen Achse selbst die längste, das andere Stück derselben die kürzeste und von je zwei andern Linien die dem Maximum nähere länger als die entferntere. Der Ueberschuss des Quadrats der Maximallinie über das Quadrat einer beliebigen andern der an den Umfang gezogenen Linien ist gleich einem Rechteck über dem Stück der Achse vom Scheitel bis zum Fusspunkt der zugehörigen Ordinate, welches ähnlich ist dem aus der kleinen Achse und dem Ueberschuss des latus rectum über dieselbe gebildeten.

Wir betrachten zuerst den Fall, in welchem das halbe latus rectum kleiner ist als die kleine Achse (§. 16.), dann den, wenn es ihr gleich ist (§. 17), und endlich den, wenn es grösser ist (§. 18.).

§. 16. Sei also eine Ellipse EAB von solcher Gestalt gegeben, dass das halbe latus rectum AL der kleinen Achse AB kleiner ist als diese und sei dasselbe von A aus auf AB abgeschnitten zum Punkt O, ferner die Ordinate OE in O und in dem Fig. 279.

Raum EOA die Linie OD mit der Endpunktsordinate DG, in dem Raum EOB die Linie OF mit der Endpunktsordinate FM an den Umfang der Ellipse gezogen, so wird behauptet:

1) dass $OA > OD > OE > OF > OB$ und

2) $OA^2 - OD^2 = AG^2 \cdot \frac{AL - AC}{AC}$,

$$OA^2 - OE^2 = AO^2 \cdot \frac{AL - AC}{AC}, \quad OA^2 - OF^2 = AM^2 \cdot \frac{AL - AC}{AC}.$$

Man ziehe noch die Linien OL, CL, welche von der Ordinate DG in H und I, von FM in N und P, von einem in B errichteten Loth in R und S geschnitten werden, nenne K den Durchschnitt von OE mit LC und fälle endlich von L auf DI das Loth LQ.

Nun ist:

1) $OA^2 = 2\triangle OAL$,

2) $OD^2 = DG^2 + OG^2 = 2AGHL + 2\triangle OGI$
$= 2\triangle OAL - 2\triangle LHI$,

3) $OE^2 = 2BRKO = 2\triangle CAL - 2\triangle CKO$
$= 2\triangle OAL - 2\triangle LKO$,

4) $OF^2 = FM^2 + OM^2 = 2BRNM + 2\triangle OMP$
$= 2\triangle CAL - 2\triangle CMN + 2\triangle OMP$
$= 2\triangle OAL - 2\triangle LNP$,

5) $OB^2 = 2\triangle OBS = 2\triangle CBR - 2CORS$
$= 2\triangle OAL - 2\triangle LRS$.

Vergleicht man aber die erhaltenen Schlusswerthe von OD^2, OE^2, OF^2, OB^2 mit dem von OA^2, so erkennt man sogleich, dass die auf einander folgenden Subtrahenden $2\triangle LHI$, $2\triangle LKO$, $2\triangle LNP$, $2\triangle LRS$ an Grösse zunehmen, mithin die Grössen OA, OD, OE, OF, OB der Reihe nach abnehmen. Da ferner, weil $OA = OL$, auch $LQ = IQ$ ist, verhält sich $HI : LQ = HQ - LQ : LQ = AL - AC : AC$, mithin ist

$$2\triangle LHI = AG^2 \cdot \frac{AL - AC}{AC}, \quad 2\triangle LKO = AO^2 \cdot \frac{AL - AC}{AC} \text{ etc.}$$

und folglich die Behauptung erwiesen.

Fig. 280. §. 17. Sei zweitens eine Ellipse, deren halbes latus rectum AL gleich der kleinen Achse AB ist, gegeben, so wird behauptet, dass, wenn BD, BF beliebige Linien von B an den Umfang sind, $BA > BD > BF$ ist.

Es ist unter Beibehaltung der früheren Bezeichnungen mit nothwendiger Berücksichtigung der durch das Zusammenfallen von O und B herbeigeführten Vereinfachung

1) $BA^2 = 2\triangle BAL,$

2) $BD^2 = DG^2 + BG^2 = 2\,AGHL + 2\triangle BGI$
$= 2\triangle BAL - 2\triangle HIL,$

3) $BF^2 = FM^2 + BM^2 = 2\triangle ACL - 2\triangle NCM$
$+ 2\triangle BMP = 2\triangle BAL - 2\triangle PNL.$

Aus der Vergleichung der erhaltenen Werthe ergiebt sich die Richtigkeit der Behauptung zur Genüge.

§. 18. Sei endlich das halbe latus rectum grösser als die kleine Achse und übrigens unter Beibehaltung der obigen Bezeichnungen von dem diesmal ausserhalb der Ellipse liegenden Punkt O die Linien OD, OF über ihre ersten Schneidungspunkte mit dem Umfang hinaus bis an den zweiten Durchschnitt mit demselben gezogen und T der erste Durchschnitt von OF mit der Ellipse, so ist zu zeigen, dass Fig. 281.

$$OA > OD > OF > OT > OB.$$

Man ziehe ausser den oben in §. 16. angegebenen Linien noch von T die Ordinate TU, welche LC, LO beziehlich in V, W trifft; so ist wieder ähnlich als früher:

1) $OA^2 = 2\triangle OAL,$

2) $OD^2 = DG^2 + OG^2 = 2\,AGHL + 2\triangle OGI$
$= 2\triangle OAL - 2\triangle LHI,$

3) $OF^2 = FM^2 + OM^2 = 2\triangle ACL - 2\triangle CNM$
$+ 2\triangle OMP = 2\triangle OAL - 2\triangle LPN,$

4) $OT^2 = TU^2 + OU^2 = 2\triangle ACL - 2\triangle CVU$
$+ 2\triangle OUW = 2\triangle OAL - 2\triangle LWV,$

5) $OB^2 = 2\triangle OBS = 2\triangle OAL - 2\,BALS = 2\triangle OAL$
$- 2\triangle LSR.$

Und aus der Vergleichung der Schlusswerthe ergiebt sich zur Genüge die Behauptung.

§. 19. **Lehrsatz 19.** Wenn auf der kleinen Achse einer Ellipse vom Scheitel aus nach innen zu ein grösseres Stück als das halbe latus rectum abgeschnitten wird, so ist unter den von dem so erhaltenen Punkt an den Umfang gehenden Linien die nach dem vorerwähnten Scheitel gehende die längste und auf jeder Seite derselben jede entferntere kürzer als die nähere.

Fig. 282. Sei von dem Scheitel A der kleinen Achse einer Ellipse ein Stück AP grösser als das halbe zugehörige latus rectum abgeschnitten und von P an den Umfang auf einer Seite der Achse die Linien PD, PF gezogen, so ist zu zeigen:

$$PA > PD > PF.$$

Es ist hierbei noch anzunehmen, dass, wenn das halbe latus rectum grösser als die kleine Achse ist, die Linien PI, PF entweder beide bis zu ihrem zweiten Durchschnittspunkt mit dem Umfang oder beide nur bis zum ersten gezogen sind.

Man schneide nun von A aus noch AO gleich dem halben latus rectum auf der Achse ab und ziehe OD, OF, AD, DF.

Nun ist nach §§. 16—18. $OA > OD > OF$, mithin auch $\angle OAD < \angle ODA$, $\angle ODF < \angle OFD$, also desto mehr $\angle OAD < \angle PDA$ und $PDF < \angle PFD$ und deshalb $PA > PD > PF$. q. e. d.

§. 20. **Lehrsatz 20.** Wenn auf der kleinen Achse einer Ellipse von einem Scheitel aus nach innen zu ein Stück abgeschnitten wird, das kleiner als das halbe latus rectum, aber grösser als die halbe Achse ist, so ist unter den von dem so erhaltenen Punkt auf einer Seite der Achse an den Umfang gezogenen Linien die längste diejenige, deren Endpnnktsordinate die Achse zwischen dem erwähnten Scheitel und dem Mittelpunkt so trifft, dass das Stück vom Fusspunkt derselben bis zum Mittelpunkt zu dem von demselben Fusspunkt bis zum Ausgangspunkt der Linien sich verhält wie die kleine Achse zu ihrem latus rectum. Von je zwei andern auf derselben Seite der Maximallinie und der Achse liegenden Linien ist die dem Maximum nähere grösser. Der Ueberschuss aber des Quadrats der Maximallinie über irgend eine der andern ist gleich einem Rechteck über dem Stück der Achse zwischen den Fusspunkten der zugehörigen Ordinaten, das ähnlich ist dem aus der kleinen Achse und dem Ueberschuss des latus rectum über dieselbe gebildeten.

Fig. 283. bis 285. Sei eine Ellipse mit der kleinen Achse RA, dem zugehörigen halben latus rectum AL gegeben und auf RA ein Punkt O so angenommen, dass OA grösser als AC, aber kleiner als AL ist, und zwischen C und A ein Punkt B bestimmt, so dass $OB : CO = AL : CA$ ist, in B die Ordinate BD und ausserdem von O die Linie OE in dem Raum DOA und OG, OH in dem Raum DOR und zwar erstere senkrecht zu RA an den Umfang gezogen, so ist, wenn EI, HW die Ordinaten von E und H sind, zu zeigen:

1) $OD > OE > OA$ und $OD > OG > OH$,

2) $$OD^2 - OE^2 = BI^2 \cdot \frac{AL - AC}{AC}.$$

Man ziehe CL, welche mit der verlängerten BD in N zusammentrifft, ziehe ON und verlängere CN, ON, bis sie EI in M, P, HW in X, Y treffen, nenne Z den Durchschnitt von ON mit AL, V den von CN mit GO und fälle endlich von N das Loth NQ auf IP. So ist, weil

$$OB : CB = AL : CA = BN : CB\ ,\ OB = NB, \text{ mithin}$$

1) $$OD^2 = BD^2 + OD^2 = 2\,BNLA + 2\triangle ONB$$
$$= 2\,ONLA,$$

2) $$OE^2 = EI^2 + OI = 2\,IMLA + 2\triangle OIP$$
$$= 2\,ONLA - 2\triangle NPM,$$

3) $$OA^2 = 2\triangle OAZ = 2\,ONLA - 2\triangle NZL,$$

4) $$OG^2 = 2\triangle CAL - 2\triangle COV = 2\,ONLA - 2\triangle NOV,$$

5) $$OH^2 = HW^2 + OW^2 = 2\triangle CAL - 2\triangle CXW$$
$$+ 2\triangle YOW = 2\,ONLA - 2\triangle NXY.$$

Aus der Vergleichung der erhaltenen Schlusswerthe ergiebt sich, dass OD die längste unter den Linien OD, OE, OA, OG, OH ist und dass

$OE > OA$, $OG > OH$ ist; dass ferner $OE^2 - OD^2 = 2\triangle NPM$ u. s. f., und da $NQ = BI$ und $NQ : QM = CA : AL$, also $NQ : PM = CA : AL - CA$, so erhellt, dass $2\triangle NPM = BI^2 \cdot \frac{AL - CA}{CA}$. q. e. d.

Es verdient bemerkt zu werden, dass der Beweis ungeändert bleibt, mag der Punkt O innerhalb der Ellipse oder im Endpunkt R der kleinen Achse selbst oder auch ausserhalb liegen, weshalb er zugleich für die drei Figuren gilt.

§. 21. **Lehrsatz 21.** Wenn auf einer nach dem vorigen Satz von einem Punkt der kleinen Achse gezogenen Maximallinie in ihrer Verlängerung über die kleine Achse hinaus ein Punkt angenommen wird, so ist unter den von diesem Punkt an den Umfang gehenden Linien die verlängerte Maximallinie selbst die längste und jede derselben näher liegende länger als die entferntere.

Fig. 286. Sei OD eine Maximallinie von dem Punkt O der kleinen Achse an den Umfang gezogen, und P ein Punkt ihrer Verlängerung über O so wie PE, PF beliebige Linien von P an den Umfang auf derselben Seite von PD, so ist zu zeigen, dass $PD > PE > PF$.

Zieht man OE, OF, DE, EF, so ist, weil $OD > OE$ und $OE > OF$, auch $\angle OED > \angle ODE$ und $\angle OFE > \angle OEF$, also desto mehr $\angle PED > \angle PDE$ und $\angle PFE > \angle PEF$, mithin sowohl $PD > PE$ als $PE > PF$. q. e. d.

§. 22. **Lehrsatz 22.** Wenn von einem Punkt der kleinen Achse aus eine von der Achse verschiedene Maximallinie an den Umfang gezogen wird, so steht diese Linie, wenn der angenommene Punkt der Mittelpunkt ist, senkrecht auf der kleinen Achse, in jedem andern Falle macht sie mit derselben nach dem Mittelpunkt zu einen spitzen Winkel und die von ihrem Endpunkt gefällte Ordinate trifft die Hälfte der kleinen Achse, auf welcher der Ausgangspunkt der Maximallinie nicht liegt, so dass das Stück von diesem Ausgangspunkt bis zum Fusspunkt zu dem vom Fusspunkt zum Mittelpunkt sich verhält wie das zur kleinen Achse gehörige latus rectum zur kleinen Achse.

Der Beweis dieses Satzes, der eine blosse Umkehrung von S. 11. und S. 20. ist, wird ebenso wie der von S. 14 und 15. geführt.

§. 23. **Lehrsatz 23.** Wenn von einem Punkt in der kleinen Achse einer Ellipse eine Maximallinie an den Umfang gezogen wird, so ist das Stück derselben, das zwischen der grossen Achse und dem Umfang liegt, eine Minimallinie in Bezug auf die von dem auf der grossen Achse erhaltenen Durchschnittspunkt ausgehenden Linien.

Fig. 287. Sei vom Punkt O der kleinen Achse eine Maximallinie OD an den Umfang gezogen, welche die grosse Achse CB in G trifft, so ist zu zeigen, dass GD eine Minimallinie in Bezug auf die von G ausgehenden Linien ist.

Man ziehe von D an die kleine Achse die Ordinate DE und an die grosse die Ordinate DF und bezeichne mit t, r die kleine Achse und ihr latus rectum, mit t_1, r_1 die grosse

Achse und ihr latus rectum, so ist nach vorigem Satz: $OE : CE = r : t$, aber $OE : CE = OD : GD = CF : GF$, also $CF : GF = r : t$ und da $r : t = t_1 : r_1$ (I. 13.), so ist $CF : GF = t_1 : r_1$, folglich nach §. 10. GD eine Minimallinie von G.

§§. 24 und 25. **Lehrsatz 24 und 25.** Bei jedem Kegelschnitt kann von der Achse aus an denselben Punkt des Umfangs nur eine Minimallinie gezogen werden.

§. 24. für die Parabel. Seien, wenn es möglich ist, BC, Fig. 288.
BD zwei Minimallinien von einem Punkt B des Umfangs an die Achse und BE die Ordinate von B, so müsste nach S. 13. sowohl CE als DE gleich dem halben latus rectum sein, was unmöglich ist; also können von B aus nicht zwei Minimallinien an die Achse gezogen werden.

§. 25. für Ellipse und Hyperbel. Seien, wenn es mög- Fig. 289.
lich ist, BD, BE zwei Minimallinien von demselben Punkt B des Umfangs einer Ellipse oder Hyperbel an die Achse, und BF die Ordinate von B, so müsste nach S. 14. und 15. sowohl $CF : DF = t : r$, als $CF : EF = t : r$, was unmöglich ist, also können im Punkt B nicht zwei Minimallinien nach der Achse gezogen werden.

§. 26. **Lehrsatz 26.** Von einem beliebigen Punkt des Umfangs einer Ellipse, der nicht ein Scheitel der kleinen Achse selbst ist, kann nur eine Maximallinie an diese Achse gezogen werden.

Seien, wenn es möglich ist, BD, BE zwei Maximallinien Fig. 290.
von demselben Punkt B des Umfangs, BF die Ordinate an die kleine Achse, so müsste nach S. 22. sowohl $CF : DF = t : r$ als auch $CF : EF = t : r$, was unmöglich ist; also können in demselben Punkt B des Umfangs einer Ellipse nicht zwei Maximallinien zusammentreffen.

§§. 27—29. **Lehrsatz 27—29.** Wenn von einem Punkt eines Kegelschnitts an die grosse Achse eine Minimallinie und eine Tangente gezogen werden, so bilden diese Linien einen rechten Winkel mit einander.

§. 27. für die Parabel. Seien im Punkt B der Parabel Fig. 291.
an die grosse Achse die Minimallinie BD sowie die Tangente BE gezogen, so wird behauptet, dass $\angle DBE$ ein rechter Winkel ist.

Man ziehe noch die Ordinate BF und nenne A den Scheitel, so ist nach I. 35. $FA = EA$ und nach §. 13. $DF = \frac{r}{2}$, da aber $BF^2 = AF \cdot r = FE \cdot \frac{r}{2} = FE \cdot FD$, ist bewiesen, dass $\angle DBE$ ein Rechter sein muss.

Fig. 292 und 293. §. 28. für Ellipse und Hyperbel. Seien von dem Punkt B des Umfangs einer Ellipse oder Hyperbel die Minimallinie BD sowie die Tangente BE an die grösse Achse gezogen, so ist zu zeigen, dass $\angle DBE$ ein rechter Winkel ist.

Man ziehe noch die Ordinate BF, so ist nach I. 37.:

1) $$BF^2 : CF \cdot FE = r : t$$

und nach V. 14. und 15.

2) $$CF : DF = t : r,$$

woraus durch Zusammensetzung folgt

$$BF^2 = FE \cdot DF$$

und folglich ist $\angle DBE$ ein Rechter.

§. 29. enthält einen andern Beweis zu §. 27. und §. 28. Sei bei einem beliebigen Kegelschnitt BD eine Minimallinie und BE eine Tangente bis zur Achse gezogen, und wenn es möglich ist, DBE kein rechter Winkel, so fälle man von D das Loth DF auf die Tangente, welches den Kegelschnitt in G trifft, so muss DF als Loth und folglich desto mehr DG kürzer als DB sein, was der Annahme widerspricht.

§. 30. **Lehrsatz 30.** Wenn in einem Punkt des Umfangs einer Ellipse eine Tangente und eine Maximallinie zur kleinen Achse gezogen werden, so bilden diese Linien einen rechten Winkel mit einander.

Da nach S. 23. das Stück der Maximallinie zwischen der Ellipse und der grossen Achse eine Minimallinie ist, so reducirt sich der Satz auf den vorigen.

§. 31. **Lehrsatz 31.** Wenn in einem beliebigen Punkt auf dem Umfang eines Kegelschnitts ein Loth auf die von diesem Punkt an die Achse gehende Minimallinie errichtet wird, so ist dieses Loth eine Tangente.

Fig. 294. Sei in einem Punkt B des Umfangs eines Kegelschnitts die Minimallinie BD an die Achse sowie senkrecht darauf eine Linie EBF gezogen, so ist zu zeigen, dass EBF eine Tangente ist. Wäre sie es nicht, so

liesse sich von B aus eine andere Linie BG zwischen den ausserhalb des Kegelschnitts fallenden Theil BF der Linie EF und den Kegelschnitt ziehen; sei nun DG das Loth von D auf diese Linie, das den Kegelschnitt in H trifft, so müsste DB länger als das Loth DG und also desto mehr länger als DH sein und wäre folglich keine Minimallinie. Also kann in dem Raum zwischen EF und dem Kegelschnitt keine andere gerade Linie gezogen werden und folglich ist EF die Tangente in B.

§. 32. **Lehrsatz 32.** Wenn in einem Punkt eines Kegelschnitts, der nicht der Scheitel der grossen Achse ist, eine Tangente und ein Loth auf dieselbe gezogen werden, so ist das Stück dieses Loths bis zur grossen Achse eine Minimallinie.

Sei BE eine Tangente im Punkt B eines Kegelschnitts, Fig. 295. BD ein Loth darauf, das die grosse Achse in D trifft, so ist zu zeigen, dass BD eine Minimallinie ist. Wäre dies nicht der Fall, so construire man für den Punkt B nach den Sätzen 8—10. eine Minimallinie BF, dann müsste nach S. 27. und 28. FBE ein rechter Winkel sein, was gegen die Annahme ist.

§. 33. **Lehrsatz 33.** Wenn in einem Punkt eines Kegelschnitts auf einer von ihm ausgehenden Maximallinie ein Loth errichtet wird, so ist dasselbe eine Tangente.

Sei BD ein Maximallinie im Punkt B eines Kegelschnitts, Fig. 296. EBF ein Loth darauf. Wäre dies nun keine Tangente, so ziehe man von D an den Theil BF des Loths, der innerhalb des Kegelschnitts liegt, die Linie BF, deren Verlängerung den Kegelschnitt in G trifft, so ist DB als Loth kürzer als DF, also desto mehr kürzer als BG und folglich DB keine Maximallinie, was gegen die Annahme ist. Also ist EBF eine Tangente.

§. 34. **Lehrsatz 34.** Wenn auf der Verlängerung einer Maximallinie oder Minimallinie über den Kegelschnittspunkt ausserhalb des Kegelschnitts ein Punkt angenommen wird, so ist unter den von diesem Punkt ausgehenden und bis zu dem ersten Durchschnittspunkt mit dem Kegelschnitt gezogenen Linien das Stück der verlängerten Minimal- oder

Maximallinie die kürzeste und von je zwei andern auf derselben Seite derselben befindlichen die nähere kürzer.

Fig. 297. Sei *BD* eine Minimal- oder Maximallinie im Punkt *B* eines Kegelschnitts, *P* ein Punkt in ihrer Verlängerung über *B* und *PF*, *PH* Linien von *P* bis an den Umfang des Kegelschnitts, so ist zu zeigen $PB < PF < PH$.

Man ziehe die Tangente in *B*, welche die Linien *PF*, *PH* in *E* und *G* trifft, ziehe ferner *BF*, *FH* und verlängere *BF* bis *I*. Da nun nach den vorigen Sätzen $\angle PBE = 90^{\circ}$, ist $PB < PE$, also desto mehr $PB < PF$. Da ferner $\angle PBF$ ein stumpfer Winkel, ist es $\angle PFI$ noch mehr und in noch höherem Grade $\angle PFH$, mithin aus dem Dreieck *PFH* $PF < PH$; also ist bewiesen

$$PB < PF < PH.$$

§§. 35 und 36. **Lehrsatz 35 und 36.** Wenn von mehreren Punkten der grossen Achse eines Kegelschnitts Minimallinien an den Umfang gezogen werden, so bilden die von dem Scheitel entfernteren mit der Achse nach diesem Scheitel zu grössere Winkel als die näheren.

Fig. 298. §. 35. für die Parabel. Seien von den Punkten *D*, *F* der Achse *ADF* einer Parabel an den Umfang die Minimallinien *DB*, *FE* gezogen, so ist zu zeigen, dass $\angle EFA > \angle BDA$ ist.

Man ziehe die Ordinaten *BG*, *EH*, schneide *GB* auf *HE* ab zum Punkt *I* und ziehe *FI*; nun sind nach S. 13. die Stücke *DG* und *FH* gleich, weil beide gleich dem halben latus rectum sind, mithin sind die Dreiecke *DBG* und *FIH* congruent und folglich $\angle EFH > BDG$. q. e. d.

Fig. 299 und 300. §. 36. für Ellipse und Hyperbel. Seien von den Punkten *D* und *F* der grossen Halbachse *CA* einer Ellipse oder ihrer Verlängerung bei einer Hyperbel, von denen *D* dem Scheitel *A* näher liegt, Minimallinien *DB*, *FE* an den Umfang gezogen, so ist zu zeigen, dass $\angle EFA > \angle BDA$ ist.

Man ziehe die Ordinaten *BG*, *EH* sowie die Linie *CB*, welche *EH* in *I* schneidet, und verbinde *F* mit *I*. Da nun nach S. 14. und 15. $CG : DG = CH : FH = t : r$ ist, also $CG : CH = DG : FH$ und wegen Aehnlichkeit der Dreiecke *CBG* und *CIH* auch $CG : CH = BG : IH$, ist auch $DG : FH = BG : IH$ und folglich sind die Dreiecke *BDG*, *FHI* ähnlich, also $\angle BDG = \angle IFH$ und demnach $\angle EFH > \angle BDG$. q. e. d.

§. 37. **Lehrsatz 37.** Wenn von einem Punkt der Achse einer Hyperbel eine Minimallinie gezogen wird, so ist der Winkel, den sie mit der Achse nach dem Scheitel zu bildet, kleiner als der spitze Winkel zwischen einer Asymptote und dem im Scheitel errichteten Loth.

Sei vom Punkt D in der Achse DA einer Hyperbel Fig. 301. die Minimallinie DB an den Umfang sowie im Scheitel A ein Loth auf die Achse, das eine Asymptote CE in E trifft, gezogen, so ist zu beweisen, dass

$$\angle BDA < \angle AEC.$$

Man ziehe von B die Ordinate BF und die Linie BC nach dem Mittelpunkt, welche das im Scheitel A errichtete Loth in G trifft, verlängere EA über A um das halbe latus rectum bis H. Nun ist nach §. 14.

1) $CF : FD = CA : AH$ und es ist

2) $BF : CF = AG : CA$, also durch Zusammensetzung

3) $BF : FD = AG : AH$, aber $AG : AH$ ist kleiner als $AE : AH$ und nach II. 3. ist $AE : AH = AC : AE$, mithin auch $BF : FD < AC : AE$; der erste Bruch ist die Tangente des Winkels BDF, der letzte die des Winkels CEA, mithin ist bewiesen, dass $\angle BDF < \angle CEA$. q. e. d.

§. 38. **Lehrsatz 38.** Wenn von zwei Punkten eines Kegelschnitts, die auf derselben Seite der Hauptachse liegen, Minimallinien nach derselben hin gezogen werden, so treffen sie auf der andern Seite der Achse zusammen.

Seien BD, EF zwei Minimallinien in den Punkten B, E Fig. 298-300. eines Kegelschnitts, die auf derselben Seite der Hauptachse liegen, und zwar B dem Scheitel A näher als E, so ist zu beweisen, dass sich BD, EF jenseits der Achse schneiden. Sie können sich nicht vor ihrem Zusammentreffen mit der Achse schneiden, denn sind BG, EH die Endpunktsordinaten, so ist für Ellipse und Hyperbel $CG : GD = CH : HF$ oder $CG : CD = CH : CF$, bei der Parabel aber $DG = FH$. Da nun bei der Hyperbel $CG < CH$, ist auch CD kleiner als CF, mithin schneiden sich die Linien BD, EF selbst nicht; bei der Ellipse ist $CH < CG$, also auch $CF < CD$, also schneiden sich EF und BD auch da nicht; bei der Parabel ist, weil $AG < AH$, auch AD

$< AF$, weshalb BD, EF sich vor ihrem Zusammentreffen mit der Achse nicht schneiden.

Bei allen drei Kegelschnitten ist aber nach §. 35. und 36. $\angle BDA < \angle EFA$, also $\angle EFA + \angle BDF > 180^0$ und folglich müssen sich EF und BD in ihren Verlängerungen über die Achse hinaus schneiden. q. e. d.

§. 39. **Lehrsatz 39.** Zwei Maximallinien, die von zwei Punkten der kleinen Achse einer Ellipse auf derselben Seite an den Umfang gezogen werden, schneiden sich, ohne dass sie verlängert zu werden brauchen.

Fig. 302. Seien BD, EF zwei solche Maximallinien, der Punkt B aber dem Scheitel A näher als der Punkt E, und seien BG, EH ihre Endpunktsordinaten, so ist nach §. 22. $CG : CD = CH : CF = t : r$ und da $CG > CH$ ist, muss auch $CD > CF$ sein, mithin müssen sich BD und CF durschschneiden.

§. 40. **Lehrsatz 40.** Zwei Minimallinien, die an zwei Punkte desselben Quadranten einer Ellipse gezogen sind, schneiden sich nach ihrer Verlängerung über die grosse Achse und ehe sie die kleine Achse überschreiten.

Fig. 303. Sind BD, EF zwei Minimallinien an den Punkten B, E desselben Quadranten AEI einer Ellipse, so schneiden sich dieselben nach §. 38. nach ihrer Verlängerung über die grosse Achse; verlängert man sie aber bis an die kleine Achse, so sind sie nach Umkehrung von §. 23. Maximallinien und müssen sich also nach vorigem Satz treffen, ehe sie die kleine Achse erreichen; mithin ist die Behauptung erwiesen.

§. 41. **Lehrsatz 41.** Jede an eine Parabel oder eine Ellipse gezogene Minimallinie trifft in ihrer Verlängerung über die grosse Achse den Kegelschnitt zum zweiten Male.

Bei der Ellipse leuchtet die Richtigkeit der Behauptung von selbst ein, bei der Parabel folgt sie aus I. 27., wo gezeigt ist, dass jede Linie, die einen Durchmesser einer Parabel schneidet, an beiden Seiten auch den Umfang treffen muss.

§§. 42 und 43. **Lehrsatz 42** und **43.** Wenn bei einer Hyperbel die Hauptachse nicht grösser als ihr zugehöriges latus rectum ist, so kann keine Minimallinie an die Achse gezogen werden, die der Hyperbel auf der andern Seite der Achse zum zweiten Male begegnete; wenn aber die Hauptachse länger als ihr zugehöriges latus rectum ist, so wird ein Theil der Minimallinien in ihren Verlängerungen über die Achse die Hyperbel zum zweiten Male treffen, ein anderer Theil nicht.

§. 42. Seien *CF*, *CG* die Asymptoten einer Hyperbel *AB*, deren halbe grosse Achse *CA* nicht grösser ist als das halbe zugehörige latus rectum *AI*, so ist zu beweisen, dass eine in einem beliebigen Punkt *B* der Hyperbel gezogene Minimallinie *BD* die Hyperbel nicht zum zweiten Male treffen kann. Fig. 304.

Seien *F*, *G* die Durchschnittspunkte des in *A* auf der Achse errichteten Lothes mit den Asymptoten. Nun ist nach II. 3. $CA^2 : AF^2 = CA : AI$ und da nach Annahme *CA* nicht grösser als *AI*, ist auch *CA* nicht grösser als *AF*, also auch $\angle CFA$ nicht grösser als $\angle FCA$, und da nach §. 37. $\angle BDA < \angle CFA$ ist, folgt $\angle BDA > \angle FCA$ oder auch $\angle BDA < \angle GCA$, folglich beträgt $\angle GCA$ zusammen mit dem Winkel, den die verlängerte *BD* mit *DA* macht, mehr als 180°, d. h. *BD* und die Asymptote *CG* divergiren unterhalb der Achse und folglich trifft die verlängerte *BD* jenseit der Achse die Hyperbel nicht nach einer leichten Folgerung aus II. 8.

§. 43. Sei zweitens das halbe latus rectum *AI* kleiner als *CA*, so ist zu zeigen, dass ein Theil der Minimallinien die Hyperbel jenseit der Achse zum zweiten Male trifft, ein andrer Theil jedoch nicht.

Es sei eine Hyperbel *AB* mit den Asymptoten *CF*, *CG* gegeben und in *A* ein Loth auf der Achse errichtet, das die Asymptoten in *F* und *G* trifft. Man bestimme auf *AF* einen Punkt *H*, so dass $AF : AH = CA : AI$, wobei, da $CA > AI$, auch $AF > AH$ sein wird, ziehe *CH*, bis es die Hyperbel in *B* trifft, und in *B* die Minimallinie *BD* sowie die Ordinate *BE* an die Achse. Fig. 305.

Nun ist

1) $AH : CA = BE : CE$ und da $AF : AH = CA : AI = CE : ED$, auch 2) $AF : AH = CE : ED$ und folglich durch Zusammensetzung

3) $AF : CA = BE : ED$, mithin die Dreiecke *CAF* und *DEB* ähnlich, also $\angle BDE = \angle FCA = \angle GCA$, also *BD* parallel *CG*. Da nun nach §. 36. die dem Scheitel näheren Minimallinien kleinere Winkel mit der Achse bilden als *BD*, so schneiden

ihre Verlängerungen über diese hinaus die Asymptote *CG* und folglich auch die Hyperbel nicht, und da nach demselben Satz die vom Scheitel *A* entfernteren Minimallinien grössere Winkel mit der Achse bilden als *BD*, so schneiden ihre Verlängerungen die Asymptote *CG* und also auch vorher die Hyperbel.

Mithin ist die Behauptung erwiesen.

§§. 44 und 45. **Lehrsatz 44 und 45.** Wenn von zwei Punkten eines Kegelschnitts, die auf derselben Seite der Hauptachse liegen, an diese Minimallinien gezogen und bis zu ihrem Durchschnitt verlängert werden und von diesem Durchschnitt eine andere Linie durch die Achse an den Umfang gezogen wird, so ist diese Linie keine Minimallinie, sondern, wenn die so gezogene Linie zwischen den beiden ersten Minimallinien liegt, so schneidet die in ihrem Endpunkt gezogene Minimallinie auf der Achse, vom Scheitel an gerechnet, ein kleineres Stück ab als die Linie selbst, im andern Fall dagegen ein grösseres. Ist der gegebene Kegelschnitt eine Ellipse, so bezieht sich die Behauptung nur auf solche Linien, die dieselbe Hälfte der grossen Achse durchschneiden, und der erwähnte Scheitel ist der Endpunkt dieser Hälfte.

Fig. 306. §. 44. für die Parabel. Seien in einer Parabel von zwei Punkten *B* und *C* des Umfangs, die auf derselben Seite der Hauptachse liegen, Minimallinien *BD*, *CE* an die Achse gezogen und bis zu ihrem Durchschnitt *O* jenseit der Achse verlängert, ferner von *O* noch andere Linien *OK*, *OQ*, *OU* durch die Achse an den Umfang gezogen, so ist zu zeigen, dass *OK*, *OQ*, *OU* nicht Minimallinien sind und dass, wenn *OU* zwischen *OB* und *OC* liegt, *OK* und *OQ* ausserhalb und *N*, *T*, *X* die Punkte sind, in welchen *OK*, *OQ*, *OU* die Achse schneiden, die in den Punkten *K* und *Q* gezogenen Minimallinien auf der Achse grössere Stücke als beziehlich *AN* und *AT* abschneiden oder mit andern Worten dem Scheitel *A* entfernter liegen als *OK* oder *OQ*, die im Punkt *U* gezogene Minimallinie dagegen ein kleineres Stück als *AX* abschneidet, d. h. dem Scheitel *A* näher liegt als *OU*.

Man ziehe noch die Ordinaten *BF*, *CG*, *KM*, *QS*, *UW* und das Loth *OH* an die Achse, ferner die Linie *BC*, welche die Achse in *I*, die nöthigenfalls verlängerten Linien *KM*, *QS*,

UW beziehlich in den Punkten L, R, V trifft, und schneide auf HA von A aus ein Stück HP gleich dem halben latus rectum ab.

Nun ist: (1) $CG:OH = GE:EH$ und da nach §. 13. $GE = HP$, ist auch $GP = HE$, mithin (2) $CG:OH = HP:GP$ oder $CG \cdot GP = OH \cdot HP$, und auf gleiche Weise folgt aus der Zeile: (3) $BF:OH = FD:HD$, da nach §. 13. $FD = HP$ und also auch $FP = HD$ ist, (4) $BF:OH = HP:FP$ oder (5) $BF \cdot FP = OH \cdot HP = CG \cdot GP$. Es ist daher $CG:BF = FP:GP$ und da auch $CG:BF = GI:FI$, so folgt (6) $GI:FI = FP:GP$ oder dividendo (7) $FI:FG = PG:FG$ und also (8) $FI = PG$ und $GI = PF$. Nun ist (9) $IM:MG < IF:MG$, also auch $IM:MG < PG:MG$ und componendo (10) $IM:IG < PG:PM$ und da $IM:IG = LM:CG$, ist (11) $LM:CG < PG:PM$ und desto mehr (12) $KM:CG < PG:PM$ oder $KM \cdot PM < CG \cdot PG$, mithin nach (2) auch $KM \cdot PM < OH \cdot HP$, woraus (13) $KM:OH < HP:PM$ oder da $KM:OH = MN:HN$, (14) $MN:HN < HP:PM$, woraus componendo (15) $MN:MH < HP:MH$ und also $MN < HP$. Da aber nach §. 13. die von K ausgehende Minimallinie auf der Achse von M aus ein Stück gleich HP abschneidet, so ist bewiesen, dass sie ein grösseres Stück als AN, vom Scheitel an gerechnet, auf der Achse abschneidet oder mit andern Worten weiter vom Scheitel entfernt ist als KO.

Es ist ferner $PS:SF < PG:SF$ und da nach (8) $PG = IF$, auch $PS:SF < IF:SF$ oder componendo $PS:PF < IF:IS$, und da $IF:IS = BF:RS$ und $BF:RS < BF:QS$, folgt a fortiori $PS:PF < BF:QS$ oder $PS \cdot QS < PF \cdot BF$ oder, da nach (5) $PF \cdot BF = OH \cdot HP$ ist, $PS \cdot QS < OH \cdot HP$, also $QS:OH < HP:PS$, und da $QS:OH = ST:TH$, auch $ST:TH < HP:PS$ oder componendo $ST:SH < HP:SH$, mithin $ST < HP$, und da nach §. 13. die in Q gezogene Minimallinie ein Stück gleich HP von S aus auf der Achse abschneidet, so ist gezeigt, dass sie, vom Scheitel A gerechnet, ein grösseres Stück als AT auf der Achse abschneidet, oder mit andern Worten dem Scheitel A entfernter liegt als OQ. Der Fall, in welchem die Endpunktsordinate einer von O an den Umfang gezogenen Linie zwischen die Punkte P und H fällt, bedarf keiner besondern Erwähnung, da es dann von selbst einleuchtet, dass das zwischen der erwähnten Ordinate und der von O ausgehenden Linie liegende Stück der Achse kleiner als das halbe latus rectum ist. Eben so wenig bedarf der Fall derjenigen Linien, die die Achse hinter H treffen, einer Erwähnung, da diese stumpfe Winkel mit der Achse nach dem Scheitel zu bilden und also nach §. 13. nicht Minimallinien sein können.

Es bleibt also nur eine zwischen OB und OC gezogene Linie OU zu betrachten übrig.

Es ist aber $IW : WG > IF : WG$ und da nach (8) $IF = PG$, auch $IW : WG > PG : WG$ oder componendo $IW : IG > PG : PW$ und da $IW : IG = VW : CG$ und $UW : CG > VW : CG$, folgt a fortiori $UW : CG > PG : PW$ oder $UW \cdot PW > CG \cdot PG$ und da nach (5) $CG \cdot PG = OH \cdot PH$ ist, folgt $UW \cdot PW > OH \cdot PH$ oder $UW : OH > PH : PW$; weil aber $UW : OH = WX : HX$, ist auch $WX : HX > PH : PW$ und componendo $WX : WH > PH : WH$, also $WX > PH$, d. h. grösser als das halbe latus rectum und folglich schneidet die von U ausgehende Minimallinie auf der Achse, vom Scheitel an gerechnet, ein kleineres Stück als AX ab, oder mit andern Worten, sie liegt dem Scheitel A näher als OU.

Sonach ist die Behauptung vollständig erwiesen.

Fig. 307 und 308. §. 45. Sei zweitens der gegebene Kegelschnitt eine Hyperbel oder Ellipse und BD, EF zwei auf derselben Seite der Hauptachse liegende Minimallinien, die sich verlängert in O schneiden, so ist zu zeigen, dass die von Punkten des Umfangs, welche nicht zwischen B und E liegen, gezogenen Minimallinien auf der Achse, vom Scheitel an gerechnet, grössere Stücke abschneiden als die von denselben Punkten nach O gezogenen Linien, die von Punkten zwischen B und E gezogenen aber kleinere. Es folgt zunächst der Apollonische Beweis für eine ausserhalb des Winkelraums BOE an den Umfang gezogene Linie OK und dann ein einfacherer des deutschen Bearbeiters.

Man fälle von den Punkten O, B, E, K auf die Achse Lothe OH, BG, EI, KM; bestimme in CH bei der Hyperbel, in der verlängerten CH bei der Ellipse einen Punkt P, so dass $CP : PH = t : r$, desgleichen in OH einen Punkt X, so dass $OX : XH = t : r$, vollende das Rechteck $CHOZ$, ziehe durch P eine Parallele mit OH, welche OZ in Y trifft, durch X eine Parallele mit OZ, die CZ in ξ, PY in π schneidet, verlängere OK, OB, OE, bis sie CZ oder deren Verlängerung in $\varkappa$, β, ε schneiden, desgleichen KM, BG, EI, bis sie $X\xi$ in μ, γ, ι schneiden, ziehe BE, welche verlängert $X\xi$ in τ, die verlängerte KM in ν schneidet, und nenne λ den Durchschnitt von OK mit $X\xi$.

Man hat nun

1) $CI:IF = t:r$, also $CP:PH = CI:IF$

und componendo bei der Hyperbel, dividendo bei der Ellipse $CH:CP = CF:CI$, also auch $CH - CF:CP - CI = CH:CP$ oder

2) $FH:PI = CH:CP.$

Da aber auch

3) $Z\xi:\xi C = t:r$, ist $Z\xi:\xi C = CI:IF$,

also wieder componendo bei der Hyperbel, dividendo bei der Ellipse $ZC:\xi C$ oder $ZC:I\iota = CF:FI = C\varepsilon:IE$ (wegen der ähnlichen Dreiecke $C\varepsilon F$ und EIF) und hieraus durch Addition oder Subtraction der correspondirenden Glieder $Z\varepsilon:E\iota = CF:FI = ZC:\xi C$. Nun ist das Verhältniss des Rechtecks $ZC \cdot CH$ zu $CP \cdot C\xi$ zusammengesetzt aus den beiden Verhältnissen $ZC:\xi C$ und $CH:CP$, aber $ZC:\xi C = Z\varepsilon:E\iota$ und $CH:CP = FH:PI$ nach (2), also ist auch das Verhältniss des Rechtecks $ZC \cdot CH$ zu $CP \cdot C\xi$ zusammengesetzt aus den Verhältnissen $Z\varepsilon:E\iota$ und $FH:PI$, da aber das Rechteck $ZC \cdot CH = Z\varepsilon \cdot FH$, weil $Z\varepsilon:OH = ZO:FH$ ist, muss auch (4) das andere Rechteck $CP \cdot C\xi$ gleich dem Rechteck $E\iota \cdot PI$ oder $E\iota \cdot \pi\iota$ sein und auf gleiche Weise kann gezeigt werden, dass (5) das Rechteck $CP \cdot C\xi$ gleich dem Rechteck $B\gamma \cdot \pi\gamma$, also auch (6) $E\iota \cdot \pi\iota = B\gamma \cdot \pi\gamma$ ist. Mithin ist $E\iota:B\gamma = \pi\gamma:\pi\iota$ oder auch $\tau\iota:\tau\gamma = \pi\gamma:\pi\iota$ und componendo oder dividendo $\iota\gamma:\tau\gamma = \iota\gamma:\pi\iota$, mithin (7) $\tau\gamma = \pi\iota$. Hieraus folgt nun, dass $\pi\iota > \tau\mu$ und also $\mu\iota:\tau\mu > \mu\iota:\pi\iota$ oder componendo $\tau\iota:\tau\mu > \pi\mu:\pi\iota$, da aber $\tau\iota:\tau\mu = E\iota:\nu\mu$, ist $E\iota:\nu\mu > \pi\mu:\pi\iota$ oder $E\iota \cdot \pi\iota > \nu\mu \cdot \pi\mu$, also desto mehr $E\iota \cdot \pi\iota > K\mu \cdot \pi\mu$, und nach (4) auch (8) $CP \cdot C\xi > K\mu \cdot \pi\mu$; es ist aber, weil $CP:OY = OX:C\xi$, auch $CP \cdot C\xi = OX \cdot OY$ und folglich $OX \cdot OY > K\mu \cdot \pi\mu$ oder $OX:K\mu > \pi\mu:OY$ und, da $OX:K\mu = X\lambda:\mu\lambda$ ist, folgt $X\lambda:\mu\lambda > \pi\mu;OY$ oder $X\lambda:\mu\lambda > \pi\mu:\pi X$ oder componendo $X\mu:\mu\lambda$

$> X\mu : \pi X$, also $\pi X > \mu\lambda$ und folglich $ZO : X\pi < ZO : \mu\lambda$ und, da $ZO : \mu\lambda = Z\varkappa : \mu K$, auch $ZO : X\pi < Z\varkappa : \mu K$, aber $ZO : X\pi = ZC : C\xi$, mithin $CZ : C\xi < Z\varkappa : \mu K$ und durch Subtraction der correspondirenden Glieder bei der Hyperbel, durch Addition derselben bei der Ellipse erhält man

$$C\varkappa : KM > ZC : C\xi \text{ und da}$$

$$C\varkappa : KM = CL : ML, \text{ ist } CL : ML > ZC : C\xi,$$

woraus dividendo bei der Hyperbel, componendo bei der Ellipse $CM : ML > Z\xi : C\xi$, d. i. nach (3) $CM : ML > t : r$. Wird also in K eine Minimallinie gezogen, so schneidet nach §§. 14. und 15. diese auf der Achse nach dem Scheitel zu ein grösseres Stück als AL ab und liegt also vom Scheitel entfernter als OK. q. e. d.

Die Durchführung des Beweises für eine auf der andern Seite des Winkels BOE an den Umfang gezogene Linie ist ganz dieselbe und mit einziger Umkehrung des Grössenzeichens bleibt der Beweis auch für eine zwischen BOE gezogene Linie ungeändert. Mithin ist die ganze Behauptung als erwiesen zu betrachten.

Fig 307, 308 und 309. Ein anderer Beweis. Es ist zunächst ohne Rücksicht auf die gegebenen Kegelschnitte Folgendes zu zeigen: Wenn eine gerade Linie mit dem Anfangspunkt C und ausserhalb derselben ein Punkt O gegeben ist, dann ist der Ort eines Punktes B von der Eigenschaft, dass, wenn von B ein Loth BG auf die gegebene Linie so wie die Linie BO gezogen werden, welche die gegebene Linie in D trifft, das Verhältniss $CG : DG$ gleich einem gegebenen Verhältniss $t : r$ ist, eine Hyperbel, deren Asymptoten parallel mit CD und BG sind. Ist noch OH das Loth von O auf CD, so hat man nach Annahme $CG : DG = t : r$, also

1) $$CD : DG = t + r : r \text{ und}$$

2) $$DG : DH = BG : OH$$

und setzt man statt DG seinen Werth aus (1), so erhält man

$$\frac{CD \cdot r}{t + r} : DH = BG : OH \text{ oder}$$

3) $$CD : DH = BG : \frac{OH \cdot r}{t + r}$$

und, da $CD = CH - DH$, so ist $CH - DH : DH = BG : \frac{OH \cdot r}{t + r}$, woraus componendo

4) $$CH:BG+\frac{OH\cdot r}{t+r}=DH:\frac{OH\cdot r}{t+r}.$$

Setzt man statt DH seinen Werth $HG-DG$ oder $HG-\frac{r}{t+r}\cdot CD$, da $DG=\frac{r\cdot CD}{t+r}$ aus Zeile (1), so ist

5) $$CH:DH=CH:HG-\frac{r}{t+r}CD \text{ oder}$$

$\frac{r}{t+r}\cdot CH:\frac{r}{t+r}\cdot DH=CH:HG-\frac{r}{t+r}\cdot CD$, woraus durch Subtraction der correspondirenden Glieder

6) $$\frac{t}{t+r}\cdot CH:HG-\frac{r}{t+r}\cdot CH=CH:DH,$$

welches in (4) eingesetzt, ergiebt

7) $$\frac{t}{t+r}\cdot CH:BG+\frac{OH\cdot r}{t+r}=HG-\frac{r}{t+r}\cdot CH:\frac{OH\cdot r}{t+r}.$$

Schneidet man also auf HO ein Stück $HX=\frac{OH\cdot r}{t+r}$ und auf HC ein Stück $HP=\frac{CH\cdot r}{t+r}$ ab, zieht durch X eine Parallele mit CH und durch P eine Parallele mit OH, die sich in π schneiden, und verlängert BG, bis es $X\pi$ in γ schneidet, so ist

$B\gamma=BG+\frac{OH\cdot r}{t+r}$, $\pi\gamma=HG-\frac{r}{t+r}\cdot CH$ und folglich aus (7) $B\gamma\cdot\pi\gamma=\frac{tr\cdot CH\cdot OH}{(t+r)^2}=CP\cdot P\pi$, d. h. der Punkt B, der die verlangte Eigenschaft hat, liegt auf einer Hyperbel, deren Asymptoten $\pi\gamma$, πP sind und welche auch durch den Mittelpunkt C geht. Da nun auch der Punkt E die Eigenschaft hat, so muss er gleichfalls auf dieser Hyperbel liegen. Man denke sich nun diese Hyperbel durch die Punkte B und E construirt und sei U ein Punkt des ersten Kegelschnittes zwischen B und E, US seine Ordinate, welche $\pi\gamma$ in σ und die durch B und E gehende Hyperbel in ρ trifft, ziehe ρO, welche die Achse in T schneidet, so ist, weil ρ auf der erwähnten Hyperbel liegt, nach dem oben Bewiesenen $CS:ST=t:r$, also ist nach §§. 9. und 10. UT die von U ausgehende Minimallinie, welche offenbar dem Scheitel A näher liegt als UO.

Auf ähnliche Weise ist, wenn K ein Punkt des Kegelschnitts ausserhalb BE ist und die von K gezogene Ordinate

KM $\pi\gamma$ in μ, die durch B und E gehende Hyperbel in α trifft und V den Durchschnitt von αQ mit der Achse bezeichnet, nach dem oben Bewiesenen $CM : MV = t : r$, mithin KV die von K ausgehende Minimallinie, welche offenbar entfernter vom Scheitel liegt als KO. Mithin ist die Behauptung erwiesen.

Will man übrigens die Anwendung analytischer Geometrie zulassen, so lässt sich der erste Theil des Beweises noch leichter so führen:

Sei $CH = a$, $OH = b$, $BG = y$, $HG = x$, dann ist:

$$CG = a - x, \text{ also } DG = \frac{r}{t}(a - x),$$

mithin verwandelt sich die Proportion

$$BG : OH = DG : DH \text{ sogleich in}$$

$$1) \qquad y : b = \frac{r}{t}(a - x) : x - \frac{r}{t}(a - x) \text{ oder}$$

$$y + b : y = x : \frac{r}{t}(a - x), \text{ woraus}$$

$$xy = \frac{r}{t}ab + \frac{r}{t}ay - \frac{r}{t}bx - \frac{r}{t}xy, \text{ also}$$

$$\frac{t + r}{t}xy = \frac{r}{t}ab + \frac{r}{t}ay - \frac{r}{t}bx$$

und setzt man hierin

$$2) \qquad x = x_1 + \frac{ar}{t + r},$$

$$3) \qquad y = y_1 - \frac{br}{t + r}, \text{ so erhält man:}$$

$$(t + r)x_1 y_1 = r \cdot ab - \frac{ab \cdot r^2}{t + r} - \frac{ab \cdot r^2}{t + r} + \frac{ab \cdot r^2}{t + r} = \frac{abt \cdot r}{t + r}$$

oder:

$$4) \qquad x_1 y_1 = \frac{abt \cdot r}{(t + r)^2},$$

woraus erhellt, dass der Ort der gesuchten Punkte eine gleichseitige Hyperbel ist, deren Asymptoten die neuen Coordinatenachsen sind; die Lage dieser Achsen ergiebt sich aber aus den Zeilen (2) und (3).

§. 46. **Lehrsatz 46.** Von einem Punkt auf der kleinen Achse einer Ellipse oder deren Verlängerung kann an einem Quadranten derselben, der auf der andern Seite des Mittelpunkts an die kleine Achse anstösst, nur eine Linie gezogen werden, deren zwischen der grossen Achse und dem Umfang liegendes Stück eine Minimallinie ist, und die von solchen Punkten des Umfangs zwischen dem Scheitel der grossen

Achse und dem Endpunkt dieser Minimallinie gezogenen Minimallinien liegen entfernter vom Scheitel der grossen Achse als die Verbindungslinien derselben Punkte mit dem zuerst auf der kleinen Achse gegebenen Punkt, dagegen die von solchen Punkten des Umfangs, die zwischen jener einen Minimallinie und dem Scheitel der kleinen Achse liegen, gezogenen Minimallinien liegen dem Scheitel der grossen Achse näher als die Verbindungslinien derselben Punkte mit dem zuerst gegebenen.

Sei *BD* eine Minimallinie in einem Quadranten *AE* einer Fig. 309. Ellipse, die verlängert die kleine Achse in *O* trifft, so wird behauptet, dass ausser *OB* in diesem Quadranten keine andere Minimallinie gezogen werden kann und dass, wenn *F* ein Punkt des Umfangs zwischen *A* und *B*, *H* zwischen *B* und *E* ist, die in *F* gezogene Minimallinie dem Scheitel *A* entfernter liegt als *FO*, die in *H* gezogene dagegen demselben näher liegt als *HO*.

Sei *G* der Durchschnitt von *FO*, *I* der von *HO* mit der grossen Achse. *FG* kann nun keine Minimallinie sein, denn sonst müsste sie nach §. 40. mit *BD* innerhalb des Winkelraums *ACO* und nicht erst auf der kleinen Achse selbst zusammentreffen; deshalb muss aber auch die in *F* gezogene Minimallinie die grosse Achse zwischen *C* und *G* treffen, da sie sonst nicht das Stück *OD* der Minimallinie *BD* treffen könnte. Aus gleichem Grunde kann *HI* keine Minimallinie sein, da sie sonst mit *BD* innerhalb des Winkelraums *ACO* sich schneiden müsste, und deshalb trifft auch die in *H* gezogene Minimallinie die grosse Achse zwischen *A* und *I*. Mithin ist die Behauptung erwiesen.

§. 47. **Lehrsatz 47.** Vier an derselben Hälfte des Umfangs einer Ellipse gezogene Minimallinien treffen einander nicht in einem und demselben Punkt.

Erstens könnte der Ausgangspunkt der vier Minimallinien auf der kleinen Achse liegen, dann wäre diese selbst eine Minimallinie und es müssten also wenigstens nach einem der beiden auf der andern Seite liegenden Quadranten noch zwei andere Minimallinien gehen, was gegen den vorigen Satz ist.

Wäre zweitens der Ausgangspunkt *O* ein beliebiger

Punkt unterhalb der grossen Achse, so könnten entweder drei Minimallinien denselben Quadranten oberhalb der grossen Achse und die vierte den andern treffen oder es müssten an jeden der beiden Quadranten zwei Minimallinien gehen. Das erstere wäre gegen §. 45., das letztere ist deshalb unmöglich, weil nach §. 40. dann der Punkt O in den beiden rechten Winkeln, die die untere Halbachse mit der grossen Achse bildet, zugleich liegen müsste. Also ist die Behauptung erwiesen.

§. 48. **Lehrsatz 48.** Drei Maximallinien an demselben Quadranten einer Ellipse können nicht in einem und demselben Punkt zusammentreffen.

Da die Maximallinien nach §. 23. zugleich Minimallinien sind, so können nach §. 45. nicht drei derselben von einem Punkt an denselben Quadranten einer Ellipse gezogen werden.

§§. 49 und 50. **Lehrsatz 49 und 50.** Wenn in einem Punkt der grossen Achse eines Kegelschnitts, der vom Scheitel keinen grösseren Abstand als das halbe latus rectum hat (und in dem innern Raum des Kegelschnitts liegt), ein Loth errichtet wird, so ist keine der Linien, die von einem Punkt dieses Lothes zwischen seinem Fusspunkt und dem Scheitel durch die grosse Achse hindurch an den Umfang gezogen werden können, eine Minimallinie, und die in den Endpunkten solcher Linien gezogenen Minimallinien schneiden auf der grossen Achse, vom Scheitel an gerechnet, grössere Stücke ab als diese Linien selbst.

Fig. 310. §. 49. Sei zuerst auf der Achse einer Parabel vom Scheitel A aus ein Stück AH kleiner als das halbe latus rectum abgeschnitten, in H ein Loth errichtet und von einem beliebigen Punkt O desselben die Linie OB, die die Achse zwischen A und H in C schneidet, an den Umfang gezogen, so ist zu zeigen, dass BC keine Minimallinie ist und dass die in B ausgehende Minimallinie ein grösseres Stück als AC auf der Achse abschneidet.

Sei BD das Loth von B auf die Achse, so ist, weil AH nicht grösser als das halbe latus rectum, DH und noch mehr DC kleiner als dieses, und schneidet man von D aus auf DH und dessen Verlängerung ein Stück DI gleich dem halben latus rectum ab, so ist nach §. 8. *BI* eine Minimallinie und folglich die Behauptung erwiesen.

§. 50. Sei auf der Achse einer Hyperbel oder Ellpsei vom Scheitel *A* nach innen zu ein Stück *AH*, das nicht grösser als das halbe latus rectum ist, abgeschnitten, in *H* ein Loth errichtet und von einem Punkt *O* desselben eine Linie gezogen, die die Achse zwischen *H* und *A* in *D* und weiterhin den Umfang in *B* schneidet, so ist zu zeigen, dass *BD* keine Minimallinie ist und dass die in *B* gezogene Minimallinie vom Scheitel *A* entfernter liegt als *BD*. Fig. 311 und 312.

Sei noch *BE* die Ordinate von *B*; weil nun *AH* nicht grösser als das halbe latus rectum, ist das Verhältniss $CA : AH$ nicht kleiner als das Verhältniss $t:r$. Es ist aber $CE : EH > CA : AH$, was bei der Hyperbel von selbst einleuchtet, bei der Ellipse aber gleichfalls richtig ist, da, wenn Zähler und Nenner eines unächten Bruchs um gleiche Stücke verkleinert werden, der Bruch dadurch nothwendig grösser wird. Es ist also $CE : EH > t : r$, und bestimmt man auf der verlängerten *AD* einen Punkt *I*, so dass $CE : EI = t : r$, so ist $EI > EH$ und da die Linie *IB* die Minimallinie im Punkt *B* ist nach §. 9. und 10., so ist die Behauptung erwiesen.

§§. 51 und 52. **Lehrsatz 51 und 52.** Wenn unter denselben Voraussetzungen als beim vorigen Satz auf der Achse eines Kegelschnitts vom Scheitel an ein Stück, das grösser als das halbe latus rectum, bei der Ellipse aber auch kleiner als die halbe grosse Achse ist, abgeschnitten wird, so kann jedes Mal eine gewisse Länge, die in der Florentiner Ausgabe mit dem Ausdruck „trutina, die Wage“ bezeichnet ist, bestimmt werden, von folgender Eigenschaft: Wenn der auf dem Loth angenommene Punkt einen grösseren Abstand von der grossen Achse hat als die Wage, so kann überhaupt keine Minimallinie von ihm durch die Achse an den Kegelschnitt gezogen werden und die in den Endpunkten der von einem solchen Punkt ausgehenden Strahlen (gleichfalls ein Ausdruck der Florentiner Ausgabe) gezogenen Minimallinien schneiden grössere Stücke auf der Achse ab als die Strahlen selbst. Wenn aber der normale Abstand des angenommenen Punktes von der Achse der Wage gleich ist, so kann von ihm aus nur eine Minimallinie durch die Achse an den Kegelschnitt gezogen werden, und die in den Endpunkten aller übrigen von diesem Punkt ausgehenden Strahlen gezogenen Minimallinien schneiden grössere Stücke auf der Achse ab als diese Strahlen selbst.

Wenn endlich der normale Abstand des angenommenen Punktes von der Achse kleiner als die Wage ist, so können von ihm aus zwei Minimallinien durch die Achse an den Kegelschnitt gezogen werden, und die von den Endpunkten der zwischen diesen liegenden Strahlen ausgehenden Minimallinien schneiden auf der Achse kleinere Stücke ab als die Strahlen selbst, die von den Endpunkten der ausserhalb liegenden ausgehenden Minimallinien grössere.

Fig. 313. §. 51. Sei eine Parabel und auf der Achse ein Punkt H gegeben, der von dem Scheitel A einen grösseren Abstand als das halbe latus rectum $\frac{r}{2}$ hat, ferner von H auf HA ein Stück $HP = \frac{r}{2}$ abgeschnitten und das übrige Stück PA durch einen Punkt E so getheilt, dass $PE = 2\,EA$ ist, in E die Ordinate EB an die Parabel gezogen und eine Länge W so bestimmt, dass (1) $HP : PE = BE : W$, so wird zuerst behauptet, dass, wenn in H ein Loth HO grösser als W errichtet wird, vom Punkte O durch die Achse keine Minimallinie gezogen werden kann.

Man ziehe zunächst OB, die die Achse in D schneidet. Nun ist (2) $ED : HD = BE : OH$, weil aber $OH > W$, ist nach Zeile (1) $HP : PE > BE : OH$, also (3) $ED : HD < HP : PE$ oder componendo (4) $EH : ED > EH : HP$, also ED kleiner als das halbe latus rectum HP und folglich schneidet die von B ausgehende Minimallinie auf der Achse ein grösseres Stück als AD ab.

Sei nun OG eine andere von O ausgehende Linie an die Parabel, die die Achse in L trifft, so ist zu zeigen, dass auch LG keine Minimallinie ist.

Man ziehe in B die Tangente, die die Achse in F trifft, und von G die Ordinate GI, die die Tangente in K schneidet.

Nun ist $AF = AE$ (I. 35.), mithin $FE = PE$ (siehe Constr.) und folglich $PE : PI > FI : FE$ (da immer $a : a + x > a - x : a$), aber $FI : FE = IK : BE$ und folglich $PE : PI > IK : BE$; also auch $PE \cdot BE > PI \cdot IK$ und desto mehr $PE \cdot BE > PI \cdot IG$, aber $PE \cdot BE < OH \cdot PH$ nach (1), also ist $OH \cdot PH > PI \cdot IG$ oder $OH : IG > PI : PH$, da aber $OH : IG = HL : LI$, ist auch $HL : LI > PI : PH$ oder componendo $HI : LI > HI : PH$ und folglich $LI < PH$ d. h. kleiner als das halbe latus rectum, wodurch bewiesen ist, dass die von G ausgehende Minimallinie auf der Achse ein grösseres Stück als AL abschneidet.

Auf gleiche Weise lässt sich der Beweis auch für eine auf der andern Seite von OB an den Umfang gehende Linie OM führen.

Sei zweitens das Loth $OH = W$, so ist unter Beibehaltung der obigen Bezeichnungen zu zeigen, dass OB die einzige Minimallinie ist, die von O durch die Achse an den Umfang gezogen werden kann. Es ist wieder wie oben

1) $ED : HD = BE : OH$, und da $OH = W$, ist ferner

2) $HP : PE = BE : OH$,

also $\overline{ED : HD = HP : PE}$ oder componendo $EH : ED = EH : HP$ und folglich $ED = HP$ d. i. gleich dem halben latus rectum, mithin ist BD eine von O ausgehende Minimallinie. Dass aber keine andere gezogen werden kann, wird ganz wie oben bewiesen, nur dass $PE \cdot BE$ diesmal nicht kleiner als $PH \cdot OH$, sondern ihm gleich ist, was den Gang des Beweises nicht im Mindesten ändert.

Sei endlich das Loth OH kleiner als W, so ist zu zeigen, dass von O zwei Minimallinien durch die Achse an die Parabel gezogen werden können. Es ist, wieder unter Beibehaltung der obigen Bezeichnungen, da $W < OH$, $HP : PE < BE : OH$ oder $HP \cdot OH < PE \cdot BE$; sei also Q ein Punkt auf BE, so dass $HP \cdot OH = PE \cdot QE$, und werde nach II. 4. durch den Punkt Q eine Hyperbel construirt, die PA und das in P errichtete Loth zu Asymptoten hat, so wird diese der Parabel in zwei Punkten G und M begegnen müssen; dann ist, wenn GI, MN die Ordinaten von G und M, L, S die Durchschnittspunkte von OG, OM mit der Achse sind, nach II. 12. $PI \cdot GI = PE \cdot QE = PH \cdot OH$, also $PI : PH = OH : GI$ und da $OH : GI = HL : LI$, auch $PI : PH = HL : LI$ oder componendo $HI : PH = HI : LI$, also $LI = PH$ d. i. gleich dem halben latus rectum und folglich GL eine Minimallinie.

Dasselbe lässt sich auf gleiche Art von *SM* zeigen und dann folgt der Rest der Behauptung aus §. 44.

Fig. 314 und 315. §. 52. Sei zweitens der gegebene Kegelschnitt eine Hyperbel oder Ellipse und der Abstand des Punktes *H* vom Scheitel *A* grösser als das halbe latus rectum, so werden für die Punkte des in *H* errichteten Lothes die Behauptungen des Satzes zu erweisen sein.

Der nachfolgende Beweis des Apollonius dürfte vielleicht manchem Leser etwas zu umständlich erscheinen, weshalb ich im Anschluss an das im zweiten Beweis des §. 45. Gesagte eine Betrachtung hier einschalte, durch die der Gegenstand vielleicht auf eine etwas einfachere Art erledigt werden kann. Wir haben dort gezeigt, dass, wenn *H* ein Punkt auf der Achse einer Hyperbel ist und von einem Punkt des in *H* unterhalb der Achse errichteten Lothes eine Minimallinie an die Hyperbel gezogen werden soll, der Punkt der gegebenen Hyperbel, den diese Minimallinie trifft, zugleich auf einer andern gleichseitigen Hyperbel liegt, die durch den Punkt *C* geht, und deren eine Asymptote ein Loth auf der Achse in dem Punkt *P* ist, für welchen $CP : PH = t : r$. Es handelt sich daher zunächst darum, aufzufinden, in welchem Falle diese zweite Hyperbel die gegebene berührt, da dann offenbar nur eine Minimallinie von *O* ausgehen kann. Sei *B* der gesuchte Berührungspunkt der Hyperbeln und treffe die in *B* gezogene gemeinschaftliche Tangente die Achse *CA* in *I*, das in *P* errichtete Loth in *Q*, sei ferner von *B* an die Achse *CA* die Ordinate *BE* und an *PQ* das Loth *BT* gezogen, π der Mittelpunkt der gesuchten Hyperbel, ε, ι die Punkte, in denen die verlängerten *BE*, *BI* die von π ausgehende Parallele mit der Achse schneiden. Nun ist:

1) $CI : CA = CA : CE$ (I. 37).

2) Nach II. 12. $CP : EP = T\pi : P\pi = B\varepsilon : E\varepsilon = \iota\varepsilon : \iota\varepsilon - IE = EP : EP - IE$, da $\iota\varepsilon = \varepsilon\pi = EP$ (II. 3.). Also da $CP : EP = EP : EP - IE$, ist dividendo $CE : IE = CP : EP$ und abermals dividendo $CI : CE = CE : CP$, oder wenn wir darin statt *CI* seinen Werth aus (1) $\frac{CA^2}{CE}$ setzen,

3) $CA^2 : CE^2 = CE : CP$ d. h. *CE* die erste von zwei mittleren Proportionalen zwischen *CA* und *CP*. Mithin ist

aus der Lage des Punktes H die des Punktes E, also auch der Berührungspunkt B zu finden gelehrt; es bleibt noch die Länge OH zu bestimmen, welche die in B gezogene Normale auf dem in H errichteten Loth abschneidet.

Ist G der Durchschnittspunkt von OB mit CH, so ist

$$EB : OH = EG : GH = \frac{CE \cdot PH}{CP} : HE - \frac{CE \cdot PH}{CP},$$

(da $CE : EG = CP : PH = t : r$ ist)

$$\begin{aligned} &= CE \cdot PH : HE \cdot CP - CE \cdot PH \\ &= CE \cdot PH : CH \cdot HE - PH.(HE + CE) \\ &= CE \cdot PH : CH \cdot HE - PH \cdot CH \\ &= CE \cdot PH : CH \cdot EP \end{aligned}$$

d. h. das Verhältniss $EB : OH$ ist zusammengesetzt aus den Verhältnissen $CE : EP$ und $PH : CH$, die Länge der Strecke $P\pi$ ergiebt sich sodann aus Zeile (7) des zweiten Beweises zu §. 45. gleich $\frac{OH \cdot r}{t + r}$.

Es erhellt hieraus, dass, wenn OH die so bestimmte Länge hat, nur eine Minimallinie von O durch die Achse an die Hyperbel gezogen werden kann. Wenn nun OH grösser ist, so wird, während die eine Asymptote πQ der oben erwähnten gleichseitigen Hyperbel fest bleibt, die andere sich weiter von P entfernen, und da ausserdem der Punkt C ein gemeinschaftlicher Punkt dieser Hyperbeln bleibt, so ist durch von C gezogene gerade Linien und Anwendung von II. 8. leicht zu zeigen, dass die einem grösseren OH entsprechende Hyperbel mit dem ganzen Zweige von C aus bis an die Asymptote πQ hin innerhalb der Hyperbel CB liegt und daher die Hyperbel AB nicht treffen kann; mithin ist in diesem Falle auch keine Minimallinie von O an die Hyperbel AB möglich.

Auf dieselbe Weise folgt, dass die einem kleineren OH entsprechende gleichseitige Hyperbel mit dem von C bis an die Asymptote πQ reichenden Zweige ganz ausserhalb der Hyperbel CB liegt, also die Hyperbel AB nothwendig in zwei Punkten schneiden muss, weshalb von O an die Hyperbel in diesem Falle zwei Minimallinien gezogen werden können. Der Rest der Behauptung, dass, wenn eine oder keine Minimallinie Statt findet, die in Punkten der Hyperbel gezogenen Minimallinien vom Scheitel A weiter entfernt liegen als die nach O gehenden Strahlen, und wenn zwei Minimallinien Statt finden, für zwischen diesen liegende Punkte das Umgekehrte, für ausserhalb liegende dasselbe Statt findet, folgt stets genau so wie oben bei §. 45.

Beweis des Apollonius. Man theile CH durch einen Punkt P bei der Hyperbel zwischen C und H, bei der Ellipse jenseit H, so dass

1) $$CP : PH = t : r.$$

Da nun $AH > \frac{r}{2}$, ist $CA : AH < t : r$, mithin $PH < AH$ und der Punkt P liegt also zwischen A und H. Man suche nun zwei mittlere Proportionalen zwischen CA und CP und schneide sie von C aus auf der Achse ab zu den Punkten E und F, so dass also

2) $$CA : CE = CE : CF = CF : CP \text{ ist,}$$

errichte in E die Ordinate BE und bestimme eine Länge W, so dass

3) das Verhältniss $W : BE$ zusammengesetzt ist aus den Verhältnissen $CH : HP$ und $PE : CE$, also $W : BE = CH \cdot PE : HP \cdot CE$ ist.

Sei nun zuerst $OH > W$, so wird behauptet, dass von O keine Minimallinie durch die Achse an die Hyperbel gezogen werden kann und dass die in den Endpunkten der von O kommenden Strahlen gezogenen Minimallinien auf der Achse grössere Stücke als diese Strahlen selbst abschneiden.

Man ziehe OB, die die Achse in G schneidet, so ist zunächst zu zeigen, dass BG keine Minimallinie ist. Sei X ein Punkt auf OH, so dass

4) $$OX : HX = t : r,$$

ferner das Rechteck $CHOZ$ vollendet und durch Parallelen $P\pi Y$, $X\pi\xi$ mit den Seiten HO, HC getheilt. Da nun $OH > W$, ist $OH : BE > W : BE$, also auch nach (3)

$$OH : BE > CH \cdot PE : HP \cdot CE;$$

da aber

$$OH : BE = OH \cdot HX : HX \cdot BE \text{ und } OH : HX = CH : PH,$$

so erhält man

$$CH \cdot HX : PH \cdot BE > CH \cdot PE : HP \cdot CE \text{ oder}$$

5) $$HX : BE > PE : CE \text{ und da } HX = E\varepsilon$$

6) $$E\varepsilon : BE > PE : CE \text{ oder componendo}$$

$B\varepsilon : E\varepsilon < CP : PE$ und da $PE = \pi\varepsilon$, $E\varepsilon = P\pi$, ist

7) $$B\varepsilon \cdot \pi\varepsilon < P\pi \cdot CP.$$

Für diesen Fall ist aber im §. 45. gezeigt, dass BG keine Minimallinie ist und dass die von B ausgehende Minimallinie ein grösseres Stück als AG auf der Achse abschneidet.

Sei nun eine andere Linie OK an die Hyperbel gezogen, welche die Achse in L trifft, so sind von KL dieselben Eigenschaften zu erweisen. Sei KM die Ordinate in K, die $X\xi$ in μ und die in B gezogene Tangente in $\varkappa$ trifft, seien ferner I und ι die Schneidungspunkte der Tangente mit CH und $X\xi$. Weil aber $E\varepsilon : BE > PE : CE$ [siehe (6)], sei $E\varepsilon_1$, ein kleineres Stück als $E\varepsilon$, von E aus auf $E\varepsilon$ abgeschnitten, so dass

8) $$E\varepsilon_1 : BE = PE : CE$$

und durch ε_1 eine Parallele mit CH gezogen, die die Linien BI, $K\mu$, $P\pi$ beziehlich in ι_1, μ_1, π_1 schneidet. Nach I. 37. ist $CI : CA = CA : CE$ und da nach (2)

$$CA : CE = CE : CF = CF : CP, \text{ ist}$$

9) $$CI : CE = CE : CP \text{ oder dividendo}$$

10) $$IE : PE = CE : CP;$$

es ist aber, wie componendo leicht aus (8) folgt

11) $$CE : CP = BE : B\varepsilon_1 = IE : \iota_1\varepsilon_1,$$

mithin aus Vergleichung mit (10)

12) $$PE \text{ oder } \pi_1\varepsilon_1 = \iota_1\varepsilon_1.$$

Hieraus folgt aber $\iota_1\mu_1 < \varepsilon_1\pi_1$ und folglich $\iota_1\mu_1 : \mu_1\varepsilon_1 < \varepsilon_1\pi_1 : \mu_1\varepsilon_1$ oder componendo $\iota_1\varepsilon_1 : \iota_1\mu_1 > \mu_1\pi_1 : \varepsilon_1\pi_1$ oder, da $\iota_1\varepsilon_1 : \iota_1\mu_1 = \varepsilon_1 B : \mu_1\varkappa$, folgt

$$\varepsilon_1 B : \mu_1\varkappa > \mu_1\pi_1 : \varepsilon_1\pi_1, \text{ also}$$

13) $$\varepsilon_1 B \cdot \varepsilon_1\pi_1 > \mu_1\varkappa \cdot \mu_1\pi_1$$

und folglich desto mehr

14) $$\varepsilon_1 B \cdot \varepsilon_1\pi_1 > \mu_1 K \cdot \mu_1\pi_1.$$

Da aber $E\varepsilon_1 : BE = PE : CE$ nach (8), ist auch componendo $B\varepsilon_1 : CP = E\varepsilon_1 : PE$ oder $B\varepsilon_1 PE = CP \cdot E\varepsilon_1$ und da $PE = \pi_1\varepsilon_1$, $E\varepsilon_1 = P\pi_1$, so ist

15) $$B\varepsilon_1 \cdot \pi_1\varepsilon_1 = CP \cdot P\pi_1,$$

also mit (14) verglichen

$$\mu_1 K \cdot \mu_1\pi_1 < CP \cdot P\pi_1.$$

Addirt man nun bei der Hyperbel hierzu auf beiden Seiten das Rechteck $\mu_1\pi_1 \cdot \mu_1\mu$, so erhält man $\mu K \cdot \mu\pi < CP \cdot P\pi_1 + \mu_1\pi_1 \cdot \mu_1\mu$ und also desto mehr:

16) $$\mu K \cdot \mu\pi < CP \cdot P\pi.$$

Subtrahirt man aber bei der Ellipse dasselbe Rechteck $\mu_1\pi_1 \cdot \mu_1\mu$, so bleibt $\mu K \cdot \mu\pi < CP \cdot P\pi_1 - \mu_1\pi_1 \cdot \mu_1\mu$, und da $CP \cdot P\pi_1 < CP \cdot P\pi$, so muss desto mehr:

17) $$\mu K \cdot \mu\pi < CP \cdot P\pi.$$

Aus (16) und (17) folgt aber, wie in §. 45. gezeigt ist, dass KL keine Minimallinie ist und dass die in K gezogene Minimallinie auf der Achse ein grösseres Stück als AL abschneidet.

Zieht man auf der andern Seite von OB eine Linie ON an den Kegelschnitt, die die Achse in S trifft, in N die Ordinate NR, die die Tangente in ν, die Linien $X\iota$, $\pi_1\iota_1$ in ρ, ρ_1 schneidet, so ist, weil $\iota_1\varepsilon_1 = \varepsilon_1\pi_1$ (siehe 12),

$\iota_1\varepsilon_1 : \varepsilon_1\rho_1 > \rho_1\pi_1 : \varepsilon_1\rho_1$, also componendo $\iota_1\rho_1 : \iota_1\varepsilon_1 < \varepsilon_1\pi_1 : \rho_1\pi_1$ und, da $\iota_1\rho_1 : \iota_1\varepsilon_1 = \rho_1\nu : \varepsilon_1 B$ ist, folgt

$\rho_1\nu : \varepsilon_1 B < \varepsilon_1\pi_1 : \rho_1\pi_1$ oder $\rho_1\nu \cdot \rho_1\pi_1 < \varepsilon_1 B \cdot \varepsilon_1\pi_1$

und desto mehr

18) $$\rho_1 N \cdot \rho_1\pi_1 < \varepsilon_1 B \cdot \varepsilon_1\pi_1,$$

woraus ganz ähnlich wie oben gefolgert werden kann

19) $$\rho N \cdot \rho\pi < CP \cdot P\pi,$$

so dass dann weiter aus dem in §. 45. Bewiesenen die Behauptung sich ergiebt.

Sei zweitens $OH = W$, so ist unter Beibehaltung der obigen Bezeichnungen, da $OH : BE = OH \cdot XH : XH \cdot BE = CH \cdot PE : PH \cdot CE$ (siehe 3), wenn man statt $OH : XH$ das gleiche Verhältniss $CH : PH$ und statt XH das gleiche $E\varepsilon$ setzt, $E\varepsilon : BE = PE : CE$, also $BE \cdot PE = E\varepsilon \cdot CE$, und wenn man auf beiden Seiten das Rechteck $PE \cdot \varepsilon E$ bei der Hyperbel addirt, bei der Ellipse subtrahirt, so erhält man, da $PE = \varepsilon\pi$ und $E\varepsilon = P\pi$,

20) $$\varepsilon B \cdot \varepsilon\pi = CP \cdot P\pi.$$

Mithin ist nach dem, was in §. 45. gezeigt ist, OGB eine Minimallinie.

Ist nun OK eine andere Linie von O durch die Achse an den Kegelschnitt, so ist unter denselben Bezeichnungen als oben $IE : PE = CE : CP$ (siehe 10), und da $\varepsilon E : BE$

$= PE : CE$ nach (6), ist componendo $BE : \varepsilon B = CE : CP$, aber $BE : \varepsilon B = IE : \iota\varepsilon$ und folglich $PE = \iota\varepsilon$ oder $\pi\varepsilon = \iota\varepsilon$.

Nun ist $\pi\varepsilon : \pi\mu > \iota\mu : \iota\varepsilon$ und da $\iota\mu : \iota\varepsilon = \mu\varkappa : \varepsilon B$, folgt

$$\pi\varepsilon : \pi\mu > \mu\varkappa : \varepsilon B \text{ oder } \pi\varepsilon \cdot \varepsilon B > \pi\mu \cdot \mu\varkappa$$

und desto mehr $\pi\varepsilon \cdot \mu B > \pi\mu \cdot \mu K$, für welchen Fall in §. 45. gezeigt ist, dass die in K gezogene Minimallinie ein grösseres Stück als AL auf der Achse abschneidet.

Auf gleiche Weise kann die Richtigkeit der Behauptung für eine auf der andern Seite von OB gezogene Linie gezeigt werden.

Sei endlich drittens OH kleiner als W, so wird nur zu zeigen sein, dass von O aus zwei Minimallinien an die Hyperbel gezogen werden können, um den Rest der Behauptung sogleich nach §. 45. folgern zu können. Wenn aber $OH < W$, so ist nach (3)

$$OH : BE = OH \cdot HX : HX \cdot BE < CH \cdot PE : PH \cdot CE,$$

und da $OH : HX = CH : PH$ und $HX = E\varepsilon$, so erhält man

$$E\varepsilon : BE < PE : CE \text{ oder } E\varepsilon \cdot CE < BE \cdot PE$$

und durch Addition oder Subtraction von $E\varepsilon \cdot PE$ auf beiden Seiten $CP \cdot P\pi < B\varepsilon \cdot \pi\varepsilon$. Es lässt sich also ein kleineres Stück als $B\varepsilon$ $U\varepsilon$ bestimmen, so dass $CP \cdot P\pi = U\varepsilon \cdot \pi\varepsilon$, und wenn durch den Punkt U eine Hyperbel beschrieben wird, welche die Linien $\pi\varepsilon, \pi P$ zu Asymptoten hat, was nach II. 4. geschehen kann, so wird diese den gegebenen Kegelschnitt nothwendig in zwei Punkten K und N schneiden müssen, und da, wenn KM, NR die in K und R gezogenen Ordinaten sind, welche $\pi\varepsilon$ beziehlich in μ, ρ schneiden, sowohl $K\mu \cdot \mu\pi$, als $N\rho \cdot \rho\pi$ gleich $U\varepsilon \cdot \varepsilon\pi$ und also auch gleich $CP \cdot P\pi$ sind, müssen nach dem in §. 45. Bewiesenen KO, NO Minimallinien sein, worauf auch der Rest der Behauptung aus dem dort Dargethanen sich ergiebt.

Scholium des arabischen Bearbeiters. Im vorigen Satz Fig. 316.
so wie bei einigen folgenden wird verlangt zwei mittlere Proportionalen zu finden. Diese Aufgabe kann folgendermassen aufgelöst werden. Seien AB, AC die beiden gegebenen Linien unter einem rechten Winkel aneinander gelegt und das Rechteck $BACD$ vollendet, durch den Punkt D aber eine Hyperbel beschrieben, deren Asymptoten AB, AC sind, und werde diese Hyperbel von dem um das Rechteck $ABCD$ beschriebenen Kreis zum zweiten Mal in E geschnitten, end-

lich die Gerade DE gezogen, welche die verlängerte AB in F, AC in G schneidet, so ist

$$AB : CG = CG : BF = BF : AC.$$

Nach II. 8. ist $FD = GE$, also auch $FD \cdot FE = GE \cdot GD$ und wegen des Kreises

$$FD \cdot FE = FB \cdot FA,\ GE \cdot GD = GC \cdot GA, \text{ also}$$

$$FB \cdot FA = GC \cdot GA \text{ oder } FB : GC = GA : FA,$$

und da wegen Aehnlichkeit der Dreiecke GAF, DBF, GCD $GA : FA = GC : CD = DB : BF$, und $CD = AB$, $DB = AC$, so erhält man leicht die Behauptung

$$AB : CG = CG : BF = BF : AC.$$

Dass hierbei die Hyperbel den Kreis nur in zwei Punkten schneiden kann, folgt aus IV. 33., und dass sie es immer thun muss, ausser wenn $AB = AC$, folgt daraus, dass die Tangente der Hyperbel in D parallel der Diagonale AC ist, während dies die Tangente des Kreises in D nicht sein kann.

§. 53. **Lehrsatz 53.** Wenn ausserhalb einer durch die grosse Achse abgeschnittenen Hälfte einer Ellipse auf der kleinen Achse oder ihrer Verlängerung ein Punkt so angenommen wird, dass das Stück der kleinen Achse von diesem Punkt bis zum entfernteren Scheitel derselben zur halben kleinen Achse kein kleineres Verhältniss hat als die grosse Achse zu ihrem latus rectum, so kann von diesem Punkt durch die grosse Achse hindurch an die Ellipse keine Minimallinie gezogen werden und die in den Endpunkten der von dem angenommenen Punkt ausgehenden Strahlen gezogenen Minimallinien liegen von dem zunächst gelegenen Scheitel der grossen Achse entfernter als die Strahlen selbst.

Fig. 317. Sei ADB die Hälfte einer Ellipse, deren grosse Achse AB ist, und O ein Punkt der verlängerten kleinen Halbachse DC von der Eigenschaft, dass $OD : CD$ nicht kleiner als $t : r$ ($AC^2 : DC^2$). Ist nun OE eine beliebige Linie von O durch die grosse Achse an den Quadranten ACD der Ellipse, welche die grosse Achse in H trifft, so wird behauptet, dass die in E ausgehende Minimallinie vom Scheitel A entfernter liegt als EO.

Man ziehe von E die Ordinate EF an die grosse und das Loth EG an die kleine Achse, so ist

$$OG : CG > OD : CD,$$

also nach Annahme

$$OG : CG > t : r; \text{ da aber}$$

$$OG : CG = OE : HE = CF : HF,$$

ist auch $CF : HF > t : r$, und bestimmt man also auf CF einen Punkt I, so dass $CF : IF = t : r$, so muss $IF > HF$ sein und I zwischen H und C liegen. Nun ist aber nach §. 10. EI die von E ausgehende Minimallinie und folglich nach §. 25. EH keine solche, mithin die Behauptung erwiesen.

§. 54. **Lehrsatz 54.** Wenn ausserhalb einer durch die grosse Achse abgeschnittenen Hälfte einer Ellipse auf der kleinen Achse oder ihrer Verlängerung ein Punkt angenommen wird, dessen Abstand von dem entfernteren Scheitel der kleinen Achse zur halben kleinen Achse ein kleineres Verhältniss hat als die grosse Achse zu ihrem latus rectum, so kann von diesem Punkt an jeden der beiden Quadranten der oben erwähnten Ellipsenhälfte eine und nur eine Minimallinie gezogen werden; in dem Theil aber eines solchen Quadranten, der an den Scheitel der grossen Achse stösst, liegen die in beliebigen Punkten des Umfangs gezogenen Minimallinien von diesem Scheitel entfernter als die Strahlen von dem zuerst angenommenen Punkt nach denselben Punkten, in dem andern Theil eines jeden Quadranten aber näher.

Sei ADB die Hälfte einer Ellipse, deren grosse Achse Fig. 317. AB ist, O ein Punkt der kleinen Achse ausserhalb dieser Hälfte, so dass $OD : CD < t : r$, so wird behauptet, dass von O an den einen Quadranten AD der Ellipse eine Minimallinie OE gezogen werden kann und dass die von Punkten zwischen A und E ausgehenden Minimallinien von A entfernter liegen als die von denselben Punkten nach O gehenden Strahlen, die von Punkten zwischen E und D ausgehenden aber näher.

Sei ein Punkt G auf CD bestimmt, so dass $OG : CG = t : r$; da aber $OD : CD < t : r$, muss $OG < OD$ sein, also der Punkt G innerhalb der Ellipse liegen. Man errichte nun in G ein Loth auf CD, das den Quadranten AD in E trifft, ziehe OE, welches CA in H trifft, und von E an die grosse Achse die Ordinate EF. Weil nun

$$t : r = OG : CG = OE : HE = CF : HF,$$

ist nach §. 10. OE eine Minimallinie, desgleichen ist aber auch OD eine solche nach dem in §. 20. Erwiesenen und sonach folgt die Behauptung aus §. 46.

§§. 55—57. **Lehrsatz 55—57.** Wenn ausserhalb einer durch die grosse Achse entstandenen Hälfte einer Ellipse ein Punkt unter der Achse so angenommen wird, dass das von ihm auf die grosse Achse gefällte Loth den Mittelpunkt nicht trifft, so kann von diesem Punkt durch die von dem Loth nicht getroffene Hälfte der grossen Achse eine und nur eine Minimallinie an den Umfang gezogen werden.

Fig. 318. §. 55. Sei ADB die Hälfte einer Ellipse, deren grosse Achse AB ist, O ein Punkt unter dieser Achse, dessen Ordinate die Hälfte CB derselben trifft, so wird zunächst behauptet, dass von O durch die Hälfte CA der grossen Achse eine Minimallinie an den Umfang gezogen werden kann.

Sei P ein Punkt der verlängerten OH, Q ein Punkt der verlängerten CH, so dass $OP:PH = CQ:QH = t:r$, R der vierte Eckpunkt des Rechtecks $PHQR$ und werde durch den Punkt O nach II. 4. eine Hyperbel beschrieben, deren Asymptoten RP, RQ sind, so muss diese, wie nachher bewiesen werden soll, den Quadranten AD der Ellipse in einem Punkt E schneiden, und dann ist OE, welche CA in G schneidet, die verlangte Minimallinie. Man verlängere OE an beiden Seiten, bis sie die Asymptoten RP, RQ in den Punkten I und K trifft, ziehe von E und I die Lothe EF, IL an die Achse. Nun ist nach II. 8. $OK = EI$, mithin auch $HQ = LF$, und da $OP:HP = OI:GI = HL:GL$ und $OP:HP = CQ:QH$, ist $CQ:QH = HL:GL$ oder durch Subtraction der correspondirenden Glieder

$$HL - CQ : GL - HQ = CQ : HQ = t:r,$$

aber wenn man HQ durch das gleiche LF ersetzt, erhält man

$$HL - CQ = CF, \; GL - HQ = GF \text{ und also}$$

$$CF : GF = t:r,$$

mithin OE eine Minimallinie nach §. 10.

Fig. 318. §. 56. Es bleibt zu zeigen, dass die durch den Punkt O beschriebene Hyperbel den Quadranten AD der Ellipse treffen muss. Sei zu dem Ende im Scheitel A der letzteren eine Tangente gezogen, welche die Asymptote RI in M trifft.

Weil nun $CQ:HQ = OP:HP$ ist, muss $AQ:HQ > OP:HP$ und also $AQ \cdot HP > HQ \cdot OP$ oder $RM \cdot MA > RP \cdot PO$ sein, und es lässt sich also auf MA ein Punkt X bestimmen, so dass $XM \cdot MR = RP \cdot PO$ ist, und durch diesen Punkt muss die Hyperbel gehen. Wenn aber die von O kommende und, weil $RQ \cdot CQ = RP \cdot PO$ ist, durch den Mittelpunkt gehende Hyperbel die Tangente AM in einen Punkt treffen soll, muss sie nothwendig vorher den Quadranten AD der Ellipse geschnitten haben.

§. 57. Es bleibt noch zu zeigen, dass ausser OE keine andere Minimallinie durch die Hälfte CA der grossen Achse gezogen werden kann. Fig. 319.

Sei N der Punkt, in welchem OE die kleine Achse durchschneidet, so wird, wenn S ein beliebiger Punkt der Ellipse zwischen E und D ist, nach §. 46. die von S ausgehende Minimallinie dem Scheitel A näher liegen als die Gerade SN, mithin auf der andern Seite dieser Linie liegen müssen als OS und folglich kann diese letztere nach §. 25. keine Minimallinie sein. Ist dagegen T ein Punkt der Ellipse zwischen A und E, so wird die von T ausgehende Minimallinie gleichfalls nach §. 46. vom Scheitel A entfernter liegen als die Gerade NT und folglich den Punkt O nicht treffen können. Mithin kann von O an den Quadranten AD keine Minimallinie ausser OE gezogen werden.

§§. 58 und 59. **Aufgabe 1 und 2.** Von einem Punkt ausserhalb eines Kegelschnitts, der nicht in der Verlängerung der grossen Achse liegt, an denselben eine Linie zu ziehen, deren zwischen den Umfang und die grosse Achse fallendes Stück eine Minimallinie ist.

§. 58. **Aufgabe 1.** Sei zuerst der gegebene Kegelschnitt eine Parabel AE und O der ausserhalb derselben gegebene Punkt. Man fälle von diesem ein Loth OH auf die Achse und schneide von H auf der Achse nach aussen zu ein Stück HP gleich dem halben latus rectum ab, errichte in P ein Loth und beschreibe durch den Punkt O (nach II. 4.) eine Hyperbel, die PA und das Loth in P zu Asymptoten hat; diese Hyperbel muss, da sie die Achse zur Asymptote hat, die Parabel in einem Punkt E treffen; man ziehe nun OE, welche verlängert die Achse in F, das in P errichtete Loth in G trifft, und ziehe von E die Ordinate ED. Weil Fig. 320.

nun nach II. 8. $FE = OG$, ist auch $FD = HP$, also gleich dem halben latus rectum, mithin nach §. 8. EF eine Minimallinie.

Fig. 321 und 322. §. 59. **Aufgabe 2.** Sei zweitens der Kegelschnitt entweder eine Hyperbel oder eine Ellipse. Man fälle von dem gegebenen Punkt O ein Loth OH auf die Achse und bestimme sowohl in OH als in CH als in CH und zwar bei der Hyperbel auf diesen Linien selbst, bei der Ellipse in ihren Verlängerungen über H Punkte I und K, so dass $OI : IH = CK : KH = t : r$ ist, vollende das Rechteck $IHKP$ und construire nach II. 4. durch den Punkt O eine Hyperbel, deren Asymptoten PI und die nöthigenfalls verlängerte PK sind. Trifft nun diese Hyperbel den gegebenen Kegelschnitt in E, und dass dies nothwendig geschehen muss, soll nachher gezeigt werden, so ziehe man OE, welches verlängert die Asymptoten PK, PI in G, M, die Achse in F trifft, und von E die Ordinate ED, welche PI in N schneidet. Nun ist, weil $OG = EM$, auch PI oder $HK = MN$, also auch $DK = MI$. Da aber $t \pm r : t = HO : IO = FH : MI = FH : DK = CH : CK$, wobei das obere Zeichen für die Hyperbel, das untere für die Ellipse gilt, so erhalten wir durch Addition oder Subtraction der correspondirenden Glieder in den letzten beiden Verhältnissen $CF : CD = t \pm r : t$, woraus endlich dividendo $DF : CD = r : t$ sich ergiebt, und also ist nach §. 9. und 10. EF eine Minimallinie. Dass aber die durch den Punkt O construirte Hyperbel den gegebenen Kegelschnitt treffen muss, folgt bei der Hyperbel leicht daraus, dass sie eine diesseit der Achse gelegene Parallele damit zu einer Asymptote hat und also, um sich dieser Linie zu nähern, jedenfalls die gegebene Hyperbel schneiden muss, bei der Ellipse aber daraus, dass die durch O construirte Hyperbel durch den Mittelpunkt C der Ellipse geht, da nach Construction $OI \cdot PI = CK \cdot PK$ ist, und also nothwendig, ehe sie von O nach C gelangt, die Ellipse getroffen haben muss.

Fig. 323. §. 60. **Aufgabe 3.** Wenn bei der Hyperbel das von dem gegebenen Punkt O gefällte Loth den Mittelpunkt C trifft, so findet man die von O ausgehende Minimallinie folgendermassen: Man theile das Loth OC durch einen Punkt I, so dass $OI : CI = t : r$, ziehe durch I eine Parallele mit der

Achse, welche die Hyperbel in E trifft, und ziehe OE, die verlängert die Achse in F trifft, so ist OEF die gesuchte Linie, denn $t:r = OI:CI = OE:FE = CD:DF$ und folglich nach §. 9. OEF eine Minimallinie.

§. 61. **Aufgabe 4.** Wenn bei einer Hyperbel das Loth Fig. 324. OH die Achse jenseit des Mittelpunktes C trifft, so seien wieder I und K Punkte auf OH und CH, so dass $OI:IH = CK:KH = t:r$, und in K und I Parallelen mit OH und CH gezogen, die sich in P schneiden; beschreibt man nun durch C eine Hyperbel, welche die verlängerte IP und PK zu Asymptoten hat, so ist die von O nach dem Schneidungspunkt E dieser Hyperbel mit der gegebenen gezogenen Linie OE, welche verlängert die Achse in F trifft, die verlangte Minimallinie.

Da nun $CK:KH = OI:IH$, ist $CK \cdot IH = OI \cdot KH$ oder $PK \cdot CK = PI \cdot OI$, und da $PK \cdot CK = PN \cdot EN$, so ist $PI \cdot OI = PN \cdot EN$ oder $PI : PN = EN : OI = NM : MI$, woraus sich leicht ergiebt, dass $PN = MI$, und da $t + r : t = CH : CK = HO : OI = HF : IM$ und $IM = PN = DK$, ist $CH : CK = HF : DK$, woraus durch Subtraktion der correspondirenden Glieder entsteht $CF : CD = CH : CK = t + r : t$ oder endlich dividendo $CD : FD = t : r$, weshalb nach §. 9. OEF eine Minimallinie ist.

§§. 62 nnd 63. **Aufgabe 5 und 6.** Von einem Punkt innerhalb eines Kegelschnitts, der nicht auf der Achse liegt, an denselben eine Minimallinie zu ziehen.

§. 62. **Aufgabe 5.** Sei O der zunächst innerhalb einer Fig. 325. Parabel gegebene Punkt, so fälle man das Loth OH auf die Achse und schneide von H aus auf dieser das Stück $HP = \frac{r}{2}$ nach dem Scheitel zu ab, errichte in P ein Loth und lege durch den Punkt O eine Hyperbel, deren Asymptoten die Achse und das in P errichtete Loth sind. Trifft nun diese die Parabel in E, so ist OE die verlangte Minimallinie. Denn seien F und G die Schneidungspunkte der verlängerten OE mit der Achse und dem in P errichteteten Loth, ED die Ordinate von E, so ist, weil $EG = OF$, auch $DP = FH$ oder $FD = HP = \frac{r}{2}$ und folglich nach §. 8. OE eine Minimallinie.

Fig. 326 und 327. §. 63. **Aufgabe 6.** Sei O ein innerhalb einer Hyperbel oder Ellipse gegebener Punkt, von welchem eine Minimallinie an den Umfang gezogen werden soll.

Man fälle das Loth OH auf die Achse, suche bei der Hyperbel auf OH, CH selbst, bei der Ellipse in ihren Verlängerungen Punkte I und K, so dass

$$OI : HI = CK : HK = t : r,$$

ziehe durch I und K Parallelen mit CH und OH, die sich in P schneiden, und beschreibe durch den Punkt O eine Hyperbel, deren Asymptoten PI und PK sind. Trifft nun diese Hyperbel den gegebenen Kegelschnitt in E, so ist OE die verlangte Minimallinie.

Man verlängere OE, bis es die Asymptoten PI, PK in M und G, die Achse in F trifft, ziehe die Ordinate ED, welche PI in N schneidet. Weil nun nach II. 8. $EG = OM$, ist auch $NP = MI$ oder $HK = MN$. Da aber

$$t \pm r : t = HO : IO = FH : IM = FH : DK = CH : CK,$$

so folgt durch Addition oder Subtraktion der correspondirenden Glieder in den letzten beiden Verhältnissen

$$CF : CD = t \pm r : t \text{ oder dividendo } FD : CD = r : t$$

und folglich OE eine Minimallinie nach §. 9. und 10.

§§. 64—67. **Lehrsatz 58—61.** Wenn ein Punkt unterhalb der Achse eines Kegelschnitts gegeben ist, dessen Verbindungslinie mit dem Scheitel einen spitzen Winkel mit der Achse bildet, und wenn von diesem Punkt durch die Achse entweder nur eine oder keine Minimallinie an den Umfang gezogen werden kann, so ist die Verbindungslinie des gegebenen Punktes mit dem Scheitel die kürzeste Linie, die von ihm an den jenseit der Achse liegenden Theil des Umfangs gezogen werden kann, und von je zwei andern Linien die dem Scheitel nähere kleiner als die entferntere.

Fig. 328. §. 64. Sei zuerst der gegebene Kegelschnitt eine Parabel und ein Punkt O unterhalb der Achse so angenommen, dass die Linie OA einen spitzen Winkel mit der Achse bildet und dass es unmöglich ist, von O durch die Achse eine Minimallinie an den Umfang zu ziehen, so wird behauptet, dass, wenn OB, OC beliebige andere von O durch die Achse an den Umfang gezogene Linien sind und zwar OB näher an OA als OC, $OA < OB < OC$ ist.

Der Beweis stützt sich darauf, dass die in den Punkten

der Parabel gezogenen Minimallinien vom Scheitel A entfernter liegen als die von denselben Punkten nach O gehenden Strahlen, was für die gemachten Voraussetzungen sowohl dann Statt findet, wenn das von O auf die Achse gefällte Loth OH auf dieser ein kleineres Stück als das halbe latus rectum abschneidet nach §. 49., als auch dann, wenn das abgeschnittene Stück $AH > \frac{r}{2}$ ist und das Loth OH länger als die Wage ist nach §. 51.

Sei nun zuerst, wenn es möglich ist, $OA = OB$ und in A und B die Tangenten AE nach oben und BF nach unten gezogen; weil nun HAE ein rechter Winkel ist, ist OAE ein stumpfer Winkel, und weil die von B gezogene Minimallinie entfernter von A liegt als BO und nach §. 27. senkrecht auf BF steht, muss Winkel OBF ein spitzer Winkel sein; errichtet man also in A ein Loth AG auf OA und beschreibt mit OA einen Kreis, so wird, weil AG (I. 32.) innerhalb der Parabel fällt und eine Tangente des Kreises ist, auch der von A ausgehende Bogen des letzteren innerhalb der Parabel liegen; bei B aber muss, weil OBF ein spitzer Winkel ist, also BF innerhalb des Kreises liegt, während es die Parabel berührt, der von dort ausgehende Bogen des Kreises ausserhalb der Parabel liegen, mithin muss der Kreis zwischen A und B die Parabel in einem Punkt D schneiden, so dass der Theil AD des Kreises innerhalb der Parabel liegt. Allein wenn in D nach unten zu die Tangente DI an die Parabel gezogen wird, für den Punkt D dieselben Schlüsse gelten als für den Punkt B, dass nämlich der Winkel ODI ein spitzer Winkel ist, so muss der mit OD um O beschriebene Kreis unterhalb D zuerst ausserhalb der Parabel fallen, während er nach dem Vorigen doch innerhalb liegt. Da er nun nicht zugleich innerhalb und ausserhalb liegen kann, so ist die Annahme $OA = OB$ falsch.

Sei zweitens, wenn es möglich ist, $OA > OB$. Beschreibt man wieder mit OB einen Kreis, so muss dieser nach Obigem zunächst unter B ausserhalb der Parabel fallen, während er OA zwischen O und A in M treffen muss, er muss deshalb die Parabel in einem Punkt K so treffen, dass der Theil KM des Kreises innerhalb der Parabel fällt; zieht man aber in K nach unten zu die Tangente KL an die Parabel, so bildet diese nach den §§. 49 und 51. einen spitzen Winkel mit OK und es müsste also, gerade wie oben am Punkte D gezeigt ist, der zunächst unter K liegende Theil des Kreises sowohl innerhalb als ausserhalb der Parabel sich befinden, was unmöglich ist, folglich ist auch nicht $OA > OB$, und da vorher gezeigt ist, dass nicht $OA = OB$ sein kann, so ist bewiesen, dass $OA < OB$.

Es bleibt noch zu zeigen, dass $OB < OC$ ist. Man verlängere deshalb die Tangente FB über B hinaus bis N und ziehe in C nach unten zu die Tangente CN. Weil nun, wie oben gezeigt ist, Winkel OBF ein spitzer ist, so ist sein Nebenwinkel OBN ein stumpfer, dagegen OCN ein spitzer aus §. 49. oder 51., und es kann folglich für OB und OC ganz auf dieselbe Weise wie vorher für OA und OB gezeigt werden, dass weder $OB = OC$ noch $OB > OC$ sein kann; woraus dann also $OB < OC$ sich ergiebt und folglich ist die ganze Behauptung erwiesen.

§. 65. Dieselben Eigenschaften können für den Fall, dass von O keine Minimallinie durch die Achse gezogen werden kann, auf ganz gleiche Weise auch für die Hyperbel bewiesen werden, da aus den §§. 50 und 52. sich ergiebt, dass die in den Punkten der Hyperbel gezogenen Minimallinien vom Scheitel A entfernter liegen als die nach O gehenden Strahlen und in dem Beweise für die Parabel keine andere Eigenschaft derselben als diese angewendet worden ist.

§. 66. Sei der gegebene Kegelschnitt eine Ellipse, deren einer Quadrant AX ist, und O ein Punkt unter der Halbachse CA, so wird, wenn von O keine Minimallinie an den Umfang des genannten Quadranten gezogen werden kann, d. h. wenn entweder das durch das Loth OH auf der Achse abgeschnittene Stück $AH < \frac{r}{2}$ oder $OH > W$ ist, wiederum aus den §§. 50 und 52. folgen, dass die in den Punkten des Quadranten AX gezogenen Minimallinien vom Scheitel A weiter entfernt liegen als die nach O gehenden Strahlen, woraus dann auf gleiche Weise wie bei der Parabel gefolgert wird, dass unter den von O an den Quadranten AX gehenden Strahlen OA der kürzeste ist.

Anm. Die vollstandige Behandlung der bei der Ellipse eintretenden Fälle folgt weiter unten.

§. 67. Es soll jetzt für die Parabel und Hyperbel gezeigt werden, dass, auch wenn von dem Punkt O an die jenseit der Achse liegende Hälfte des Kegelschnitts eine Minimallinie gezogen werden kann, die Verbindungslinie des Punktes mit dem Scheitel die kürzeste unter allen Linien an diese Hälfte des Umfangs ist. Fig. 329.

Es ist aus den §§. 50 und 52. zunächst klar, dass dieser Fall nur dann eintreten kann, wenn das Stück AH grösser als das halbe latus rectum und das Loth OH gleich der Wage W ist, so wie dass dann die von Punkten des Kegelschnitts ausgehenden Minimallinien vom Scheitel weiter entfernter sein werden als die nach O gehenden Strahlen, mit einziger Ausnahme der nach O selbst gehenden Minimallinie, die natürlich mit dem Strahl zusammenfällt.

Hieraus kann nun die Richtigkeit der Behauptung folgendermassen gezeigt werden.

Sei OA der Strahl nach dem Scheitel A, OB die einzige mögliche Minimallinie, so ist zunächst für die zwischen A und B an den Umfang gehenden Strahlen der frühere Beweis gültig, dass die von OA entfernteren derselben länger sind als die näheren und OA der kürzeste ist. Es bleibt aber noch zu zeigen, dass OB selbst länger ist als die vorhergehenden Strahlen und dass auch die dann folgenden Strahlen immer länger werden.

Wäre zuerst OB gleich einem der früheren Strahlen OD, so sei OK ein zwischen beiden liegender Strahl; dann ist OK länger als OD; man nehme nun auf OK einen Punkt $\varkappa$, so dass $OK > O\varkappa > OB$ oder OD, dann muss ein mit $O\varkappa$ um O beschriebener Kreis den Kegelschnitt zwischen K und B in einem Punkt L treffen und es müsste dann also OL kleiner als OK sein, was dem früher Bewiesenen widerspricht, da OL entfernter von A liegt als OK; es kann also nicht $OB = OD$ sein. Wäre zweitens OB kleiner als OD, so sei δ ein Punkt auf OD der Art, dass $OD > O\delta > OB$, dann müsste wieder der mit $O\delta$ um O beschriebene Kreis den Kegelschnitt zwischen D und B in einem Punkt M treffen, also $OM < OD$

sein und, da dies unmöglich ist, ist bewiesen, dass *OB* grösser als alle zwischen *A* und *B* den Umfang treffenden Strahlen ist.

Wir haben nun zu zeigen, dass *OB* selbst kleiner ist als die entfernteren Strahlen und unter diesen die weiter entfernten grösser sind als die näheren.

Seien also *OE*, *OF* zwei entferntere Strahlen und zwar *OF* der entferntere von beiden, so müssen, wenn *Ep*, *Fr* die Tangenten in *E* und *F* nach der dem Scheitel abgewandten Seite zu sind, die Winkel *OEp*, *OFr* nach dem Obigen stumpf sein, also das in *E* auf *OE* errichtete Loth *Eq* und folglich auch der mit *OE* um *O* beschriebene Kreisbogen innerhalb des Kegelschnitts fallen, woraus dann ebenso wie in §. 64. gezeigt werden kann, dass *OE* kleiner als *OF* ist und dass also von zwei jenseit *OB* liegenden Strahlen der entferntere länger ist als der nähere. Es bleibt zu zeigen, dass *OB* selbst kürzer als alle folgenden ist. Wäre aber zuerst *OB* gleich einem der folgenden *OE* und *ON* ein Strahl zwischen beiden, so müsste *ON* kleiner als *OE* und *OB* sein. Man nehme daher auf *ON* einen Punkt ν, so dass $OB > O\nu > ON$ ist, dann muss der mit $O\nu$ um *O* beschriebene Kreis den Kegelschnitt zwischen *B* und *N* in einem Punkt *P* treffen und es müsste also *OP* grösser als *ON* sein, was dem früher Bewiesenen widerspricht; mithin kann *OB* nicht gleich *OE* sein.

Wäre endlich *OB* grösser als *OE*, so sei β ein Punkt auf *OB*, so dass $OB > O\beta > OE$, dann müsste der mit $O\beta$ um *O* beschriebene Kreis den Kegelschnitt zwischen *B* und *E* in einem Punkt *Q* treffen und *OQ* grösser als *OE* sein, was dem früher Bewiesenen widerspricht; also ist *OB* kürzer als alle folgenden Strahlen und es ist somit überhaupt für Parabel und Hyperbel die ganze Behauptung bewiesen.

§§. 68 und 69. **Lehrsatz 62 und 63.** Unter zwei von einem Punkt an eine Parabel oder Hyperbel gehenden Tangenten ist diejenige kürzer, deren Berührungspunkt dem Scheitel näher liegt.

Fig. 330 und 331 §. 68. Sei eine Parabel *ADE* gegeben und von einem ausserhalb liegenden Punkt *P* zwei Tangenten *PD* und *PE* an dieselbe gezogen, so ist, wenn *D* dem Scheitel *A* näher liegt als *E*, zu zeigen, dass $PD < PE$ ist.

Man ziehe *DE* und von *P* einen Durchmesser, welcher *DE* in *F* und die von *E* an die Achse gezogene Ordinate *EG* in *H* trifft, so ist nach I. 41. und II. 30. $DF = EF$ und der Winkel *PFD* als Scheitelwinkel des in dem rechtwinkligen Dreieck *EFH* befindlichen spitzen Winkels *EFH* gleichfalls ein spitzer Winkel, also *PFE* ein stumpfer Winkel, und da nun die beiden Dreiecke *PFD*, *PFE* zwei Seiten gleich und die eingeschlossenen Winkel ungleich haben, so ist bewiesen, dass $PD < PE$ ist.

§. 69. Sei zweitens der gegebene Kegelschnitt eine Hyperbel, so ist unter Beibehaltung der obigen Construction und Bezeichnung der Winkel *EHF* als Aussenwinkel des rechtwinkligen Dreiecks *CHG* nothwendig ein stumpfer, mithin der Winkel *EFH* und folglich auch sein Scheitelwinkel *PFD* ein spitzer Winkel, worauf denn der übrige Theil des Beweises unverändert wie oben angewendet werden kann. Fig. 332 und 333.

Anm. Es erhellt leicht, dass, wenn *P* sich zwischen der Tangente im Scheitel *A* und dem Kegelschnitt befindet, beide Tangenten *PD* und *PE* dieselbe Hälfte des Kegelschnitts beruhren, wenn dies dagegen nicht der Fall ist, so liegen die Berührungspuukte *D* und *E* auf verschiedenen Seiten des Scheitels *A* und dann ist derjenige von beiden *A* näher, der mit *P* auf derselben Seite der grossen Achse liegt.

§. 70. **Lehrsatz 64.** Wenn an zwei Punkte eines Quadranten einer Ellipse Tangenten gezogen und bis zu ihrem Schneidungspunkt verlängert werden, so ist diejenige der beiden die kürzere, deren Berührungspunkt dem Scheitel der grossen Achse näher liegt.

Seien *PD*, *PE* Tangenten der erwähnten Art, *D* dem Scheitel der grossen Achse näher als *E* und *CD*, *CE*, *CP* gezogen, welche letztere *DE* in *F* durchschneidet, so ist nach II. 30. *F* die Mitte von *DE* und nach §. 11. *CD* länger als *CE*, mithin Winkel *DFC* ein stumpfer, also sein Nebenwinkel *PFD* ein spitzer Winkel, woraus leicht folgt, dass *PD* kleiner als *PE* ist. Fig. 334.

§. 71. **Lehrsatz 65.** Wenn an jeden der beiden Quadranten einer durch die grosse Achse gebildeten Ellipsenhälfte Tangenten gezogen und bis zu ihrem Durchschnittspunkt verlängert sind, so ist diejenige die längere, deren Berührungspunkt die längere Ordinate hat.

Seien in zwei Punkten *D*, *E*, die auf den beiden Qua- Fig. 335.

dranten einer Ellipsenhälfte *ADEB* liegen, Tangenten gezogen, die sich in *P* schneiden, und angenommen, dass die Ordinate *DG* kürzer ist als die Ordinate *EH*, so ist zu zeigen, dass *PD* kürzer ist als *PE*.

Man ziehe *CD*, *CE*, *CP*, *ED*, welche letzteren Linien sich in *F* kreuzen, ferner in *E* eine Parallele mit der grossen Achse, die die Ellipse zum zweiten Male in *I* trifft, ziehe *CI* und die Ordinate *IK*. Nun ist, weil $EH = IK$ und $EH > DG$, auch $IK > DG$ und folglich nach §. 11. $CD > CI$, also auch $CD > CE$, und folglich, da *F* nach II. 30. die Mitte von *DE* ist, Winkel *CFD* ein stumpfer und *PFD* ein spitzer Winkel, worauf sich aus dem Dreieck *PDE* leicht ergiebt, dass *PD* kürzer als *PE* ist.

§. 72. **Lehrsatz 66.** Wenn auf einer Seite der Achse einer Parabel oder Hyperbel ein Punkt angenommen wird, von welchem aus durch die Achse zwei Minimallinien an den Umfang gezogen werden können, so ist diejenige der beiden, die dem Scheitel am nächsten liegt, die längste aller Linien, die zwischen dem Scheitel und der andern Minimallinie von dem Punkt an den Umfang gezogen werden können, und von den übrigen in diesem Raum befindlichen Strahlen ist der dem längsten nähere grösser als der entferntere (wobei jedoch nur die auf einer Seite des längsten Strahles liegenden mit einander verglichen werden können). Die andere Minimallinie aber ist kürzer als alle entfernter vom Scheitel an den Umfang gezogenen Strahlen, unter welchen gleichfalls die weiter entfernten länger sind als die näheren.

Fig. 336. Sei eine Parabel oder Hyperbel *AEF* und unterhalb der Achse ein Punkt *O* gegeben, von welchem durch die Achse hindurch zwei Minimallinien *OB*, *OC* an den Umfang gezogen werden können, und *OB* dem Scheitel *A* näher als *OC*, so ist zu zeigen, dass unter allen zwischen *A* und *C* an den Umfang gehenden Linien *OB* die längste ist und dass von zwei zwischen *B* und *C* an den Umfang gehenden Linien die *OB* nähere *OD* länger ist als die entferntere *OE*, ferner dass *OC* kürzer als alle folgenden Linien ist.

Man ziehe von *O* auf die Achse das Loth *OH*, ferner in *B*, *D*, *E* Tangenten, deren mittlere die beiden andern in *G*, *I* trifft, verbinde *OG*, *OI*. Aus den Sätzen 49—52 leuchtet nun zunächst ein, dass die Minimallinien von den Punkten zwischen B und C dem Scheitel A näher liegen als die von denselben Punkten nach O gehenden Strahlen und also die Winkel ODG, OEI stumpf sind. Es ist nun, da Winkel OBG ein rechter Winkel ist, $OG^2 = OB^2 + BG^2$, und da ODG stumpf ist, $OG^2 > OD^2 + DG^2$, also $OB^2 + BG^2 > OD^2 + DG^2$, und da in §§. 68. und 69. dargethan ist, dass $BG < DG$, so ist desto mehr $OB^2 > OD^2$ oder $OB > OD$. Auf gleiche Weise ist, weil ODI ein spitzer, OEI ein stumpfer Winkel ist, $OI^2 < OD^2 + DI^2$ und $OI^2 > OE^2 + EI^2$, also $OD^2 + DI^2 > OE^2 + EI^2$, und da wieder nach §§. 68., 69. $DI < EI$, so ist desto mehr $OD^2 > OE^2$ oder $OD < OE$. In Betreff der zwischen B und C liegenden Strahlen ist somit die Behauptung erwiesen. Für die zwischen B und A und die jenseit C liegenden Strahlen folgt aus den Sätzen 49—52., dass die in ihren Endpunkten gezogenen Minimallinien vom Scheitel weiter abliegen als die Strahlen selbst, woraus gerade wie in §. 64. gefolgert werden kann, dass sowohl die Strahlen von OA bis OB, als auch die jenseit C auf einander folgenden Strahlen an Länge zunehmen, je mehr sie sich von OA oder OE entfernen. Mithin ist die Behauptung erwiesen.

§. 73. **Lehrsatz 67.** Wenn unterhalb der grossen Achse einer Ellipse und zwar nicht auf der kleinen Achse oder ihrer Verlängerung ein Punkt angenommen wird, von dem durch die Achse nur eine Minimallinie gezogen werden kann, so ist dies die längste unter allen von dem angenommenen Punkt durch die Achse an den Umfang gehenden Linien und jede ihr nähere Linie länger als die entferntere; die kürzeste aller dieser Linien ist die Verbindungslinie des gegebenen Punktes mit dem zunächst gelegenen Scheitel der grossen Achse.

Sei O ein Punkt unter der grossen Achse einer Ellipse, Fig. 337. von welchem durch diese hindurch nur eine Minimallinie an den Umfang gezogen werden kann, so muss diese nach §. 55. diejenige Hälfte CB der grossen Achse treffen, welche das von O gefällte Loth OH nicht trifft. Sei also OE diese Minimallinie, A der zunächst O gelegene Scheitel, so ist zu zeigen, dass die von O ausgehenden Strahlen von OA bis OE an Länge zunehmen und von OE bis OB wieder abnehmen.

Sei D der Scheitel der kleinen Achse in der Ellipsenhälfte AEB und zwischen OA und OD die Strahlen OF, OG, zwischen OD und OE die Strahlen OI, OL, zwischen OE und OB die Strahlen OM, ON in der genannten Ordnung so wie in den Punkten $A, F, G, D, I, L, E, M, N, B$ die Tangenten gezogen, die der Reihe nach in den Punkten α, ϕ, γ, δ, ι, λ, ε, μ, ν zusammentreffen.

Nun ist zunächst im §. 52. erwiesen, dass die von Punkten der Ellipse zwischen A und D ausgehenden Minimallinien entfernter vom Scheitel A liegen als die von denselben Punkten nach O gehenden Strahlen und dass also die Winkel $OF\alpha$, $OG\phi$, $OD\gamma$ spitz und $OA\alpha$, $OF\phi$, $OG\gamma$ stumpf sind, woraus gerade wie in §. 64. gezeigt werden kann, dass $OA < OF < OG < OD$ ist.

Für die zwischen D und E fallenden Punkte ist aber leicht zu erweisen, dass die von ihnen ausgehenden Minimallinien ebenfalls entfernter vom Scheitel A fallen als die nach O gehenden Strahlen; denn ist Q der Durchschnitt von OE mit der kleinen Achse, so gehen von Q zwei Minimallinien QD, QE an die Ellipse und für die zwischen D und E liegenden Punkte müssen nach §. 45. die Minimallinien dem Scheitel B näher, also natürlich dem Scheitel A entfernter liegen als die nach Q und also desto mehr als die nach O gehenden Strahlen. Hieraus folgt, dass die Winkel $OI\delta$, $OL\iota$ spitze, die Winkel $OD\delta$, $OI\iota$ stumpfe sind und $OE\lambda$ ist ein rechter Winkel, und da ausserdem nach §. 70. $\delta I > \delta I$, $\iota I > \iota L$, $\lambda L > \lambda E$, so ist ähnlich als früher $O\delta^2 > OD^2 + D\delta^2$ und $O\delta^2 < OI^2 + I\delta^2$, also $OD^2 + D\delta^2 < OI^2 + I\delta^2$ und desto mehr $OD^2 < OI^2$ und auf ganz gleiche Art $OI^2 < OL^2$, $OL^2 \lesssim OE^2$, also $OD < OI < OL < OE$.

Dass endlich unter den zwischen E und B an den Umfang gehenden Strahlen OE der längste und $OM > ON > OB$ ist, wird genau ebenso als in §. 64. und 67. geschehen ist, bewiesen, und da OA kürzer als OB ist, so ist die ganze Behauptung erwiesen.

§. 74. **Lehrsatz 68.** Wenn unterhalb der grossen Achse einer Ellipse ein Punkt angenommen wird, von dem nur zwei Minimallinien durch die Achse an den Umfang gezogen werden können, so, ist diejenige der beiden, welche die kleine

Achse durchschneidet, der längste unter allen von dem Punkt durch die Achse an den Umfang gezogenen Strahlen und an jeder Seite derselben der näher gelegene Strahl länger als der entferntere; der kürzeste aller Strahlen aber ist die Verbindungslinie des gegebenen Punktes mit dem zunächst gelegenen Scheitel der grossen Achse.

Sei *O* ein Punkt unterhalb der grossen Achse einer Fig. 338.
Ellipse, von welchem zwei Minimallinien *OE, OF* durch die Achse an den Umfang gezogen werden können, so ist zuerst einleuchtend, dass *O* nicht auf der kleinen Achse liegen kann, da sonst ausser dieser Achse selbst entweder keine oder noch zwei einander gleiche Minimallinien ausgehen müssten, was gegen die Annahme ist. Treffe also das Loth *OH* von *O* die Halbachse *CA* in *H*, so folgt ferner aus §. 55., dass von *O* durch die Halbachse *CB* eine und nur eine Minimallinie gezogen werden kann; soll also ausserdem nur noch eine andere möglich sein, so muss, wie leicht aus §. 49. und §. 52. folgt, *AH* grösser als das halbe latus rectum und *OH* gleich der Wage sein, da sonst entweder zwei oder keine Minimallinie durch die Halbachse *CA* gehen würden; es sei nun *OE* die durch *CB*, *OF* die durch *CA* gehende Minimallinie, dann folgt aus §. 52., dass sowohl in den Punkten zwischen *A* und *F* als in denen zwischen *F* und dem Scheitel *D* der kleinen Achse die Minimallinien vom Scheitel *A* entfernter liegen als die nach *O* gehenden Strahlen, woraus dann gerade wie in §. 64. gefolgert werden kann, dass, wenn *OG, OI* Strahlen zwischen *OA* und *OF*, *OK* und *OL* solche zwischen *OF* und *OD* sind, sowohl $OA < OG < OI$ als $OK < OL$ ist, dass aber $OF < OK$ ist, wird wie in §. 67. gezeigt. Endlich für die an den Quadranten *DB* gehenden Strahlen wird ganz wie im vorigen Satz bewiesen, dass *OE* der längste von allen ist und die an beiden Seiten von diesem ferner gelegenen Strahlen kürzer sind als die näheren; da nun $OA < OB$ ist, so ist die Behauptung vollständig erwiesen.

§. 75. **Lehrsatz 69.** Wenn unterhalb der grossen und nicht auf der kleinen Achse einer Ellipse ein Punkt angenommen wird, von welchem drei Minimallinien durch die grosse Achse an den Umfang gezogen werden können, so ist diejenige derselben, die durch die dem Punkt abgewandte Halbachse geht, der längste unter allen von dem Punkt an den Umfang gehenden Strahlen, die zwischen dem entfernteren Scheitel und der mittleren Minimallinie liegen, und von den übrigen in diesem Raum befindlichen Strahlen an jeder Seite der von dem längsten entferntere kürzer als der nähere; von den zwischen der mittleren Minimallinie und dem näheren Scheitel an den Umfang gezogenen Strahlen aber ist die dritte Minimallinie der längste und zu beiden Seiten die entfernteren Strahlen kürzer als die näheren. Von den erwähnten beiden Maximis aber ist das ersterwähnte das grössere.

Fig. 339. Sei O ein Punkt unterhalb der grossen Achse einer Ellipse, von welchem drei Minimallinien OE, OF, OG durch die Achse AB an den Umfang gezogen werden können, und zwar OE durch die dem Punkt O abgewandte Halbachse CB, die beiden andern durch CA, so ist zu zeigen, dass OG das Maximum der zwischen B und F, OG das Maximum der zwischen A und F an den Umfang gezogenen Strahlen ist und dass $OE > OG$.

In Bezug auf die zwischen A und F an den Umfang gezogenen Strahlen kann gerade, wie oben im §. 72. bei Parabel und Hyperbel geschehen ist, bewiesen werden, dass OG der längste ist und von je zwei andern der entferntere kürzer als der nähere ist, da ja die in den Punkten des Umfangs gezogenen Minimallinien dieselben Eigenschaften haben als bei Parabel und Hyperbel, d. h. zwischen A und G vom Scheitel A entfernter als die Strahlen, zwischen G und F aber demselben näher liegen; dass aber unter den zwischen OF und OB liegenden Strahlen OE der längste ist und die an beiden Seiten von ihm weiter abliegenden Strahlen an Grösse abnehmen, folgt ganz wie beim vorigen Satz. Es bleibt sonach nur zu zeigen, dass $OE > OG$ und das kann folgendermassen geschehen. Seien GI, EM die Ordinaten von G und E, L und N die Durchschnittspunkte von OG und OE mit AB, GP eine Parallele von G mit der Achse, die die Ellipse zum zweiten Male in P, die verlängerte OH in Q trifft, endlich PR die Ordinate von P. Weil nun OG und OE Minimallinien sind, so muss nach §. 15.

$$CI : IL = CM : NM = t : r, \text{ mithin}$$

$$HI : IL < HM : NM \text{ oder dividendo}$$

$HL : IL < HN : NM$ oder also auch $HO : GI < HO : EM$ sein und folglich ist $GI > EM$. Weil aber $GQ < QP$ ist, ist auch $OG < OP$ und nach dem oben Gezeigten, weil $PR > EM$, auch $OP < OE$, mithin muss $OG < OE$ sein und ist die ganze Behauptung erwiesen.

§. 76. **Lehrsatz 70.** Wenn von einem Punkt auf der kleinen Achse einer Ellipse oder deren Verlängerung durch die grosse Achse hindurch ausser der kleinen Achse selbst keine Minimallinie gezogen werden kann, so ist der erwähnte Theil der kleinen Achse selbst der längste unter allen von dem erwähnten Punkt durch die grosse Achse hindurch an den Umfang zu ziehenden Strahlen und auf jeder Seite der entferntere Strahl kürzer als der nähere.

Sei der Punkt O auf der verlängerten kleinen Halbachse DC dergestalt angenommen, dass von O ausser OD keine andere Minimallinie an den Umfang ADB gezogen werden kann, so ist zu zeigen, dass OD der längste unter allen von O an ADB gehenden Strahlen ist. Nach §. 53. liegen aber die in Punkten zwischen A und D gezogenen Minimallinien vom Scheitel A weiter entfernt als die von denselben Punkten nach O gehenden Strahlen, woraus gerade wie in §. 72. gezeigt werden kann, dass die Strahlen von OA bis OD an Länge zunehmen; und ebenso ist es auf der andern Seite. Fig. 340.

§. 77. **Lehrsatz 71.** Wenn von einem Punkt auf der kleinen Achse einer Ellipse oder deren Verlängerung auf jeder Seite eine Minimallinie durch die grosse Achse hindurch an den Umfang gezogen werden kann, so ist jede dieser Minimallinien der längste unter den von O an denselben Quadranten gezogenen Strahlen und auf jeder Seite die diesem Maximum näheren Strahlen länger als die entfernteren.

Sei O ein Punkt auf der verlängerten kleinen Halbachse DC, von welchem durch die grosse Halbachse CA hindurch eine Minimallinie OE an den Umfang gezogen werden kann, so ist zu zeigen, dass OE das Maximum der zwischen OA und OD an den Umfang gehenden Strahlen ist. Fig. 340.

Da *OD, OE* zwei vom Punkt *O* ausgehende Minimallinien sind, so werden nach §. 45. für die zwischen *A* und *E* liegenden Punkte der Ellipse die Minimallinien vom Scheitel *A* weiter abliegen als die nach *O* gehenden Strahlen, für die Punkte zwischen *E* und *D* dagegen werden sie näher an *A* liegen als die letzteren und folglich wird die Behauptung gerade so wie in §. 72. zu erweisen sein.

Sechstes Buch des Apollonius von Perga über Kegelschnitte.

Apollonius grüsst den Attalus.

Ich schicke Dir das sechste Buch der Kegelschnitte, welches Sätze über die Congruenz und Aehnlichkeit der Kegelschnitte und der Segmente derselben enthält, sowie einiges Andere, das meine Vorgänger übersehen haben. Insbesondere findest Du in diesem Buche beschrieben, wie ein Schnitt, der einem gegebenen congruent ist, in einem gegegebenen geraden Kegel erhalten werden kann und wie ein gerader Kegel bestimmt werden kann, der einem gegebenen ähnlich ist und einen gegebenen Kegelschnitt enthält. Diese Dinge habe ich etwas vollständiger und klarer behandelt, als die vor mir darüber geschrieben haben. Lebe wohl.

Erklärungen.

1) Zwei Kegelschnitte heissen congruent, wenn einer von ihnen so auf den andern gelegt werden kann, dass sie einander überall decken.

2) Zwei Kegelschnitte heissen ähnlich, wenn die entsprechenden Ordinaten derselben sich wie die zugehörigen Abscissen verhalten. Entsprechende Ordinaten heissen aber diejenigen, deren zugehörige Abscissen sich wie die latera recta der Kegelschnitte verhalten.

3) Die Gerade, welche einen Abschnitt eines Kreises oder eines Kegelschnitts begränzt, heisst Basis oder Grundlinie des Segments.

4) Die Gerade, welche die der Grundlinie parallelen Sehnen eines Segments halbirt, heisst der Durchmesser des Segments.

5) Der Punkt des Kegelschnitts, den der Durchmesser eines Segments trifft, heisst der Scheitel des Segments.

6) Congruente Segmente heissen solche, die mit ihren gleichen Grundlinien so auf einander gelegt werden können, dass sie sich vollständig decken.

7) Aehnliche Segmente heissen solche, deren Durchmesser gleiche Winkel mit den Grundlinien bilden und in welchen entsprechende Ordinaten sich wie die Durchmesser der Segmente verhalten. Entsprechende Ordinaten heissen aber solche, welche die Durchmesser nach gleichem Verhältniss theilen.

8) Man sagt, dass ein Kegelschnitt in einem Kegel enthalten sei, wenn entweder der ganze Schnitt in der Oberfläche des Kegels zwischen dem Scheitel und der Grundfläche oder der ganze Schnitt in der Erweiterung der Kegelfläche unterhalb der Basis oder endlich wenn ein Theil des Kegelschnitts oberhalb der Basis in der Kegeloberfläche, ein anderer Theil unterhalb in der Erweiterung der Kegelfläche liegt.

9) Gerade Kegel heissen ähnlich, wenn ihre Achsen sich wie die Durchmesser ihrer Grundflächen verhalten.

10) Das zu einer Achse oder einem Durchmesser gehörige Rechteck ist das Rechteck aus dem zugehörigen latus transversum und latus rectum.

§. 1. **Lehrsatz 1.** Wenn bei zwei Parabeln die zu den Achsen gehörigen latera recta gleich sind, so sind die Parabeln congruent und bei congruenten Parabeln sind die zu den Achsen gehörigen latera recta gleich.

Sind DA, $\delta\alpha$ zwei Parabeln, EA, $\varepsilon\alpha$ ihre Achsen und AL, $\alpha\lambda$ die zugehörigen latera recta, welche einander gleich sind, so wird behauptet, dass die Parabeln congruent sind.

Fig. 341 a und b. Seien AE, $\alpha\varepsilon$ zwei gleiche Abscissen, DE, $\delta\varepsilon$ die zugehörigen Ordinaten, so ist nach I. 11. $DE^2 = AE \cdot AL$, $\delta\varepsilon^2 = \alpha\varepsilon \cdot \alpha\lambda$ und da die Seiten der Rechtecke einzeln gleich sind, ist auch $DE = \delta\varepsilon$; wird also die zweite Parabel mit ihrer Achse

$\alpha\varepsilon$ auf die Achse AE der ersten Parabel gelegt, so muss auch der Punkt δ auf den Punkt D fallen, und da das von allen Punkten der Parabeln in gleicher Weise gilt, so ist bewiesen, dass diese congruent sind.

Umgekehrt, wenn die Parabeln congruent sind, also $DE = \delta\varepsilon$, $AE = \alpha\varepsilon$, leuchtet von selbst ein, dass auch $AL = \alpha\lambda$ sein muss.

§. 2. **Lehrsatz 2.** Wenn die zu den Hauptachsen gehörigen Rechtecke zweier Hyperbeln oder Ellipsen congruent sind, so sind auch diese Schnitte selbst congruent, und umgekehrt bei congruenten Schnitten sind auch die zu den Hauptachsen gehörigen Rechtecke congruent.

Seien bei zwei Hyperbeln oder Ellipsen sowohl die Hauptachsen AB und $\alpha\beta$ als ihre zugehörigen latera recta AL, $\alpha\lambda$ gleich, so wird behauptet, dass die Schnitte congruent sind. Fig. 342 a und b. Fig. 343 a und b.

Man nehme auf den Achsen vom Scheitel A ab zwei gleiche Abscissen AE und $\alpha\varepsilon$, ziehe in E und ε die Ordinaten ED und $\varepsilon\delta$ und die Linien BL, $\beta\lambda$, bis sie die in E und ε errichteten Lothe in F und ϕ schneiden; weil nun $BA = \beta\alpha$, $AL = \alpha\lambda$, ist das $\triangle BAL$ congruent dem $\triangle \beta\alpha\lambda$, mithin $\angle B = \angle \beta$. Da nun aber auch $BE = \beta\varepsilon$, muss das $\triangle BEF$ congruent dem $\triangle \beta\varepsilon\phi$, also $EF = \varepsilon\phi$ sein; nach I. 12 und 13. ist aber $DE^2 = AE \cdot EF$, $\delta\varepsilon^2 = \alpha\varepsilon \cdot \varepsilon\phi$; und da nun die einzelnen Seiten der Rechtecke gleich sind, müssen auch ihre Inhalte gleich sein und folglich $DE = \delta\varepsilon$. Legt man also die Hyperbeln oder Ellipsen mit ihren gleichen Achsen auf einander, so fällt der Punkt δ des einen Kegelschnitts auf den Punkt D des andern und überhaupt jeder Punkt des einen auf einen des andern, d. h. die Kegelschnitte sind congruent.

Sind aber zweitens die Schnitte congruent, so ist zu zeigen, das sowohl die Hauptachsen BA, $\beta\alpha$ als die zugehörigen latera recta AL und $\alpha\lambda$ gleich sind.

Seien übrigens unter Beibehaltung der obigen Figuren und Bezeichnungen noch zwei andere gleiche Abscissen AK, $\alpha\varkappa$ abgeschnitten und die zugehörigen Ordinaten KI, $\varkappa\iota$ gezogen, die verlängert BL und $\beta\lambda$ beziehlich in M und μ treffen, und von L und λ die Lothe LG, $\lambda\gamma$ auf EF, $\varepsilon\phi$, von F

und ϕ die Lothe FN, $\phi\nu$ auf KM, $\varkappa\mu$ gefällt. Weil nun $DE^2 = \delta\varepsilon^2$, ist auch $AE \cdot EF = \alpha\varepsilon \cdot \varepsilon\phi$, und weil $IK^2 = \iota\varkappa^2$, auch $AK \cdot KM = \alpha\varkappa \cdot \varkappa\mu$; da aber sowohl $AE = \alpha\varepsilon$ als $AK = \alpha\varkappa$, muss $EF = \varepsilon\phi$ und $KM = \varkappa\mu$ und auch die Differenzen $EK = \varepsilon\varkappa$, $MN = \mu\nu$ sein, also ist $\triangle FNM$ congruent dem $\triangle \phi\nu\mu$. Sind nun aber die Winkel MFN, $\mu\phi\nu$ gleich, so sind es auch ihre correspondirenden Winkel FLG, $\phi\lambda\gamma$, und da ausserdem $LG = \lambda\gamma$, ist $\triangle LGF$ congruent dem $\triangle \lambda\gamma\phi$, also auch $GF = \gamma\phi$, und da $EF = \varepsilon\phi$, müssen auch ihre Differenzen oder Summen AL und $\alpha\lambda$ gleich sein, dann sind aber auch die Dreiecke LAB, $\lambda\alpha\beta$ congruent und folglich $AB = \alpha\beta$; also ist die Behauptung erwiesen.

Anm. Es leuchtet ein, dass auf gleiche Weise als in diesen Sätzen geschehen ist, gezeigt werden kann, dass zwei Parabeln congruent sind, wenn die Winkel zwischen einem Durchmesser und den zugehörigen Ordinaten so wie die zu diesem Durchmesser gehörigen latera recta gleich sind.

Ebenso dass zwei Hyperbeln oder Ellipsen congruent sind, wenn die Winkel zwischen einem Durchmesser und den zugehörigen Ordinaten gleich und die zu diesem Durchmesser gehörigen Rechtecke congruent sind.

§. 3. **Lehrsatz 3.** Eine Ellipse kann nicht mit einer Parabel oder Hyperbel congruent sein, weil sie geschlossen ist, während diese sich in's Unendliche fort erstreckt, aber auch eine Parabel kann nicht mit einer Hyperbel congruent sein.

Fig. 344 a und b. Sei, wenn es möglich ist, FDA eine Parabel, $\phi\delta\alpha$ eine Hyperbel, die so auf einander gelegt werden könnten, dass sie sich decken, und auf den Achsen AG, $\alpha\gamma$ zwei Paar sich deckende Ordinaten FG und $\phi\gamma$, DE und $\delta\varepsilon$ errichtet, und sei $\alpha\beta$ das latus transversum der Hyperbel. Nun muss nach I. 20. $DE^2 : FG^2 = EA : GA$ und nach I. 24. $\delta\varepsilon^2 : \phi\gamma^2 = \varepsilon\alpha \cdot \varepsilon\beta : \gamma\alpha \cdot \gamma\beta$, also, da $DE = \delta\varepsilon$, $FG = \phi\gamma$, $EA = \varepsilon\alpha$, $GA = \gamma\alpha$, müsste $\varepsilon\beta = \gamma\beta$ sein, was unmöglich ist, also kann eine Parabel nicht den Scheitel der Hauptachse mit einer Hyperbel gemein haben und ausserdem noch in zwei andern Punkten auf derselben Seite der letzteren gleiche Ordinaten mit der Hyperbel haben und also nicht mit derselben congruent sein.

§§. 4 und 5. **Lehrsatz 4 und 5.** Jeder Durchmesser einer Ellipse theilt dieselbe in zwei congruente Theile.

Fig. 345. §. 4. Sei zuerst behauptet, dass die grosse oder kleine Achse AB einer Ellipse dieselbe in congruente Hälften theilt. Man nehme einen Punkt F im Umfang der Ellipse, fälle von ihm die Ordinate *FE* an die Achse und verlängere *FE*, bis sie den Umfang zum zweiten Male in *D* trifft, so ist, wie bekannt, $FE = ED$; legt man nun die eine Hälfte *AFB* der Ellipse auf die andere, so dass *A* auf *A*, *B* auf *B* fällt, so wird wegen Gleicheit der Winkel bei *E* auch *FE* auf *ED* und der Punkt *F* auf den Punkt *D* fallen, also sind, da dies von allen Punkten des Umfangs *AFB* gilt, die beiden Hälften *AFB*, *ADB* congruent.

§. 5. Es ist zweitens zu zeigen, dass auch ein beliebiger Durchmesser *FG* einer Ellipse dieselbe in zwei congruente Theile theilt. Fig. 346.

Man ziehe die Achsen *AB*, *DE*, so dass *F* in dem Quadranten *AD*, *G* in *BC* liegt, fälle von *F* und *G* die Ordinaten *FH*, *GK* an die Hauptachse und verlängere erstere, bis sie die Ellipse zum zweiten Male in *I* schneidet.

Da nun nach §. 4. *AFDB* congruent *AEGB* und auch *DAE* congruent *EBD* ist und da, weil $CG = GF$, auch $CK = CH$ und $HA = BK$ ist, so ist sowohl das Stück *AHF* congruent mit *AHI* als dieses Stück *AHI* congruent *BKG*, also *AHF* congruent *BKG*; da aber auch $\triangle CFH$ congruent $\triangle CGK$ ist, folgt, dass der Sector *CFA* congruent dem Sector *CGB* ist. Der Quadrant *ACE* ist aber ferner congruent *BCD* durch zweimalige Anwendung von §. 4. und da auch der Quadrant *ACD* congruent mit *ECB* ist und schon bewiesen ist, dass *FCA* congruent *GCB*, so muss auch der Rest, nämlich der Sector *DCF*, congruent dem Sector *ECG* sein; mithin ist bewiesen, dass das Stück *FAEG* congruent ist dem Stück *GBDF*. q. e. d.

§. 6. **Lehrsatz 6.** Wenn irgend ein Theil eines Kegelschnitts auf einen andern so gelegt werden kann, dass sie sich decken, so sind auch die ganzen Schnitte congruent.

Dieser Satz ist derselbe als der im §. 24. des vierten Buches enthaltene, und da auch der Beweis mit dem dort gegegebenen übereinstimmt, so kann dieser dort nachgesehen werden.

§. 7. **Lehrsatz 7.** Wenn bei einer Parabel oder Hyperbel Ordinaten an die Achse gezogen und über dieselbe hinaus bis an den Kegelschnitt verlängert werden, so sind die auf beiden Seiten der Achse durch irgend zwei Ordinaten und ihre Verlängerungen entstandenen Curvenabschnitte congruent, aber nicht congruent mit irgend einem andern Theile des Kegelschnitts.

Fig. 347. Sei *AH* die Achse einer Parabel oder Hyperbel, *DE*, *GH* Ordinaten an dieselbe, die verlängert den Kegelschnitt in *F*, *I* treffen, so ist zu zeigen, dass die Abschnitte *AD* und *AF*, *DG* und *FI* congruent sind, dass aber einer dieser Abschnitte z. B. *FI* mit einem andern Theil *KL* des Schnitts sich nicht decken kann.

Dass die Theile *AF* und *AD*, *FI* und *DG* auf einanderfallen, wird gerade wie in §. 4. gezeigt, denn da die Ordinaten auf beiden Seiten der Achse rechte Winkel bilden und gleich lang sind, so ist einleuchtend, dass, wenn der Theil *AFI* auf *ADG* gelegt wird, sowohl *F* auf *D* und *I* auf *G* als die dazwischen liegenden Theile des Umfangs auf einander fallen.

Könnte aber das Stück *FI* des Kegelschnitts sich mit einem andern Theil *LK* auf der andern Seite decken, so müssten nach vorigem Satz auch die über diese Segmente hinausfallenden Theile der Kegelschnitte congruent sein, also der Theil *IFA* auf *LK* und seine Verlängerung und der Punkt *A* auf einen andern Punkt des Umfangs als *A* selbst, also auch die Linie *AH* auf eine andere Linie als *AH* fallen, mithin müsste die Parabel oder Hyperbel zwei verschiedene Achsen haben, was nach II. 48. unmöglich ist. Also kann ein Theil *FI* eines Kegelschnitts mit keinem andern als dem ihm gerade gegenüber auf der andern Seite der Ellipse liegenden zusammenfallen.

§. 8. **Lehrsatz 8.** Wenn bei einer Ellipse Ordinaten an die grosse oder kleine Achse gezogen und über dieselbe hinaus bis an den Umfang verlängert werden, so sind die zwischen zweien derselben auf beiden Seiten der Achse liegenden Abschnitte unter sich congruent; ebenso ist jeder derartige Abschnitt congruent mit dem auf der andern Seite des Mittelpunkts zwischen Ordinaten, die gleichen Abstand von diesem haben, gelegenen. Ausserdem aber ist ein solcher Abschnitt mit keinem Theile der Ellipse congruent.

Fig. 348. Seien *AB*, *DE* die Achsen einer Ellipse, *GIH*, *KLM* Lothe auf der Achse *AB* auf derselben Seite des Mittelpunktes in

den Entfernungen CI, CL; desgleichen $\gamma\iota\eta$, $\kappa\lambda\mu$ Lothe auf der andern Seite des Mittelpunkts in den Abständen $C\iota$, $C\lambda$, so dass $CI = C\iota$, $CL = C\lambda$, so ist zu zeigen, dass KG congruent mit MH so wie mit $\kappa\gamma$ oder mit $\mu\eta$ ist, aber nicht mit irgend einem andern Theile xy des Umfangs. Dass nun der Bogen KG congruent MH und MH congruent $\mu\eta$ und $\mu\eta$ congruent $\kappa\gamma$ ist, folgt durch wiederholte Anwendung von §. 4. Wäre aber KG noch mit einem andern Theil des Umfangs xy congruent, so müssten nach §. 6. auch die Verlängerungen von KG mit den Verlängerungen von xy zusammen fallen, mithin müsste der Punkt A auf einen andern Punkt des Umfangs als auf den Punkt B fallen und sonach hätte die Ellipse zwei ververschiedene grosse oder kleine Achsen, was nach II. 48. unmöglich ist. Folglich ist die Behauptung erwiesen.

§. 9. **Lehrsatz 9.** In congruenten Kegelschnitten decken sich Bogen, welche von den Scheiteln der Hauptachse durch gleiche Bogenstücke getrennt sind, solche aber, bei denen dies nicht der Fall ist, können nicht zur Deckung gebracht werden.

Sind AEF, $\alpha\varepsilon\phi$ congruente Schnitte und EF, $\varepsilon\phi$ zwei Bogen derselben, deren correspondirende Endpunkte E und ε um gleiche Bogen AE, $\alpha\varepsilon$ von den Scheiteln A und α abstehen, so ist einleuchtend, dass, wenn der Schnitt $\alpha\varepsilon\phi$ so auf AEF gelegt wird, dass die gleichen Bogen AE und $\alpha\varepsilon$ sich decken, auch die Stücke EF und $\varepsilon\phi$ auf einander liegen; wenn also der Bogen EF mit einem andern Theile xy des andern Kegelschnitts sich decken könnte, so müsste der Bogen xy auch congruent $\phi\varepsilon$ sein, was gegen die beiden vorigen Sätze ist.

§. 10. **Lehrsatz 10.** Wenn zwei Kegelschnitte nicht congruent sind, so kann nicht ein Theil des einen sich mit irgend einem Theil des andern decken.

Dieser Satz ist nur die Umkehrung von §. 6., denn danach müssten, wenn ein Theil des einen Kegelschnittes mit einem Theil des andern congruent wäre, auch die ganzen Schnitte congruent sein, was gegen die Annahme ist.

§. 11. **Lehrsatz 11.** Alle Parabeln sind unter einander ähnlich.

Seien $AEFH$, $\alpha\varepsilon\phi\eta$ zwei Parabeln, AL und $\alpha\lambda$ ihre latera recta und AD, $\alpha\delta$ irgend zwei Abscissen, die sich wie $AL : \alpha\lambda$ Fig. 349 und 350.

verhalten, seien ferner B und C irgend zwei Punkte auf AD, und β,γ solche Punkte auf $\alpha\delta$, dass $AB:\alpha\beta = AC:\alpha\gamma = AD:\alpha\delta$, und seien die Ordinaten $BE, CF, DH, \beta\varepsilon, \gamma\varphi, \delta\eta$ gezogen.

Da nun nach I. 11. $DH^2 = AD \cdot AL$, $\delta\eta^2 = \alpha\delta \cdot \alpha\lambda$ und nach Annahme $AD:\alpha\delta = AL:\alpha\lambda$, ist $DH^2:\delta\eta^2 = AD^2:\alpha\delta^2$ oder $DH:\delta\eta = AD:\alpha\delta$. Da ferner $AB:\alpha\beta = AD:\alpha\delta$, so erhalten wir ganz auf dieselbe Art $BE:\beta\varepsilon = AB:\alpha\beta$ und ebenso aus der Proportion $AC:\alpha\gamma = AD:\alpha\delta$ die weitere $CF:\gamma\varphi = AC:\alpha\gamma$; mithin sind nach Erkl. II. die Parabeln ähnlich.

§. 12. **Lehrsatz 12.** Zwei Hyperbeln oder Ellipsen sind ähnlich, wenn die zu den Achsen gehörigen Rechtecke ähnlich sind, und umgekehrt bei ähnlichen Hyperbeln oder Ellipsen sind die zu den Achsen gehörigen Rechtecke ähnlich.

Fig. 351 a und b und 352 a und b. Seien $AE, \alpha\varepsilon$ zwei Hyperbeln oder Ellipsen, deren zu den Achsen $AB, \alpha\beta$ gehörigen Rechtecke $AB \cdot AL$, $\alpha\beta \cdot \alpha\lambda$ ähnlich sind, und in dem beliebigen Punkt H der Achse die Ordinate HI errichtet, ferner auf der Achse $\alpha\beta$ ein solcher Punkt η bestimmt, dass $HA:\eta\alpha = AL:\alpha\lambda$ ist, und in dem Punkt η die Ordinate $\eta\iota$ errichtet. Da nun nach I. 21.

$HI^2 : HA \cdot HB = AL:AB$ und $\eta\iota^2 : \eta\alpha \cdot \eta\beta = \alpha\lambda : \alpha\beta$, nach Voraussetzung aber $AL:AB = \alpha\lambda:\alpha\beta$, so ist auch $HI^2 : HA \cdot HB = \eta\iota^2 : \eta\alpha \cdot \eta\beta$ oder $HI^2 : \eta\iota^2 = HA \cdot HB : \eta\alpha \cdot \eta\beta$. Da aber $HA:\eta\alpha = AL:\alpha\lambda = AB:\alpha\beta$ ist, so erhalten wir componendo leicht $HA:\eta\alpha = HB:\eta\beta$, welches oben eingesetzt ergiebt: $HI^2 : \eta\iota^2 = HA^2 : \eta\alpha^2$ oder $HI:\eta\iota = HA:\eta\alpha$ und auf gleiche Weise ist dasselbe für andere entsprechende Ordinaten zu zeigen, weshalb nach Erklärung II. die Kegelschnitte ähnlich sind.

Umgekehrt, wenn der Kegelschnitt AE dem Schnitt $\alpha\varepsilon$ ähnlich ist, so ist zu zeigen, dass die zu den Achsen gehörigen Rechtecke ähnlich sind. Wir haben unter Beibehaltung der obigen Bezeichnung die Proportionen

1) $$HI^2 : HA \cdot HB = AL : AB,$$

2) $$\eta\iota^2 : \eta\alpha \cdot \eta\beta = \alpha\lambda : \alpha\beta$$

und nach Erklärung der Aehnlichkeit

3) $$HI : \eta\iota = HA : \eta\alpha = AL : \alpha\lambda,$$

woraus wir leicht erhalten

4) $$HI^2 : HA \cdot AL = \eta\iota^2 : \eta\alpha \cdot \alpha\lambda,$$

und schreiben wir nun die Zeilen (1) und (2) durch Verschiebung der inneren Glieder:

$$HI^2 : HA \cdot AL = HB : AB,$$

$$\eta\iota^2 : \eta\alpha \cdot \alpha\lambda = \eta\beta : \alpha\beta,$$

so ergiebt sich aus Vergleichung mit (4) sofort: $HB : AB = \eta\beta : \alpha\beta$ oder dividendo $HA : \eta\alpha = AB : \alpha\beta$ oder nach (3) $AB : \alpha\beta = AL : \alpha\lambda$ d. h. die zu den Achsen gehörigen Rechtecke sind ähnlich.

§. 13. **Lehrsatz 13.** Zwei Hyperbeln oder Ellipsen sind ähnlich, wenn die zu irgend zwei beliebigen Durchmessern derselben gehörigen Rechtecke ähnlich sind und die zugehörigen Ordinaten in beiden Schnitten gleiche Winkel mit den Durchmessern bilden.

Seien DA, $\delta\alpha$ zwei Hyperbeln oder Ellipsen und CD, $\gamma\delta$ Halbmesser in denselben, deren zugehörige Rechtecke ähnlich und deren Ordinatenwinkel gleich sind, so wird behauptet, dass die Hyperbeln oder Ellipsen ähnlich sind. Fig. 353a und b und 354a und b.

Seien A, α die Scheitel der Hauptachsen und in A, D, α, δ Tangenten gezogen, die die Halbmesser CD, CA, $\gamma\delta$, $\gamma\alpha$ beziehlich in E, F, ε, ϕ schneiden.

Seien ferner um die Dreiecke CAE, $\gamma\alpha\varepsilon$ Kreise beschrieben und durch A und α Parallelen mit DF, $\delta\phi$ gezogen, die die Linien CD, $\gamma\delta$ beziehlich in G, X, die Kreise aber zum zweiten Male in H, η schneiden. Ausserdem ziehe man noch von den Mittelpunkten M, μ der Kreise die Linien MA, $\mu\alpha$ so wie die Lothe MI, $\mu\iota$ auf die Sehnen AH, $\alpha\eta$ und endlich von D, δ die Lothe DK, $\delta\varkappa$ auf die Achsen.

Weil nun die zu den Durchmessern CD nnd $\gamma\delta$ gehörigen Rechtecke ähnlich sind, so ist nach I. 37. auch $AG^2 : GE \cdot GC = \alpha\chi^2 : \chi\varepsilon \cdot \chi\gamma$, und da wegen der Kreise $GE \cdot GC = GA \cdot GH$ und $\chi\varepsilon \cdot \chi\gamma = \chi\alpha \cdot \chi\eta$, ist $GA^2 : GA \cdot GH = \chi\alpha^2 : \chi\alpha \cdot \chi\eta$ oder $GA : GH = \chi\alpha : \chi\eta$, woraus dividendo oder componendo $GA : AH = \chi\alpha : \alpha\eta$ und, wenn man hierin die Hinterglieder halbirt, $GA : AI = \chi\alpha : \alpha\iota$. Da aber nach Annahme $\angle MGA = \angle \mu\chi\alpha$ ist, so sind die Dreiecke MGI, $\mu\chi\iota$ ähnlich, und da ihre Seiten GI, $\chi\iota$, wie vorher gezeigt ist, durch die Punkte A, α nach gleichem Verhältniss getheilt werden, so müssen auch die Dreiecke AMG, $\alpha\mu\chi$ ähnlich und die Centriwinkel AMG und $\alpha\mu\chi$, mithin auch die zu ihnen oder ihren Nebenwinkeln gehörigen Peripheriewinkel C und γ gleich sein.

Also sind nun die Dreiecke CDK und $\gamma\delta\varkappa$ ähnlich und da nach Annahme $\angle CDF = \angle \gamma\delta\phi$, sind auch die Dreiecke DKF, $\delta\varkappa\phi$ ähnlich und man hat

1) $DK : KC = \delta\varkappa : \varkappa\gamma$,

2) $DK : KF = \delta\varkappa : \varkappa\phi$, woraus

$DK^2 : KC \cdot KF = \delta\varkappa^2 : \varkappa\gamma \cdot \varkappa\phi$; aber nach I. 37. ist $DK^2 : KC \cdot KF$ gleich dem Verhältniss zwischen dem zur Hauptachse gehörigen latus rectum und latus transversum, mithin ist der Satz auf den vorigen zurückgeführt und die Behauptung erwiesen.

Es muss noch bemerkt werden, dass, wenn die Kegelschnitte Ellipsen sind, die Linien CA, $\gamma\alpha$ entweder beide zugleich die grossen oder die kleinen Halbachsen sein müssen.

Anm. Der Beweis dieses Satzes ist beim Apollonius nicht so weit ausgeführt als es hier geschehen ist, weshalb Pappus ein Lemma dazu anführt, worauf sich auch Halley bei seiner Ausgabe bezieht; da indess ohne zu grosse Weitläufigkeit der Inhalt dieses Lemma in den Beweis des Satzes selbst gezogen werden konnte, so habe ich dies vorgezogen und verweise übrigens zur Vergleichung auf die Anmerkung zu I. 53. Jenes Lemma lautet ubrigens folgendermassen: Wenn in zwei rechtwinkligen Dreiecken auf der Hypotenuse eines jeden oder deren Verlangerung ein Punkt angenommen wird, dessen Verbindungslinie mit der Spitze des rechten Winkels dieselben Winkel mit den Katheten in dem einen Dreieck bildet wie in dem andern, und wenn die Quadrate dieser Verbindungslinien sich verhalten wie die Rechtecke aus den Abschnitten, welche sie auf der Grundlinie bilden, so sind die Dreiecke ähnlich.

§. 14. **Lehrsatz 14.** Eine Parabel kann weder einer Hyperbel noch einer Ellipse ähnlich sein.

Fig. 355 a, b und c. Sei, wenn es möglich ist, eine Parabel einer Parabel oder einer Ellipse ähnlich und DE, FG, $\delta\varepsilon$, $\phi\chi$, $\delta_1\varepsilon_1$, $\phi_1\chi_1$ entsprechende Ordinaten in den Kegelschnitten, so dass also, wenn A, α, α_1 die Scheitel sind,

1) $DE : EA = \delta\varepsilon : \varepsilon\alpha = \delta_1\varepsilon_1 : \varepsilon_1\alpha_1$ und

2) $FG : GA = \phi\chi : \chi\alpha = \phi_1\chi_1 : \chi_1\alpha_1$ und

3) $AE : \alpha\varepsilon = AG : \alpha\chi$ oder $AE : \alpha_1\varepsilon_1 = AG : \alpha_1\chi_1$

sich verhält, so müsste aus Vergleichung von (1) und (2) mit (3)

$$DE^2 : FG^2 = \delta\varepsilon^2 : \phi\chi^2 = \delta_1\varepsilon_1{}^2 : \phi_1\chi_1{}^2, \text{ und da}$$

$$DE^2 : FG^2 = EA : GA,\ \delta\varepsilon^2 : \phi\chi^2 = \varepsilon\alpha \cdot \varepsilon\beta : \chi\alpha \cdot \chi\beta,$$

$$\delta_1\varepsilon_1{}^2 : \phi_1\chi_1{}^2 = \varepsilon_1\alpha_1 \cdot \varepsilon_1\beta_1 : \chi_1\alpha_1 \cdot \chi_1\beta_1,$$ müsste

$$EA : GA = \varepsilon\alpha \cdot \varepsilon\beta : \chi\alpha \cdot \chi\beta = \varepsilon_1\alpha_1 \cdot \varepsilon_1\beta_1 : \chi_1\alpha_1 \cdot \chi_1\beta_1$$

sein, welches mit (3) verglichen ergeben würde

$$\varepsilon\beta = \chi\beta \text{ oder } \varepsilon_1\beta_1 = \chi_1\beta_1,$$

was unmöglich ist. Also kann eine Parabel weder einer Hyperbel noch einer Ellipse ähnlich sein.

§. 15. **Lehrsatz 15.** Eine Hyperbel kann nicht einer Ellipse ähnlich sein.

Wäre es möglich, dass eine Hyperbel einer Ellipse ähnlich ist, so würde sich ganz wie im vorigen Satz und unter Beibehaltung der dortigen Bezeichnungen ergeben: Fig. 355 b und c.

$$\varepsilon\alpha \cdot \varepsilon\beta : \chi\alpha \cdot \chi\beta = \varepsilon_1\alpha_1 \cdot \varepsilon_1\beta_1 : \chi_1\alpha_1 \cdot \chi_1\beta_1 \text{ und da}$$

$$\varepsilon\alpha : \chi\alpha = \varepsilon_1\alpha_1 : \chi_1\alpha_1 \text{ ist, müsste auch}$$

$$\varepsilon\beta : \chi\beta = \varepsilon_1\beta_1 : \chi_1\beta_1 \text{ sein,}$$

was nicht Statt finden kann; denn nehmen wir an, dass $\chi\alpha > \varepsilon\alpha$, so wird auch $\chi\beta > \varepsilon\beta$, aber $\chi_1\beta_1 < \varepsilon_1\beta_1$ sein; mithin kann eine Hyperbel einer Ellipse nicht ähnlich sein.

§. 16. **Lehrsatz 16.** Gegenschnitte sind unter sich ähnlich und gleich.

Erhellt von selbst, da sowohl die zu den Achsen gehörigen latera transversa als die latera recta gleich sind.

§. 17 und 18. **Lehrsatz 17 und 18.** Wenn an ähnlichen Kegelschnitten Tangenten gezogen werden, die, bis an die Achsen verlängert, mit diesen gleiche Winkel bilden, und wenn auf den nach den Berührungspunkten dieser Tangenten gezogenen Durchmessern zwei Punkte bestimmt werden, deren Abstände von den Berührungspunkten sich wie die Stücke der Tangenten, die durch die Achsen abgeschnitten werden, verhalten, so bilden die durch diese Punkte parallel mit den Tangenten gezogenen Sehnen ähnliche und ähnlich liegende Segmente in beiden Kegelschnitten und umgekehrt, wenn ähnliche und ähnlich liegende Segmente in zwei Kegelschnitten genommen werden, so haben die zu ihnen gehörigen Durchmesser gleiches Verhältniss mit den in ihren Scheiteln gezogenen und bis an die Achsen verlängerten Tangenten und bilden gleiche Winkel mit ihnen.

§. 17. Seien zuerst zwei Parabeln mit den Scheiteln A, α gegeben und in zwei Punkten D und δ derselben Tangenten gezogen, die den Achsen in E, ε begegnen, so dass $\angle DEA = \angle \delta\varepsilon\alpha$, dann auf den durch D, δ gezogenen Durchmessern Fig. 356 a und b.

Punkte F, ϕ angenommen, so dass $ED : DF = \varepsilon\delta : \delta\phi$, und durch F und ϕ parallel den Tangenten die Sehnen $GH, \chi\eta$ gezogen, so wird behauptet, dass die Segmente GDH und $\chi\delta\eta$ ähnlich sind.

Seien in A, α Tangenten gezogen, die den Linien DF, DE, $\delta\phi$, $\delta\varepsilon$ beziehlich in I, K, $\iota, \varkappa$ begegnen, und in D, δ die den Durchmessern DF, $\delta\phi$ zugehörigen latera recta DL, $\delta\lambda$ errichtet.

Nun ist nach I. 49. $DI : DK = 2\,DE : DL$ und $\delta\iota : \delta\varkappa = 2\,\delta\varepsilon : \delta\lambda$. Da nun nach Annahme $\angle E = \angle \varepsilon$, also auch $\angle KDI = \angle \varkappa\delta\iota$, sind die Dreiecke KDI und $\varkappa\delta\iota$ ähnlich, mithin $DI : DK = \delta\iota : \delta\varkappa$ und also auch aus den obigen Proportionen $2\,DE : DL = 2\,\delta\varepsilon : \delta\lambda$ oder $DE : DL = \delta\varepsilon : \delta\lambda$ und da $DE : DF = \delta\varepsilon : \delta\phi$ ist, erhalten wir auch $DF : DL = \delta\phi : \delta\lambda$, ferner weil $FH^2 = DF \cdot DL$, $\phi\eta^2 = \delta\phi \cdot \delta\lambda$, ergiebt sich $FH^2 : \phi\eta^2 = DF^2 : \delta\phi^2$ oder $FH : DF = \phi\eta : \delta\phi$ und da das Gleiche für alle zwischen $GH, \chi\eta$ und den Scheiteln parallel mit den Basen gezogenen entsprechenden Sehnen gezeigt werden kann, so sind die Segmente $GDH, \chi\delta\eta$ nach Erkl. 7. ähnlich.

Umgekehrt, wenn zwei Segmente einer Parabel GDH, $\chi\delta\eta$ ähnlich sind, so ist zu zeigen, dass die Winkel E, ε, die die Tangenten in ihren Scheiteln D, δ mit den Achsen bilden, gleich sind, und dass ihre Durchmesser $DF, \delta\phi$ sich wie die Tangenten $DE, \delta\varepsilon$ verhalten.

Es ist unter Beibehaltung der obigen Construction und Bezeichnung zunächst nach Voraussetzung $\angle HFD = \angle \eta\phi\delta$ und folglich wegen des Parallelismus von GH mit DE, $\chi\eta$ mit $\delta\varepsilon$ auch $\angle E = \angle \varepsilon$. Mithin $\triangle DKI \sim \delta\varkappa\iota$ und $DI : DK = \delta\iota : \delta\varkappa$ und da nach I. 49. $DI : DK = 2\,DE : DL$ und $\delta\iota : \delta\varkappa = 2\,\delta\varepsilon : \delta\lambda$, so ist (1) $DE : DL = \delta\varepsilon : \delta\lambda$; wegen Aehnlichkeit der Segmente ist aber $HF : DF = \eta\phi : \delta\phi$ oder $HF^2 : DF^2 = \eta\phi^2 : \delta\phi^2$, also auch $DF \cdot DL : DF^2 = \delta\phi \cdot \delta\lambda : \delta\phi^2$, also $DL : DF = \delta\lambda : \delta\phi$, welches mit (1) zusammengesetzt giebt $DE : DF = \delta\varepsilon : \delta\phi$; mithin ist die Behauptung erwiesen.

Fig. 357 a und b und 358 a und b. §. 18. Seien zweitens zwei ähnliche Hyperbeln oder Ellipsen ADH und $\alpha\delta\eta$ gegeben und in den Punkten D, δ Tangenten gezogen, welche mit den Achsen die gleichen Winkel DEM, $\delta\varepsilon\mu$ bilden, ferner auf den Halbmessern $CD, \gamma\delta$ die Punkte F, ϕ so bestimmt, dass $ED : DF = \varepsilon\delta : \delta\phi$ ist, und durch F, ϕ die den Tangenten parallelen Sehnen GH, $\chi\eta$ gezogen, so wird behauptet, dass die Segmente GHD, $\chi\eta\delta$ ähnlich sind.

Man ziehe in A, α Tangenten, die DE, DC, $\delta\varepsilon$, $\delta\gamma$ beziehlich in I, K, ι, $\varkappa$ treffen, ferner von D, δ an die Achsen die Lothe DM, $\delta\mu$ und auf den Durchmessern CD, $\gamma\delta$ die zugehörigen latera recta DL, $\delta\lambda$ und verlängere DC, $\delta\gamma$ um sich selbst zu den Punkten N, ν. Nun ist, da die Kegelschnitte, also auch nach §. 12. die zu den Achsen gehörigen Rechtecke ähnlich sind, $DM^2 : ME \cdot MC = \delta\mu^2 : \mu\varepsilon \cdot \mu\gamma$ nach I. 37. und da wegen Gleichheit der Winkel DEM, $\delta\varepsilon\mu$ die gleichnamigen Dreiecke ähnlich sind, ist $DM : ME = \delta\mu : \mu\varepsilon$, mithin auch $DM : MC = \delta\mu : \mu\gamma$ und folglich $\triangle DMC \sim \triangle\delta\mu\gamma$, mithin $\angle DCM = \angle\delta\gamma\mu$, und auch durch Subtraction gleicher Winkel $\angle CDE = \angle\gamma\delta\varepsilon$ und als Aussenwinkel ähnlicher Dreiecke $\angle DKI = \angle\delta\varkappa\iota$, also auch die gleichnamigen Dreiecke ähnlich, und $DK : DI = \delta\varkappa : \delta\iota$; es ist aber nach I. 50. $DK : DI = 2DE : DL$ und $\delta\varkappa : \delta\iota = 2\delta\varepsilon : \delta\lambda$, mithin $2DE : DL = 2\delta\varepsilon : \delta\lambda$ oder weil $DE : DC = \delta\varepsilon : \delta\gamma$ und $DE : DF = \delta\varepsilon : \delta\phi$, ist $2DC : DL = 2\delta\gamma : \delta\lambda$, d. h. die zu den Durchmessern CD, $\gamma\delta$ gehörigen Rechtecke sind ähnlich; es folgt aber auch $DL : DF = \delta\lambda : \delta\phi$, woraus auf ganz ähnliche Art als in §. 12. sich ergiebt, dass $DF : FH = \delta\phi : \phi\eta$ und überhaupt, dass die Segmente GDH, $\chi\delta\eta$ ähnlich sind.

Umgekehrt, wenn zwei ähnliche Segmente HDG, $\eta\delta\chi$ gegeben sind, so sind die Winkel DEA, $\delta\varepsilon\alpha$, welche die Tangenten in ihren Scheiteln mit der Achse bilden, gleich und es verhält sich $DE : DF = \delta\varepsilon : \delta\phi$. Es ist zuerst zu zeigen, dass, wenn die Segmente ähnlich sind, auch die zu ihren Durchmessern gehörigen Rechtecke und sonach nach §. 13. auch die Kegelschnitte überhaupt ähnlich sind.

Seien also ausser den oben bezeichneten Linien noch die entsprechenden Ordinaten PR, $\pi\rho$ in den Segmenten HDG, $\eta\delta\chi$ gezogen, so finden nach Erklärung 7. die Proportionen Statt:

1) $HF : FD = \eta\phi : \phi\delta$,

2) $PR : RD = \pi\rho : \rho\delta$ und

3) $FD : RD = \phi\delta : \rho\delta$,

also auch $HF : PR = \eta\phi : \pi\rho$ oder

4) $HF^2 : PR^2 = \eta\phi^2 : \pi\rho^2$, woraus folgt

5) $FD \cdot FN : RD \cdot RN = \phi\delta \cdot \phi\nu : \rho\delta \cdot \rho\nu$

oder durch (3) dividirt $FN : RN = \phi\nu : \rho\nu$; woraus dividendo

6) $FN : FR = \phi\nu : \phi\rho$

und aus (3) haben wir gleichfalls dividendo

7) $FD : FR = \phi\delta : \phi\rho$, mithin ist

8) $FD : FN = \phi\delta : \phi\nu$

oder aus Vergleichung mit (1) $HF : FN = \eta\phi : \phi\nu$, welches mit (1) zusammengesetzt ergiebt

$$HF^2 : FD \cdot FN = \eta\phi^2 : \phi\delta \cdot \phi\nu,$$

d. h. die zu den Durchmessern CF, $\gamma\phi$ gehörigen Rechtecke und also nach §. 13. die Kegelschnitte sind ähnlich.

Nun ist also

$$DM^2 : ME \cdot MC = \delta\mu^2 : \mu\varepsilon \cdot \mu\gamma$$

nach I. 37. und $\angle CDE = \angle \gamma\delta\varepsilon$ aus Aehnlichkeit der Segmente; hieraus ergiebt sich aber, wie auch aus II. 51. leicht eingesehen werden kann, die Aehnlichkeit der Dreiecke CDE, $\gamma\delta\varepsilon$ und CDM, $\gamma\delta\mu$ und daraus weiter die der Dreiecke DKI, $\delta\mu\iota$, folglich auch die Gleichheit der Winkel EDF und $\varepsilon\delta\phi$ und da $DE : DC = \delta\varepsilon : \delta\gamma$, also auch $DE : DN = \delta\varepsilon : \delta\nu$, aus (8) aber dividendo oder componendo leicht entsteht

$$FD : DN = \phi\delta : \delta\nu,$$

so haben wir endlich auch

$$DE : FD = \delta\varepsilon : \phi\delta$$

und ist folglich der Satz bewiesen.

§. 19. **Lehrsatz 19.** Wenn in einer Parabel oder Hyperbel Lothe auf die Achse gezogen werden, so sind die auf beiden Seiten der Achse zwischen diesen Lothen befindlichen Segmente gleich und ähnlich, aber ein anderes Segment desselben Kegelschnitts kann nicht ihnen ähnlich sein.

Fig. 359. Seien DEF, GHI Lothe auf der Achse AEH einer Parabel oder Hyperbel, GD, FI die von ihnen gebildeten Segmente, LM dagegen ein beliebiges anderes Segment, so ist zu zeigen, dass das Segment FI mit GD gleich und ähnlich, mit LM aber nicht ähnlich ist.

Man verlängere die Basen GD, LM der Segmente, bis sie die Achse in K, N schneiden, verbinde die Mitten R und Q der Basen, verlängere RQ, bis sie den Kegelschnitt in O schneidet, und ziehe in O bis zur Achse die Tangente OP.

Nun ist nach §. 7. das Stück *FI* des Schnitts congruent mit *GD*, also sind auch die dadurch bestimmten Segmente gleich und ähnlich. Wäre also das Segment *LM* ähnlich mit *FI*, so müsste es auch ähnlich mit dem Segment *GD* sein und deshalb müssten nach den vorigen beiden Sätzen die Basen *GD*, *LM* die Achse unter gleichen Winkeln schneiden, d. h. parallel sein, also wäre nach II. 28. *RQ* ein Durchmesser und also nach I. 32. die Tangente in *O* parallel mit den Basen *GD*, *LM* der Segmente. Nach den beiden vorigen Sätzen müsste dann aber, damit die Segmente ähnlich wären, $PO:OQ = PO:OR$ sein, was unmöglich ist; also sind die Segmente nicht ähnlich.

§. 20. **Lehrsatz 20.** Wenn auf eine Achse einer Ellipse zwei Lothe gefällt und an beiden Seiten bis an den Umfang verlängert werden, so sind die zwischen ihren Endpunkten befindlichen Segmente gleich und ähnlich unter sich und mit den Segmenten, die zwischen den Endpunkten solcher Lothe liegen, welche auf der andern Seite des Mittelpunkts in gleichen Abständen als die früheren gezogen sind. Irgend ein anderes Segment der Ellipse kann aber nicht den genannten ähnlich sein.

Seien *DEF*, *GHI* Lothe auf der Achse *CHE* einer Ellipse Fig. 360.
und *SKT*, *UNV* eben solche auf der andern Seite des Mittelpunkts in gleichen Abständen, so dass $CH = CK$, $CE = CN$ ist; dann ist in §. 8. bewiesen, dass die vier Segmente *DG*, *FI*, *US*, *VT* unter einander congruent, also auch ähnlich sind.

Wäre aber irgend ein anderes Segment *LM* ähnlich mit einem der genannten *DG*, so müssten nach §. 18. die Basen *LM*, *DG* parallel und also die Verbindungslinie *QR* ihrer Mitten ein Durchmesser sein und letztere folglich den Scheitel *O* beider Segmente treffen. Dann müsste aber nach Erklärung 7. $OQ:OR = QG:RM$ sein und also die Punkte *O*, *G*, *M* in gerader Linie liegen, was unmöglich ist. Also ist das Segment *LOM* nicht ähnlich mit *DOG*.

§. 21. **Lehrsatz 21.** Wenn auf den Achsen zweier Parabeln Ordinaten errichtet werden, deren zugehörige Abscissen sich wie die latera recta der Parabeln verhalten, so sind die zwischen den Endpunkten zweier solcher einander entsprechenden Ordinatenpaare liegenden Segmente einander ähnlich; aber keines dieser Segmente in der einen Parabel kann einem andern Segment der andern ähnlich sein.

Fig. 361 a und b. Seien auf den Achsen AG, $\alpha\chi$ zweier Parabeln je zwei Stücke AE, AG, $\alpha\varepsilon$, $\alpha\chi$ abgeschnitten, so dass, wenn AL, $\alpha\lambda$ die latera recta der Parabeln sind, $AE:\alpha\varepsilon = AG:\alpha\chi = AL:\alpha\lambda$ sich verhalten, und in E, G, ε, χ die Ordinaten ED, GF, $\varepsilon\delta$, $\chi\phi$ gezogen, so ist zu beweisen, dass die Segmente DF, $\delta\phi$ einander ähnlich sind, dass aber ausser $\delta\phi$ und dem ihm gerade gegenüber auf der andern Seite der Achse befindlichen Segment kein anderes dieser Parabel dem Segment DF der andern ähnlich sein kann.

Man verlängere die Linien FD, $\phi\delta$, bis sie die Achsen in N, ν schneiden, halbire FD, $\phi\delta$ in H, η und ziehe durch diese Punkte Durchmesser, die die Parabeln in I, ι, die Ordinaten FG, $\phi\chi$ in M, μ treffen, und von I, ι Ordinaten IK, $\iota\kappa$, die FD und $\phi\delta$ in P und π schneiden. Nun ist nach I. 20., weil $AE:AG = \alpha\varepsilon:\alpha\chi$, auch

1) $DE:FG = \delta\varepsilon:\phi\chi$ und also auch

2) $EN:GN = \varepsilon\nu:\chi\nu$, also auch dividendo

3) $GE:GN = \chi\varepsilon:\chi\nu$;

aber, weil $AE:AG = \alpha\varepsilon:\alpha\chi$, ist auch

4) $GE:AG = \chi\varepsilon:\alpha\chi$,

und da nach §. 11. und Erklärung 7. $AG:FG = \alpha\chi:\phi\chi$, ist auch

5) $GE:FG = \chi\varepsilon:\phi\chi$,

welches mit (3) verglichen giebt:

6) $GN:FG = \chi\nu:\phi\chi$

und folglich $\triangle FGN$ ähnlich dem $\triangle\phi\chi\nu$, also die Winkel bei N und ν gleich. Es ist ferner auch aus (3) leicht zu erhalten:

7) $FN:FD = \phi\nu:\phi\delta$,

woraus durch Halbirung der Hinterglieder folgt

8) $FN:FH = \phi\nu:\phi\eta$, also
$FG:FM = \phi\chi:\phi\mu$ oder
$FG:MG = \phi\chi:\mu\chi$ oder
$FG:IK = \phi\chi:\iota\kappa$,

mithin auch nach I. 20. $AG:AK = \alpha\chi:\alpha\kappa$ oder

9) $AG:KG = \alpha\chi:\kappa\chi$.

Aus Vergleichung der Zeilen (3) und (4) ergiebt sich aber

10) $AG : GN = \alpha\chi : \chi\nu$

und aus (9) und (10) folgt $GN : KG = \chi\nu : \varkappa\chi$ oder

11) $FN : FP = \phi\nu : \phi\pi$,

welches mit (8) verglichen ergiebt, dass

$FH : FP = \phi\eta : \phi\pi$ oder dividendo

$HP : FH = \eta\pi : \phi\eta$, und da einerseits

$HP : HI = \eta\pi : \eta\iota$

und andererseits aus (8) folgt:

$FH : HN = \phi\eta : \eta\nu$, so ergiebt sich

$HI : HN = \eta\iota : \eta\nu$.

Da aber HN, $\eta\nu$ gleich den in I, ι gezogenen und bis an die Achsen verlängerten Tangenten sind und die Gleichheit der Winkel N und ν schon oben gezeigt ist, so folgt aus dieser letzten Proportion, dass die Segmente FD, $\phi\delta$ nach Erklärung 7. ähnlich sind.

Dass aber irgend ein anderes Segment $\xi\zeta$ der zweiten Parabel mit FD nicht ähnlich sein kann, folgt von selbst, da es sonst ja auch mit $\phi\delta$ ähnlich sein müsste, was gegen §. 19. ist.

§. 22. **Lehrsatz 22.** Wenn in zwei ähnlichen Hyperbeln oder Ellipsen dieselben Constructionen vorgenommen werden als im vorigen Satz bei den Parabeln, so sind die Segmente gleichfalls ähnlich.

Seien in zwei ähnlichen Hyperbeln oder Ellipsen je zwei Ordinaten DE, FG, $\delta\varepsilon$, $\phi\chi$ an die Achsen AG, $\alpha\chi$ dergestalt gezogen, dass, wenn AL, $\alpha\lambda$ die latera recta sind, $AE : \alpha\varepsilon = AG : \alpha\chi = AL : \alpha\lambda$ ist, so wird behauptet, dass die zwischen den Endpunkten der Ordinaten liegenden Segmente DF, $\delta\phi$ ähnlich sind so wie dass kein anderes Segment des zweiten Kegelschnitts ausser $\delta\phi$ und den ihm nach §§. 19 und 20. congruenten mit DF ähnlich sein kann. Fig. 362a und b. und 363a u. b

Man verlängere die Geraden FD, $\phi\delta$, bis sie die Achsen in N, ν schneiden, ziehe von den Mitten H, η der Sehnen die Linien HC, $\eta\gamma$, welche die Schnitte in I, ι treffen und von I, ι sowohl die Ordinaten IK, $\iota\varkappa$ als die Tangenten IP, $\iota\pi$ bis an die Achsen.

Nun ist nach Annahme

1) $AE : AG = \alpha\varepsilon : \alpha\chi$ und da

2) $AE : ED = \alpha\varepsilon : \varepsilon\delta$ und

3) $AG : GF = \alpha\chi : \chi\phi$,

so folgt $GF : ED = \chi\phi : \varepsilon\delta$, mithin auch

4) $GN : EN = \chi\nu : \varepsilon\nu$ oder auch dividendo

5) $GE : EN = \chi\varepsilon : \varepsilon\nu$.

Aus (1) ist aber auch

$$GE : AE = \chi\varepsilon : \alpha\varepsilon,$$

welches mit (2) verglichen giebt:

6) $GE : ED = \chi\varepsilon : \varepsilon\delta$,

also aus (5) und (6)

$$EN : ED = \varepsilon\nu : \varepsilon\delta$$

und folglich die Dreiecke EDN, $\varepsilon\delta\nu$ so wie auch KIP, $\varkappa\iota\pi$ ähnlich. Wegen Aehnlichkeit der Kegelschnitte aber ist nach I. 37.

$IK^2 : KP \cdot KC = \iota\varkappa^2 : \varkappa\pi \cdot \varkappa\gamma$ und da

$IK : KP = \iota\varkappa : \varkappa\pi$, erhält man auch

$IK : KC = \iota\varkappa : \varkappa\gamma$,

mithin die Dreiecke KIC und $\varkappa\iota\gamma$ und folglich auch PIC, $\pi\iota\gamma$ ähnlich, also die Winkel CIP, $\gamma\iota\pi$ oder FHI, $\phi\eta\iota$ gleich.

Ferner ist hiernach

$CK : CP = \gamma\varkappa : \gamma\pi$ und da nach I. 37.

$CK : CP = CA^2 : CP^2$ und $\gamma\varkappa : \gamma\pi = \gamma\alpha^2 : \gamma\pi^2$,

ist auch

7) $CA : CP = \gamma\alpha : \gamma\pi$.

Aus der Zeile (2) folgt aber weiter, da

$ED : EN = \varepsilon\delta : \varepsilon\nu$, auch

$EN : EA = \varepsilon\nu : \varepsilon\alpha$ oder dividendo

8) $AN : AE = \alpha\nu : \alpha\varepsilon$.

Da aber $AE : AL = \alpha\varepsilon : \alpha\lambda$ und also wegen Aehnlichkeit der Kegelschnitte $AE : AC = \alpha\varepsilon : \alpha\gamma$, folgt aus (8)

$AN : AC = \alpha\nu : \alpha\gamma$ oder $CN : AC = \gamma\nu : \alpha\gamma$,

welches mit (7) verglichen giebt:

9) $CN : CP = \gamma\nu : \gamma\pi$,

mithin auch wegen der Parallelen NH, PI, $\nu\eta$, $\pi\iota$

$$CI : IH = \gamma\iota : \iota\eta,$$

und da aus Aehnlichkeit der Dreiecke CIP, $\gamma\iota\pi$

$CI : IP = \gamma\iota : \iota\pi$, ist endlich $IH : IP = \iota\eta : \iota\pi$

und also nach §. 18. die Segmente FD, $\phi\delta$ ähnlich.

Ein anderes Segment $\zeta\xi$ des zweiten Kegelschnitts kann nun mit FD nicht ähnlich sein, da es sonst auch mit $\phi\delta$ ähnlich sein müsste, was gegen die Sätze 19. und 20. ist.

§§. 23 und 24. **Lehrsatz 23 und 24.** In unähnlichen Kegelschnitten ist kein Theil des einen ähnlich einem Theil des andern.

§. 23. Seien zuerst zwei unähnliche Hyperbeln oder Ellipsen gegeben und in ihnen, wenn es möglich ist, DF, $\delta\phi$ ähnliche Segmente, so ziehe man von den Mitten H, η der Sehnen DF, $\delta\phi$ die Durchmesser HC, $\eta\gamma$, die die Kegelschnitte in I, ι treffen. Wären nun diese Durchmesser zugleich die Achsen, so würde, wie in §. 12., aus der Aehnlichkeit der Segmente auch die Aehnlichkeit der ganzen Kegelschnitte folgen, was gegen die Annahme ist. Fig. 362a und b. und 363a u. b.

Sind aber HC, $\eta\gamma$ nicht die Achsen, so ziehe man von den Punkten I, ι an die Achsen sowohl die Ordinaten IK, $\iota\kappa$ als die Tangenten IP, $\iota\pi$; dann sind nach dem in §. 18. Bewiesenen die Dreiecke IPC, $\iota\pi\gamma$ ähnlich, mithin ist

$$IK^2 : KP \cdot KC = \iota\kappa^2 : \kappa\pi \cdot \kappa\gamma,$$

aber, wenn r, t, ρ, τ die zu den Hauptachsen gehörigen latera recta und transversa sind, ist

$$IK^2 : KP \cdot KC = r : t, \text{ und}$$

$$\iota\kappa^2 : \kappa\pi \cdot \kappa\gamma = \rho : \tau, \text{ also } r : t = \rho : \tau$$

und demnach nach §. 12. die Kegelschnitte ähnlich, was gegen die Annahme ist. Mithin kann nicht ein Segment einer Ellipse oder Hyperbel ähnlich einem Segment eines andern gleichartigen Kegelschnitts sein, wenn nicht zugleich die ganzen Schnitte ähnlich sind.

§. 24. Wenn einer der beiden Schnitte eine Parabel und der andere eine Hyperbel oder Ellipse ist, so findet die gleiche Behauptung Statt. In §. 14. ist gezeigt, dass in solchem Falle die ganzen Schnitte nicht ähnlich sein können. Nach der Erklärung 7. aber müssten, wenn die Segmente ähnlich wären und ihre Durchmesser HI, $\eta\iota$ nach gleichen Verhältnissen getheilt werden, die zu den entsprechenden Theilungspunkten gehörenden Ordinaten sich wie die zugehörigen Abscissen verhalten; dass das aber nicht möglich ist, kann ganz wie in §. 14. gezeigt werden.

Dass aber ein Ellipsensegment nicht einem Hyperbelsegment ähnlich sein kann, folgt auf ganz gleiche Art aus §. 15.

§. 25. **Lehrsatz 25.** Kein Theil eines der drei Kegelschnitte Parabel, Hyperbel, Ellipse ist ein Kreisbogen.

Fig. 364. Sei, wenn es möglich ist, *DEF* ein Kreisbogen, der zugleich Bogen eines der drei andern Kegelschnitte ist, und *DE, FG, HI* drei darin gezogene unter sich nicht parallele Sehnen. Zieht man nun zu jeder dieser Sehnen in dem durch sie begränzten Segment noch eine parallele Sehne und verbindet die Mitten der parallelen Sehnenpaare, so müssten diese Verbindungslinien auf den ihnen zugehörigen Sehnen senkrecht stehen und da sie nach II. 28. zugleich Durchmesser der Kegelschnitte sind, so hätte dieser drei Achsen, was gegen II. 48. ist.

§. 26. **Lehrsatz 26.** Wenn ein Kegel durch parallele Ebenen so geschnitten wird, dass beide Hälften der Kegelfläche getroffen werden, so sind die auf einer Hälfte entstehenden Hyperbeln unter sich ähnlich, aber nicht gleich.

Fig. 365. Sei *A* die Spitze, *BGC* die Grundfläche eines Kegels, der durch zwei parallele Ebenen in *GEH*, $\chi\varepsilon\eta$ geschnitten wird. Vom Mittelpunkt *M* der Grundfläche fälle man auf die Durchschnittslinien *GH*, $\chi\eta$ der parallelen Ebenen mit der Grundfläche das Loth $MI\iota$, das den Kreis in *B* und *C* trifft, ziehe *AB* und *AC*, deren erstere die parallelen Ebenen in *E*, ε, letztere dagegen verlängert dieselben in *F*, ϕ trifft, endlich ziehe man von *A* parallel mit den geraden Linien *FEI*, $\phi\varepsilon\iota$ die Linie *AD* bis zur Grundfläche und errichte in *E*, ε senkrecht auf den Linien *EF*, $\varepsilon\phi$ und in den durchschneidenden Ebenen die Lothe *EL*, $\varepsilon\lambda$, so dass $FE : EL = \phi\varepsilon : \varepsilon\lambda = AD^2 : DB \cdot DC$ sich verhält.

Nun sind nach I. 12. *EL*, $\varepsilon\lambda$ die latera recta der Hyperbeln *GEH* und $\chi\varepsilon\eta$, mithin die zu den Durchmessern *IE*, $\iota\varepsilon$ gehörigen Rechtecke ähnlich, und da auch die Winkel zwischen den Ordinaten *HI*, $\eta\iota$ und den Durchmessern *IE*, $\iota\varepsilon$ gleich sind, so sind nach §. 13. die Hyperbeln ähnlich; weil aber *EF* nicht gleich $\varepsilon\phi$ ist, können sie nicht gleich sein.

§. 27. **Lehrsatz 27.** Wenn ein Kegel durch Ebenen geschnitten wird, welche nur eine der beiden Hälften der Kegelfläche treffen nnd weder der Grundfläche parallel noch Wechselschnitte sind, so sind die in diesen Ebenen erhaltenen Ellipsen ähnlich, aber nicht gleich.

Sei A die Spitze, BC die Grundfläche eines Kegels, der Fig. 366.
durch zwei parallele Ebenen FE, $\phi\varepsilon$, wie im Satz verlangt ist, geschnitten wird, und seien GH, $\chi\eta$ die Durchschnittslinien dieser Ebenen mit der erweiterten Grundfläche, ferner vom Mittelpunkt M dieser letzteren das Loth $M\iota I$ auf diese Durchschnittslinien gefällt und eine Ebene durch $M\iota I$ und A gelegt, die die Kegelfläche in den Geraden AB, AC, die parallelen Schnittebenen in den Geraden EFI, $\varepsilon\phi\iota$ schneidet, werde dann von der Spitze des Kegels an die erweiterte Grundfläche eine Parallele AD mit den erhaltenen Linien EFI, $\varepsilon\phi\iota$ gezogen und in E, ε die latera recta EL, $\varepsilon\lambda$ der erhaltenen Ellipsen errichtet.

Nach I. 17. ist nun $EF : EL = \varepsilon\phi : \varepsilon\lambda = AD^2 : DB \cdot DC$, mithin sind die zu den Durchmessern EF, $\varepsilon\phi$ gehörigen Rechtecke ähnlich. Ausserdem sind aber auch die Winkel HIF, $\eta\iota\phi$ gleich, da sie parallele Schenkel haben, und da dies die Winkel sind, welche die zu den Durchmessern EF, $\varepsilon\phi$ gehörigen Ordinaten mit ihren Durchmessern bilden, so sind nach §. 13. die Ellipsen ähnlich. Weil aber EF nicht gleich $\varepsilon\phi$ sein kann, sind dieselben nicht congruent.

Anm. In diesem und dem vorigen Satze findet sich bei Halley eine gewisse Ungenauigkeit, indem im Satz selbst nicht vom geraden Kegel gesprochen ist, der Beweis aber bei ihm so geführt wird, als ob EF, $\varepsilon\phi$ Achsen des Kegelschnitts wären was nur beim geraden Kegel der Fall ist.

§. 28. **Aufgabe 1.** In einem gegebenen geraden Kegel den Schnitt zu finden, der gleich einer gegebenen Parabel ist.

Sei ein gerader Kegel mit der Spitze A und der Grund- Fig. 367.
fläche BC und einem beliebigen Achsendreieck ABC so wie eine Parabel DE mit der Hauptachse DF und dem latus rectum DL gegeben und verlangt, in dem Kegel einen ebenen Schnitt zu bestimmen, der der Parabel gleich ist.

Man lege eine Ebene durch die Achse des Kegels, die die Oberfläche desselben in den Geraden AB, AC schneidet, und bestimme in AB einen Punkt G, so dass $DL : AG = BC^2 : AB \cdot AC$, ziehe von G eine Parallele GH mit AC bis zur Grundfläche und lege durch GH eine Ebene lothrecht auf die Ebene des Achsendreiecks ABC, welche die Grundfläche in der Geraden IHK, den Kegel in der krummen Linie IGK schneidet, so ist letztere die verlangte Parabel.

Der Schnitt *IGK* ist zunächst eine Parabel, weil seine Ebene mit der Kante *AC* des Kegels parallel läuft. Ferner steht die Linie *IH* auf der Ebene *ABC* lothrecht, da sie die Durchschnittslinie der Ebenen *IGK* und *BIC* ist, welche beide auf der Ebene *ABC* lothrecht stehen, also ist *IHG* ein rechter Winkel und folglich *GH* die Achse der Parabel *IGK*. Ist nun *GM* das zu *GH* gehörige latus rectum, so ist nach I. 12. $GM : GA = BC^2 : AB \cdot AC$, woraus, da nach Construction $DL : GA = BC^2 : AB \cdot AC$ ist, folgt, dass $DL = GM$ und folglich nach §. 1. die Parabel *IGK* congruent ist mit der gegebenen Parabel *DE*.

Es leuchtet übrigens hieraus von selbst ein, dass ausser dieser Parabel *IGK* es in dem gegebenen Kegel keine damit congruente giebt, deren Scheitel der Achse in der Kante *AB* liegt. Denn wenn das der Fall sein sollte, müsste die Schnittebene auf der Ebene des Dreiecks *ABC* lothrecht stehen und mit der Kante *AC* parallel sein, da sonst entweder der Scheitel der Achse dieser Parabel in einer andern Kante des Kegels als in *AB* läge oder der Schnitt überhaupt keine Parabel wäre. Ginge nun eine solche Ebene durch einen andern Punkt der Kante *AB* als durch *G*, so würde sich für dieselbe nach I. 12. auch ein anderes latus rectum als *GM* ergeben und folglich kann diese Parabel nicht congruent mit *IGK* sein.

Anm. Die hier gegebene Auflosung gilt auch fur einen schiefen Kegel, wenn nur die Schnittebene senkrecht auf der Ebene desjenigen Achsendreiecks gedacht wird, dessen Ebene auf der Grundflache des vorigen Kegels senkrecht steht.

§. 29. **Aufgabe 2.** In einem gegebenen geraden Kegel einen Schnitt zu finden, der einer gegebenen Hyperbel congruent ist.

Fig. 368 und 369. Sei ein gerader Kegel mit den obigen Bezeichnungen und eine Hyperbel mit dem latus transversum *DF* und dem latus rectum *DL* gegeben und verlangt, in dem Kegel einen der Hyperbel *DE* congruenten Schnitt zu suchen.

Man ziehe die Achse *AM* des Kegels und nehme zuerst an $FD : DL = AM^2 : BM^2$. Man verlängere nun *CA* und ziehe zwischen die Schenkel des so erhaltenen Nebenwinkels von *BAC* eine Gerade *OG* parallel mit *AM* und gleich *FD*, errichte dann auf dieser Geraden und ihrer Verlängerung die auf BAC lothrechte Ebene, welche die Grundfläche in IK, BC in H schneidet, so giebt diese im Kegel den verlangten Schnitt IGK. Denn sei GN das latus rectum des erhaltenen Schnitts, so muss nach I. 12. $OG : GN = AM^2 : BM^2$, welches mit der obigen Annahme verglichen zeigt, dass $GN = DL$ ist, und da ausserdem der Winkel IHG ein rechter ist, so ist nach §. 2. die Hyperbel IGK congruent der gegebenen.

Auch erhellt leicht, dass ausser dem so erhaltenen kein anderer der Hyperbel DE congruenter Schnitt in dem Kegel enthalten ist, dessen Scheitel der Hauptachse in der Kante AB läge.

Ist nun zweitens $AM^2 : BM^2 < FD : DL$, so beschreibe man um das Dreieck ABC einen Kreis, den die verlängerte AM in P trifft. Da nun

$$AM^2 : BM^2 = AM^2 : AM \cdot MP = AM : MP < FD : DL$$

ist, so bestimme man auf MP einen Punkt π, so dass $AM : M\pi = FD : DL$ ist, ziehe in π eine Parallele mit BC, welche den Kreis in Q und R trifft, ziehe AQ, AR, welche BC beziehlich in S und T schneiden. Legt man nun zwischen die Schenkel des durch die Verlängerung von CA erhaltenen Nebenwinkels von BAC zwei Linien OG, O_1G_1, welche so lang als FD sind und deren eine OG parallel mit OS, die andre O_1G_1 parallel mit OT ist, und errichtet auf diesen Linien und ihren Verlängerungen lothrechte Ebenen auf BAC, welche die Grundfläche beziehlich in den Geraden IHK, $I_1H_1K_1$ schneiden, so giebt jede dieser Ebenen in dem Kegel eine der gegebenen congruente Hyperbel. Denn ist z. B. GN das latus rectum einer dieser Hyperbeln, so ist nach I. 12. $OG : GN = AS^2 : BS \cdot SC = AS^2 : AS \cdot SQ = AS : SQ = AM : M\pi = FD : DL$, und da OG nach Construction gleich FD, ist auch $GN = DL$; weil aber ausserdem noch der Winkel GHI ein rechter ist, muss nach §. 2. die Hyperbel IGK und aus ganz gleichen Gründen auch die andere $I_1G_1H_1$ der gegebenen congruent sein.

Ausser den beiden eben erhaltenen Hyperbeln kann eine andere congruente, deren Scheitel der Hauptachse in der Kante AB liegt, nicht erhalten werden. Denn gäbe es eine solche, so müsste sie ihre Haupsachse in der Ebene ABC

haben und daher könnte ihr latus transversum, weil es OG gleich sein müsste, weder mit OG noch mit O_1G_1 parallel sein; sei deshalb AU eine Parallele von A mit der Hauptachse dieser angenommenen Hyperbel und treffe AU verlängert QR in X, den Kreis in V, so müsste $AU^2 : BU \cdot UC = AU^2 : AU \cdot UV = AU : UV = AM : M\pi = AU : UX$ sein, was unmöglich ist.

Wenn endlich drittens $AM^2 : BM^2 > FD : DL$ ist, so kann überhaupt keine der gegebenen congruente Hyperbel in dem Kegel aufgefunden werden. Denn gäbe es eine solche und wäre AS die von der Spitze des Kegels A mit ihrer Hauptachse gezogene Parallele, welche den um ABC beschriebenen Kreis in Q trifft, so müsste $AS^2 : BS \cdot SC = FD : DL$ sein; es ist aber $AS^2 > AM^2$, $BS \cdot SC < BM^2$, mithin $AS^2 : BS \cdot SC > AM^2 : BM^2$, also $FD : DL > AM^2 : BM^2$, welches der Annahme widerspricht.

§. 30. **Aufgabe 3.** In einem gegebenen geraden Kegel einen Schnitt zu finden, der gleich einer gegebenen Ellipse ist.

Fig. 370. Sei eine Ellipse DE mit dem latus transversum DF und dem latus rectum DL so wie ein gerader Kegel mit den obigen Bezeichnungen gegeben.

Man beschreibe um das Dreieck ABC einen Kreis, verlängere BC und ziehe von A aus an die Verlängerungen von BC Linien AS, AT, die den Kreis beziehlich in Q und R treffen, so dass $AS : SQ = AT : TR = DF : DL$ ist, was immer möglich ist, welches auch das gegebene Verhältniss $DF : DL$ sein mag, und sehr leicht erhalten werden kann; ziehe dann zwischen den Schenkeln des Winkels BAC Parallelen GO, G_1O_1 beziehlich mit AS und AT, deren jede gleich FD ist, und errichte in diesen Linien GO, G_1O_1 auf dem Achsendreieck ABC lothrechte Ebenen, so enthält jede derselben die verlangte Ellipse.

Nach I. 13. ist, wenn GN das latus rectum einer dieser Ellipsen ist, $GO : GN = AS^2 : SB \cdot SC = AS^2 : SA \cdot SQ = AS : SQ = FD : DL$ nach Construction, und da $GO = FD$ gemacht ist, ist also auch $GN = DL$; da ausserdem noch der zu GO gehörige Ordinatenwinkel ein rechter ist, wie leicht erhellt, so ist nach §. 2. die Ellipse GO der gegebenen congruent und aus gleichen Gründen auch die andere Ellipse $G_1 O_1$.

Es ist ferner leicht zu zeigen, dass ausser den schon gefundenen keine andere damit congruente in dem Kegel gefunden werden kann, deren Scheitel in AB sich befände. Denn gäbe es eine solche, so müsste ihre Achse in der Ebene BAC liegen, und da das latus transversum ebenso lang als GO sein müsste, so könnte sie nicht parallel OG oder $O_1 G_1$ sein; wäre also AU eine Parallele von A mit der Achse dieser aufgenommenen Ellipse, die den um ABC beschriebenen Kreis in V trifft, so müsste

$DF:DL = AU^2 : UB \cdot UC = AU^2 : UA \cdot UV = AU : UV = AS : SQ$

sein, was unmöglich ist, da eine durch Q mit BC gezogene Parallele den Kreis nicht in drei Punkten Q, V, R treffen kann. Mithin kann ausser den Ellipsen GO und $G_1 O_1$ keine andere damit congruente in dem Kegel aufgefunden werden, deren Scheitel einer Achse in der Kante AB läge.

§. 31. **Aufgabe 4.** Einen geraden Kegel zu finden, der einem gegebenen geraden Kegel ähnlich ist und eine gegegebene Parabel enthält.

Sei eine Parabel DE mit der Hauptachse DF und dem latus rectum DL so wie ein gerader Kegel, dessen Achsendreieck ABC ist, gegeben; man soll einen mit ABC ähnlichen Kegel construiren, dessen Schnitt mit der gegebenen Ebene DE der Parabel mit dieser Parabel zusammenfällt. Fig. 371 a und b.

Man errichte in der Achse DF eine auf der Ebene der Parabel lothrechte Ebene, trage darin an DF einen Winkel $FD\gamma = ABC$ an, bestimme die Länge des erhaltenen Schenkels $D\gamma$ durch die Proportion $BC:AB = DL:D\gamma$ und construire über $D\gamma$ in der erwähnten lothrechten Ebene ein dem Dreieck BAC ähnliches Dreieck $D\alpha\gamma$, so ist der gerade Kegel, dessen Spitze α und dessen Grundfläche ein auf der Ebene $D\alpha\gamma$ senkrechter Kreis über dem Durchmesser $D\gamma$ ist, der verlangte.

Weil sowohl Winkel γDF als $\alpha\gamma D$ nach Construction gleich ABC sind, ist $\alpha\gamma$ parallel DF und folglich der Schnitt des Kegels $D\alpha\gamma$ durch die Ebene FDE eine Parabel mit der Hauptachse DF. Ist nun x das latus rectum dieser Parabel, so bestimmt sich x nach I. 11. durch die Proportion

$\alpha\gamma : D\gamma = D\gamma : x$ oder auch $AB : BC = D\gamma : x$, da aber auch nach Construction $AB : BC = D\gamma : DL$, ist $x = DL$ und folglich der Schnitt des Kegels durch die Ebene *FDE* congruent mit der Parabel *DE*.

Es kann aber auch kein anderer gerader Kegel, dessen Spitze auf derselben Seite der Ebene *FDE* als α liegt, gefunden werden, der ähnlich *ABC* wäre und durch die Ebene *FDE* in derselben Parabel geschnitten würde. Denn angenommen α_1 wäre die Spitze eines solchen Kegels, dann lege man zuerst durch die Achse dieses Kegels eine Ebene lothrecht auf die Ebene *FDE*, so müsste sie diese längs der Geraden *DF* schneiden, mithin die Spitzen α, α_1 in derselben Vertikalebene auf *DEF* sich befinden. Wären nun $D\alpha_1$, $\alpha_1\gamma_1$ die Seitenlinien des Kegels, so müsste $\alpha_1\gamma_1$ parallel *DF*, also auch parallel $\alpha\gamma$ sein, und da ausserdem die Winkel $D\alpha\gamma$, $D\alpha_1\gamma_1$ gleich sein müssten, so müssten die Geraden $D\alpha$, $D\alpha_1$ zusammenfallen; endlich müsste, wenn die Parabel in dem neuen Kegel liegen sollte,

$$DL : D\alpha_1 = D\gamma_1^2 : D\alpha_1^2 \text{ und da auch}$$
$$DL : D\alpha = D\gamma^2 : D\alpha^2$$

und wegen Aehnlichkeit der Kegel

$$D_1\gamma_1^2 : D_1\alpha_1^2 = D\gamma^2 : D\alpha^2,$$

müsste $D\alpha_1 = D\alpha$ sein, d. h. aber, der angenommene neue Kegel $D\alpha_1\gamma_1$ müsste mit dem erst gefundenen zusammenfallen.

§. 32. **Aufgabe 5.** Einen geraden Kegel zu finden, der ähnlich einem gegebenen geraden Kegel ist und eine gegebene Hyperbel enthält. Das Quadrat der Achse des gegebenen Kegels darf hierbei zum Quadrat des Halbmessers der Grundfläche kein grösseres Verhältniss haben als das latus transversum der gegebenen Hyperbel zum latus rectum.

Fig. 372a und b. Sei ein gerader Kegel *ABC* mit der Achse *AM* und der Grundfläche *BC* so wie eine Hyperbel mit dem zur Hauptachse gehörigen latus transversum *DF* und dem latus rectum *DL* gegeben; man soll einen geraden Kegel construiren, der ähnlich mit *ABC* ist und dessen Durchschnitt mit der Ebene *EDF* mit der darin gegebenen Hyperbel zusammenfällt.

Man beschreibe über *DF* in der auf *EDF* lothrechten Ebene einen Kreisbogen, der den Nebenwinkel von *BAC* als Peripheriewinkel enthält. Sei nun zuerst

$$AM^2 : MB^2 = FD : DL,$$

so errichte man in der Mitte G von FD in der erwähnten Ebene ein Loth, das den Kreisbogen in α, den andern Theil des Kreises in O trifft, ziehe $D\alpha$, $F\alpha$, verlängere letzteres um sich selbst bis β und construire einen Kegel, dessen Spitze α und dessen Grundfläche ein auf der Ebene $D\alpha\beta$ lothrechter Kreis vom Durchmesser $D\beta$ ist, so ist dies der verlangte.

Sei noch $\alpha\mu$ die Achse dieses Kegels. Es ist nun nach der Construction einleuchtend, dass DF das latus transversum des in dem Kegel durch die Ebene EDF entstehenden Schnitts ist, so wie dass, wenn $D\lambda$ dessen latus rectum ist,

$$DF : D\lambda = \alpha\mu^2 : D\mu^2;$$

da aber wegen Aehnlichkeit der Dreiecke ABC und $D\alpha\beta$

$$\alpha\mu^2 : D\mu^2 = AM^2 : BM^2 \text{ und } AM^2 : BM^2 = DF : DL$$

nach Annahme, so ist auch $DL = D\lambda$ und folglich die durch die Ebene EDF in dem Kegel $D\alpha\beta$ entstehende Hyperbel congruent mit der gegebenen.

Es ist ferner zu zeigen, dass kein anderer dem Kegel BAC ähnlicher gerader Kegel vorhanden ist, dessen Spitze auf derselben Seite der Ebene EDF liegt als α und der die gegebene Hyperbel ED enthält. Sei, wenn es möglich ist, I die Spitze eines solchen Kegels, so ist aus dem im vorigen Satz Bewiesenen klar, dass I in der in FD lothrecht auf EDF errichteten Ebene liegen müsste, ferner dass es in dem Kreisbogen $F\alpha D$ sich befinden müsste, da der Winkel an der Spitze dieses Kegels und dessen Nebenwinkel gleich den entsprechenden Winkeln in $D\alpha\beta$ wäre. Wären daher ID, IK Seitenlinien dieses Kegels, IN eine Parallele mit FD bis zur Grundfläche DK desselben, so müsste das latus transversum FD der in diesem Kegel enthaltenen Hyperbel zu seinem latus rectum FX sich wie $IN^2 : DN \cdot NK$ verhalten; ist aber Q die Mitte von IK, so verhält sich

$$FD : DL = AM^2 : MB^2 = IQ^2 : DQ^2 \text{ und da}$$

$$IQ^2 : DQ^2 < IN^2 : DN \cdot NK, \text{ muss auch}$$

$$FD : DL < FD : DX,$$

also $DL > DX$ und die in dem Kegel IDK liegende Hyperbel ungleich der gegebenen DE sein.

Wäre nun zweitens

$$AM^2 : MB^2 < FD : DL, \text{ so ist, da}$$

$$AM^2 : MC^2 = \alpha\mu^2 : \mu D^2 = GD^2 : \alpha G^2 = \alpha G \cdot GO : \alpha G^2$$
$$= GO : \alpha G, \text{ auch}$$
$$GO : \alpha G < FD : DL$$

und man kann also auf αG einen Punkt R bestimmen, so dass

$$GO : GR = FD : DL$$

und $GR < \alpha G$ ist; zieht man dann durch R eine Parallele mit FD, so trifft diese den Kreis in zwei Punkten I und S. Man ziehe dann IO, welche FD in P schneidet, FI, DI, verlängere FI um ID bis K und beschreibe einen geraden Kegel, dessen Spitze I und dessen Grundfläche ein auf der Ebene EDF lothrechter Kreis mit dem Durchmesser DK ist, so schneidet dieser die Ebene EDF in der gegebenen Hyperbel. Nach der beschriebenen Construction leuchtet ein, dass der erhaltene Kegel von der Ebene EDF in einer Hyperbel geschnitten wird, deren zur Hauptachse gehöriges latus transversum DF ist; wäre nun DX das zugehörige latus rectum, so ist

$$DF : DX = IN^2 : DN \cdot NK \text{ und da}$$
$$IN : DN = PD : IP \text{ und}$$
$$IN : NK = PF : IP, \text{ so ist}$$
$$IN^2 : DN \cdot NK = PD \cdot PF : IP^2 = IP \cdot PO : IP^2 = PO : PI$$
$$= OG : GR = FD : DL,$$

mithin $DX = DL$ und folglich die durch den Kegel DIK in der Ebene FDE erhaltene Hyperbel congruent der gegebenen.

Auf gleiche Weise kann der Punkt S die Spitze eines geraden Kegels werden, der die verlangte Hyperbel enthält. Ausser diesen beiden Kegeln ist aber kein dritter mit ABC ähnlicher gerader Kegel möglich, dessen Spitze auf derselben Seite der Ebene EDF liegt, der diese Ebene in der gegebenen Hyperbel schneidet; denn nach dem früher Gezeigten müsste seine Spitze T in dem Kreisbogen $F\alpha D$ liegen und wenn man TO zöge, das FD in U träfe, so würde man ähnlich wie oben erhalten

$$OU : UT = OG : GR,$$

was unmöglich ist.

Wenn endlich drittens

$$AM^2 : MB^2 > FD : DL,$$

so ist es überhaupt nicht möglich, einen Kegel zu construiren, der dem gegebenen ähnlich wäre und die Hyperbel DE enthielte; denn, wenn I die Spitze eines solchen wäre, so müsste nach dem oben Bewiesenen I in dem Kreisbogen über FD liegen, und da

$$FD:DL = OP:IP \ , \ AM^2:BM^2 = OG:G\alpha,$$

wie oben gezeigt ist, so müsste

$$OG:G\alpha > OP:PI,$$

d. h. grösser $OG:GR$ sein, was unmöglich ist.

§. 33. **Aufgabe 6.** Einen geraden Kegel zu finden, der einem gegebenen Kegel ähnlich ist und eine gegebene Ellipse enthält.

Sei ein gerader Kegel ABC und eine Ellipse DEF gegeben, deren zur Hauptachse gehöriges latus transversum DF und latus rectum DL ist und sei verlangt, einen mit ABC ähnlichen Kegel zu construiren, der die Ellipse DEF enthält. Fig. 372a u. Fig. 373.

Man errichte in der Geraden DF eine auf der Ebene DEF lothrechte Ebene und beschreibe in derselben über DF als Sehne einen Kreisbogen, der den Winkel A als Peripheriewinkel enthält, halbire diesen Kreisbogen im Punkte O und ziehe von O an die verlängerte DF Linien OP, OV, die den Kreis beziehlich in I, S treffen, so dass

$$OP:PI = OV:VS = DF:DL$$

ist, verbinde einen der Punkte I oder S, etwa I mit D und F, schneide ID von IF ab zum Punkt K, so ist ein Kegel, dessen Spitze in I liegt und dessen Grundfläche ein über DK als Durchmesser in der auf IDK lothrechten Ebene beschriebener Kreis ist, der verlangte.

Man ziehe von I eine Parallele mit DF, die die verlängerte DK in N trifft. Der Kegel IDK ist nun zunächst ähnlich mit ABC, da der Winkel I als Peripheriewinkel gleich Winkel A ist.

Sei nun DX das zum Durchmesser DF gehörige latus rectum der Ellipse, in welcher die Ebene DEF diesen Kegel schneidet, so ist nach I. 13.

$$DF:DX = IN^2:NK \cdot ND.$$

Ferner, da die Winkel OIF, FID, DIP zusammen zwei Rechte betragen und OIF, FID zusammen gleich dem halben Bogen OFD sind, muss DIP gleich dem halben übrigen Bogen DIO, also auch gleich dem halben Bogen *FSO* oder gleich dem Winkel *OIF* sein, woraus leicht folgt, dass *PO* parallel *DK* ist.

Dann muss wegen des Parallelogramms *INDP*

$$IN : ND = PD : PI$$

und wegen Aehnlichkeit der Dreiecke *IKN* und *PIF*

$$IN : NK = PF : PI, \text{ also}$$

$$IN^2 : ND \cdot NK = PD \cdot PF : PI^2 = PI \cdot PO : PI^2 = PO : PI$$
$$= DF : DL \text{ sein, d. h.}$$

$$DF : DX = DF : DL,$$

also $DX = DL$ und also die durch den Kegel *DIK* in der Ebene *DEF* erhaltene Ellipse congruent der gegebenen sein.

Es leuchtet von selbst ein, dass auch der Punkt *S* ganz auf dieselbe Weise als *I* zur Spitze eines Kegels gemacht werden kann, der die gegebene Ellipse enthält.

Ausser diesen beiden aber kann kein dritter Kegel gefunden werden, der ähnlich *BAC* ist, dessen Spitze auf derselben Seite der Ebene *DEF* liegt als die Punkte *I* und *S* und der die gegebene Ellipse enthält. Denn wäre *T* die Spitze eines solchen, so müsste *T* in der Ebene *DOF* und in dem Kreisbogen *DOF* sich befinden, wie früher gezeigt ist. Man ziehe also *TD, TF,* schneide auf letzterer Linie *TD* ab zum Punkt *Y* und ziehe von *T* eine Parallele mit *DF*, die die verlängerte *DY* in *Z* schneidet, ziehe ferner *OT*, welches die verlängerte *OT* in *U* trifft; dann verhielte sich in der durch den Kegel *DTY* erhaltenen Ellipse das latus transversum zum latus rectum wie

$$TZ^2 : ZY \cdot ZD = UD \cdot UF : UT^2 = UT \cdot UO : UT^2 = UO : UT$$

und müsste also, wenn diese Ellipse der gegebenen congruent sein sollte, $UO : UT = PO : PI$ sein, was unmöglich ist.

Also giebt es ausser den beiden Kegeln, deren Spitzen *I* und *S* sind, keinen dritten, der den Bedingungen der Aufgabe genügt.

Acht Lemmata des Abdolmelek von Schiras,

welche bei den Beweisen des siebenten Buches vorausgesetzt werden.

Lemma I. Wenn eine Gerade AB durch die Punkte C und D beliebig getheilt wird, so ist das Quadrat der Summe von AB und BC gleich dem vierfachen Rechteck aus BD und der Summe von AB und CD, vermehrt um das Quadrat der Summe von AD und CD. Fig. 374.

Man mache auf der verlängerten AB ein Stück $BK = BC$ und ebenso auch $DZ = DC$, nenne H die Mitte von ZK, so ist $ZK = 2BD$, mithin $ZH = BD$ und $HB = DZ = CD$.

Nun ist

$$AK^2 = AZ^2 + 2AZ \cdot ZK + ZK^2 = AZ^2 + 4AZ \cdot ZH + 4ZH^2$$
$$= AZ^2 + 4AH \cdot ZH,$$

also $(AB + BC)^2 = (AD + CD)^2 + 4(AB + CD) \cdot BD$. q. e. d.

Lemma II. Wenn eine Gerade AB durch die Punkte C, D beliebig getheilt wird, so ist die Summe der Quadrate von AB und BC gleich der Summe der Quadrate von AD und DC, vermehrt um das doppelte Rechteck aus BD und der Summe von AB und CD. Fig. 374.

Es ist

$$AB^2 + BC^2 = AD^2 + 2AD \cdot BD + BD^2 + CD^2 + 2CD \cdot BD + BD^2$$
$$= AD^2 + CD^2 + 2BD \cdot (AD + BD + CD)$$
$$= AD^2 + CD^2 + 2BD \cdot (AB + CD). \text{ q. e. d.}$$

Lemma III. Wenn eine Gerade durch die Punkte C und D so getheilt wird, dass $AC = BD$ ist, und in CD der Punkt K beliebig angenommen wird, so ist: Fig. 375.

$$AD^2 + BD^2 = AK^2 + BK^2 + 2CK \cdot KD.$$

Wenn K die Mitte von CD ist, so ist der Satz nach Euclid.

II. 9. klar, ist das aber nicht der Fall, so sei Z die Mitte von CD, dann ist

$$\begin{aligned} AD^2 + BD^2 &= 2AZ^2 + 2ZD^2, \\ AK^2 + BK^2 &= 2AZ^2 + 2ZK^2, \\ \hline AD^2 + BD^2 &= AK^2 + BK^2 + 2(ZD^2 - ZK^2) = AK^2 \\ &+ BK^2 + 2CK \cdot KD. \text{ q. e. d.} \end{aligned}$$

Fig. 376. **Lemma IV.** Wenn eine Gerade AB durch die Punkte C und D so getheilt wird, dass $AC = BD$ ist, und Z die Mitte von CD, K ein beliebiger Punkt in CZ, H ein solcher Punkt in DZ ist, dass $ZK > ZH$ ist, so ist

$$AH^2 + BH^2 + 2KH \cdot (HB - KA) = AK^2 + BK^2.$$

Es ist

$$AH^2 + BH^2 = 2AZ^2 + 2ZH^2,$$
$$AK^2 + BK^2 = 2AZ^2 + 2ZK^2.$$

Macht man nun noch $ZL = ZK$, so ist nach vorigem Satz:

$$\begin{aligned} AK^2 + BK^2 &= AH^2 + BH^2 + 2KH \cdot LH \\ &= AH^2 + BH^2 + 2KH \cdot (HB - BL) \\ &= AH^2 + BH^2 + 2KH \cdot (HB - KA). \text{ q. e. d.} \end{aligned}$$

Fig. 376. **Lemma V.** Sei unter denselben Voraussetzungen als im vorigen Satz noch $ZT = ZH$ angenommen, so ist:

$$4BZ \cdot ZT + 2KT \cdot TB + 4TZ^2 = 2BT \cdot (KZ + ZT).$$

Es ist:

$$\begin{aligned} 4BZ \cdot ZT + 2KT \cdot TB + 4TZ^2 &= 4TZ \cdot BT + 2KT \cdot TB \\ &= 2BT \cdot (2TZ + KT) \\ &= 2BT \cdot (TZ + KZ). \text{ q. e. d.} \end{aligned}$$

Fig. 376. **Lemma VI.** Unter denselben Voraussetzungen ist:

$$4AT \cdot BT + 4TZ^2 = AT^2 + BT^2.$$

Es ist

$$\begin{aligned} AT^2 + BT^2 = 2AZ^2 + 2TZ^2 &= 2(AT + TZ)^2 + 2TZ^2 \\ &= 2AT^2 + 4AT \cdot TZ + 4TZ^2 \\ &= 2AT \cdot (AT + 2TZ) + 4TZ^2 \\ &= 2AT \cdot BT + 4TZ^2. \text{ q. e. d.} \end{aligned}$$

Fig. 376. **Lemma VII.** Unter denselben Voraussetzungen ist auch $2AB \cdot CZ = BC^2 - AC^2$.

Es ist

$$BC^2 - AC^2 = AB \cdot (BC - AC) = AB \cdot 2CZ. \text{ q. e. d.}$$

Fig. 377. **Lemma VIII.** Wenn zwei Linien AC, DZ durch zwei

Punkte B und K so getheilt werden, dass $AB > BC$ und $DK > ZK$ und $AB : BC > DK : KZ$, so ist:

$$AC^2 : AB^2 + BC^2 < DZ^2 : DK^2 + KZ^2.$$

Man theile AC noch durch den Punkt H, so dass

$AH : HC = DK : KZ$, so ist auch

$AC : CH = DZ : ZK$ und

$AC : AH = DZ : DK$, mithin auch

$$AC^2 : AH^2 + CH^2 = DZ^2 : DK^2 + ZK^2,$$

aber $AH^2 + BH^2$ ist kleiner als $AB^2 + BC^2$, mithin ist

$AC^2 : AB^2 + BC^2 < AC^2 : AH^2 + CH^2$, also auch

$AC^2 : AB^2 + BC^2 < DZ^2 : DK^2 + KZ^2$. q. e. d.

Siebentes Buch des Apollonius von Perga über Kegelschnitte.

Apollonius grüsst den Attalus.

Ich sende Dir zugleich mit Diesem das siebente Buch der Kegelschnitte, in welchem sich sehr viele neue Sätze in Bezug auf die Durchmesser der Schnitte und die zu ihnen gehörigen Rechtecke befinden, welche alle nützlich sind für die Behandlung vieler Arten von Aufgaben und besonders für deren Determinationen (διορισμοῖς). Viele Beispiele hierfür finden sich bei den bestimmten Aufgaben über die Kegelschnitte, die ich im achten Buche aufgelöst nnd bewiesen habe, welches Buch die Stelle eines Anhangs zum siebenten vertritt, den ich Dir sobald als möglich zusenden werde. Lebe wohl!

§. 1. **Lehrsatz 1.** Wenn die Achse einer Parabel über den Scheitel um das latus rectum verlängert und vom Scheitel eine beliebige Linie an den Umfang so wie von diesem Punkt im Umfang die Ordinate an die Achse gezogen **wird,** so ist das Quadrat der vom Scheitel an den Umfang gezogenen Linie gleich dem Rechteck aus den beiden Abschnitten auf der Achse, die vom Fusspunkt der Ordinate bis zum Scheitel und bis zu dem vorher erhaltenen Endpunkt der Verlängerung reichen.

Sei AC eine Parabel, AD die Achse, die über A um das latus rectum bis B verlängert ist, und die Linie AC an den Umfang so wie die Ordinate CD gezogen, so wird behauptet: $AC^2 = AD \cdot BD$. Fig. 378.

Es ist

$$AC^2 = CD^2 + AD^2 = AD \cdot AB + AD^2 = AD \cdot DB. \text{ q. e. d.}$$

§. 2. **Lehrsatz 2.** Wenn die Hauptachse einer Hyperbel durch einen Punkt nach dem Verhältniss der Seiten des zugehörigen Rechtecks getheilt wird und von demjenigen Endpunkt derselben, an den das dem latus rectum entsprechende Stück stösst, eine Linie an den Umfang so wie von dem so erhaltenen Punkt des Umfangs eine Ordinate gezogen wird, so verhält sich das Quadrat der an den Umfang gezogenen Linie zum Rechteck aus den beiden Abschnitten der Achse, die zwischen dem Fusspunkt der Ordinate und den Endpunkten des dem latus rectum entsprechenden Stücks liegen, wie das latus transversum zu dem andern Stück. Das dem latus rectum entsprechende Stück des latus transversum soll die „homologe Gerade“ heissen.

Sei AB das latus transversum, AL das latus rectum einer Hyperbel und ersteres durch einen auf ihm selbst liegenden Punkt D so getheilt, dass $AD : BD = AL : AB$ ist, sei AE eine beliebige Linie von A an den Umfang der Hyperbel und EF die Ordinate von E, so wird behauptet: Fig. 379a und b.

$$AE^2 : FA \cdot FD = AB : BD.$$

Man bestimme noch einen Punkt G auf der verlängerten AF, so dass $GF \cdot FA = EF^2$ ist. Dann ist

$$EF^2 : FA \cdot FB = AL : AB = AD : BD, \text{ mithin auch}$$

$$GF \cdot FA : FA \cdot FB \text{ oder}$$

$$GF : FB = AD : BD \text{ oder componendo}$$

$$GB : FB = AB : BD$$

und durch Addition oder Subtraktion der correspondirenden Glieder $GA : FD = AB : BD$, also auch

$$GA \cdot FA : FA \cdot FD = AB : BD, \text{ aber}$$

$$GA \cdot FA = GF \cdot FA + FA^2 = EF^2 + FA^2 = AE^2,$$

also ist gezeigt, dass

$$AE^2 : FA \cdot FD = AB : BD. \text{ q. e. d.}$$

§. 3. **Lehrsatz 3.** Wenn eine der beiden Achsen einer Ellipse über einen Endpunkt hinaus so verlängert wird, dass die Abstände des Endpunktes der Verlängerung von den Endpunkten der Achse sich wie die Seiten des zugehörigen Rechtecks verhalten, und von demjenigen Scheitel, an welchen das dem latus rectum entsprechende Stück stösst, eine Linie an den Umfang so wie von dem so erhaltenen Punkt des Umfangs eine Ordinate gezogen wird, so verhält sich das Quadrat der an den Umfang gezogenen Linie zum Rechteck aus den Abschnitten der Achse, die zwischen dem Fusspunkt der Ordinate und den beiden Endpunkten des dem latus rectum entsprechenden Stücks liegen, wie das latus transversum zu dem Stück, das ihm entspricht. Das Stück aber, das dem latus rectum entspricht, heisst die „homologe Gerade.“

Sei AB die grosse oder kleine Achse einer Ellipse, AL Fig. 380a und b
das zugehörige latus rectum, D ein Punkt der verlängerten AB, so dass $AD : BD = AL : AB$ ist, ferner AE eine beliebige Linie von A an den Umfang und EF die Ordinate in ihrem Endpunkt, so ist zu zeigen, dass

$$AE^2 : FA \cdot FD = AB : BD.$$

Man bestimme noch einen Punkt G in der Achse, so dass $GF \cdot FA = FE^2$ ist. Man hat nun

$$EF^2 : FA \cdot FB = AL : AB = AD : BD, \text{ mithin auch}$$

$$GF \cdot FA : FA \cdot FB = GF : FB = AD : BD, \text{ woraus dividendo}$$

$$GB : FB = AB : BD$$

und durch Addition oder Subtraction der correspondirenden Glieder:

$$GA : FD = AB : BD, \text{ also}$$

$$GA \cdot FA : FA \cdot FD = AB : BD; \text{ es ist aber}$$

$$GA \cdot FA = GF \cdot FA + FA^2 = EF^2 + FA^2 = AE^2, \text{ also}$$

$$AE^2 : FA \cdot FD = AB : BD. \text{ q. e. d.}$$

§. 4. **Lehrsatz 4.** Bei jeder Hyperbel oder Ellipse verhält sich das Quadrat des Stücks einer Tangente vom Berührungspunkt bis zum Durchschnitt mit der Hauptachse zu dem Quadrat des der Tangente parallelen Halbmessers wie das Stück der Hauptachse zwischen der Tangente und der Ordinate in ihrem Berührungspunkt zu dem Stück zwischen dieser Ordinate und dem Mittelpunkt.

Fig. 381 a und b. Sei in einem Punkt E einer Hyperbel oder Ellipse bis an die Hauptachse die Tangente ED und die Ordinate EF so wie durch den Mittelpunkt C der mit ED parallele Halbmesser CG gezogen, so wird behauptet $DE^2 : CG^2 = DF : CF$.

Man errichte in A und D Lothe auf der Achse, deren ersteres DE und CE beziehlich in I und K, deren letzteres CE in H trifft. Nennt man nun x das halbe zu CE gehörige latus rectum, so ist nach I. 50.

$$EK : EI = ED : x, \text{ also auch}$$

$$EH : ED = ED : x \text{ oder}$$

$$EH : ED = CE \cdot ED : CE \cdot x$$

und da $CE \cdot x = CG^2$ ist, so erhält man, wenn man in den mittleren Gliedern CE und ED vertauscht,

$$EH : CE = ED^2 : CG^2, \text{ und folglich auch}$$

$$DF : CF = ED^2 : CG^2. \text{ q. e. d.}$$

§. 5. **Lehrsatz 5.** Das zu einem beliebigen Durchmesser einer Parabel gehörige latus rectum ist gleich dem zur Hauptachse gehörigen latus rectum, vermehrt um das vierfache Stück dieser Achse, das zwischen ihrem Scheitel und dem Fusspunkte des vom Scheitel des erstgenannten Durchmessers auf sie gefällten Lothes liegt.

Fig. 382. Sei AB eine Parabel, A der Scheitel der Hauptachse, B der eines beliebigen anderen Durchmessers BD und BE die von B an die Hauptachse gezogene Ordinate; sind nun r, r_1 die zu AE, BD gehörigen latera recta, so ist zu zeigen, dass

$$r_1 = r + 4\,AE.$$

Man ziehe noch in B die Tangente BF bis an die Hauptachse und errichte in A ein Loth, das BF in G, die verlängerte DB in H schneidet, und in B die Normale BI auf der Tangente BF bis zur Achse.

Nun ist nach I. 49.

$$BH : BG = 2\,BF : r_1$$

und da wegen Aehnlichkeit der Dreiecke HBG und BFI

$$BH : BG = FB : FI, \text{ ist auch}$$

$$BF : FI = 2\,BF : r_1, \text{ also}$$

$$r_1 = 2\,FI = 2\,IE + 4\,AE \text{ (I. 35).}$$

Da aber

$$BE^2 = IE \cdot EF = 2\,IE \cdot EA$$

aus dem rechtwinkligen Dreieck IBF und gleich $r \cdot EA$ nach I. 11., ist $2\,IE = r$, (was auch aus V. 13. folgt), und also

$$r_1 = r + 4\,AE. \text{ q. e. d.}$$

§. 6. **Lehrsatz 6.** Werden auf der Hauptachse einer Hyperbel von den beiden Scheiteln nach dem Mittelpunkt zu die homologen Geraden abgeschnitten und von einem beliebigen Punkt des Umfangs eine Ordinate an die Hauptachse gezogen, so verhalten sich die Abschnitte der letzteren vom Fusspunkt der Ordinate bis zu den erhaltenen Endpunkten der beiden homologen Geraden wie die Quadrate der beiden conjugirten Durchmesser, welche den Verbindungslinien des im Umfang angenommenen Punktes mit den beiden Scheiteln der Hauptachse parallel sind.

Seien von den Scheiteln A, B der Hauptachse einer Hyperbel nach dem Mittelpunkt zu die homologen Geraden zu den Punkten D, E abgeschnitten, von einem beliebigen Punkt K des Umfangs die Ordinate KL so wie die Linien KA, AB und damit parallel die Durchmesser HI, FG gezogen, so ist zunächst klar, dass diese Durchmesser conjugirte sind, da sie von der Mitte C der einen Seite des Dreiecks AKB parallel den beiden andern Seiten gezogen sind und also die andern Seiten, welche Sehnen sind, halbiren, also jeder derselben die dem andern parallelen Sehnen halbirt; es wird nun behauptet: Fig. 383 a und b.

$$FG^2 : HI^2 = LE : LD.$$

Man ziehe von F die Ordinate FN so wie die Tangente FO an die Achse.

Nach §. 2. ist

$$AK^2 : LD \cdot LA = BK^2 : LE \cdot LB = AB : BD$$

und da wegen Aehnlichkeit der Dreiecke AKB und FOC

$AK : BK = FO : CF$, erhält man leicht

$$FO^2 : FC^2 = LD \cdot LA : LE \cdot LB.$$

Wegen Aehnlichkeit der Figuren $NFCO$, $LKBA$ haben wir

$LA : LB = NO : NC$, also

$FO^2 : FC^2 = LD \cdot NO : LE \cdot NC$ und nach §. 4.

$$CH^2 : FO^2 = NC : NO,$$

welches mit der vorigen Zeile zusammengesetzt giebt:

$$CH^2 : CF^2 = LD : LE \text{ oder auch}$$
$$HI^2 : FG^2 = LD : LE. \text{ q. e. d.}$$

§. 7. **Lehrsatz 7.** Werden auf einer Achse einer Ellipse von den beiden Scheiteln aus die zugehörigen homologen Geraden abgeschnitten und zwar auf den Verlängerungen nach der dem Mittelpunkt abgewandten Seite bei der grossen Achse, bei der kleinen dagegen über den Mittelpunkt hinweg, und werden von einem beliebigen Punkt des Umfangs Verbindungslinien nach den Scheiteln der Achse so wie eine Ordinate an diese gezogen, so verhalten sich die Quadrate der conjugirten Durchmesser, welche den erwähnten Verbindungslinien parallel sind, wie die Abschnitte, welche auf der Achse zwischen dem Fusspunkt der Ordinate und den beiden Endpunkten der homologen Geraden liegen.

Fig. 384a und b. Seien AD, BE die homologen Geraden von den Scheiteln der Achse einer Ellipse aus auf dieser abgeschnitten und zwar bei der grossen Achse nach aussen, bei der kleinen nach innen zu, ferner von einem Punkt K des Umfangs die Linien KA, KB und die Ordinate KL gezogen, so wird, wenn FG, HI die den Linien KB, KA parallelen Durchmesser sind, behauptet:

$$FG^2 : HI^2 = LE : LD.$$

Dass FG, HI conjugirte Durchmesser sind, erhellt aber sehr leicht daraus, dass jeder von ihnen eine dem andern parallele Sehne halbirt.

Man ziehe nun noch von F an die Tangente FO und die Ordinate FN an die Achse. Nun ist nach §. 3.

$$AK^2 : LA \cdot LD = BK^2 : LB \cdot LE = AB : BD$$

und da wegen Aehnlichkeit der Dreiecke AKB und OFC

$$AK : BK = FO : FC$$

ist, so hat man auch

$$FO^2 : FC^2 = LA \cdot LD : LB \cdot LE,$$

und da aus Aehnlichkeit der Figuren $AKBL$, $OFCN$

$$LA : LB = NO : NC, \text{ erhält man}$$
$$FO^2 : FC^2 = NO \cdot LD : NC \cdot LE; \text{ nach §. 4. ist aber}$$
$$CH^2 : FO^2 = NC \quad : NO, \text{ woraus durch Zu-}$$

sammensetzung entsteht

$$CH^2 : FC^2 = LD : LE \text{ oder auch}$$
$$IH^2 : FG^2 = LD : LE. \text{ q. e. d.}$$

Anm. Es erhellt zugleich hieraus, dass, wenn die von K gefällte Ordinate den Mittelpunkt trifft, die conjugirten Durchmesser einander gleich sind.

§. 8. **Lehrsatz 8.** Sei übrigens unter denselben Voraussetzungen als in den beiden vorigen Sätzen bei Hyperbel oder Ellipse die Linie LE noch um die mittlere Proportionale zwischen LD und LE verlängert bis zum Punkt P, so wird behauptet: Fig. 383 und 384.

$$AB^2 : (FG + HI)^2 = BD \cdot LE : LP^2.$$

Es ist nach vorigem Satz:

1) $CH^2 : CF^2 = LD : LE = LD \cdot LE : LE^2 = EP^2 : LE^2$, also

2) $CH : CF = EP : LE$ und componendo

3) $CF : CH + CF = LE : LP$, also auch

4) $CF^2 : (CH + CF)^2 = LE^2 : LP^2$ oder

5) $CF^2 : LE^2 = (CH + CF)^2 : LP^2$.

Nun ist ferner

6) $CF^2 : CO^2 = BK^2 : BA^2$,

aber nach §. 6. ist

7) $BK^2 : LB \cdot LE = AB : BD = AB^2 : AB \cdot BD$, mithin

8) $CF^2 : CO^2 = LB \cdot LE : AB \cdot BD$, und da

9) $LB : AB = NC : CO = CA^2 : CO^2$, erhalten wir

10) $CF^2 : CO^2 = CA^2 \cdot LE : CO^2 \cdot BD$ oder

11) $CF^2 : LE = CA^2 : BD$ oder

12) $CF^2 : LE^2 = CA^2 : BD \cdot LE$,

welches in (5) eingesetzt giebt:

$$CA^2 : BD \cdot LE = (CH + CF)^2 : LP^2 \text{ oder}$$

$$4\,CA^2 : 4 \cdot (CH + CF^2) = BD \cdot LE : LP^2, \text{ d. i.}$$

$$AB^2 : (HI + FG)^2 = BD \cdot LE : LP^2. \text{ q. e. d.}$$

§. 9. **Lehrsatz 9.** Unter denselben Voraussetzungen als im sechsten und siebenten Satz wird behauptet, dass, wenn die mittlere Proportionale zwischen LD und LE von E aus auf EL bis zum Punkt Q abgeschnitten wird, Fig. 383 und 384.

$$AB^2 : (FG - HI)^2 = LE \cdot BD : LQ^2.$$

Aus Zeile (2) des vorigen Beweises ergiebt sich dividendo sogleich:

$$CF : CF - CH = LE : LQ \text{ oder}$$

$$CF^2 : (CF - CH)^2 = LE^2 : LQ^2,$$

und setzen wir den in Zeile (12) des vorigen Beweises erhaltenen Werth von $CF^2 : LE^2$ ein, so erhalten wir sogleich

$$CA^2 : (CF - CH)^2 = BD \cdot LE : LQ^2 \text{ oder auch}$$

$$AB^2 : (FG - HI)^2 = BD \cdot LE : LQ^2. \text{ q. e. d.}$$

Fig. 383 und 384. §. 10. **Lehrsatz 10.** Unter denselben Voraussetzungen als in den vorigen Sätzen wird behauptet:

$$AB^2 : FG \cdot HI = BD : EP.$$

Aus der Zeile (2) des Beweises zu §. 8. ergiebt sich sogleich:

$$CF \cdot CH : CF^2 = EP : LE$$

und da nach Zeile (11) ebendaselbst

$$CF^2 : LE = CA^2 : BD,$$

so entsteht sogleich

$$CF \cdot CH : CA^2 = EP : BD$$

oder, indem man die Glieder des ersten Verhältnisses vervierfacht und die Ordnung umstellt:

$$AB^2 : FG \cdot HI = BD : EP. \text{ q. e. d.}$$

Fig. 383 und 384. §. 11. **Lehrsatz 11.** Unter denselben Voraussetzungen wird behauptet:

$$AB^2 : FG^2 + HI^2 = BD : LD + LE.$$

Es ist aus §§. 6 und 7.

$$CH^2 : CF^2 = LD : LE, \text{ also}$$

$$CF^2 : CH^2 + CF^2 = LE : LD + LE$$

und ersetzt man nach Zeile (11) des Beweises zu §. 8. $CF^2 : LE$ durch $CA^2 : BD$, so erhält man

$$CA^2 : CH^2 + CF^2 = BD : LD + LE$$

oder, wenn man die Vorderglieder vervierfacht:

$$AB^2 : FG^2 + HI^2 = BD : LD + LE. \text{ q. e. d.}$$

§. 12. **Lehrsatz 12.** Die Summe der Quadrate zweier beliebiger conjugirter Durchmesser einer Ellipse ist gleich der Summe der Quadrate ihrer Achsen.

Fig. 384. Sei in der Figur des siebenten Satzes noch die kleine Achse RS gezeichnet; da nun

$$AE : EB = t : r, \text{ ist } AE : EB = AB^2 : RS^2, \text{ also}$$

$$AE : AE + EB = AB^2 : AB^2 + RS^2 \text{ und da}$$

$$AE = BD, \text{ auch } BD : BD + BE = AB^2 : AB^2 + RS^2,$$

mithin da $BD + BE = LD + LE = DE$ ist, nach dem vorigen Satz auch

$$AB^2 : FG^2 + HI^2 = AB^2 : AB^2 + RS^2, \text{ d. h.}$$

$$FG^2 + HI^2 = AB^2 + RS^2. \text{ q. e. d.}$$

§. 13. **Lehrsatz 13.** Der Unterschied der Quadrate irgend zweier conjugirter Durchmesser einer Hyperbel ist gleich dem Unterschied der Quadrate ihrer Achsen.

Sei in der Figur des §. 6. noch die zweite Achse Fig. 383. RS gezeichnet; da nun nach Construction $AE : BE = t : r$, ist auch

1) $$AE : BE = AB^2 : RS^2, \text{ also}$$
$$AE : AE - BE = AB^2 : AB^2 - RS^2,$$
oder, da $AE = BD$ ist,

2) $$BD : DE = AB^2 : AB^2 - RS^2.$$

Es ist aber aus §. 6.
$$CH^2 : CF^2 = LD : LE, \text{ also}$$
$$CF^2 : CF^2 - CH^2 = LE : DE,$$
und da nach Zeile (11) aus §. 8.
$$CF^2 : LE = CA^2 : BD, \text{ so erhalten wir}$$
$$CA^2 : CF^2 - CH^2 = BD : DE,$$
oder, wenn man die Vorderglieder vervierfacht:
$$AB^2 : FG^2 - HI^2 = BD : DE,$$
welches mit (2) verglichen ergiebt
$$AB^2 : FG^2 - HI^2 = AB^2 : AB^2 - RS^2, \text{ mithin}$$
$$FG^2 - HI^2 = AB^2 - RS^2. \text{ q. e. d.}$$

§. 14. **Lehrsatz 14.** Es wird bei der Ellipse unter Fig. 384. Beibehaltung der Bezeichnungen von §. 7. ferner behauptet:
$$AB^2 : FG^2 - HI^2 = BD : 2\,CL.$$
Aus der in §. 7. gegebenen Zeile
$$CF^2 : CH^2 = LE : LD \text{ folgt}$$
$$CF^2 : CF^2 - CH^2 = LE : LE - LD, \text{ aber}$$
$$LE - LD = CE + CL - (CE - CL) = 2\,CL$$
und setzt man noch nach Zeile (11) aus §. 8.
$$CF^2 : LE = CA^2 : BD, \text{ so erhält man}$$
$$CA^2 : CF^2 - CH^2 = BD : 2\,CL$$
oder, wenn man die Vorderglieder vervierfacht:
$$AB^2 : FG^2 - HI^2 = BD : 2\,CL. \text{ q. e. d.}$$

§. 15. **Lehrsatz 15.** Wenn die Figuren der §§. 6 Fig. 383 und 384. und 7. für Hyperbel und Ellipse beibehalten werden und ρ das zu FG gehörige latus rectum bedeutet, so ist
$$AB^2 : \rho^2 = BD \cdot LE : LD^2.$$

Es ist nach §§. 6 und 7.

1) $CF^2 : CH^2 = LE : LD,$

und da $CF^2 : CH^2 = FG : \rho,$

2) $FG : \rho = LE : LD,$ mithin

3) $FG^2 : \rho^2 = LE^2 : LD^2;$

aus Zeile (11) in §. 8.

$CF^2 : LE = CA^2 : BD$ erhält man leicht

4) $4\,CF^2 : LE^2 = 4\,CA^2 : LE \cdot BD,$

welches in (3) eingesetzt ergiebt

$$4\,CA^2 : \rho^2 = LE \cdot BD : LD^2.$$ q. e. d.

Fig. 383 und 384. §. 16. **Lehrsatz 16.** Es ist unter Beibehaltung derselben Voraussetzungen zu beweisen:

$$AB^2 : (FG - \rho)^2 = BD \cdot LE : (LE - LD)^2.$$

Aus Zeile (2) des vorigen Satzes erhalten wir leicht

$FG : FG - \rho = LE : LE - LD,$ also auch

$$FG^2 : (FG - \rho)^2 = LE^2 : (LE - LD)^2,$$

und setzen wir hierin aus Zeile (4) des vorigen Satzes für $FG^2 : LE^2$ seinen Werth $AB^2 : BD \cdot LE$, so erhalten wir die Behauptung:

$$AB^2 : (FG - \rho)^2 = BD \cdot LE : (LE - LD)^2.$$

Fig. 383 und 384. §. 17. **Lehrsatz 17.** Unter denselben Voraussetzungen als vorher wird behauptet:

$$AB^2 : (FG + \rho)^2 = LE \cdot BD : (LE + LD)^2.$$

Aus Zeile (2) des §. 15. erhalten wir componendo

$FG : FG + \rho = LE : LE + LD$ oder

$$FG^2 : (FG + \rho)^2 = LE^2 : (LE + LD)^2;$$

und wird wieder statt $FG^2 : LE^2$ sein Werth $AB^2 : BD \cdot LE$ eingesetzt, so entsteht die Behauptung:

$$AB^2 : (FG + \rho)^2 = LE \cdot BD : (LE + LD)^2.$$

Fig. 383 und 384. §. 18. **Lehrsatz 18.** Unter denselben Voraussetzungen wird behauptet:

$$AB^2 : FG \cdot \rho = BD : LD.$$

Es ist nach Zeile (2) aus §. 15.

$FG : \rho = LE : LD,$ also

$$FG^2 : FG \cdot \rho = LE : LD$$

und setzt man nach Zeile (11) aus §. 8. statt $FG^2 : LE$ seinen Werth $AB^2 : BD$, so entsteht sogleich

$$AB^2 : FG \cdot \rho = BD : LD.$$ q. e. d.

Fig. 383 und 384. §. 19. **Lehrsatz 19.** Es ist eben so zu beweisen:

$$AB^2 : FG^2 + \rho^2 = BD \cdot LE : LD^2 + LE^2.$$

Aus Zeile (2) §. 15. erhalten wir

$$FG^2 : FG^2 + \rho^2 = LE^2 : LD^2 + LE^2$$

und wird statt $FG^2 : LE^2$ sein Werth $AB^2 : LE \cdot BD$ aus Zeile (4) §. 15. gesetzt, so entsteht die Behauptung

$$AB^2 : FG^2 + \rho^2 = BD \cdot LE : LD^2 + LE^2.$$

§. 20. **Lehrsatz 20.** Unter denselben Voraussetzungen wird endlich behauptet: Fig. 383 und 384.

$$AB^2 : FG^2 - \rho^2 = BD \cdot LE : LE^2 - LD^2.$$

Auf gleiche Weise als im vorigen Satz entsteht dividendo aus Zeile (2) des §. 15.

$$FG^2 : FG^2 - \rho^2 = LE^2 : LE^2 - LD^2$$

und ersetzt man $FG^2 : LE^2$ durch $AB^2 : LE \cdot BD$, so entsteht

$$AB^2 : FG^2 - \rho^2 = LE \cdot BD : LE^2 - LD^2. \text{ q. e. d.}$$

§. 21. **Lehrsatz 21.** Wenn bei einer Hyperbel die Hauptachse grösser als die zweite Achse ist, so ist jeder Querdurchmesser grösser als sein conjugirter zweiter oder Längsdurchmesser; das Verhältniss der ersten Achse zur zweiten ist in diesem Falle grösser als das Verhältniss irgend eines ersten Durchmessers zu seinem conjugirten und jedes solches Verhältniss ist grösser als das zweier andern conjugirter Durchmesser, die den Achsen entfernter liegen.

Sei AB die Hauptachse einer Hyperbel, grösser als die zweite Achse RS, und FG, F_1G_1 zwei andere erste Durchmesser, deren conjugirte beziehlich HI, H_1I_1 sind, und zwar FG der Achse AB näher als F_1G_1, so wird behauptet Fig. 385.

1) $FG > HI$, $F_1G_1 > H_1I_1$ und

2) $AB : RS > FG : HI > F_1G_1 : H_1I_1$.

Seien von A und B aus die homologen Geraden AD, BE auf der Achse abgeschnitten, so wird, da AB grösser als sein latus rectum ist, AD kleiner als die halbe Achse AC sein; man ziehe nun von A Parallelen mit den Tangenten in F und F_1, welche die Hyperbel beziehlich in K und K_1 treffen, und von K, K_1 die Ordinaten KL, K_1L_1, so ist nach §. 6.

$$FG^2 : HI^2 = LE : LD, \quad F_1G_1^2 : H_1I_1^2 = L_1E : L_1D,$$

mithin, da

$$LE > LD, \quad L_1E > L_1D, \text{ auch } FG > HI, \quad F_1G_1 > H_1I_1.$$

Da aber auch

$$AB^2 : RS^2 = AB : r = AD : AE$$

und, wie leicht einzusehen,

$$AE : AD > LE : LD > L_1E : L_1D,$$

so folgt von selbst auch:

$$AB^2 : RS^2 > FG^2 : HI^2 > F_1G_1^2 : H_1I_1^2, \text{ also auch}$$

$$AB : RS > FG : HI > F_1G_1 : H_1I_1. \text{ q. e. d.}$$

§. 22. **Lehrsatz 22.** Wenn die Hauptachse einer Hyperbel kleiner als die zweite Achse ist, so ist auch jeder Querdurchmesser kleiner als der ihm conjugirte zweite Durchmesser und das Verhältniss der Hauptachse zur zweiten Achse ist kleiner als das eines jeden andern ersten Durchmessers zu seinem conjugirten, jedes solche Verhältniss aber kleiner als das eines von der Hauptachse entfernteren Durchmessers zu seinem conjugirten.

Fig. 386. Seien dieselben Linien als im vorigen Satz an einer Hyperbel, deren Hauptachse *AB* kleiner als die zweite Achse *RS* ist, gezogen, dann ist jede der homologen Geraden *AD*, *BE* grösser als *AC* und da nach §. 6.

$$FG^2 : HI^2 = LE : LD \text{ , } F_1G_1^2 : H_1I_1^2 = L_1E : L_1D,$$

so ergiebt sich von selbst, da

$$LE < LD \text{ , } L_1E < L_1D, \text{ auch}$$

$$FG < HI \text{ , } F_1G_1 < H_1I_1 \text{ ; da aber auch}$$

$$AB^2 : RS^2 = AB : r = AE : AD$$

ist, und, wie leicht einzusehen,

$$AE : AD < LE : LD < L_1E : L_1D,$$

so folgt von selbst auch

$$AB : RS < FG : HI < F_1G_1 : H_1I_1. \text{ q. e. d.}$$

§. 23. **Lehrsatz 23.** Wenn die beiden Achsen einer Hyperbel einander gleich sind, so ist auch jeder andere Durchmesser gleich seinem conjugirten.

Wenn die Achsen gleich sind, muss nach I. 21. auch das latus transversum *AB* gleich seinem zugehörigen latus rectum sein, mithin ist in diesem Fall jede der homologen Geraden gleich *AC* und die Punkte *D* und *E* der vorigen Sätze fallen in dem Mittelpunkt zusammen; aus der Proportion der §§. 6 und 7.

$$FG^2 : HI^2 = LE : LD \text{ wird daher}$$

$$FG^2 : HI^2 = LC : LC,$$

d. h. $FG = HI$ und ein Gleiches gilt von jedem Paar conjugirter Durchmesser.

§. 24. **Lehrsatz 24.** Bei jeder Ellipse ist das Verhältniss der grossen Achse zur kleinen grösser als das irgend eines andern grösseren Durchmessers zu dem ihm conjugirten kleineren und jedes solche Verhältniss wieder grösser als das eines von der Achse entfernteren Durchmessers zu dem ihm conjugirten kleineren.

Seien AB, RS die Hauptachsen einer Ellipse, FG, HI Fig. 387. und F_1G_1, H_1I_1 zwei Paar conjugirter Durchmesser, so dass sowohl $FG > HI$ als $F_1G_1 > H_1I_1$ ist, und F_1G_1 entfernter von AB als FG, so wird behauptet

$$AB : RS > FG : HI > F_1G_1 : H_1I_1.$$

Man ziehe noch von F und F_1 die Ordinaten FD, F_1D_1 an die grosse Achse, von H, H_1 die Ordinaten HE, H_1E_1 an die kleine.

Nach I. 21. ist

$$FD^2 : AD \cdot DB = RS^2 : AB^2 \text{ oder}$$

$$FD^2 : CA^2 - CD^2 = CR^2 : CA,$$

mithin $FD^2 < CA^2 - CD^2$ und wenn man auf beiden Seiten CD^2 addirt, $CF^2 < CA^2$, also auch $FG < AB$. Auf ähnliche Art ist

$$HE^2 : RE \cdot ES = AB^2 : RS^2 \text{ oder}$$

$$HE^2 : CR^2 - CE^2 = CB^2 : CR^2,$$

also $HE^2 > CR^2 - CE^2$ und wenn man CE^2 addirt, $CH^2 > CR^2$ oder $HI > RS$, mithin, da $AB > FG$ war,

$$AB : RS > FG : HI.$$

Ferner ist

$$FD^2 : CA^2 - CD^2 = F_1D_1^2 : CA^2 - CD_1^2 = RS^2 : AB^2,$$

woraus durch Subtraction der correspondirenden Glieder entsteht:

$$F_1D_1^2 - FD^2 : CD^2 - CD_1^2 = RS^2 : AB^2, \text{ mithin}$$

$$F_1D_1^2 - FD^2 < CD^2 - CD_1^2 \text{ oder}$$

$$F_1D_1^2 + CD_1^2 < CD^2 + FD^2,$$

d. h. $CF_1^2 < CF^2$ und also auch $F_1G_1 < FG$.

Auf gleiche Art haben wir

$$HE^2 : CR^2 - CE^2 = H_1E_1^2 : CR^2 - CE_1^2 = AB^2 : RS,$$

woraus entsteht:

$$H_1E_1^2 - HE^2 : CE^2 - CE_1^2 = AB^2 : RS^2, \text{ also}$$

$$H_1E_1^2 - HE^2 > CE^2 - CE_1^2 \text{ oder}$$
$$H_1E_1^2 + CE_1^2 > CE^2 + HE^2,$$

d. i. $CH_1^2 > CH^2$, also $H_1I_1 > HI$; und da oben gezeigt ist $F_1G_1 < FG$, so ergiebt sich

$$FG : HI > F_1G_1 : H_1I_1.$$

Mithin ist die Behauptung erwiesen.

Anm. Aus dem Gesagten erhellt ferner von selbst, dass der Unterschied der Achsen $AB - RS$ grösser ist als der irgend eines Paares conjugirter Durchmesser $FG - HI$ und dieser wieder grösser als der Unterschied von den Achsen entfernterer Durchmesser $F_1G_1 - H_1I_1$, so wie dass auch

$$AB^2 - RS^2 > FG^2 - HI^2 > F_1G_1^2 - H_1I_1^2.$$

Ferner erhellt auch, dass die latera recta, welche zu den Durchmessern AB, FG, F_1G_1, H_1I_1, HI, RS gehören, in der genannten Ordnung genommen immer grösser werden, da sie mit ihren Durchmessern Rechtecke geben, welche der Reihe nach gleich RS^2, HI^2, $H_1I_1^2$, $F_1G_1^2$, FG^2, AB^2 sind, also immer grösser werden, während die Durchmesser selbst in der genannten Ordnung an Grösse abnehmen.

§. 25. **Lehrsatz 25.** Bei der Hyperbel ist die Summe der Achsen kleiner als die irgend zweier andern conjugirter Durchmesser und jede solche Summe kleiner als die zweier conjugirter Durchmesser, welche von den Achsen entfernter liegen.

Fig. 385 und 386. Seien AB, RS die Achsen, FG, HI, F_1G_1, H_1I_1 zwei Paar conjugirter Durchmesser einer Hyperbel in der gewohnten Ordnung, so wird behauptet

$$AB + RS < FG + HI < F_1G_1 + H_1I_1.$$

Man zeichne noch die conjugirten Hyperbeln und ziehe von F, F_1 an die erste Achse die Ordinaten FN, F_1N_1, von H, H_1 an die zweite HO, H_1O_1, so leuchtet aus der Betrachtung der Katheten der rechtwinkligen Dreiecke CFN, CF_1N_1, CHO, CHO_1 ein, dass $CA < CF < CF_1$ und $CR < CH < C_1H_1$ ist, mithin ist auch

$$CA + CB < CF + CH < CF_1 + CH_1$$

und was von den Hälften gilt, gilt auch von den Ganzen.

Auch ohne Zuhülfenahme der conjugirten Hyperbeln folgt die Richtigkeit der Behauptung daraus, dass $CA < CF < CF_1$ und nach §. 13.

$$CA^2 - CR^2 = CF^2 - CH^2 = CF_1^2 - CH_1^2$$

ist, da dann auch nothwendig $CR < CH < CH_1$ sein muss.

§. 26. **Lehrsatz 26.** Bei der Ellipse ist die Summe der Achsen kleiner als die Summe irgend zweier anderer conjugirter Durchmesser und jede solche Summe kleiner als die anderer conjugirter Durchmesser, welche von den Achsen entfernter liegen. Die unter sich gleichen conjugirten Durchmesser haben die grösste Summe unter allen.

Seien AB, RS die Achsen, FG, HI ein Paar conjugirter Fig. 387. Durchmesser und F_1G_1, H_1I_1 ein den Achsen entfernter liegendes Paar, LM, NO aber die einander gleichen conjugirten Durchmesser. Nach §. 24. ist

$$AB:RS > FG:HI > F_1G_1:H_1I_1 > LM:NO,$$

und folglich nach Lemma VIII. des Abdolmelek

$$(AB+RS)^2:AB^2+RS^2 < (FG+HI)^2:FG^2+HI^2 < (F_1G_1 + H_1I_1)^2:F_1G_1^2+H_1I_1^2 < (LM+NO)^2:LM^2+NO^2.$$

Da aber nach §. 12.

$$AB^2+RS^2 = FG^2+HI^2 = F_1G_1^2+HI_1^2 = LM^2+NO^2$$

ist, so folgt, dass

$$AB+RS < FG+HI < F_1G_1+H_1I_1 < LM+NO$$ ist.

q. e. d.

§. 27. **Lehrsatz 27.** Bei jeder Hyperbel oder Ellipse ist, wenn die Achsen ungleich sind, der Ueberschuss der grossen Achse über die kleine grösser als der irgend eines andern Durchmessers über seinen conjugirten und dieser Ueberschuss für den Achsen nähere Durchmesser grösser als für entferntere.

Bei der Ellipse ist die Richtigkeit des Gesagten schon in der Anmerkung zu §. 24. erwiesen.

Bei der Hyperbel folgt es unter Beibehaltung der Bezeichnung von §. 25. leicht folgendermassen. Es ist nach §. 13.

1) $AB^2 - RS^2 = FG^2 - HI^2 = F_1G_1^2 - H_1I_1^2$

und nach §. 25.

2) $AB + RS < FG + HI < F_1G_1 + H_1I_1$,

mithin durch Division von (1) durch (2)

$$AB - RS > FG - HI > F_1G_1 - H_1I_1.$$ q. e. d.

§. 28. **Lehrsatz 28.** Bei jeder Hyperbel oder Ellipse ist das Rechteck aus den Achsen kleiner als das aus irgend zwei conjugirten Durchmessern und jedes solche Rechteck für den Achsen nähere Durchmesser kleiner als für entferntere.

Fig. 385-387. Da bei der Hyperbel, wie in §. 25. gezeigt ist, conjugirte Durchmesser einzeln grösser sind als die Achsen und den Achsen entferntere Durchmesser grösser als nähere, so erhellt die Richtigkeit der Behauptung von selbst. Bei der Ellipse kann es unter Beibehaltung der Bezeichnung von §. 26. folgendermassen gezeigt werden.

Es ist nach §. 26.

$$AB + RS < FG + HI < F_1G_1 + H_1I_1 < LM + NO,$$

also auch

$$AB^2 + 2AB \cdot RS + RS^2 < FG^2 + 2FG \cdot HI + HI^2 < F_1G_1^2 + 2F_1G_1 \cdot H_1I_1 + H_1I_1^2 < LM^2 + 2LM \cdot NO + NO^2,$$

nach §. 12. ist aber

$$AB^2 + RS^2 = FG^2 + HI^2 = F_1G_1^2 + H_1I_1^2 = LM^2 + NO^2,$$

woraus leicht folgt, dass

$$AB \cdot RS < FG \cdot HI < F_1G_1 \cdot H_1I_1 < LM \cdot NO \text{ ist.}$$

Es zeigt sich also auch, dass das Quadrat eines der beiden gleichen conjugirten Durchmesser grösser ist als das Rechteck aus irgend zwei conjugirten Durchmessern.

§. 29. **Lehrsatz 29.** Bei der Hyperbel ist der Unterschied zwischen dem Quadrat eines Querdurchmessers und dem zu ihm gehörigen Rechteck für alle Durchmesser gleich gross.

Ist eine unmittelbare Folge von §. 13., da das Quadrat des zweiten Durchmessers dem zum ersten gehörigen Rechteck gleich ist.

§. 30. **Lehrsatz 30.** Bei der Ellipse ist die Summe aus dem Quadrat eines Durchmessers und dem zu diesem gehörigen Rechteck für alle Durchmesser gleich gross.

Folgt eben so aus §. 12. wie das Vorige aus §. 13.

§. 31. **Lehrsatz 31.** Bei der Ellipse sowohl als bei conjugirten Gegenschnitten ist das Parallelogramm aus irgend zwei conjugirten Durchmessern, welche unter dem Winkel aneinandergelegt werden, den sie am Mittelpunkt machen, gleich dem Rechteck aus den Achsen.

Fig. 388a und b. Seien *AB*, *RS* die Achsen conjugirter Gegenschnitte oder einer Ellipse, *FG*, *HI* zwei conjugirte Durchmesser derselben und in den Punkten *F*, *G*, *H*, *I* Tangenten gezogen, welche das Parallelogramm *MNPQ* bilden, so wird behauptet, dass $MNPQ = AB \cdot RS$ ist.

Man ziehe noch von F die Ordinate FE an die Achse BA, nenne X den Punkt, in dem die verlängerte MN, O den, in welchem MQ die Achse AB schneidet.

Nun ist

1) $2\triangle FOC : MFCH = FO : CH$ und

2) $MFCH : 2\triangle HCX = MH : HX = OC : CX = FO : CH$,

also

3) $2\triangle FOC : MFCH = MFCH : 2\triangle HCX$.

Es ist aber nach §. 4.

$$FO^2 : CH^2 = EO : CE = EO \cdot CE : CE^2, \text{ und da}$$
$$FO^2 : CH^2 = 2\triangle FOC : 2\triangle HCX,$$

wie durch Zusammensetzung von (1) und (2) erhalten wird, ist:

4) $2\triangle FOC : 2\triangle HCX = EO \cdot CE : CE^2$;

nach I. 37. ist aber

$$EO \cdot CE : FE^2 = CA^2 : CR^2$$

und wenn man den hieraus entnommenen Werth von $EO \cdot CE$ in (4) einsetzt, so hat man

5) $2\triangle FOC : 2\triangle HCX = FE^2 \cdot CA^2 : CE^2 \cdot CR^2$ oder

$4 \cdot (\triangle FOC)^2 : 4\triangle FOC \cdot \triangle HCX = FE^2 \cdot CA^4 : CA^2 \cdot CE^2 \cdot CR^2$;

nun ist aus (3)

$$4\triangle FOC \cdot \triangle HCX = (MFCH)^2$$

und nach I. 37. $CA^4 = CE^2 \cdot CO^2$, mithin

6) $4 \cdot (\triangle FOC)^2 : (MFCH)^2 = FE^2 \cdot CO^2 : CA^2 \cdot CR^2$ oder

$$2\triangle FOC : MFCH = FE \cdot CO : CA \cdot CR;$$

da aber $2\triangle FOC = FE \cdot CO$ ist, folgt, dass $MFCH = CA \cdot CR$, also auch $MNPQ = AB \cdot RS$ ist. q. e. d.

§. 32. **Lehrsatz 32.** Bei jeder Parabel ist das zur Hauptachse gehörige latus rectum kleiner als das zu irgend einem andern Durchmesser gehörige und das zu einem der Achse entfernteren Durchmesser gehörige grösser als für einen näheren.

Sind AD die Achse, BE, CF zwei Durchmesser einer Parabel und CF weiter von AB entfernt als BE, so ist, wenn AL, BM, CN die zugehörigen latera recta sind, zu zeigen, dass $CN > BM > AL$ ist. Fig. 389.

Zieht man von B, C die Ordinaten BI, CG an die Hauptachse, so ist nach §. 5.

$$BM = AL + 4AI\,,\ CN = AL + 4AG,$$

woraus die Richtigkeit der Behauptung erhellt.

§. 33. **Lehrsatz 33.** Wenn die Hauptachse einer Hyperbel nicht kleiner als ihr zugehöriges latus rectum ist, so ist dieses latus rectum kleiner als das zu irgend einem andern Durchmesser gehörige und jedes solche latus rectum kleiner als das zu einem der Achse entfernteren Durchmesser gehörige.

Fig. 385. Seien AB die Achse, FG, F_1G_1 zwei Querdurchmesser einer Hyperbel, und zwar F_1G_1 weiter entfernt von AB als FG, und r, ρ, ρ_1 der Reihe nach die zugehörigen latera recta, so ist, wenn AB nicht kleiner als r ist, zu zeigen, dass $r < \rho < \rho_1$ ist.

Wenn zunächst $AB = r$ ist, so ist nach §. 23. und I. 16. auch $FG = \rho$, $F_1G_1 = \rho_1$, und da $AB < FG < F_1G_1$ ist, auch $r < \rho < \rho_1$.

Wenn aber $AB < r$, so ist, da nach §. 21.

$$AB^2 : RS^2 > FG^2 : HI^2 > F_1G_1^2 : H_1I_1^2, \text{ auch}$$

$$AB : r > FG : \rho > F_1G_1 : \rho_1$$

und da die Vorderglieder zunehmen, die Verhältnisse aber an Grösse abnehmen, müssen die Hinterglieder in noch stärkerem Verhältniss zunehmen, also $r < \rho < \rho_1$. q. e. d.

§. 34. **Lehrsatz 34.** Wenn die Achse einer Hyperbel kleiner als ihr latus rectum, aber nicht kleiner als dessen Hälfte ist, so ist das zur Hauptachse gehörige latus rectum kleiner als das zu irgend einem andern Durchmesser gehörige und das zu einem der Achse näheren gehörige kleiner als das zu einem entfernteren.

Fig. 390. Sei unter Beibehaltung der obigen Bezeichnungen angenommen, dass AB nicht kleiner als $\frac{r}{2}$ ist, so ist zu zeigen $r < \rho < \rho_1$.

Man ziehe von B Parallelen mit CF, CF_1, welche die Hyperbel in K, K_1 treffen, fälle die Ordinaten KL, K_1L_1 und schneide auf AB die homologen Geraden AD, BE ab.

Weil nun AB nicht kleiner als $\frac{r}{2}$ ist, ist auch

1) $$\frac{AD}{2} \leq AE \text{ und da}$$

$$2)\qquad \frac{LD + AD}{2} > AD$$

ist, erhalten wir durch Division von (2) durch (1):

$$LD + AD : AD > AD : AE;$$

multipliciren wir hierin das erste und dritte Glied mit LA, d. h. im ersten Glied mit $LD - AD$, im dritten mit $LE - AE$, so erhalten wir:

$$LD^2 - AD^2 : AD > AD \cdot (LE - AE) : AE$$

oder durch Verschiebung von AD:

$$3)\qquad LD^2 - AD^2 : AD^2 > LE - AE : AE,$$

woraus componendo entsteht:

$$LD^2 : AD^2 > LE : AE, \text{ mithin auch}$$

$$4)\qquad LD^2 \cdot AE > AD^2 . LE.$$

Nach §. 15. ist aber

$$5)\qquad AB^2 : \rho^2 = AE \cdot LE : LD^2$$

und nach Construction

$$6)\qquad r^2 : AB^2 = AD^2 : AE^2, \text{ mithin}$$

$$7)\qquad r^2 : \rho^2 = AD^2 \cdot LE : LD^2 \cdot AE,$$

woraus durch Vergleichung mit (4) folgt $r < \rho$.

Auf gleiche Art hat man, da $LD + L_1D > 2LD$ und $LD < 2LE$ ist, durch Division:

$$8)\qquad \frac{L_1D + LD}{LD} > \frac{LD}{LE}$$

und wenn man im ersten Glied mit $LL_1 = L_1D - LD$, im dritten mit $LL_1 = L_1E - LE$ multiplicirt:

$$\frac{L_1D^2 - LD^2}{LD} > \frac{(L_1E - LE) \cdot LD}{LE}$$

oder durch Division mit LD:

$$9)\qquad \frac{L_1D^2 - LD^2}{LD^2} > \frac{L_1E - LE}{LE},$$

woraus componendo

$$10)\qquad L_1D^2 : LD^2 > L_1E : LE \text{ oder}$$

$$L_1D^2 \cdot LE > LD^2 \cdot L_1E.$$

Es ist aber nach §. 15.

$$11)\qquad \rho^2 : AB^2 = LD^2 : AE \cdot LE \text{ und}$$

$$12)\qquad AB^2 : \rho_1^2 = AE \cdot L_1E : L_1D^2, \text{ mithin}$$

$$\rho^2 : \rho_1^2 = LD^2 \cdot LE_1 : L_1D^2 \cdot LE, \text{ woraus}$$

durch Vergleichung mit (10) folgt, dass $\rho < \rho_1$, und es ist also bewiesen, dass $r < \rho < \rho_1$ ist.

§. 35. **Lehrsatz 35.** Wenn die Hauptachse einer Hyperbel kleiner als die Hälfte des zugehörigen latus rectum ist, so kann auf jeder Seite derselben ein Durchmesser gefunden werden, welcher gleich der Hälfte seines zugehörigen latus rectum ist. Dessen latus rectum ist dann das kleinste unter allen denen, deren Durchmesser auf derselben Seite der Hauptachse liegen, und die Durchmesser, welche auf jeder Seite der Achse dem so bestimmten Durchmesser näher liegen, haben kleinere latera recta als die entfernteren. Mit andern Worten: das latus rectum der Hauptachse ist in diesem Fall ein Maximum und auf jeder Seite derselben dasjenige latus rectum, welches die Hälfte des zugehörigen Durchmessers ist, ein Minimum.

Fig. 391. Seien wie früher D, E die Punkte, welche die Achse AB einer Hyperbel, in welcher $AB < \frac{1}{2}r$ ist, nach dem Verhältniss $AB : r$ theilen, so ist also auch $AE < \frac{1}{2}AD$ und folglich $ED > EA$.

Man schneide nun auf der Achse von E aus $E\chi = ED$ über A hinaus ab, errichte in χ die Ordinate $\phi\chi$, ziehe $B\phi$ und damit parallel einen Durchmesser FG; nennt man nun ρ das zu FG gehörige latus rectum, so ist nach §. 6.

$$FG : \rho = \chi E : \chi D = 1 : 2,$$

mithin FG der im Satz erwähnte Durchmesser, der gleich der Hälfte seines latus rectum ist. Seien nun auf einer Seite desselben noch die Durchmesser HI, KL, auf der andern MN, OP, in der angegebenen Ordnung sich von ihm entfernend, gezogen, so ist, wenn ρ_1, ρ_2, ρ_3, ρ_4 der Reihe nach die zu diesen Durchmessern gehörigen latera recta sind, zu zeigen:

$$\rho_2 > \rho_1 > \rho < \rho_3 < \rho_4.$$

Man ziehe noch von B aus mit jenen Durchmessern der Reihe nach die Parallelen $B\eta$, $B\varkappa$, $B\mu$, Bo und von den Punkten η, $\varkappa$, μ, o die Ordinaten $\eta\iota$, $\varkappa\lambda$, $\mu\nu$, $o\pi$.

Nun ist nach §. 15.

$$
\begin{array}{ll}
1) & AB^2 : \rho^2 = AE \cdot \chi E : \chi D^2, \\
2) & \underline{\rho_1^2 : AB^2 = \iota D^2 : AE \cdot \iota E,} \text{ also} \\
3) & \rho_1^2 : \rho^2 \quad = \iota D^2 \cdot \chi E : \chi D^2 \cdot \iota E = \frac{\chi E}{\iota E} : \frac{\chi D^2}{\iota D^2}.
\end{array}
$$

Es ist aber

$$\frac{\chi E}{\iota D} > \frac{\chi D}{\iota E}, \text{ also auch } \frac{\chi E + \iota E}{\iota E} > \frac{\chi D + \iota D}{\iota D}$$

und da $\chi E = ED$ ist,

$$\frac{\iota D}{\iota E} > \frac{\chi D + \iota D}{\iota D};$$

oder wenn man links mit $\chi\iota = \chi E - \iota E$, rechts mit $\chi\iota = \chi D - \iota D$ multiplicirt:

$$\frac{(\chi E - \iota E)}{\iota E} \cdot \iota D > \frac{\chi D^2 - \iota D^2}{\iota D} \text{ oder}$$

$$\frac{\chi E - \iota E}{\iota E} > \frac{\chi D^2 - \iota D^2}{\iota D^2},$$

daher auch componendo:

$$\frac{\chi E}{\iota E} > \frac{\chi D^2}{\iota D^2},$$

welches mit (3) verglichen zeigt, dass $\rho_1 > \rho$ ist.

Auf gleiche Weise als vorher erhalten wir leicht aus §. 15.:

$$\rho_2^2 : \rho_1^2 = \lambda D^2 \cdot \iota E : \iota D^2 \cdot \lambda E = \frac{\iota E}{\lambda E} : \frac{\iota D^2}{\lambda D^2};$$

und aus der Zeile

$$\frac{\chi E}{\lambda E} > \frac{\iota D}{\lambda D},$$

welche gewiss richtig ist, da schon

$$\frac{\chi E}{\lambda E} > \frac{\chi D}{\lambda D}$$

ist, erhalten wir ähnlich wie oben

$$\frac{\iota E}{\lambda E} > \frac{\iota D^2}{\lambda D^2}, \text{ mithin auch } \rho_2 > \rho_1.$$

Eben so ist für das zu dem Durchmesser *MN* gehörige latus rectum ρ_3 aus §. 15.

$$\rho_3^2 : \rho^2 = \nu D^2 \cdot \chi E : \chi D^2 \cdot \nu E = \frac{\chi E}{\nu E} : \frac{\chi D^2}{\nu D^2}.$$

Aus

$$\frac{\chi E}{\nu E} < \frac{\chi D}{\nu D}$$

folgt, da $\chi E + \nu E = \nu D$ ist, componendo

$$\frac{\nu D}{\nu E} < \frac{\chi D + \nu D}{\nu D}$$

und wenn man links mit $\chi\nu = \nu E - \chi E$, rechts mit $\chi\nu = \nu D - \chi D$ multiplicirt und dann noch mit νD auf beiden Seiten dividirt:

$$\frac{\nu E - \chi E}{\nu E} < \frac{\nu D^2 - \chi D^2}{\nu D^2}, \text{ woraus folgt } \frac{\chi E}{\nu E} > \frac{\chi D^2}{\nu D^2}$$

und also auch $\rho_3 > \rho$. Auf ganz gleiche Art wird bewiesen $\rho_4 > \rho_3$ und es ist sonach die Behauptung erwiesen.

§. 36. **Lehrsatz 36.** Wenn bei einer Hyperbel die Hauptachse nicht gleich ihrem latus rectum ist, so ist der Unterschied beider Linien für die Hauptachse grösser als für irgend einen andern Durchmesser und für der Achse näher liegende Durchmesser grösser als für entferntere.

Fig. 385 und 386. Seien AB die Hauptachse, FG, F_1G_1 zwei andere Druchmesser einer Hyperbel und zwar F_1G_1 weiter von AB als FG, so ist, wenn r, ρ, ρ_1 der Reihe nach die zugehörigen latera recta sind und AB zunächst grösser als r ist, zu zeigen

$$AB - r > FG - \rho > F_1G_1 - \rho_1.$$

Es ist in der Figur des §. 34.

$$AB^2 : (AB - r)^2 = AE^2 : (AE - AD)^2 = AE^2 : DE^2$$

und nach §. 16.

$$AB^2 : (FG - \rho)^2 = BD \cdot LE : (LE - LD)^2 = AE \cdot LE : DE^2 \text{ so wie}$$

$$AB^2 : (F_1G_1 - \rho_1)^2 = BD \cdot L_1E : (L_1E - L_1D)^2 = AE \cdot L_1E : DE^2.$$

Da nun $AE < LE < L_1E_1$, folgt

$$AB - r > FG - \rho > F_1G_1 - \rho_1.$$

Es folgt übrigens der Satz auch leicht aus §. 29., wonach

$$AB^2 - AB \cdot r = FG^2 - FG \cdot \rho = F_1G_1^2 - F_1G_1 \cdot \rho_1,$$

denn da $AB < FG < F_1G_1$, muss

$$AB - r > FG - \rho > F_1G_1 - \rho_1 \text{ sein.}$$

Ist $AB < r$, so müssen die Unterschiede mit umgekehrten Zeichen genommen werden.

§. 37. **Lehrsatz 37.** Bei der Ellipse ist der Unterschied der Seiten des zu einem Durchmesser gehörigen Rechtecks für die Hauptachse grösser als für irgend einen andern Durchmesser, der grösser als sein latus rectum ist, und unter diesen für der Hauptachse näher liegende Durchmesser grösser als für entferntere; unter den Durchmessern aber, die kleiner als ihre latera recta sind, ist der genannte Unterschied für die kleine Achse am grössten und für die ihr näher liegenden grösser als für entferntere. Für die kleine Achse selbst ist der erwähnte Unterschied aber grösser als für die grosse Achse.

Fig. 387. Seien AB, RS die Achsen einer Ellipse, r, r_1 die zugehörigen latera recta, FG, F_1G_1 zwei Durchmesser, deren jeder grösser ist als das zugehörige latus rectum ρ und ρ_1, HJ, H_1I_1 dagegen solche Durchmesser, welche kleiner als die zugehörigen latera recta ρ_2 und ρ_3 sind, so ist zu zeigen

1) $AB - r > FG - \rho > F_1 G_1 - \rho_1$,
2) $r_1 - RS > \rho_2 - HI > \rho_3 - H_1 I_1$,
3) $r_1 - RS > AB - r$.

Nach dem, was in §. 24. gezeigt ist, ist $AB > FG > F_1 G_1$ so wie nach dem in der Anmerkung desselben Satzes Gesagten $r < \rho < \rho_1$, woraus von selbst folgt

$$AB - r > FG - \rho > F_1 G_1 - \rho_1.$$

Auf gleiche Weise folgt, da nach §. 24. auch

$$RS < HI < H_1 I_1 \text{ und } r_1 > \rho_2 > \rho_3 \text{ ist,}$$

$$r_1 - RS > HI - \rho_2 > H_1 I_1 - \rho_3.$$

Nach I. 15. ist ferner

$$RS : AB = AB : r_1,$$

also $AB < r_1$ und da ausserdem

$$AB : r = r_1 : RS$$

ist, so folgt dividendo

$$AB - r : r_1 - RS = AB : r_1,$$

also $AB - r < r_1 - RS$. q. e. d.

§§. 38 und 39. **Lehrsatz 38 und 39.** Wenn bei einer Hyperbel die Hauptachse nicht kleiner als der dritte Theil des zugehörigen latus rectum ist, so ist die Summe der Seiten des zu einem Durchmesser gehörigen Rechtecks für die Hauptachse am kleinsten und für jeden davon entfernteren Durchmesser grösser als für einen näheren.

Seien AB die Achse, FG, $F_1 G_1$ zwei Durchmesser einer Hyperbel, r, ρ, ρ_1 die zugehörigen latera recta, so ist, wenn nicht $AB < \frac{1}{3} r$, zu zeigen, dass

$$AB + r < FG + \rho < F_1 G_1 + \rho_1 \text{ ist.}$$

§. 38. Sei zuerst AB nicht kleiner als r, dann ist nach §. 33. $r < \rho < \rho_1$ und da nach §. 25. $AB < FG < F_1 G_1$ ist, so folgt von selbst Fig. 385.

$$AB + r < FG + \rho < F_1 G_1 + \rho_1.$$

§. 39. Sei AB zwar kleiner als r, aber nicht kleiner als $\frac{1}{3} r$, so ist dieselbe Behauptung als vorher zu erweisen. Fig. 390.

Man ziehe noch von B die Parallelen BK, BK_1 mit FG und $F_1 G_1$ und von K, K_1 die Ordinaten KL, $K_1 L_1$ an die Achse und schneide von A und B die homologen Geraden AD, BE auf der Achse ab.

Weil nun $AB : r = AE : BE = AE : AD$, ist

1) $AB^2 : (AB + r)^2 = AE^2 : (AE + AD)^2$

und nach §. 17.

2) $(FG + \rho)^2 : AB^2 = (LE + LD)^2 : AE \cdot LE$, mithin

3) $(FG+\rho)^2 : (AB+r)^2 = AE \cdot (LE+LD)^2 : LE \cdot (AE+AD)^2$

$$= \frac{(LE + LD)^2}{(AE + AD)^2} : \frac{LE}{AE}.$$

Weil aber AB nicht kleiner als $\frac{1}{3}r$ ist, ist auch AE nicht kleiner als $\frac{1}{3}AD$, also auch nicht kleiner als $\frac{1}{2}DE$ und folglich

$$\frac{2AE + DE}{AE} = \frac{AD + AE}{AE} \gtreqless 4 \text{ und}$$

$$\frac{4 \cdot (LE + AE + DE)}{2AE + DE} = \frac{4 \cdot (LD + AE)}{AD + DE} > 4;$$

durch Vergleichung dieser Zeilen erhält man aber:

4) $$\frac{4 \cdot (LD + AE)}{AD + AE} > \frac{AD + AE}{AE},$$

und multiplicirt man links mit

$\frac{LD - AD}{AD + AE}$, rechts mit $\frac{LE - AE}{AD + AE}$, so entsteht

5) $$\frac{4 \cdot (LD+AE) \cdot (LD - AD)}{(AD + AE)^2} > \frac{LE - AE}{AE}, \text{ und da}$$

$2LD + 2AE = LD + LE + AD + AE$ und

$2LD - 2AD = LD + LE - AD - AE$, also

$4 \cdot (LD + AE) \cdot (LD - AD) = (LD + LE)^2 - (AD + AE)^2$,

so erhalten wir statt Zeile (5)

$$\frac{(LD + LE)^2 - (AD + AE)^2}{(AD + AE)^2} > \frac{LE - AE}{AE}$$

oder componendo

$$\frac{(LD + LE)^2}{(AD + AE)^2} > \frac{LE}{AE},$$

welches mit (3) verglichen, zeigt, dass

$$FG + \rho > AB + r \text{ ist.}$$

Auf ähnliche Art erhalten wir ferner aus §. 17.:

$$(F_1G_1 + \rho_1)^2 : (FG + \rho)^2 = (L_1D + L_1E)^2 \cdot LE : (LD + LE)^2 \cdot L_1E = \frac{(L_1D + L_1E)^2}{(LD + LE)^2} : \frac{L_1E}{LE}$$

und aus der Zeile

$$\frac{4 \cdot (L_1D + LE)}{LD + LE} > \frac{LD + LE}{LE},$$

deren Richtigkeit aus dem Umstand $LE > \frac{1}{2}DE$ leicht erhellt, ergiebt sich auf ganz ähnliche Art als oben

$$\frac{(L_1D + L_1E)^2}{(LD + LE)^2} > \frac{L_1E}{LE}, \text{ mithin auch}$$

$$F_1G_1 + \rho_1 > FG + \rho.$$

Also ist die Behauptung erwiesen.

§. 40. **Lehrsatz 40.** Wenn bei einer Hyperbel die Hauptachse kleiner als der dritte Theil des zugehörigen latus rectum ist, so lässt sich auf jeder Seite der Achse ein Durchmesser finden, der gleich dem dritten Theil des zugehörigen latus rectum ist, und für jeden dieser Durchmesser ist die Summe der Seiten des zugehörigen Rechtecks kleiner als für irgend einen andern Durchmesser auf derselben Seite der Achse, unter diesen aber für näher liegende Durchmesser kleiner als für entferntere.

Man wiederhole die Figur des §. 35. mit denselben Bezeichnungen an einer Hyperbel, deren Achse AB kleiner als $\frac{1}{3}r$ ist, und mit der Aenderung, dass $E\chi = \frac{1}{2}DE$ (und nicht gleich DE) gemacht wird; da nun $AB < \frac{1}{3}r$, ist auch $AE < \frac{1}{3}AD$ d. h. als $\frac{1}{2}DE$, mithin liegt χ jedenfalls innerhalb der Hyperbel, und da ferner nach §. 6. Fig. 392.

$$FG : \rho = \chi E : \chi D$$

ist, so leuchtet ein, dass $FG = \frac{1}{3}\rho$ ist.

Es bleibt zu zeigen, dass

$$LK + \rho_2 > HI + \rho_1 > FG + \rho < MN + \rho_3 < PO + \rho_4 \text{ ist.}$$

Wir erhalten aus §. 17. auf ähnliche Art als in den früheren Sätzen:

$$1)\quad (FG + \rho)^2 : (HI + \rho_1)^2 = (\chi D + \chi E)^2 \cdot \iota E$$

$$: (\iota D + \iota E)^2 \cdot \chi E = \frac{\iota E}{\chi E} : \frac{(\iota D + \iota E)^2}{(\chi D + \chi E)^2}.$$

Es ist aber

$$2)\quad \frac{4 \cdot (\chi E + \iota D)}{\chi D + \chi E} < \frac{\chi D + \chi E}{\chi E},$$

da letzteres gleich 4, ersteres kleiner ist. Multiplicirt man diese Zeile mit

$$\frac{\chi D - \iota D}{\chi D + \chi E} = \frac{\chi E - \iota E}{\chi D + \chi E}, \text{ so erhält man}$$

$$3)\quad \frac{(2\chi E + 2\iota D) \cdot (2\chi D - 2\iota D)}{(\chi D + \chi E)^2} < \frac{\chi E - \iota E}{\chi E}, \text{ und da}$$

$$2\chi E + 2\iota D = (\chi D + \chi E) + (\iota D + \iota E),$$

$$2\chi D - 2\iota D = (\chi D + \chi E) - (\iota D + \iota E),$$

so hat man

$$4)\qquad \frac{(\chi D + \chi E)^2 - (\iota D + \iota E)^2}{(\chi D + \chi E)^2} < \frac{\chi E - \iota E}{\chi E},$$

woraus leicht folgt

$$\frac{(\iota D + \iota E)^2}{(\chi D + \chi E)^2} > \frac{\iota E}{\chi E},$$

also durch Vergleichung mit (1) auch

$$HI + \rho_1 > FG + \rho.$$

Es ist ferner nach §. 17.

$$(FG + \rho)^2 : (MN + \rho_3)^2 = (\chi D + \chi E)^2 \cdot \nu E : (\nu D + \nu E)^2 \cdot \chi E$$

$$= \frac{\nu E}{\chi E} : \frac{(\nu D + \nu E)^2}{(\chi D + \chi E)^2} \text{ und aus}$$

$$\frac{4 \cdot (\nu D + \chi E)}{\chi D + \chi E} > \frac{\chi D + \chi E}{\chi E}$$

folgt ganz wie oben, dass

$$\frac{(\nu D + \nu E)^2}{(\chi E + \chi E)^2} > \frac{\nu E}{\chi E},$$

also auch $MN + \rho_3 > FG + \rho$ ist.

Auf ähnliche Art erhalten wir ferner

$$(HI + \rho_1)^2 : (KL + \rho_2)^2 = (\iota D + \iota E)^2 \cdot \lambda E : (\lambda D + \lambda E)^2 \cdot \iota E$$

$$= \frac{\lambda E}{\iota E} : \frac{(\lambda D + \lambda E)^2}{(\iota D + \iota E)^2}, \text{ aber es ist}$$

$$\frac{4 \cdot (\iota E + \lambda D)}{\iota D + \iota E} < \frac{\iota D + \iota E}{\iota E},$$

da ersteres kleiner, letzteres grösser als 4 ist; aus letzterer Zeile wird, wie oben, abgeleitet

$$\frac{(\lambda D + \lambda E)^2}{(\iota D + \iota E)^2} > \frac{\lambda E}{\iota E},$$

mithin auch $KL + \rho_2 > HI + \rho_1$. Ganz auf dieselbe Weise zeigt man endlich auf der andern Seite, dass

$$OP + \rho_4 > MN + \rho_3$$

ist, wodurch die ganze Behauptung erwiesen ist.

§. 41. **Lehrsatz 41.** Bei jeder Ellipse ist die Summe der Seiten des zu einem Durchmesser gehörigen Rechtecks für die grosse Achse kleiner als für irgend einen andern Durchmesser, für Durchmesser, die der grossen Achse entfernter liegen, grösser als für nähere und demnach für die kleine Achse am grössten.

Fig. 393. Sei eine Ellipse mit der grossen Achse *AB* und der kleinen *RS* gegeben, *FG* ein beliebiger Durchmesser und F_1G_1 ein anderer von der Achse *AB* entfernterer, r, r_1, ρ,

ρ_1 der Reihe nach die latera recta zu AB, RS, FG, F_1G_1, so ist zu zeigen:

$$AB + r < FG + \rho < F_1G_1 + \rho_1 < RS + r_1.$$

Man schneide auf den Verlängerungen von AB die homologen Geraden AD, BE ab, ziehe von B Parallelen mit FG, F_1G_1, welche die Ellipse in K, K_1 treffen, und von K, K_1 die Ordinaten KL, K_1L_1 an die Achse.

Nun ist, da $AB : r = AE : AD$, auch

1) $$(AB + r)^2 : AB^2 = DE^2 : AE^2$$

und nach §. 17.

2) $$(FG + \rho)^2 : AB^2 = DE^2 : LE \cdot AE,$$

3) $$(F_1G_1 + \rho_1)^2 : AB^2 = DE^2 : L_1E \cdot AE,$$ und da

$$RS : r_1 = r : AB = AD : AE \text{ ist,}$$

$$(RS + r_1)^2 : RS^2 = DE^2 : BE^2$$

und da ausserdem

$$RS^2 : AB^2 = BE : AE \text{ ist,}$$

4) $$(RS + r_1)^2 : AB^2 = DE^2 : BE \cdot AE.$$

Aus der Vergleichung der Zeilen 1 — 4. ergiebt sich aber, da die mittleren Glieder überall gleich sind und

$$AE > LE > L_1E > BE \text{ ist, auch}$$

$$AB + r < FG + \rho < F_1G_1 + \rho_1 < RS + r_1. \text{ q. e. d.}$$

§. 42. **Lehrsatz 42.** Bei jeder Hyperbel ist das zu einem Querdurchmesser gehörige Rechteck für die Achse am kleinsten und für jeden davon entfernter liegenden Durchmesser grösser als für einen näher liegenden.

Man wiederhole die Figur des §. 38., dann ist Fig. 385 und 386.

1) $$AB^2 : AB \cdot r = BD : AD$$

und nach §. 18.

2) $$AB^2 : FG \cdot \rho = BD : LD \text{ so wie}$$

3) $$AB^2 : F_1G_1 \cdot \rho_1 = BD : L_1D;$$

da aber $AD < LD < L_1D$, so erhellt, dass

$$AB \cdot r < FG \cdot \rho < F_1G_1 \cdot \rho_1 \text{ ist. q. e. d.}$$

§. 43. **Lehrsatz 43.** Bei der Ellipse ist gleichfalls das zur grossen Achse gehörige Rechteck kleiner, das zur kleinen Achse gehörige grösser als das zu irgend einem andern Durchmesser gehörige. Für der grossen Achse entfernter liegende Durchmesser aber ist dies Rechteck grösser als für näher liegende.

Fig. 393. Wiederholen wir die Figur des §. 41., so ist zu zeigen, dass $AB \cdot r < FG \cdot \rho < F_1 G_1 \cdot \rho_1 < RS \cdot r_1$ ist.

Es ist zunächst

1) $AB^2 : AB \cdot r = AE : AD$ nach Construction,

2) $AB^2 : FG \cdot \rho = AE : LD$ nach §. 18., ebenso

3) $AB^2 : F_1 G_1 \cdot \rho_1 = AE : L_1 D$

und da nach I. 15. $AB^2 = RS \cdot r_1$ ist,

4) $AB^2 : RS \cdot r_1 = AE : BD.$

Da nun $AD < LD < L_1 D < BD$ ist, folgt von selbst auch

$$AB \cdot r < FG \cdot \rho < F_1 G_1 < RS \cdot r_1. \text{ q. e. d.}$$

§§. 44 und 45. **Lehrsatz 44 und 45.** Wenn bei einer Hyperbel die Hauptachse nicht kleiner als ihr zugehöriges latus rectum oder doch ihr Quadrat nicht kleiner als das halbe Quadrat des Unterschieds zwischen ihr und dem latus rectum ist, so ist die Summe der Quadrate dieser beiden Linien kleiner als die Summe der Quadrate der Seiten des zu irgend einem andern Durchmesser gehörigen Rechtecks.

§. 44. Wenn die Hauptachse nicht kleiner als das latus rectum ist, so ist nach §. 33. das latus rectum jedes andern Durchmessers grösser als das der Hauptachse, und da ausserdem auch jeder andere Durchmesser grösser als die Achse ist, so erhellt die Richtigkeit des Satzes von selbst.

Fig. 390. §. 45. Sei zweitens die Hauptachse AB einer Hyperbel kleiner als ihr latus rectum r, aber AB^2 nicht kleiner als $\frac{1}{2} \cdot (r - AB)^2$, so ist, wenn wir uns derselben Bezeichnungen als im §. 38. und 42. bedienen, zu zeigen:

$$AB^2 + r^2 < FG^2 + \rho^2 > F_1 G_1^2 + \rho_1{}^2.$$

Es ist, da $AB : r = AE : AD$ sich verhält,

1) $AB^2 + r^2 : AB^2 = AE^2 + AD^2 : AE^2$ und nach §. 19.

2) $AB^2 : FG^2 + \rho^2 = AE \cdot LE : LE^2 + LD^2$, mithin

3) $AB^2 + r^2 : FG^2 + \rho^2 = (AE^2 + AD^2) \cdot LE : (LE^2 + LD^2)$

$$\cdot AE = \frac{AE^2 + AD^2}{AE} : \frac{LD^2 + LE^2}{LE}.$$

Da aber nach Annahme $2\,AB^2$ nicht kleiner als $(r - AB)^2$ und $AB : r = AE : AD$, ist auch $2\,AE^2$ nicht kleiner als DE^2 oder $2 \geqq \frac{DE^2}{AE^2}$, also gewiss $2 > \frac{DE^2}{AE \cdot LE}$, mithin mit $LE - AE$

multiplicirt: $2LE - 2AE > \frac{DE^2}{AE} - \frac{DE^2}{LE}$ und also auch

$$2LE + \frac{DE^2}{LE} > 2AE + \frac{DE^2}{AE}$$

oder, wenn man auf beiden Seiten $2DE$ addirt,

$$2LD + \frac{DE^2}{LE} > 2AD + \frac{DE^2}{AE} \text{ oder}$$

$$\frac{2LD \cdot LE + DE^2}{LE} > \frac{2AD \cdot AE + DE^2}{AE}, \text{ da aber}$$

$$2LD \cdot LE + DE^2 = LE^2 + LE^2 + 2LE \cdot DE + DE^2 = LE^2 + LD^2 \text{ und}$$

$$2AD \cdot AE + DE^2 = AE^2 + AE^2 + 2AE \cdot DE + DE^2 = AE^2 + AD^2, \text{ so ist}$$

$$\frac{LE^2 + LD^2}{LE} > \frac{AE^2 + AD^2}{AE},$$

mithin nach Zeile (3) auch $FG^2 + \rho^2 > AB^2 + r$.

Auf ähnliche Art folgt aus der Zeile $\frac{DE^2}{LE \cdot L_1E} < 2$ durch dasselbe Verfahren, dass auch $FG^2 + \rho^2 < F_1G_1^2 + \rho_1^2$ ist.

§. 46. **Lehrsatz 46.** Wenn das Quadrat der Achse einer Hyperbel kleiner als das halbe Quadrat des Unterschieds zwischen dem latus rectum und ihr ist, so lässt sich auf jeder Seite derselben ein Durchmesser finden, dessen Quadrat gleich dem halben Quadrat des Unterschiedes zwischen ihm und seinem zugehörigen latus rectum ist, und für jeden der beiden so bestimmten Durchmesser ist die Summe der Quadrate der Seiten des zugehörigen Rechtecks kleiner als für irgend einen andern Durchmesser auf derselben Seite der Achse, unter diesen aber für näher liegende Durchmesser kleiner als für entferntere.

Man wiederhole die Figur des §. 35. nur mit dem Unterschied, dass $\chi E^2 = \frac{1}{2} DE^2$ (und nicht wie dort $\chi E = DE$) ist, dann ist, da nach §. 6. $FG : \rho = \chi E : \chi D$ ist, $FG^2 : (\rho - FG)^2 = \chi E^2 : ED^2$ und also $FG^2 = \frac{1}{2} \cdot (\rho - FG)^2$ Fig 391.

Wir erhalten ferner durch wiederholte Anwendung von §. 19. ähnlich wie im §. 45. die Zeile

$$FG^2 + \rho^2 : HI^2 + \rho_1 = \frac{\chi D^2 + \chi E^2}{\chi E} : \frac{\iota D^2 + \iota E^2}{\iota E}.$$

Aus der Zeile $2 < \frac{DE}{\chi E \cdot \iota E}$, die aus der Annahme $2 = \frac{DE^2}{\chi E^2}$ leicht folgt, hat man, wenn man mit $\chi E - \nu E$ multiplicirt,

$$2\chi E - 2\iota E < \frac{DE^2}{\iota E} - \frac{DE^2}{\chi E} \text{ oder}$$

$$2\chi E + \frac{DE^2}{\chi E} < 2\iota E + \frac{DE^2}{\iota E},$$

also wenn $2\,DE$ addirt wird,

$$2\chi D + \frac{DE^2}{\chi E} < 2\iota D + \frac{DE^2}{\iota E} \text{ oder}$$

$$\frac{2\chi D \cdot \chi E + DE^2}{\chi E} < \frac{2\iota D \cdot \iota E + DE^2}{\iota E}.$$

Da aber

$$2\chi D \cdot \chi E + DE^2 = \chi E^2 + \chi E^2 + 2\chi D \cdot DE + DE^2 = \chi E^2 + \chi D^2 \text{ und}$$

$$2\iota D \cdot \iota E + DE^2 = \iota E^2 + \iota E^2 + 2\iota D \cdot DE + DE^2 = \iota E^2 + \iota D^2,$$

so folgt

$$\frac{\chi E^2 + \chi D^2}{\chi E} < \frac{\iota E^2 + \iota D^2}{\iota E},$$

also nach obiger Proportion auch $FG^2 + \rho^2 < HI^2 + \rho^2$.

Für den Durchmesser MN auf der andern Seite von FG ist

$$FG^2 + \rho^2 : MN^2 + \rho_3{}^2 = \frac{\chi D^2 + \chi E^2}{\chi E} : \frac{\nu D^2 + \nu E^2}{\nu E}$$

und aus $2 > \frac{DE^2}{\chi E \cdot \nu E}$ folgt auf ähnliche Art als vorher, dass

$$\frac{\chi D^2 + \chi E^2}{\chi E} < \frac{\nu D^2 + \nu E^2}{\nu E}, \text{ mithin auch}$$

$$MN^2 + \rho_3{}^2 > FG^2 + \rho^2 \text{ ist.}$$

Auf ganz gleiche Weise kann dann gezeigt werden, dass $HI^2 + \rho_1{}^2 < KL^2 + \rho_2^2$ ist unter Anwendung der Zeile $\frac{DE^2}{\iota E \cdot \lambda E} > 2$ und dass $MN^2 + \rho_3{}^2 < OP^2 + \rho_4{}^2$ unter Anwendung von $\frac{DE^2}{\nu E \cdot \pi E} < 2$, wodurch dann die ganze Behauptung erwiesen ist.

§. 47. **Lehrsatz 47.** Wenn bei einer Ellipse das Quadrat der grossen Achse nicht grösser ist als das halbe Quadrat der Summe der Achse und ihres latus rectum, so ist die Summe der Quadrate der Seiten des zu einem Durchmesser gehörigen Rechtecks für die grosse Achse am kleinsten und für jeden derselben näheren Durchmesser kleiner als für einen entfernteren, für die kleine Achse aber am grössten.

Wiederholen wir die Figur des §. 41. unter der Annahme, Fig. 393.
dass $2\,AB^2 \gtreqless (AB + r)^2$, so ist zu zeigen, dass

$$AB^2 + r^2 < FG^2 + \rho^2 < F_1G_1{}^2 + \rho_1^2 < RS^2 + r_1{}^2, \text{ ist.}$$

Es ist zunächst, weil $AB : r = AE : AD$ ist,

$$AB^2 : (AB + r)^2 = AE^2 : DE^2,$$

mithin in Folge der Annahme auch $2\,AE^2 \gtreqless DE^2$. Durch wiederholte Anwendung von §. 19. erhalten wir nun leicht die Zeilen:

$$AB^2 + r^2 : FG^2 + \rho^2 : F_1G_1{}^2 + \rho_1{}^2 : RS^2 + r_1{}^2 = \frac{AD^2 + AE^2}{AE}$$

$$: \frac{LD^2 + LE^2}{LE} : \frac{L_1D^2 + L_1E^2}{L_1E} : \frac{BD^2 + BE^2}{BE} = \frac{DE^2}{AE} - 2\,AD : \frac{DE^2}{LE}$$

$$- 2\,LD : \frac{DE^2}{L_1E} - 2L_1D : \frac{DE^2}{BE} - 2\,BD.$$

Da nun: $2 \gtreqless \frac{DE^2}{AE^2}$, muss gewiss $2 < \frac{DE^2}{AE \cdot LE}$, also links mit $LD - AD$, rechts mit $AE - LE$ multiplicirt:

$$2\,LD - 2\,AD < \frac{DE^2}{LE} - \frac{DE^2}{AE}, \text{ also auch}$$

$$\frac{DE^2}{AE} - 2\,AD < \frac{DE^2}{LE} - 2\,LD \text{ sein.}$$

Auf ähnliche Art folgt aus $2 < \frac{DE^2}{LE \cdot L_1E}$ zunächst

$$2L_1D - 2\,L_1D < \frac{DE^2}{L_1E} + \frac{DE^2}{LE},$$

woraus sich dann ergiebt

$$\frac{DE^2}{LE} - 2\,LD < \frac{DE^2}{LE} - 2\,L_1D,$$

und auf dieselbe Art folgt auch

$$\frac{DE^2}{L_1E} - 2\,L_1D < \frac{DE^2}{BE} - 2\,BD,$$

also ist gezeigt, dass

$$AB^2 + r^2 < FG^2 + \rho^2 < F_1G_1{}^2 + \rho_1{}^2 < RS^2 + r_1{}^2 \text{ ist.}$$

§. 48. **Lehrsatz 48.** Wenn das Quadrat der grossen Achse einer Ellipse grösser ist als das halbe Quadrat der Summe aus ihr und dem ihr zugehörigen latus rectum, so lässt sich auf jeder Seite der grossen Achse ein Durchmesser finden, dessen Quadrat gleich dem Quadrat der halben Summe aus ihm und seinem zugehörigen latus rectum ist; für einen so bestimmten Durchmesser ist dann die Summe der Quadrate der Seiten des zugehörigen Rechtecks ein Minimum und für ihm näher liegende Durchmesser kleiner als für entferntere; für jede der beiden Achsen also ein Maximum.

Fig. 391. Sei eine Ellipse mit den Achsen AB und RS und unter der Annahme, dass $AB^2 > \frac{1}{2} \cdot (AB + r)^2$ ist, gegeben, und seien die homologen Geraden AD, BE auf den Verlängerungen der Achse AB abgeschnitten, so ist, da $AB : r = AE : AD$, auch $AB : AB + r = AE : DE$, mithin $AE^2 > \frac{1}{2} DE^2$.

Man bestimme nun einen Punkt L in AB, so dass $LE^2 = \frac{1}{2} DE^2$ ist, errichte in L eine Ordinate LK, ziehe BK und einen damit parallelen Durchmesser FG, nehme auf der Ellipse zwischen F und A zwei Punkte F_1, F_2 und zwischen F und R die Punkte F_3 und F_4 an, ziehe die Durchmesser F_1G_1, F_2G_2, F_3G_3, F_4G_4, von B aus Parallelen mit denselben BK_1, BK_2, BK_3, BK_4 und endlich die Ordinaten K_1L_1, K_2L_2, K_3L_3, K_4L_4, so ist zu zeigen

1) $$FG^2 = \tfrac{1}{2} \cdot (FG + \rho)^2,$$

2) $$F_2G_2^2 + \rho_2^2 > F_1G_1^2 + \rho_1^2 > FG^2 + \rho^2 < F_3G_3^2 + \rho_3^2 < F_4G_4^2 + \rho_4^2.$$

Es ist zunächst nach §. 7.

$$FG : \rho = LE : LD, \text{ also}$$

$$FG^2 : \tfrac{1}{2} \cdot (FG + \rho)^2 = LE^2 : \tfrac{1}{2} DE^2$$

und da nach Construction $LE^2 = \frac{1}{2} DE^2$, ist auch

$$FG^2 = \tfrac{1}{2} \cdot (FG + \rho)^2.$$

Es ist ferner durch wiederholte Anwendung von §. 19. leicht wie in den früheren Sätzen die Zeile zu erhalten:

3) $$F^2G_2^2 + \rho_2^2 : F_1G_1^2 + \rho_1^2 : FG^2 + \rho^2 : F_3G_3^2 + \rho_3^2 : F_4G_4^2 + \rho_4^2$$

$$= \frac{L_2D^2 + L_2E^2}{L_2E} : \frac{L_1D^2 + L_1E^2}{L_1E} : \frac{LD^2 + LE^2}{LE} : \frac{L_3D^2 + L_3E^2}{L_3E} : \frac{L_4D^2 + L_4E^2}{L_4E}$$

$$= \frac{DE^2}{L_2E} - 2\,L_2D : \frac{DE^2}{L_1E} - 2\,L_1D : \frac{DE^2}{LE} - 2\,LD : \frac{DE^2}{L_3E} - 2\,L_3D : \frac{DE^2}{L_4E} - 2\,L_4D.$$

Da nun nach Construction

$$2 = \frac{DE^2}{LE^2}, \text{ ist } 2 > \frac{DE^2}{LE \cdot L_1E},$$

also links mit $LD - L_1D$, rechts mit $L_1E - LE$ multiplicirt:

$$2LD - 2L_1D > \frac{DE^2}{LE} - \frac{DE^2}{L_1E} \text{ oder}$$

$$\frac{DE^2}{L_1E} - 2L_1D > \frac{DE^2}{LE} - 2LD,$$

mithin nach Zeile (3) auch

$$F_1G_1^2 + \rho_1^2 > FG^2 + \rho^2.$$

Auf gleiche Weise folgt daraus, dass

$$2 > \frac{DE^2}{L_1E \cdot L_2E} \text{ ist,}$$

$$2L_1D - 2L_2D > \frac{DE^2}{L_1E} - \frac{DE^2}{L_2E} \text{ oder}$$

$$\frac{DE^2}{L_2E} - 2L_2D > \frac{DE^2}{L_1E} - 2L_1D,$$

also auch $F_2G_2^2 + \rho_2^2 < F_1G_1^2 + \rho_1^2$.

Auf der andern Seite dagegen ist

$$2 < \frac{DE^2}{LE \cdot L_3E}, \text{ also auch}$$

$$2L_3D - 2LD < \frac{DE^2}{L_3E} - \frac{DE^2}{LE} \text{ oder}$$

$$\frac{DE^2}{LE} - 2LD < \frac{DE^2}{L_3E} - 2L_3D, \text{ mithin}$$

$$FG^2 + \rho^2 < F_3G_3^2 + \rho_3^2.$$

Auf gleiche Weise wird auch gezeigt, dass

$$F_3G_3^2 + \rho_3^2 < 4F_4G_4^2 + \rho_4^2$$

ist, wodurch die Behauptung erwiesen ist.

§. 49. **Lehrsatz 49.** Wenn die Hauptachse einer Hyperbel grösser ist als ihr latus rectum, so ist die Differenz der Quadrate der Seiten des zugehörigen Rechtecks für die Achse kleiner als für irgend einen andern Durchmesser und für der Achse näher liegende Durchmesser grösser als für entfernter liegende. Die erwähnte Differenz ist in diesem Falle stets grösser als der Unterschied zwischen dem Quadrat der Achse und dem zu ihr gehörigen Rechteck, aber kleiner als das Doppelte dieser Grösse.

Fig. 385. Man wiederhole die Figur des §. 21. unter der Annahme $AB > r$, so ist zu zeigen, dass

1) $AB^2 - r^2 < FG^2 - \rho^2 < F_1G_1^2 - \rho_1^2$ und

2) $AB^2 - AB \cdot r < FG^2 - \rho^2 < 2 \cdot (AB^2 - AB \cdot r)$ ist.

Es ist mit Hülfe von §. 20. auf ganz ähnliche Art als in den vorigen Sätzen leicht zu beweisen, dass

$$AB^2 - r^2 : FG^2 - \rho^2 : F_1G_1^2 - \rho_1^2 = \frac{AE^2 - AD^2}{AE} : \frac{LE^2 - LD^2}{LE}$$

$$: \frac{L_1E^2 - L_1D^2}{L_1E} = \frac{(AE + AD) \cdot DE}{AE} : \frac{(LE + LD) \cdot DE}{LE} : \frac{(L_1E + L_1D) \cdot DE}{L_1E}$$

$$= \frac{2\,AE - DE}{AE} : \frac{2\,LE - DE}{LE} : \frac{2\,L_1E - DE}{L_1E}$$

$$= 2 - \frac{DE}{AE} : 2 - \frac{DE}{LE} : 2 - \frac{DE}{L_1E}.$$

Da aber $AE < LE < L_1E$, ist

$$\frac{DE}{AE} > \frac{DE}{LE} > \frac{DE}{L_1E}, \text{ also}$$

$$2 - \frac{DE}{AE} < 2 - \frac{DE}{LE} < 2 - \frac{DE}{L_1E}$$

und folglich auch

$$AB^2 - r^2 < FG^2 - \rho^2 < F_1G_1^2 - \rho_1^2.$$

Es ist ferner

$$FG^2 - \rho^2 = (FG + \rho) \cdot (FG - \rho) = \frac{FG + \rho}{FG} \cdot (FG^2 - FG \cdot \rho).$$

Nach §. 20. ist nun

$$FG^2 - FG \cdot \rho = AB^2 - AB \cdot r$$

und nach §. 21. ist, weil $AB > r$, auch $FG > \rho$, mithin

$$1 < \frac{FG + \rho}{FG} < 2, \text{ also}$$

$$AB^2 - AB \cdot r < FG^2 - \rho^2 < 2 \cdot (AB^2 - AB \cdot r),$$

wie zu beweisen war, wobei allerdings bemerkt werden kann, dass $AB^2 - AB \cdot r$ im Allgemeinen nicht die untere Gränze ist, welche der Werth $FG^2 - \rho^2$ erreichen kann, sondern $AB^2 - r^2$.

§. 50. **Lehrsatz 50.** Wenn die Hauptachse einer Hyperbel kleiner als das zugehörige latus rectum ist, so ist der Unterschied der Quadrate der Seiten des zugehörigen Rechtecks für die Achse grösser als für irgend einen andern Durchmesser und für der Achse entfernter liegende Durchmesser kleiner als für nähere, überhaupt aber für jeden Durchmesser grösser als das Doppelte des Unterschiedes zwischen dem Quadrat der Achse und dem zugehörigen Rechteck.

Wiederholen wir die Figur des §. 39. unter der Annahme $AB < r$, also auch $AE < AD$, so haben wir wie vorher aus §. 20.: Fig. 390.

$$r^2 - AB^2 : \rho^2 - FG^2 : \rho_1^2 - F_1G_1^2 = \frac{AD^2 - AE^2}{AE} : \frac{LD^2 - LE^2}{LE}$$

$$: \frac{L_1D^2 - L_1E^2}{L_1E} = \frac{(AD+AE)\cdot DE}{AE} : \frac{(LD+LE)\cdot DE}{LE} : \frac{(L_1D + L_1E)\cdot DE}{L_1E}$$

$$= \frac{2AE + DE}{AE} : \frac{2LE + DE}{LE} : \frac{L_1E + DE}{L_1E}$$

$$= 2 + \frac{DE}{AE} : 2 + \frac{DE}{LE} : 2 + \frac{DE}{L_1E}.$$

Da aber $AE < LE < L_1E$, ist

$$\frac{DE}{AE} > \frac{DE}{LE} > \frac{DE}{L_1E},$$

also auch nach Obigem:

$$r^2 - AB^2 > \rho^2 - FG^2 > \rho_1^2 - F_1G_1^2.$$

Ferner ist

$$\rho^2 - FG^2 = (\rho + FG)\cdot(\rho - FG) = \frac{(\rho + FG)}{FG} \cdot (\rho \cdot FG - FG^2)$$

und da nach §. 29.

$$\rho \cdot FG - FG^2 = r \cdot AB - AB^2$$

und nach §. 22., wenn $r > AB$, auch $\rho > FG$, also

$$\frac{\rho + FG}{FG} > 2 \text{ ist, so folgt}$$

$$\rho^2 - FG^2 > 2 \cdot (AB \cdot r - AB^2). \text{ q. e. d.}$$

§. 51. **Lehrsatz 51.** Bei der Ellipse ist der Unterschied der Quadrate der Seiten des zu einem Durchmesser gehörigen Rechtecks für die grosse Achse grösser als für irgend einen andern Durchmesser, der grösser als sein latus rectum ist, und für entfernter von ihr liegende Durchmesser dieser Art kleiner als für nähere; unter den Durchmessern aber, die kleiner als ihr zugehöriges latus rectum sind, ist dieser Unterschied für die kleine Achse am grössten und für Durchmesser, die von ihr entfernter liegen, kleiner als für nähere.

Sei eine Ellipse mit den Achsen *AB*, *RS* gegeben und *HI* derjenige der beiden gleichen conjugirten Durchmesser, der den Quadranten *AR* trifft, *FG*, F_1G_1 zwei beliebige Fig. 395.

Durchmesser zwischen AB und HI, und zwar FG näher an AB als F_1G_1, F_2G_2, F_3G_3 zwei andere Durchmesser zwischen HI und RS, von denen F_2G_2 der RS näher liegende ist, so ist zu zeigen:

1) $AB^2 - r^2 > FG^2 - \rho^2 > F_1G_1^2 - \rho_1^2$ und

2) $r_1^2 - RS^2 > \rho_2^2 - F_2G_2^2 > \rho_3^2 - F_3G_3^2$.

Man ziehe BR, dann folgt durch eine leichte Umkehrung von §. 7., dass BR parallel HI ist, dann ziehe man parallel mit den Durchmessern FG, F_1G_1, F_2G_2, F_3G_3 die Parallelen BK, BK_1, BK_2, BK_3 an die Ellipse und von den erhaltenen Punkten die Ordinaten KL, K_1L_1, K_2L_2, K_3L_3.

Durch wiederholte Anwendung von §. 20. ist es nun leicht, auf dieselbe Art als oben zu erhalten, dass

$$AB^2 - r^2 : FG^2 - \rho^2 : F_1G_1^2 - \rho_1^2 = \frac{AE^2 - AD^2}{AE} : \frac{LE^2 - LD^2}{LE}$$

$$: \frac{L_1E^2 - L_1D^2}{L_1E} = DE \cdot \frac{(AE - AD)}{AE} : DE \cdot \frac{(LE - LD)}{LE} : DE \cdot \frac{(L_1E - L_1D)}{L_1E}$$

$$= \frac{2AE - DE}{AE} : \frac{2LE - DE}{LE} : \frac{2L_1E - DE}{L_1E}$$

$$= 2 - \frac{DE}{AE} : 2 - \frac{DE}{LE} : 2 - \frac{DE}{L_1E} \text{ ist.}$$

Da nun

$$AE > LE > L_1E, \text{ ist } \frac{DE}{AE} < \frac{DE}{LE} < \frac{DE}{L_1E} \text{ und also}$$

$$2 - \frac{DE}{AE} > 2 - \frac{DE}{LE} > 2 - \frac{DE}{L_1E}, \text{ mithin auch}$$

$$AB^2 - r^2 > FG^2 - \rho^2 > F_1G_1^2 - \rho_1^2.$$

Ferner haben wir, da

$$AE : AD = AB : r = r_1 : RS \text{ ist,}$$

$$RS^2 : r_1^2 - RS^2 = AD^2 : AE^2 - AD^2 \text{ und da}$$

$$\underline{AB^2 : RS^2 \quad = AE \quad : AD,} \text{ erhalten wir}$$

$$AB^2 : r_1^2 - RS^2 = AD \cdot AE : AE^2 - AD^2,$$

nach §. 20. ist aber

$$AB^2 : \rho_2^2 - F_2G_2^2 = AE \cdot L_2E : L_2D^2 - L_2E^2 \text{ und}$$

$$\underline{AB^2 : \rho_3^2 - F_3G_3^2 = AE \cdot L_3E : L_3D^2 - L_3E^2}, \text{mithin}$$

$$r_1^2 - RS^2 : \rho_2^2 - F_2G_2^2 : \rho_3^2 - F_3G_3^2 = \frac{BD^2 - BE^2}{BE} : \frac{L_2D^2 - L_2E^2}{L_2E}$$

$$: \frac{L_3D^2 - L_3E^2}{L_3E} = DE \cdot \frac{(BD - BE)}{BE} : DE \cdot \frac{(L_2D - L_2E)}{L_2E} : DE \cdot \frac{(L_3D - L_3E)}{L_3E}$$

$$= \frac{DE - 2BE}{BE} : \frac{DE - 2L_2E}{L_2E} : \frac{DE - 2L_3E}{L_3E}$$

$$= \frac{DE}{BE} - 2 : \frac{DE}{L_2E} - 2 : \frac{DE}{L_3E} - 2.$$

Da nun $BE < L_2E < L_3E$, ist

$$\frac{DE}{BE} - 2 > \frac{DE}{L_2E} - 2 > \frac{DE}{L_3E} - 2, \text{ also auch}$$

$$r_1^2 - RS^2 > \rho_2^2 - F_2G_2^2 > \rho_3^2 - F_3G_3^2. \text{ q. e. d}$$

Achtes Buch des Apollonius von Perga über Kegelschnitte.

Wiederhergestellt von **Eduard Halley.**

Halley grüsst den Aldrichius.

Da ich über die Herausgabe des Apollonius mit Dir verhandelte, waren wir darüber sehr beunruhigt, dass auch in den arabischen Handschriften das achte Buch fehlte. Du jedoch erkanntest mit Deinem gewohnten Scharfblicke sogleich, dass dieser Verlust vielleicht in gewisser Beziehung ersetzt werden könnte, da nämlich in den Sammlungen des Pappus Lemmata für das siebente und achte Buch gemeinschaftlich angeführt, während sie jedem der andern Bücher besonders vorausgeschickt sind. Dies schien Dir anzudeuten, dass beide Bücher verwandten Inhalt haben müssten und die Aufgaben, welche das achte Buch nach Aussage des Apollonius selbst enthalten hat, durch die bestimmenden Lehrsätze des siebenten Buches ihre Determinationen erhielten. Da ich dies nun gründlich überlegte, schien es mir sowohl für die Vermuthung nahe zu liegen als auch durch gewisse Anzeichen bestätigt zu werden und ich beschloss deshalb, dem von Dir gegebenen Winke folgend, diese Lücke, soweit ich vermag, auszufüllen. Ich bitte Dich nun, mein Unternehmen mit Wohlwollen aufzunehmen. Lebe wohl!

§. 1. **Aufgabe 1.** Wenn in einer Parabel das latus rectum irgend eines Durchmessers gegeben ist, das latus rectum eines beliebigen andern Durchmessers zu finden.

Da nach VII. 5. das latus rectum irgend eines Durchmessers gleich dem der Hauptachse, vermehrt um das vierfache Stück der letzteren zwischen ihrem Scheitel und dem Fusspunkt des vom Scheitel des andern Durchmessers darauf gefällten Lothes, ist, so ergiebt sich leicht folgende Auflösung.

Ist erstens das latus rectum der Achse *AB* gegeben und das eines andern Durchmessers *CD* gesucht, so verlängere man die Achse über *A* um den vierten Theil ihres latus rectum bis *G* und fälle von *C* die Ordinate *CH*, dann ist *GH* der vierte Theil des zu *CD* gehörigen latus rectum. Fig. 396.

Ist zweitens das latus rectum eines beliebigen Durchmessers *CD* gegeben und das eines andern Durchmessers *EF* gesucht, so verlängere man *DC* um den vierten Theil seines latus rectum über *C* bis *I* und fälle von *E* das Loth *EK* auf *CD*, dann ist *KI* der vierte Theil des gesuchten latus rectum von *EF*.

§. 2. **Aufgabe 2.** Umgekehrt, wenn in einer Parabel ein Durchmesser und sein zugehöriges latus rectum gegeben sind, den Durchmesser zu finden, dessen latus rectum gleich einer gegebenen Geraden ist.

Sei ein Durchmesser *CD* einer Parabel und sein zugehöriges latus rectum ρ so wie eine andere Länge ρ_1 gegeben und verlangt, den Durchmesser zu finden, dessen latus rectum gleich ρ_1 ist. Fig. 396.

Man verlängere *DC* über *C* hinaus um $\frac{\rho}{4}$ bis *I*, schneide von *I* aus auf *ID* ein Stück $IK = \frac{\rho_1}{4}$ ab und errichte in *K* ein Loth auf *CD*, das die Parabel in einem Punkt *E* trifft, so ist die von *E* mit *CD* gezogene Parallele der verlangte Durchmesser. Der Beweis erhellt aus VII. 5. und aus VII. 32. folgt, dass die gegebene Gerade ρ_1 nicht kleiner sein darf als das latus rectum der Achse, wenn eine Auflösung möglich sein soll.

§. 3. **Aufgabe 3.** Wenn in einer Hyperbel ein Durchmesser und sein zugehöriges latus rectum gegeben sind, das zu irgend einem andern Durchmesser gehörige latus rectum zu finden.

Fig. 397. Sei ein Durchmesser DE einer Hyperbel und sein zugehöriges latus rectum ρ so wie ein beliebiger anderer Durchmesser FG gegeben; man soll das zu FG gehörige latus rectum ρ_1 finden.

Man schneide auf ED von E aus $\frac{1}{2}\rho$ ab zum Punkt M, beschreibe durch die Punkte M, E, G einen Kreis, der FG in N schneidet, so ist $GN = \frac{1}{2}\rho_1$.

Beweis. Nach VII. 29. ist

$$DE^2 - DE \cdot \rho = FG^2 - FG \cdot \rho_1 \text{ oder}$$

$$\frac{DE}{2} \cdot \frac{(DE - \rho)}{2} = \frac{FG}{2} \cdot \frac{(FG - \rho_1)}{2}; \text{ da nun}$$

$$\frac{DE}{2} = CE, \quad \frac{DE - \rho}{2} = CM, \quad \frac{FG}{2} = CG$$

und wegen des Kreises

$$CE \cdot CM = CG \cdot CN$$

ist, so folgt, dass

$$CN = \frac{FG - \rho_1}{2}, \text{ mithin } GN = \frac{\rho_1}{2} \text{ ist. q. e. d.}$$

§. 4. **Aufgabe 4.** Wenn in einer Ellipse ein Durchmesser und sein zugehöriges latus rectum gegeben sind, das zu irgend einem andern Durchmesser gehörige latus rectum zu finden.

Fig. 398. Sei ein Durchmesser DE einer Ellipse und sein zugehöriges latus rectum ρ so wie ein anderer Durchmesser FG gegeben; man soll das zu FG gehörige latus rectum ρ_1 finden.

Man schneide auf der verlängerten DE von E aus $\frac{\rho}{2}$ bis zum Punkt M ab und beschreibe durch die drei Punkte E, M, G einen Kreis, der die verlängerte FG in N trifft, so ist $GN = \frac{\rho_1}{2}$.

Bew. Nach VII. 30. ist

$$DE^2 + DE \cdot \rho = FG^2 + FG \cdot \rho_1, \text{ also auch}$$

$$\frac{DE}{2} \cdot \frac{(DE + \rho)}{2} = \frac{FG}{2} \cdot \frac{(FG + \rho_1)}{2}.$$

Nun ist aber

$$\frac{DE}{2} = CE\,,\ \frac{DE+\rho}{2} = CM\,,\ \frac{FG}{2} = CG$$

und wegen des Kreises

$$CE \cdot CM = CG \cdot CN, \text{ mithin ist}$$

$$CN = \frac{FG + \rho_1}{2}\,, \text{ also } GN = \frac{\rho_1}{2}. \text{ q. e. d.}$$

§. 5. **Aufgabe 5.** Aus den gegebenen Seiten des zur Achse einer Hyperbel gehörigen Rechtecks und der Grösse irgend eines andern Durchmessers dessen Lage im Kegelschnitt so wie Grösse und Lage des ihm conjugirten Durchmessers und des ihm zugehörigen latus rectum zu finden.

Anm. des Halley. Es handelt sich hier wie im Folgenden darum, die auf die Durchmesser, latera recta, Summen und Unterschiede dieser Linien nnd ihrer Quadrate bezuglichen Aufgaben aufzulosen, ohne dass die zugehorigen Kegelschnitte selbst gezeichnet vorliegen, denn zum Zweck solcher Auflosungen scheint Apollonius das siebente Buch ersonnen zu haben.

Sei die Achse AB einer Hyperbel, r ihr zugehöriges latus rectum und eine beliebige Länge d gegeben; man soll die Lage FG des Durchmessers dieser Hyperbel finden, der die Länge d hat, so wie Lage und Grösse des ihm conjugirten Durchmessers HI und die Grösse des zu FG gehörigen latus rectum ρ_1. Fig. 383 a und b.

Man theile AB nach dem Verhältniss $AB : r$ durch zwei innere Punkte D, E wie in VII. 6. und bestimme einen Punkt L in der verlängerten ED durch die Proportion

1) $$AB^2 : d^2 = AE : LE,$$

deren drei ersten Glieder bekannt sind; errichte dann in L ein Loth, dessen Länge LK durch die Proportion

2) $$AB : r = AL \cdot BL : LK^2$$

bestimmt wird, ziehe BK, AK, so geben die mit diesen Linien durch C gezogenen Parallelen die Lagen der gesuchten conjugirten Durchmesser FG, HI an; die Grösse des letzteren bestimmt sich leicht durch die Zeile

$$FG^2 - HI^2 = \pm (AB^2 - AB \cdot r)$$

und die des latus rectum ρ_1 durch

$$FG : AB = \pm (AB - r) : \pm (FG - \rho_1),$$

wobei die untern Zeichen zu nehmen sind, wenn $r > AB$ ist.

Bew. Nach VII. 6. ist

$$FG^2 : HI^2 = LE : LD, \text{ also}$$

$$FG^2 - HI^2 : FG^2 = DE : LE$$

und da nach VII. 29.

$$FG^2 - HI^2 = AB^2 - AB \cdot r$$

ist, haben wir

$$AB \cdot (AB - r) : FG^2 = DE : LE; \text{ da aber}$$

$$AB : AB - r = AE : DE, \text{ also}$$

$$AB^2 : AB \cdot (AB - r) = AE : DE, \text{ erhalten wir}$$

$$AB^2 : FG^2 = AE : LE,$$

welches mit (1) verglichen zeigt, dass $FG = d$ ist, woraus dann das Uebrige von selbst folgt.

Anm. Es leuchtet ein, dass die Länge d nicht kleiner sein darf als AB.

§. 6. **Aufgabe 6.** Aus den gegebenen Seiten des zur Achse einer Ellipse gehörigen Rechtecks und der Grösse irgend eines Durchmessers dessen Lage so wie Lage und Grösse des zugehörigen conjugirten Durchmessers und die Grösse des latus rectum zu finden.

Fig. 384 a und b. Sei die Achse AB einer Ellipse, ihr latus rectum r und eine Länge d gegeben; man soll die Lage des Durchmessers FG, der die Länge d hat, so wie Lage und Grösse des mit ihm conjugirten Durchmessers HI und die Länge ρ des zugehörigen latus rectum finden.

Man verlängere AB um die homologen Geraden BE, AD wie in VII. 7. und bestimme auf AB einen Punkt L durch die Proportion

1) $$AB^2 : d^2 = AE : LE,$$

errichte in L ein Loth, dessen Länge LK durch die Proportion

2) $$LK^2 : LA \cdot LB = r : AB$$

bestimmt ist, ziehe BK, AK und parallel damit durch den Mittelpunkt die Linien FG, HI, so sind dies der Lage nach die verlangten Durchmesser; die Grösse von HI ist dann durch die Zeile

$$AB^2 + AB \cdot r = d^2 + HI^2$$

und die Grösse ρ des zu FG gehörigen latus rectum durch die Proportion

$$FG : AB = AB + r : FG + \rho$$

(VII. 30.) bestimmt.

Beweis. Nach VII. 7. ist

$$FG^2 : HI^2 = LE : LD, \text{ also}$$

$$FG^2 + HI^2 : FG^2 = DE : LE$$

oder nach VII. 12. und 30.

$$AB \cdot (AB + r) : FG^2 = DE : LE$$

und wenn man das Verhältniss $AB + r : DE$ durch das gleiche Verhältniss $AB : AE$ ersetzt,

$$AB^2 : FG^2 = AE : LE,$$

welches mit (1) verglichen zeigt, dass $FG^2 = d^2$ ist, woraus dann das Uebrige von selbst folgt.

Anm. Es erhellt aus VII. 24., dass die Länge d nicht grösser als die grosse Achse und nicht kleiner als die kleine Achse sein darf.

§. 7. **Aufgabe 7.** Wenn die Seiten des zur Achse einer Hyperbel gehörigen Rechtecks und das Verhältniss irgend zweier conjugirter Durchmesser gegeben sind, diese Durchmesser ihrer Grösse und Lage nach aufzufinden.

Sei die Achse AB einer Hyperbel, ihr latus rectum r Fig. 383 a und b.
und zwei Längen p und q gegeben; man soll die conjugirten Durchmesser FG, HI der Lage und Grösse nach auffinden, welche in dem Verhältniss $p:q$ stehen.

Sei zuerst AB grösser als r; dann schneide man die homologen Geraden AD, BE auf der Achse ab wie in VII. 6., bestimme eine Grösse s durch die Proportion $p:q = q:s$ und auf der verlängerten BA einen Punkt L durch die Proportion

$$p - s : s = ED : DL,$$

errichte in L ein Loth LK, dessen Länge durch die Proportion

$$AB : r = LA \cdot LB : LK^2$$

bestimmt wird, ziehe BK, AK und Parallelen damit durch C, so geben diese die Lage der gesuchten conjugirten Durchmesser.

Man schneide nun auf der ersten dieser Parallelen von C aus nach beiden Seiten die halbe mittlere Proportionale zwischen LE und $AB + r$ zu den Punkten F und G ab, so ist FG der Grösse nach der erste der beiden gesuchten conjugirten Durchmesser; den zweiten HI bestimme man dann durch die Proportion $p : q = FG : HI$, so ist die Aufgabe gelöst.

Beweis. Dass die Parallelen *FG*, *HI* conjugirte Richtungen sind, folgt daraus, dass die Parallele *FG* mit *BK*, da sie von der Mitte von *B* ausgeht, auch die Mitte der Sehne *AK* treffen muss.

Wären nun nicht *FG*, *HI* der Grösse nach die verlangten Durchmesser, so seien es $\phi\chi$, $\eta\iota$; dann müsste

$$\phi\chi^2 : \eta\iota^2 = LE : LD \text{ oder}$$
$$\phi\chi^2 : \phi\chi^2 - \eta\iota^2 = LE : ED$$

sein und da $\phi\chi^2 - \eta\iota^2$ nach VII. 13. gleich $AB^2 - AB \cdot r$ ist, so müsste

$$\phi\chi^2 : AB \cdot (AB - r) = LE : ED; \text{ da aber}$$
$$AB : r = AE : AD, \text{ ist}$$
$$AB + r : AB - r = AB : ED, \text{ also}$$
$$(AB + r) \cdot ED = AB \cdot (AB - r),$$

welches oben eingesetzt ergiebt:

$$\phi\chi^2 : (AB + r) \cdot ED = LE : ED \text{ oder}$$
$$\phi\chi^2 = (AB + r) \cdot LE,$$

nach Construction ist aber

$$FG^2 = (AB + r) \cdot LE,$$

mithin ist $FG = \phi\chi$. Es ist aber nach VII. 6.

$$\phi\chi^2 : \eta\iota^2 = LE : LD = p : s = p^2 : q^2, \text{ also}$$
$$\phi\chi : \eta\iota = p : q$$

und, da nach Construction

$$FG : HI = p : q$$

ist, muss auch $HI = \eta\iota$ sein, wie zu beweisen war.

Wenn *AB* kleiner als *r* ist, so ist Construction und Beweis derselbe, nur liegen die Punkte *D* und *E* auf andern Seiten des Mittelpunkts und in den Zeichen finden kleine Aenderungen Statt.

Aus VII. 21. folgt, dass, wenn $AB > r$, auch

$$AB : r > p^2 : q^2$$

und, wenn $AB < r$, aus VII. 22., dass

$$AB : r < p^2 : q^2,$$

sein muss, damit eine Auflösung möglich ist; wenn aber $AB = r$ ist, muss nach VII. 23. auch $p = q$ sein.

Sollen die conjugirten Durchmesser nur der Grösse und nicht auch der Lage nach gefunden werden, so kann man folgende einfachere Construction anwenden.

Sei auf einer Geraden von demselben Punkt M aus $MN = p$ und $MR = q$ abgeschnitten, mit MN um N ein Kreis beschrieben, den ein in R errichtetes Loth in S trifft, und auf diesem Loth ein Stück RT abgeschnitten, dessen Länge durch die Bedingung Fig. 399.

$$RT^2 = AB^2 - AB \cdot r$$

bestimmt wird, ferner durch T eine Parallele mit RM gezogen, welche MS in U trifft, und von U das Loth UV auf MN gefällt, so sind MU, MV die verlangten Durchmesser; denn es ist

1) $MU : MV = MS : MR = MN : MR = p : q$ und

2) $MU^2 - MV^2 = UV^2 = TR^2 = AB^2 - AB \cdot r$,

durch welche Bedingungen die Grösse der beiden Durchmesser vollkommen bestimmt ist. Dieselbe Construction ist auch zulässig, wenn $AB > r$ ist, nur muss man dann p und q verwechselt in Anwendung bringen.

§. 8. **Aufgabe 8.** Wenn die Seiten des zur Achse einer Ellipse gehörigen Rechtecks und das Verhältniss irgend zweier conjugirten Durchmesser gegeben ist, diese Durchmesser selbst der Grösse und Lage nach aufzufinden.

Seien die Achse AB einer Ellipse, ihr latus rectum r und zwei Längen p und q gegeben, man soll der Lage und Grösse nach zwei conjugirte Durchmesser der Ellipse finden, die sich wie $p : q$ verhalten. Fig. 384a und b.

Man verlängere die Achse AB an beiden Enden um die homologen Geraden, bestimme eine Länge s durch die Proportion $p : q = q : s$, sodann einen Punkt L in AB durch die Proportion

$$p + s : p = DE : LE,$$

errichte in L ein Loth LK, dessen Länge durch die Proportion

$$AB : r = LA \cdot LB : LK^2$$

bestimmt wird, ziehe BK, AK und Parallelen damit durch C, so sind dies der Lage nach die verlangten Durchmesser; und schneidet man auf der ersten derselben von C nach beiden Seiten die halbe mittlere Proportionale zwischen LE und $AB - r$ zu den Punkten F und G ab, so ist FG der Grösse nach der erste derselben; den zweiten HI bestimmt man dann durch die Proportion $p : q = FG : HI$, worauf die Aufgabe gelöst ist.

Beweis. FG und HI sind conjugirte Richtungen, weil FG die Mitte der mit HI parallelen Sehne AK trifft. Wären aber die Längen der auf diesen Richtungen befindlichen Durchmesser nicht FG und HI, sondern etwa $\phi\chi$, $\eta\iota$, so müsste nach VII. 7.

$$\phi\chi^2 : \eta\iota^2 = LE : LD, \text{ also}$$
$$\phi\chi^2 : \phi\chi^2 + \eta\iota^2 = LE : ED$$

oder unter Anwendung von VII. 12.

$$\phi\chi^2 : AB^2 + AB \cdot r = LE : ED \text{ sein; da aber}$$
$$AB : r = AE : AD, \text{ ist auch}$$
$$AB + r : AB - r = ED : AB \text{ oder}$$
$$AB \cdot (AB + r) = ED \cdot (AB - r) \text{ und folglich}$$
$$\phi\chi^2 : ED \cdot (AB - r) = LE : ED \text{ oder}$$
$$\phi\chi^2 = (AB - r) \cdot LE;$$

nach Construction war aber

$$FG^2 = (AB - r) \cdot LE,$$

also ist $FG = \phi\chi$; dass dann aber auch $HI = \eta\iota$, folgt eben so wie im vorigen Satz.

Anm. Aus VII. 24. erhellt, dass das gegebene Verhaltniss $p : q$ nicht grosser als $AB : RS$ und nicht kleiner als $RS : AB$ sein darf.

Fig. 400. Wenn nur die Grösse, nicht die Lage der Durchmesser verlangt ist, so kann folgende Lösung angewendet werden: Man zeichne einen rechten Winkel und mache den einen Schenkel $MN = p$, den andern $NO = q$, schneide auf der nöthigenfalls verlängerten MO ein Stück MP ab, so dass

$$MP^2 = AB^2 + AB \cdot r$$

ist, beschreibe über MP einen Halbkreis, der MN oder seine Verlängerung in Q schneidet, so sind MQ, PQ die verlangten Durchmesser.

Der Beweis ist ähnlich als beim vorigen Satz.

§. 9. **Aufgabe 9.** Aus den gegebenen Seiten des zur Achse gehörigen Rechtecks und einer gegebenen Länge diejenigen conjugirten Durchmesser zu finden, deren Summe gleich der gegebenen Länge ist.

Fig. 383 a und b. Seien die Achse AB einer Hyperbel, ihr latus rectum r und eine Länge p gegeben; man soll zwei conjugirte Durchmesser FG, HI finden, so dass $FG + HI = p$ ist.

Man wiederhole die Figur von VII. 8., so ist nach diesem Satze

1) $AB^2 : (FG + HI)^2 = BD \cdot LE : (LE + \sqrt{LD \cdot LE})^2$.

Da nun

$$BD : AB = AB : AB + r, \text{ ist}$$

$$AB^2 = BD \cdot (AB + r),$$

welches in (1) eingesetzt giebt:

2) $AB + r : p^2 = LE : (LE + \sqrt{LD \cdot LE})^2$ oder

3) $AB + r : p = p : LE + LD + 2\sqrt{LD \cdot LE}$

und also auch

4) $AB + r : p = \frac{p}{2} : CL + \sqrt{LD \cdot LE}$.

Da die drei ersten Glieder dieser Proportion bekannt sind, so ist es auch das letzte, und man denke sich also dessen Länge q von C aus auf CA und seiner Verlängerung abgeschnitten bis zum Punkt P_1, so dass also

$$CP_1 = CL + \sqrt{LD \cdot LE}$$

und also $LP_1^2 = LD \cdot LE$ oder

$$LD : LP_1 = LP_1 : LE \text{ und componendo}$$

$$P_1D : P_1E = LD : LP_1$$

und abermals componendo

$$PD_1 + P_1E : P_1D = P_1D : LD \text{ oder}$$

$$2\,CP_1 : P_1D = PD_1 : LD$$

ist. Da nun in der letzten Proportion die drei ersten Glieder bekannt sind, so ist es auch LD, also der Punkt L und hieraus wie früher das Uebrige.

Die Construction ist sonach folgende: Man bestimme zuerst eine Grösse q durch die Proportion

$$AB + r : p = \frac{p}{2} : q,$$

sodann eine Grösse s durch die Proportion

$$2q : q - \frac{DE}{2} = q - \frac{DE}{2} : s,$$

schneide s von D aus auf der Verlängerung von ED ab zum Punkt L und construire dann weiter wie in §. 7.

Wenn $AB = r$ ist, fallen die Punkte D, C, E zusammen; da dann aber auch $FG = HI$ sein muss, reducirt sich die Aufgabe auf §. 5.; wenn AB kleiner als r ist, geschieht die Auflösung wie vorher, nur liegen die Punkte D und E auf verwechselten Seiten des Mittelpunktes.

Eine andere Auflösung ergiebt sich aus VII. 13. und 29. Da nämlich $FG^2 - HI^2$ und $FG + HI$ bekannt sind, so ist es auch $FG - HI$, mithin auch FG und HI einzeln, wodurch sich die Auflösung auf §. 5. reducirt.

Aus VII. 25. erhellt, dass die gegebene Länge p grösser sein muss als die Summe der Achsen der gegebenen Hyperbel.

§. 10. **Aufgabe 10.** Aus den gegebenen Seiten des zur Achse einer Ellipse gehörigen Rechtecks diejenigen conjugirten Durchmesser derselben der Lage und Grösse nach zu finden, deren Summe gleich einer gegebenen Länge ist.

Fig. 384 a und b. Seien AB, r Achse und latus rectum einer Ellipse, p eine gegebene Länge; man soll die conjugirten Durchmesser FG, HI finden, deren Summe gleich p ist. Man wiederhole die zweite Figur von VII. 8., so ist nach diesem Satze

1) $AB^2 : (FG + HI)^2 = BD \cdot LE : (LE + \sqrt{LD \cdot LE})^2$

und da

$$BD : AB = AB : AB - r, \text{ ist}$$
$$AB^2 = BD \cdot (AB - r),$$

welches in (1) eingesetzt ergiebt, dass

2) $AB - r : p^2 = LE : LE^2 + 2 LE\sqrt{LD . LE} + LD \cdot LE$

oder

$$AB - r : p = p : DE + 2\sqrt{LD \cdot LE} \text{ oder}$$

3) $$AB - r : p = \frac{p}{2} : CE + \sqrt{LD \cdot LE}.$$

Da in dieser letzten Zeile nun die drei ersten Glieder bekannt sind, so ist es auch das vierte; man denke sich also dessen Länge q von C aus auf CE und dessen Verlängerung bis zum Punkt P abgeschnitten, so ist

$$EP^2 = LD \cdot LE = (CE - CL) \cdot (CE + CL) = CE^2 - CL^2,$$

also $CL^2 = CE^2 - EP^2$, wodurch CL und somit der Punkt L gegeben ist; wenn dieser aber gefunden ist, construirt man das Uebrige wie in §. 8.

Die Construction ist demnach folgende: Man bestimme eine Grösse q durch die Proportion

$$AB - r : p = \frac{p}{2} : q,$$

ziehe CE von q ab und errichte den Rest als Loth CX auf der Achse im Punkt C, beschreibe mit CE um X einen

Kreis, der die Achse in zwei Punkten L, L_1 trifft, und verfahre mit einem jeden dieser Punkte wie in §. 8., so ergeben sich die verlangten Paare conjugirter Durchmesser FG, HI und F_1G_1, H_1I_1, welche der Aufgabe genügen.

Eine andere Auflösung ergiebt sich aus VII. 30; wonach

$$FG^2 + HI^2 = AB^2 + AB \cdot r,$$

also bekannt ist, und da ausserdem $FG + HI = p$ gegeben ist, kann man leicht FG und HI einzeln construiren.

Aus VII. 26. erhellt, dass p nicht kleiner als die Summe der Achsen und nicht grösser als die Summe der conjugirten gleichen Durchmesser sein darf.

§. 11. **Aufgabe 11.** Wenn die Seiten des zur Achse gehörigen Rechtecks bei einer Hyperbel gegeben sind, diejenigen conjugirten Durchmesser zu finden, die eine gegebene Differenz haben.

Seien AB, r Achse einer Hyperbel und ihr latus rectum, p eine gegebene Länge; man soll die conjugirten Durchmesser finden, deren Unterschied gleich p ist. Fig. 383a

Nach VII. 9., dessen Figur wir wiederholen, ist

$$1)\quad AB^2 : (FG - HI)^2 = BD \cdot LE : (LE - \sqrt{LD \cdot LE})^2$$

und da, wie in §. 9. gezeigt ist,

$$AB^2 = (AB + r) \cdot BD \text{ ist,}$$

$$2)\quad AB + r : p^2 = LE : LE^2 - 2LE\sqrt{LD \cdot LE} + LD \cdot LE$$

oder

$$AB + r : p = p : LE + LD - 2\sqrt{LD \cdot LE}, \text{ d. i.}$$

$$3)\qquad AB + r : p = \tfrac{p}{2} : CL - \sqrt{LD \cdot LE}.$$

Aus den bekannten ersten drei Gliedern dieser Proportion finden wir nun für das vierte die Länge q, und denkt man sich diese von C aus auf CL bis zum Punkt M abgeschnitten, so dass also

$$CM = CL - \sqrt{LD \cdot LE},$$

so ist offenbar $LD \cdot LE = LM^2$, d. h.

$$LD : LM = LM : LE \text{ oder dividendo}$$

$$DM : ME = LD : LM$$

und nochmals dividendo

$$ME - MD, \text{ d. i. } 2CM : DM = DM : LD,$$

woraus sich LD und sonach die Lage des Punktes L ergiebt.

Die Construction ist hiernach folgende: Man suche zuerst die Länge q durch die Proportion

$$AB + r : p = \frac{p}{2} : q,$$

schneide sie von C aus auf CD zum Punkte M ab und bestimme dann eine Länge s durch die Proportion

$$2\,CM : DM = DM : s,$$

so giebt s von D aus auf der verlängerten CD abgeschnitten den Punkt L, worauf das Uebrige wie in §. 7. gefunden wird.

Nach VII. 27. darf die für den Unterschied der conjugirten Durchmesser gegebene Länge p nicht grösser sein als der Unterschied der Achsen.

Fig. 401 und 402. Aus dem am Schluss von §. 9. Gesagten ergiebt sich folgende einfache Construction der conjugirten Durchmesser einer Hyperbel, sei nun ihre Summe s oder ihr Unterschied d gegeben: Man zeichne einen rechten Winkel und mache den einen Schenkel OP gleich der mittleren Proportionale zwischen AB und $AB - r$, den andern OR mache man gleich der gegebenen Summe oder dem gegebenen Unterschied, ziehe dann PR und errichte sowohl in der Mitte T von PR als auch in P selbst Lothe auf PR, welche RO beziehlich in U, S schneiden, so sind UO, UR die gesuchten conjugirten Durchmesser.

Es ergiebt sich hierbei die Bemerkung, dass, wenn in verschiedenen Hyperbeln die Unterschiede der Quadrate der Achsen gleich sind, zu zwei gleichen Durchmessern dieser Hyperbeln auch gleiche conjugirte Durchmesser gehören.

§. 12. **Aufgabe 12.** Aus den gegebenen Seiten des zur Achse einer Ellipse gehörigen Rechtecks Lage und Grösse derjenigen conjugirten Durchmesser zu finden, die einen gegebenen Unterschied haben.

Fig. 384a und b. Seien die gegebenen Stücke wie oben bezeichnet, so ist, wenn wir die zweite Figur von VII. 8. wiederholen,

1) $AB^2 : (FG - HI)^2 = BD \cdot LE : (LE - \sqrt{LD \cdot LE})^2$

und da

$$BD : AB = AB : AB - r, \text{ also}$$
$$AB^2 = BD \cdot (AB - r),$$

erhalten wir

$$2)\quad AB - r : p^2 = LE : LE^2 - 2LE \cdot \sqrt{LD \cdot LE} + LD \cdot LE \text{ oder}$$

$$AB - r : p = p : LE + LD - 2\sqrt{LD \cdot LE} \text{ d. i.}$$

$$3)\quad AB - r : p = \frac{p}{2} : CE - \sqrt{LD \cdot LE}.$$

Ist also q die Länge der vierten Proportionale aus dieser letzten Zeile und denken wir uns dieselbe von C aus auf CE abgesehnitten zum Punkt Q, so ist

$$QE^2 = LD \cdot LE = (CD - CL) \cdot (CE + CL) = CE^2 - CL^2,$$

also $CL^2 = CE^2 - QE^2$ und also der Punkt L bekannt, woraus der Rest der Construction sich wie in §. 10. ergiebt.

Nach VII. 27. darf die gegebene Länge p nicht grösser als der Unterschied der Achsen sein.

Aus VII. 12. ergiebt sich auch hier folgende Construction für die Auffindung der Grösse zweier conjugirten Durchmesser, wenn entweder ihre Summe oder ihr Unterschied gegeben ist: Man beschreibe mit der Sehne der Ellipse, die die Endpunkte eines ihrer Quadranten mit einander verbindet, als Halbmesser einen Kreis um einen Mittelpunkt O und ziehe darin zwei auf einander senkrechte Durchmesser MN, PQ, beschreibe mit PM einen Kreisbogen über MN, der einen Quadranten gross, so wie mit QM einen andern, der drei Quadranten gross ist. Fig. 403.

Ist nun der Unterschied der conjugirten Durchmesser gegeben, so lege man ihn als Sehne von N aus in den um P beschriebenen Quadranten zum Punkt T und verlängere NT, bis es den um O beschriebenen Kreis in U trifft, so sind UT, UN die gesuchten conjugirten Durchmesser; ist dagegen die Summe der conjugirten Durchmesser gegeben, so lege man dieselben als Sehne von N aus in den um Q beschriebenen drei Quadranten haltenden Bogen zum Punkt T_1; wenn dann NT_1 den um O beschriebenen Kreis in U schneidet, so sind UT_1, UN die gesuchten conjugirten Durchmesser, wie leicht bewiesen werden kann.

Es ergiebt sich hieraus noch die Bemerkung, dass, wenn in zwei verschiedenen Ellipsen die Summen der Achsenquadrate gleich sind, zwei gleiche Durchmesser derselben auch gleiche conjugirte Durchmesser haben.

§. 13. **Aufgabe 13.** Aus den gegebenen Seiten des zur Achse einer Hyperbel gehörigen Rechtecks diejenigen conjugirten Durchmesser zu finden, deren Product gleich einem gegebenen Quadrat ist.

Fig 383a und b. Sei unter Beibehaltung der Bezeichnungen in der Figur zu VII. 10. p eine gegebene Länge und conjugirte Durchmesser FG, HI gesucht, für welche $FG \cdot HI = p^2$ ist, so ist nach dem erwähnten Satz

$$AB^2 : p^2 = BD : EP \text{ und}$$

$$EP^2 = LD \cdot LE = LC^2 - CD^2;$$

setzen wir hierin

$$AB^2 = BD \cdot (AB + r)$$

(siehe §. 9.), so erhalten wir

$$AB + r : p = p : EP,$$

woraus sich folgende Construction ergiebt:

Man bestimme q durch die Proportion

$$AB + r : p = p : q,$$

errichte in C auf der Achse ein Loth $CX = q$, ziehe XD und schneide es auf der Achse von C aus ab zum Punkt L und verfahre dann weiter wie in §. 7.

Nach VII. 28. darf p^2 nicht kleiner als das Rechteck aus den Achsen sein.

§. 14. **Aufgabe 14.** Aus den Seiten des zur Achse einer Ellipse gehörigen Rechtecks diejenigen conjugirten Durchmesser derselben zu finden, deren Rechteck gleich einem gegebenen Quadrat ist.

Fig. 384a und b. Sei unter Beibehaltung der Bezeichnungen von VII. 10. für die Ellipse p eine gegebene Länge, deren Quadrat gleich $FG \cdot HI$ sein soll, so ist wieder

$$AB^2 : p^2 = BD : EP \text{ oder}$$

$$AB^2 = (AB - r) \cdot BD \text{ gesetzt (§. 10.)},$$

$$AB - r : p = p : EP \text{ und}$$

$$EP^2 = LD \cdot LE = CE^2 - CL^2,$$

woraus sich folgende Construction ergiebt:

Man bestimme zuerst q durch die Proportion

$$AB - r : p = p : q,$$

errichte in C ein Loth CX auf der Achse gleich q, beschreibe mit CE um X einen Kreis, der die Achse in L, L_1 trifft, und verfahre dann mit jedem dieser Punkte weiter wie in §. 7.

Aus VII. 28. erhellt, dass p^2 grösser als das Rechteck der Achsen und kleiner als das Quadrat eines der beiden gleichen conjugirten Durchmesser sein muss, damit eine Auflösung möglich ist.

Die Grösse der conjugirten Durchmesser FG, HI kann übrigens auch folgendermassen gefunden werden:

Man ziehe eine Gerade MN gleich der Quadrantensehne AR der gegebenen Ellipse, errichte in N ein Loth NP, so dass $NP^2 = \frac{p^2}{2}$ ist, beschreibe mit NP um N einen Kreis und ziehe von M an diesen eine Tangente MQ, so ist MP die halbe Summe, MQ der halbe Unterschied der gesuchten conjugirten Durchmesser, denn es ist

$$MP^2 = MN^2 + NP^2 = \frac{AB^2}{4} + \frac{RS^2}{4} + \frac{p^2}{2} = \frac{FG^2}{4} + \frac{HI^2}{4} + \frac{FG \cdot HI}{2} = \frac{(FG + HI)^2}{4},$$

$$MQ^2 = MN^2 - NP^2 = \frac{AB^2}{4} + \frac{RS^2}{4} - \frac{p^2}{2} = \frac{FG^2}{4} + \frac{HI^2}{4} - \frac{FG \cdot HI}{2} = \frac{(FG - HI)^2}{4}.$$

§. 15. **Aufgabe 15.** Aus den gegebenen Seiten des zur Achse einer Hyperbel gehörigen Rechtecks diejenigen conjugirten Durchmesser zu finden, die eine gegebene Summe der Quadrate haben.

Sei unter Beibehaltung der üblichen Bezeichnungen p eine gegebene Länge, so dass $FG^2 + HI^2 = p^2$ werden soll.

Nach VII. 11. ist $AB^2 : p^2 = BD : LD + LE$ und da

$AB^2 = BD \cdot (AB + r)$ (siehe §. 9.), so ist

$$AB + r : p = p : 2\,CL,$$

aus welcher Proportion wir leicht die Länge CL, also den Punkt L bestimmen können, wodurch die Aufgabe nach dem Früheren als aufgelöst anzusehen ist.

Aus VII. 25. erhellt, dass p^2 nicht kleiner sein darf als die Summe der Quadrate der Achsen, damit eine Auflösung möglich ist.

§. 16. **Aufgabe 16.** Aus den gegebenen Seiten des zur Achse einer Ellipse gehörigen Rechtecks diejenigen conjugirten Durchmesser derselben der Lage und Grösse nach zu finden, die einen gegebenen Unterschied der Quadrate haben.

Wir haben unter Beibehaltung der üblichen Bezeichnungen, wenn $p^2 = FG^2 - HI^2$ werden soll, nach VII. 14.

$$AB^2 : p^2 = BD : 2\,CL \text{ und da}$$

$$AB^2 = BD \cdot (AB - r)$$

(siehe §. 10.),

$$AB - r : p = p : 2\,CL,$$

woraus sich CL, also der Punkt L und das Uebrige wie in §. 8. ergiebt.

Aus VII. 12. und 28. folgt leicht, dass p^2 nicht grösser als der Unterschied der Quadrate der Achsen sein darf.

Dass eine andere Auflösung der letzten beiden Aufgaben auf VII. 12. und 13. begründet werden kann, erhellt leicht, indem es nämlich nur darauf ankommt, aus der gegebenen Summe und dem Unterschied zweier Quadrate diese einzeln zu finden.

§. 17. **Aufgabe 17.** Aus den Seiten des zur Achse einer Hyperbel gehörigen Rechtecks diejenigen conjugirten Durchmesser zu finden, die einen gegebenen Winkel einschliessen.

Es ist zunächst zu bemerken, dass die hier vorliegende Aufgabe so wie die nächstfolgende schon am Ende des zweiten Buchs, jedoch unter der Voraussetzung aufgelöst sind, dass die Kegelschnitte selbst in allen ihren Punkten gezeichnet vorliegen, der 31. Satz des 7. Buches scheint aber in der Absicht ersonnen zu sein, diese Aufgaben ohne diese Voraussetzung aufzulösen.

Fig. 405. Sei übrigens unter Beibehaltung der in VII. 6. gebrauchten Bezeichnungen von F ein Loth FX auf HI gefällt, so ist das durch die conjugirten Durchmesser FG, HI bestimmte Parallelogramm gleich $HI \cdot 2FX$ und also nach VII. 31.

$$HI \cdot 2\,FX = AB \cdot RS, \text{ also}$$

$$AB \cdot RS : FG \cdot HI = FX : FC,$$

welches letztere Verhältniss aus dem gegebenen Winkel FCH bekannt ist; es ist daher auch $FG \cdot HI$ bekannt und sonach die Aufgabe auf §. 13. zurückgeführt.

Man kann also die gesuchten Durchmesser folgendermassen construiren: Man trage den gegebenen Winkel α an die Achse CA im Punkt C an und schneide auf dem erhaltenen Schenkel ein Stück CY ab, dessen Grösse durch die Proportion

$$AB + r : AB = RS : CY$$

bestimmt ist, errichte in Y ein Loth auf CY, das das in C auf AB errichtete Loth in O trifft; schneidet man nun die Länge OD von C aus auf der verlängerten CD ab zum Punkt L, so kann von diesem Punkt aus weiter wie in §. 7. construirt werden.

Beweis. Da

$$AB \cdot RS : FG \cdot HI = FX : FC = CY : CO \text{ und}$$

$$AB \cdot RS = CY \cdot (AB + r), \text{ ist}$$

$$(AB + r) \cdot CO = FG \cdot HI,$$

welches mit der in §. 13. erwiesenen Zeile

$$(AB + r) \cdot EP = FG \cdot HI$$

verglichen, zeigt, dass $CO = EP$, also

$$CO^2 = EP^2 = LD \cdot LE = CL^2 - CD^2$$

oder $CL^2 = CO^2 + CD^2$ ist, mithin der Punkt L richtig construirt ist.

§. 18. **Aufgabe 18.** Aus den gegebenen Seiten des zur Achse einer Ellipse gehörigen Rechtecks diejenigen conjugirten Durchmesser zu finden, die einen gegebenen Winkel einschliessen.

Sei unter Beibehaltung der in VII. 7. gebrauchten Bezeichnungen FX ein Loth von F auf HI, so ist $HI \cdot 2FX$ der Inhalt des durch die conjugirten Durchmesser FG, HI bestimmten, der Ellipse umschriebenen Parallelogramms, mithin nach VII. 31. Fig. 406.

$$AB \cdot RS = HI \cdot 2FX, \text{ also}$$

$$AB \cdot RS : FG \cdot HI = FX : CF$$

und da das letzte Verhältniss durch den gegebenen Winkel FCI bekannt ist, so ist auch $FG \cdot HI$ bestimmt und also die Aufgabe auf §. 14. zurückgeführt.

Es ergiebt sich hiernach folgende Construction: Man trage den gegebenen Winkel α an die Achse CA im Punkt C an, schneide auf dem erhaltenen Schenkel ein Stück CY ab, dessen Länge durch die Proportion

$$AB - r : RS = AB : CY$$

bestimmt ist, errichte in Y ein Loth auf CY, das das in C auf AB errichtete Loth in O trifft, beschreibe um O mit der Länge CE einen Kreisbogen, der die Achse in zwei Punkten L, L_1 trifft, so kann von jedem dieser Punkte weiter wie in §. 8. construirt werden.

Beweis. Da nach Construction

$$CY \cdot (AB - r) = AB \cdot RS, \text{ ferner}$$

$$CY \cdot (AB - r) : CO \cdot (AB - r) = CY : CO = FX : CF$$

und, wie oben gezeigt, auch

$$AB \cdot RS : FG \cdot HI = FX : CF \text{ ist, so ist}$$

$$CO \cdot (AB - r) = FG \cdot HI;$$

in §. 14. hatten wir die Zeile

$$EP \cdot (AB - r) = FG \cdot HI, \text{ wo}$$

$$EP^2 = LE \cdot LD = CE^2 - CL^2$$

war, mithin ist

$$CO^2 = CE^2 - CL^2 \text{ oder } CL^2 = CE^2 - CO^2,$$

woraus die Richtigkeit obiger Construction erhellt.

Aus II. 52. erhellt, dass der spitze Winkel a nicht kleiner sein darf, als der spitze Winkel, den die von den Endpunkten der kleinen Achse nach einem Endpunkt der grossen gezogenen Linien mit einander machen.

Scholium. Da im Folgenden, wie es bei den alten Geometern überhaupt Sitte war, eine Aufgabe als aufgelöst angesehen wird, wenn sie darauf zurückgeführt ist, ein Rechteck zu suchen, für welches der Inhalt und entweder Summe oder Unterschied zweier Seiten gegeben sind, so mag es nicht unpassend erscheinen, hier die einfachsten Auflösungen der verschiedenen Fälle dieser Aufgabe kurz mitzutheilen, obgleich durch Euclid. VI. 28 und 29. die vollständige Auflösung der Aufgabe gegeben ist.

Fig. 407. 1) Gegeben sind zwei Längen AB und DE; man soll ein Rechteck zeichnen, das gleich DE^2 ist und dessen längere Seite die kürzere um AB übertrifft.

Man errichte in der Mitte D von AB ein Loth gleich DE, ziehe EA und schneide EA von D aus nach beiden Seiten auf AB und seinen Verlängerungen ab zu den Punkten G und H, so sind AG, AH die Seiten des gesuchten Rechtecks, denn es ist $AH - AG = AB$ und

$$AH \cdot AG = (AE + AD) \cdot (AE - AD) = AE^2 - AD^2 = DE^2.$$

2) Gegeben zwei Längen DE und AB; man soll ein Rechteck finden, das gleich DE^2 ist und dessen anstossende Seiten zur Summe AB geben. Man errichte in der Mitte D von AB die Linie DE als Loth und beschreibe mit DA um E einen Kreis, der AB in zwei Punkten G und H trifft, dann sind AG, GB Seiten des gesuchten Rechtecks; denn es ist $AG + GB = AB$ und Fig. 408.

$$AG \cdot GB = (EG - DG) \cdot (EG + DG) = EG^2 - DG^2 = DE^2.$$

Anm. ED muss kleiner als $\frac{1}{2} AB$ sein, damit die Auflösung möglich ist.

3) Gegeben drei Längen AB, AD, BE; man soll ein Rechteck finden, das gleich $AD \cdot BE$ ist und dessen längere Seite die kürzere um AB übertrifft. Fig. 409.

Man errichte in den Endpunkten A und B der Linie AB die Längen AD, BE als Lothe nach entgegengesetzten Seiten, ziehe DE und beschreibe um dasselbe als Durchmesser einen Kreis, der die verlängerte AB in den Punkten G und H trifft, so sind AG, AH die Seiten des gesuchten Rechtecks; denn es ist $AH - AG = AB$ und, wenn man DA verlängert, bis es den Kreis in F trifft,

$$AG \cdot AH = AD \cdot AF = AD \cdot BE.$$

4) Gegeben drei Längen AB, AD, BE; man soll ein Rechteck suchen, das gleich $AD \cdot BE$ ist und in dem zwei anstossende Seiten die Summe AB haben.

Man errichte in den Endpunkten von AB die Längen AD, BE als Lothe nach derselben Seite, ziehe DE und beschreibe darum als Durchmesser einen Kreis, der AB in den Punkten G und H trifft, dann sind AG, BG die Seiten des gesuchten Rechtecks; denn es ist $AG + BG = AB$ und Fig. 410.

$$AG \cdot BG = AG \cdot AH = AF \cdot AD = BE \cdot AD. \text{ q. e. d.}$$

Anm. Das Rechteck $AD \cdot BE$ darf nicht grösser als $\frac{1}{4} AB^2$ sein, damit eine Auflösung möglich ist.

§. 19. **Aufgabe 19.** Aus den Seiten des zur Achse einer Hyperbel gehörigen Rechtecks denjenigen Durchmesser zu finden, dessen latus rectum eine gegebene Länge hat.

Sei unter Beibehaltung der früheren Bezeichnungen ρi die für das latus rectum gegebene Länge und zunächst vorausgesetzt, dass $AB > r$ ist. Fig. 383 a und b und 411 und 412.

Aus VII. 15. haben wir die Proportion

$$AB^2 : \rho^2 = BD \cdot LE : LD^2 \text{ und, da}$$

$$AB^2 = (AB + r) \cdot BD \text{ (siehe §. 9.), ist}$$

$$AB + r : \rho = \rho : \frac{LD^2}{LE} \text{ ; sei also}$$

$$AB + r : \rho = \rho : p,$$

so ist p als bekannt anzusehen und wir haben

$$p : LD = LD : LE,$$

worin, da nach Annahme $AB > r$, also auch $LE > LD$ und demnach auch $LD > p$ sein muss; wir erhalten nun dividendo

$$LD - p : DE = LD : LE \text{ oder}$$

$$LE - DE - p : DE = LD : LE,$$

woraus abermals dividendo entsteht:

$$2DE + p - LE : DE = DE : LE,$$

d. h. LE ist eine Seite eines Rechtecks, für welches der Inhalt DE^2 und die Summe der Seiten $2DE + p$ gegeben ist und dessen Seiten also nach dem in Nr. 2. des Scholiums gezeigten Verfahren gefunden werden können.

Die Construction ist demgemäss folgende:

Man bestimme eine Länge p durch die Proportion

$$AB + r : \rho = \rho : p,$$

schneide $\frac{p}{2}$ von D aus auf DA ab zum Punkte M, errichte in M ein Loth $MO = DE$ und beschreibe um O einen Kreis mit EM, der die verlängerte BA in einem Punkt L schneidet, und verfahre dann weiter wie in §. 7.

Sei nun zweitens $AB < r$, so findet wie oben die Proportion

$$AB + r : \rho = \rho : \frac{LD^2}{LE} \text{ Statt; und wenn darin}$$

$$\frac{LD^2}{LE} = p \text{ oder } p : LD = LD : LE$$

gesetzt wird, so muss, da $LD > LE$, auch $p > LD$ sein, und wir erhalten daher

$$p - LD : DE = LD : LE$$

und abermals dividendo

$$p - LD - DE \text{ oder } p - 2DE - LE : DE = DE : LE,$$

woraus sich LE wieder nach Nr. 2. des Scholiums bestimmt.

Die Construction ist von der obigen wenig verschieden, doch wird der um O beschriebene Kreis die verlängerte BA in zwei Punkten L, λ treffen, deren jeder zu einer Auflösung führt.

Diorismus*). Im ersten Fall, wenn die Achse grösser als ihr latus rectum ist, erhellt aus VII. 33., dass ρ grösser als r sein muss, damit eine Auflösung möglich ist, und dass, je grösser ρ ist, desto entfernter von der Achse der gesuchte Durchmesser FG sich befindet. Wenn die Achse AB kleiner als ihr latus rectum r, aber nicht kleiner als $\frac{r}{2}$ ist, so erhellt aus VII. 34., dass dieselben Bedingungen Statt finden als im vorigen Fall. Wenn aber $AB < \frac{r}{2}$ ist, so ist $DE > DA$, und wenn man also $E\chi = DE$ auf der verlängerten DE abschneidet, so ist nach VII. 35. der durch den Punkt χ auf die bekannte Art erhaltene Durchmesser FG derjenige, welcher das kleinste zugehörige latus rectum hat; dieses latus rectum ist aber dann gleich $2FG$, und da

$$FG^2 = (AB + r) \cdot \chi E = (AB + r) \cdot DE = (r - AB) \cdot AB$$

ist, so folgt leicht, dass ρ nicht kleiner sein darf als die mittlere Proportionale zwischen $2AB$ und $2 \cdot (r - AB)$, damit eine Auflösung möglich ist. Ist ρ diesem Minimum gleich, so wird der um O mit EM beschriebene Kreis die Achse in einem Punkt berühren, mithin auf jeder Seite der Achse nur ein Durchmesser liegen, dessen latus rectum die verlangte Grösse hat. Ist ρ grösser als dieses Minimum, aber kleiner als r, so giebt es auf jeder Seite der Achse zwei Durchmesser von der verlangten Eigenschaft und wenn diese FG, $\phi\chi$ heissen, so wird, da nach VII. 29.

$$FG^2 - FG \cdot \rho = \phi\chi^2 - \phi\chi \cdot \rho \text{ ist,}$$
$$FG^2 - \phi\chi^2 = \rho \cdot (FG - \phi\chi),$$

also $FG + \phi\chi = \rho$ sein, d. h. die Summe der beiden Durchmesser, welche auf derselben Seite der Achse liegen und ein gleiches latus rectum haben, ist diesem gemeinschaftlichen latus rectum gleich. Wenn endlich $\rho > r$ ist, so kann auf jeder Seite der Achse wieder nur ein Durchmesser gefunden werden, der der Aufgabe genügt.

§. 20. **Aufgabe 20.** Aus den Seiten des zur Achse einer Ellipse gehörigen Rechtecks denjenigen Durchmesser zu finden, dessen latus rectum eine gegebene Länge hat.

---

*) Wir behalten den Ausdruck Diorismus (διορίζω) bei, weil das Wort Determination bei Euclid. in anderem Sinne gebraucht wird.

Fig. 384 a und b und 413. Sei unter Beibehaltung der früheren Bezeichnungen bei der Ellipse ρ die für das latus rectum gegebene Länge, so ist nach VII. 15.

$$AB^2 : \rho^2 = BD \cdot LE : LD^2 \text{ oder, da}$$

$$(AB - r) \cdot BD = AB^2$$

(siehe §. 10.),

$$AB - r : \rho = \rho : \frac{LD^2}{LE}.$$

Ist also

$$AB - r : \rho = \rho : p, \text{ so haben wir}$$

$$p : LD = LD : LE \text{ oder}$$

$$p + LD : DE = LD : LE$$

und abermals componendo $p + LD + DE$ oder

$$p + 2DE - LE : DE = DE : LE,$$

d. h. LE ist eine Seite eines Rechtecks, dessen Inhalt gleich DE^2 und worin die Summe zweier anstossenden Seiten gleich $p + 2DE$ ist, das also nach Nr. 2. des Scholiums zu finden ist.

Die Construction ist demnach folgende:

Man bestimme zuerst eine Länge p durch die Proportion

$$AB - r : \rho = \rho : p,$$

schneide $\frac{p}{2}$ von D aus auf der verlängerten AD ab zum Punkt M, errichte in M ein Loth MO gleich DE, beschreibe um O mit EM einen Kreis, der AB in L trifft, und verfahre dann mit L weiter wie in §. 8.

Der Diorismus ist leicht; denn aus VII. 24. ergiebt sich, dass ρ nicht kleiner als das zur grossen Achse und nicht grösser als das zur kleinen Achse gehörige latus rectum sein darf, damit eine Auflösung möglich ist.

§. 21. **Aufgabe 21.** Aus den gegebenen Seiten des zur Achse einer Hyperbel gehörigen Rechtecks denjenigen Durchmesser zu finden, der zu seinem latus rectum ein gegebenes Verhältniss hat.

Fig. 383 a und b. Seien übrigens unter Beibehaltung der früheren Bezeichnungen p und q zwei Längen, die sich wie der gesuchte Durchmesser FG zu seinem latus rectum ρ verhalten, so ist nach VII, 6. und I. 13. Anmerkung:

$$p : q = LE : LD, \text{ also}$$
$$p - q : p = DE : LE,$$

durch welche Proportion LE gefunden werden kann, worauf die Aufgabe als aufgelöst anzusehen ist. Das Verhältniss $p : q$ darf nicht grösser als das der Achse zu ihrem latus rectum sein, wenn die Achse grösser als ihr zugehöriges latus rectum ist, und nicht kleiner, wenn das Umgekehrte Statt findet, damit eine Auflösung möglich ist (siehe VII. 22., 23.).

§. 22. **Aufgabe 22.** Dieselbe Aufgabe als die vorige für die Ellipse zu lösen.

Unter Beibehaltung der üblichen Bezeichnung haben wir auch hier nach VII. 7. Fig. 384a und b.

$$p : q = LE : LD, \text{ also } p + q : p = DE : LE,$$

woraus LE gegeben und also die Aufgabe aufgelöst ist. Das Verhältniss $p : q$ darf nicht grösser als das Verhältniss der grossen Achse zu ihrem latus rectum und nicht kleiner als das umgekehrte Verhältniss sein (siehe VII. 24.), damit eine Auflösung möglich ist.

§. 23. **Aufgabe 23.** Aus den gegebenen Seiten des zur Achse einer Hyperbel gehörigen Rechtecks denjenigen Durchmesser zu finden, der von seinem latus rectum einen gegebenen Unterschied hat.

Sei unter Beibehaltung der früheren Bezeichnungen p der gegebene Unterschied, so ist nach VII. 16. AB^2 oder Fig. 383a und b.

$$(AB + r) \cdot BD : p^2 = BD \cdot LE : DE^2 \text{ oder}$$
$$AB + r : LE = p^2 : DE^2,$$

durch welche Proportion LE gegeben und somit die Aufgabe aufgelöst ist.

Aus VII. 29. und dem im Beweis zu VII. 25. Gesagten erhellt, dass p kleiner als $\pm (AB - r)$ sein muss, damit eine Auflösung möglich ist.

Aus VII. 29. ergiebt sich auch noch eine andere Art, FG durch die beiden Gleichungen

$$AB^2 - AB \cdot r = FG \cdot (FG - \rho) \text{ und } FG - \rho = p$$

zu finden.

§. 24. **Aufgabe 24.** Dieselbe Aufgabe als die vorige für die Ellipse zu lösen.

Fig. 384 a und b und 414. Ist unter Beibehaltung der üblichen Bezeichnungen p der gegebene Unterschied, so ist nach VII. 16.

$$AB^2 : p^2 = BD \cdot LE : (LE - LD)^2 \text{ und da}$$
$$AB^2 = (AB - r) \cdot BD \text{ und } LE - LD = 2\,CL$$

ist, erhalten wir

$$AB - r : p = p : \frac{4\,CL^2}{LE}. \text{ Ist also}$$
$$AB - r : \frac{p}{2} = \frac{p}{2} : q, \text{ so haben wir}$$
$$q : CL = CL : LE \text{ und dividendo}$$
$$CL - q : CE = CL : LE$$

oder abermals dividendo

$$CE + q - CL : CE = CE : LE \text{ oder}$$
$$2\,CE + q - LE : CE = CE : LE,$$

woraus LE mittelst Nr. 2. des Scholiums gefunden werden kann.

Die Construction ist demnach folgende: Man bestimme zuerst eine Länge q durch die Proportion

$$AB - r : \frac{p}{2} = \frac{p}{2} : q,$$

schneide $\frac{q}{2}$ von C auf CD ab zum Punkt M, errichte in M ein Loth MX so lang als CE und beschreibe um X mit dem Halbmesser EM einen Kreis, der die Achse in zwei Punkten L und λ trifft, so kann von jedem dieser Punkte weiter verfahren werden wie in §. 8. und wir erhalten zwei verschiedene Durchmesser, die der Aufgabe genügen und deren einer sein latus rectum um p übertrifft, deren anderer um p übertroffen wird.

Eine etwas andere Construction ergiebt sich, wenn aus obiger Proportion

$$q : CL = CL : LE \text{ abgeleitet wird}$$
$$CL - q : CE = q : CL,$$

in welcher CL durch Nr. 3. des Scholiums gefunden werden kann.

Diorismus. Aus VII. 37. erhellt, dass, wenn der gegebene Unterschied p grösser als der Unterschied zwischen der kleinen Achse und ihrem latus rectum ist, überhaupt keine Auflösung möglich ist; wenn er kleiner als dieser Unterschied, aber grösser als der Unterschied zwischen der grossen Achse und deren latus rectum ist, so wird nur der Punkt λ innerhalb der Ellipse liegen und also auf jeder Seite der kleinen Achse nur ein Durchmesser gefunden werden, der der Aufgabe genügt; wenn aber p kleiner als der Unterschied zwischen der grossen Achse und ihrem latus rectum ist, so liegen die Punkte L und λ beide innerhalb der Ellipse und es lassen sich dann im Ganzen vier Durchmesser in der Ellipse finden, die der Aufgabe genügen. Ist p gleich Null, so fallen die Punkte L und λ in C zusammen und man erhält dann die gleichen conjugirten Durchmesser.

Coroll. I. Nach VII. 30. ist für je zwei Durchmesser FG, F_1G_1

$$FG^2 + FG \cdot \rho = F_1G_1^2 + F_1G_1 \cdot \rho_1;$$

sind nun FG, F_1G_1 zwei auf beiden Seiten eines der gleichen conjugirten Durchmesser befindliche Durchmesser, die gleiche Unterschiede von ihren lateribus rectis haben, so setze man

$$\rho = FG - p\ ,\ \rho_1 = F_1G_1 + p,$$

dann erhält man aus obiger Zeile

$$2 \cdot FG^2 - FG \cdot p = 2F_1G_1^2 + F_1G_1 \cdot p \text{ oder}$$
$$2 \cdot (FG^2 - F_1G_1^2) = p \cdot (FG + F_1G_1)$$

und also $2 \cdot (FG - F_1G_1) = p$, d. h. der doppelte Unterschied zweier, von einander verschiedener Durchmesser, die gleiche Unterschiede von ihren lateribus rectis haben, ist diesem Unterschied selbst gleich.

Coroll. II. Wenn also zwei Durchmesser einer Ellipse gleiche Unterschiede von ihren lateribus rectis haben, so ist das Doppelte des einen gleich der Summe der Seiten des zum andern gehörigen Rechtecks.

Coroll. III. Da hiernach $2F_1G_1 = FG + \rho$, so ist

$$2FG \cdot F_1G_1 = FG^2 + FG \cdot \rho = 2HI^2,$$

wenn HI einer der beiden gleichen conjugirten Durchmesser ist.

§. 25. **Aufgabe 25.** Aus den gegebenen Seiten des zur Achse einer Hyperbel gehörigen Rechtecks denjenigen Durchmesser zu finden, der mit seinem latus rectum eine gegebene Summe hat.

Sei unter Beibehaltung der üblichen Bezeichnungen p Fig. 383, 415 und 416.
die gegebene Summe, so ist nach VII. 17., da

$$AB^2 = (AB + r) \cdot BD \text{ ist:}$$

$$AB + r : p^2 = LE : (LE + LD)^2;$$

setzt man also

$$AB + r : \frac{p}{2} = \frac{p}{2} : q, \text{ so ist, da}$$

$$LE + LD = 2\,CL \text{ ist,}$$

$$q : CL = CL : LE, \text{ also}$$

$$CL - q : CE = CL : LE \text{ und}$$

$$CE + q - CL : CE = CE : LE \text{ oder}$$

$$2\,CE + q - LE : CE = CE : LE,$$

woraus LE nach Nr. 2. des Scholiums zu finden ist.

Die Construction ist demnach folgende: Man bestimme eine Länge q durch die Proportion

$$AB + r : \frac{p}{2} = \frac{p}{2} : q,$$

schneide $\frac{q}{2}$ von C aus auf CA ab zum Punkt M, errichte in M ein Loth MX gleich CE, beschreibe um X mit ME einen Kreis, der die verlängerte CA in L trifft, und verfahre dann weiter wie in §. 7.

Bildet man aus obiger Proportion

$$q : CL = CL : LE \text{ die neue}$$

$$CL - q : CE = q : CL,$$

so kann man daraus mit Hülfe von Nr. 3. des Scholiums CL finden und erhält so noch eine etwas andere Construction.

Es verdient bemerkt zu werden, dass hier stillschweigend angenommen war $AB > r$; ist das Entgegengesetzte der Fall, so müssen in der Auflösung kleine Aenderungen vorgenommen werden, die so sehr auf der Hand liegen, dass sie nicht besonders beschrieben sind.

Diorismus. Aus VII. 38 und 39. erhellt, dass, wenn AB nicht kleiner als $\frac{1}{3}r$ ist, die gegebene Grösse p nicht kleiner als $AB + r$ sein darf, damit eine Auflösung möglich ist, und dass dann auf jeder Seite der Achse nur ein Durchmesser gefunden werden kann, der der Aufgabe genügt.

Ist aber $AB < \frac{1}{3}r$, so ist CE grösser als $\frac{1}{2}CA$, und wenn auf der verlängerten CE ein Stück $EL = CE$ abgeschnitten wird, liegt L innerhalb der Hyperbel; aus der Proportion

$$q : CL = CL : LE$$

ergäbe sich dann, dass für diesen Fall $q = 4\,CE$ sein müsste, mithin würde der in obiger Construction erhaltene Punkt M mit L zusammenfallen und der um den Endpunkt des in M errichteten Lothes MX mit LE beschriebene Kreis würde in diesem Fall, da $MX = CE = LE$ ist, die Achse in L berühren; nach III. 40. ist aber die Summe der Seiten des zu einem Durchmesser gehörigen Rechtecks für den durch diesen Punkt L bestimmten Durchmesser FG ein Minimum und $FG = \frac{1}{3}\rho$. Ist also $p < 4FG$, so ist dann überhaupt keine Auflösung möglich. Um nun die Grösse dieses Minimums zu bestimmen, diene Folgendes.

Nach VII. 15. ist

$$AB^2 : \rho^2 = BD \cdot LE : LD^2 \text{ und da}$$

$$AB^2 = (AB + r) \cdot BD\,,\ \rho^2 = 9FG^2\,,\ LD^2 = 9LE^2,$$

so entsteht

$$AB + r : FG^2 = LE : LE^2,$$

da aber ferner $LE = \frac{1}{2}DE$ und

$$(AB + r) \cdot DE = AB \cdot (r - AB)$$

(siehe §. 7.) ist, so erhält man

$$FG^2 = \frac{AB \cdot (r - AB)}{2}\,;$$

da nun $p < 4FG$ sein muss, damit eine Auflösung möglich ist, so muss

$$p^2 < 8 \cdot (AB \cdot r - AB^2)$$

sein; da aber ferner

$$8 \cdot (AB \cdot r - AB^2) = (AB + r)^2 - (r - 3AB)^2,$$

so erhellt, dass das Quadrat der kleinsten Summe der Seiten eines zu einem Durchmesser einer Hyperbel gehörigen Rechtecks gleich dem Unterschied zwischen dem Quadrat der Summe der Seiten des zur Achse gehörigen Rechtecks und dem Quadrat des Ueberschusses des zur Achse gehörigen latus rectum über die dreifache Achse ist. Sei E^2 der Kürze halber dieser Unterschied, dann werden, wenn p grösser als E, aber kleiner als $AB + r$ ist, im Ganzen vier Durchmesser in der Hyperbel der vorgelegten Aufgabe genügen; ist $p = AB + r$, so sind ausser der Achse noch zwei Durchmesser vorhanden, die der Aufgabe genügen, und wenn $p > AB + r$ ist, genügen gleichfalls nur zwei Durchmesser, welche gleiche Winkel mit der Achse bilden. Eine obere Gränze für p ist aber nicht vorhanden.

Coroll. I. Seien F_1G_1, F_2G_2 zwei verschiedene Durchmesser einer Hyperbel, die mit ihren lateribus rectis eine gleiche Summe p geben, so dass also

$$\rho_1 = p - F_1G_1\,,\ \rho_2 = p - F_2G_2$$

ist. Setzen wir dies in

$$F_1G_1 \cdot (\rho_1 - F_1G_1) = F_2G_2 \cdot (\rho_2 - F_2G_2)$$

ein, so erhalten wir leicht die Zeile

$$F_1G_1 + F_2G_2 = \frac{p}{2}\,,$$

d. h. die Summe zweier solcher Durchmesser, die mit ihren lateribus rectis dieselbe Summe p geben, ist dieser halben Summe gleich.

Coroll. II. Setzen wir in der letzten Zeile statt p seinen Werth $F_1G_1 + \rho_1$, so erhalten wir

$$F_2G_2 = \frac{\rho_1 - F_1G_1}{2}\,,$$

und wenn wir hierin wieder

$$F_2G_2 = F_1G_1 + \rho_1 - \rho_2$$

setzen, erhalten wir

$$\rho_2 = \frac{3F_1G_1 + \rho_1}{2}\,.$$

§. 26. **Aufgabe 26.** Aus den Seiten des zur Achse einer Ellipse gehörigen Rechtecks denjenigen Durchmesser zu finden, der mit seinem latus rectum eine gegebene Summe hat.

Fig. 381 a und b. Ist p die gegebene Summe, so muss nach VII. 17.

$$AB^2 : p^2 = BD \cdot LE : DE^2 \text{ oder, da}$$
$$AB^2 = (AB - r) \cdot BD \text{ ist,}$$
$$AB - r : LE = p^2 : DE^2$$

sein, wodurch LE bestimmt und somit die Aufgabe gelöst ist.

Nach VII. 41. muss p grösser als $AB + r$ und kleiner als $RS + r_1$ sein, damit eine Auflösung möglich ist.

Die Grösse des Durchmessers kann übrigens auch aus der Zeile

$$AB \cdot (AB + r) = FG \cdot p$$

leicht gefunden werden.

§. 27. **Aufgabe 27.** Aus den gegebenen Seiten des zur Achse einer Hyperbel gehörigen Rechtecks denjenigen Durchmesser zu finden, dessen zugehöriges Rechteck gleich einem gegebenen Quadrat ist.

Sei p das gegebene Quadrat, so ist nach VII. 18. Fig. 383a und b.

$$AB^2 : p^2 = BD : LD \text{ und da}$$
$$AB^2 = (AB + r) \cdot BD \text{ ist,}$$
$$p^2 = LD \cdot (AB + r),$$

wodurch die Länge LD, also auch der Punkt L gegeben ist.

Aus VII. 42. erhellt, dass p^2 nicht kleiner als $AB \cdot r$ sein darf, damit eine Auflösung möglich ist.

§. 28. **Aufgabe 28.** Dieselbe Aufgabe als die vorige für die Ellipse zu lösen.

Man hat eben so wie vorher aus VII. 18. Fig. 384a und b.

$$AB^2 : p^2 = BD : LD \text{ und da}$$
$$AB^2 = (AB - r) \cdot BD \text{ ist, erhält man}$$
$$p^2 = (AB - r) \cdot LD,$$

wodurch LD bestimmt und folglich der Punkt L gegeben ist.

Aus VII. 43. erhellt, dass p^2 grösser als $AB \cdot r$ und kleiner als $RS \cdot r$ sein muss, damit eine Auflösung möglich ist.

§§. 29 und 30. **Aufgabe 29 und 30.** Aus den gegebenen Seiten des zur Achse einer Hyperbel gehörigen Rechtecks denjenigen Durchmesser zu finden, dessen Quadrat mit dem Quadrat seines zugehörigen latus rectum eine gegebene Summe hat.

§. 29. für den Fall, wenn $AB > r$ ist.

Sei unter Beibehaltung der obigen Bezeichnungen p^2 die für $FG^2 + \rho^2$ gegebene Grösse, so ist nach VII. 19. Fig. 383a.

$$AB^2 : p^2 = BD \cdot LE : LD^2 + LE^2 \text{ oder also}$$
$$AB + r : p = p : \frac{LD^2 + LE^2}{LE};$$

und wenn man

$$AB + r : p = p : q \text{ setzt, so ist}$$
$$q \cdot LE = LD^2 + LE^2 \text{ oder}$$
$$q \cdot LE = DE^2 + 2LD \cdot LE, \text{ d. i.}$$
$$LE \cdot (q - 2LD) = LE \cdot (q - 2LE + 2DE) = DE^2 \text{ oder}$$
$$LE \cdot \left(\frac{q}{2} + DE - LE\right) = \tfrac{1}{2} DE^2,$$

aus welcher Zeile LE mit Hülfe von Nr. 2. des Scholiums gefunden werden kann.

Es ergiebt sich demnach folgende Construction:

Man bestimme q durch die Proportion

$$AB + r : \frac{p}{2} = \frac{p}{2} : \frac{q}{4},$$

schneide $\frac{q}{4}$ von C aus auf CA ab zum Punkt M, errichte in M ein Loth MX gleich der Diagonale des Quadrats, dessen Seite CE ist, beschreibe mit ME um X einen Kreis, der die verlängerte CA in L trifft, und verfahre dann mit L weiter wie in §. 7.

Nach VII. 44. darf p^2 nicht kleiner als $AB^2 + r^2$ sein, damit eine Auflösung möglich ist.

§. 30. für den Fall, wenn $AB < r$ ist.

Fig. 383 b. Die Analysis bleibt dieselbe als im vorigen Fall, bis zu der Zeile

$$LE \cdot (q - 2LD) = DE^2,$$

aus welcher wir diesmal ableiten müssen

$$LE \cdot (q - 2LE - 2DE) = DE^2 \text{ oder}$$

$$LE \cdot \left(\frac{q}{2} - DE - LE\right) = \tfrac{1}{2} DE^2 .$$

Die Construction lautet wieder wörtlich wie oben, nur wird der um X mit ME beschriebene Kreis die verlängerte CA unter Umständen, die gleich näher zu erörtern sind, in zwei Punkten L und λ treffen, so dass dann im Ganzen vier Durchmesser gefunden werden können, die der Aufgabe genügen.

Diorismus. Aus VII. 45 und 46. erhellt, dass, wenn AB zwar kleiner als r, aber AB^2 nicht kleiner als $\frac{1}{2} \cdot (r - AB)^2$, p^2 grösser als $AB^2 + r^2$ sein muss, damit auf jeder Seite der Achse ein Durchmesser möglich ist, der der Aufgabe genügt.

Wenn AB^2 aber kleiner als $\frac{1}{2} \cdot (r - AB)^2$ ist, so giebt es einen Punkt L in der verlängerten CA, für dessen zugehörigen Durchmesser FG die Grösse $FG^2 + \rho^2$ ein Minimum ist; da nach VII. 46. dann $LE^2 = \frac{1}{2} DE^2$ ist, so haben wir, um die Grösse dieses Minimums zu bestimmen,

$$FG : \rho = LE : LD = 1 : 1 + \sqrt{2}, \text{ also}$$

$$FG^2 : FG \cdot \rho = 1 : 1 + \sqrt{2} \text{ und}$$

$$FG^2 + \rho^2 : FG^2 = 4 + 2\sqrt{2} : 1 \text{ so wie}$$

$$FG^2 : FG \cdot \rho - FG^2 = 1 : \sqrt{2}, \text{ mithin, da}$$

$$FG \cdot \rho - FG^2 = AB \cdot r - AB^2 \text{ ist,}$$

$$FG^2 + \rho^2 : AB \cdot r - AB^2 = 2 + \sqrt{8} : 1.$$

Hieraus erhellt also, dass, wenn

$$p^2 < (2 + \sqrt{8}) \cdot (AB \cdot r - AB^2)$$

ist, keine Auflösung möglich ist; ist p^2 gleich diesem Ausdruck, so berührt der um X mit ME beschriebene Kreis die Achse und wir erhalten auf jeder Seite der Achse einen Durchmesser, der der Aufgabe genügt; ist p^2 grösser als dieser Ausdruck, aber kleiner als $AB^2 + r^2$, so erhalten wir zu beiden Seiten des Minimaldurchmessers FG einen Durchmesser, also im Ganzen deren vier, die der Aufgabe genügen; ist $p^2 > AB^2 + r^2$, so genügen überhaupt nur zwei Durchmesser der verlangten Bedingung.

Wenn $AB = r$, so sind alle Durchmesser ihren lateribus rectis gleich und dann ist also $\frac{1}{2}p^2$ gleich dem Quadrat des gesuchten Durchmessers, mithin die Aufgabe auf eine frühere zurückgeführt.

Coroll. I. Seien F_1G_1, F_2G_2 zwei verschiedene Durchmesser, welche mit ihren lateribus rectis ρ_1, ρ_2 dieselbe Summe p^2 geben, so erhalten wir aus den Zeilen

$$F_1G_1^2 + \rho_1^2 = p^2\ ,\ F_2G_2^2 + \rho_2^2 = p^2,$$

wenn wir darin statt ρ_1, ρ_2 ihre aus den Zeilen

$$F_1G_1^2 - F_1G_1 \cdot \rho_1 = q^2\ ,\ F_2G_2^2 - F_2G_2 \cdot \rho_2 = q^2,$$

wo q^2 der Abkürzung halber für $AB \cdot r - AB^2$ steht, genommenen Werthe

$$\rho_1 = \frac{F_1G_1^2 - q^2}{F_1G_1}\ ,\ \rho_2 = \frac{F_2G_2^2 - q^2}{F_2G_2}$$

setzen, die erhaltenen Zeilen nach Wegschaffung der Nenner subtrahiren und dann mit $F_1G_1^2 - F_2G_2^2$ dividiren,

$$F_1G_1^2 + F_2G_2^2 = \tfrac{1}{2}p^2 - q^2 = \tfrac{1}{2}p^2 - AB \cdot r + AB^2.$$

Coroll. II. Hieraus ergiebt sich, dass das Quadrat desjenigen Durchmessers, der mit dem Quadrat seines latus rectum eine Summe gleich $AB^2 + r^2$ giebt, gleich

$$\frac{p^2}{2} - AB \cdot r = \tfrac{1}{2} \cdot (r - AB)^2$$

ist und dass das Quadrat des zu ihm gehörigen latus rectum gleich $\frac{1}{2}\cdot(r+AB)^2$ ist.

§. 31. **Aufgabe 31.** Dieselbe Aufgabe als die vorige für die Ellipse zu lösen.

Fig. 384 und 414. Man hat unter Beibehaltung der üblichen Bezeichnungen, wenn p^2 die für $FG^2+\rho^2$ gegebene Grösse ist, aus VII. 19.

$$AB^2 : p^2 = BD\cdot LE : LD^2 + LE^2 \text{ und, da}$$

$$AB^2 = (AB - r)\cdot BD \text{ ist,}$$

$$AB - r : p = p : \frac{LD^2 + LE^2}{LE};$$

setzt man also

$$AB - r : p = p : q, \text{ so ist}$$

$$q\cdot LE = LD^2 + LE^2 = DE^2 - 2\,LD\cdot LE \text{ oder}$$

$$LE\cdot(q + 2\,LD) = LE\cdot(q + 2\,DE - 2\,LE) = DE^2, \text{ also}$$

$$LE\cdot\left(\frac{q}{2} + DE - LE\right) = \tfrac{1}{2}DE^2,$$

aus welcher Zeile sich LE mittelst Nr. 2. des Scholiums bestimmt.

Man hat daher folgende Construction:

Man bestimme q durch die Proportion

$$AB - r : \frac{p}{2} = \frac{p}{2} : \frac{q}{4},$$

schneide $\frac{q}{4}$ von C aus auf CB ab zum Punkt M, errichte in M ein Loth MX gleich der Diagonale des Quadrats, dessen Seite CE ist, beschreibe um X mit MD einen Kreis, der die Achse in einem Punkt L trifft, und verfahre dann weiter wie in §. 8.

Diorismus. Aus VII. 47 und 48. erhellt, dass, wenn AB^2 nicht grösser als $\frac{1}{2}\cdot(AB+r)^2$ ist, p^2 grösser als AB^2+r^2 und kleiner als $RS^2+r_1^2$ sein muss, damit eine Auflösung möglich ist; und wenn diese Bedingung erfüllt ist, wird sich jedenfalls zwischen der grossen und kleinen Achse ein Durchmesser ergeben, der der Aufgabe genügt.

Wenn aber $AB^2 > \frac{1}{2}\cdot(AB+r)^2$, so giebt es nach VII. 48. einen Durchmesser FG zwischen AB und RS, für welchen FG^2+r ein Minimum ist. Ist L der auf die bekannte Art diesem Minimumsdurchmesser correspondirende Punkt der Achse, so ist nach VII. 48. $LE^2 = \frac{1}{2} DE^2$ und

$$FG : \rho = LE : LD = LE : DE - LE = 1 : \sqrt{2} - 1, \text{ also}$$

$$1) \qquad FG^2 + \rho^2 : FG^2 = 4 - 2\sqrt{2} : 1, \text{ und da}$$

$$FG^2 : FG \cdot \rho = 1 : \sqrt{2} - 1, \text{ ist}$$

$$2) \qquad FG^2 : FG^2 + FG \cdot \rho = 1 : \sqrt{2}, \text{ mithin, da}$$

$$FG^2 + FG \cdot \rho = AB^2 + AB \cdot r,$$

$$3) \quad FG^2 + \rho^2 : AB^2 + AB \cdot r = 4 - 2\sqrt{2} : \sqrt{2} = \sqrt{8} - 2 : 1.$$

Ist also p^2 kleiner als

$$(\sqrt{8} - 2) \cdot (AB^2 + AB \cdot r),$$

so ist keine Auflösung möglich, ist es dieser Grösse gleich, so wird jederseits der Achse ein Durchmesser, und wenn es grösser als dieser Ausdruck, aber kleiner als $AB^2 + r^2$ ist, so werden jederseits der Achse zwei, also im Ganzen vier Durchmesser der Aufgabe genügen. Ist ferner $p^2 = AB^2 + r^2$, so genügt ausser der grossen Achse jederseits noch ein Durchmesser, und wenn $p^2 > AB^2 + r^2$, aber kleiner als $RS^2 + r_1^2$ ist, überhaupt jederseits nur ein Durchmesser. Erreicht p^2 die Grösse $RS^2 + r_1^2$, so genügt nur noch die kleine Achse, und überschreitet er sie, so wird die Auflösung unmöglich.

Coroll. I. Seien F_1G_1, F_2G_2 zwei Durchmesser, welche mit ihren lateribus rectis ρ_1, ρ_2 dieselbe Quadratsumme p^2 geben, so dass also $F_1G_1^2 + \rho_1^2 = p^2$ und $F_2G_2^2 + \rho_2^2 = p^2$, und sei der Abkürzung halber

$$AB^2 + AB \cdot r = q^2,$$

dann ist $F_1G_1^2 + F_1G_1 \cdot \rho_1 = q^2$, also

$$\rho_1 = \frac{q^2 - F_1G_1^2}{F_1G_1} \text{ und ebenso } \rho_2^2 = \frac{q^2 - F_2G_2^2}{F_2G_2},$$

und wenn man diese Werthe oben einsetzt, die Nenner fortschafft, die erhaltenen Zeilen subtrahirt und den Rest mit $F_1G_1^2 - F_2G_2^2$ dividirt, so erhält man

$$F_1G_1^2 + F_2G_2^2 = \frac{p^2}{2} + q^2 = \frac{p^2}{2} + AB^2 + AB \cdot r.$$

Coroll. II. Hieraus erhellt, dass das Quadrat desjenigen Durchmessers F_1G_1, für welchen

$$F_1G_1^2 + \rho_1^2 = AB^2 + r^2$$

ist, gleich

$$\tfrac{1}{2}p^2 + AB \cdot r = \tfrac{1}{2} \cdot (AB + r)^2$$

ist und das Quadrat des zugehörigen latus rectum gleich

$$p^2 - \tfrac{1}{2} \cdot (AB + r)^2 = \tfrac{1}{2} \cdot (AB - r)^2.$$

Coroll. III. Es folgt sonach, dass, wenn jederseits der Achse zwei Durchmesser vorhanden sind, die der Aufgabe genügen, diese zwischen der grossen Achse und den gleichen conjugirten Durchmessern sich befinden, da sie grösser als ihre zugehörigen latera recta sein müssen.

Coroll. IV. Aus Zeile (2) des Beweises erhellt, da

$$FG^2 + FG \cdot \rho = AB^2 + AB \cdot r = AB^2 + RS^2$$

ist, dass das Quadrat des Durchmessers, für welchen $FG^2 + \rho^2$ ein Minimum ist, zur Summe der Quadrate der Achsen sich wie $1 : \sqrt{2}$ verhält, und dass dieser Durchmesser selbst zu seinem latus rectum sich wie $1 : \sqrt{2} - 1$ verhält, folgt aus der dort vorhergehenden Proportion; daher haben in allen Ellipsen sowohl diese Durchmesser als ihre latera recta ein festes Verhältniss zur Sehne des Ellipsenquadranten.

Coroll. V. Aus der Bedingung

$$AB^2 > \tfrac{1}{2} \cdot (AB + r)^2 \text{ oder}$$

$$AB \cdot \sqrt{2} > AB + \frac{RS^2}{AB}, \text{ d. i.}$$

$$AB^2 \cdot (\sqrt{2} - 1) > RS^2, \text{ also}$$

$$\frac{RS}{AB} < \sqrt{(\sqrt{2} - 1)}, \text{ d. i. } \frac{RS}{AB} < 0{,}6436$$

ergiebt sich der grösste Werth, den das Verhältniss $\frac{RS}{AB}$ haben kann, wenn vier Durchmesser der Aufgabe genügen sollen.

§. 32. **Aufgabe 32.** Aus den gegebenen Seiten des zur Achse einer Hyperbel gehörigen Rechtecks denjenigen Durchmesser zu finden, dessen Quadrat von dem Quadrat seines zugehörigen latus rectum um eine gegebene Grösse verschieden ist.

Fig. 388 a und b Sei p^2 die gegebene Grösse, so ist aus VII. 20., wenn darin noch

$$AB^2 = (AB + r) \cdot BD$$

gesetzt wird,

1) $$AB + r : p = p : \frac{LE^2 - LD^2}{LE},$$

und wenn wir

2) $$AB + r : \frac{p}{2} = \frac{p}{2} : q$$ setzen, so ist

$$4q \cdot LE = LE^2 - LD^2 = DE \cdot (LE + LD) = 2CE \cdot 2CL,$$ also

$$q \cdot LE = CE \cdot CL$$ oder

$$CE : LE = q : CL$$ und

3) $$CE - q : CE = CE : LE,$$

woraus LE zu finden ist.

Die Construction ergiebt sich also von selbst, indem aus den beiden Proportionen (2) und (3) erst q und dann LE gefunden wird; in der Figur werden jedoch kleine Unterschiede sich zeigen, je nachdem $AB > r$ oder $AB < r$ ist, auch schon in der Analysis müsste es für letzteren Fall in Zeile (1) $LD^2 - LE^2$ und in Zeile (3) $q - CE$ heissen, wie ohne Schwierigkeit erkannt wird.

Diorismus. Aus VII. 49. erhellt, dass, wenn $AB > r$ ist, $AB^2 - r^2$ der kleinste, $2 \cdot (AB^2 - AB \cdot r)$ der grösste Werth ist, den p^2 haben darf, damit eine Auflösung möglich ist; wenn aber $AB < r$, so ist $r^2 - AB^2$ der grösste und $2 \cdot (AB \cdot r - AB^2)$ der kleinste Werth für p^2 nach VII. 50.

§. 33. **Aufgabe 33.** Dieselbe Aufgabe als die vorige für die Ellipse zu lösen.

Sei wieder p^2 die gegebene Grösse, so ist aus VII. 20., da $AB^2 = BD \cdot (AB - r)$ ist, Fig. 384a und b.

1) $$AB - r : p = p : \frac{LE^2 - LD^2}{LE},$$ und wenn

2) $$AB - r : \frac{p}{2} = \frac{p}{2} : q$$

gesetzt wird, also

$$4q \cdot LE = LE^2 - LD^2 = DE \cdot (LE - LD) = 2CE \cdot 2CL,$$ d. h.

$$q \cdot LE = CE \cdot CL$$ oder

$$q : CE = CL : LE$$ und

3) $$CE - q : CE = CE : LE.$$

Die Construction besteht daher nur in der Auflösung der beiden Proportionen (2) und (3) und dem weiteren Verfahren mit dem Punkt L, wie in §. 8.

Es leuchtet jedoch ein, dass wir uns statt des Punktes L eben so gut einen andern Punkt λ auf der andern Seite des Mittelpunktes denken können, für welchen dann aus der Proportion

$$q : CE = C\lambda : \lambda E$$

abgeleitet werden müsste

$$q + CE : CE = CE : \lambda E,$$

woraus sich λE als ein von LE verschiedener Werth ergiebt.

Diorismus. Aus VII. 51. erhellt, dass $r_1^2 - RS^2$ der grösste Werth ist, den p^2 haben darf, damit eine Auflösung möglich ist; liegt p^2 zwischen diesem Werth und $AB^2 - r^2$, so findet nur die durch den Punkt λ bezeichnete Auflösung Statt und es genügen also dann im Ganzen zwei Durchmesser, die zu beiden Seiten der kleinen Achse liegen. Ist $p^2 = AB^2 - r^2$, so genügt ausserdem noch die grosse Achse selbst, und wenn $p^2 < AB^2 - r^2$, so giebt es im Ganzen vier Durchmesser, welche der Aufgabe genügen, und diese fallen, wenn p^2 gleich Null wird, mit den gleichen conjugirten Durchmessern zusammen.

Da nach dem Obigen

$$q : CE = CL : LE = C\lambda : \lambda E,$$

so erhellt, dass L und λ zugeordnete harmonische Punkte in Bezug auf C und E sind und dass also, wenn einer von ihnen bekannt ist, der andere leicht gefunden werden kann.

Schlussbemerkung des Halley.

Bis hierher haben wir unter Festhaltung der Ordnung, in welcher die Diorismen gegeben sind, die Auflösungen der Aufgaben behandelt, deren Grenzen der Auflösbarkeit unmittelbar durch die dioristischen Lehrsätze des siebenten Buches gegeben werden; und wir sind überzeugt, dass der Inhalt des achten Buches von dem hier Gegebenen nicht wesentlich verschieden gewesen ist. Wir hoffen aber, dass, wenn wir vielleicht auch die Analysen und Constructionen des Apollonius nicht immer getroffen haben mögen, das, was wir an Stelle derselben gegeben haben, einem billigen Leser nicht unangemessen erscheinen möge. Obgleich übrigens die Zahl der bestimmten Kegelschnittsaufgaben, deren Analysen aus diesen Elementen ohne grosse Mühe gefunden werden können, eine sehr grosse ist, so war es hierbei doch unsere einzige Absicht, den Spuren des Apollonius so nahe als irgend möglich nachzugehen. Wenn nun das Glück es wollte, dass das verlorne Buch in späterer Zeit wieder aufgefunden wird, so soll es uns doch nicht gereuen, für diesen Zweck Zeit und Mühe verwendet zu haben.

Inhaltsübersicht.

Erstes Buch.

Erste Reihe von Erklärungen.

§. 1. Linien vom Scheitel eines Kegels nach einem Punkt der Kegelflache liegen ganz in derselben.

§. 2. Linien, die zwei Punkte einer Kegelflache verbinden, liegen ganz innerhalb, ihre Verlangerungen ausserhalb derselben.

§. 3. Jeder ebene Schnitt durch den Scheitel eines Kegels giebt ein Dreieck.

§. 4. Jeder Schnitt parallel der Grundflache ist ein Kreis.

§. 5. Ein Schnitt senkrecht auf der Ebene des Achsendreiecks, das auf der Grundflache senkrecht steht, der von diesem ein ahnliches Dreieck mit verwechselten Winkeln an der Grundlinie abschneidet, ist ein Kreis und heisst Wechselschnitt.

§. 6. Eine Linie zwischen zwei Punkten einer Kegelflache, die parallel einer Sehne des Grundkreises ist, wird von dem Achsendreieck, dessen Grundlinie senkrecht auf dieser Sehne steht, halbirt.

§. 7. Stehen die Durchschnittslinien eines Achsendreiecks und eines beliebigen Schnitts mit der Grundflache senkrecht auf einander, so ist die Durchschnittslinie der ersten beiden Ebenen ein Durchmesser des erhaltenen Kegelschnitts.

§. 8. Parabel und Hyperbel laufen in's Unendliche fort.

§. 9. Ein Schnitt, der weder der Basis parallel noch ein Wechselschnitt ist, kann kein Kreis sein.

§. 10. Jede Sehne eines Kegelschnitts liegt innerhalb, ihre Verlangerung ausserhalb desselben.

§. 11. In einem Schnitt parallel einer Seitenlinie des Kegels ist das Quadrat der Ordinate gleich einem Rechteck aus der Abscisse und einer gewissen Lange, die Parameter oder latus rectum heisst. Der Schnitt selbst heisst Parabel.

§. 12. In einem Schnitt, der beide Halften der Kegelflache trifft, ist das Quadrat der Ordinate gleich dem Rechteck aus der Abscisse und einer gewissen Lange, vermehrt um ein anderes Rechteck von gleicher Breite, das ahnlich dem aus der Achse und dieser Lange gebildeten ist. Jene Lange heisst Parameter oder latus rectum, der Schnitt Hyperbel.

§. 13. In einem Schnitt, der nur eine Halfte der Kegelflache trifft und keiner Seitenlinie parallel ist, ist das Quadrat der Ordinate gleich dem Rechteck aus der Abscisse und einer gewissen Lange, vermindert um ein anderes Rechteck von gleicher Breite, das ahnlich dem aus der Achse und dieser Lange gebildeten ist. Jene Lange heisst Parameter oder latus rectum, der Schnitt Ellipse.

§. 14. Die Schnitte, welche dieselbe schneidende Ebene in den beiden Halften einer Kegelflache giebt, haben denselben Durchmesser, gleiches latus rectum und heissen Gegenschnitte.

§. 15. Eine im Mittelpunkt eines Durchmessers einer Ellipse an beiden Seiten bis an den Umfang gezogene Parallele mit den Ordinaten heisst der zweite Durchmesser und hat zum Parameter die dritte Proportionale zum zweiten und ersten Durchmesser.

§. 16. Eine Linie zwischen zwei Gegenschnitten, die eine Verbindungslinie zweier Punkte derselben halbirt, heisst in Bezug auf den dieser Verbindungslinie parallelen Durchmesser der zweite oder conjugirte Durchmesser.

Zweite Reihe von Erklärungen.

§. 17. Die vom Scheitel eines Kegelschnitts parallel den Ordinaten gezogene Linie fallt ganz ausserhalb.

§. 18. Eine innerhalb eines Kegelschnitts parallel einer Tangente gezogene Linie trifft denselben in zwei Punkten.

§. 19. Eine vom Durchmesser parallel den zugehorigen Ordinaten gezogene Linie trifft den Kegelschnitt.

§. 20. In der Parabel verhalten sich die Quadrate der Ordinaten wie die zugehorigen Abscissen.

§. 21. In der Ellipse und Hyperbel verhalten sich die Quadrate der Ordinaten wie die Rechtecke aus den Abscissen.

§. 22. Jede Sehne einer Parabel oder Hyperbel schneidet entweder selbst oder in ihrer Verlangerung den Durchmesser.

§. 23. Jede Sehne einer Ellipse, deren Endpunkte zwischen den Endpunkten zweier conjugirten Durchmesser liegen, schneidet verlangert beide Durchmesser.

§. 24. Jede Tangente einer Parabel oder Hyperbel schneidet den Durchmesser.

§. 25. Jede Tangente einer Ellipse in einem andern Punkt als den Scheiteln zweier conjugirten Durchmesser schneidet dieselben.

§. 26. Jede Parallele mit dem Durchmesser einer Parabel oder Hyperbel schneidet den Kegelschnitt nur einmal.

§. 27. Jede Linie, die den Durchmesser einer Parabel schneidet, schneidet diese zweimal.

§. 28. Jede innerhalb eines Gegenschnitts parallel einer Tangente am andern gezogene Linie schneidet dieselben zweimal.

§. 29. Jede durch den Mittelpunkt an einen von zwei Gegenschnitten gezogene Linie trifft verlangert den andern.

§. 30. Jede durch den Mittelpunkt einer Ellipse oder zweier Gegenschnitte gezogene und diese treffende Linie wird im Mittelpunkt halbirt.

§. 31. Jede von einem Punkt des latus transversum, der jenseit des Mittelpunkts liegt, an eine Hyperbel gezogene Linie fallt verlangert innerhalb der Hyperbel.

§. 32. Zwischen die im Scheitel eines Kegelschnitts parallel den Ordinaten gezogene Linie und den Kegelschnitt fallt keine andere gerade Linie.

§. 33. Wird von einem Punkt einer Parabel eine Ordinate gezogen und die Abscisse uber den Scheitel um sich selbst verlangert, so ist die Linie von dem erhaltenen Endpunkt nach dem erstgenannten Punkt eine Tangente.

§. 34. Wird von einem Punkt einer Hyperbel oder Ellipse eine Ordinate gezogen und zu den beiden Scheiteln des latus transversum und dem Fusspunkt der Ordinate der vierte harmonische Punkt gesucht, so ist dessen Verbindungslinie mit dem erstgenannten Punkt eine Tangente.

§. 35. Jede Tangente einer Parabel schneidet auf dem verlangerten Durchmesser ein Stuck gleich der Abscisse des Beruhrungspunktes ab.

§. 36. Jede Tangente einer Hyperbel oder Ellipse theilt den Durchmesser in demselben Verhaltniss als die Ordinate des Beruhrungspunktes.

§§. 37 und 38. Sind A, B, D, E vier harmonische Punkte, F die Mitte zwischen den zugeordneten A und B, so ist

1) $$FB^2 = FD \cdot FE,$$

2) $$FE \cdot DE = AE \cdot BE.$$

Dies angewendet auf den Durchschnitt einer Tangente mit dem ersten und zweiten Durchmesser.

§§. 39 und 40. Enthalten eine leichte Folgerung aus §§. 21, 37 und 38. als Vorbereitung fur die folgenden Satze.

§. 41. Ein Parallelogramm uber einer Ordinate ist gleich der Summe oder dem Unterschied zweier damit gleichwinkliger und unter sich ahnlicher uber der bis zum Mittelpunkt reichenden Abscisse und dem Radius, wenn das Verhaltniss der Seiten des ersten zusammengesetzt ist aus dem Verhaltniss der Seiten eines der letzteren und dem des latus rectum zum latus transversum.

§. 42. Werden von einem Punkt einer Parabel eine Ordinate und eine beliebige andere Linie an den Durchmesser gezogen, so ist das erhaltene Dreieck gleich dem Parallelogramm zwischen der Abscisse und der Tangente in deren Scheitel, wenn diese durch den Durchmesser begranzt wird, in dessen Scheitel die Tangente parallel der beliebigen Linie ist.

§. 43. Das Dreieck zwischen zwei ebenso wie vorher bei der Parabel, bei Ellipse oder Hyperbel gezogenen Linien ist gleich einem Trapez zwischen der Ordinate, Abscisse, Tangente im Scheitel und Durchmesser nach dem Punkt, dessen Tangente der beliebigen Linie parallel ist.

§. 44. Dieselbe Eigenschaft fur Gegenschnitte bewiesen.

§. 45. Eine ahnliche Eigenschaft findet in Bezug auf den zweiten Durchmesser Statt.

§. 46. Jede Parallele mit dem Durchmesser einer Parabel halbirt die Sehnen, welche der Tangente in ihrem Scheitel parallel sind.

§. 47. Jede Linie, die durch den Mittelpunkt einer Hyperbel oder Ellipse geht, halbirt die Sehnen, welche der Tangente im Scheitel parallel sind.

§. 48. Jede Linie vom Mittelpunkt zweier Gegenschnitte an einen derselben gezogen halbirt verlangert auch im andern Gegenschnitt die der Tangente im Scheitel am ersten Gegenschnitt parallelen Sehnen.

§. 49. Werden in einem Punkt einer Parabel ein Durchmesser und eine Tangente bis an einen andern Durchmesser gezogen, so verhalt sich das Stuck des erstgenannten Durchmessers vom Scheitel bis zur Tangente im Scheitel des andern zu dem Stuck der Tangente vom Scheitel bis zur andern Tangente wie das Doppelte dieser ganzen Tangente zum latus rectum des genannten Durchmessers.

§. 50. Dieselbe Eigenschaft fur Ellipse und Hyperbel.

§. 51. Dieselbe fur Gegenschnitte.

§. 52. Aus dem gegebenen Durchmesser, Scheitel, latus rectum und Ordinatenwinkel einer Parabel einen Kegel zu finden, dessen Durchschnitt mit einer gegebenen Ebene diese Parabel giebt.

§§. 53, 54 und 55. Dieselben Aufgaben fur eine Hyperbel, Ellipse und zwei Gegenschnitte.

§. 56. Conjugirte Gegenschnitte zu beschreiben.

Zweites Buch.

§. 1. Wird auf der Tangente einer Hyperbel vom Beruhrungspunkt nach jeder Seite ein Stuck abgeschnitten, dessen Quadrat gleich dem vierten Theil des zum Durchmessser gehorigen Rechtecks ist, so sind die Linien vom Mittelpunkt nach den erhaltenen Punkten Asymptoten.

§. 2. Es gehen vom Mittelpunkt keine andern Asymptoten aus als die des vorigen Satzes.

§. 3. Der Beruhrungspunkt einer Tangente einer Hyperbel ist die Mitte des von den Asymptoten darauf abgeschnittenen Stucks.

§. 4. Eine Hyperbel zu construiren, deren Asymptoten zwei gegebene Linien sind und welche durch einen gegebenen Punkt geht.

§. 5. Die Tangente im Scheitel des Durchmessers einer Hyperbel oder Parabel ist parallel den Sehnen, welche der Durchmesser halbirt (siehe I. 17).

§. 6. Dasselbe fur die Ellipse.

§. 7. Die Linien vom Beruhrungspunkt der Tangente eines Kegelschnitts nach der Mitte einer damit parallelen Sehne ist ein Durchmesser.

§. 8. Jede Sehne einer Hyperbel trifft verlangert beide Asymptoten und die so erhaltenen ausseren Abschnitte sind gleich.

§. 9. Eine Linie, deren zwischen die Asymptoten einer Hyperbel fallendes Stuck durch einen Punkt der Hyperbel halbirt wird, ist eine Tangente derselben.

§. 10. Das Rechteck aus den Abschnitten einer schneidenden Geraden, die zwischen einem Hyperbelpunkt und den beiden Asymptoten liegen, ist gleich dem vierten Theil des zu dem Durchmesser, der die entstandene Sehne halbirt, gehorigen Rechtecks.

§. 11. Eine Gerade, die die Schenkel des Nebenwinkels des Asymptotenwinkels trifft, schneidet die Hyperbel nur in einem Punkt, und das Rechteck aus den wie im vorigen Satz gebildeten Abschnitten derselben ist gleich dem Quadrat des mit der Geraden parallelen Halbmessers.

§. 12. Das Rechteck aus zwei von einem Hyperbelpunkte an die Asymptoten unter gegebenen Winkeln gezogenen Linien ist constant.

§. 13. Jede Parallele mit einer Asymptote, die innerhalb des Asymptotenwinkels liegt, trifft die Hyperbel nur in einem Punkt.

§. 14. Asymptote und Hyperbel kommen einander naher als bis auf irgend eine gegebene Entfernung.

§. 15. Gegenschnitte haben dieselben Asymptoten.

§. 16. Jede Linie, die die Schenkel des Nebenwinkels eines Asymptotenwinkels schneidet, trifft die Gegenschnitte je in einem Punkt und die auf ihr entstehenden ausseren Abschnitte sind gleich.

§. 17. Conjugirte Gegenschnitte haben dieselben Asymptoten.

§§. 18 und 19. Jede Tangente einer Hyperbel trifft die benachbarten conjugirten Hyperbeln und ihr Beruhrungspunkt ist die Mitte zwischen den Schneidungspunkten.

§. 20. Zwei Linien vom Mittelpunkt conjugirter Hyperbeln, von denen eine jede parallel der Tangente im Endpunkt der andern ist, sind conjugirte Durchmesser fur beide Paare von Gegenschnitten.

§. 21. Die Tangenten in den Endpunkten zweier conjugirter Durchmesser conjugirter Gegenschnitte treffen sich auf den Asymptoten.

§. 22. Wiederholung von §. 10. mit Bezug auf conjugirte Gegenschnitte.

§. 23. Das Rechteck aus den Abschnitten einer conjugirte Gegenschnitte durchschneidenden Geraden, die zwischen einem innern Schneidungspunkt und den beiden ausseren liegen, ist gleich dem doppelten Quadrat des parallelen Halbmessers.

§. 24. Zwei Sehnen einer Parabel, bei welchen kein Endpunkt der einen zwischen den Endpunkten der andern liegt, schneiden sich ausserhalb derselben.

§. 25. Derselbe Satz fur die Hyperbel.

§. 26. Zwei nicht durch den Mittelpunkt gehende Sehnen einer Ellipse können sich nicht halbiren.

§. 27. Geht die Beruhrungssehne zweier Tangenten einer Ellipse durch den Mittelpunkt, so sind dieselben parallel, im andern Fall schneiden sie sich auf der Seite der Sehne, auf welcher der Mittelpunkt nicht liegt.

§. 28. Die Verbindungslinie der Mitten zweier paralleler Sehnen eines Kegelschnitts ist ein Durchmesser.

§. 29. Die Linie vom Schneidungspunkt zweier Tangenten eines Kegelschnitts nach der Mitte der Beruhrungssehne ist ein Durchmesser.

§. 30. Der durch den Schneidungspunkt zweier Tangenten eines Kegelschnitts gehende Durchmesser halbirt die Beruhrungssehne.

§. 31. Geht die Verbindungslinie der Beruhrungspunkte zweier Tangenten an Gegenschnitten durch den Mittelpunkt, so sind die Tangenten parallel, im andern Fall schneiden sie sich auf der Seite des Mittelpunkts.

§. 32. Zwei nicht parallele Sehnen oder Tangenten zweier Gegenschnitte schneiden sich im Nebenwinkel des Asymptotenwinkels.

§. 33. Eine Sehne oder Tangente eines von zwei Gegenschnitten trifft den andern nicht.

§. 34. Die Linie vom Beruhrungspunkt einer Tangente eines von zwei Gegenschnitten nach der Mitte einer damit parallelen Sehne im andern ist ein Durchmesser.

§. 35. Eine Tangente eines von zwei Gegenschnitten ist parallel einer solchen Sehne des andern, welche der vom Beruhrungspunkt ausgehende Durchmesser halbirt.

§. 36. Die Verbindungslinie der Mitten zweier paralleler Sehnen zweier Gegenschnitte ist ein Durchmesser.

§. 37. Trifft eine Linie zwei Gegenschnitte, so sind die beiden vom Mittelpunkt aus gezogenen Linien, deren eine derselben parallel, deren andere nach ihrer Mitte gezogen ist, conjugirte Durchmesser.

§. 38. Wenn zwei Tangenten an zwei Gegenschnitten sich schneiden, so ist die Linie von ihrem Schneidungspunkt nach der Mitte der Berührungssehne ein zweiter Durchmesser, die Parallele mit letzterer durch den Mittelpunkt der conjugirte erste.

§. 39. Der durch den Schneidungspunkt zweier Tangenten an zwei Gegenschnitten gezogene Durchmesser halbirt die Berührungssehne.

§. 40. Wird durch den Schneidungspunkt zweier Tangenten an zwei Gegenschnitten eine Parallele mit der Berührungssehne gezogen, so sind die Verbindungslinien der Durchschnittspunkte dieser Parallelen mit der Mitte der Berührungssehne Tangenten an den Gegenschnitten.

§. 41. Zwei Gerade, die zwei Gegenschnitte schneiden und nicht durch den Mittelpunkt gehen, konnen sich nicht halbiren.

§. 42. Dieselbe Eigenschaft für conjugirte Gegenschnitte.

§. 43. Eine Linie vom Mittelpunkt zweier Gegenschnitte an dieselben und eine andere nach der Mitte einer der ersten Linie parallelen Sehne in den conjugirten Gegenschnitten sind conjugirte Durchmesser.

Aufgaben.

§. 44. In einem gegebenen Kegelschnitt einen Durchmesser zu finden.

§. 45. In Ellipse oder Hyperbel den Mittelpunkt zn finden.

§. 46. In einer Parabel die Achse zu finden.

§. 47. In Ellipse oder Hyperbel die Achsen zu finden.

§. 48. Lehrsatz. Es giebt nur ein Paar Achsen in Ellipse und Hyperbel.

§. 49. Durch einen nicht innerhalb eines Kegelschnitts gegebenen Punkt eine Tangente an denselben zu ziehen.

§. 50. An einen Kegelschnitt eine Tangente zu ziehen, die mit der Achse einen gegebenen Winkel bildet.

§. 51. An Parabel oder Hyperbel eine Tangente zu ziehen, die mit dem Durchmesser nach dem Beruhrungspunkt einen gegebenen Winkel bildet.

§. 52. Lehrsatz. Bei der Ellipse ist der spitze Winkel, den irgend eine Tangente mit dem Durchmesser nach dem Beruhrungspunkt bildet, nicht kleiner als der Winkel, den die Linien von den Endpunkten der kleinen Achse nach einem Endpunkt der grossen gezogen mit einander bilden.

§. 53. An eine Ellipse eine Tangente zu ziehen, die mit dem Durchmesser nach dem Beruhrungspunkt einen gegebenen Winkel bildet.

Drittes Buch.

§. 1. Zwei Tangenten eines Kegelschnitts bilden mit den nach ihren Berührungspunkten gezogenen Durchmessern gleichflächige Dreiecke.

§. 2. Werden ausser den Linien des vorigen Satzes noch Parallelen von einem Punkt des Kegelschnitts mit den Tangenten gezogen, so ist das Viereck aus diesen Parallelen einer Tangente und dem nicht zugehörigen Durchmesser gleich dem Dreieck, das dieselbe Tangente, den zugehorigen Durchmesser und eine der Parallelen zu Seiten hat.

§. 3. Werden ausser den Linien von §. 1. noch Parallelen von zwei Punkten des Kegelschnitts mit den Tangenten gezogen, so entstehen an diesen Punkten gleichflachige Vierecke je aus drei dieser Parallelen und einem Durchmesser.

§. 4. Zwei Tangenten an Gegenschnitten bilden mit den Durchmessern nach ihren Beruhrungspunkten gleichflachige Dreiecke.

§. 5. Werden ausser den Linien von §. 4. noch die Beruhrungssehne und von einem beliebigen Punkt des einen Gegenschnitts Parallelen mit der Tangente an demselben und der Berührungssehne bis an den durch den Kreuzungspunkt der Tangenten gehenden Durchmesser gezogen, so findet die analoge Eigenschaft als in §. 2. Statt.

§. 6. Die Eigenschaft des §. 2. für Gegenschnitte wortlich übertragen.

§. 7. Die Eigenschaft des §. 3. für Gegenschnitte wörtlich übertragen.

§. 8. Enthält den speciellen Fall von §. 3., wenn die Ausgangspunkte der Parallelen die andern Endpunkte der beiden vorhandenen Durchmesser sind.

§. 9. Enthält den speciellen Fall von §. 3., in welchem ein Ausgangspunkt der Parallelen der andere Endpunkt des einen Durchmessers, der andere ein beliebiger Punkt zwischen den Endpunkten der Durchmesser ist.

§. 10. Enthält dasselbe fur den Fall, dass der letztgenannte Punkt nicht zwischen den Endpunkten der Durchmesser liegt.

§. 11. Enthalt eine Wiederholung von §. 5.

§. 12. Wenn an zwei Gegenschnitten zwei Tangenten, deren Berührungssehne und zwei Durchmesser nach dem Kreuzungspunkt der Tangenten und einem Beruhrungspunkt, und von zwei beliebigen Punkten des Gegenschnitts, auf dem dieser Beruhrungspunkt liegt, Parallelen mit der dahin gehenden Tangente und der Beruhrungssehne gezogen werden, so sind zwei Vierecke aus dreien dieser Parallelen und einem Durchmesser gebildet gleich.

§. 13. Zwei Tangenten an zwei benachbarten conjugirten Hyperbeln bilden mit den Durchmessern nach den Berührungspunkten gleichflachige Dreiecke.

§. 14. Die Eigenschaft des §. 2. fur conjugirte Hyperbeln.

§. 15. Enthalt erst noch den Fall derselben Eigenschaft, wenn beide Tangenten an derselben Hyperbel gezogen sind, so wie die Eigenschaft des §. 3. fur conjugirte Hyperbeln.

§. 16. Die Quadrate zweier sich schneidenden Tangenten eines Kegelschnitts verhalten sich wie das Quadrat eines Stucks der einen vom Beruhrungspunkt an gerechnet zu dem Rechteck aus den Abschnitten einer durch den Endpunkt dieses Stucks mit der andern Tangente gezogenen Parallelen.

§. 17. Die Rechtecke aus den Abschnitten zweier sich schneidenden Sehnen oder Sekanten eines Kegelschnitts verhalten sich wie die Quadrate der mit diesen Sehnen parallelen Tangenten.

§. 18. Die Eigenschaft des § 16. fur Gegenschnitte.

§. 19. Die Eigenschaft des §. 17. für Gegenschnitte in dem Fall, wo jede Sekante den einen Gegenschnitt zweimal schneidet.

§. 20. Das Quadrat einer von zwei sich schneidenden Tangenten an zwei Gegenschnitten verhalt sich zum Quadrat einer von ihrem Kreuzungspunkt bis an einen Gegenschnitt gehenden Parallelen mit der Beruhrungssehne wie das Quadrat eines Stucks der Tangente an diesem Gegenschnitt vom Beruhrungspunkt an gerechnet zu dem Rechteck aus den Abschnitten einer durch den Endpunkt dieses Stucks gezogenen Parallelen mit der Beruhrungssehne.

§. 21. Dieselben Quadrate verhalten sich wie die Rechtecke aus den Abschnitten zweier Linien, deren eine der einen Tangente, die andere der Beruhrungssehne parallel ist.

§. 22. Die Quadrate zweier conjugirten Durchmesser zweier Gegenschnitte verhalten sich wie die Rechtecke aus den Abschnitten zweier damit parallelen Geraden, die die Gegenschnitte treffen.

§. 23. Die Rechtecke aus den Abschnitten zweier Geraden, deren jede zwei Gegenschnitte je in einem Punkt trifft, verhalten sich wie die Quadrate paralleler Tangenten an einem der conjugirten Gegenschnitte.

§§. 24 — 26. Werden in conjugirten Gegenschnitten mit einem Paar conjugirter Halbmesser CA, CD Parallelen gezogen, deren jede ein Paar Gegenschnitte trifft, so ist das Rechteck aus den Abschnitten der Parallelen mit CA, vermehrt oder vermindert um das mit

$\frac{CA^2}{CD^2}$ multiplicirte Rechteck aus den Abschnitten der andern gleich $2CA^2$. (§. 24., wenn der Durchschnitt der Parallelen in dem Raum zwischen den Hyperbeln, §. 25., wenn er innerhalb der Hyperbel, deren Halbmesser CD ist, §. 26., wenn er in der, deren Halbmesser CA ist, liegt.)

§. 27. Werden mit den conjugirten Halbmessern CA, CD einer Ellipse parallele Sehnen GH, IK gezogen, die sich in F kreuzen, so ist

$$FG^2 + FH^2 + \frac{CA^2}{CD^2} \cdot FI^2 + \frac{CA^2}{CD^2} \cdot FK^2 = 4CA^2.$$

§. 28. Unter denselben Voraussetzungen ist bei den conjugirten Hyperbeln

$$FG^2 + FH^2 : FI^2 + FK^2 = CA^2 : CD^2.$$

§. 29. Sind ausser den erwähnten Bezeichnungen noch P und Q die Durchschnittspunkte von IK mit den Asymptoten, so ist

$$FP^2 + FQ^2 + 2\,CD^2 \cdot FG^2 + FH^2 = CD^2 : CA^2.$$

§§. 30 und 31. Das Stück einer Parallelen mit einer Asymptote einer Hyperbel von einem beliebigen äusseren Punkt derselben bis zur Berührungssehne der von diesem Punkt ausgehenden Tangenten wird durch die Hyperbel halbirt. (§. 30., wenn der Punkt innerhalb des Asymptotenwinkels, §. 31., wenn er in dessen Nebenwinkel liegt.)

§. 32. Das Stück einer Parallelen mit einer Asymptote einer Hyperbel von der Mitte einer Sehne bis zu einer Parallelen mit dieser Sehne, die durch den Kreuzungspunkt der Tangenten in den Endpunkten der Sehne geht, wird durch die Hyperbel halbirt.

§. 33. Derselbe Satz, wenn statt der Sehne eine Gerade genommen wird, die zwei Gegenschnitte je in einem Punkt schneidet.

§. 34. Das Stück einer Parallelen mit einer Asymptote einer Hyperbel von ihrem Durchschnittspunkt mit der andern Asymptote bis zu einer Parallelen mit dieser Asymptote durch den Berührungspunkt der von jenem Durchschnittspunkt ausgehenden Tangente wird von der Hyperbel halbirt.

§. 35. Eine Sehne einer Hyperbel wird durch ihren Durchschnittspunkt mit einer Asymptote und eine Parallele mit derselben, welche durch den Berührungspunkt der von jenem Durchschnitt ausgehenden Tangente gezogen ist, harmonisch getheilt.

§. 36. Derselbe Satz, wenn statt der Sehne einer Hyperbel eine Gerade gegeben ist, die zwei Gegenschnitte je in einem Punkt trifft.

§. 37. Eine vom Ausgangspunkt zweier Tangenten eines Kegelschnitts gezogene Sekante wird durch diesen Punkt und die Berührungssehne harmonisch getheilt.

§. 38. Eine durch die Mitte einer Sehne eines Kegelschnitts oder zweier Gegenschnitte gezogene Sekante wird durch diese Mitte und eine Parallele mit der Sehne durch den Kreuzungspunkt der Tangenten in ihren Endpunkten harmonisch getheilt.

§. 39. Enthält die Eigenschaft des §. 37. fur den Fall, wo die beiden Tangenten an zwei Gegenschnitten gezogen sind.

§. 40. Enthält die Eigenschaft des §. 38. in dem Fall, wo die Sekante zwei Gegenschnitte je in einem Punkt trifft.

§. 41. Drei Tangenten einer Parabel theilen sich so, dass sich aus ihren Stücken drei gleiche Verhaltnisse bilden lassen.

§. 42. Das Rechteck aus den Stucken, die auf zwei parallelen Tangenten einer Ellipse oder zweier Gegenschnitte durch eine dritte Tangente abgeschnitten werden, ist gleich dem Quadrat des den Tangenten parallelen Halbmessers.

§. 43. Das Rechteck aus den Abschnitten, die eine Tangente einer Hyperbel auf den Asymptoten bildet, ist constant.

§. 44. Die Beruhrungssehne zweier Tangenten einer Hyperbel ist parallel den Verbindungslinien ihrer Durchschnittspunkte mit den Asymptoten.

§. 45. Werden die in den Endpunkten der grossen Achse einer Ellipse oder zweier Gegenschnitte gezogenen Tangenten von einer dritten Tangente geschnitten und auf der Achse ein Punkt so bestimmt, dass das Rechteck aus den durch ihn gebildeten Abschnitten gleich dem Quadrat der kleinen Halbachse ist, so bilden die Linien von diesem Punkt nach den Durchschnittspunkten der dritten Tangente mit den beiden ersten einen rechten Winkel. Der Punkt auf der Achse muss innerhalb des Kegelschnitts, also bei Gegenschnitten auf der Verlangerung der Achse sich befinden und heisst Brennpunkt.

§. 46. Die Linien von einem Durchschnittspunkt der dritten Tangente mit einer der beiden ersten nach den beiden Brennpunkten bilden mit den von dem Punkt ausgehenden Tangenten gleiche Winkel.

§. 47. Die Linie vom Berührungspunkt der dritten Tangente nach dem Kreuzungspunkt zweier Linien, die von ihren Durchschnittspunkten mit den beiden ersten Tangenten nach den beiden Brennpunkten gezogen sind, steht senkrecht auf der dritten Tangente.

§. 48. Die Linien vom Berührungspunkt der dritten Tangente nach den beiden Brennpunkten bilden gleiche Winkel mit der Tangente.

§. 49. Fallt man von einem Brennpunkt auf die dritte Tangente ein Loth, so bilden die Linien von seinem Fusspunkt nach den Endpunkten der grossen Achse einen rechten Winkel.

§. 50. Eine vom Mittelpunkt bis an eine Tangente gezogene Parallele mit der Verbindungslinie des Beruhrungspunktes dieser Tangente mit einem Brennpunkt ist gleich der halben grossen Achse.

§. 51. Der Unterschied zweier von den Brennpunkten an einen

Punkt des Umfangs zweier Gegenschnitte gezogenen Linien ist gleich der grossen Achse.

§. 52. Die Summe zweier von den Brennpunkten einer Ellipse nach einem Punkt des Umfangs gezogenen Linien ist gleich der grossen Achse.

§. 53. Das Rechteck aus den Abschnitten, welche die von den Endpunkten eines Durchmessers durch einen Punkt des Umfangs eines Kegelschnitts oder zweier Gegenschnitte auf den Tangenten im Endpunkt des Durchmessers bilden, ist gleich dem Quadrat des den Tangenten parallelen Durchmessers.

§. 54. Ist AB eine Sehne eines Kegelschnitts, D der Kreuzungspunkt der Tangenten in A und B, E ein Punkt des Umfangs, F der Punkt, in dem AE eine durch B mit AD, G der, in dem BE eine durch A mit AD gezogene Parallele trifft, so ist $AG \cdot BF$ ein constantes Rechteck und zwar, wenn H die Mitte von AB, I der Durchschnitt von DH mit dem Kegelschnitt ist:

$$AG \cdot BF : AB^2 = HI^2 \cdot AD \cdot BD : DI^2 \cdot AH^2.$$

§ 55. Ist unter denselben Bezeichnungen AB eine zwei Gegenschnitte schneidende Gerade, so ist ebenfalls $AG \cdot BF$ ein constantes Rechteck, und wenn DR eine von D mit AB an einen Gegenschnitt gezogene Parallele ist,

$$AG \cdot BF : AB^2 = AD \cdot BD : DR^2.$$

§. 56. Die Proportion von §. 54. findet auch Statt, wenn AB die Sehne einer Hyperbel, E ein Punkt ihres Gegenschnitts und I der Durchschnitt von DH mit diesem Gegenschnitt ist.

Viertes Buch.

§§. 1—4. Umkehrungen von III. 37. Wird von einem Punkt an einen Kegelschnitt eine Tangente und eine Sekante gezogen, so trifft die Verbindungslinie des Beruhrungspunktes der ersteren mit dem in letzterer zu den drei vorhandenen bestimmten vierten harmonischen Punkt den Kegelschnitt zum zweiten Mal in dem Beruhrungspunkt der andern von dem ersten Punkt ausgehenden Tangente.

§§. 15 und 16. behandeln dieselbe Eigenschaft für Gegenschnitte, sowohl wenn der angenommene Punkt innerhalb als wenn er ausserhalb des Asymptotenwinkels liegt.

§. 5. Behandelt dieselbe Eigenschaft, wenn der angenommene Punkt auf einer Asymptote liegt, in welchem Fall die erhaltene Verbindungslinie dieser Asymptote parallel ist.

§. 17. behandelt dieselbe Eigenschaft fur Gegenschnitte.

§§. 6 und 7. Gehen von einem Punkt an eine Hyperbel eine Tangente und eine Parallele mit einer Asymptote, welche letztere uber ihren Durchschnitt um sich selbst verlängert ist, so trifft die Verbindungslinie dieses Endpunkts mit dem Berührungspunkt der Tangente die Hyperbel zum zweiten Mal in dem Berührungspunkt der andern vom erstgenannten Punkt ausgehenden Tangente, liege nun der erste Punkt innerhalb (§. 6.) oder ausserhalb (§. 7.) des Asymptotenwinkels.

§ 8. Liegt der zuerst angenommene Punkt in einer Asymptote, so ist die zuletzt erhaltene Verbindungslinie dieser parallel.

§§. 9 — 12. Werden von einem Punkt *D* zwei Sekanten durch einen Kegelschnitt oder Gegenschnitte gezogen, so trifft die Verbindungslinie der in denselben bestimmten vierten harmonischen Punkte den Kegelschnitt in den Berührungspunkten der von *D* ausgehenden Tangenten. §. 9. für Ellipse und Parabel, §. 10. für die Hyperbel, wenn *D* innerhalb des Asymptotenwinkels liegt und die Durchschnitte der einen Sekante auf dem durch die andere begränzten Theil liegen, §. 11., wenn Letzteres nicht der Fall ist. §. 12., wenn *D* ausserhalb des Asymptotenwinkels liegt.

§ 13. Dieselbe Eigenschaft, wenn *D* in einer Asymptote einer Hyperbel liegt, in welchem Fall die erhaltene Verbindungslinie dieser Asymptote parallel ist.

§ 14 Dieselbe Eigenschaft, wenn ausserdem eine Sekante der andern Asymptote parallel und um sich selbst verlängert ist.

§ 18. Die Eigenschaft von §. 9., wenn *D* innerhalb des Asymptotenwinkels liegt und die Sekanten beide Gegenschnitte treffen.

§. 19. Dasselbe, wenn *D* ausserhalb des Asymptotenwinkels liegt.

§ 20. Die Eigenschaft von §. 13., wenn die Sekanten beide Gegenschnitte treffen.

§. 21. Die Eigenschaft von §. 14., wenn die noch übrige Sekante beide Gegenschnitte trifft.

§. 22. Die Eigenschaft von §. 9., wenn *D* innerhalb des Asymptotenwinkels liegt, eine Sekante einer Asymptote parallel und um sich selbst verlängert ist.

§. 23. Wenn von einem eben so gelegenen Punkt *D* Parallelen mit beiden Asymptoten an die Hyperbel gezogen und um sich selbst verlängert werden, so trifft die Verbindungslinie der Endpunkte gleichfalls die Berührungspunkte der von *D* ausgehenden Tangenten.

§. 24. Zwei Kegelschnitte können nicht mit einem Theil sich decken und in dem andern auseinandergehen.

§. 25. Zwei Kegelschnitte können sich nicht in mehr als vier Punkten schneiden.

§. 26. Zwei Kegelschnitte, die einen Berührungspunkt haben, schneiden sich ausserdem höchstens in zwei Punkten

§. 27. Zwei Kegelschnitte, die zwei Berührungspunkte haben, schneiden sich ausserdem nicht.

§. 28. Zwei Parabeln können nicht mehr als einen Berührungspunkt mit einander haben.

§. 29. Eine Parabel, die ausserhalb einer Hyperbel liegt, kann diese nicht in zwei Punkten berühren.

§. 30. Eine Parabel kann eine Ellipse oder einen Kreis nicht in zwei Punkten von innen berühren.

§. 31. Zwei Hyperbeln, die denselben Mittelpunkt haben, können sich nicht in zwei Punkten berühren.

§. 32. Die Verbindungslinie zweier Berührungspunkte zweier Ellipsen oder Kreise geht durch den Mittelpunkt.

§. 33. Zwei Kegelschnitte, die sich in zwei Punkten so schneiden, dass die Krümmungen der dadurch begranzten Segmente auf verschiedenen Seiten der Verbindungslinie der Durchschnittspunkte liegen, haben keinen weiteren Schneidungspunkt.

§. 34. Trifft ein Kegelschnitt einen von zwei Gegenschnitten in zwei Punkten, so dass die Krümmungen der durch die Sehne begränzten Segmente nach derselben Seite zu liegen, so trifft er in den Verlängerungen über diese Sehne hinaus den andern Gegenschnitt nicht.

§. 35. Trifft ein Kegelschnitt einen von zwei Gegenschnitten, so kann er den andern höchstens in zwei Punkten treffen.

§. 36. Ein Kegelschnitt kann zwei Gegenschnitte höchstens in vier Punkten treffen.

§. 37. Berührt ein Kegelschnitt einen von zwei Gegenschnitten mit seiner hohlen Seite, so trifft er den andern nicht.

§. 38. Berührt ein Kegelschnitt jeden von zwei Gegenschnitten, so trifft er keinen von beiden noch in einem andern Punkt.

§. 39. Schneiden sich zwei Hyperbeln in zwei Punkten, so dass die dadurch begranzten Segmente auf verschiedenen Seiten der gemeinsamen Sehne liegen, so treffen sich die Gegenschnitte dieser Hyperbeln nicht.

§. 40. Schneidet eine Hyperbel jeden von zwei Gegenschnitten, so trifft ihr Gegenschnitt keinen derselben in mehr als einem Punkt.

§. 41. Schneidet eine Hyperbel jeden von zwei Gegenschnitten zwei Mal, so trifft ihr Gegenschnitt keinen derselben.

§. 42. Schneiden sich zwei Hyperbeln in vier Punkten, so treffen sich ihre Gegenschnitte nicht.

§. 43. Schneidet eine Hyperbel einen von zwei Gegenschnitten in zwei Punkten, so dass die begranzten Theile nach derselben Seite zu hohl sind, und ausserdem noch den andern Gegenschnitt, so trifft ihr Gegenschnitt keinen der Schnitte.

§. 44. Schneiden sich zwei Hyperbeln in drei Punkten, so treffen sich ihre Gegenschnitte höchstens in einem Punkt.

§. 45. Beruhrt eine Hyperbel einen von zwei Gegenschnitten und schneidet sie den andern in zwei Punkten, so trifft ihr Gegenschnitt keinen derselben.

§. 46. Beruhrt eine Hyperbel eine andere in einem Punkt und schneidet sie ausserdem in zwei Punkten, so treffen sich die Gegenschnitte dieser Hyperbeln nicht.

§. 47. Beruhrt eine Hyperbel eine andere in einem und schneidet sie ausserdem noch in einem Punkt, so treffen sich die Gegenschnitte höchstens in einem Punkt.

§. 48. Beruhren sich zwei Hyperbeln in einem Punkt, so treffen sich ihre Gegenschnitte hochstens in zwei Punkten.

§. 49. Beruhrt eine Hyperbel jeden von zwei Gegenschnitten in einem Punkt, so trifft ihr Gegenschnitt keinen derselben.

§. 50. Beruhren zwei Gegenschnitte zwei andere je in einem Punkt, so treffen sie sich in keinem andern.

§. 51. Beruhrt eine Hyperbel eine andere in zwei Punkten, so treffen sich ihre Gegenschnitte nicht.

§. 52. Beruhren sich zwei Hyperbeln in einem Punkt, so dass sie auf verschiedenen Seiten der Tangente liegen, so treffen sich ihre Gegenschnitte nicht.

§. 53. Ein Paar Gegenschnitte kann von einem andern hochstens in vier Punkten geschnitten werden.

§. 54. Hat ein Paar Gegenschnitte mit einem andern einen Berührungspunkt, so haben sie ausserdem höchstens zwei Schneidungspunkte.

§. 55. Hat ein Paar Gegenschnitte mit einem andern zwei Beruhrungspunkte, so treffen sie sich ausserdem nicht.

Fünftes Buch.

§§. 1—3. Das Quadrat einer Ordinate an der Achse einer Hyperbel oder Ellipse ist gleich dem doppelten des Vierecks zwischen dieser Ordinate der Achse, der Tangente im Scheitel, die gleich $\frac{r}{2}$ ist, und der von dem Endpunkt der letzteren nach dem Mittelpunkt gezogenen Linie. §. 1., wenn die Ordinate und die Tangente auf derselben Seite des Mittelpunkts liegen, §. 2, wenn die Ordinate den Mittelpunkt trifft, §. 3., wenn Ordinate und Tangente auf verschiedenen Seiten des Mittelpunkts liegen.

§. 4. Von dem Punkt der Achse einer Parabel, der um $\frac{r}{2}$

vom Scheitel absteht, ist die Achse selbst die kurzeste Linie an den Umfang und die Strahlen zu beiden Seiten wachsen, je weiter sie sich von der Achse entfernen. Angabe des Unterschieds der Quadrate dieser Strahlen.

§. 5. Dieselbe Eigenschaft für die Hyperbel.

§. 6. Dieselbe Eigenschaft fur die grosse Achse der Ellipse, bei welcher die langste von dem erhaltenen Punkt an den Umfang gehende Linie das andere Stück der grossen Achse ist.

§. 7. Auch für Punkte der Achse, die dem Scheitel näher als $\frac{r}{2}$ liegen, gelten dieselben Behauptungen.

§. 8. Von einem Punkt O der Achse einer Parabel, der um mehr als $\frac{r}{2}$ vom Scheitel absteht, ist der Strahl der kurzeste, dessen Projektion auf die Achse nach dem Scheitel zu liegt und gleich $\frac{r}{2}$ ist. Die Strahlen an beiden Seiten wachsen, je mehr sie sich von dem kürzesten entfernen. Angabe des Unterschieds ihrer Quadrate.

§. 9. Bei der Hyperbel ist unter denselben Annahmen der Strahl der kurzeste, dessen Endpunktsordinate die Strecke zwischen dem Mittelpunkt C und O in dem Verhaltniss $t:r$ theilt. Das Uebrige findet wie in §. 8. Statt.

§. 10. Fur die grosse Achse einer Ellipse finden dieselben Eigenschaften fur den Strahl Statt, dessen Endpunktsordinate die verlangerte CO in dem Verhaltniss $t:r$ theilt.

§. 11. Unter den vom Mittelpunkt einer Ellipse an den Umfang gehenden Strahlen ist die halbe grosse Achse der langste, die halbe kleine der kürzeste.

§. 12. Unter den von einem Punkt einer nach den vorigen Sätzen bestimmten Minimallinie ausgehenden Strahlen ist das Stück der Minimallinie selbst der kurzeste und an beiden Seiten die entfernteren langer als die naheren.

§. 13. Umkehrung von §. 8. nebst der Behauptung, dass jede Minimallinie nach dem Scheitel zu einen spitzen Winkel bildet.

§. 14. Umkehrung zu §. 9. nebst der Behauptung, dass die Minimallinie mit der Achse nach dem Scheitel zu einen spitzen Winkel bildet.

§. 15. Umkehrung zu §. 10. nebst der Behauptung, dass die Minimallinie bei der Ellipse mit der grossen Achse nach dem Mittelpunkt zu einen stumpfen Winkel bildet.

§§. 16 — 18. Von einem Punkt der kleinen Achse einer Ellipse, der von einem Scheitel um das halbe zugehorige latus rectum entfernt ist, ist die langste Linie an den Umfang dieses Stuck der kleinen

Achse selbst und die zu beiden Seiten liegenden Strahlen nehmen ab je weiter sich ihre Endpunkte von dem des langsten entfernen; der kurzeste ist also das andere Stuck der kleinen Achse. Angabe des Unterschieds der Quadrate der Strahlen, §. 16., wenn $\frac{r_1}{2}$ kleiner, §. 17., wenn es gleich, §. 18., wenn es grosser als die kleine Achse ist.

§. 19. Von einem Punkt der kleinen Achse, der um mehr als $\frac{r_1}{2}$ von einem Scheitel nach innen zu entfernt ist, ist das Stuck der kleinen Achse gleichfalls die langste Linie an den Umfang.

§. 20. Von einem Punkt O der kleinen Achse, der um weniger als $\frac{r_1}{2}$, aber mehr als die halbe kleine Achse von einem Scheitel nach innen zu entfernt ist, ist die langste Linie an den Umfang die, deren Endpunktsordinate die verlangerte OC in einem Punkt B so trifft, dass $OB : CB = r_1 : t_1$ ist.

§. 21. Unter den von einem Punkt auf der Verlangerung einer nach dem vorigen Satze bestimmten Maximallinie ausgehenden Strahlen ist der langste die verlangerte Maximallinie selbst.

§. 22. Umkehrung von §. 20. nebst der Behauptung, dass die Maximallinie mit der kleinen Achse nach dem Mittelpunkt zu einen spitzen Winkel bildet.

§. 23. Das Stuck einer nach §. 20. bestimmten Maximallinie zwischen der grossen Achse und dem Umfang ist eine Minimallinie.

§§. 24 und 25. Von einem Punkt im Umfang eines Kegelschnitts konnen nicht zwei Minimallinien ausgehen. §. 24. fur die Parabel, §. 25. für Ellipse und Hyperbel.

§. 26. Von einem Punkt im Umfang einer Ellipse kann nur eine Maximallinie ausgehen.

§. 27 — 29. Eine von einem Punkt des Umfangs eines Kegelschnitts ausgehende Minimallinie steht senkrecht auf der Tangente in diesem Punkt; §. 27. fur die Parabel, §. 28. für die Ellipse und Hyperbel. §. 29. enthalt noch einen andern Beweis.

§. 30. Eine von einem Punkt des Umfangs einer Ellipse ausgehende Maximallinie steht senkrecht auf der Tangente in diesem Punkt.

§. 31. Ein Loth, das in einem Punkt des Umfangs auf einer von demselben ausgehenden Minimallinie errichtet wird, ist eine Tangente.

§. 32. Ein Loth auf der Tangente in ihrem Beruhrungspunkt ist eine Minimallinie.

§. 33. Ein Loth, das in einem Punkt des Umfangs eines Kegelschnitts auf einer von demselben ausgehenden Maximallinie errichtet wird, ist eine Tangente.

§. 34. Von einem Punkt, der ausserhalb eines Kegelschnitts auf einer verlangerten Minimal- oder Maximallinie liegt, ist diese Verlangerung selbst der kurzeste Strahl an den Umfang.

§§. 35 und 36. Jede von einem Punkt der Achse ausgehende Minimallinie macht mit derselben einen grosseren Winkel als die von einem dem Scheitel naher liegenden ausgehende. §. 35. fur die Parabel, §. 36. fur Hyperbel und Ellipse.

§. 37. Bei der Hyperbel ist der spitze Winkel zwischen einer Minimallinie und der Achse kleiner als das Complement des halben Asymptotenwinkels.

§. 38. Zwei Minimallinien, die von Punkten des Umfangs auf derselben Seite der Achse ausgehen, schneiden sich jenseit der Achse.

§. 39. Zwei von Punkten einer durch die kleine Achse gebildeten Ellipsenhalfte ausgehende Maximallinien schneiden sich, ehe sie die kleine Achse erreichen

§. 40. Zwei in Punkten desselben Quadranten einer Ellipse gezogene Minimallinien schneiden sich in dem Raum des rechten Winkels, der auf der andern Seite der grossen, aber auf derselben Seite der kleinen Achse liegt als jener Quadrant.

§. 41. Bei der Parabel treffen die uber die Achse hinaus verlangerten Minimallinien den Umfang zum zweiten Mal.

§§. 42 und 43. Ist bei einer Hyperbel die Hauptachse kurzer als ihr zugehöriges latus rectum, so trifft keine Minimallinie in ihrer Verlangerung über die Achse die Hyperbel zum zweiten Mal, ist aber das Entgegengesetzte der Fall, so lasst sich eine Minimallinie finden, die der Asymptote parallel ist, auf deren einer Seite dann die Minimallinien liegen, welche uber die Achse verlangert die Hyperbel treffen.

§§. 44 und 45. Gehen von einem Punkt *O* unter der grossen Achse eines Kegelschnitts zwei Minimallinien durch dieselbe an den Umfang (bei der Ellipse durch dieselbe Halfte derselben), so kann von diesem Punkt durch die Achse uberhaupt bei Parabel und Hyperbel, durch dieselbe Halfte der Achse bei der Ellipse, keine dritte Minimallinie gezogen werden. In Punkten des Umfangs zwischen den ersten beiden Minimallinien liegen die von dort ausgehenden Minimallinien dem zugehorigen Scheitel der grossen Achse naher als die von denselben Punkten nach *O* gehenden Strahlen, in den ubrigen Punkten verhalt es sich umgekehrt. §. 44. fur die Parabel, §. 45. fur Hyperbel und Ellipse.

§. 46. Von einem Punkt der kleinen Achse einer Ellipse oder ihrer Verlangerung kann durch die eine Hälfte der grossen Achse hindurch an den Umfang hochstens eine Maximallinie gezogen werden und die zwischen dieser und der kleinen Achse befindlichen Strahlen liegen von dem zugehorigen Scheitel der grossen Achse entfernter als die in ihren Endpunkten ausgehenden Minimallinien; für die ubrigen aber verhalt es sich umgekehrt.

§. 47. Vier an Punkten derselben Hälfte einer Ellipse gezogene Minimallinien treffen sich nicht in einem Punkt.

§. 48. Drei Maximallinien an demselben Quadranten einer Ellipse können nicht in einem Punkt zusammentreffen.

§§. 49 und 50. Von einem Punkt O, dessen auf die Achse gefallte Ordinate auf dieser vom Scheitel ab nach innen ein kleineres Stuck als $\frac{r}{2}$ abschneidet, kann zwischen dieser Ordinate und dem Scheitel keine Minimallinie durch die Achse an den Umfang gezogen werden und die an den Umfang gezogenen Strahlen liegen dem Scheitel naher als die von ihren Endpunkten ausgehenden Minimallinien. §. 49. fur die Parabel, §. 50. fur Hyperbel und Ellipse.

§§. 51 und 52. Fur einen Punkt O, dessen auf die Achse gefallte Ordinate OH auf dieser vom Scheitel nach innen zu ein grosseres Stuck als $\frac{r}{2}$ abschneidet, lasst sich eine Lange W bestimmen, so dass, wenn $OH > W$ keine Minimallinie, wenn $OH = W$ eine und wenn $OH < W$ zwei Minimallinien durch die grosse Achse und bei der Ellipse durch die von der Ordinate getroffene Halfte derselben an den Umfang gezogen werden konnen. Im letzten Fall liegen die zwischen den beiden Minimallinien befindlichen Strahlen vom Scheitel entfernter als die in ihren Endpunkten ausgehenden Minimallinien, in allen ubrigen Fallen verhält es sich umgekehrt. §. 51. fur die Parabel, §. 52. fur Ellipse und Hyperbel.

§. 53. Von einem Punkt O der verlangerten kleinen Halbachse DC, fur welchen $OD : CD$ nicht kleiner als $AB : r$ ist, kann durch die grosse Achse hindurch keine Minimallinie an den Umfang gezogen werden und die von O ausgehenden Strahlen liegen dem zugehorigen Scheitel der grossen Achse naher als die von ihren Endpunkten ausgehenden Minimalliuien.

§. 54. Ist unter denselben Voraussetzungen $OD : CD$ kleiner als $AB : r$, so kann durch jede Halfte der grossen Achse eine Minimallinie an den Umfang gezogen werden und die zwischen dieser und der kleinen Achse befindlichen Strahlen liegen von dem entsprechenden Scheitel der grossen Achse entfernter als die in ihren Endpunkten ausgehenden Minimallinien, die andern naher.

§§. 55—57. Von einem Punkt unter der einen Halfte der grossen Achse einer Ellipse kann durch deren andere Hälfte immer eine und nur eine Minimallinie an den Umfang gezogen werden.

§§ 58—61. Von einem Punkt ausserhalb eines Kegelschnitts an denselben eine Minimallinie zu ziehen. §. 58. fur die Parabel, §. 59. fur die Ellipse und fur die Hyperbel, im Fall die Ordinate des Punktes die der Hyperbel zugewandte Halfte der grossen Achse trifft, §. 60. fur die Hyperbel, im Fall die Ordinate den Mittelpunkt trifft, §. 61. für den Fall, in dem sie die der Hyperbel abgewandte Halfte der grossen Achse trifft.

§§. 62 und 63. Von einem beliebigen Punkt innerhalb eines Kegelschnitts eine Minimallinie an den Umfang zu ziehen. §. 62. fur die Parabel, §. 63. fur Hyperbel und Ellipse.

§§. 64—67. Von einem Punkt unterhalb der Achse eines Kegelschnitts, dessen Verbindungslinie mit dem Scheitel einen spitzen Winkel mit der Achse bildet, und von dem keine oder nur eine Minimallinie durch die Achse an den Umfang gezogen werden kann, ist jene Linie nach dem Scheitel die kurzeste unter allen, die durch die Achse an den Umfang gehen; und die andern wachsen, je weiter sie sich von dieser entfernen. §. 64. fur die Parabel und den Fall, dass keine Minimallinie moglich ist. §§. 65 und 66. dasselbe fur Hyperbel und Ellipse. §. 67. fur Parabel und Hyperbel, wenn eine Minimallinie móglich ist.

§§. 68—70. Von zwei Tangenten an einer Parabel, Hyperbel oder einem Quadranten einer Ellipse, die bis an ihren Durchschnitt verlangert sind, ist diejenige kurzer, deren Beruhrungspunkt dem Scheitel am nachsten liegt. §. 68. fur die Parabel, §. 69. fur die Hyperbel, §. 70. fur den Quadranten einer Ellipse.

§. 71. Von zwei Tangenten an zwei Quadranten einer Ellipse, die in einem Scheitel der kleinen Achse zusammenstossen, ist diejenige kurzer, deren Beruhrungspunkt die kurzere Ordinate hat.

§. 72. Unter den Strahlen, die von einem solchen Punkt unter der Achse einer Parabel oder Hyperbel ausgehen, von dem zwei Minimallinien durch die Achse an den Umfang gezogen werden konnen, ist die dem Scheitel zunachst gelegene Minimallinie die langste; vom Scheitel bis zu diesem Maximum hin wachsen die Strahlen, von da bis zur andern Minimallinie nehmen sie ab und dann wachsen sie wieder ohne Unterbrechung.

§. 73. Geht von einem Punkt unter der grossen Achse einer Ellipse nur eine Minimallinie durch dieselbe an den Umfang, so ist diese das Maximum der an die obere Halfte der Ellipse gehenden Strahlen.

§. 74. Gehen unter denselben Umstanden zwei Minimallinien durch die Achse an den Umfang, so ist diejenige, welche die kleine Achse durchschneidet, das Maximum der Strahlen, von welchem ab nach beiden Seiten hin bis zu den Scheiteln die Strahlen abnehmen.

§. 75 Gehen endlich drei Minimallinien durch die grosse Achse, so sind die beiden ausseren Maxima, die mittlere ein Minimum, und von den beiden ersten diejenige langer, die die kleine Achse durchschneidet.

§. 76. Geht von einem Punkt der kleinen Achse selbst oder ihrer Verlangerung ausser der kleinen Achse selbst keine Minimallinie durch die grosse Achse an den Umfang, so ist das Stuck der kleinen Achse selbst das Maximum der Strahlen.

§. 77. Geht aber auf jeder Seite der kleinen Achse eine Minimallinie, so ist das Stuck der kleinen Achse ein Minimum und die seitlichen Minimallinien sind Maxima

Sechstes Buch.

Erklärungen.

§. 1. Zwei Parabeln sind congruent, wenn ihre latera recta gleich sind und umgekehrt.

§. 2. Zwei Hyperbeln oder Ellipsen sind congruent, wenn die zu den Hauptachsen gehorigen Rechtecke congruent sind.

§. 3. Verschiedenartige Kegelschnitte können nicht congruent sein.

§§. 4 und 5. Jede durch den Mittelpunkt einer Ellipse gehende Linie theilt die Ellipse in zwei congruente Theile.

§. 6. Wenn ein Theil eines Kegelschnitts mit einem Theil eines andern congruent ist, so sind die ganzen Kegelschnitte congruent.

§. 7. Die Abschnitte einer Parabel oder Hyperbel, welche zwischen den Endpunkten derselben verlangerten Ordinaten zu beiden Seiten der Achse liegen, sind congruent.

§. 8. Abschnitte, die entweder zwischen denselben verlangerten Ordinaten zu beiden Seiten der grossen Achse oder zu beiden Seiten der kleinen Achse zwischen solchen Ordinaten liegen, die gleiche Abstande vom Mittelpunkt haben, sind congruent.

§. 9. In congruenten Schnitten decken sich solche Bogen, deren Endpunktsordinaten gleiche Abstande von den Scheiteln der Achsen haben, andere nicht.

§. 10. Wenn Schnitte nicht congruent sind, konnen auch nicht irgend welche Theile derselben congruent sein.

§. 11. Alle Parabeln sind unter sich ahnlich.

§. 12. Hyperbeln oder Ellipsen sind ahnlich, wenn es die zu den Hauptachsen gehörigen Rechtecke sind und umgekehrt.

§. 13. Hyperbeln oder Ellipsen sind ahnlich, wenn es die zu irgend zwei Durchmessern gehorigen Rechtecke sind und die zugehorigen Ordinaten gleiche Winkel mit ihren Durchmessern bilden.

§. 14. Eine Parabel kann weder einer Ellipse noch einer Hyperbel ähnlich sein.

§. 15. Eine Hyperbel kann nicht einer Ellipse ähnlich sein.

§. 16. Gegenschnitte sind unter sich ähnlich und gleich.

§§. 17 und 18. Wenn an ähnlichen Kegelschnitten zwei solche Tangenten gezogen werden, die gleiche Winkel mit den Achsen bilden, und wenn auf den nach den Berührungspunkten gehenden Durchmessern von diesen Punkten nach innen zu Stücke abgeschnitten werden, die sich wie die Tangenten verhalten, so schneiden die durch die Endpunkte dieser Stücke gezogenen Parallelen mit den Tangenten ähnliche Segmente ab. §. 17. für die Parabel, §. 18. für Hyperbel und Ellipse.

§§. 19 und 20. Ausser den in den §§. 7 und 8 erwähnten congruenten und also auch ähnlichen Abschnitten einer Parabel, Hyperbel oder Ellipse können nicht zwei Abschnitte eines solchen Kegelschnitts unter sich ähnlich sein.

§§. 21 und 22. Segmente zweier Parabeln, ähnlicher Hyperbeln oder Ellipsen sind ähnlich, wenn die zu ihren Endpunktsordinaten gehörigen Abscissen sich wie die latera recta der Schnitte verhalten.

§§. 23 und 24. In unähnlichen Schnitten ist kein Theil des einen ähnlich einem Theil des andern, seien die Schnitte nun gleichartig, §. 23., oder ungleichartig, §. 24.

§. 25. Kein Theil eines der drei Kegelschnitte ist ein Kreisbogen.

§§. 26 und 27. Parallele Ebenen geben in demselben Kegel ähnliche, aber nicht congruente Hyperbeln oder Ellipsen.

§§. 28—30. In einem gegebnen geraden Kegel einen Schnitt zu finden, der congruent einem gegebenen Kegelschnitt ist. §. 28. für die Parabel, §. 29. für die Hyperbel, § 30. für die Ellipse.

§§. 31—33. Einen geraden Kegel zu finden, der ähnlich einem gegebenen ist und einen gegebenen Kegelschnitt enthält. §. 31. für die Parabel, §. 32. für die Hyperbel, wobei die Beschränkung eintritt, dass das Quadrat der Achse des Kegels zum Quadrat des Halbmessers der Grundfläche kein grösseres Verhältniss haben darf als das latus transversum zum latus rectum, §. 33. für die Ellipse.

Acht Lemmata des Abdolmelek von Schiras zum siebenten Buch.

Siebentes Buch.

§. 1. Das Quadrat einer vom Scheitel einer Parabel an den Umfang gezogenen Linie ist gleich dem Rechteck aus der Projection derselben auf die Achse und der Summe aus dieser Projection und dem latus rectum.

§. 2. Theilt man das latus transversum AB einer Hyperbel durch einen Punkt D, so dass

$$AD : BD = r : AB$$

ist, und zieht von A eine Linie AE an den Umfang der Hyperbel, deren Endpunktsordinate EF ist, so ist

$$AE^2 : FA \cdot FD = AB : BD.$$

§. 3. Dasselbe gilt für die Ellipse, wenn D auf der verlängerten Achse AB liegt.

§. 4. Bei Hyperbel oder Ellipse verhält sich das Quadrat des Stücks einer Tangente zwischen dem Berührungspunkt und der grossen Achse zu dem Quadrat des damit parallelen Halbmessers wie das Stück der Achse zwischen Tangente und Ordinate des Berührungspunkts zu dem zwischen dieser Ordinate und dem Mittelpunkt.

§. 5. Das latus rectum irgend eines Durchmessers einer Parabel ist gleich dem der Hauptachse, vermehrt um das vierfache Stück dieser letzteren zwischen ihrem Scheitel und der Ordinate vom Scheitel des Durchmessers.

§. 6. Theilt man das latus transversum AB einer Hyperbel durch zwei Punkte D und E, so dass

$$AD : BD = AE : BE = r : AB,$$

zieht von A eine Linie AK an den Umfang und die Ordinate KL, so verhält sich das Quadrat des mit AK parallelen Durchmessers FG zum Quadrat des ihm conjugirten HI wie $LE : LD$.

§. 7. Dasselbe gilt für die Ellipse, wenn D und E auf den Verlängerungen von AB über A und B hinaus liegen.

§. 8. Unter denselben Voraussetzungen ist

$$AB^2 : (FG + HI)^2 = BD \cdot LE : (LE + \sqrt{LD \cdot LE})^2.$$

§. 9. Desgleichen

$$AB^2 : (FG - HI)^2 = BD \cdot LE : (LE - \sqrt{LD \cdot LE})^2.$$

§. 10. Desgleichen

$$AB^2 : FG \cdot HI = BD : \sqrt{LD \cdot LE}.$$

§. 11. Desgleichen

$$AB^2 : FG^2 + HI^2 = BD : LD + LE.$$

§. 12. Bei der Ellipse ist die Summe der Quadrate zweier conjugirter Durchmesser gleich der Summe der Quadrate der Achsen.

§. 13. Bei der Hyperbel ist der Unterschied der Quadrate conjugirter Durchmesser gleich dem Unterschied der Quadrate der Achsen.

§. 14. Bei der Ellipse ist unter Beibehaltung obiger Bezeichnung:

$$AB^2 : FG^2 - HI^2 = BD : 2\,CL.$$

§. 15. Ist ρ das zu FG gehorige latus rectum, so ist bei Hyperbel und Ellipse:

$$AB^2 : \rho^2 = BD \cdot LE : LD^2.$$

§. 16. Desgleichen

$$AB^2 : (FG - \rho)^2 = BD \cdot LE : (LE - LD)^2.$$

§. 17. Desgleichen

$$AB^2 : (FG + \rho)^2 = BD \cdot LE : (LE + LD)^2.$$

§. 18. Desgleichen

$$AB^2 : FG \cdot \rho = BD : LD.$$

§. 19. Desgleichen

$$AB^2 : FG^2 + \rho^2 = BD \cdot LE : LD^2 + LE^2.$$

§. 20. Desgleichen

$$AB^2 : FG^2 - \rho^2 = BD \cdot LE : LE^2 - LD^2.$$

§§. 21—23. Ist bei einer Hyperbel die Querachse grosser als die conjugirte zweite Achse, so ist auch jeder Querdurchmesser grösser als sein conjugirter, das Verhaltniss des ersten zum zweiten Durchmesser ist fur die Achse am grössten und fur entferntere Durchmesser kleiner als fur nahere; ist aber die Querachse kleiner als ihre conjugirte, so findet gerade das Umgekehrte Statt, und sind die Achsen einer Hyperbel gleich, so ist auch jeder Durchmesser gleich seinem conjugirten.

§. 24. Bei der Ellipse ist das Verhältniss eines Durchmessers zu seinem conjugirten fur die grosse Achse am grossten und fur entferntere Durchmesser kleiner als fur nahere.

§§. 25—28. Summe und Produkt zweier conjugirten Durchmesser sind bei Ellipse und Hyperbel fur die Achsen ein Minimum und wachsen; je mehr sich die Durchmesser von den Achsen entfernen, der Unterschied dagegen ist fur die Achsen ein Maximum und fallt, je mehr sich die Durchmesser von den Achsen entfernen.

§. 29 und 30. Der Unterschied der Quadrate zweier conjugirten Durchmesser ist bei der Hyperbel, die Summe derselben bei der Ellipse eine constante Grosse.

§. 31. Der Inhalt eines einer Ellipse oder conjugirten Gegenschnitten umschriebenen Parallelogramms ist eine constante Grösse.

§. 32. Bei der Parabel ist das latus rectum fur die Hauptachse ein Minimum und wachst für die übrigen Durchmesser, je weiter sie sich von der Achse entfernen.

§§. 33 und 34. Dasselbe findet für die Hyperbel Statt, wenn die Hauptachse nicht kleiner als das zugehorige latus rectum oder doch nicht kleiner als dessen Halfte ist.

§. 35. Wenn aber die Hauptachse kleiner als das halbe zugehorige latus rectum ist, so lasst sich auf jeder Seite derselben ein Durchmesser bestimmen, dessen latus rectum ein Minimum ist, und dann ist das zur Achse gehorige ein Maximum.

§. 36. Der Unterschied zwischen einem Durchmesser und seinem zugehörigen latus rectum ist bei der Hyperbel für die Hauptachse ein Maximum und nimmt nach beiden Seiten zu ab.

§. 37. Bei der Ellipse ist dieser Unterschied für jede der beiden Achsen ein Maximum und zwar fur die kleinere Achse das grössere, fur die gleichen conjugirten Durchmesser ist er Null.

§. 38 — 40. Die Summe der Seiten des zu einem Durchmesser gehörigen Rechtecks ist bei der Hyperbel sowohl dann, wenn die Hauptachse AB grösser als ihr zugehoriges latus rectum r ist, als wenn AB wenigstens nicht kleiner als $\frac{1}{3}r$ ist, fur die Hauptachse ein Minimum, wenn aber $AB > \frac{1}{3}r$ ist, so giebt es jederseits einen Durchmesser, fur welchen diese Grosse ein Minimum ist, und fur die Achse ist sie dann ein Maximum.

§. 41. Bei der Ellipse ist diese Summe fur die grosse Achse ein Minimum und fur die kleine Achse ein Maximum.

§§. 42 und 43. Das zu einem Durchmesser gehorige Rechteck ist bei Hyperbel und Ellipse fur die Hauptachse ein Minimum und bei der Ellipse fur die kleine Achse ein Maximum.

§§. 44 — 46. Die Summe der Quadrate der Seiten des zu einem Durchmesser gehorigen Rechtecks ist bei der Hyperbel fur die Hauptachse ein Minimum, wenn entweder dieselbe nicht kleiner als ihr zugehoriges latus rectum oder doch ihr Quadrat nicht kleiner als die Halfte des Quadrats des Unterschieds zwischen ihr und ihrem latus rectum ist; wenn aber letzteres der Fall ist, so lasst sich auf jeder Seite der grossen Achse ein Durchmesser bestimmen, fur den diese Grösse ein Minimum ist, fur die Achse ist diese Grösse dann ein Maximum.

§§. 47 und 48. Bei der Ellipse ist diese Grösse für die grosse Achse ein Minimum, so lange

$$AB^2 \leqq \tfrac{1}{2} \cdot (AB + r)^2,$$

wenn aber

$$AB^2 > \tfrac{1}{2} \cdot (AB + r)^2,$$

so lasst sich auf jeder Seite der grossen Achse ein Durchmesser bestimmen, fur den diese Grosse ein Minimum ist, für jede der beiden Achsen ist dann diese Grosse ein Maximum.

§§. 49 und 50. Der Unterschied der Quadrate der Seiten des zu einem Durchmesser gehorigen Rechtecks ist bei der Hyperbel, wenn $AB > r$ ist, fur die Hauptachse ein Minimum, doch steigt diese Grösse überhaupt nicht uber das Doppelte dieses Minimums, wenn aber $AB < r$ ist, so ist diese Grosse fur die Achse ein Maximum, bleibt jedoch immer grösser als das Doppelte des Unterschieds zwischen dem zur Achse gehörigen Rechteck und dem Quadrat der Achse.

§. 51. Bei der Ellipse ist dieselbe Grösse für jede der beiden Achsen ein Maximum und für die gleichen conjugirten Durchmesser gleich Null.

Achtes Buch.

Wiederhergestellt von Halley.

§. 1. Wenn ein Durchmesser, sein Scheitel und sein zugehöriges latus rectum für eine Parabel und der Scheitel eines beliebigen andern Durchmessers gegeben sind, das zu letzterem gehörige latus rectum zu finden.

§. 2. Wenn ein Durchmesser, sein Scheitel und sein zugehöriges latus rectum für eine Parabel und eine beliebige Länge p gegeben sind, den Durchmesser zu finden, dessen latus rectum gleich p ist.

§. 3. Wenn ein Durchmesser und sein zugehöriges latus rectum für eine Hyperbel so wie ein beliebiger anderer Durchmesser gegeben sind, das letzterem zugehorige latus rectum zu finden.

§. 4. Dieselbe Aufgabe als §. 3. fur die Ellipse.

§. 5. Aus den gegebenen Seiten des zur Achse einer Hyperbel gehorigen Rechtecks und einer gegebenen Länge den Durchmesser, der diese Länge hat, so wie Grosse und Lage des zugehörigen conjugirten Durchmessers und des zugehorigen latus rectum zu finden.

§. 6. Dieselbe Aufgabe als §. 5. fur die Ellipse.

Anm. Da bei allen folgenden Aufgaben die Achse und ihr zugehöriges latus rectum als gegeben angenommen werden, so sagen wir statt dessen kurz „aus AB, r" etc.

§. 7. Aus AB, r und einem Verhältniss $p : q$ diejenigen conjugirten Durchmesser einer Hyperbel zu finden, deren Verhältniss gleich $p : q$ ist.

§. 8. Dieselbe Aufgabe als §. 7. für die Ellipse.

§. 9. Aus AB, r und einer Lange p diejenigen conjugirten Durchmesser einer Hyperbel zu finden, deren Summe gleich p ist.

§. 10. Dieselbe Aufgabe als §. 9. fur die Ellipse.

§. 11. Aus AB, r und einer Lange p diejenigen conjugirten Durchmesser zu finden, deren Unterschied gleich p ist.

§. 12. Dieselbe Aufgabe als §. 11. fur die Ellipse.

§. 13. Aus AB, r und einer Flache p^2 diejenigen conjugirten Durchmesser einer Hyperbel zu finden, deren Produkt gleich p^2 ist.

§. 14. Dieselbe Aufgabe als §. 13. fur die Ellipse.

§. 15. Aus AB, r, p^2 die conjugirten Durchmesser einer Hyperbel zu finden, deren Summe der Quadrate gleich p^2 ist.

§. 16. Dieselbe Aufgabe als §. 15. für die Ellipse, wenn statt der Summe der Quadrate der Unterschied der Quadrate zweier conjugirten Durchmesser gegeben ist.

§. 17. Aus AB, r und einem Winkel α diejenigen conjugirten Durchmesser einer Hyperbel zu finden, die den Winkel α mit einander bilden.

§. 18. Dieselbe Aufgabe als §. 17. fur die Ellipse.

§. 19. Aus AB, r, p denjenigen Durchmesser einer Hyperbel zu finden, dessen latus rectum gleich p ist.

§. 20. Dieselbe Aufgabe als §. 19. fur die Ellipse.

§. 21. Aus AB, r und einem Verhaltniss $p:q$ den Durchmesser einer Hyperbel zu finden, der sich zu seinem latus rectum wie $p:q$ verhält.

§. 22. Dieselbe Aufgabe als §. 21. fur die Ellipse.

§. 23. Aus AB, r, p den Durchmesser einer Hyperbel zu finden, der sich von seinem latus rectum um die Lange p unterscheidet.

§. 24. Dieselbe Aufgabe als §. 23. fur die Ellipse.

§. 25. Aus AB, r, p den Durchmesser einer Hyperbel zu finden, der mit seinem latus rectum die Summe p giebt.

§. 26. Dieselbe Aufgabe als §. 25. fur die Ellipse.

§. 27. Aus AB, r, p^2 den Durchmesser einer Hyperbel zu finden dessen zugehoriges Rechteck gleich p^2 ist.

§. 28. Dieselbe Aufgabe als §. 27. fur die Ellipse.

§§. 29 und 30. Aus AB, r, p^2 den Durchmesser einer Hyperbel zu finden, dessen Quadrat mit dem seines latus rectum die Summe p^2 hat, erstens, im Fall $AB \geq r$ (§. 29.), zweitens, wenn $AB < r$ (§. 30.).

§. 31. Dieselbe Aufgabe als §. 29. für die Ellipse.

§. 32. Aus AB, r, p^2 denjenigen Durchmesser einer Hyperbel zu finden, dessen Quadrat sich von dem seines latus rectum um p^2 unterscheidet.

§. 33 Dieselbe Aufgabe als §. 32. fur die Ellipse.

Anhang,

enthaltend

die auf die Geometrie der Kegelschnitte bezüglichen Lehrsätze und Aufgaben

aus

den mathematischen Principien der Naturphilosophie

von Newton.

Anm. Die einzelnen Sätze sind hier unter denselben Nummern aufgeführt, die sie bei Newton haben, und befinden sich im ersten Buch des genannten Werkes unter einer Reihe von Sätzen, die sich auf die Bewegung eines Punktes beziehen. Dieselben können als eine Fortsetzung der Apollonischen Lehrsätze betrachtet werden, auf welche sich ihre Beweise meist unmittelbar stutzen. Wo indess ein solcher direkter Zusammenhang nicht von selbst Statt fand, ist er durch eingeschaltete Bemerkungen vermittelt worden.

Lemma 14. Das Perpendikel vom Brennpunkt einer Parabel auf eine Tangente derselben gefällt ist gleich der mittleren Proportionale zwischen den Abständen des Brennpunktes vom Scheitel der Parabel und dem Berührungspunkt der Tangente.

Anm. Der Brennpunkt und die Leitlinie (Directrix) einer Parabel kommen beim Apollonius nicht vor, doch folgt aus I. 11., wenn vom Scheitel A einer Parabel auf der Achse nach beiden Seiten der vierte Theil des zugehörigen latus rectum nach innerhalb zu dem Punkt S, nach ausserhalb zu dem Punkt H abgeschnitten wird, und ferner von einem beliebigen Punkt P des Umfangs eine Ordinate PO und eine Tangente PM an die Achse so wie die Linie PS und der Durchmesser YPG gezogen werden: Fig. 1.

$$\begin{aligned} PS^2 &= PO^2 + SO^2 = 4AS \cdot AO + SO^2 \\ &= 4AS^2 + 4AS \cdot SO + SO^2 \\ &= (2AS + SO)^2 = HO^2. \end{aligned}$$

Also ist $PS = HO$ d. h. der Abstand eines beliebigen Punktes P der Parabel von dem Punkt S ist gleich dem Abstand desselben von dem in H auf der Achse errichteten Loth, welches eine Haupteigenschaft der Parabel ist.

Da ferner $AO = AM$ (I. 35.), ist $HO = SM$, also nach dem Vorigen auch $PS = SM$ und $\angle PMS = \angle MPS$, da aber $\angle PMS = \angle MPY$ ist, so erhellt der Satz, dass die Tangente der Parabel den Winkel zwischen dem Durchmesser und dem nach dem Brennpunkt gehenden Strahl halbirt, welcher Satz für die Parabel analog dem in III. 48. für Ellipse und Hyperbel Bewiesenen ist.

Sei ausser den in der Anmerkung erwähnten Bezeichnungen noch SN das Loth von S auf die Tangente PM, welche nach dem eben Bewiesenen die Mitte von PM treffen muss, so ist zu zeigen, dass $SN^2 = SA \cdot SP$.

Da A die Mitte von MO ist, muss NA parallel PO und also lothrecht auf MO sein, mithin ist $SN^2 = SA \cdot SM$, und da, wie oben gezeigt ist, $SM = SP$ ist, auch $SN^2 = SA \cdot SP$. q. e. d.

Coroll. 1. Es ist also

$$PS^2 : SN^2 = PS : SA.$$

Coroll. 2. Da SA einen festen Werth hat, ist SN^2 proportional PS.

Coroll. 3. Der Durchschnitt einer beliebigen Tangente mit dem vom Brennpunkt darauf gefällten Loth befindet sich auf der Tangente im Scheitel der Parabel.

Ueber die Auffindung parabolischer, elliptischer oder hyperbolischer Bahnen, wenn ein Brennpunkt gegeben ist.

Fig. 2a und b. Lemma 15. Wenn von den Brennpunkten S, H einer Ellipse oder Hyperbel nach irgend einem Punkt V zwei Linien gezogen werden, von denen die eine HV gleich der grossen Achse ist, so ist das auf der Mitte T der andern Linie errichtete Loth eine Tangente des Kegelschnitts, und umgekehrt, wenn ein Loth auf der Mitte der einen Linie eine Tangente ist, so muss die andere gleich der grossen Achse sein.

Sei R der Punkt, in welchem das in T errichtete Loth HV oder dessen Verlängerung schneidet, und werde SR gezogen, so liegt, weil $SR = VR$ ist, R auf dem Kegelschnitt und TR berührt denselben, weil $\angle TRS = \angle TRV$ ist (III. 48., 51., 52.). Umgekehrt, wenn TR den Kegelschnitt berührt, kann es ihn erstens nur im Durchschnitt mit HV berühren, weil nur für diesen Punkt die Summe $HR + SR$ ein Minimum ist, mithin ist dann wegen der Congruenz der Dreiecke TRS und TRV die Linie $RS = RV$, also $HV = HR + RS$. q. e. d.

§. 18. **Aufgabe 10.** Wenn ein Brennpunkt und die Hauptachsen gegeben sind, eine Ellipse oder Hyperbel zu beschreiben, welche durch gegebene Punkte geht oder gegebene Gerade berührt.

Fig. 3. Sei S der gegebene Brennpunkt, AB die Hauptachse, P ein Punkt, durch welchen ein Kegelschnitt gehen soll, TR eine Gerade, die er berühren soll. Man beschreibe um P mit $AB - SP$, wenn eine Ellipse, und mit $AB + SP$, wenn

eine Hyperbel verlangt ist, einen Kreis. Auf die Linie *TR* fälle man von *S* ein Loth *ST*, verlängere es um sich selbst bis *V* und beschreibe mit *AB* um *V* einen Kreis. Auf diese Weise findet man, sowohl wenn zwei Punkte *P*, *p* oder zwei Tangenten *TR*, *tr* oder ein Punkt *P* und eine Tangente *TR* gegeben sind, zwei Kreise. Man nenne deren Durchschnitt *H* und beschreibe für *S* und *H* als Brennpunkte *AB* als grosse Achse einen Kegelschnitt, so ist die Aufgabe aufgelöst; denn der erhaltene Kegelschnitt geht durch *P* und *p*, weil $SP + PH$ oder $SP - PH$ und $Sp + pH$ oder $Sp - pH$ gleich *AB* sind, und berührt die Geraden *TR* und *tr* nach dem vorigen Lemma.

§. 19. **Aufgabe 11.** Eine Parabel zu beschreiben, die einen gegebenen Brennpunkt hat und durch gegebene Punkte geht oder gegebene Linien berührt.

Sei *S* der gegebene Brennpunkt, *P* ein Punkt, *TR* eine Fig. 1.
Tangente der gesuchten Parabel. Um *P* beschreibe man mit *PS* einen Kreis, auf *TR* fälle man von *S* ein Loth *ST* und verlängere es um sich selbst bis *V*.

Auf dieselbe Weise ist ein anderer Kreis zu beschreiben, wenn noch ein Punkt *p*, und ein anderer Punkt *v* zu finden, wenn noch eine Tangente gegeben ist. Dann ziehe man eine Gerade *FI*, welche die beiden Kreise berührt, im Fall zwei Punkte *P*, *p* gegeben waren, oder die Punkte *V*, *v* verbindet, wenn zwei Tangenten gegeben waren, oder eine Tangente von *V* an den einen Kreis ist, wenn ein Punkt und eine Tangente gegeben waren. Fälle dann von *S* auf *FI* ein Loth *SI*, halbire es in *K* und beschreibe für den Scheitel *K*, die Achse *KS* und den Brennpunkt *S* eine Parabel, so ist dies die verlangte. Denn diese geht durch *P*, weil *SP* gleich dem Loth *PF* von *P* auf die Gerade *FI* ist, und berührt die Gerade *TR* nach Lemma 14. Coroll. 3., weil $ST = TV$ und $\angle STR$ ein rechter Winkel ist.

§. 20. **Aufgabe 12.** Für einen gegebenen Brennpunkt einen Kegelschnitt von gegebener Gestalt zu beschreiben, der durch gegebene Punkte geht und gegebene Gerade berührt.

Anm. Da zur Auflosung dieser Aufgabe die auf die Leitlinie der Ellipse Fig. 5.
oder Hyperbel beziehliche Eigenschaft gebraucht wird, welche sich beim Apollonius nicht findet, so folgt hier die Ableitung dieser Eigenschaft aus den Lehrsatzen des Apollonius. Seien *S*, *H* die Brennpunkte, *C* der Mittelpunkt,

A, B die Scheitel der Hauptachse, P ein Punkt des Umfangs einer Ellipse, von welchem letzteren die Ordinate PI und die Tangente PK bis an die Hauptachse gezogen sind, und bezeichne der Kurze halber a die halbe Hauptachse, e die halbe Lange SH, so ist, da nach III. 48. PK den Aussenwinkel an der Spitze von SPH halbirt,

1) $$PS : PH = SK : HK,$$

woraus componendo, da nach III. 52. $PS + PH = 2a$ ist, entsteht:

2) $$PS : 2a = SK : SK + HK = CK - e : 2CK.$$

Es ist also

3) $$PS = a - \frac{e \cdot a}{CK}$$

oder da nach I. 37. $CK = \frac{a^2}{CI}$ ist, erhält man

4) $$PS = a - \frac{e}{a} \cdot CI = \frac{e}{a} \cdot \left(\frac{a^2}{e} - CI\right);$$

wenn also auf der verlangerten Achse CA ein Punkt G bestimmt wird, so dass $CG = \frac{a^2}{e}$ ist, so ist

5) $$PS = \frac{e}{a} \cdot IG,$$

d. h. der Abstand eines Punktes P der Ellipse von éinem Brennpunkt verhält sich zum Abstand desselben Punktes von dem in G auf der Achse errichteten Loth wie die Entfernung der Brennpunkte von einander zur grossen Achse.

Auf ganz ahnliche Weise erhalt man die Eigenschaft für die Hyperbel, bei welcher die Tangente PK den Innenwinkel des Dreiecks SPH halbirt, und nur die Zeichen auf der rechten Seite der Zeilen (2), (3), (4) umgekehrt herauskommen.

Fig. 6. Erster Fall. Für den gegebenen Brennpunkt S einen Kegelschnitt ADE von gegebener Gestalt zu beschreiben, der durch die gegebenen Punkte D und E geht.

Man ziehe SD und SE und bestimme zwei Längen DK, EL, so dass

$$SD : DK = SE : EL = e : a$$

(d. i., da das Verhältniss der Achsen $\frac{b}{a} = x$ gegeben ist, wie $\sqrt{1 - x^2} : 1$ bei der Ellipse und wie $\sqrt{1 + x^2} : 1$ bei der Hyperbel), beschreibe mit D um DK, um E mit EL einen Kreis, ziehe eine gemeinschaftliche Tangente dieser Kreise, fälle darauf von S ein Loth SG und theile SG durch einen innern Punkt A und einen äussern B, so dass

$$GA : SA = GB : SB = DK : SD$$

ist, so sind A, B die Endpunkte der grossen Achse des verlangten Kegelschnitts. Denn nennt man noch H den zweiten Brennpunkt desselben, so ist, da

$$GA : SA = GB : SB, \text{ auch}$$
$$GB - GA : SB - SA = GA : SA = a : e, \text{ d. i.}$$
$$AB : SH = a : e,$$

also hat der erhaltene Kegelschnitt die verlangte Gestalt, und da ausserdem $SD : DK$, $SE : EL$ dasselbe Verhältniss haben als $e : a$, so geht der Kegelschnitt auch durch die Punkte D und E.

Zweiter Fall. Für einen gegebenen Brennpunkt S Fig. 7. einen Kegelschnitt von gegebener Gestalt zu beschreiben, der zwei gegebene Gerade TR, tr berührt. Man fälle vom Brennpunkt S auf die Linien TR, tr Lothe ST, st und verlängere sie um sich selbst zu den Punkten V und v, ziehe Vv und errichte in seiner Mitte o ein Loth, theile ferner VS durch einen innern Punkt K und einen äussern k, so dass

$$VK : SK = Vk : Sk = a : e$$

ist, und beschreibe über Kk als Durchmesser einen Kreis, so ist ein Durchschnittspunkt H desselben mit dem in o errichteten Loth der zweite Brennpunkt und VH die Länge der grossen Achse für den gesuchten Kegelschnitt. Denn dieser hat die verlangte Gestalt, da nach einem bekannten Ortssatz das Verhältniss $VH : SH$ gleich dem gegebenen Verhältniss $a : e$ ist, wodurch die Gestalt des Kegelschnitts bestimmt wird, und er berührt die Geraden TR, tr nach Lemma 15.

Dritter Fall. Für einen gegebenen Brennpunkt S einen Kegelschnitt von gegebener Gestalt zu beschreiben, der eine gegebene Gerade TR in einem bestimmten Punkt R berührt.

Man fälle von S auf TR ein Loth ST und verlängere es um sich selbst bis V, ziehe VR, theile VS durch einen innern Punkt K und durch einen äusseren k, so dass

$$VK : SK = Vk : Sk = a : e$$

ist, beschreibe um Kk als Durchmesser einen Kreis, der die nöthigenfalls verlängerte VR in H trifft, so ist der Kegelschnitt, dessen Brennpunkte S und H sind und für welchen VH die Länge der grossen Achse angiebt, der verlangte, denn seine Gestalt ist durch das Verhältniss $SH : HV$ bestimmt, welches dem gegebenen Achsenverhältniss entspricht, er berührt die Gerade TR nach Lemma 15. und geht durch R, weil $HR \pm SR = HV$, d. i. gleich der grossen Achse ist.

Fig. 8. Vierter Fall. Für einen gegebenen Brennpunkt S einen Kegelschnitt APB zu beschreiben, der eine gegebene Gerade TR berührt, durch einen ausserhalb dieser Geraden liegenden Punkt P geht und ähnlich dem Kegelschnitt apb ist, dessen grosse Achse ab und dessen Brennpunkte s und h sind.

Fälle von S auf TR ein Loth ST und verlängere es um sich selbst bis V, trage die Winkel VSP, SVP an sh, ersteren an s, letzteren an h an, so dass ein Dreieck shq entsteht, beschreibe um q mit einer Länge x einen Kreis, die durch die Proportion $SV : SP = ab : x$ bestimmt ist, nenne p den einen Durchschnittspunkt dieses Kreises mit dem Kegelschnitt apb, ziehe sp und von S eine Linie SH, welche mit SP einen Winkel $PSH = psh$ bildet und deren Länge durch die Proportion

$$sp : sh = SP : SH$$

bestimmt wird, so ist der Kegelschnitt, für den S, H die Brennpunkte und VH die Länge der Hauptachse sind, der verlangte.

Man ziehe noch sv, so dass $\angle vsp = \angle hsq$ und

$$sq : sh = sp : sv$$

ist, so sind die Dreiecke svh und spq ähnlich, also ist

$$vh : pq = sh : sq,$$

und folglich wegen Aehnlichkeit der Dreiecke shq, SVP auch

$$vh : pq = SV : SP = ab : pq,$$

mithin ist $vh = ab$. Wegen Aehnlichkeit der Dreiecke VSH und vsh ist

$$VH : SH = vh : sh,$$

also die Gestalt des erhaltenen Kegelschnitts ähnlich der des gegebenen; wegen Aehnlichkeit der Dreiecke SPH und sph geht nun der erhaltene Kegelschnitt auch durch den Punkt P und er berührt die Gerade TR nach Lemma 15.

Anm. Da die letzte Aufgabe durch die Durchschnittspunkte eines Kreises mit einem Kegelschnitt aufgelost werden muss, kann man auch folgendermassen verfahren. Man construire erstens den Kreis, dessen Punkte von S und V Abstände haben, die in dem gegebenen Verhältniss $e : a$ stehen, sodann fur V und P als Brennpunkte nnd SP als Länge der grossen Achse eine Hyperbel, wenn der gesuchte Kegelschnitt eine Ellipse, und eine Ellipse, wenn derselbe eine Hyperbel ist, nenne einen der Durchschnittspunkte des so erhaltenen Kegelschnitts mit dem vorerwahnten Kreis H, so sind S und H die Brennpunkte, VH die Lange der Hauptachse für den gesuchten Kegelschnitt; dieser hat die verlangte Gestalt, weil VH und SH das für $a:e$ gegebene Verhältniss haben, beruhrt TR nach Lemma 15. und geht durch P, weil wegen des Kegelschnitts, auf dem H liegt, entweder $VH - PH = SP$, also $VH = SP + PH$ oder $VH + PH = PS$, also $VH = PS - PH$ ist.

Lemma 16. Von drei gegebenen Punkten nach einem vierten gesuchten Punkte Linien zu ziehen, deren Differenzen entweder gegeben oder gleich Null sind.

Erster Fall. Seien A, B, C die gegebenen, Z der gesuchte Punkt und die Differenzen $AZ - BZ = p$, $AZ - CZ = q$ gegeben. Fig. 9.

Weil $AZ - BZ$ gegeben ist, liegt Z auf einer Hyperbel, deren Brennpunkte A und B sind und deren Hauptachse gleich p ist; seien M, N also die Scheitel der Achse und P ein Punkt auf MN, so dass

$$PM : MA = MN : AB$$

ist, und in P ein Loth auf MN errichtet, und sei ZR der Abstand des Punktes Z von diesem Loth, so ist das Verhältniss

$$ZR : ZA = MN : AB \text{ (siehe Anm. zu §. 20.)}$$

also gegeben. Auf ähnliche Weise liegt Z auf einer Hyperbel, deren Brennpunkte A und C sind und deren Hauptachse gleich q ist, und man kann also ein Loth QS auf einem Punkt Q von AC errichten, so dass der Abstand ZS des Punktes Z von diesem Loth zu ZA sich verhält wie $q : AC$. Da nun also die Verhältnisse $ZR : ZA$ und $ZA : ZS$ gegeben sind, ist auch $ZR : ZS$ bekannt und folglich liegt Z auf einer construirbaren Geraden, die vom Schneidungspunkt T der Geraden RP und SQ ausgeht. Auf dieselbe Weise kann durch die Hyperbel, deren Brennpunkte B und C sind und deren grosse Achse $p - q$ ist, in Verbindung mit einer der früheren Hyperbeln eine zweite Gerade bestimmt werden, auf welcher Z liegen muss; mithin ist Z selbst als Durchschnitt zweier construirbarer Geraden bekannt. q. e. d.

Zweiter Fall. Wenn zwei der drei Linien, z. B. AZ und BZ einander gleich sind, so liegt Z in dem auf der

Mitte von AB errichteten Loth und der andere geradlinige Ort kann wie im vorigen Fall gefunden werden.

Dritter Fall. Wenn die drei Geraden AZ, BZ, CZ gleich sein sollen, ist Z der Mittelpunkt des Kreises, der durch die Punkte A, B, C geht.

Anm. Es wird dieses Lemma auch in dem wiederhergestellten Liber tactionum des Apollonius gelöst.

§. 21. **Aufgabe 13.** Einen Kegelschnitt zu beschreiben, dessen einer Brennpunkt gegeben ist, und der durch gegebene Punkte geht oder gegebene Gerade berührt.

Sei ein Brennpunkt S, ein Punkt P und eine Tangente TR gegeben. Man fälle auf die Tangente das Loth SR und verlängere es um sich selbst bis V, so ist SP der Unterschied der Abstände des gesuchten zweiten Brennpunktes H von den Punkten V und P. Wenn also mehrere Punkte oder Tangenten gegeben sind, so erhält man immer ebenso viele Linien PH oder VH, welche von der Achse entweder einen gegebenen Unterschied (wie SP) haben oder derselben gleich sind, und die also auch unter sich entweder gleich sind oder gegebene Unterschiede haben. Mithin ist aus drei Punkten oder Tangenten der andere Brennpunkt H nach dem vorigen Lemma zu finden. Aus den beiden Brennpunkten aber und der Länge der grossen Achse, die gleich HV, wenn eine Tangente gegeben ist, und wenn ein Punkt P gegeben ist, gleich $SP + PH$ im Fall einer Ellipse und gleich $\pm (SP - PH)$ im Fall einer Hyperbel ist, kann der verlangte Kegelschnitt construirt werden.

Fig. 10. Scholium. Der Fall, in welchem drei Punkte gegeben sind, kann folgendermassen schneller gelöst werden. Seien B, C, D die gegebenen Punkte; man ziehe CB und DC und verlängere diese Linien zu den Punkten E, F, so dass

$$EB : EC = BS : CS \text{ und}$$
$$FC : FD = CS : DS$$

ist, verbinde E mit F, fälle darauf von S und B Lothe SG, BI und bestimme in GS und seiner Verlängerung zwei Punkte A, a, so dass $GA : SA = Ga : Sa = BI : BS$ ist, dann sind A und wenn es vorhanden ist, a die Scheitel der Hauptachse des gesuchten Kegelschnitts, welcher je nachdem *GA* grösser, gleich oder kleiner als *SA* ist, eine Ellipse, Parabel oder Hyperbel sein wird, in dem der Punkt *a* im ersten Fall auf derselben Seite von *GF* als *A* liegt, im zweiten Fall im Unendlichen liegt und im dritten auf der dem Punkt *A* entgegensetzten Seite von *G* liegt.

Fällt man noch die Lothe *CK* und *DL* von *C* und *D* auf *GF*, so ist

$$CK : BI = CE : BE = CS : BS,$$

also auch

$$CK : CS = BI : BS,$$

und auf dieselbe Weise kann auch gezeigt werden, dass

$DL : DS = BI : BS$ ist, da aber

$$BI : BS = GA : SA$$

ist, liegen nach Anm. zu §. 20. die Punkte *B, C, D* auf dem Kegelschnitt, dessen Brennpunkt *S* und dessen Leitlinie *GF* ist. q. e. d.

Eine hiervon nicht sehr verschiedene Art der Auflösung giebt der berühmte Geometer de la Hire im 25. Satz seines achten Buches über Kegelschnitte.

Von der Construction der Kegelschnitte, wenn keiner der beiden Brennpunkte bekannt ist.

Lemma 17. Wenn von einem Punkt *P* eines Kegelschnitts nach den vier nöthigenfalls verlängerten Seiten *AB, CD, AC, BD* eines demselben eingeschriebenen Vierecks eben so viele Gerade *PQ, PR, PS, PT* unter gegebenen Winkeln gezogen werden, je eine an eine Seite, so hat das Rechteck *PQ · PR* aus zwei an gegenüberstehende Seiten des Vierecks gezogenen Linien zu dem aus den beiden andern *PS · PT* ein festes Verhältniss.

Erster Fall. Seien zuerst die von *P* an die Seiten Fig. 11. gezogenen Geraden jedesmal einer der Gegenseiten parallel, nämlich *PQ* und *PR* der Seite *AC* und *PS* und *PT* der Seite *AB* und ausserdem zwei Gegenseiten *AC* und *BD* des Vierecks unter sich parallel.

Die Gerade, welche die Mitten der Seiten *AC* und *BD* verbindet, ist dann ein Durchmesser des Kegelschnitts und halbirt ausserdem die Linie RQ; ist also O diese Mitte von RQ, so ist PO eine Ordinate für den erwähnten Durchmesser, und verlängert man PO um sich selbst bis K, so ist OK die Ordinate nach der entgegengesetzten Seite des Durchmessers, und da die Punkte A, B, K auf dem Kegelschnitt liegen und PK die Linie AB unter einem unveränderlichen Winkel schneidet, so ist nach Ap. III. 17. und 18.

$$PQ \cdot QK : AQ \cdot QB$$

ein festes Verhältniss. Aber es ist $QK = PR$, da sie Unterschiede gleicher Längen sind, mithin ist

$$PQ \cdot QK = PQ \cdot PR,$$

und da ausserdem

$$AQ \cdot QB = PS \cdot PT$$

ist, erhellt, dass auch

$$PQ \cdot PR : PS \cdot PT$$

ein festes Verhältniss ist.

Zweiter Fall. Seien nun die Seiten AC und BD des Vierecks nicht parallel, übrigens aber dieselben Voraussetzungen als oben.

Fig. 12 Man ziehe eine Parallele von B mit AC, bis sie den Kegelschnitt in d, die Linie ST in t trifft, ferner von D eine Parallele mit CA, welche AB in N schneidet, ziehe Cd, die die PQ in r, DN in M schneidet. Wegen Aehnlichkeit der Dreiecke BTt, DBN ist Bt oder

$$PQ : Tt = DN : BN,$$

und es ist ausserdem

$$Rr : AQ = DM : AN,$$

mithin, wenn man zusammensetzt,

$$PQ \cdot Rr : AQ \cdot Tt = DM \cdot DN : AN \cdot BN,$$

nach Fall 1. ist aber

$$PQ \cdot Pr : PS \cdot Pt = DM \cdot DN : AN \cdot BN,$$ also auch

$$PQ \cdot Rr : PS \cdot Tt = PQ \cdot Pr : PS \cdot Pt$$

oder durch Subtraction der correspondirenden Glieder

$$PQ \cdot PR : PS \cdot PT = PQ \cdot Pr : PS \cdot Pt = DM \cdot DN : AN \cdot BN,$$

also, da das letzte Verhältniss constant ist, hat auch

$$PQ \cdot PR : PS \cdot PT$$

einen unveränderlichen Werth.

Fig. 13. Dritter Fall. Angenommen endlich, dass die Linien PQ, PR, PS, PT den Seiten AC, AB nicht parallel, sondern

unter bestimmten Winkeln an die Seiten des Vierecks gezogen sind, so ziehe man Pq, Pr parallel AC und Ps, Pt parallel AB an die Seiten des Vierecks, dann sind, da die Winkel der Dreiecke PQq, PRr, PSs, PTt gegeben sind, auch die Verhältnisse $PQ:Pq$, $PR:Pr$, $PS:Ps$, $PT:Pt$ von unveränderlichem Werth, also auch die zusammengesetzten Verhältnisse

$$PQ \cdot PR : Pq \cdot Pr \text{ und}$$
$$PS \cdot PT : Ps \cdot Pt.$$

Da aber nach Fall (2)

$$Pq \cdot Pr : Ps \cdot Pt$$

ein festes Verhältniss ist, muss auch

$$PQ \cdot PR : PS \cdot PT$$

einen unveränderlichen Werth haben.

Lemma 18. Wenn unter denselben Voraussetzungen das Verhältniss

$$PQ \cdot PR : PS \cdot PT$$

einen festen Werth hat, so befindet sich der Punkt P auf einem Kegelschnitt, der durch die Ecken des Vierecks $ABDC$ geht.

Man denke sich einen Kegelschnitt durch die vier Fig. 14. Punkte A, B, D, C und einen der unendlich vielen Punkte P, die der gestellten Bedingung genügen, welcher p heisse, beschrieben, so wird behauptet, dass sich P immer auf diesem Kegelschnitt befinden muss. Wäre dies nicht der Fall, so ziehe man AP, welche den vorhergedachten Kegelschnitt in einem andern Punkt als P, etwa in b treffe. Wenn nun von den Punkten p und b an die Seiten des Vierecks $ABCD$ unter den gegebenen Winkeln die Linien pq, pr, ps, pt, bk, bx, bz, bd gezogen werden, so ist

$$pq \cdot pr : ps \cdot pt = bk \cdot bx : bz \cdot bd,$$

also müsste auch

$$PQ \cdot PR : PS \cdot PT = bk \cdot bx : bz \cdot bd$$

sein. Wegen Aehnlichkeit der Vierecke $PQAS$, $bkAz$ ist aber

$$PQ : PS = bk : bz,$$

also müsste auch

$$PR : PT = bx : bd$$

sein und also wären die gleichwinkligen Vierecke $bxDd$, $PRDT$ ähnlich und ihre Diagonalen Db, DP müssten zusammenfallen, dann fällt aber auch der Punkt b in den Durchschnitt der Geraden AP, DP, d. h. mit dem Punkt P zusammen, und es ist sonach gezeigt, dass der Punkt P, wo man ihn auch annimmt, immer auf dem gedachten Kegelschnitt liegt.

Corollar. Wenn drei Gerade PQ, PR, PS von einem Punkt P an drei feste Linien AB, CD, AC unter gegebenen Winkeln gezogen werden und $PQ \cdot PR$ zu PS^2 in einem festen Verhältniss steht, so befindet sich P auf einem Kegelschnitt, der die Geraden AB und CD in den Punkten A und C berührt und umgekehrt. Denn denkt man sich die Linie BD der AC sich nähern und mit ihr zusammenfallen, während die Lage der Geraden AB, AC, CD unverändert bleibt, und seien PT und PS unter solchen Winkeln gezogen, dass sie in einer Linie zusammenfallen, so geht das Rechteck $PS \cdot PT$ zuletzt in PS^2 über und die Geraden AB, CD, die vorher den Kegelschnitt in den Punkten A und B, C und D schnitten, werden ihn in den Punkten A und C, mit welchen B und D zusammengefallen sind, berühren.

Scholium. Der Name Kegelschnitt wird in diesem Lemma in weiterem Sinne gebraucht, so dass darunter auch der durch den Scheitel des Kegels gelegte, aus zwei geraden Linien bestehende, und der kreisförmige, der Grundfläche parallele, verstanden werden. Denn wenn der Punkt P in eine der Geraden fällt, welche die Punkte A, B, C, D verbinden, so verwandelt sich der Kegelschnitt in zwei Gerade, deren eine die erwähnte Linie ist, in welche der Punkt P fällt, und deren andere die Verbindungslinie der beiden übrigen von den vier Punkten A, B, C, D ist. Wenn zwei gegenüberliegende Winkel des Vierecks $ABDC$ zwei Rechte betragen, die vier Linien PQ, PR, PS, PT entweder senkrecht oder doch unter gleichen Winkeln an die Seiten gezogen werden und das Rechteck $PQ \cdot PR$ dem Rechteck $PS \cdot PT$ gleich ist, so ist der Kegelschnitt ein Kreis. Dasselbe tritt ein, wenn die Linien PQ, PR, PS, PT in beliebigen Winkeln an die Seiten gezogen sind und das Rechteck $PQ \cdot PR$ zu dem Rechteck $PS \cdot PT$ sich verhält wie das Produkt aus den Sinus der Winkel S und T, unter welchen die Linien PS und PT an die Seiten des Vierecks gezogen sind, zu dem

Produkt aus den Sinus der Winkel *Q* und *R*, unter denen *PQ* und *PR* gezogen sind. In den übrigen Fällen ist der Ort des Punktes *P* eine der drei Gestalten, welche gewöhnlich Kegelschnitt genannt werden. Anstatt des Vierecks *ABDC* kann auch ein sogenanntes überschlagenes Viereck genommen werden, worin nämlich zwei Gegenseiten sich nach Art von Diagonalen durchschneiden. Es können auch von den Punkten *A, B, C, D* einer oder zwei in's Unendliche sich entfernen und die in diesen Punkten zusammenlaufenden Seiten parallel werden, in welchem Fall der Kegelschnitt durch die übrigen Punkte geht und nach der Richtung der Parallelen sich in's Unendliche erstreckt.

Lemma 19. Einen Punkt *P* von der Eigenschaft zu finden, dass, wenn von ihm vier Geraden *PQ*, *PR*, *PS*, *PT* unter gegebenen Winkeln an die Seiten *AB*, *CD*, *AC*, *BD* eines gegebenen Vierecks gezogen werden, das Rechteck $PQ \cdot PR$ zu dem Rechteck $PS \cdot PT$ ein gegebenes Verhältniss hat.

Man ziehe von der Ecke *A* aus eine beliebige Linie *AH*, Fig. 15.
in welcher der Punkt *P* gesucht werden soll; seien *H* und *I* die Durchschnittspunkte der Linien *BD* und *CD* mit *AH*. Weil nun die Winkel der Dreiecke *PAQ* und *PAS* bekannt sind, sind auch die Verhältnisse $PQ : PA$ und $PA : PS$, also auch $PQ : PS$ gegeben; dividirt man nun das für

$$PQ \cdot PR : PS \cdot PT$$

gegebene Verhältniss durch dieses für $PQ : PS$ bestimmte, so erhält man ein Verhältniss für $PR : PT$, und multiplicirt man hiermit die durch die Winkel der Dreiecke *PIR*, *PHT* gleichfalls gegebenen Verhältnisse $PI : PR$ und $PT : PH$, so erhält man das Verhältniss für $PI : PH$, durch welches der Punkt *P* selbst gegeben ist.

Coroll. 1. Man kann hiernach auch in einem beliebigen Punkt *D* an den Ort der Punkte *P* eine Tangente ziehen, denn die Sehne *PD* geht, wenn die Punkte *P* und *D* zusammenfallen, d. h. wenn *AH* durch den Punkt *D* geführt wird, in die Tangente in *D* über. In diesem letzten Fall wird aber das Verhältniss der verschwindenden Strecken *IP* und *PH* wie vorher gefunden. Man ziehe also von *C* eine Parallele mit *AD*, welche die verlängerte *BD* in *F* trifft, und theile diese Parallele nach dem wie oben für $IP:PH$ bestimmten Verhältniss durch einen Punkt E, dann ist DE die Tangente in D, weil CF und die verschwindende IH parallel und in den Punkten P und E proportional getheilt sind.

Fig. 16. Coroll. 2. Es kann ferner hiernach der Ort sämmtlicher Punkte P näher bestimmt werden. Durch einen der Punkte A, B, C, D, etwa durch A, ziehe man die Tangente AE des Orts, und durch einen andern B eine Parallele damit, deren Durchschnitt F mit demselben das Lemma finden lehrt; halbire dann BF in G, so ist AG die Lage eines Durchmessers, für welchen BG, FG zugehörige Ordinaten sind. Sei nun H der Durchschnitt von AG mit dem Ort, so ist AH der erste Durchmesser oder das latus transversum, zu welchem sich das latus rectum verhält wie $FG^2 : AG \cdot GH$. Wenn AG den Ort nicht trifft, indem AH unendlich wird, ist der Ort eine Parabel, deren Durchmesser AG und zugehöriges latus rectum $\frac{BG^2}{AG}$ ist. Wenn AG den Ort trifft, so ist derselbe eine Hyperbel, in dem Falle, wo die Punkte A und H auf derselben Seite des Punktes G liegen, eine Ellipse, im Fall G zwischen A und H liegt, ausser wenn AGB ein rechter Winkel und zugleich $BG^2 = AG \cdot GH$ ist, in welchem Fall der Ort ein Kreis ist.

In diesem Corollar ist für das von Euclid begonnene und von Apollonius fortgesetzte Problem der vier Linien nicht die Auflösung durch Rechnung, sondern die geometrische Construction enthalten.

Fig 17 Lemma 20. Wenn ein Parallelogramm $ASPQ$ mit zwei Gegenecken A und P in einem Kegelschnitt liegt und die verlängerten Seiten AQ, AS denselben noch in den Punkten B und C treffen, von diesen Punkten B und C aber nach einem beliebigen fünften Punkt D des Kegelschnitts zwei Gerade BD, CD gezogen werden, die den verlängerten gegenüberstehenden Seiten PS, PQ des Parallelogramms in den Punkten T und R begegnen, so haben die erhaltenen Abschnitte PR und PT ein festes Verhältniss zu einander, und umgekehrt, wenn diese Abschnitte ein festes Verhältniss haben, befindet sich der Punkt P auf einem Kegelschnitt, der durch die Punkte A, B, C, P geht.

Beweis des ersten Theils. Man ziehe BP, CP und durch D die Linie DG parallel mit AB und DK parallel mit AC und seien H, I, G die Durchschnittspunkte von DG mit BP, PQ, AC und E, F, K die von DK mit AB, CP, SP, so ist nach Lemma 17.

1) $$DE \cdot DF : DG \cdot DH$$

ein festes Verhältniss; es ist aber

$$PQ : DE = PB : HB = PT : DH, \text{ also}$$

2) $$PQ : PT = DE : DH;$$

ferner ist

$$PR : DF = CR : CD = PS : DG, \text{ also}$$

3) $$PR : PS = DF : DG,$$

mithin durch Zusammensetzung von (2) und (3)

$$PQ \cdot PR : PS \cdot PT = DE \cdot DF : DG \cdot DH,$$

und da PQ und PS feste Grössen sind, so folgt hieraus durch Vergleichung mit (1), dass auch $PR : PT$ ein festes Verhältniss ist.

Beweis des zweiten Theils. Wenn $PR : PT$ einen festen Werth hat, so erhält man auf ähnliche Weise zurückschreitend, dass auch

$$DE \cdot DF : DG \cdot DG$$

einen unveränderlichen Werth hat und also nach Lemma 18. der Punkt D auf einem Kegelschnitt liegt, der durch die Punkte A, B, C, P geht.

Coroll. 1. Hieraus folgt, dass, wenn BC gezogen wird und PQ in r schneidet und wenn auf PT ein Stück Pt abgeschnitten wird, so dass

$$PR : PT = Pr : Pt$$

ist, Bt die Tangente des Kegelschnitts im Punkt B ist. Denn denkt man sich den Punkt D dem Punkt B sich nähern und mit ihm zusammenfallen, so geht die verschwindende Sehne BD in die Tangente in B über und CD, BT fallen dann beziehlich mit CB, Bt zusammen.

Coroll. 2. Umgekehrt, wenn Bt eine Tangente in B ist und nach einem beliebigen Punkt D des Kegelschnitts Linien BD, CD gezogen werden, so verhalten sich die dadurch auf QP, SP erhaltenen Abschnitte $PR : PT$ wie $Pr : Pt$ oder auch, wenn PR und PT in dem Verhältniss $Pr : Pt$ angenommen werden, so treffen sich BT und CR in einem Punkt D des Kegelschnitts.

Coroll. 3. Ein Kegelschnitt schneidet einen andern in nicht mehr als vier Punkten; denn wenn es möglich ist, seien A, B, C, P, O fünf gemeinschaftliche Punkte zweier Kegelschnitte, welche von der Geraden BD in zwei verschiedenen Punkten D und d getroffen werden, und sei ρ der Durchschnitt von PQ mit Cd, so müsste

$$PR : PT = P\rho : PT,$$

also PR und $P\rho$ einander gleich sein, was gegen die Annahme ist.

Fig. 18. Lemma 21. Wenn zwei bewegliche und unbegrenzte Gerade BM, CM, welche sich um die festen Punkte B und C wie um feste Pole drehen, mit ihrem Durchschnittspunkt M eine gegebene Gerade MN beschreiben und jedesmal zwei andere Gerade BD, CD, die mit den beiden vorigen an den Punkten B und C unveränderliche Winkel MBD und MCD bilden, gezogen werden, so beschreiben diese letzteren Geraden mit ihrem Durchschnittspunkt D einen Kegelschnitt, der durch die Punkte B und C geht. Umgekehrt, wenn zwei Gerade BD, CD, die sich um die festen Punkte B und C drehen, mit ihrem Durchschnittspunkt D einen Kegelschnitt beschreiben, der durch die Punkte B, C, A geht, und Winkel DBM immer gleich ABC, Winkel DCM immer gleich ACB ist, so beschreibt der Punkt M eine der Lage nach bestimmte Gerade.

Beweis des ersten Theils. Sei in der Geraden MN ein Punkt N gegeben und P der Punkt des Ortes von D, welcher dem Punkt N der Geraden MN entspricht. Man ziehe BN, CN, BP, CP, ferner von P die Geraden PT, PR, so dass $\angle BPT = \angle BNM$ und $\angle CPR = \angle CNM$ ist, und nenne R den Durchschnitt von PR mit CD, T den von PT mit BD. Da nun nach Annahme die Winkel MBD und NBP gleich sind, so wie auch die Winkel MCD und NCP, so bleibt, wenn man die gemeinschaftlichen Winkel NBD, NCD abzieht, übrig $\angle NBM = \angle PBT$ und $\angle NCM = \angle PCR$; also sind so wohl die Dreiecke NBM und PBT als auch die Dreiecke NCM und PCR unter sich ähnlich. Mithin ist

$$PT : NM = PB : NB \text{ und}$$

$$PR : NM = PC : NC.$$

Die Punkte *B, C, N, P* sind aber unveränderlich, mithin haben *PT* und *PR* ein festes Verhältniss zu *NM* und also auch unter sich, weshalb nach Lemma 20. der Punkt *D* einen Kegelschnitt beschreibt, der durch die Punkte *B, C, P* geht.

Anm. Es scheint für die Anwendung des Lemma 20. noch bewiesen werden zu mussen, dass der Punkt, in dem eine von *B* mit *PT* und eine von *C* mit *PR* gezogene Parallele zusammentreffen, gleichfalls dem Ort des beweglichen Punktes *D* angehort. Es erhellt aber aus der fortwährend bestehenden Aehnlichkeit der Dreiecke *BPT* und *BNM*, dass, wenn ersteres dadurch zu existiren aufhort, dass *BT* parallel *PT* wird, auch in letzterem *BM* parallel *NM* werden muss, woraus denn folgt, dass auch *CNM* nicht existiren kann, sondern dass *CM* parallel *NM* sein muss, und aus der Aehnlichkeit der Dreiecke *CNM* und *CPR* ergiebt sich dann weiter, dass dann auch *CR* parallel *PR* ist, wodurch denn bewiesen ist, dass der Durchschnitt einer Parallelen von *B* mit *PT* und von *C* mit *PR* in der That der dem unendlich entfernten Punkt der Geraden *MN* entsprechende Punkt des Ortes von *D* ist.

Beweis des zweiten Theils. Umgekehrt, wenn der bewegliche Punkt *D* einen Kegelschnitt durchläuft, der durch die Punkte *B, C, A* geht, und der Winkel *DBM* immer gleich dem gegebenen Winkel *ABC*, der Winkel *DCM* gleich dem gegebenen Winkel *ACB* ist, und wenn zu der Zeit, wo der bewegliche Punkt *D* in die zwei festen Punkte *P* und *p* fällt, der bewegliche Punkt *M* sich beziehlich in *N* und *n* befindet, so ist die Gerade, welche die Punkte *N, n* verbindet, der beständige Ort dieses beweglichen Punktes *M*. Denn wenn es möglich ist, bewege sich *M* in irgend einer krummen Linie, so wird der Punkt *D* einen Kegelschnitt, der durch die Punkte *B, C, A, P, p* geht, beschreiben, während *M* diese krumme Linie durchläuft. Aus dem schon Bewiesenen erhellt aber, dass der Punkt *D* auch einen durch die Punkte *B, C, A, p, P* gehenden Kegelschnitt beschreibt, wenn *M* die Gerade *Nn* durchläuft. Also müssten zwei verschiedene Kegelschnitte durch dieselben fünf Punkte gehen, was nach Coroll. 3. des Lemma 20. unmöglich ist. Mithin ist bewiesen, dass der Punkt *M* unter den angegebenen Bedingungen die Gerade *MN* beschreibt. q. e. d.

§. 22. **Aufgabe 14.** Einen Kegelschnitt durch fünf gegebene Punkte zu beschreiben.

Seien fünf Punkte *A, B, C, P, D* gegeben. Von einem Fig. 17.

derselben *A* ziche man nach zwei andern *B* und *C*, welche Pole heissen mögen, die Geraden *AB*, *AC* und damit parallel durch *P* beziehlich die Geraden *TPS*, *PRQ*; dann ziehe man von den Polen *B* und *C* nach dem fünften Punkt *D* die Geraden *BD*, *CD*, die die zuletzt gezogenen Parallelen beziehlich in *T* und *R* schneiden; endlich schneide man von *PT*, *PR* durch eine mit *TR* gezogene Parallele *tr* zwei Stücke *Pt*, *Pr* ab, welche dasselbe Verhältniss haben als *PT* und *PR*, so schneiden sich die Linien *Bt*, *Cr* in einem neuen Punkt *d* des gesuchten Kegelschnitts; denn der Punkt *d* befindet sich nach Lemma 20. auf einem Kegelschnitt, der durch die Punkte *A*, *B*, *C*, *P* geht, und wenn die Linien *Rr*, *Tt* verschwinden, geht *d* mit *D* zusammen; mithin geht der Kegelschnitt durch die fünf Punkte *A*, *B*, *C*, *P*, *D*. q. e. d.

Fig. 18. Andere Auflösung. Man verbinde drei der gegebenen Punkte, etwa *A*, *B*, *C*, und indem die festen Winkel *ABC* und *ACB* um die Pole *B* und *C* gedreht werden, lasse man die Schenkel *BA*, *CA* zuerst in dem Punkt *D* und nachher in *P* zusammentreffen und nenne die Punkte, in denen dann die andern Schenkel *BL*, *CL* jener Winkel zusammentreffen, *M* und *N*, ziehe die Gerade *MN* und drehe die beweglichen Winkel um die Pole *B* und *C* unter der Bedingung, dass der Durchschnitt *m* der Schenkel *BL* und *CL* immer in die Gerade *MN* fällt, so beschreibt der Durchschnitt *d* der beiden andern Schenkel *BA* und *CA* den verlangten Kegelschnitt. Nach Lemma 21. beschreibt der Punkt *d* einen Kegelschnitt, der durch die Punkte *B* und *C* geht, und nach Construction muss, wenn *m* in die Punkte *L*, *M*, *N* fällt, der Punkt *d* beziehlich in *A*, *D*, *P* sich befinden. Mithin beschreibt derselbe einen Kegelschnitt, der durch die fünf Punkte *A*, *B*, *C*, *D*, *P* geht. q. e. f.

Coroll. 1. Hiernach kann man auch eine Tangente ziehen, die den Kegelschnitt in einem der gegebenen Punkte, z. B. in *B* berührt; denn wenn der Punkt *d* in den Punkt *B* fällt, geht die Gerade *BD* in die verlangte Tangente über.

Coroll. 2. Der Mittelpunkt, ein Durchmesser und sein zugehöriges latus rectum können nun gefunden werden wie im zweiten Corollar des 19. Lemma.

Scholium. Die erste Construction wird etwas einfacher, wenn man BP zieht und darauf oder nöthigenfalls auf seiner Verlängerung einen Punkt p annimmt, so dass

$$Bp : BP = PR : PT$$

ist, und dann durch p eine Parallele mit SPT zieht; nimmt man dann auf dieser Parallele ein Stück $p\delta = Pr$ und zieht Cr, $B\delta$, so schneiden sich diese Linien immer in einem Punkt d des Kegelschnitts. Denn da $Pr : Pt$, $PR : PT$, $pB : PB$, $p\delta : Pt$ gleiche Verhältnisse sind, müssen Pr und $p\delta$ immer einander gleich sein. Nach dieser Methode werden die Punkte des gesuchten Kegelschnitts am schnellsten gefunden, wenn man es nicht vorzieht, diesen wie in der zweiten Construction mechanisch zu beschreiben.

§. 23. **Aufgabe 15.** Einen Kegelschnitt zu beschreiben, der durch vier Punkte geht und eine gegebene Gerade berührt.

Erster Fall. Sei eine Tangente HB, der Berührungs- Fig 19. punkt B derselben und drei andere Punkte C, D, P gegeben. Man verbinde B mit C, ziehe von P eine Parallele PS mit BH und eine andere PQ mit BC, vollende das Parallelogramm $BSPQ$, ziehe dann BD, welches SP in T, und CD, das PQ in R schneidet; dann schneide man durch eine beliebige Parallele tr mit TR zwei Stücke Pr, Pt ab, welche mit PR, PT proportional sind, so liegt nach Lemma 20. der Schneidungspunkt d der Geraden Cr, Bt immer auf dem verlangten Kegelschnitt.

Andere Auflösung desselben Falles. Man drehe Fig. 20. sowohl den der Grösse nach unveränderlichen Winkel CBH um den Pol B als eine gerade Linie um den Pol C und nenne M und N die Punkte, in welchen der Schenkel BC des beweglichen Winkels die durch B gehende Gerade schneidet, wenn der andere Schenkel dieses Winkels mit dieser Geraden in P und D zusammentrifft. Nachher lasse man jene durch C als Pol gehende Gerade und den Schenkel BC des um B als Pol gedrehten Winkels immer auf der Geraden MN zusammentreffen, dann beschreibt der Durchschnitt des andern Schenkels BH des beweglichen Winkels mit der durch C gehenden Geraden den verlangten Kegelschnitt.

Denn wenn in den Constructionen der vorigen Aufgabe der Punkt A sich dem Punkt B nähert, so fallen die Linien

CA, CB zusammen und AB wird in seiner letzten Lage die Tangente HB, wodurch jene Constructionen sich auf die hier beschriebene reduciren. Deshalb beschreibt also der Durchschnitt des Schenkels BH mit der durch C gehenden Geraden einen Kegelschnitt, der durch die Punkte C, D, P geht und die Gerade BH in B berührt. q. e. f.

Fig. 21 Zweiter Fall. Seien die Punkte B, C, D, P und die Gerade HI gegeben, welche keinen derselben trifft. Man verbinde B mit D, C mit P durch Gerade, die sich in G und die Tangente beziehlich in H und I treffen, und bestimme auf HI einen Punkt A, so dass $HA:AI$ sich verhält wie das Rechteck aus der mittleren Proportionale zwischen GP und GC und zwischen HD und HB zu dem Rechteck aus den mittleren Proportionalen zwischen GB und GD und zwischen IP und IC, so ist A der in der Tangente HI liegende Berührungspunkt.

Zieht man durch H eine Parallele mit IP, welche den gesuchten Kegelschnitt in den Punkten X und Y trifft, so ist nach Ap. III. 16. und 17.

$$HA^2 : AI^2 = HX \cdot HY : IP \cdot IC \text{ und}$$
$$HX \cdot HY : HD \cdot HB = GP \cdot GC : GB \cdot GD, \text{ also}$$
$$HA^2 : AI^2 = HD \cdot HB \cdot GP \cdot GC : IP \cdot IC \cdot GB \cdot GD.$$

Ist nun auf diese Art der Punkt A gefunden, so kann der Kegelschnitt wie im ersten Fall construirt werden. q. e. f.

Man kann den Punkt A zwischen H und I und ausserhalb dieser Punkte bestimmen und erhält sonach zwei verschiedene Auflösungen.

§. 24. **Aufgabe 16.** Einen Kegelschnitt zu beschreiben, der durch drei Punkte geht und zwei gegebene Gerade berührt.

Fig. 22. Seien die Tangenten HI und KL und die Punkte B, C, D gegeben. Man ziehe BD und CD und verlängere sie nöthigenfalls, bis erstere die Tangenten in H und K, letztere dieselben in I und L trifft, bestimme dann auf HK einen Punkt R, so dass

$$HR^2 : KR^2 = BH \cdot HD : BK \cdot KD,$$

und auf IL einen Punkt S, so dass

$$IS^2 : LS^2 = CI \cdot ID : CL \cdot LD$$

ist, und zwar kann R beliebig zwischen H und K oder in der verlängerten HK und eben so S beliebig auf LI selbst oder in seiner Verlängerung genommen werden. Ziehe nun RS, welche die Tangenten in A und P trifft, so sind A und P die Berührungspunkte des gesuchten Kegelschnitts.

Denn man nehme an, dass A und P die gesuchten Berührungspunkte in den Tangenten sind, und ziehe durch einen der vier Punkte H, I, K, L, z. B. durch I eine Parallele mit der andern Tangente KL, welche den gesuchten Kegelschnitt in X und Y treffe, und sei Z ein Punkt von IY, so dass $IZ^2 = IX \cdot IY$ ist, dann ist nach Ap. III. 16. und 17. $IX \cdot IY$ oder $IZ^2 : LP^2 = CI \cdot ID : CL \cdot LD = IS^2 : LS^2$, also $IZ : LP = IS : LS$, und folglich liegen die drei Punkte S, P, Z in gerader Linie. Ferner ist, wenn G der Schneidungspunkt der gegebenen Tangenten ist, $IX \cdot IY$ oder

$$IZ^2 : IA^2 = GP^2 : GA^2, \text{ also}$$
$$IZ : IA = GP : GA,$$

und folglich liegen die drei Punkte P, Z, A in gerader Linie; also müssen auch die drei Punkte S, P, A in gerader Linie sich befinden. Auf gleiche Weise kann aber auch gezeigt werden, dass die Punkte R, P und A in einer Geraden liegen. Mithin ist bewiesen, dass die Berührungspunkte A und P in der oben construirten Geraden RS liegen müssen. Nachdem diese aber gefunden sind, kann der gesuchte Kegelschnitt wie im ersten Fall der vorigen Aufgabe construirt werden.

Lemma 22. Figuren in andere Figuren derselben Art zu verwandeln.

Sei eine beliebige Figur HGI gegeben, welche umgewandelt werden soll. Fig. 23.

Man ziehe beliebig zwei parallele Linien AO, BL, die eine dritte beliebig gegebene Gerade AB in den Punkten A und B schneiden, und von einem beliebigen Punkt G der krummen Linie eine Parallele GD mit OA, bis sie AB in D schneidet, dann von einem beliebigen Punkt O der Geraden AO die Gerade OD, welche BL in d trifft, und von d aus die Linie dg unter einem gegebenen Winkel mit BL und von solcher Länge, dass

$$dg : Od = DG : OD$$

ist, so ist g der dem Punkt G entsprechende Punkt der

neuen Figur hgi, in welche HGI umgewandelt werden soll; und auf dieselbe Art geben die einzelnen Punkte der ersten Figur eben so viele Punkte der neuen. Man denke also den Punkt G in stetiger Bewegung alle Punkte der alten Figur durchlaufen, so wird der Punkt g eben so in stetiger Bewegung alle Punkte der neuen Figur durchlaufen und also diese beschreiben. Des Unterschiedes halber heisse DG die erste Ordinate, dg die neue Ordinate, AD die erste Abscisse, ad die neue Abscisse, O der Pol, OD der beschreibende Radius, OA der erste Ordinatenradius, Oa, die Seite, durch welche das Parallelogramm $OABa$ ergänzt wird, der neue Ordinatenradius.

Es wird nun behauptet, dass, wenn der Punkt G eine gegebene gerade Linie durchläuft, der Punkt g gleichfalls eine gerade Linie beschreibt; wenn G einen Kegelschnitt beschreibt, g gleichfalls einen solchen durchläuft, wobei der Kreis den Kegelschnitten zugerechnet wird. Ferner wenn G eine Linie der dritten Ordnung beschreibt, so durchläuft g gleichfalls eine Linie dieser Ordnung, und so werden auch bei Curven höherer Ordnungen, die Linien, welche G und g beschreiben, immer von derselben Ordnung sein. Denn es sind die Verhältnisse $ad:OA$, $Od:OD$, $dg:DG$, $AB:AD$ unter sich gleich, woraus sich ergiebt, dass

$$AD = \frac{OA \cdot AB}{ad}, \quad DG = \frac{OA \cdot dg}{ad}$$

ist. Wenn nun der Punkt G eine gerade Linie beschreibt und demnach in einer Gleichung, die die Beziehung zwischen der Abscisse AD und der Ordinate DG ausdrückt, die unbestimmten Grössen AD, DG nur in der ersten Potenz vorkommen, so entsteht aus dieser Gleichung, indem man $\frac{OA \cdot AB}{ad}$ statt AD und $\frac{OA \cdot dg}{ad}$ statt DG setzt, eine andere, in welcher die neue Abscisse ad und die neue Ordinate dg nur in der ersten Potenz vorkommen und welche daher eine gerade Linie bezeichnet. Wenn aber die erste Gleichung in Bezug auf AD und DG von der zweiten Dimension war, so ist es auch die neue Gleichung in Bezug auf ad und dg, und eben so für Gleichungen von der dritten oder einer höheren Dimension. Es werden die unbestimmten Grössen AD, DG in der ersten stets auf eine gleich hohe Zahl von Dimensionen aufsteigen als die Grössen *ad*, *dg* in der zweiten Gleichung und also die Linien, welche die Punkte *G* und *g* beschreiben, von derselben analytischen Ordnung sein.

Es wird ausserdem behauptet, dass, wenn eine Gerade die krumme Linie in der ersten Figur berührt und auf dieselbe Art als die krumme Linie in eine neue Figur verwandelt wird, die entsprechende Gerade auch in der neuen Figur eine Tangente der erhaltenen Curve ist, und umgekehrt. Denn wenn zwei Punkte der Curve in der ersten Figur sich einander nähern und zusammenfallen, so werden auch die entsprechenden Punkte der transformirten Figur sich einander nähern und zusammenfallen und also die Geraden, welche dieselben verbinden, zu gleicher Zeit in beiden Figuren Tangenten der Curven werden. Es hätten die Beweise dieser Behauptungen auf eine mehr geometrische Art geführt werden können; doch ist das der Kürze halber nicht geschehen.

Wenn also eine geradlinige Figur in eine andere verwandelt werden soll, so genügt es, die Durchschnittspunkte der Geraden, aus denen sie besteht, zu übertragen und dieselben in der neuen Figur durch gerade Linien zu verbinden. Wenn eine krummlinige transformirt werden soll, so müssen die Punkte, Tangenten und sonstigen geraden Linien, durch die die krumme Linie bestimmt wird, übertragen werden.

Es dient aber dieses Lemma zur Auflösung schwierigerer Aufgaben, indem man die vorgelegten Figuren in einfachere umwandelt. Denn zwei sich schneidende Geraden werden in zwei Parallelen verwandelt, wenn man als ersten Ordinatenradius eine durch den Schneidungspunkt dieser Geraden gehende Linie annimmt, weil dadurch dieser Schneidungspunkt in der neuen Figur sich in's Unendliche entfernt und Linien, die nach einem unendlich entfernten Punkte gerichtet sind, parallel sind. Nachdem aber die Aufgabe in der neuen Figur gelöst ist, erhält man die verlangte Auflösung, wenn durch die umgekehrten Operationen die in der zweiten Figur erhaltene Lösung in die erste Figur zurückübertragen wird.

Es ist dieses Lemma auch nützlich bei der Auflösung der Aufgaben höheren Grades (solidorum problematum). Denn so oft die Auflösung durch die Durchschnittspunkte zweier Kegelschnitte erhalten wird, kann einer derselben, wenn er eine Hyperbel oder Parabel ist, in eine Ellipse verwandelt werden und dann wird die Ellipse leicht in einen Kreis umgewandelt. Bei der Construction der Aufgaben vom zweiten Grade, die durch die Durchschnittspunkte einer Geraden und eines Kegelschnitts erhalten wird, verwandelt man diese leicht in die Durchschnittspunkte einer Geraden mit einem Kreis.

Anm. Chasles giebt in der 19. Note seiner Geschichte der Geometrie den Weg an, wie diese Newton'sche Transformation aus der Centralprojection herzuleiten und also die Beziehung zwischen beiden Figuren geometrisch nachzuweisen ist, worauf auch Newton hinweist.

Fig. 24. Man denke sich vor dem Auge, das sich in O befindet, zwei Ebenen, welche sich in einer Linie BZ schneiden, und zwar der Einfachheit wegen zunächst nur die durch BZ begränzten Halbebenen, welche einen spitzen Winkel mit einander bilden, und in einer derselben eine Curve so wie in der andern die für den Augpunkt O entworfene perspektivische Zeichnung derselben, und lege durch das Auge und den Punkt B eine Ebene, welche die vordere der beiden ersten Ebenen in der Geraden BL, die hintere in BI schneidet. Diese Linien BL, BI nehme man nun zu Abscissenachsen und zu Ordinaten die der Durchschnittslinie BZ parallelen Linien in beiden Ebenen; sind also dg, DG zwei correspondirende Ordinaten aus der vorderen und hinteren Ebene, so ergiebt sich aus der Aehnlichkeit der Dreiecke Odg, ODG die Proportion

$$Od : OD = dg : DG.$$

Denkt man sich nun die beiden Ebenen mit den darin befindlichen Figuren um die Abscissenachsen BL, BI gedreht, bis sie in die durch das Auge gelegte Ebene OBI hineinfallen, und nimmt man noch ausserdem an, dass die Ebene OBI so gelegt war, dass $\angle ZBI = \angle LBI$ ist, so erhält man die Newton'sche Figur. Denn da der Winkel, den die Ordinaten in der hinteren Figur mit der Abscissenachse bilden, gleich $\angle LBZ$ ist, so werden nach der Drehung in diesem Fall die Ordinaten parallel mit BL werden, wie es die Newton'sche Figur verlangt.

Es ist hierdurch also auf geometrische Weise gezeigt, dass die Eigenschaften, welche durch Perspective nicht verloren gehen, als die Anzahl der Durchschnittspunkte einer Curve mit einer Geraden, die Eigenschaft einer Geraden, Tangente einer Curve zu sein, so wie auch das harmonische und anharmonische Verhältniss, auch bei der hier beschriebenen Transformation erhalten bleiben.

§. 25. **Aufgabe 17.** Einen Kegelschnitt zu beschreiben, der durch zwei gegebene Punkte geht und drei der Lage nach gegebene Gerade berührt.

Man lege durch den Durchschnittspunkt zweier der gegebenen Tangenten und durch den dritten mit der Verbindungslinie der gegebenen Punkte eine unbegränzte Gerade und transformire nach dem vorigen Lemma die gegebene Figur in eine andere, indem diese unbegränzte Gerade als erster Ordinatenradius angenommen wird. In der erhaltenen neuen Figur sind dann die jenen beiden ersten Tangenten entsprechenden Geraden parallel und die der dritten Tangente entsprechende Gerade ist parallel der Verbindungslinie der den beiden gegebenen Punkten entsprechenden Punkten. Seien also *hi*, *kl* in der neuen Figur die erstgenannten Tangenten, *ik* die dritte und *hl* die Gerade, welche die den gegebenen entsprechenden Punkte *a* und *b* verbindet, so dass ein Parallelogramm *hikl* gegeben ist. Fig. 25.

Man theile die Seiten *hi*, *ik*, *kl* beziehlich durch die Punkte *c*, *d*, *e*, so dass sich *hc* zur mittleren Proportionale zwischen *ha* und *hb*, *ic*:*id*, *ke*:*kd* verhalten wie die Summe der Geraden *hi* und *kl* zur Summe dreier Linien, deren erste *hl* und deren beide andern die mittleren Proportionalen zwischen *ha* und *hb* und zwischen *la* und *lb* sind, so sind die Punkte *c*, *d*, *e* die gesuchten Berührungspunkte. Denn nach Ap. III. 17. ist

$$hc^2 : ha \cdot hb = ic^2 : id^2 = ke^2 : kd^2 = le^2 : la \cdot lb, \text{ also auch}$$

$$hc : \sqrt{ha \cdot hb} = ic : id = ke : kd = le : \sqrt{la \cdot lb}$$

und also auch, wenn man die Summen der Vorder- und Hinterglieder nimmt:

$$hi + kl : ik + \sqrt{ha \cdot hb} + \sqrt{la \cdot lb} = hc : \sqrt{ha \cdot hb} = ic : id = ke : kd,$$

woraus sich die Richtigkeit der obigen Construction der Berührungspunkte *c*, *d*, *e* in der erhaltenen neuen Figur ergiebt. Durch das umgekehrte Verfahren als im vorigen Lemma suche man nun die den Punkten *c, d, e* entsprechenden Punkte in der ersten Figur und beschreibe dann den verlangten Kegelschnitt wie in Aufgabe 14. q. e. f.

Uebrigens müssen, je nachdem die Punkte *a* und *b* zwischen *h* und *l* oder ausserhalb liegen, auch die Berührungspunkte *c, d, e* zwischen den Punkten *hi, ik, kl* angenommen werden oder in den Verlängerungen dieser Linien. Wenn einer der Punkte *a* und *b* zwischen *h* und *l*, der andere ausserhalb liegt, so ist die Auflösung der Aufgabe unmöglich.

§. 26. **Aufgabe 18.** Einen Kegelschnitt zn beschreiben, der durch einen gegebenen Punkt geht und vier gegebene Geraden berührt.

Fig. 25. Man verbinde den Durchschnittspunkt zweier der gegebenen Tangenten mit dem Durchschnittspunkt der beiden übrigen und verwandele die gegebene Figur nach Lemma 22. in eine neue, indem man die erwähnte Verbindungslinie als ersten Ordinatenradius nimmt, so dass die beiden Tangentenpaare, welche sich auf jener Verbindungslinie schnitten, in der neuen Figur parallel werden. Seien *hi* und *kl*, *ik* und *hl* diese in der zweiten Figur erhaltenen Tangenten, welche das Parallelogramm *hikl* bilden, und *p* der Punkt der neuen Figur, der dem in der alten gegebenen Punkt entspricht. Durch den Durchschnittspunkt *O* der Diagonalen des Parallelogramms ziehe man von *p* eine Linie *pq*, so dass $pO = Oq$ wird, so ist *q* ein neuer Punkt des gesuchten Kegelschnitts in der zweiten Figur. Durch das umgekehrte Verfahren als in Lemma 22. suche man nun in der ersten Figur den diesem Punkt *p* entsprechenden Punkt, so kann dann die Aufgabe wie in §. 17. aufgelöst werden. q. e. f.

Lemma 23. Wenn zwei der Lage nach feste Geraden *AC, BD* zwei feste Endpunkte *A* und *B* haben und in einem gegebenen Verhältniss zu einander stehen und wenn ausserdem die Verbindungslinie der andern unbestimmten Endpunkte *C* und *D* durch einen Punkt *K* in einem gegebenen Verhältniss getheilt wird, so wird behauptet, dass sich der Punkt *K* auf einer der Lage nach bestimmten Geraden befindet.

Fig. 26. Sei *E* der Schneidungspunkt der verlängerten *CA* und *DB* und der Punkt *G* auf *BE* so bestimmt, dass

$$BG:AE = BD:AC,$$

so wie der Punkt F auf DE, so dass $DF = GE$ ist. Nun ist nach Construction $EC:GD$ oder $EC:EF$ wie $AC:BD$, d. h. in einem gegebenen Verhältniss, also das Dreieck ECF der Gestalt nach bestimmt. Theilt man also CF durch einen Punkt L, so dass

$$CL:CF = CK:CD$$

ist, so ist, da letzteres Verhältniss einen festen Werth hat, das Dreieck EFL der Gestalt nach bestimmt, mithin befindet sich der Punkt L auf einer der Lage nach bestimmten Geraden, die vom Punkt E ausgeht. Man ziehe nun LK, so sind die Dreiecke CLK und CFD ähnlich, und da sowohl FD als auch das Verhältniss $LK:FD$ einen unveränderlichen Werth haben, ist auch LK der Grösse nach bestimmt; man schneide also auf ED ein Stück $EH = LK$ ab und vollende das Parallelogramm $ELKH$, so befindet sich der Punkt K stets auf der der Lage nach bestimmten Geraden HK. q. e. d.

Lemma 24. Wenn zwei feste parallele Tangenten eines Kegelschnitts von einer dritten beliebigen Tangente geschnitten werden, so ist der den parallelen Tangenten parallele Halbmesser die mittlere Proportionale zwischen den Abschnitten, die die dritte Tangente auf den beiden ersten bildet.

Dieser Satz ist derselbe als Ap. III. 42.

Coroll. 1. Wenn A, B die Berührungspunkte zweier parallelen Tangenten sind, welche von einer dritten Tangente beziehlich in F und G und von einer vierten in P und Q geschnitten werden, so ist Fig. 27.

$$AF:BQ = AP:BG, \text{ also auch}$$
$$AF:BQ = FP:QG.$$

Coroll. 2. Hieraus folgt, dass die Geraden PG, FQ, welche die Punkte P und G, F und Q verbinden, sich auf der durch den Mittelpunkt C des Kegelschnitts und die beiden Berührungspunkte A und B der parallelen Tangenten gehenden Geraden schneiden müssen.

Lemma 25. Wenn die Seiten eines einem Kegelschnitt umschriebenen Parallelogramms von einer fünften Tangente durchschnitten werden, so ist das Rechteck aus zwei auf aneinanderstossenden Seiten des Parallelogramms gebildeten

Abschnitten, welche an die fünfte Tangente und an zwei Gegenecken des Parallelogramms anstossen, gleich dem Rechteck aus einer dieser Seiten und dem Stück der andern zwischen dem Berührungspunkt und der Ecke, die nicht auf der andern Seite liegt.

Fig. 28. Seien die Seiten ML, IK, KL, MI des Parallelogramms $MIKL$ Tangenten eines Kegelschnitts in den Punkten A, B, C, D und werden dieselben von einer fünften Tangente beziehlich in den Punkten F, Q, H, E durchschnitten, so wird behauptet, dass

$$ME \cdot KQ = MI \cdot BK \text{ und}$$
$$KH \cdot MF = KL \cdot AM$$

ist. Nach dem zweiten Corollar des vorigen Lemma ist $ME{:}EI$, da es gleich $MF{:}QI$ ist, auch gleich $AM{:}BQ$, oder da $AM = BK$ ist, wie leicht aus Ap. III. 17. folgt,

$$ME:EI = BK:BQ,$$

also componendo auch

$$ME:MI = BK:BQ \text{ oder}$$
$$ME \cdot KQ = MI \cdot BK.$$

Auf gleiche Weise ist auch $KH:HL = KQ:LF$, und, weil

$$BK:BQ = AF:AL, \text{ also auch}$$
$$KQ:LF = BK:AF = AM:AF, \text{ folgt}$$
$$KH:HL = AM:AF \text{ oder dividendo}$$
$$KH:KL = AM:MF, \text{ also}$$
$$KH \cdot MF = KL \cdot AM. \text{ q. e. d.}$$

Coroll. 1. Hieraus folgt, dass, wenn das einem gegebenen Kegelschnitt umschriebene Parallelogramm $IKLM$ gegeben ist, auch das Rechteck $KQ \cdot ME$ oder das ihm gleiche Rechteck $KH \cdot MF$ bekannt ist.

Corollar 2. Wenn eine sechste Tangente eq gezogen wird, die die Tangenten KI, MI in q und e trifft, so folgt also, dass

$$KQ \cdot ME = Kq \cdot Me \text{ ist, also}$$
$$KQ : Me = Kq : ME,$$

also auch gleich $Qq : Ee$ ist.

Corollar 3. Daraus folgt also, dass, wenn Eq und eQ gezogen und halbirt werden, die Linie, welche die Halbirungspunkte verbindet, durch den Mittelpunkt des Kegelschnitts geht. Denn da $Qq : Ee = KQ : Me$ ist, so geht diese Linie auch durch die Mitte von *MK* nach Lemma 23. und diese Mitte ist der Mittelpunkt des Kegelschnitts.

Anm. Hierin ist, wie man leicht erkennt, der Beweis des Satzes gegeben, dass die Mittelpunkte aller Kegelschnitte, die vier gemeinschaftliche Tangenten haben, sich in einer geraden Linie befinden.

§. 27. **Aufgabe 19.** Einen Kegelschnitt zu beschreiben, der fünf gegebene Geraden berührt.

Seien die Tangenten *ABG*, *BCF*, *GCD*, *FDE* und *EA*. Fig. 29.
Man halbire die Diagonalen *AF*, *BE* eines aus vier von jenen Linien gebildeten Vierecks *ABFE* durch die Punkte *M* und *N*, so geht nach Coroll. 3. des vorigen Lemma die Gerade *MN* durch den Mittelpunkt des gesuchten Kegelschnitts. Man wiederhole dieselbe Construction für ein anderes aus vier jener Geraden gebildetes Viereck, z. B. *BGDF*, indem dessen Diagonalen *BD*, *GF* in den Punkten *P* und *Q* halbirt werden, so ist der Durchschnittspunkt *O* der Linien *MN* und *PQ* der Mittelpunkt des gesuchten Kegelschnitts. Man ziehe nun mit einer Tangente *BC* auf der andern Seite des Mittelpunkts *O* in gleicher Entfernung von demselben eine Parallele, so ist diese gleichfalls eine Tangente des gesuchten Kegelschnitts; seien *K*, *L* die Durchschnittspunkte dieser Parallelen mit den Tangenten *FDE*, *GCD*, so verbinde man die Punkte *C* mit *K* und *F* mit *L*, bis sich die Verbindungslinien in *R* schneiden, dann trifft *RO* die Berührungspunkte der parallelen Tangenten *LK* und *FC* nach Coroll. 2. des Lemma 24. Auf dieselbe Weise kann man noch andere Berührungspunkte finden und dann wie in Aufgabe 14. den Kegelschnitt beschreiben. q. e. f.

Scholium. Die Aufgaben, bei welchen der Mittelpunkt oder Asymptoten der gesuchten Kegelschnitte gegeben werden, sind in den vorigen enthalten; denn wenn Punkte oder Tangenten zugleich mit dem Mittelpunkt gegeben sind, so sind auch eben so viel andere Punkte und andere Tangenten, in gleicher Entfernung auf der andern Seite des Mittelpunkts liegend, gegeben. Eine Asymptote aber ist für eine Tangente zu halten, deren Berührungspunkt, wenn es erlaubt ist, so zu sprechen, ihr unendlich entfernter Endpunkt ist. Stellt man sich vor, dass der Berührungspunkt irgend einer Tangente sich in's Unendliche entferne, so verwandelt sich die Tangente in eine Asymptote und die Constructionen der Aufgabe 14. und des ersten Falles von 15. verwandeln sich in die Constructionen der Aufgaben, bei welchen eine Asymptote gegeben ist.

Fig 30. Nachdem der Kegelschnitt beschrieben ist, können die Achsen und die Brennpunkte auf folgende Art gefunden werden. In der Construction und Figur des Lemma 21. mache, dass die Schenkel *BP*, *CP* der beweglichen Winkel *PBN*, *PCN*, durch deren Durchschnitt der Kegelschnitt beschrieben wurde, unter sich parallel werden, und, indem sie diese parallele Lage beibehalten, sich um die Pole *B* und *C* drehen, dann beschreiben während dessen die andern Schenkel *BN*, *CN* mit ihrem Durchschnitt *K* oder *k* einen Kreis *IBKGC*.

Sei *O* der Mittelpunkt dieses Kreises. Von diesem Mittelpunkt fälle man auf die Gerade *MN*, welche die Schenkel *CN*, *BN* beschrieben, als der Durchschnitt der andern Schenkel der beweglichen Winkel den Kegelschnitt durchlief, das Loth *OH*, welches den Kreis in *K* und *L* trifft. Wenn nun die Schenkel der beweglichen Winkel im Punkt *K*, der der Geraden *MN* näher als *L* liegt, zusammentreffen, sind die ersterwähnten Schenkel *BP*, *CP* der grossen Achse parallel und darauf senkrechte Linien der kleinen Achse. Das Umgekehrte tritt ein, wenn dieselben Schenkel in dem entfernteren Punkt *L* zusammentreffen. Hierdurch sind, wenn der Mittelpunkt des Kegelschnitts gegeben ist, die Achsen bekannt; und nachdem diese gefunden sind, kann man die Brennpunkte leicht erhalten.

Die Quadrate der Achsen verhalten sich aber wie *HK* : *LH*, weshalb es leicht ist, einen der Gestalt nach gegebenen Kegelschnitt durch vier Punkte zu beschreiben. Denn wenn zwei der vier gegebenen Punkte *C* und *B* als Pole angesehen werden, so bestimmt ein dritter die beweglichen Winkel *PCK*, *PBK*, und wenn diese gegeben sind, kann der Kreis *IBKGC* beschrieben werden. Dann ist wegen der gegebenen Gestalt des Kegelschnitts auch das Verhältniss $OH : OK$, also OH selbst gegeben. Man beschreibe dann also mit dem Radius OH um O einen neuen Kreis und ziehe an diesen von dem Punkt, in welchem sich die Schenkel CK, BK der beweglichen Winkel schneiden, während die andern Schenkel CP, BP im vierten gegebenen Punkt zusammentreffen, eine Tangente, so ist dies die Gerade MN, durch deren Hülfe der Kegelschnitt beschrieben werden kann.

Hiernach kann auch umgekehrt, wenn einige unmögliche Fälle ausgenommen werden, ein der Gestalt nach gegebenes Viereck in einen gegebenen Kegelschnitt eingeschrieben werden.

Es giebt noch andere Lemmata, durch deren Hülfe der Gestalt nach gegebene Kegelschnitte, die durch gegebene Punkte gehen oder gegebene Tangenten haben, beschrieben werden können. Von der Art ist, dass, wenn eine Gerade von einem Punkt durch einen Kegelschnitt gezogen wird, so dass sie ihn in zwei Punkten trifft und das Stück zwischen den Durchschnittspunkten halbirt wird, dieser Halbirungspunkt sich auf einem andern Kegelschnitt von derselben Gestalt als der frühere befindet, dessen Achsen denen des früheren parallel sind.

Anm. Der Beweis der im dritten und vierten Absatz dieses Scholiums enthaltenen Behauptungen kann für den Fall, dass die Gerade MN den Kreis $BLCK$ in zwei Punkten S und T trifft, leicht folgendermassen geführt werden. Es erhellt aus der dort beschriebenen Construction, dass, wenn zwei Schenkel der beweglichen Winkel im Punkt S zusammentreffen, die beiden andern parallel sind, weil S auf dem Kreis liegt, und zugleich nach einem Punkt des Kegelschnitts gerichtet sind, weil S auf der Geraden MN sich befindet; ihre Richtung giebt also in diesem Fall die Richtung einer Asymptote des gesuchten Kegelschnitts an, und eben so giebt die Richtung dieser letztgenannten Schenkel in dem Fall, wo die erstgenannten im Punkte T zusammentreffen, die der andern Asymptote des Kegelschnitts, welcher also in diesem Fall nothwendig eine Hyperbel ist, an. Aus der Drehung der Winkel erhellt aber auch, dass, da L und K die Bogen zwischen S und T halbiren, die Richtungen, welche die letztgenannten Schenkel der beweglichen Winkel annehmen, wenn die erstgenannten in den Punkten L und K zusammentreffen, den Asymptotenwinkel und seinen Nebenwinkel halbiren, also die Achsenrichtungen sind, wie oben behauptet wird.

Aus der Gleichheit der Peripheriewinkel auf demselben Bogen erhellt hieraus auch, dass das rechtwinklige Dreieck SLK ähnlich dem Dreieck ist, dessen einer schiefer Winkel der halbe Asymptotenwinkel und dessen Katheten die halben Achsen sind (II. 4.); mithin verhalten sich die Achsen wie $SL : SK$ oder, da $SL^2 = LH \cdot LK$ und $SK^2 = KH \cdot LK$ ist, ihre Quadrate wie $LH : KH$. w. z. b. w.

Der Beweis der im letzten Absatz des Scholiums enthaltenen Behauptung kann folgendermassen geführt werden. Fig. 31. Sei C der Mittelpunkt einer Ellipse, P ein beliebiger Punkt in ihrer Ebene, AB eine durch P gehende Sehne oder Sekante, deren Mitte β ist, sei ferner BE die von B an den Durchmesser PC gezogene Ordinate, welche um sich selbst verlängert die Ellipse in D trifft, und von D durch P eine Linie gezogen, welche die von A mit BD gezogene Parallele in F trifft. Seien endlich M, N die Scheitel des Durchmessers PC, G der Durchschnitt desselben mit AF, ε der Punkt, in welchem ihn die Verbindungslinie $\beta\delta$ der Mitten der Linien AB und DF trifft. Weil nun $BE = DE$ und AF parallel BD ist, so erhellt leicht, dass auch $AG = GF$ ist, und da BE eine zu dem Durchmesser MN gehörige Ordinate ist, muss auch AG eine solche sein, mithin der Punkt F auf der Ellipse liegen. Es erhellt ferner aus den Elementen, dass $\beta\delta$ parallel BD ist. Nach I. 13. haben wir nun

1) $BE^2 : CN^2 - CE^2 = AG^2 : CN^2 - CG^2$, also auch

2) $BE^2 - AG^2 : CG^2 - CE^2 = BE^2 : CN^2 - CE^2$ oder

3) $(BE + AG) \cdot (BE - AG) : GE \cdot (CG \mp CE)$

$$= BE^2 : NE \cdot ME,$$

wobei das obere Zeichen zu nehmen ist, wenn P innerhalb, das untere, wenn es ausserhalb der Ellipse liegt.

Weil aber

$$BE : AG = PE : PG, \text{ ist}$$

$$BE \pm AG : EG = BE : PE = \beta\varepsilon : P\varepsilon,$$

und es ist ausserdem

$$BE \mp AG = 2\beta\varepsilon\,,\quad CG \mp CE = 2C\varepsilon,$$

welches in Zeile (3) eingesetzt giebt:

$$2\beta\varepsilon^2 : 2P\varepsilon \cdot C\varepsilon = BE^2 : NE \cdot ME.$$

Da aber das letzte Verhältniss für alle durch P gezogene Sehnen oder Sekanten ungeändert bleibt, so ist auch das erste constant und die Mitten dieser Sehnen befinden sich also auf einer Ellipse, deren einer Durchmesser PC ist und deren zugehöriger conjugirter Durchmesser parallel dem zu MN gehörigen ist, und da diese beiden Paare conjugirter Durchmesser ausserdem unter sich gleiche Verhältnisse haben, so sind nach VI. 13. die Ellipsen ähnlich und haben folglich auch parallele Achsen, wie behauptet war.

Derselbe Beweis gilt auch mit alleiniger Aenderung der Zeichen für die Hyperbel und mit einer leicht zu erkennenden Vereinfachung für die Parabel.

Druck von Carl Schultze in Berlin,
Kommandantenstrasse 72.

1.

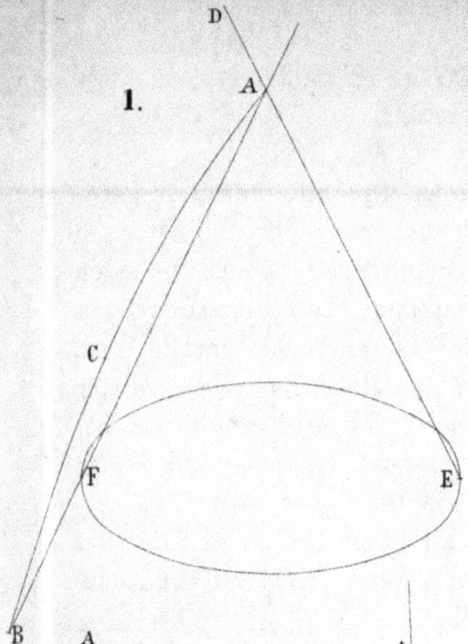
D
A
C
F
E
B

2.

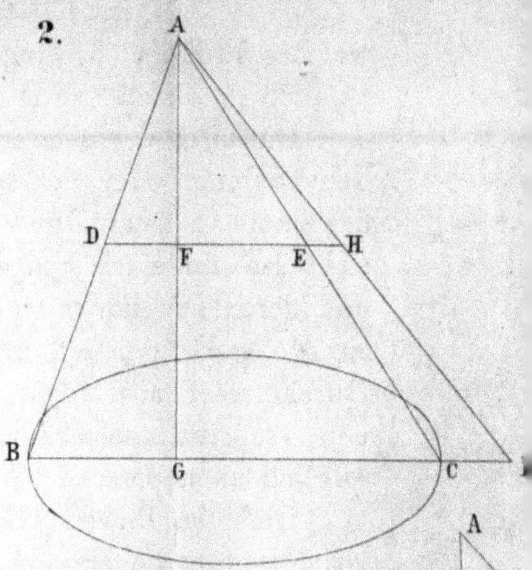
A
D
F
E
H
B
G
C

A
D
N
K
B

6.

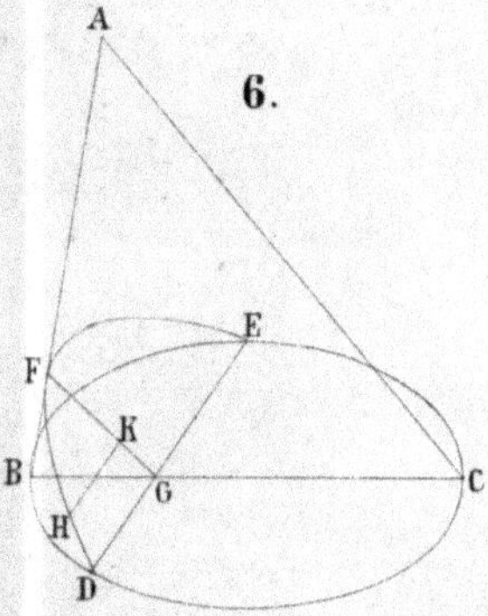
A
E
F
K
B
G
C
H
D

7.

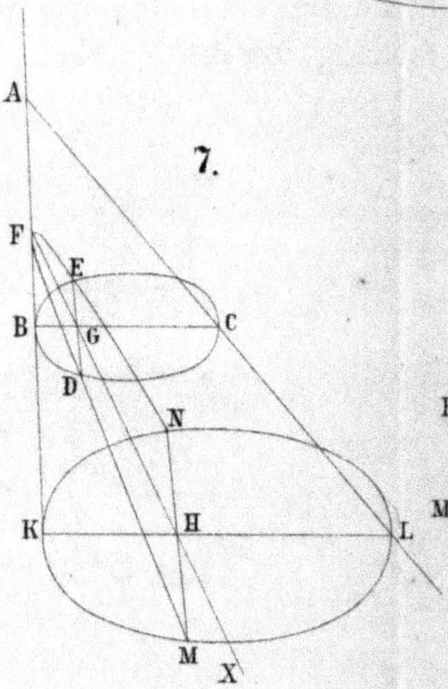
A
F
E
B
G
C
D
N
K
H
L
M
X

13.

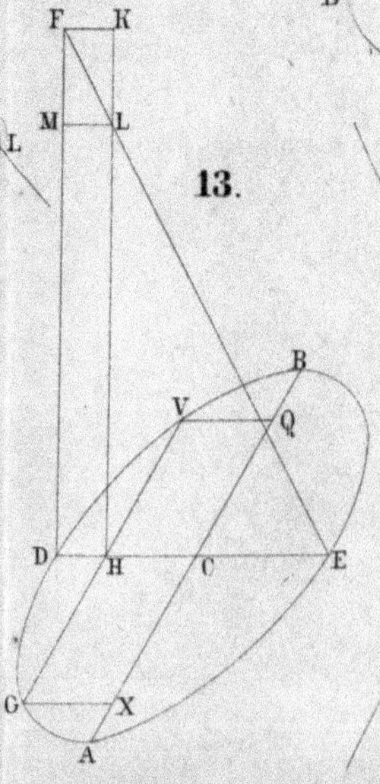
F
K
M
L
B
V
Q
D
H
C
E
G
X
A

11.

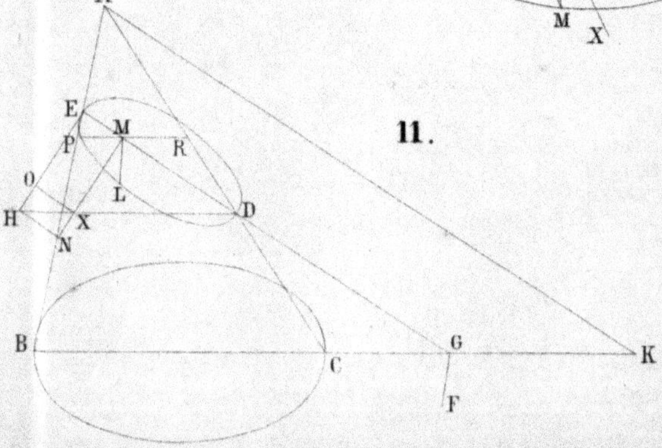
A
E
M
P
R
O
L
H
X
D
N
B
C
G
K
F

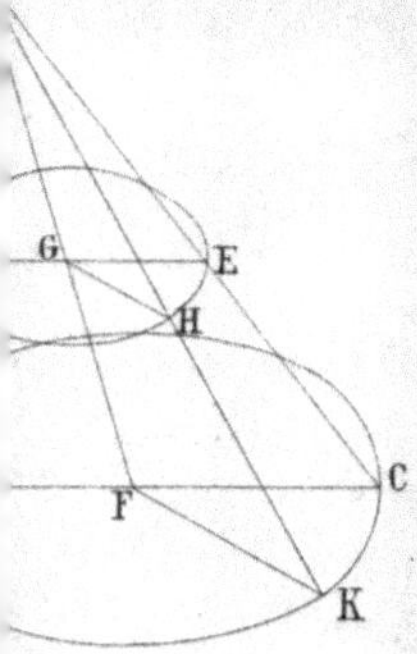

5.

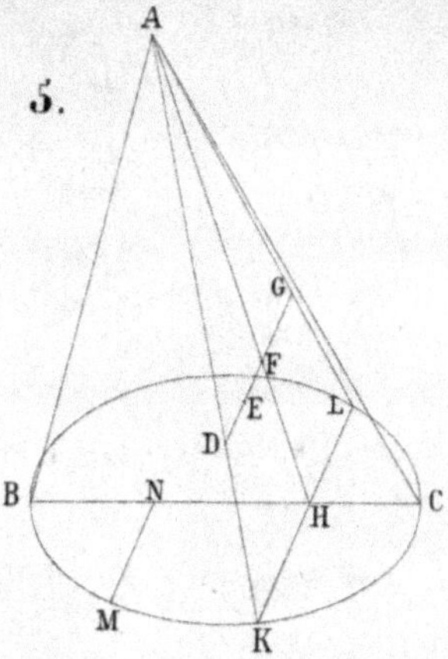

4.

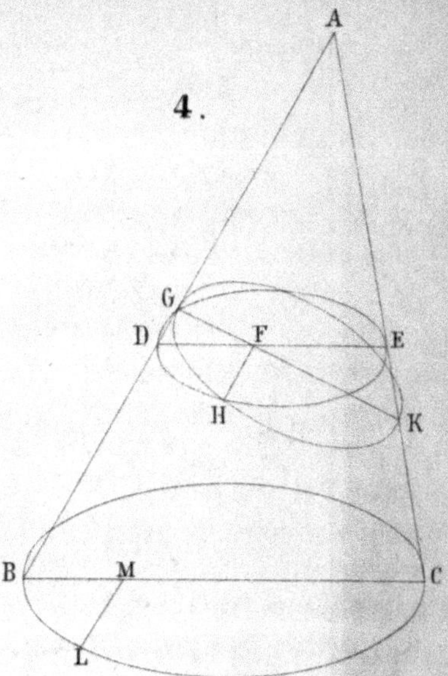

8.

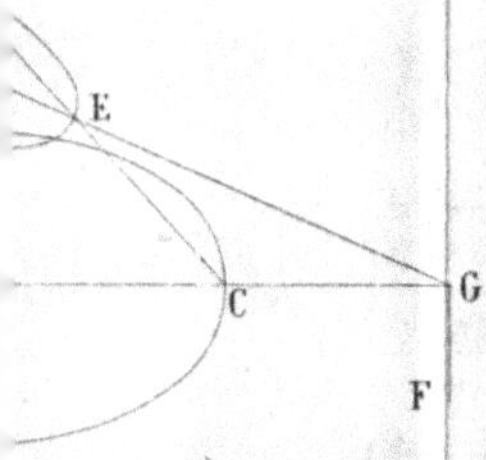

9.

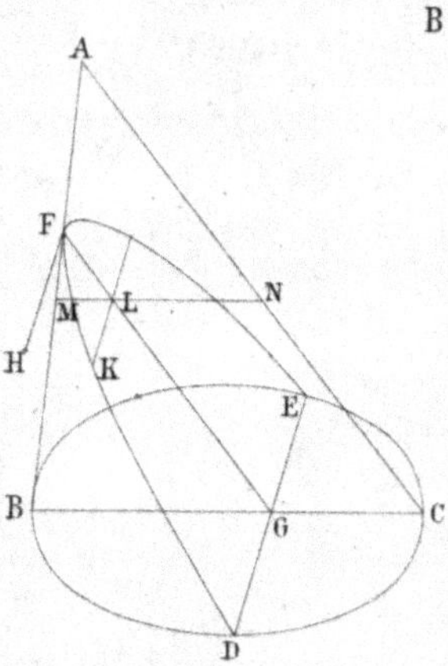

12.

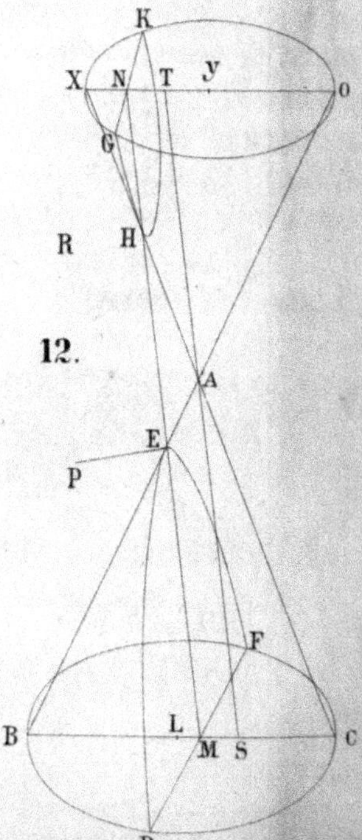

14.

10.

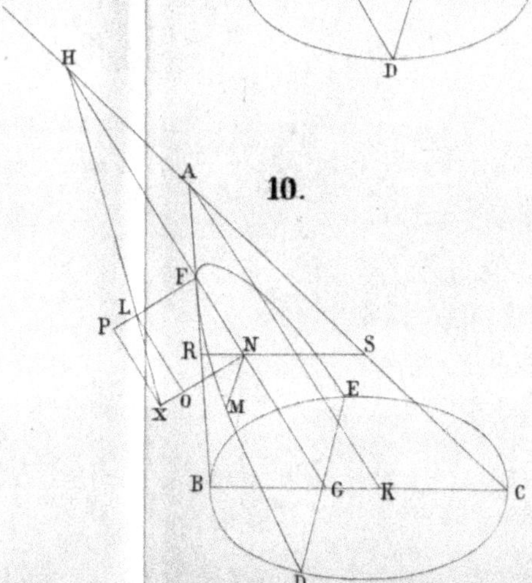

Lith. Anst. v. Leopold Kraatz in Berlin.

15.

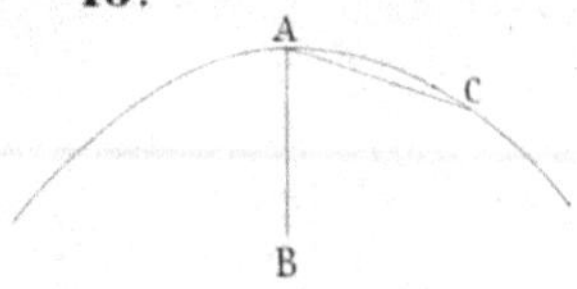

16.

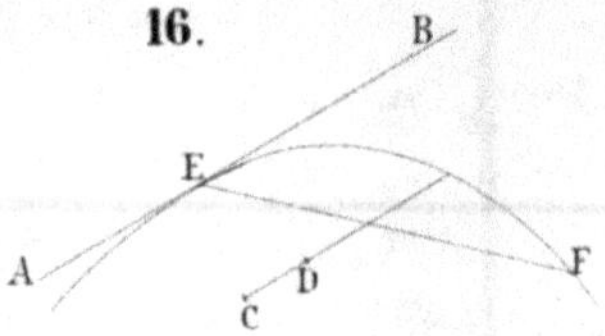

17.

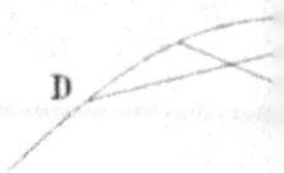

20.a.

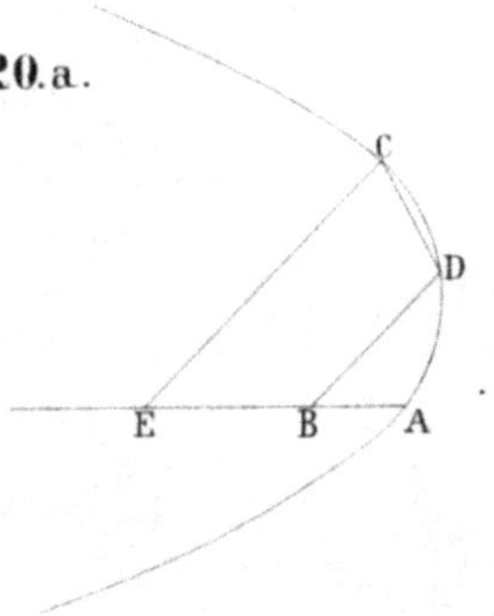

21.

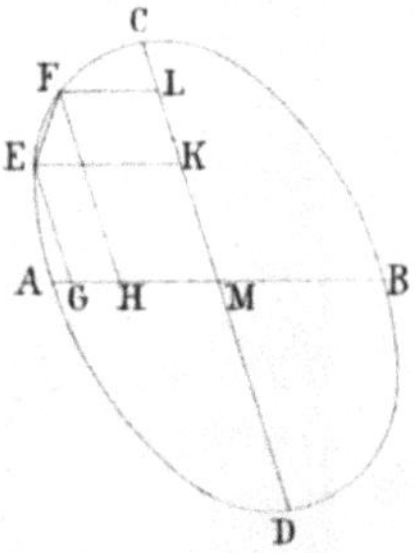

22.

25.

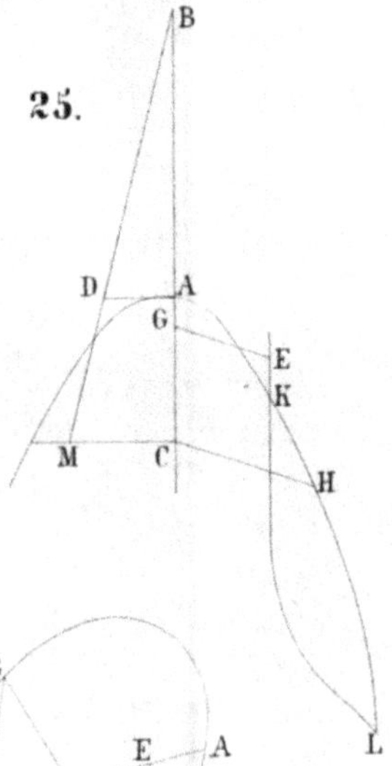

20.b.

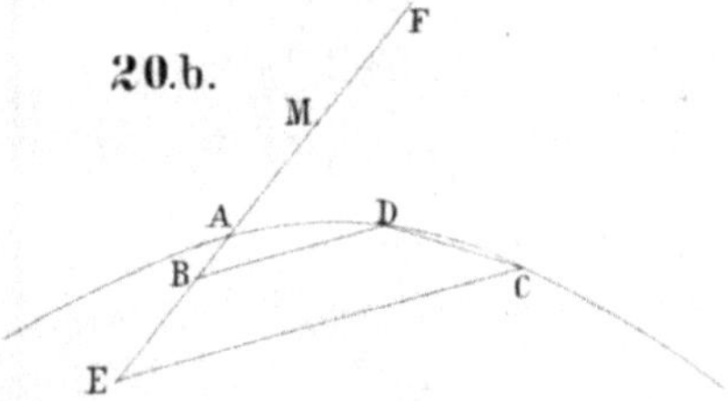

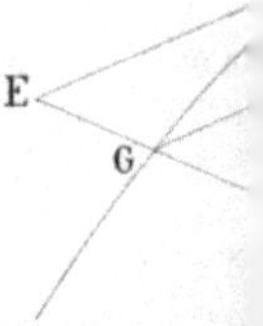

29.

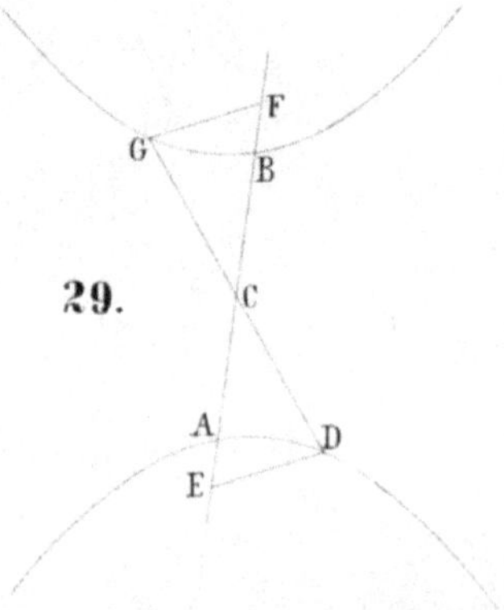

30.

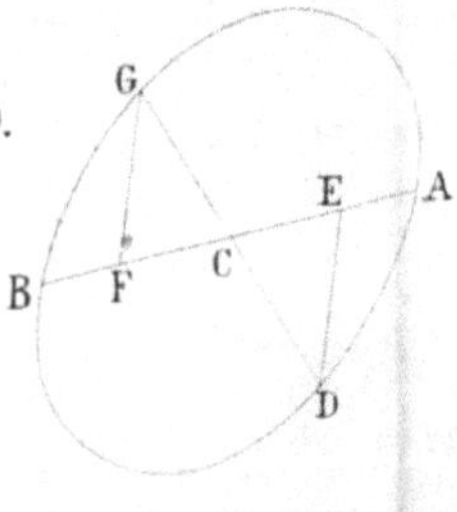

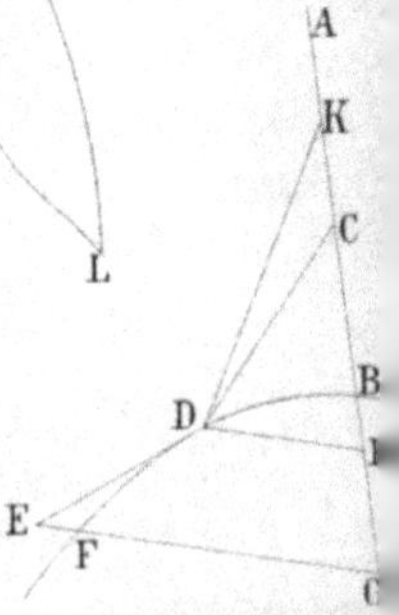

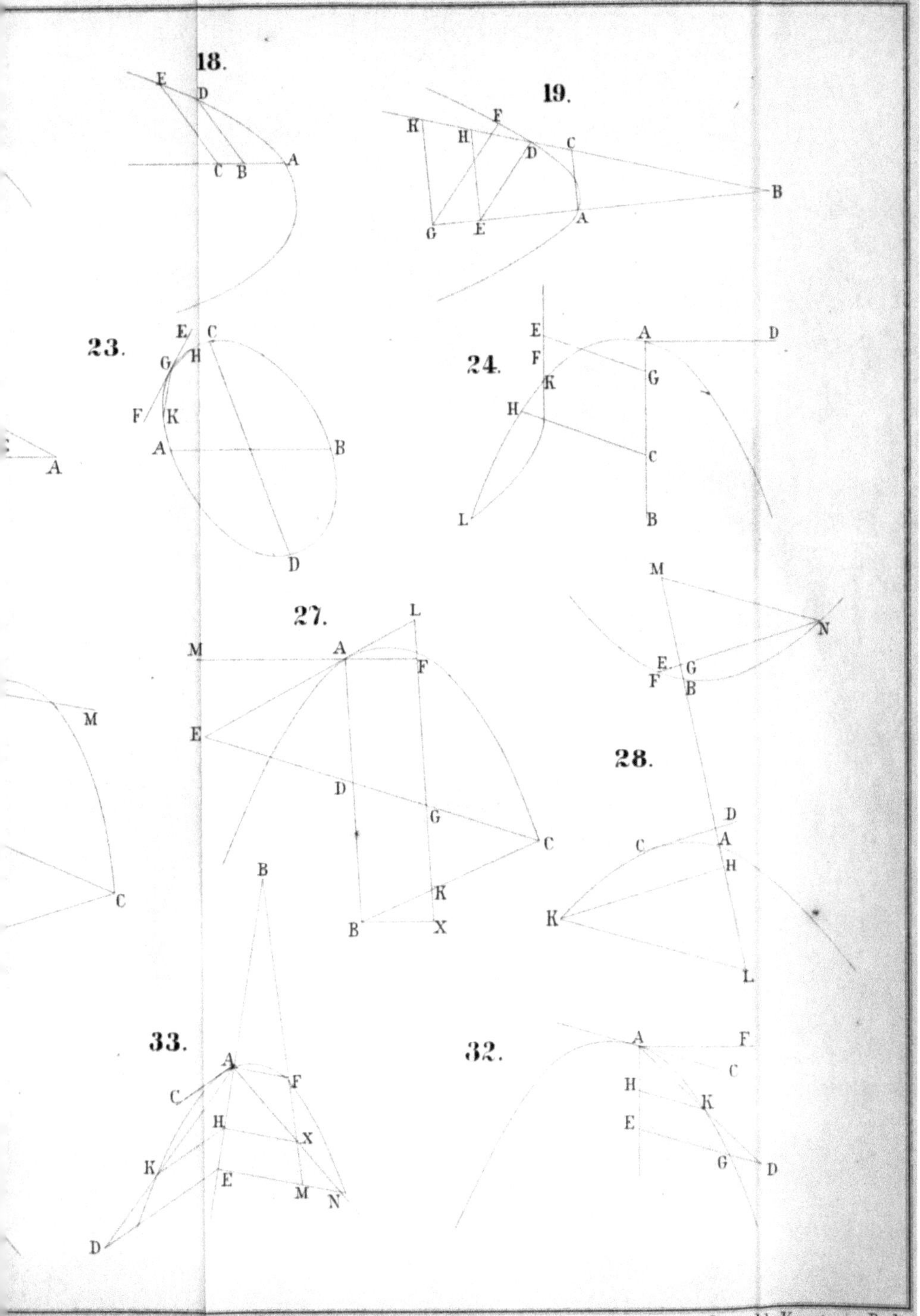

Lith. Anst. v. Leopold Kraatz in Berlin

34.

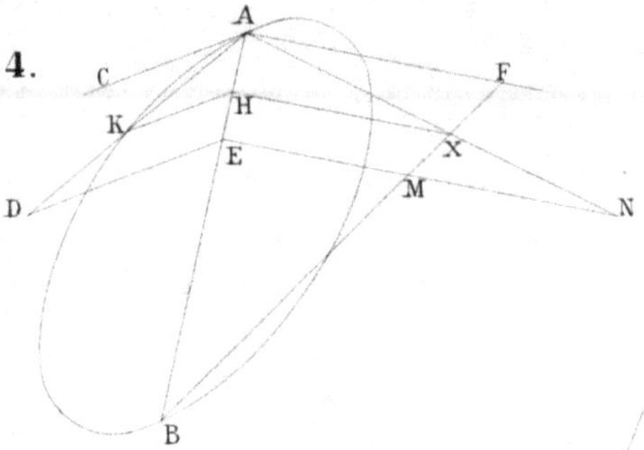

35.

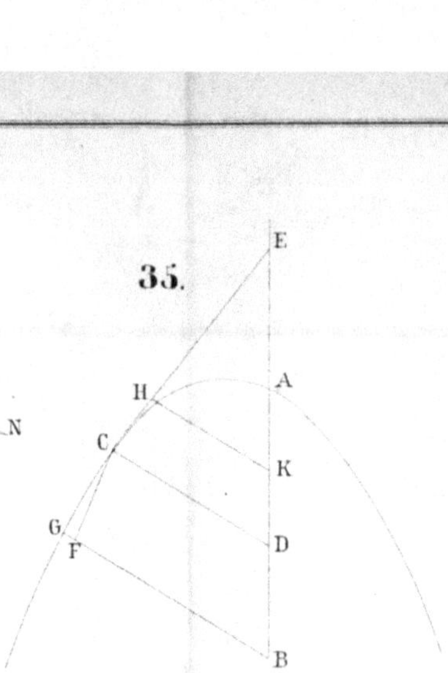

38.

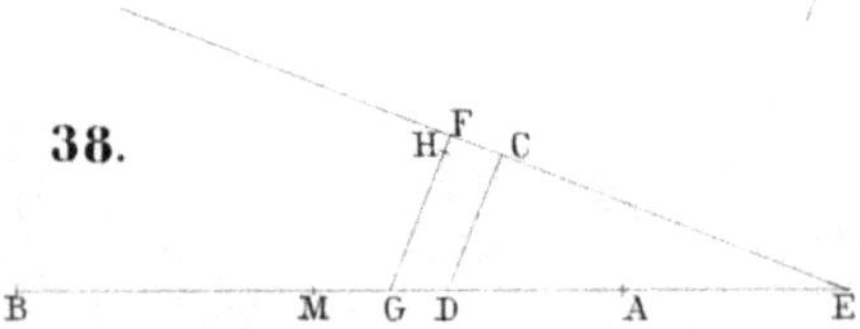

40.

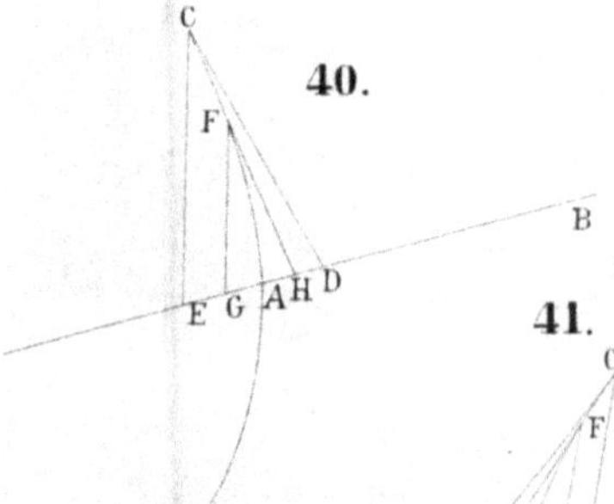

39.

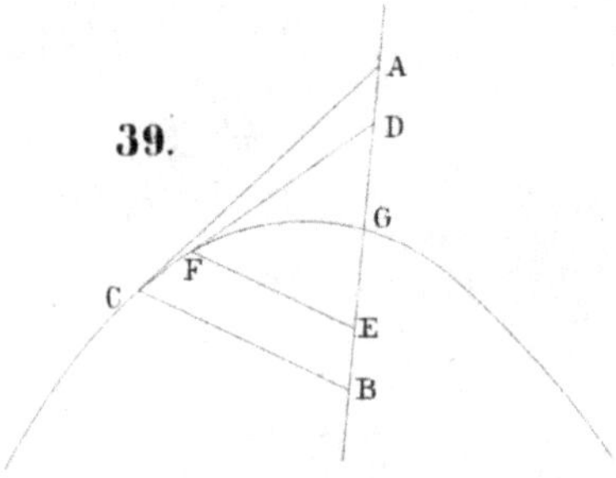

41.

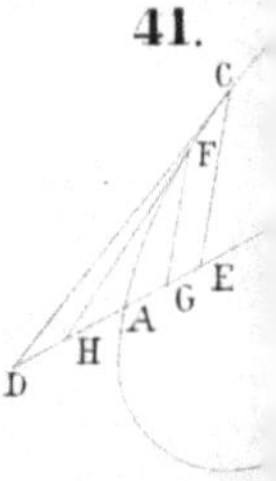

44.

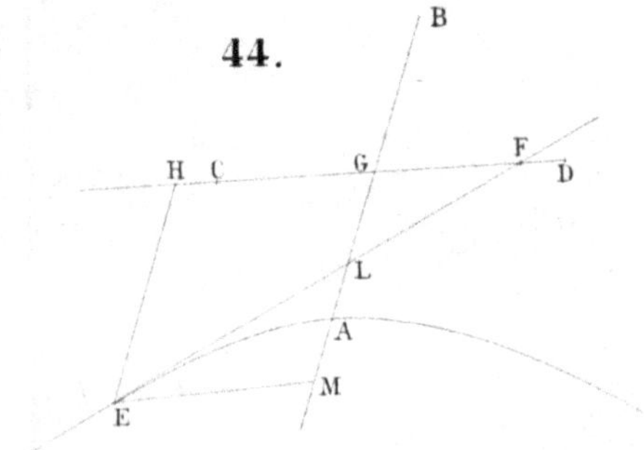

45.

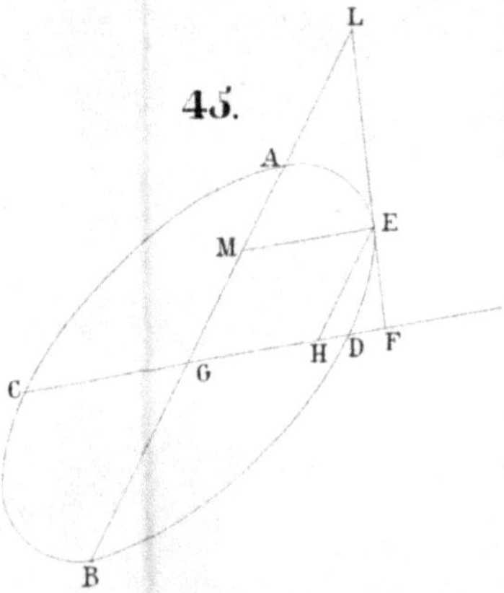

36.

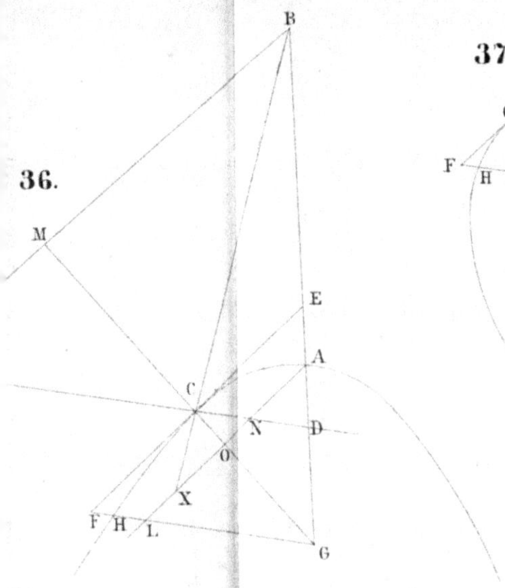

37.

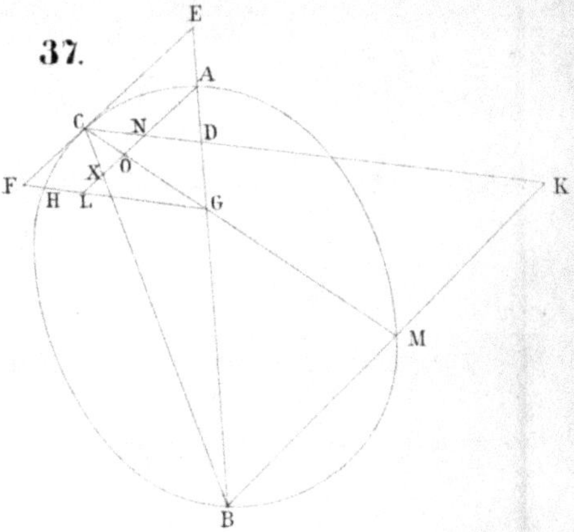

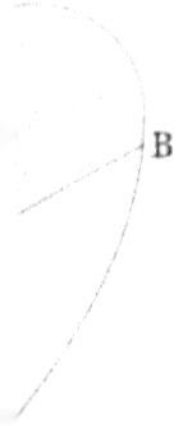

43.

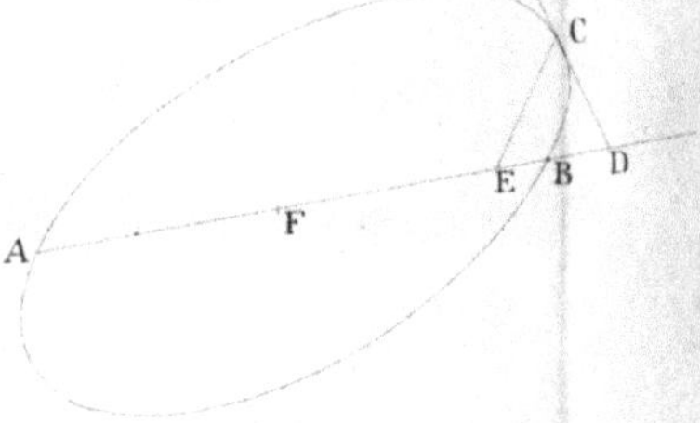

42.

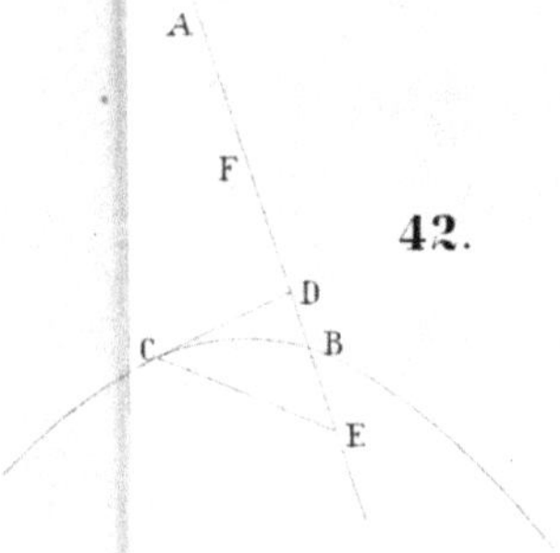

46.

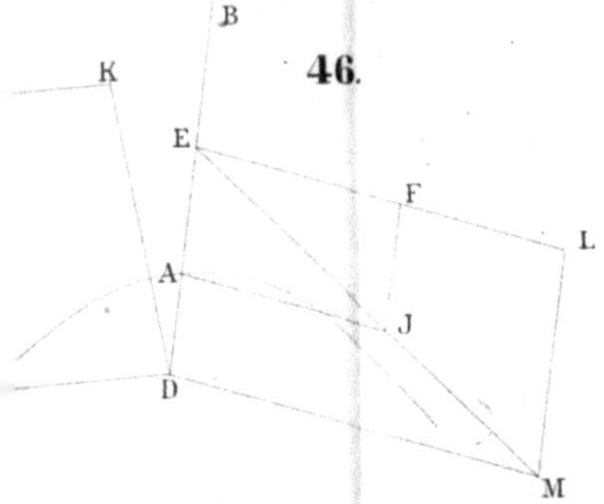

47.

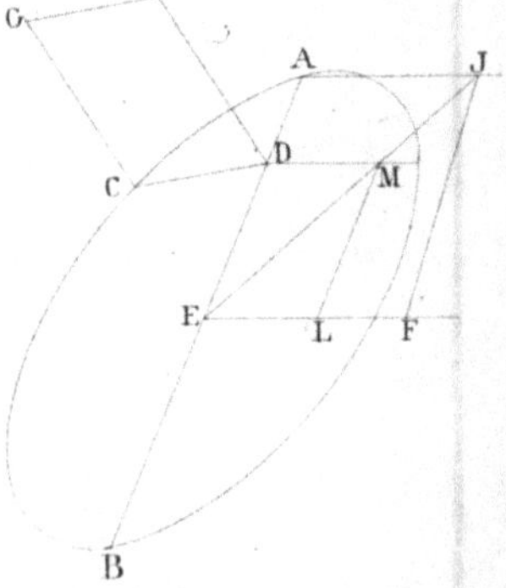

Lith. Anst. v. Leopold Kraatz in Berlin.

48.

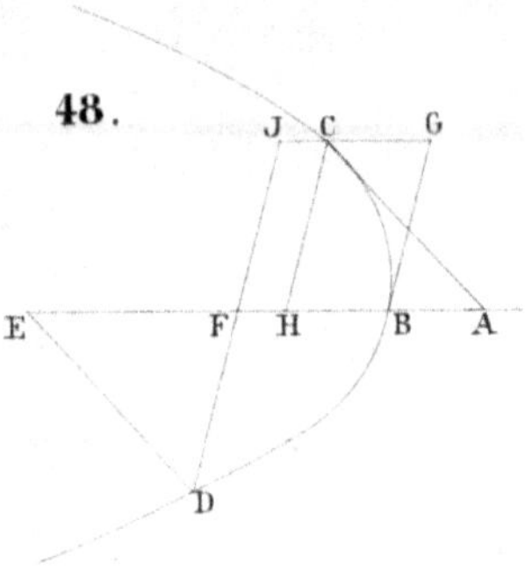

49.

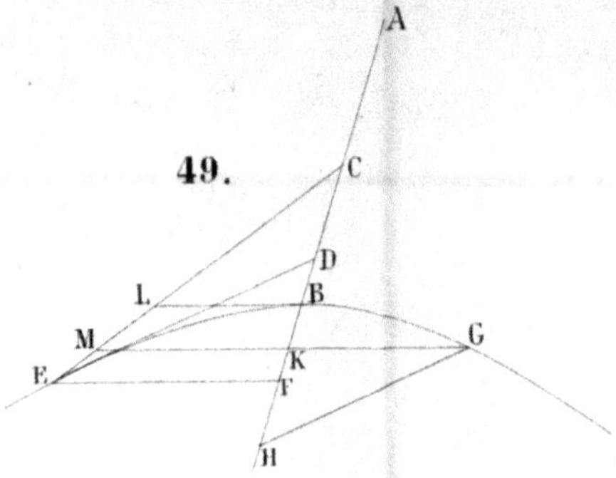

50.

52.

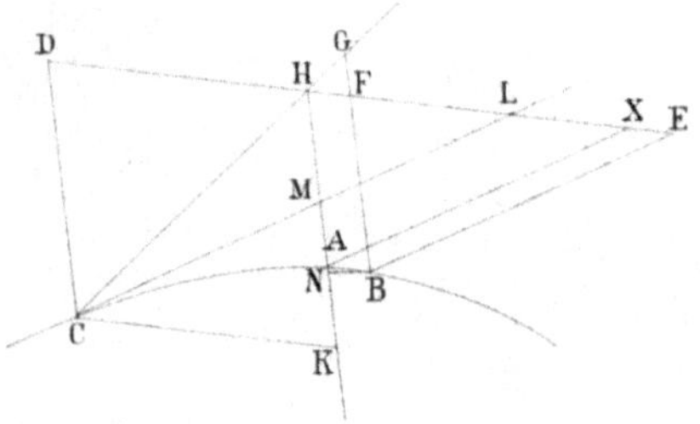

53.

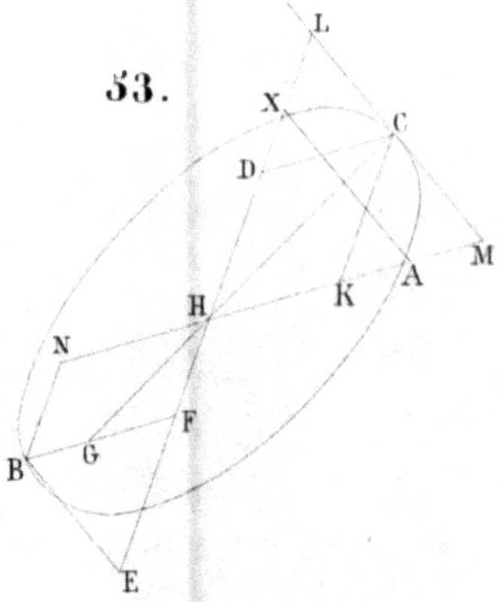

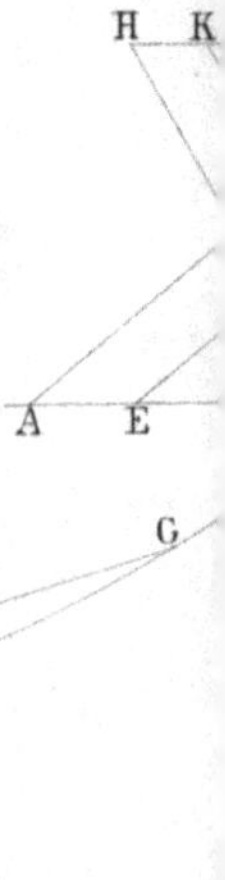

60.a

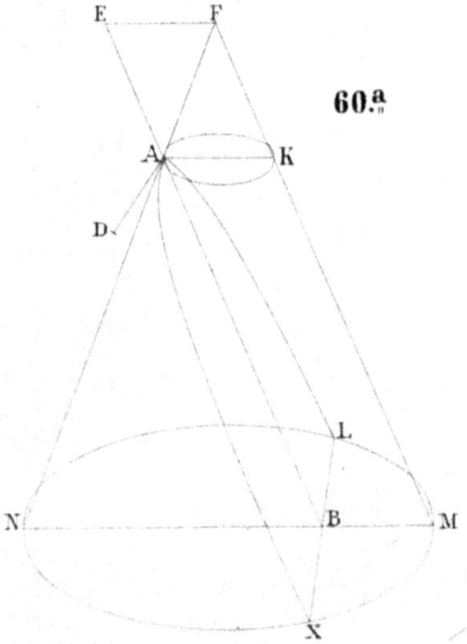

56.

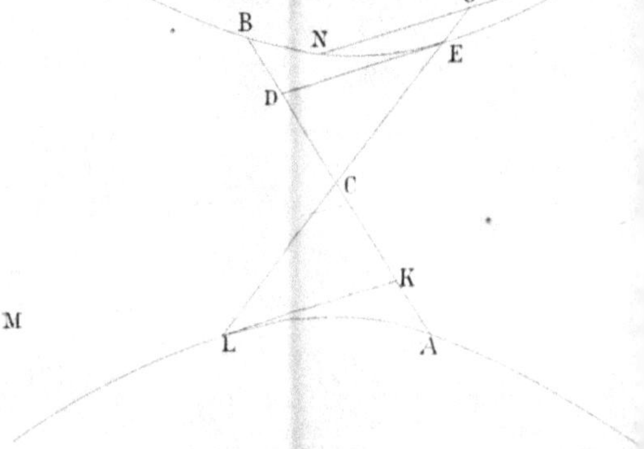

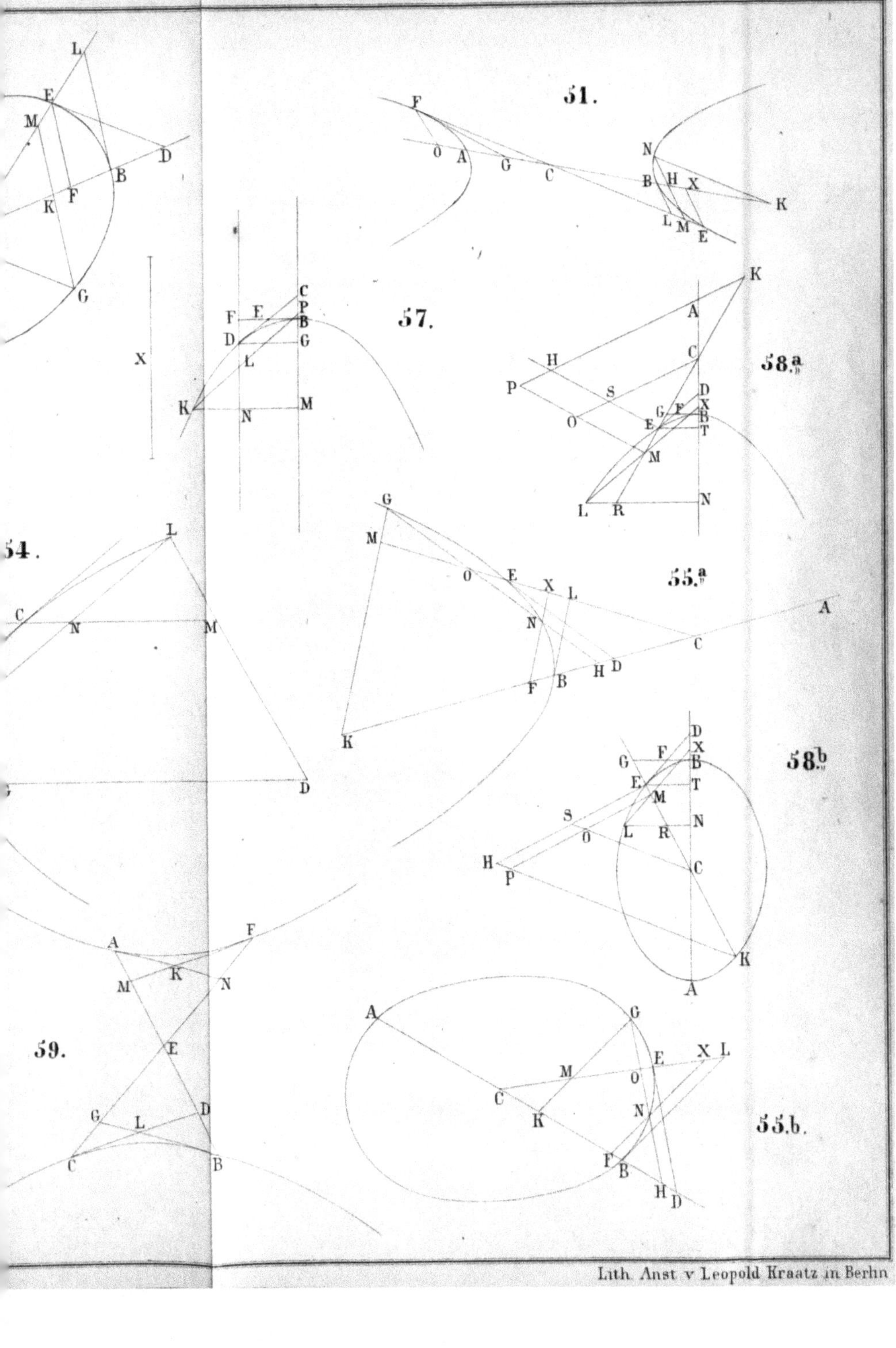

Lith. Anst v Leopold Kraatz in Berlin

60.b

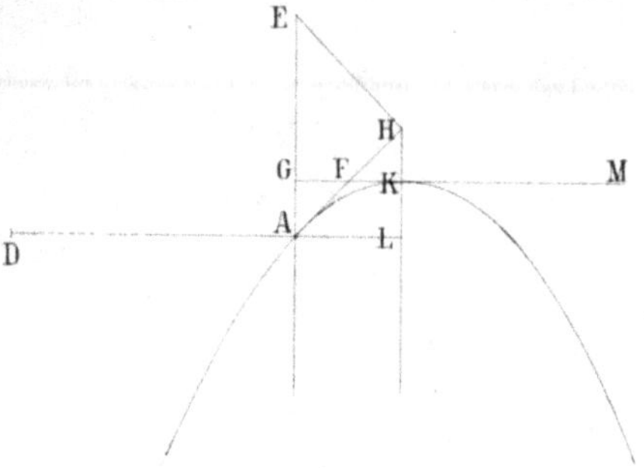

61.

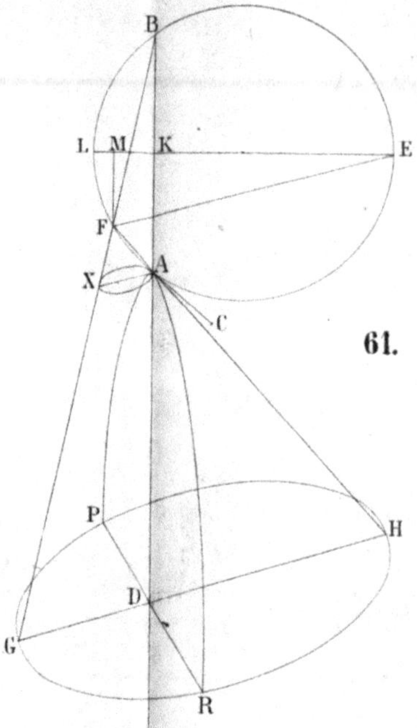

64.

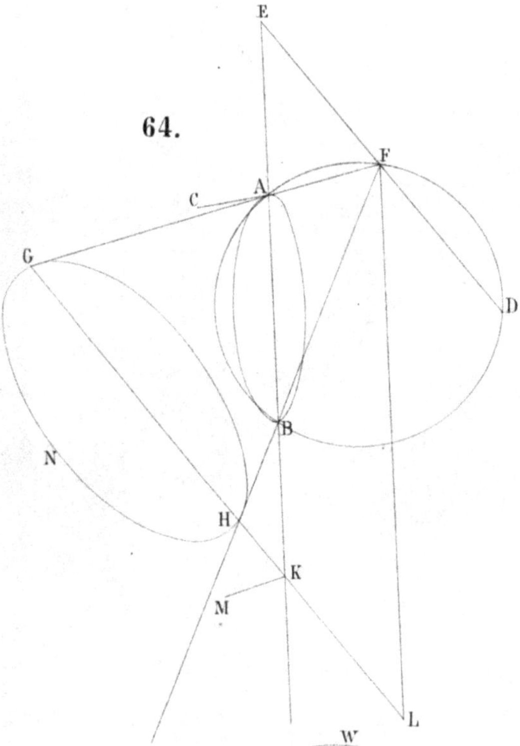

62.

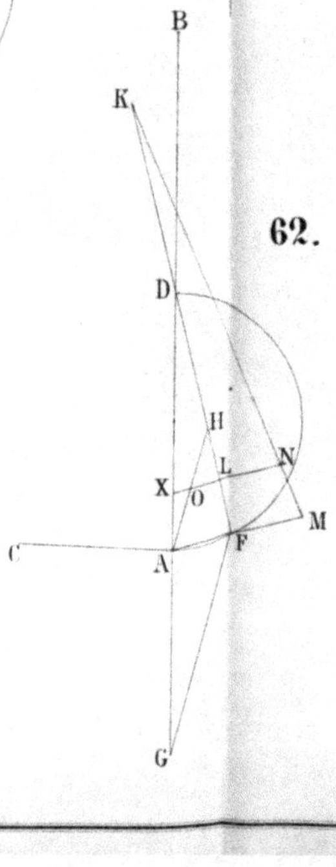

63.

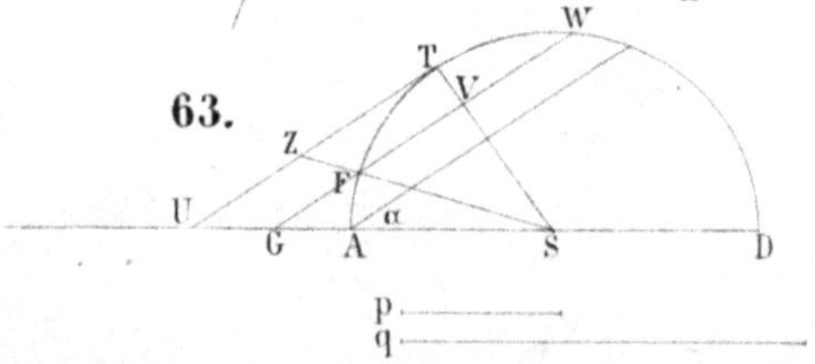

68.

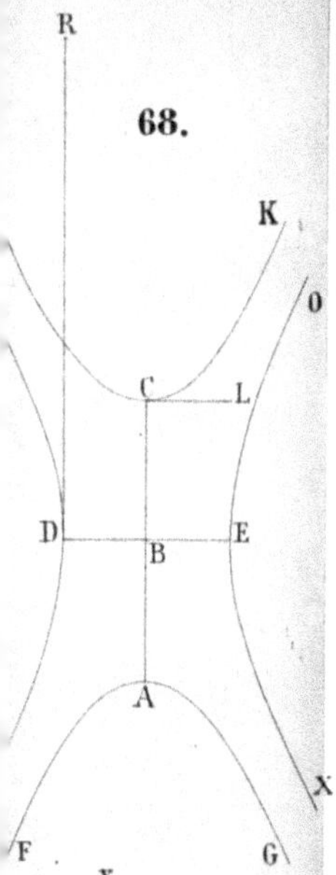

67.

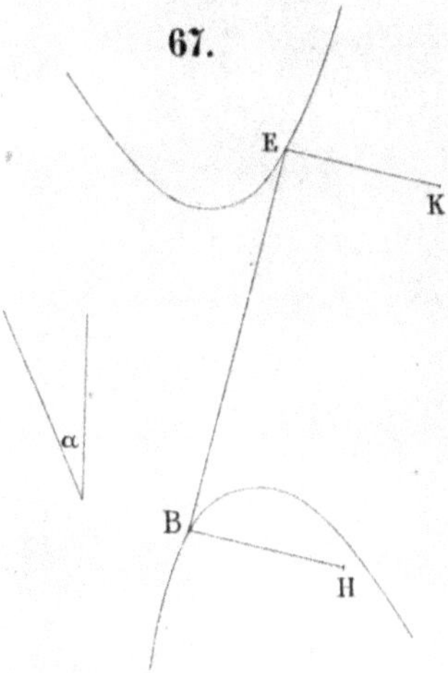

69.

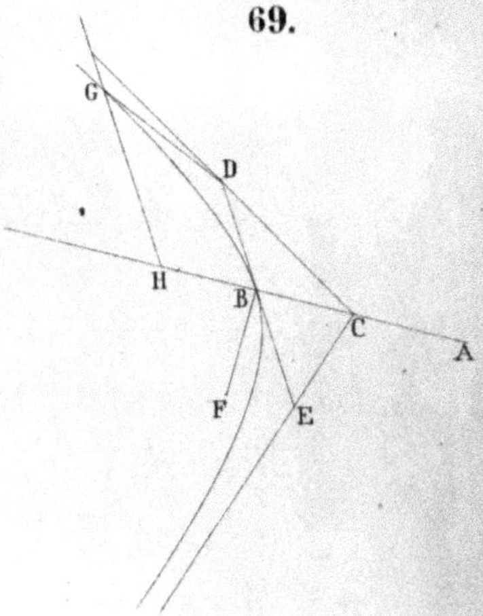

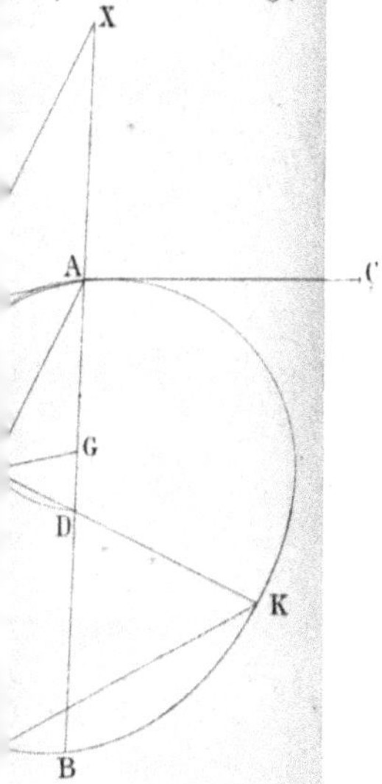

70.

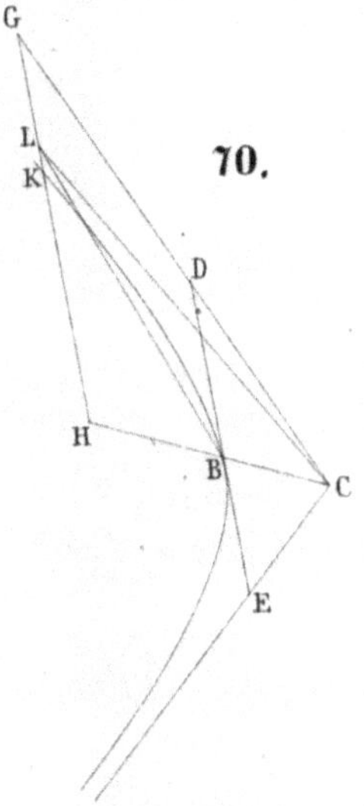

72.

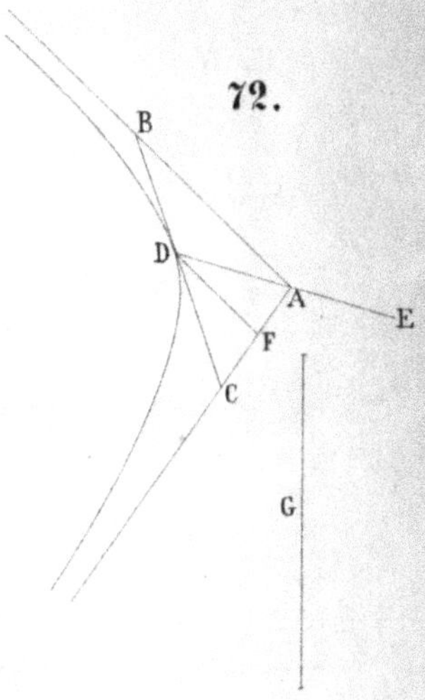

71.

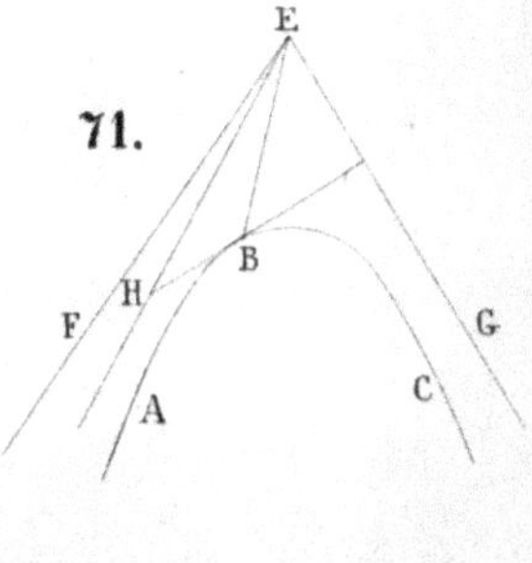

65.

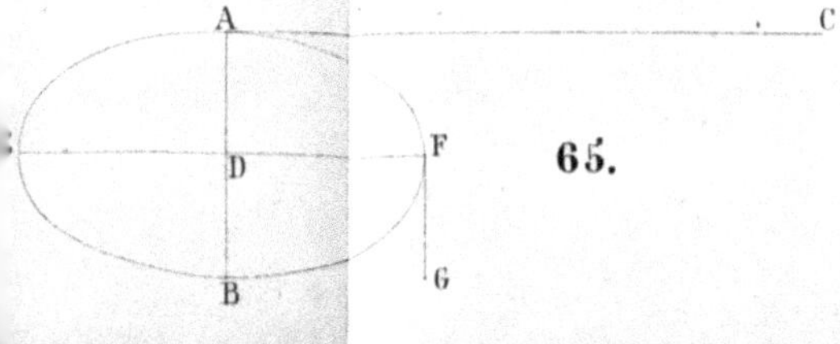

Lith. Anst. v. Leopold Kraatz in Berlin.

73.

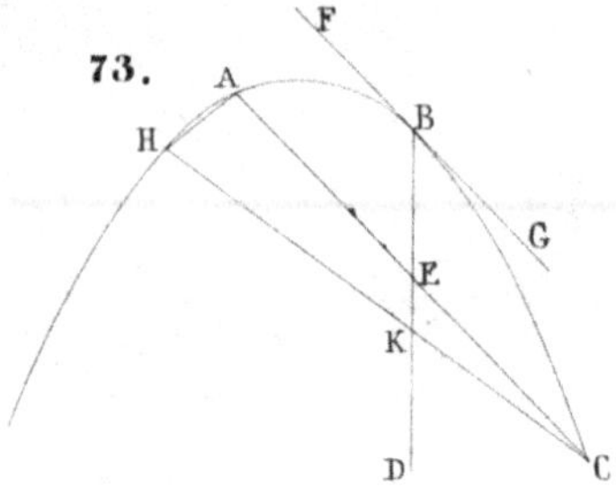

74.

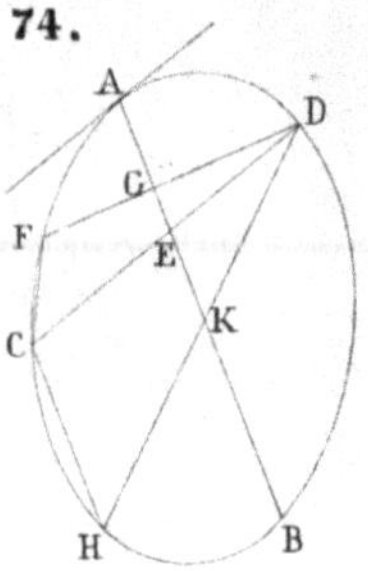

75.

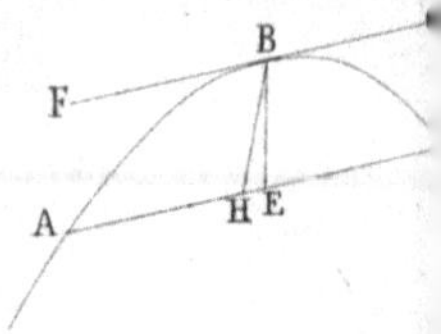

76.

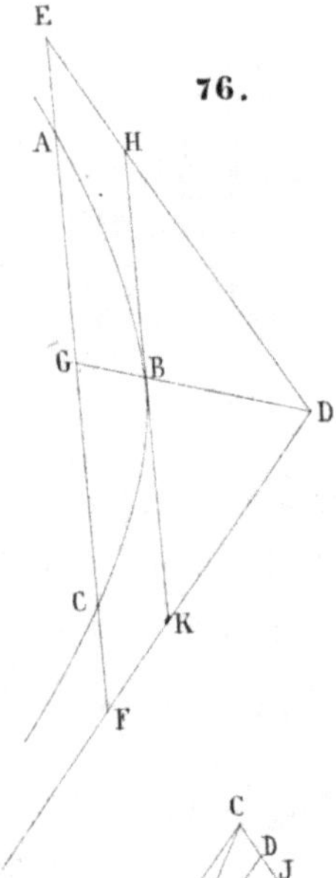

78.

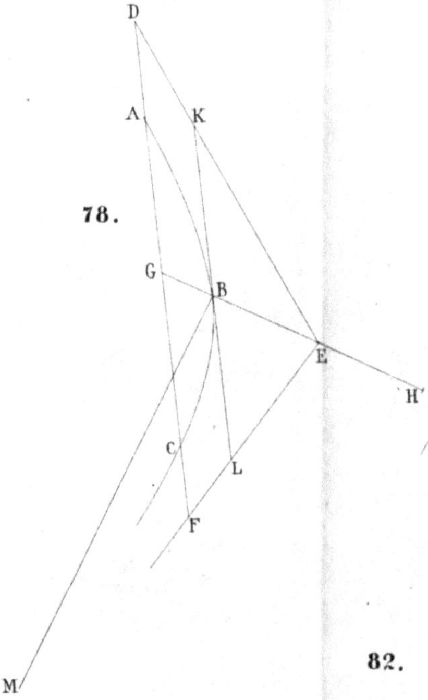

79.

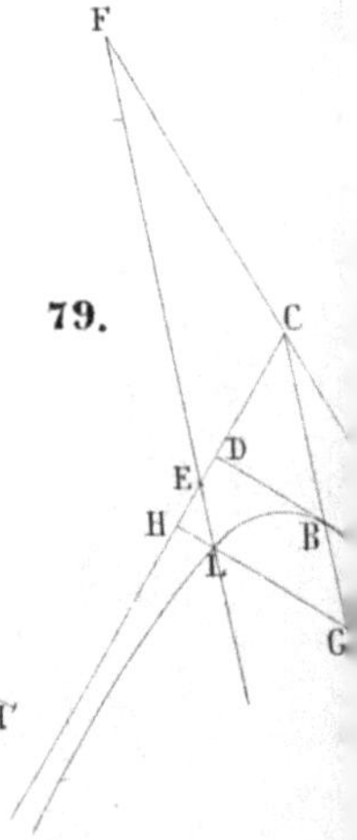

81.

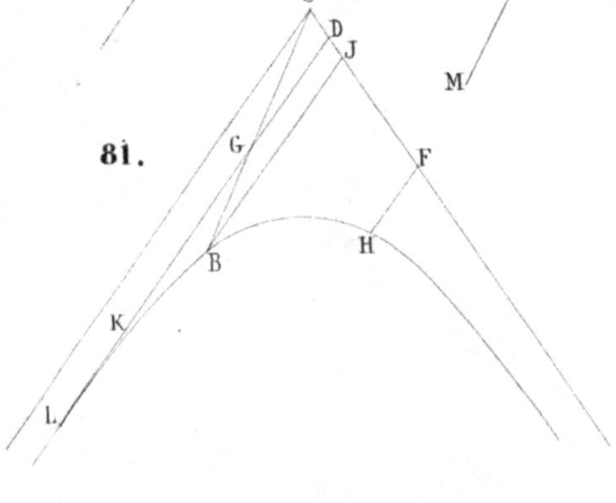

82.

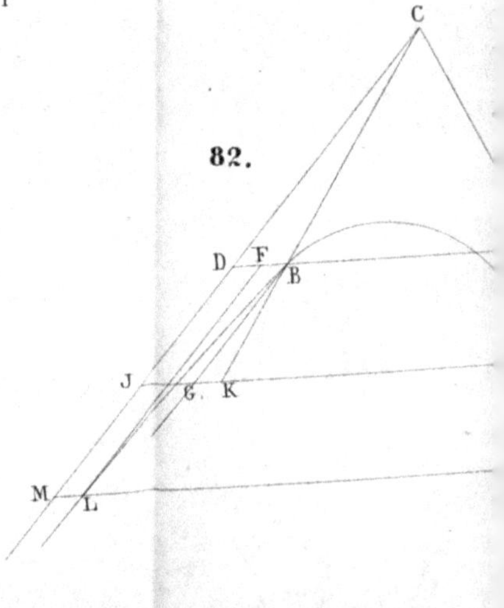

80.

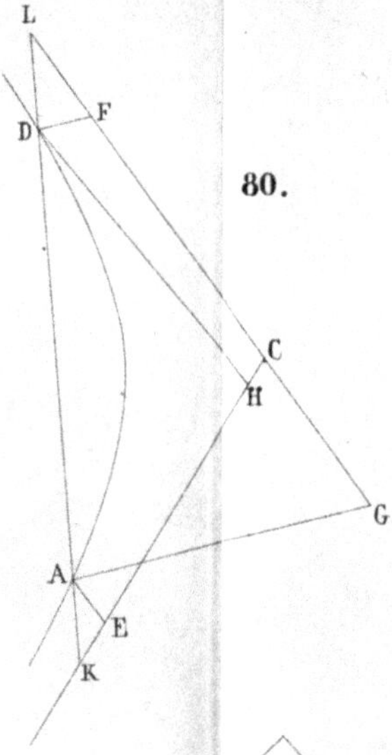

83.

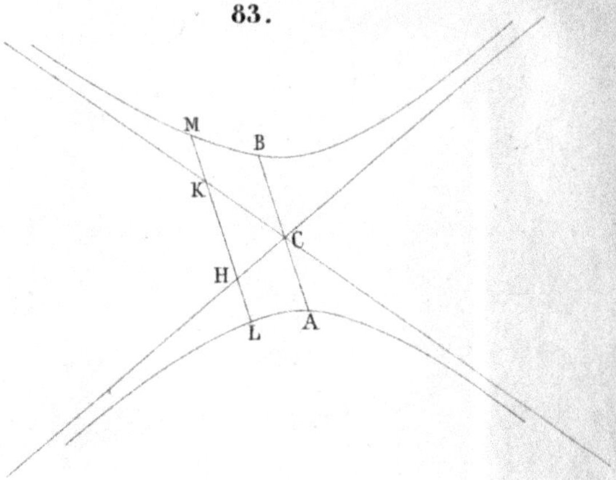

77.

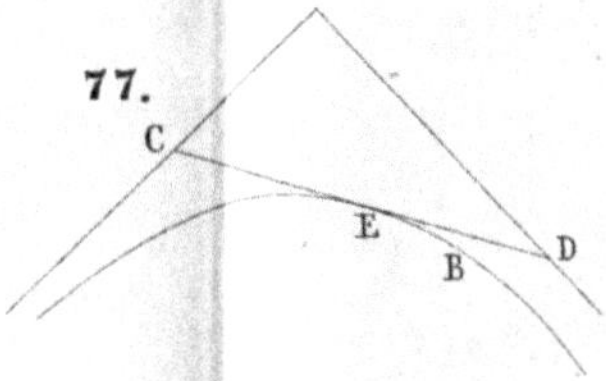

84.

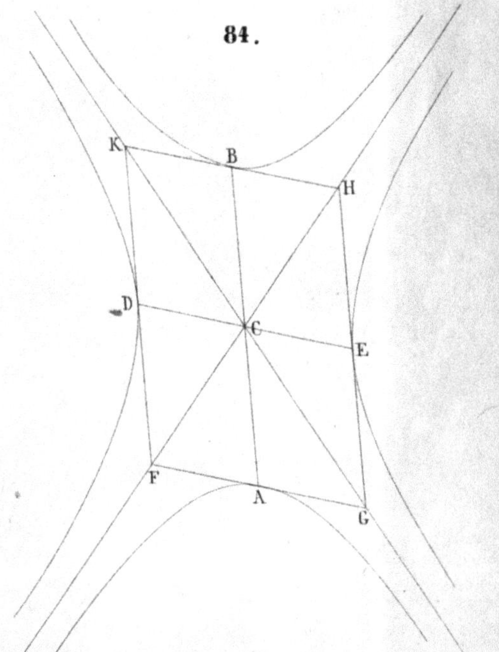

85.

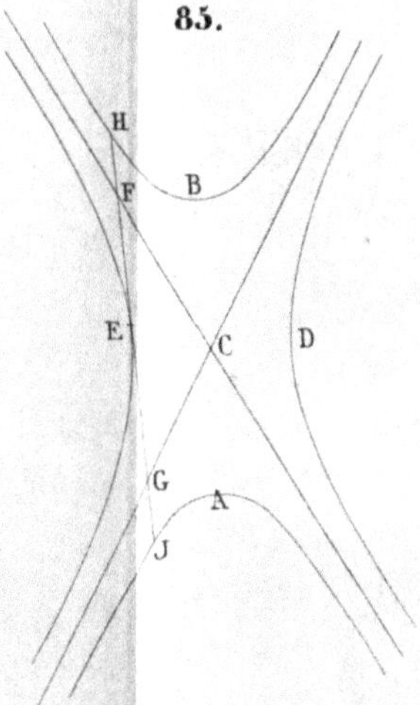

86.

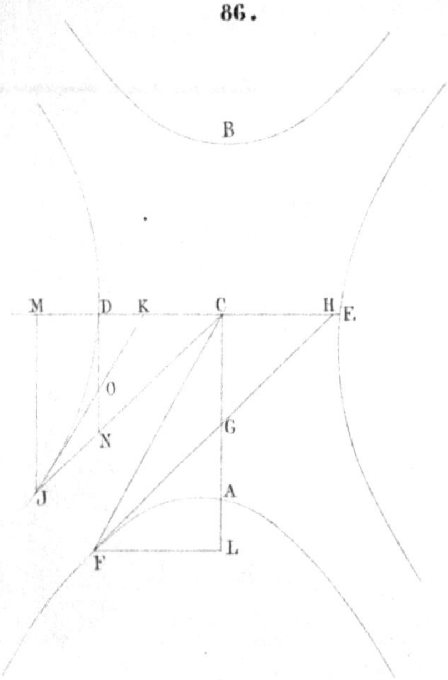

87.

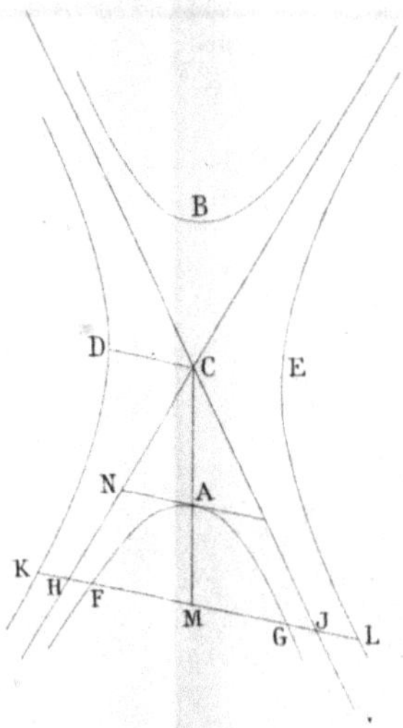

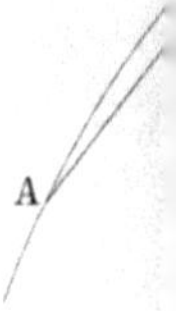

91

F—

95.

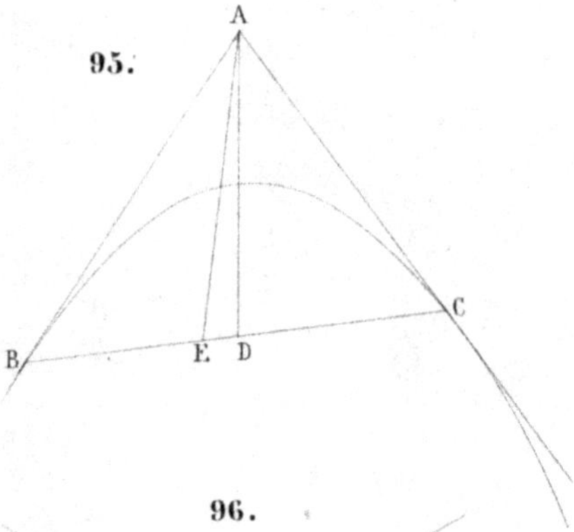

100.

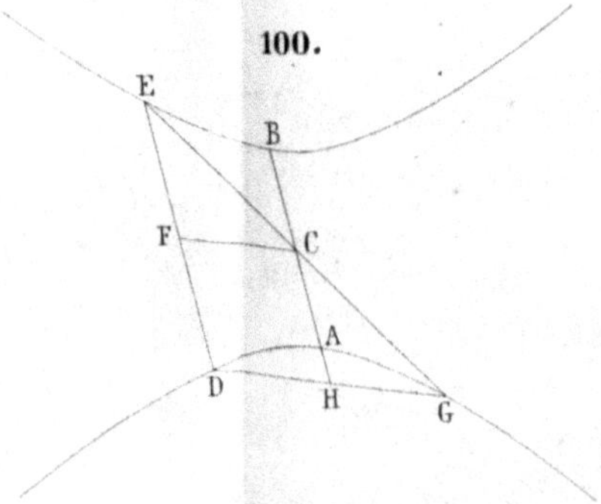

96.

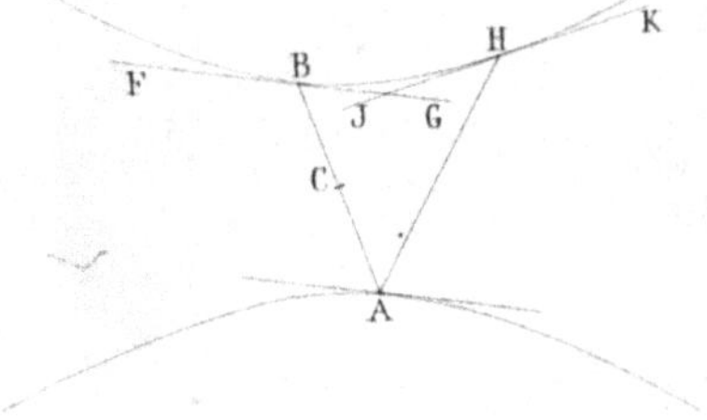

93.

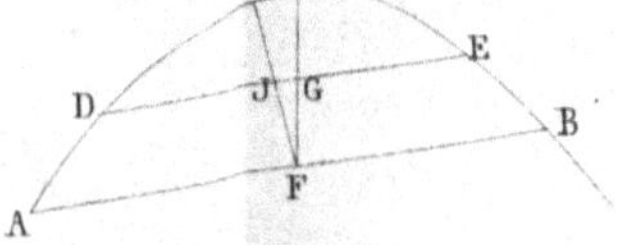

8.

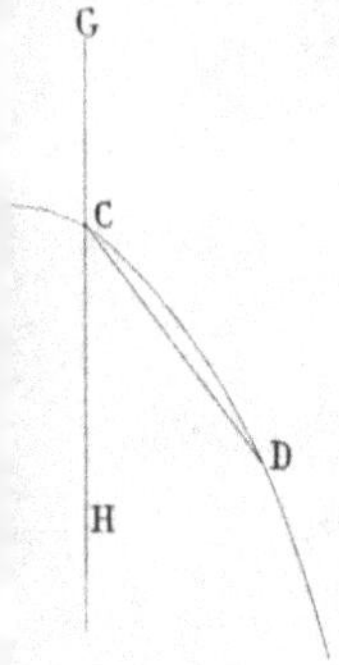

89.

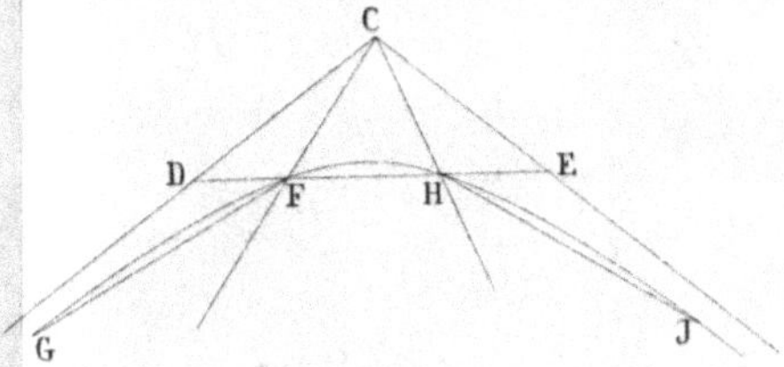

90.

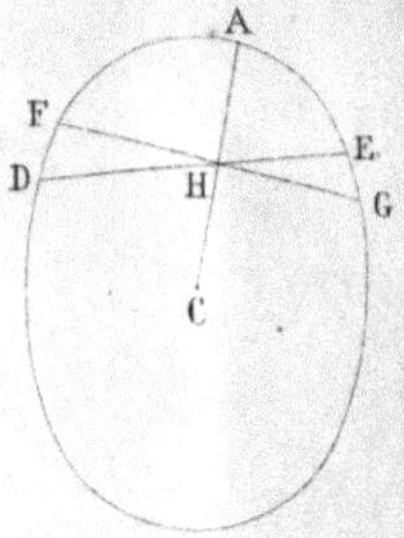

92.

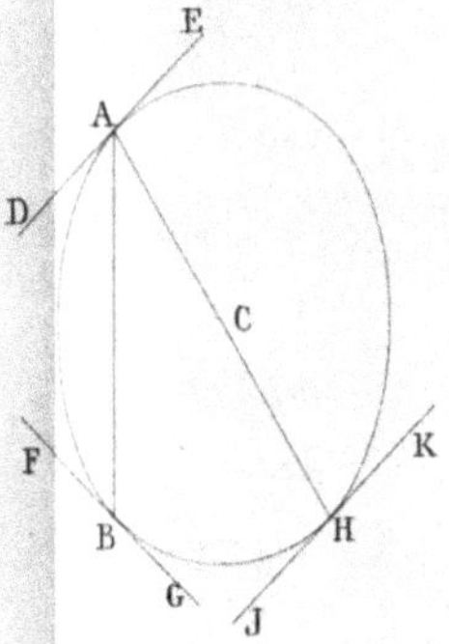

94.

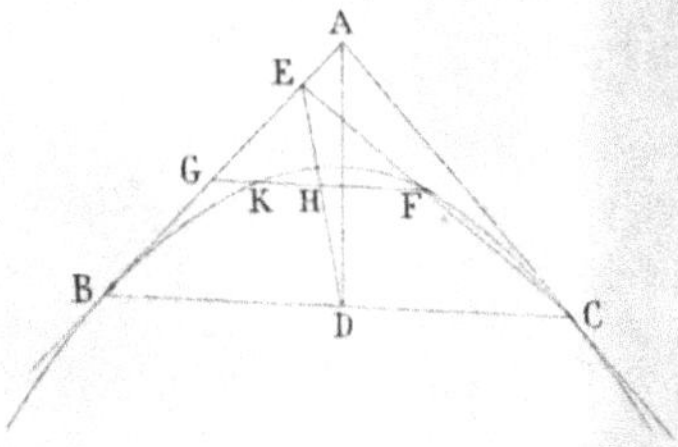

98.

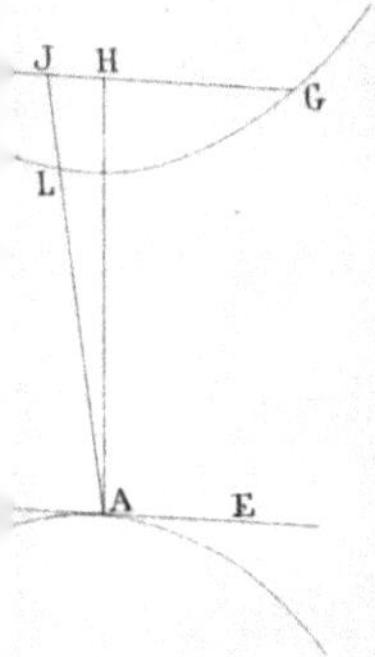

99.

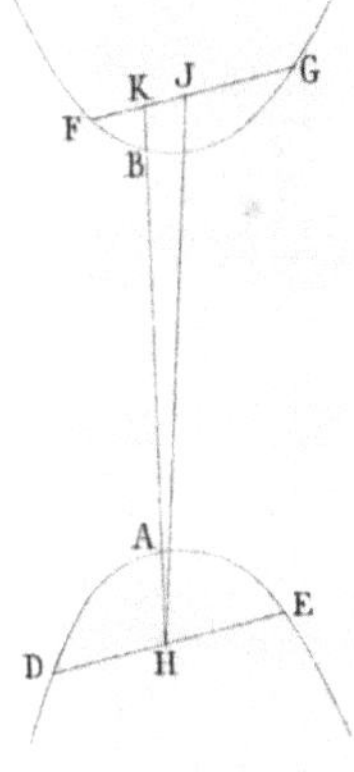

97.

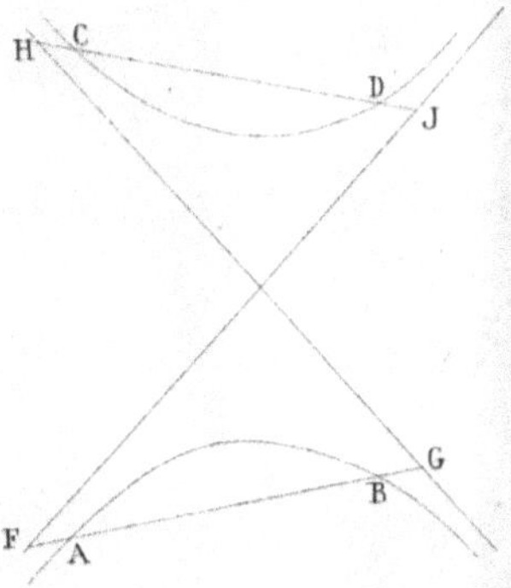

Lith. Anst. v. Leopold Kraatz in Berlin.

101.

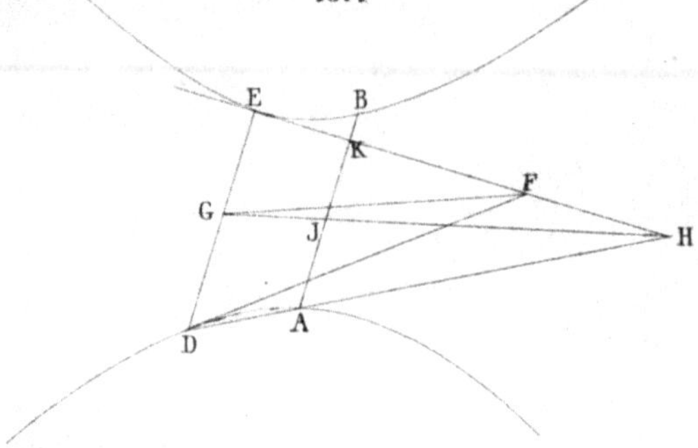

102.

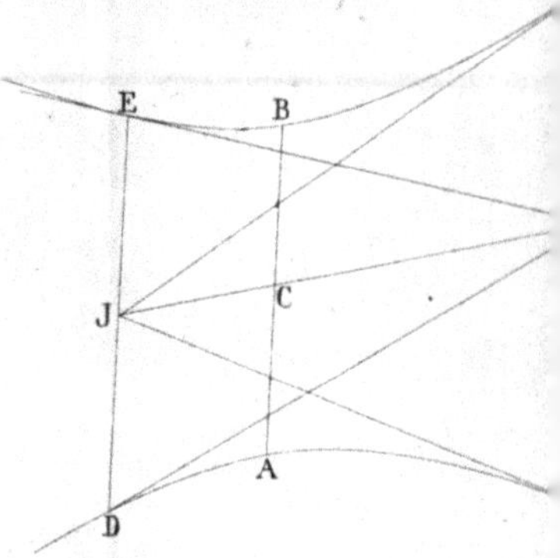

105.

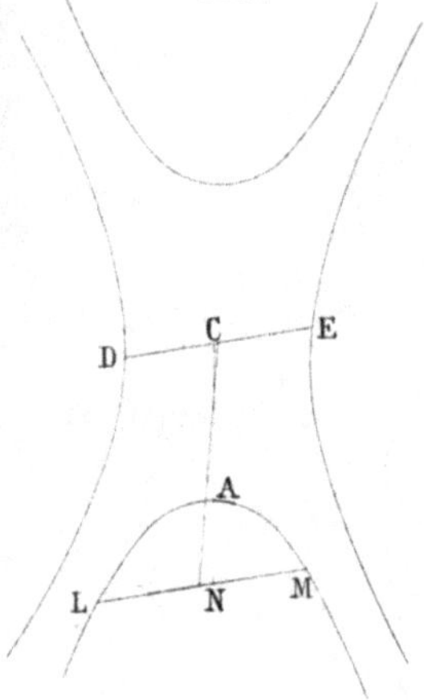

107.

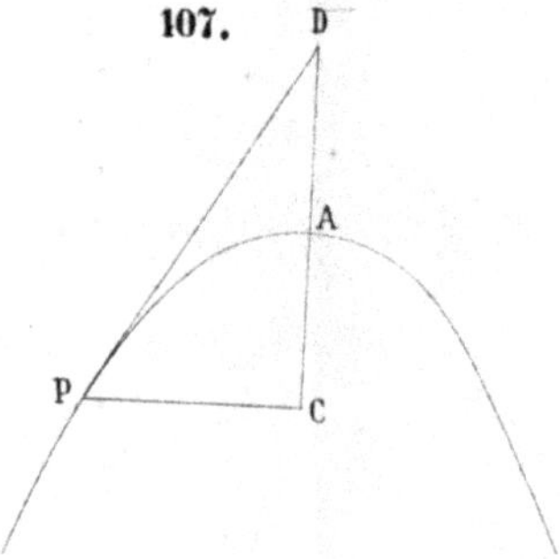

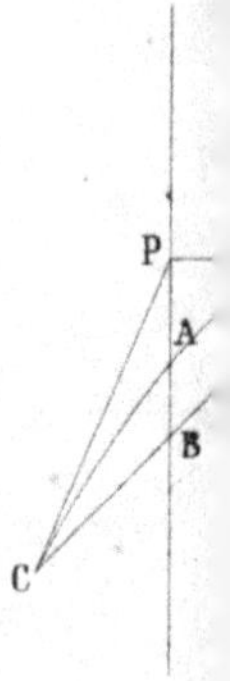

106.

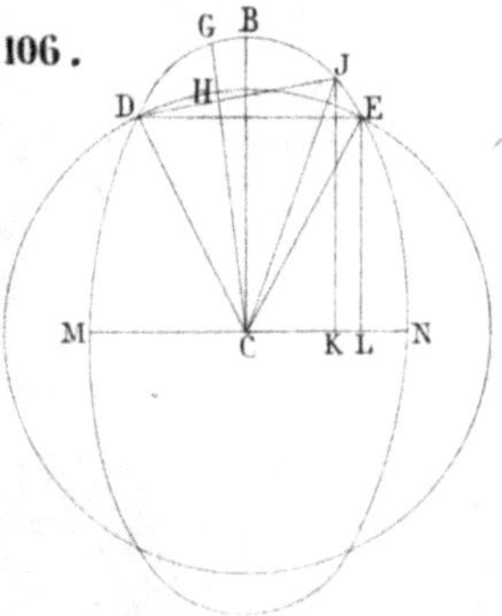

111.

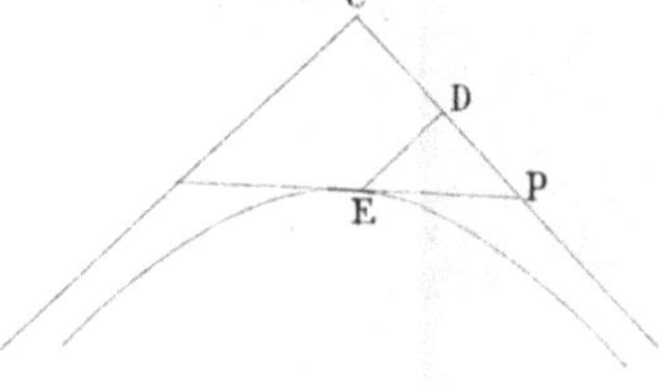

103.

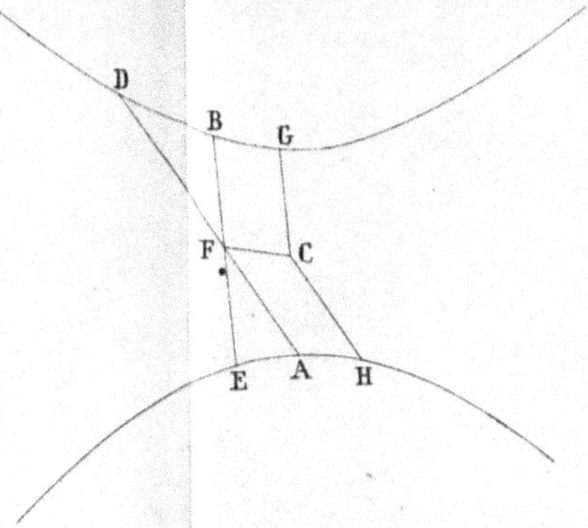

104.

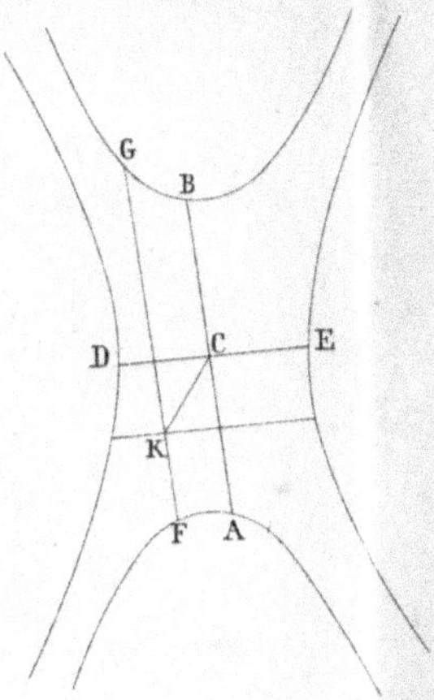

109.

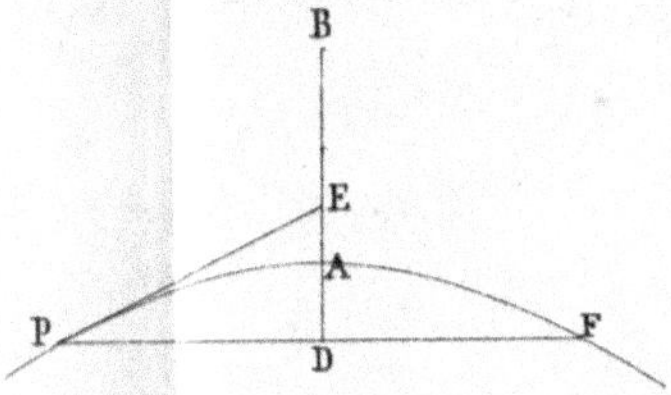

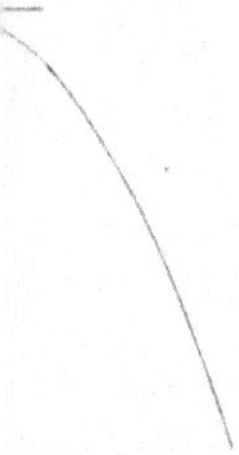

110.

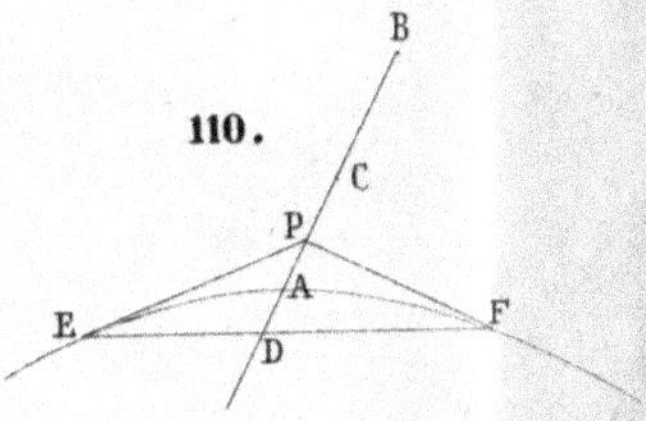

112.

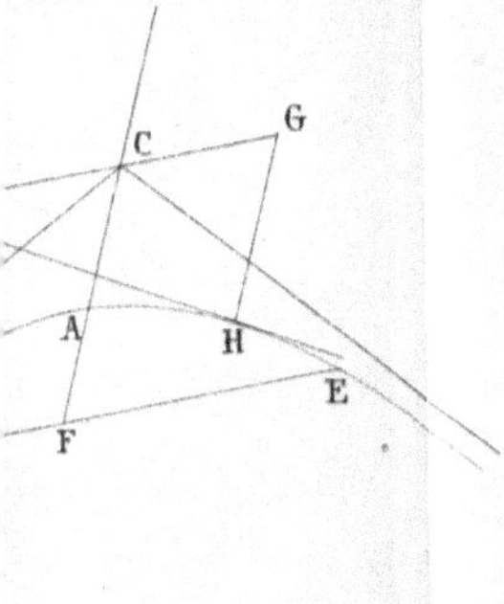

113.

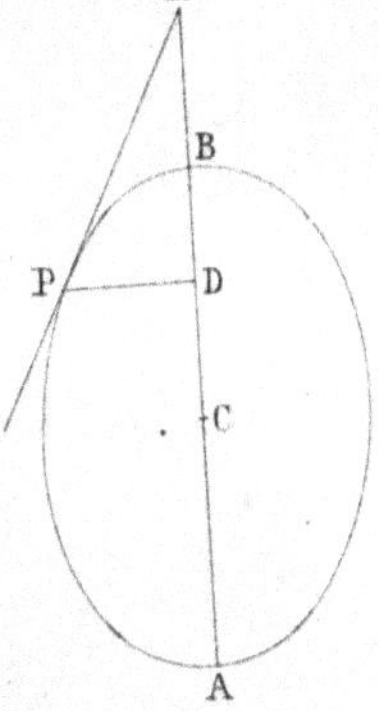

114.

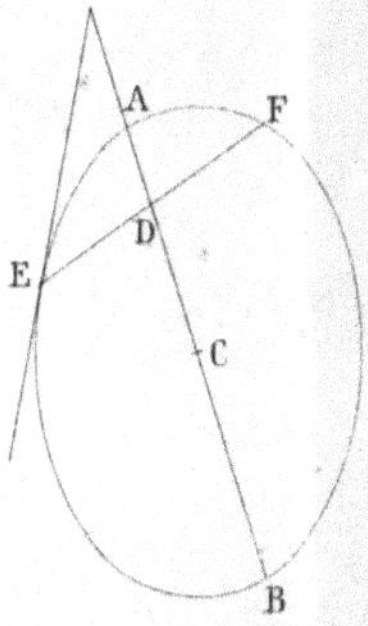

Lith. Anst. v. Leopold Kraatz in Berlin.

115.

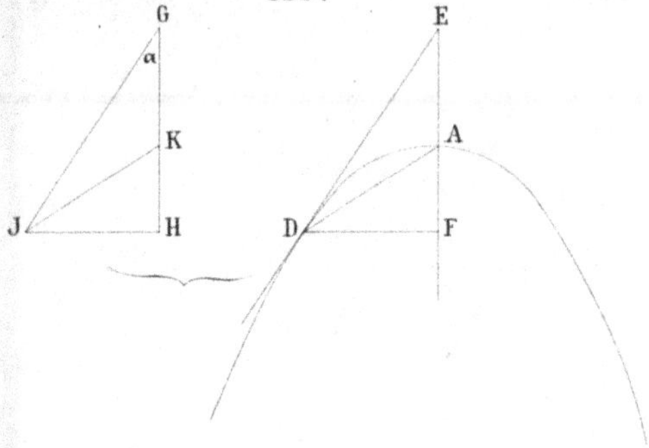

116 a.

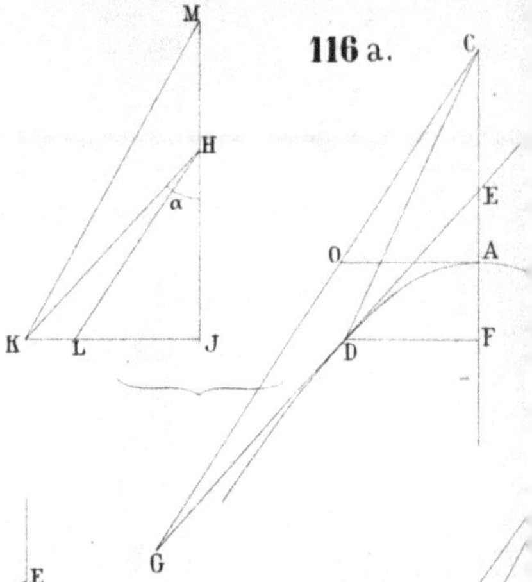

122.

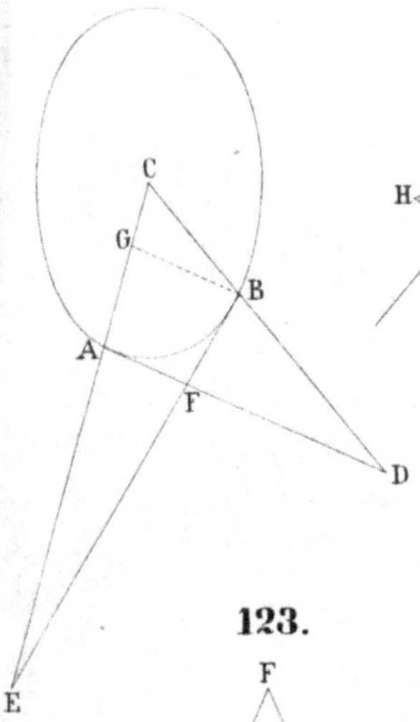

126.

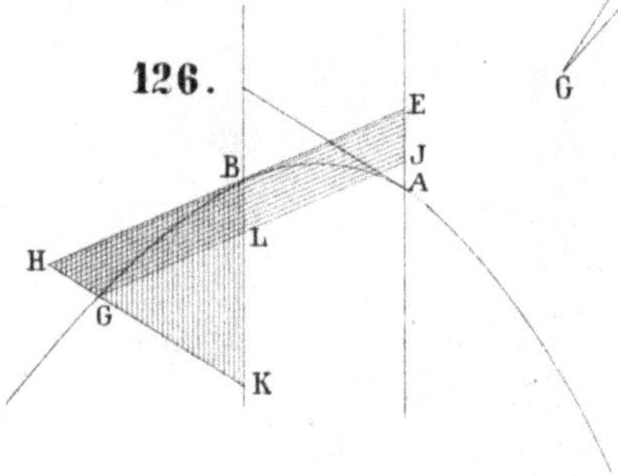

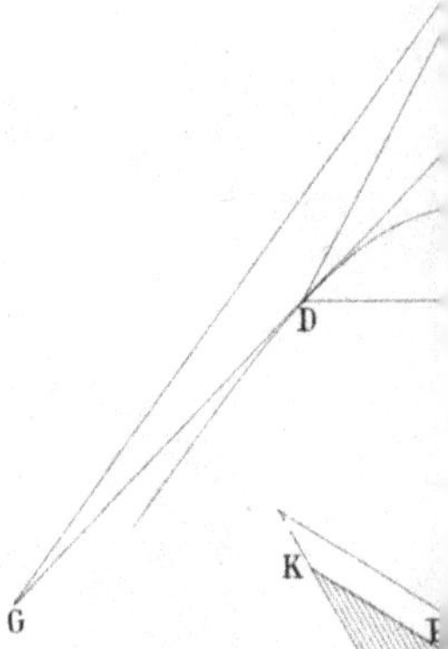

125

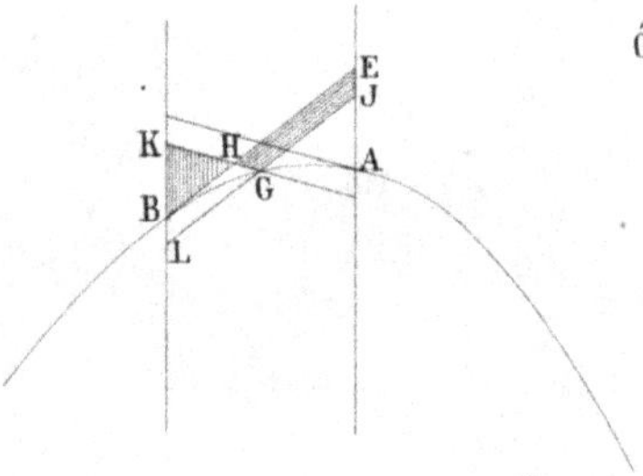

127.

123.

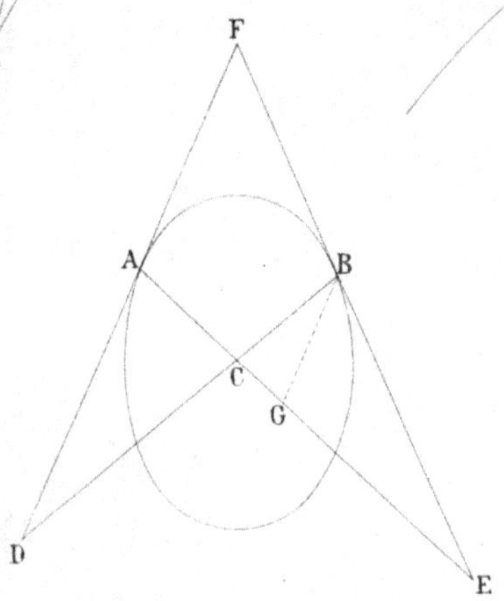

130.

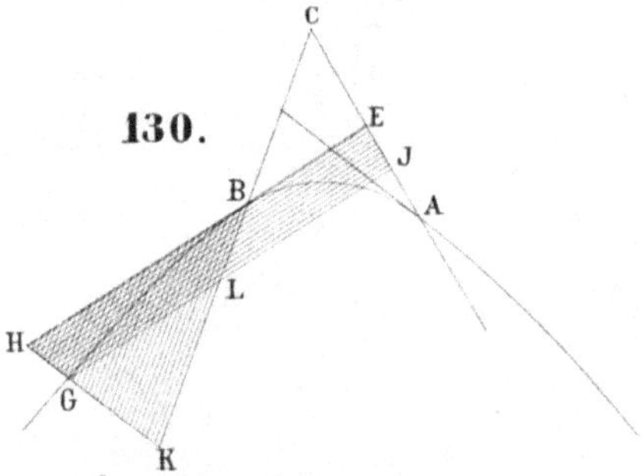

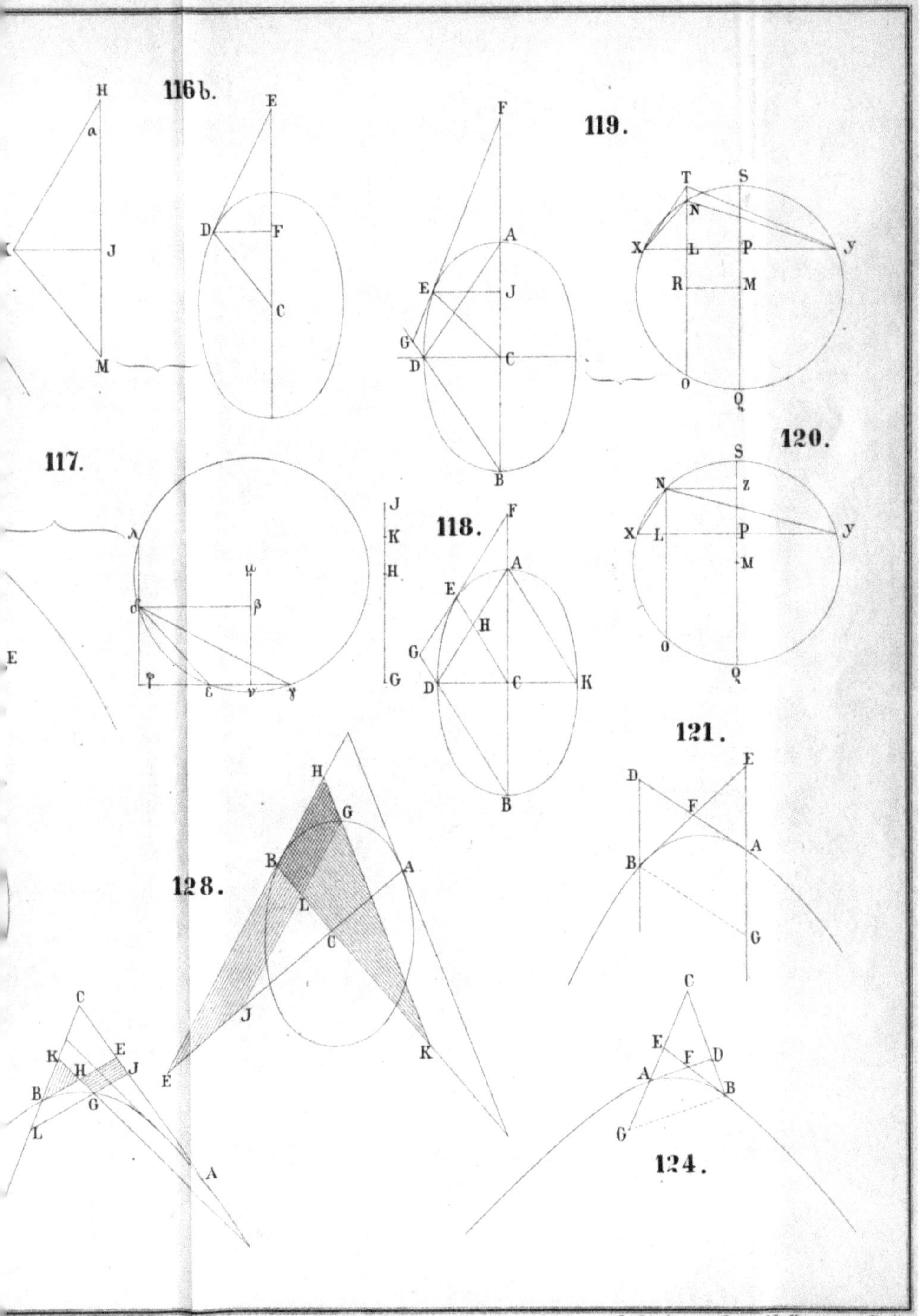

Lith. Anst. v. Leopold Kraatz in Berlin

131.

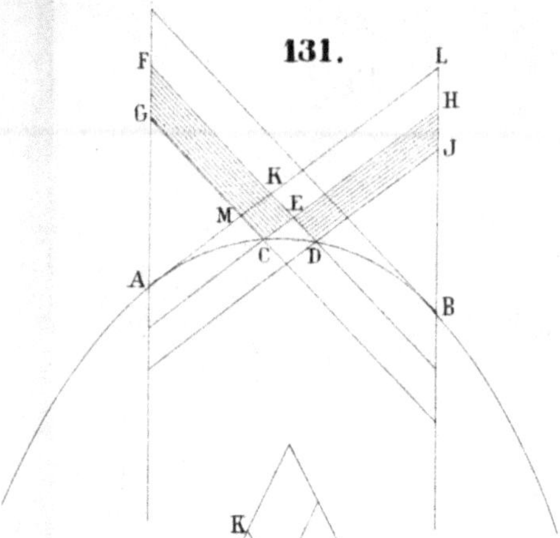

133.

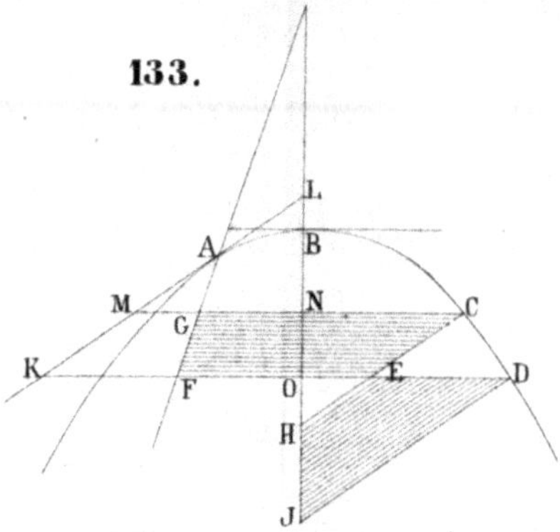

132.

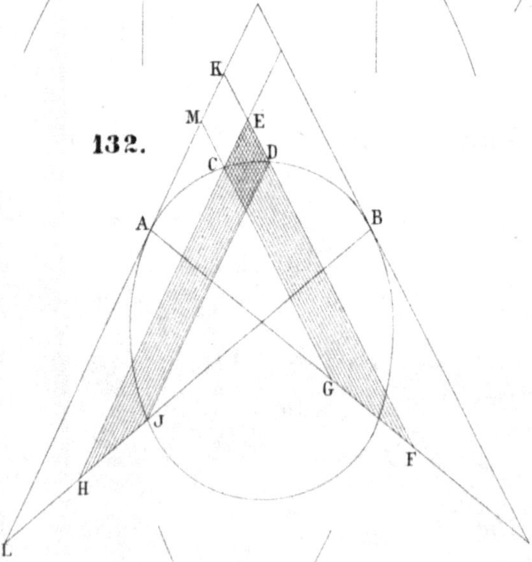

139.

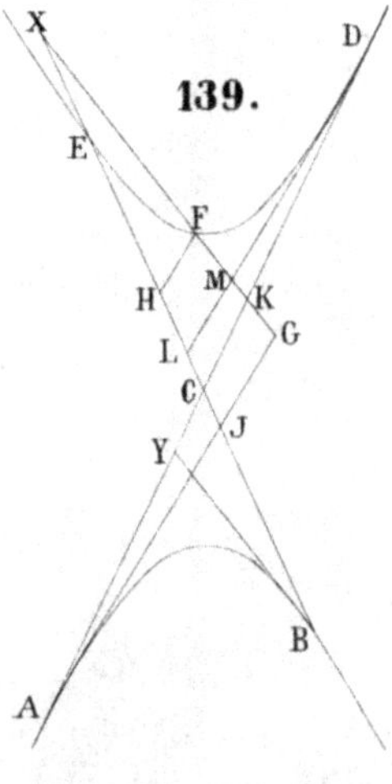

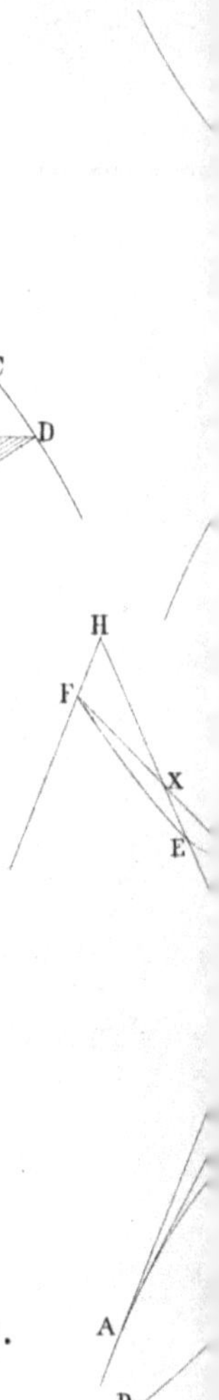

134.

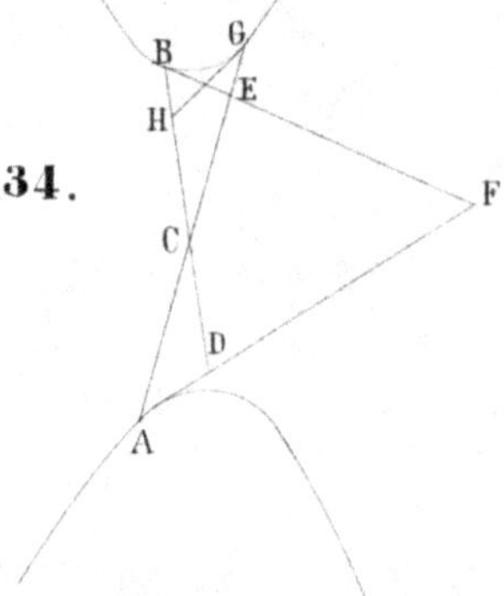

142.

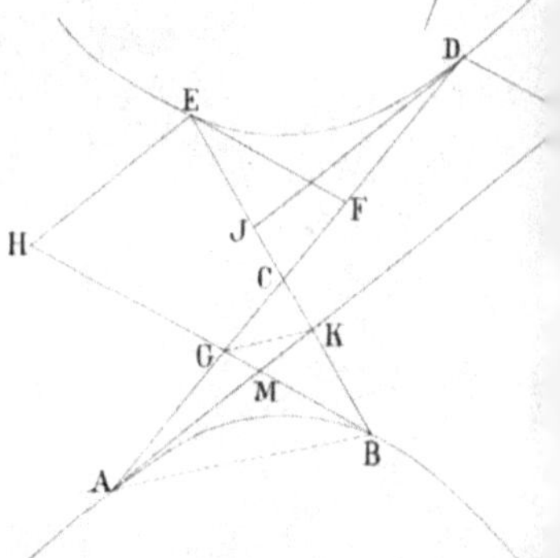

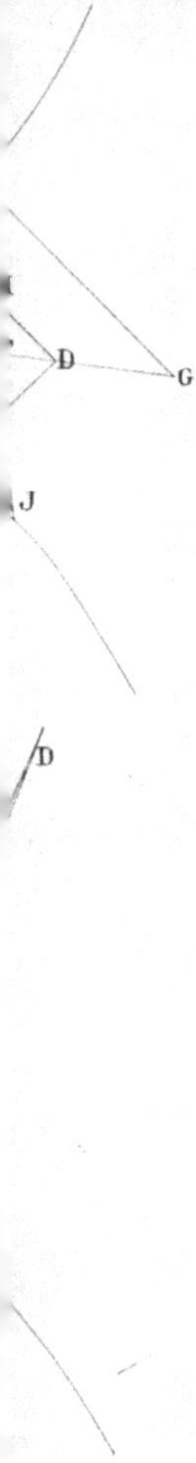

136.

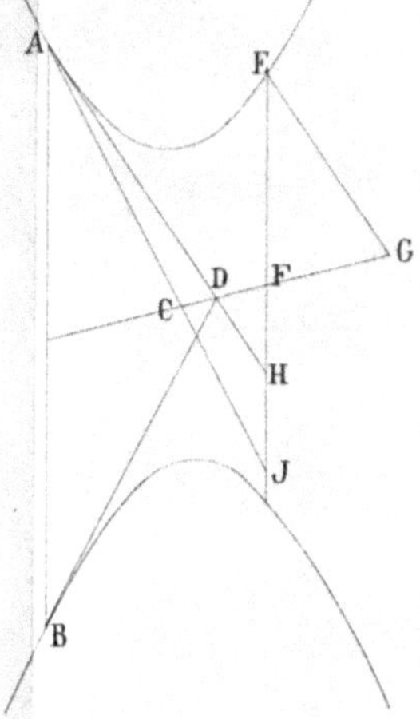

137.

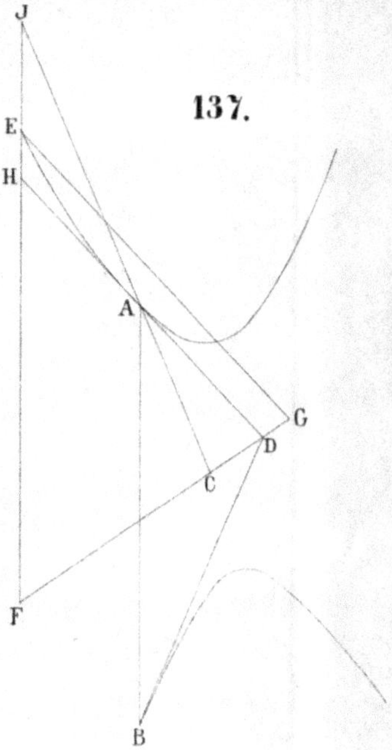

141.

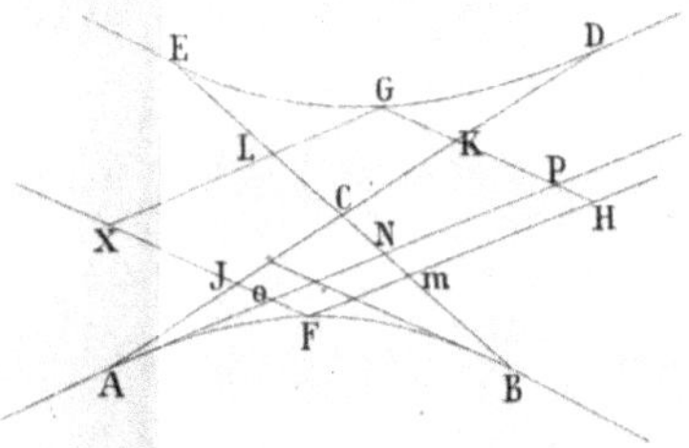

138.

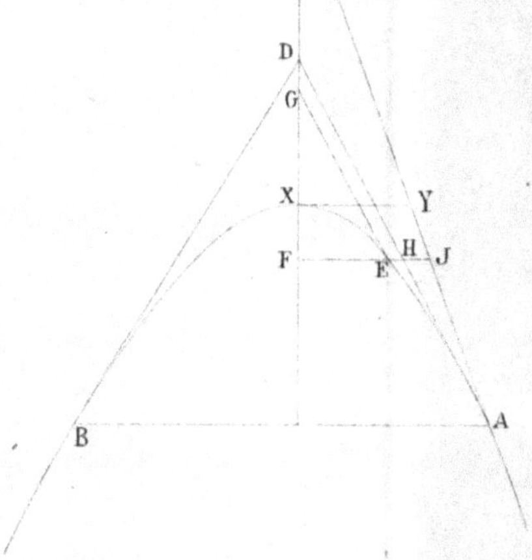

143.

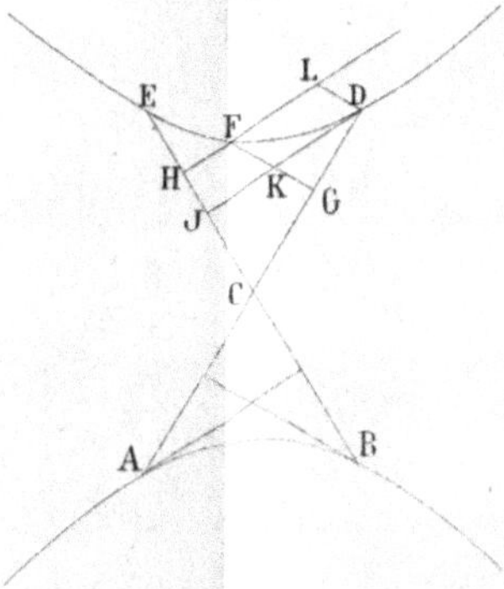

144.

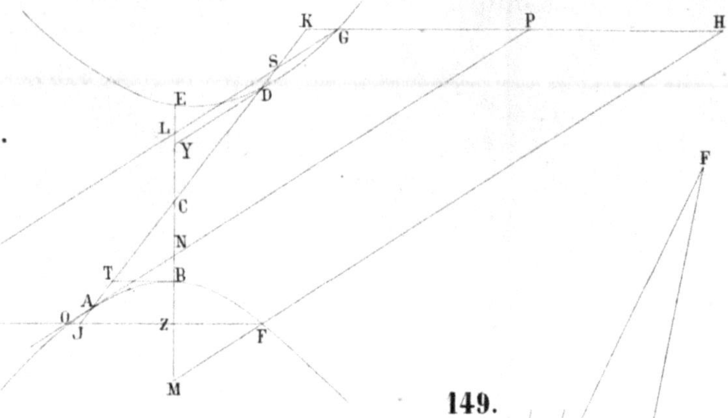

145.

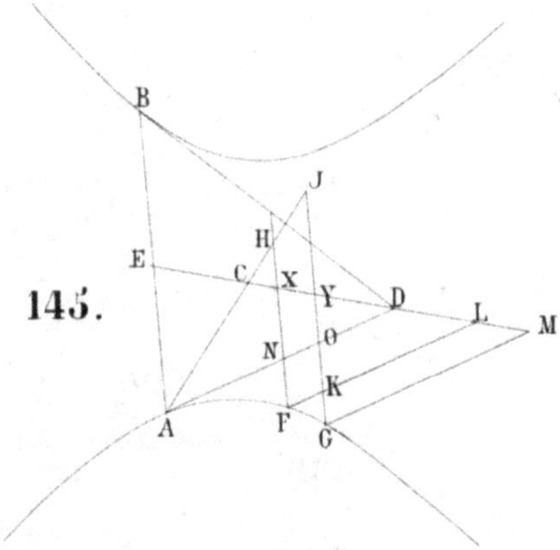

146.

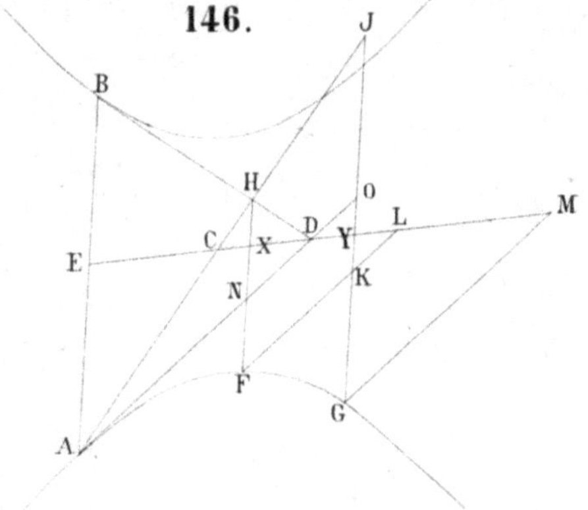

149.

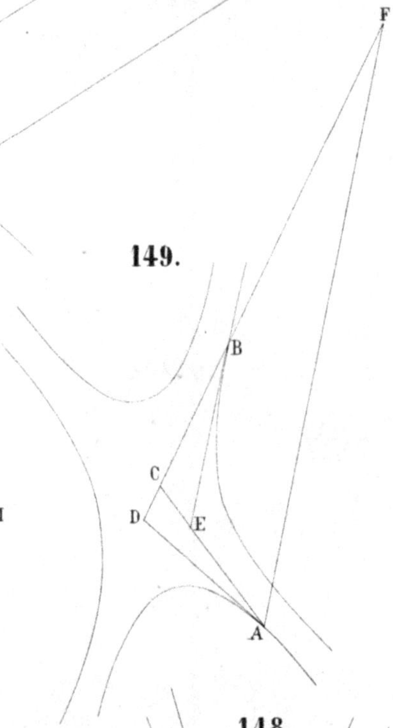

148.

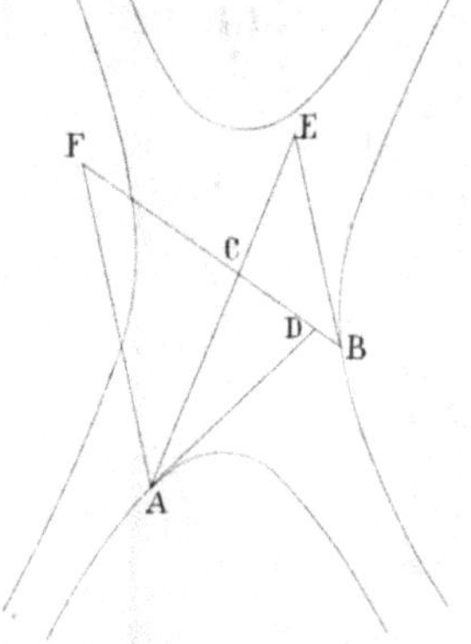

147.

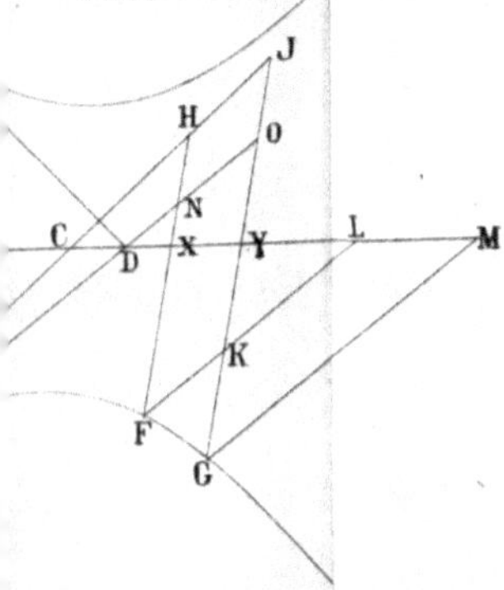

50.

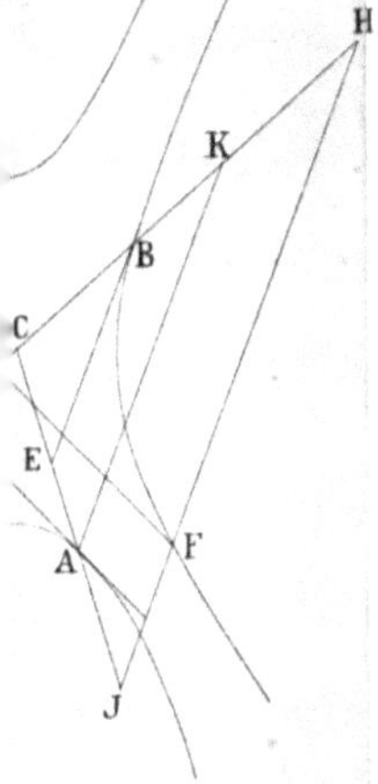

151.

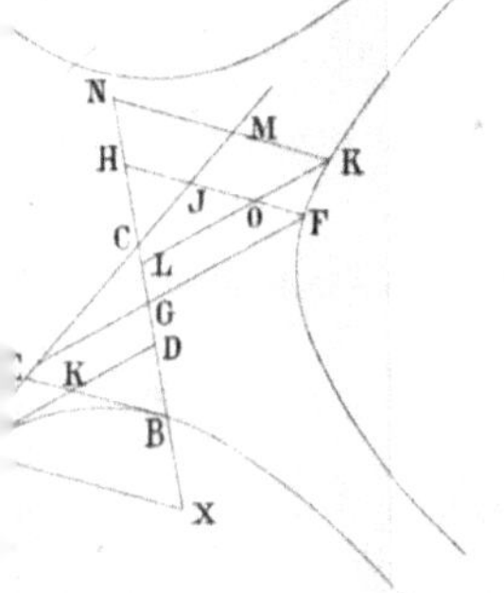

153.

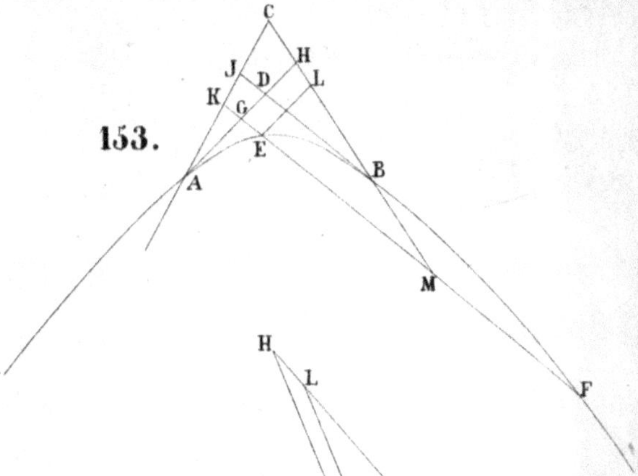

152.

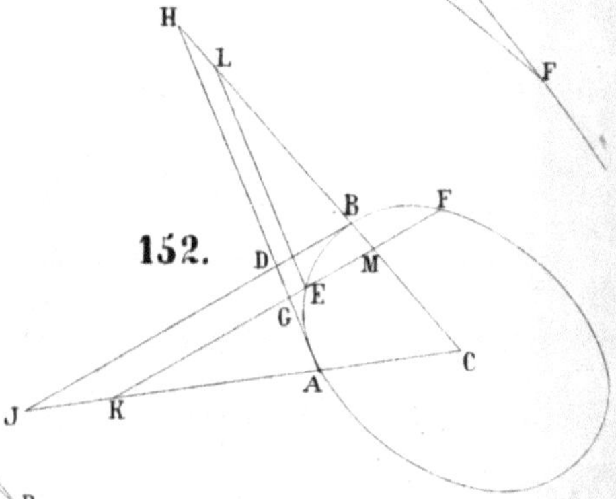

154.

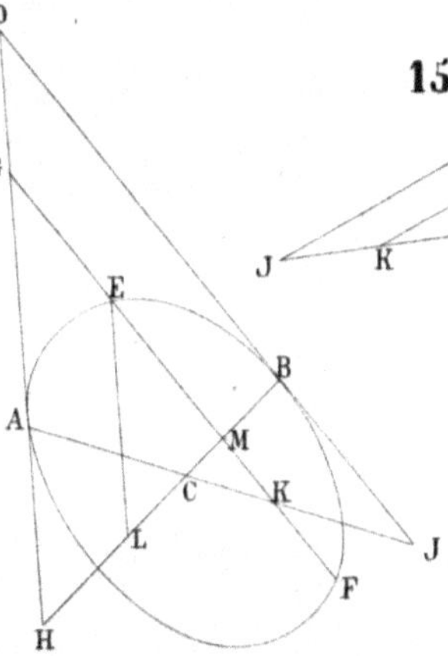

155.

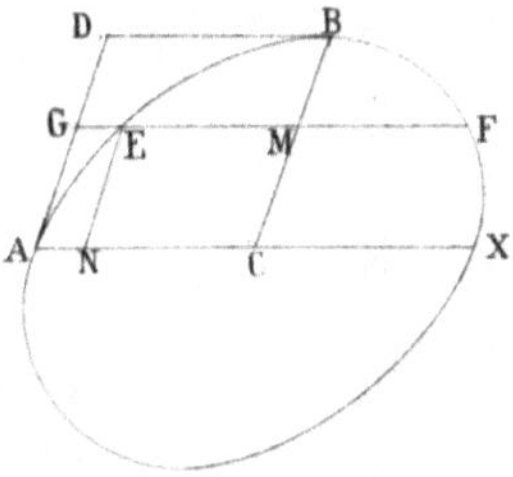

156.

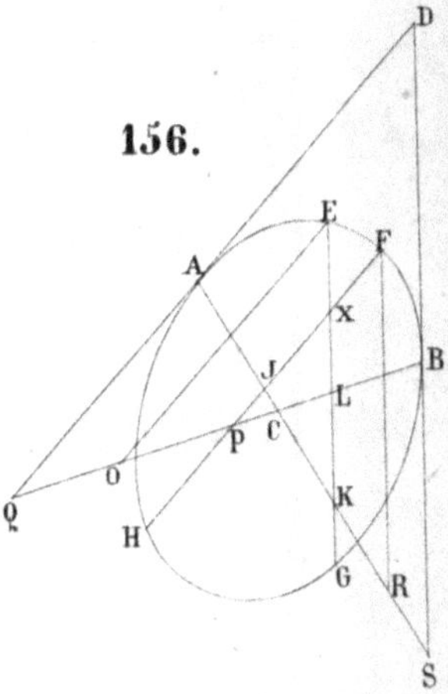

Lith. Anst. v. Leopold Kraatz in Berlin.

158.

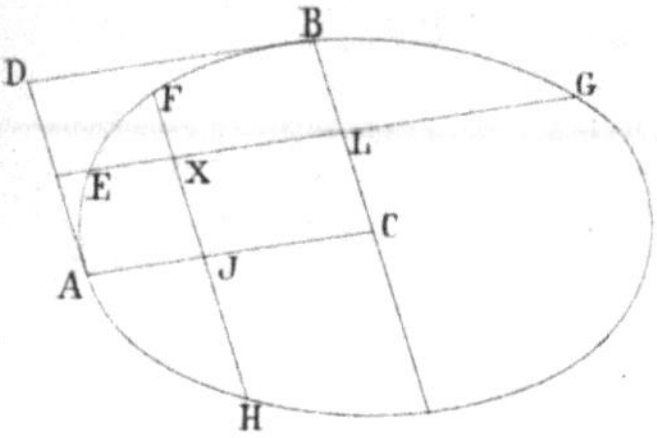

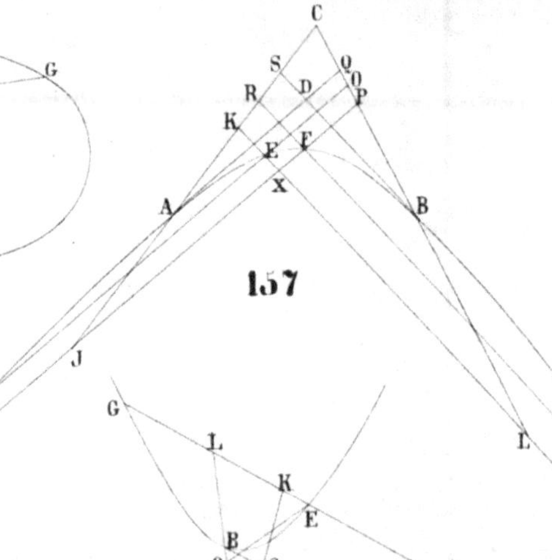

157

162.

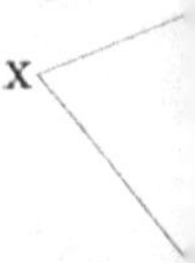

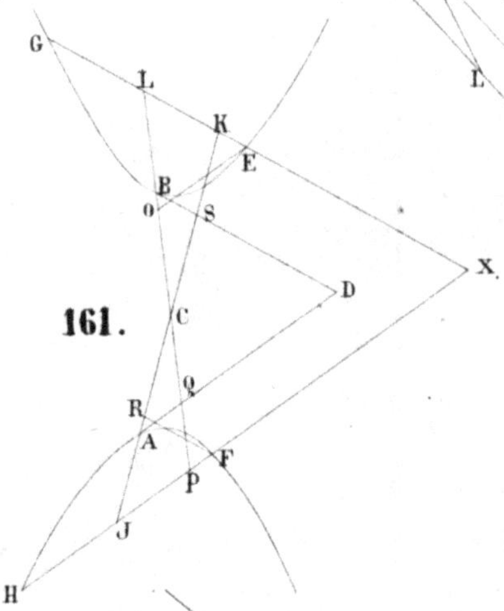

161.

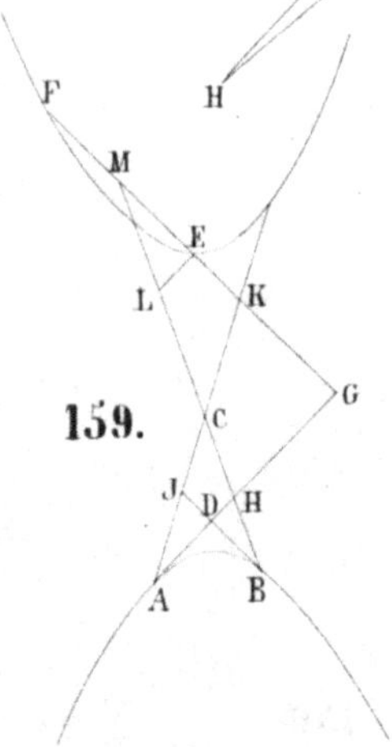

159.

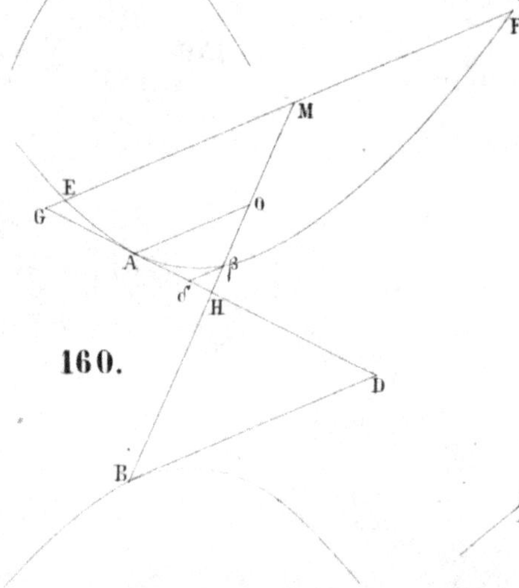

160.

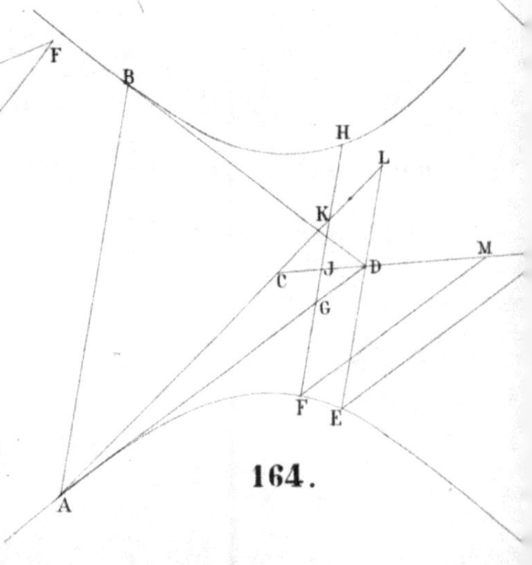

164.

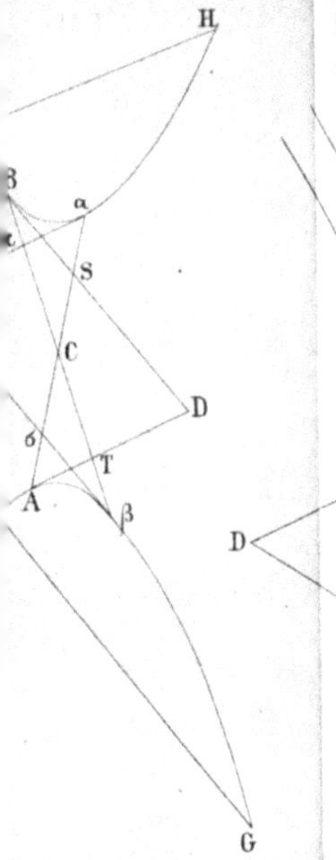

167.

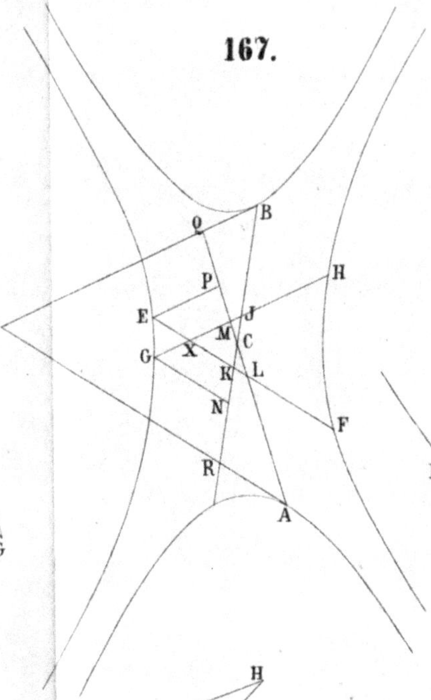

166.

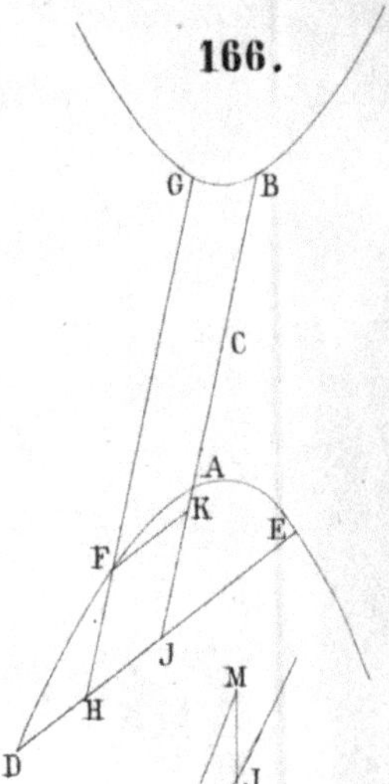

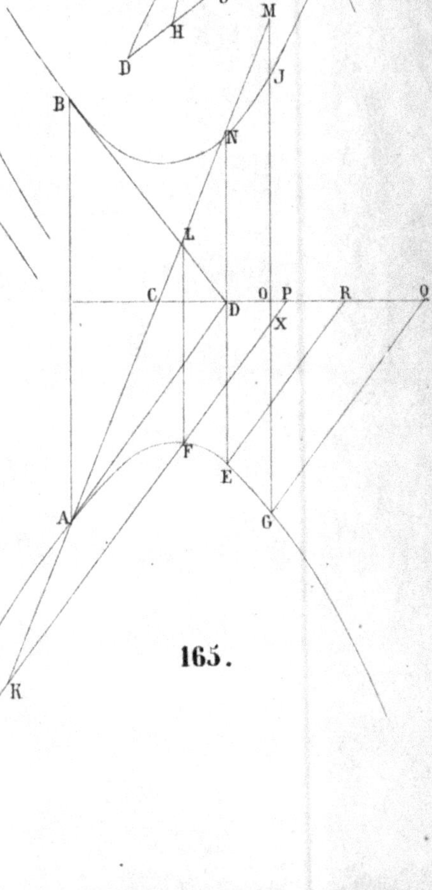

165.

163.

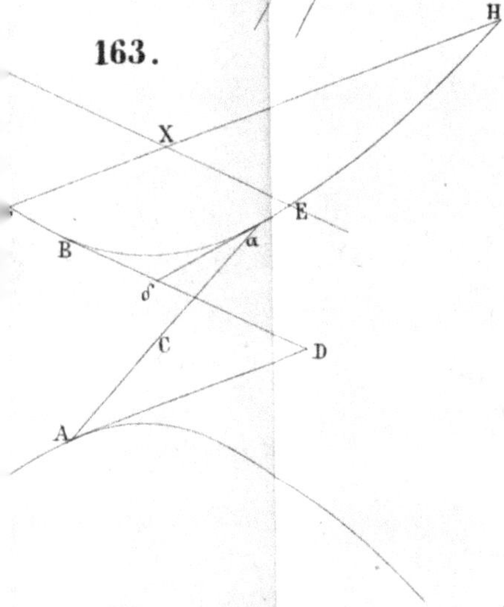

Lith. Anst. v. Leopold Kraatz in Berlin.

168.

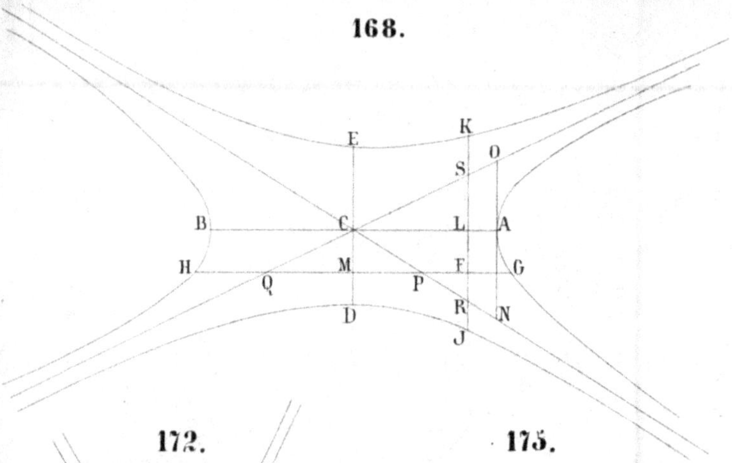

169.

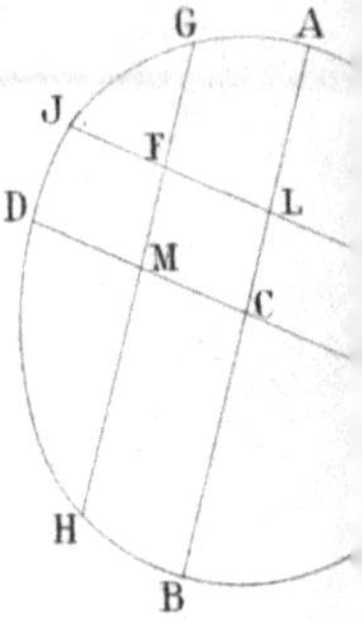

172.

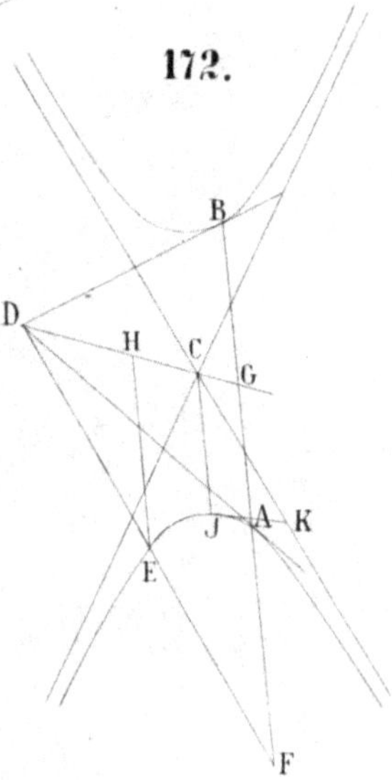

175.

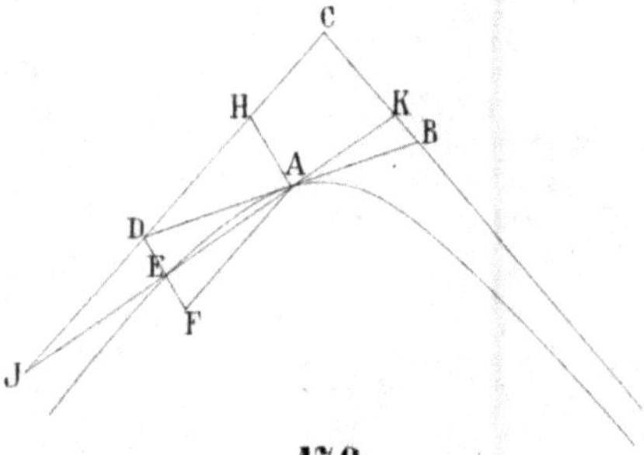

178.

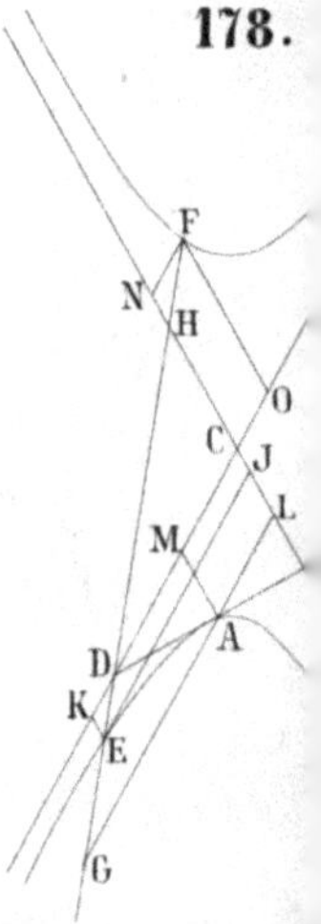

179.

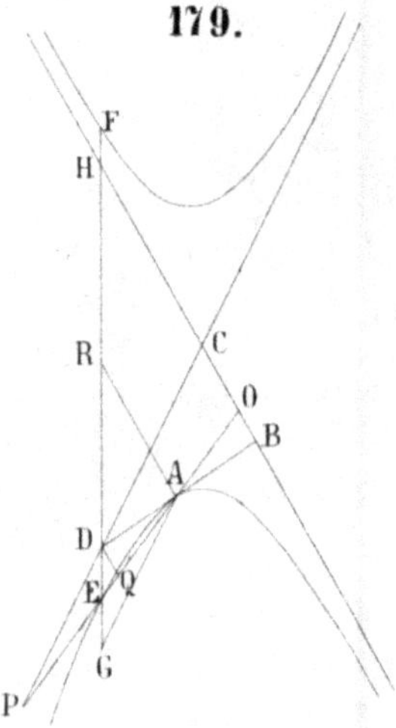

173.

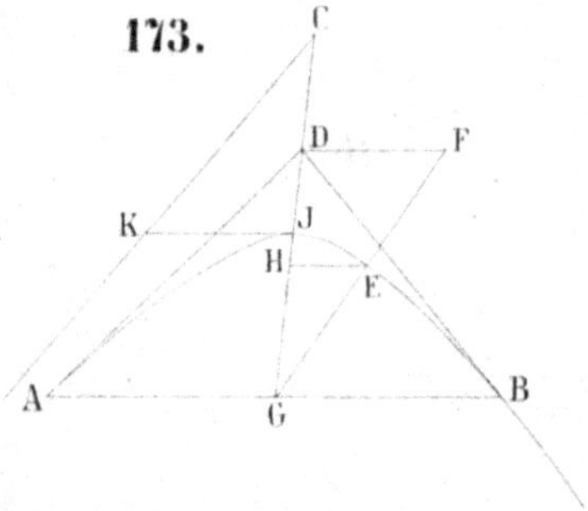

176.

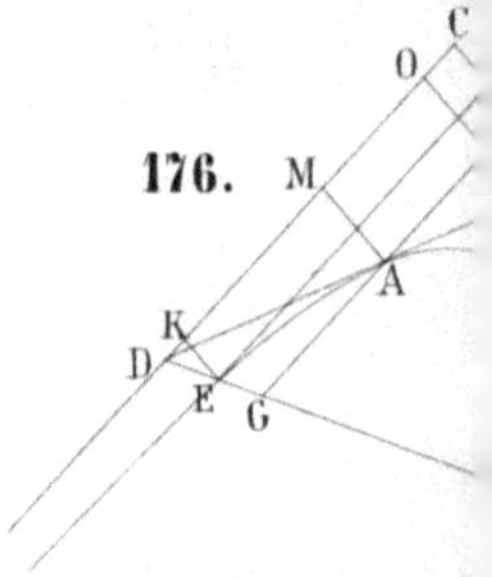

170.

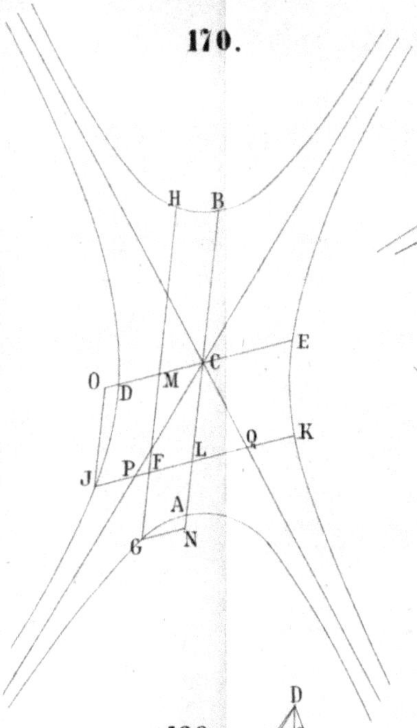

171.

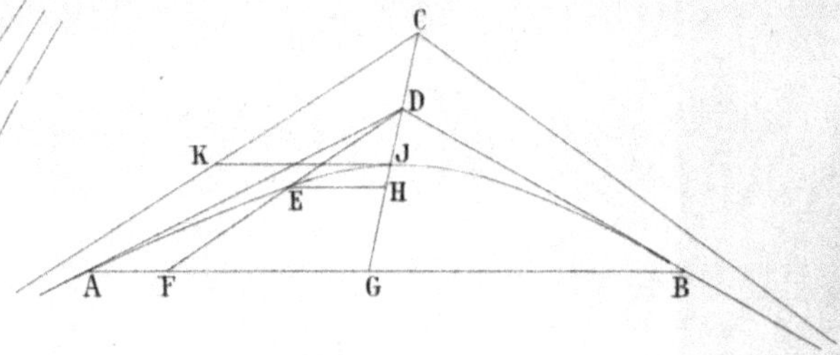

174.

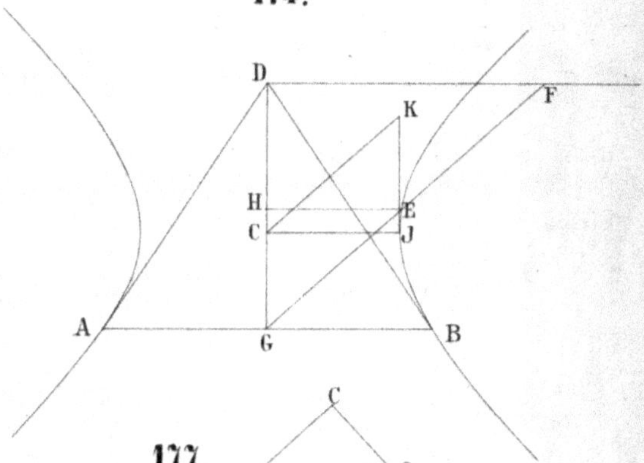

177.

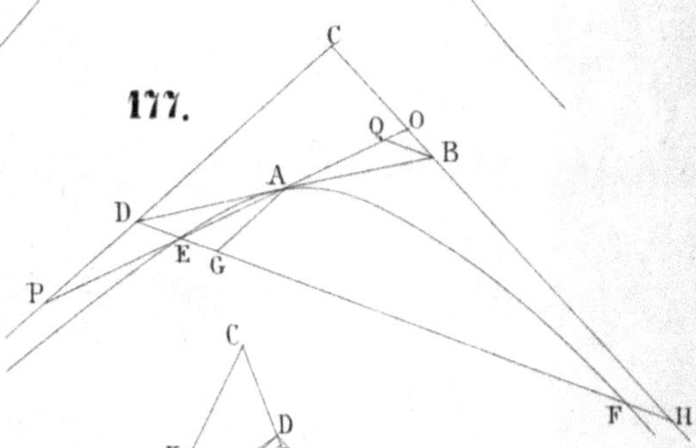

180.

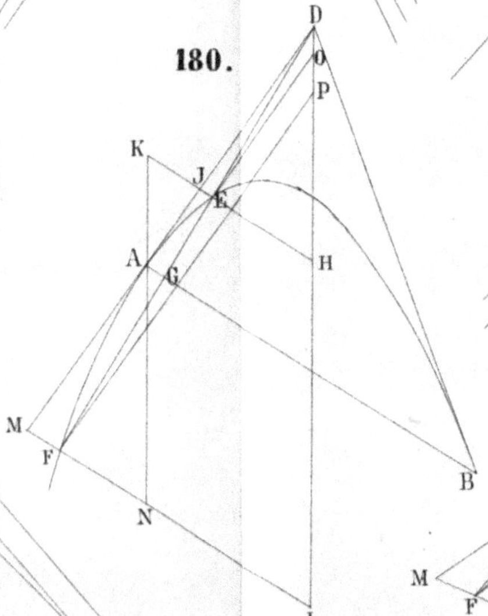

181.

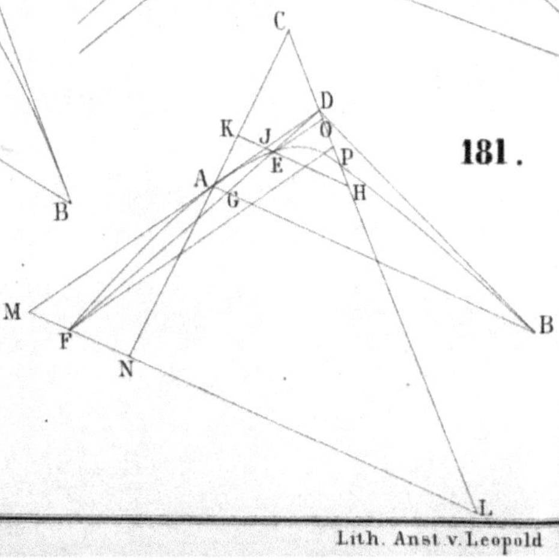

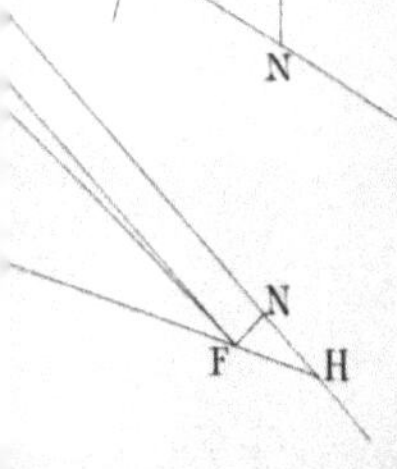

Lith. Anst. v. Leopold Kraatz in Berlin.

183.

182.

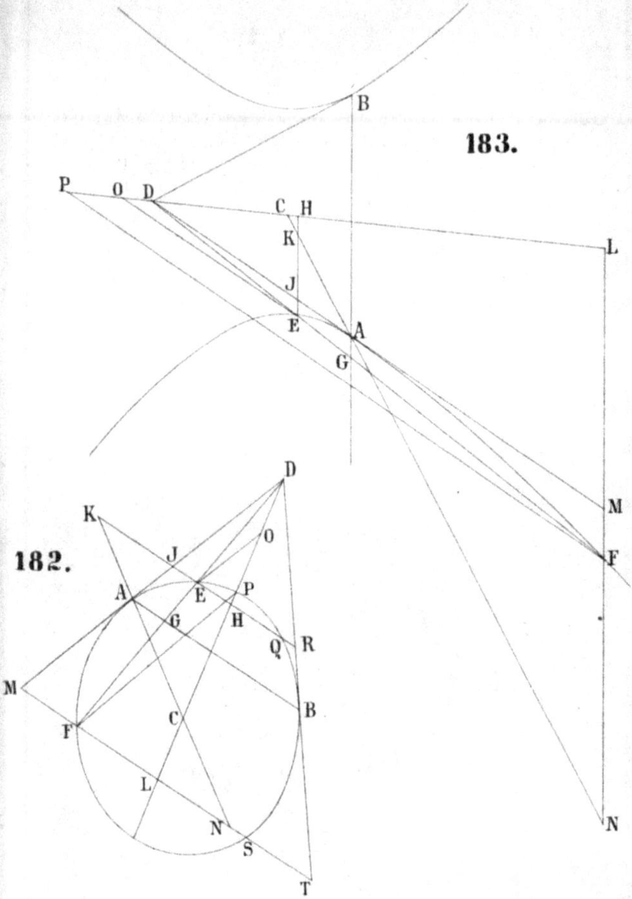

184.

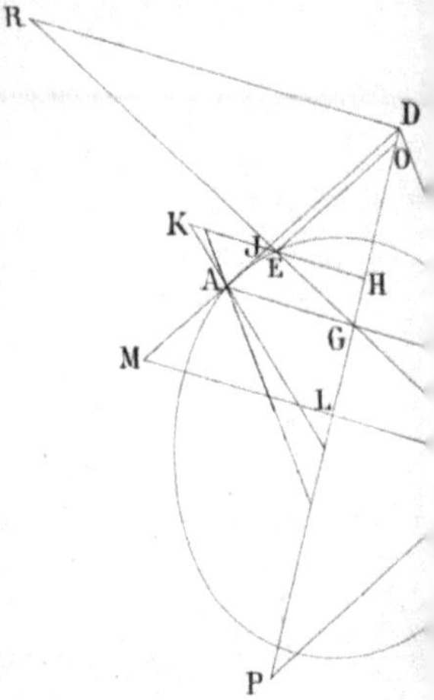

188.

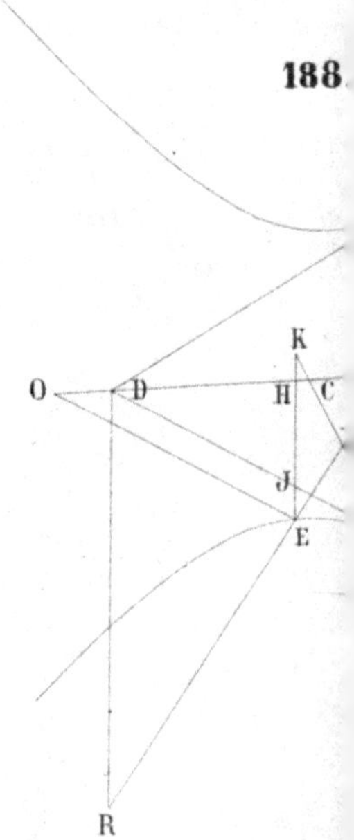

185.

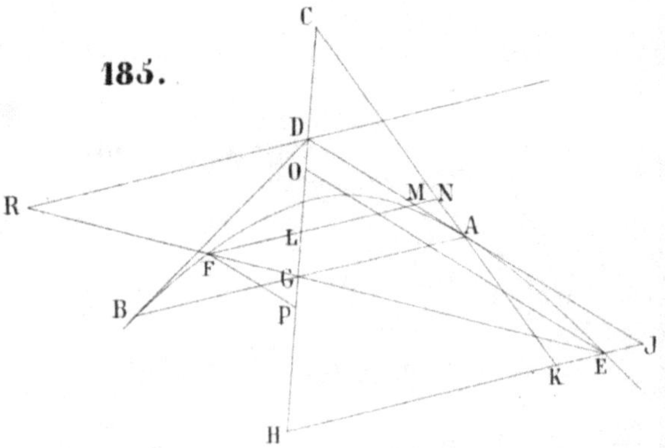

186.

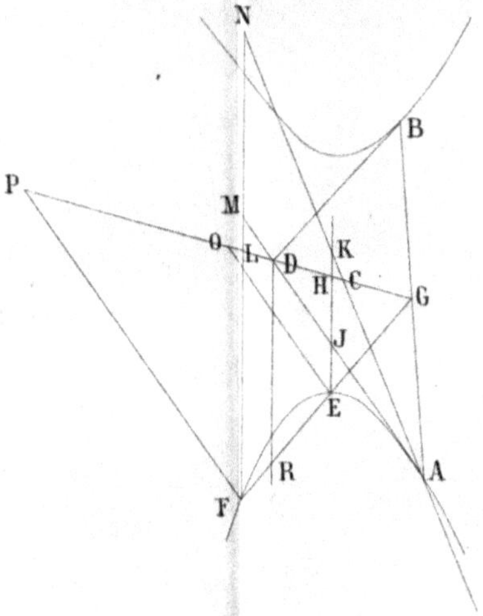

187.

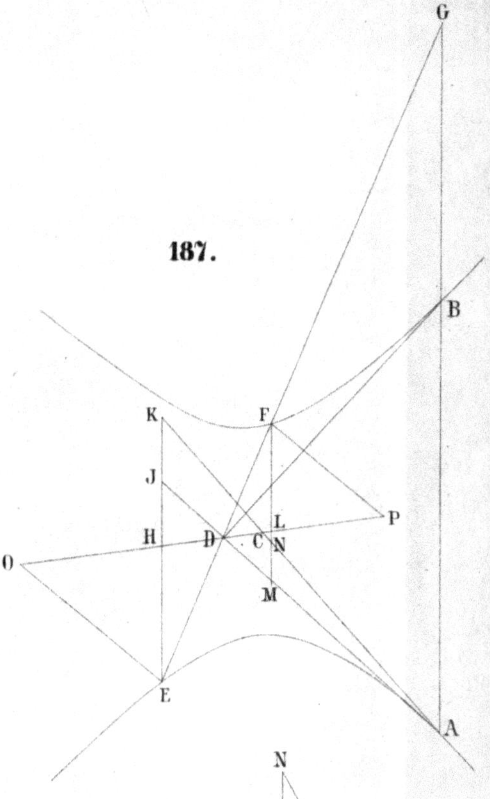

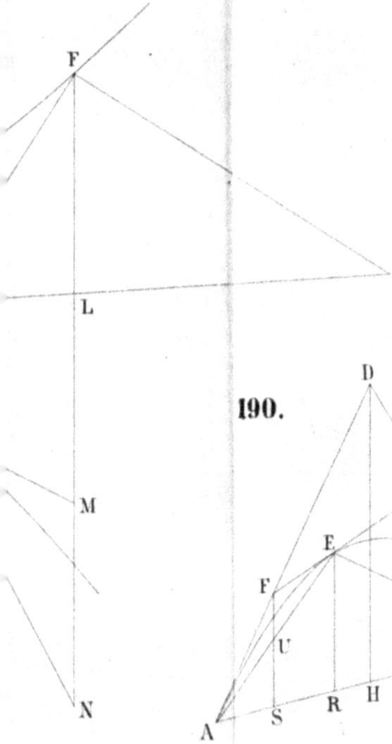

190.

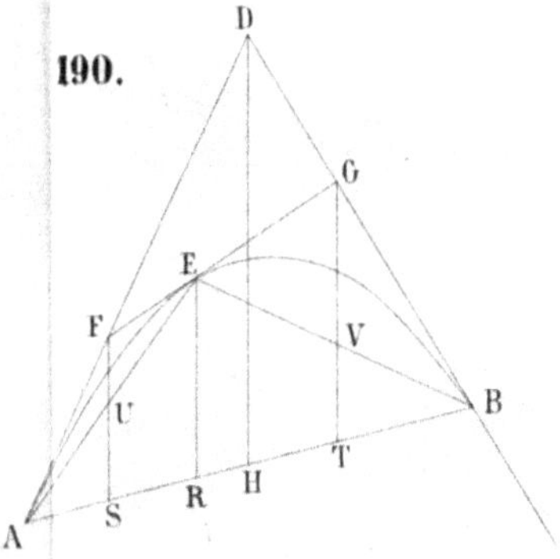

189.

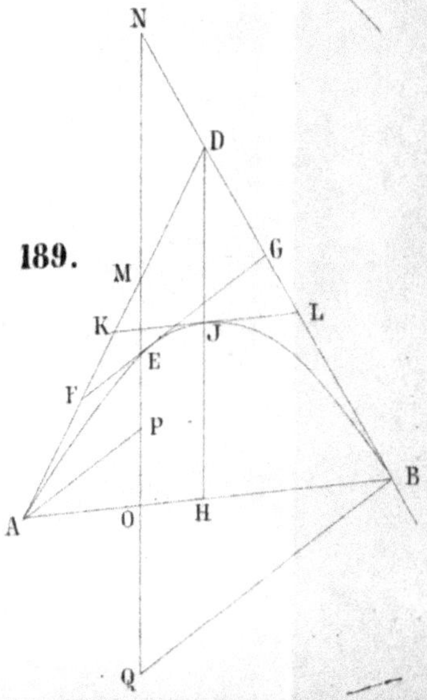

Lith. Anst. v. Leopold Kraatz in Berlin.

191.

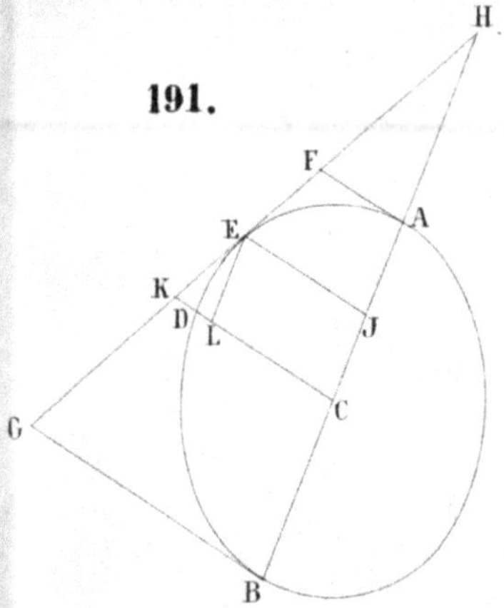

192.

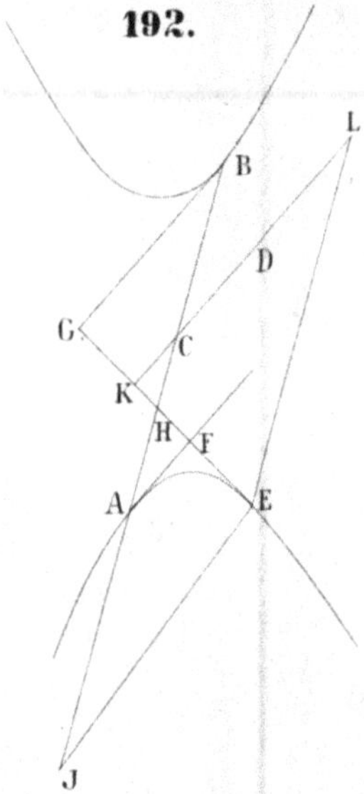

194.

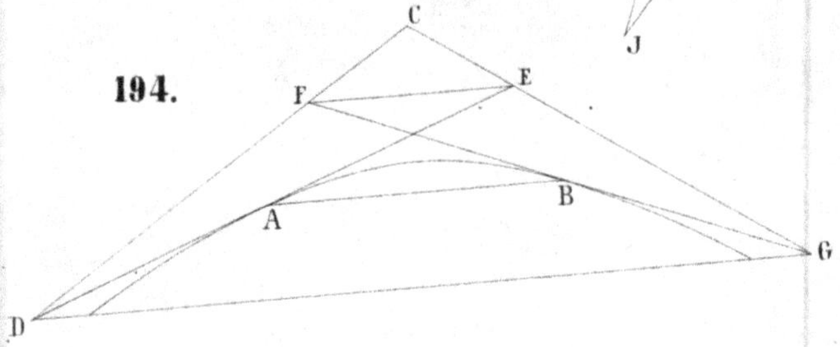

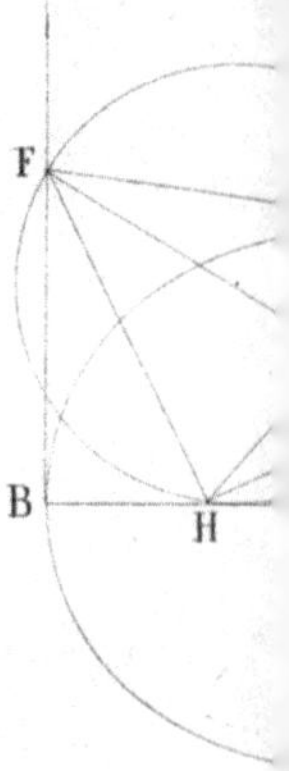

195.

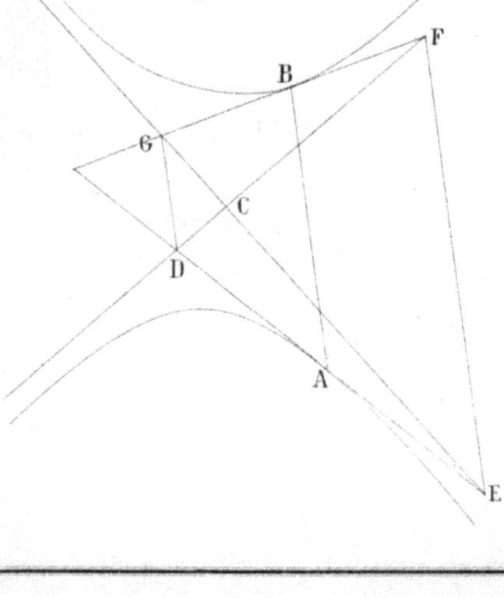

202.

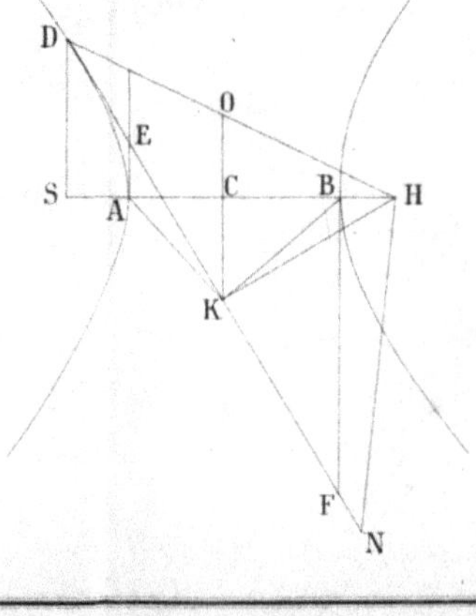

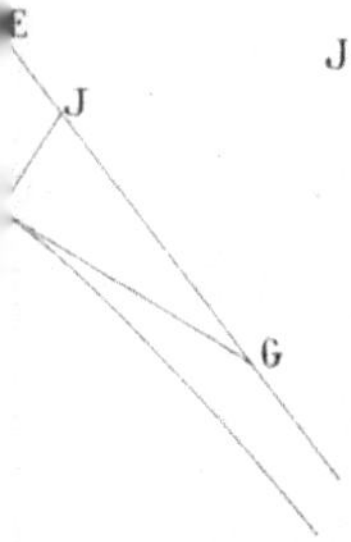

196.

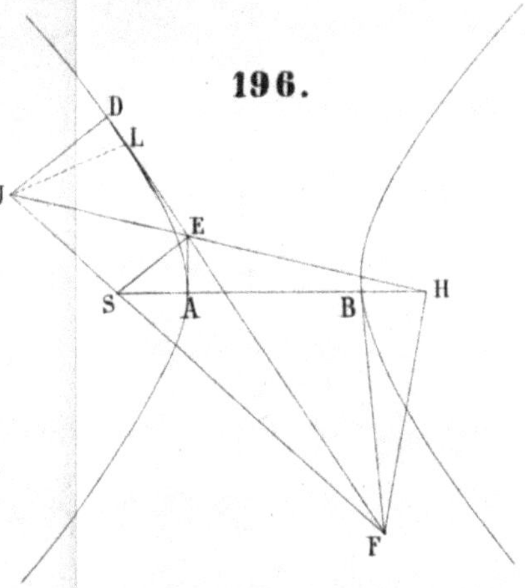

197.

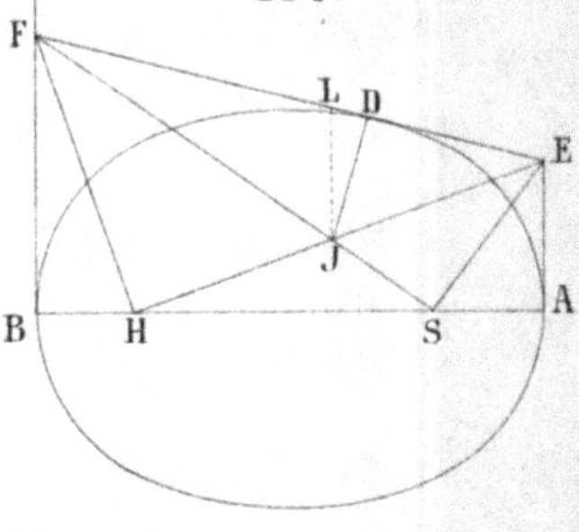

8.

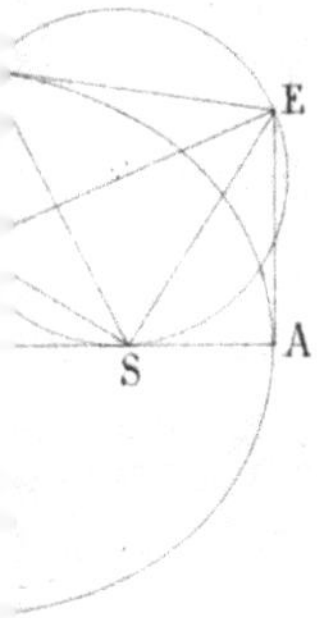

200.

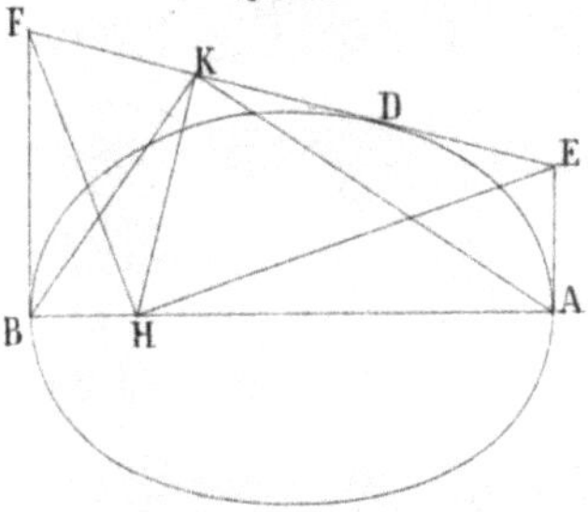

201.

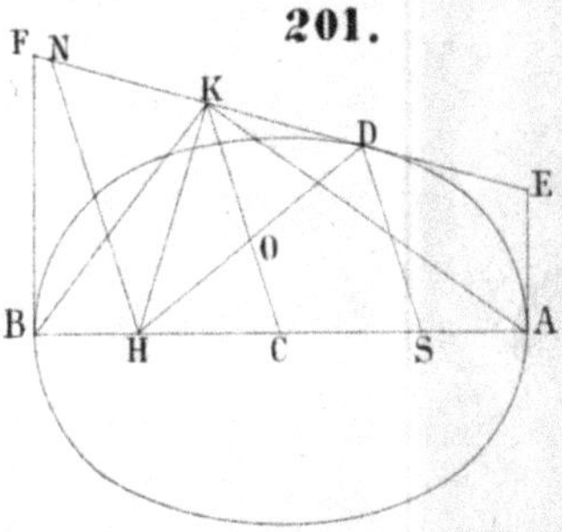

199

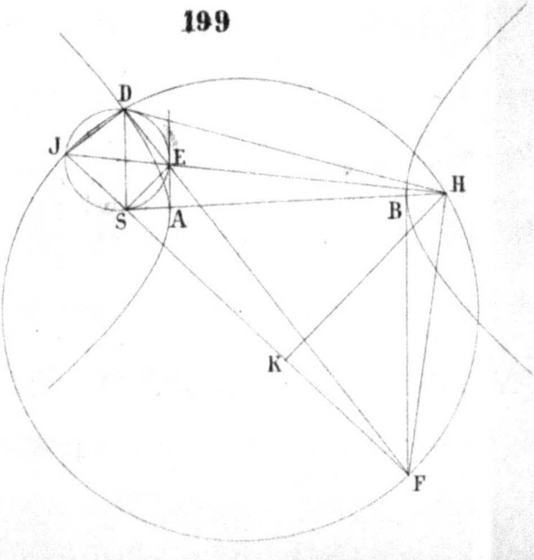

203.

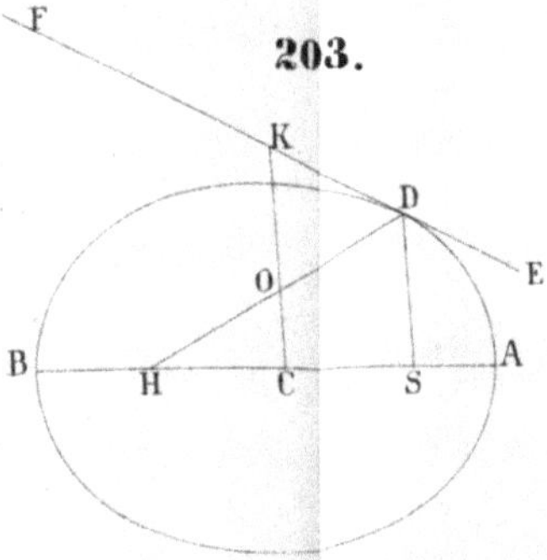

Lith. Anst. v. Leopold Kraatz in Berlin.

204.

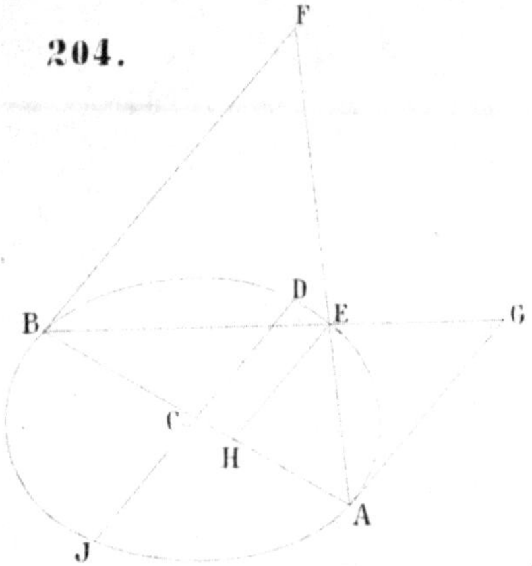

205.

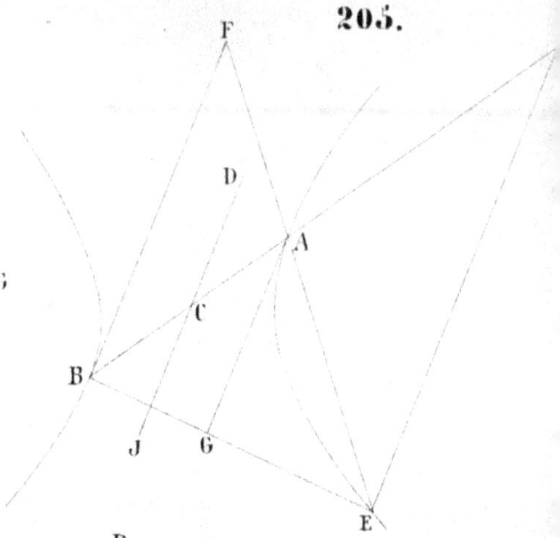

208.

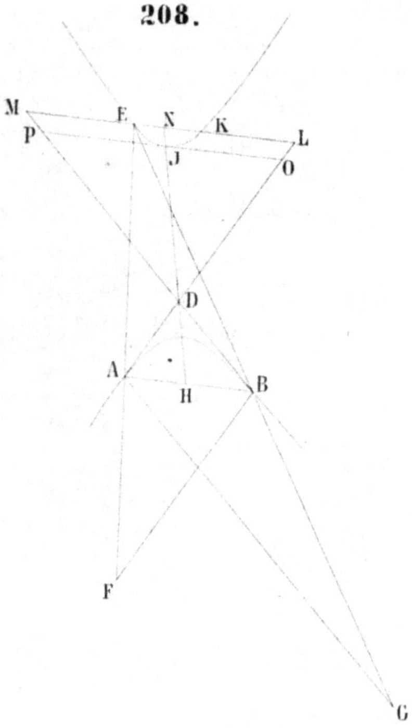

209.

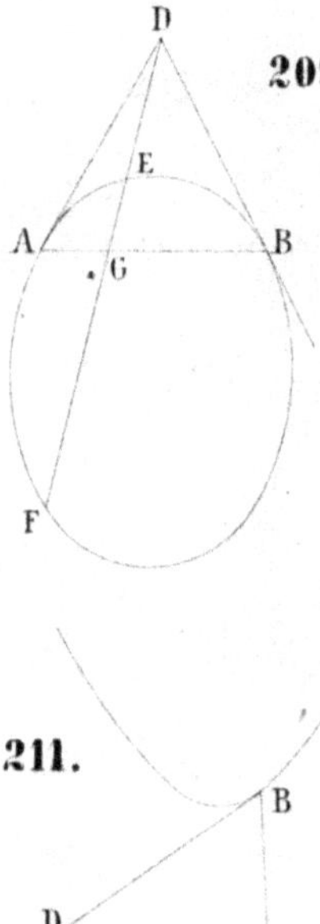

211.

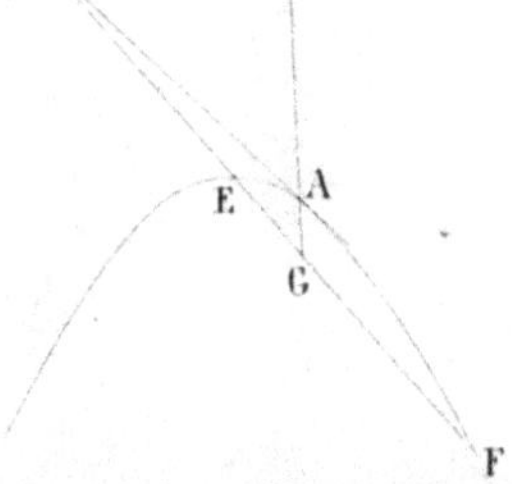

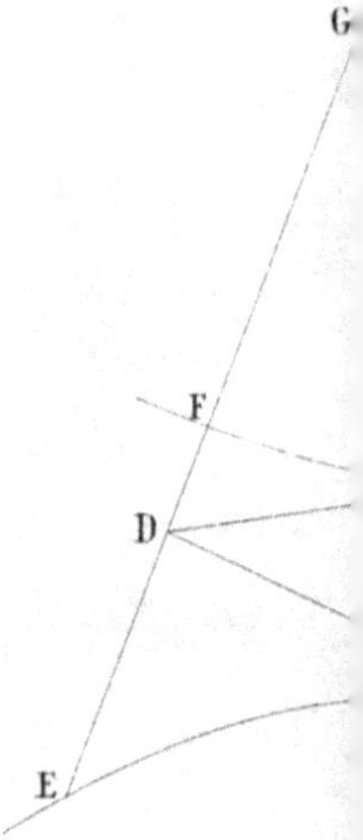

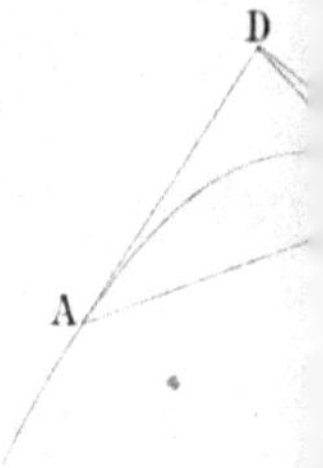

206.

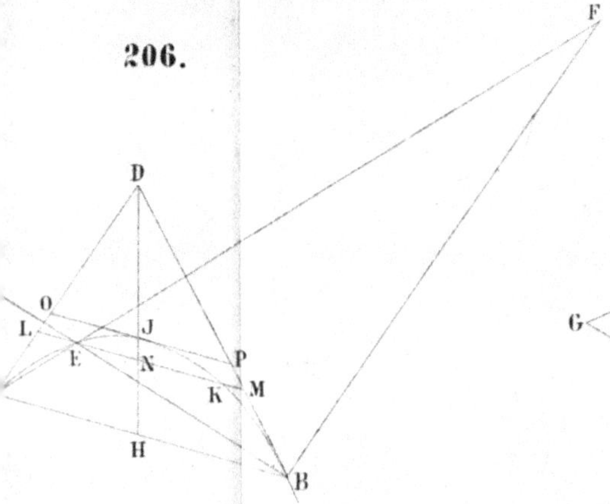

207.

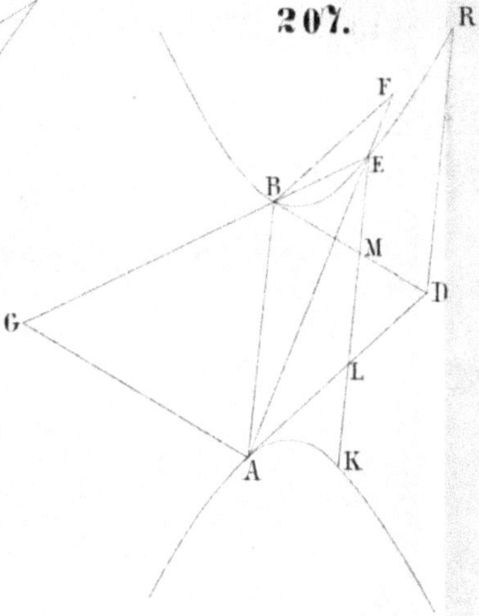

212.

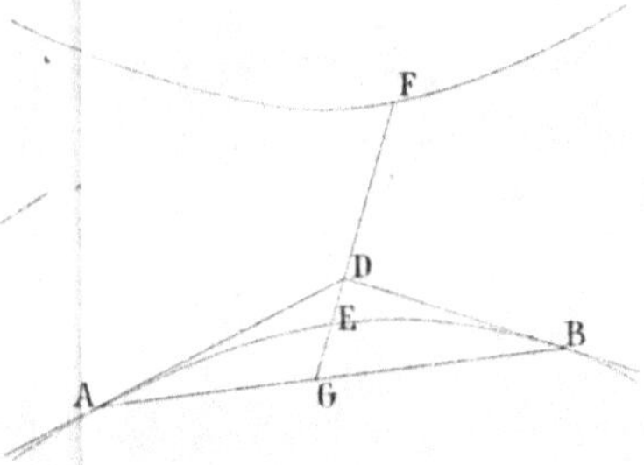

213.

215.

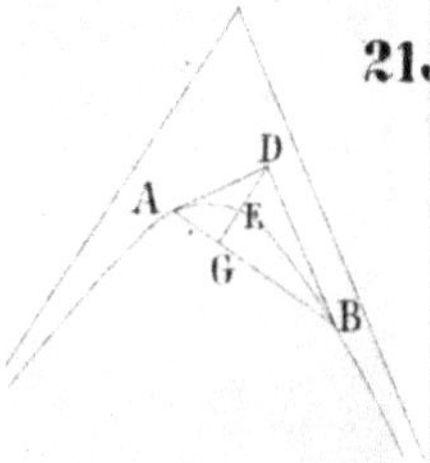

214.

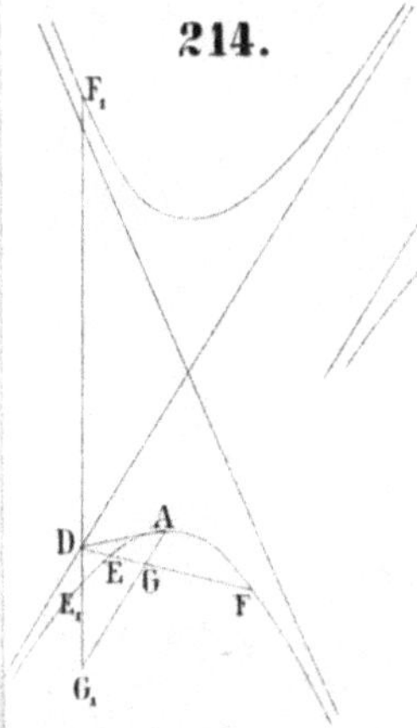

216.

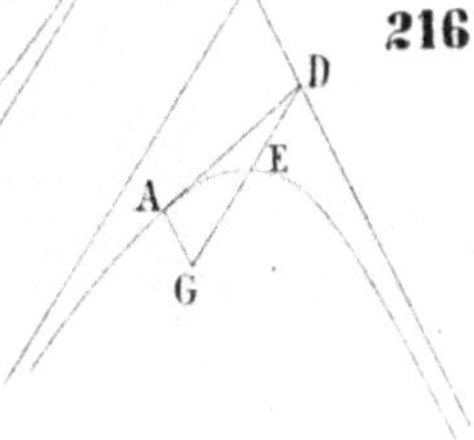

217.

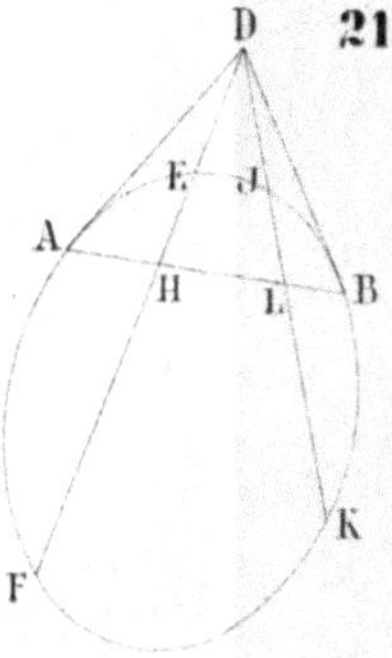

Lith. Anst. v. Leopold Kraatz in Berlin.

218

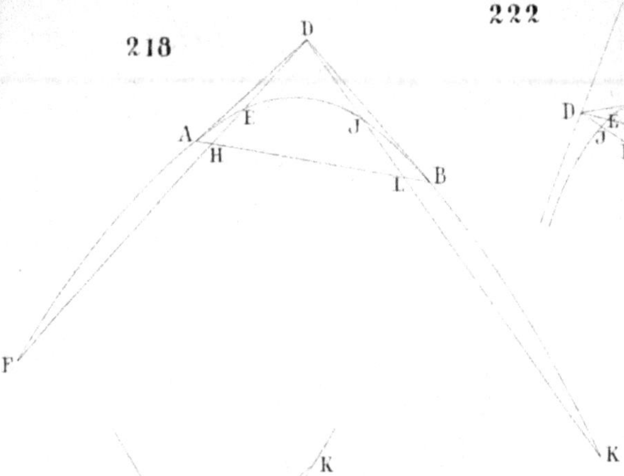

222

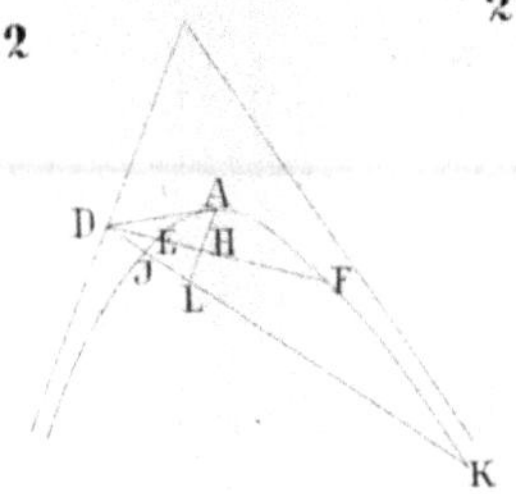

224

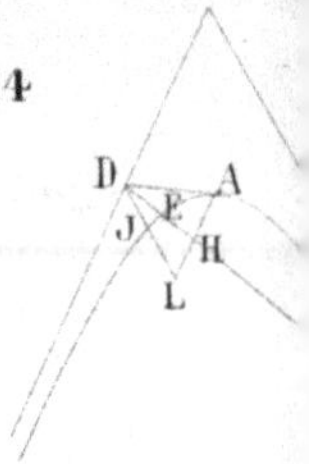

223

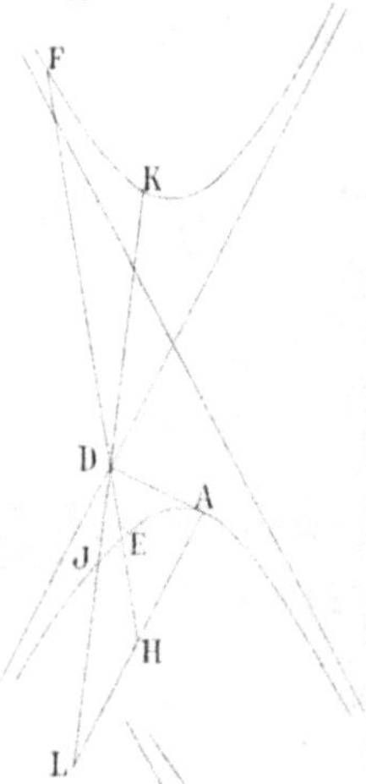

219

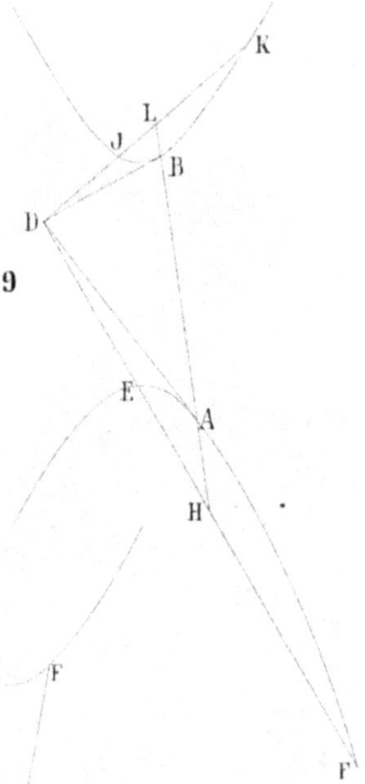

221

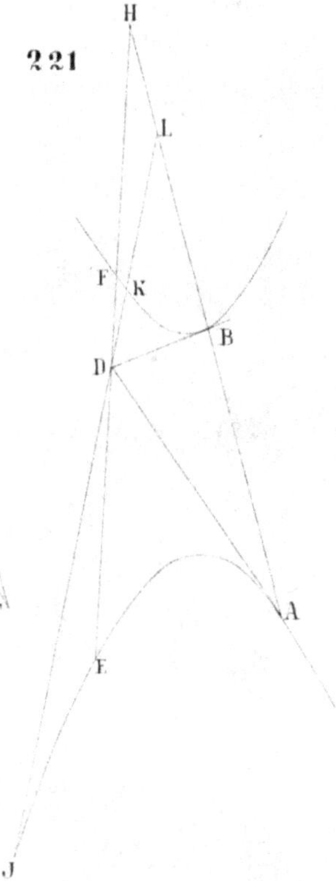

225

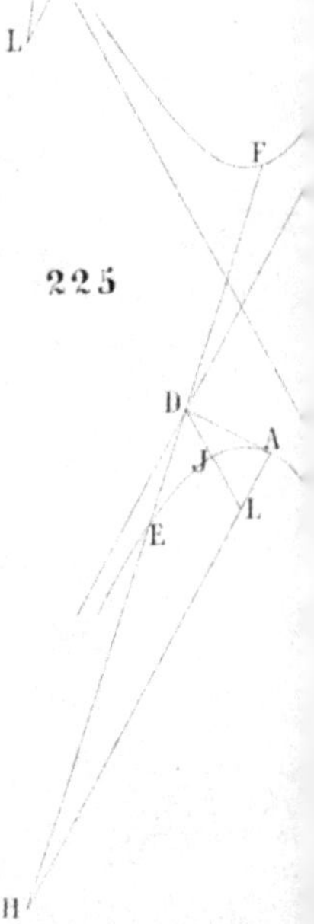

220

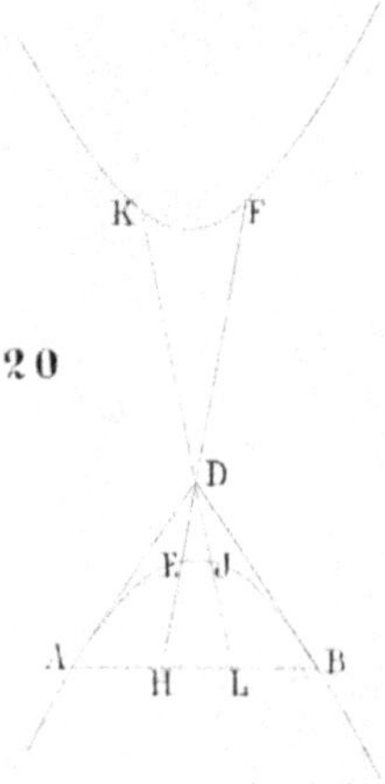

227

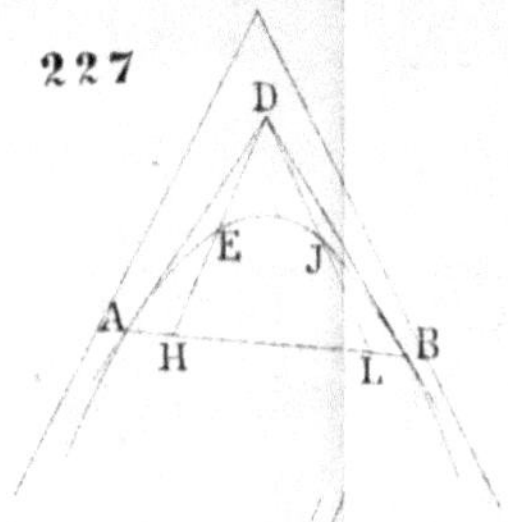

229

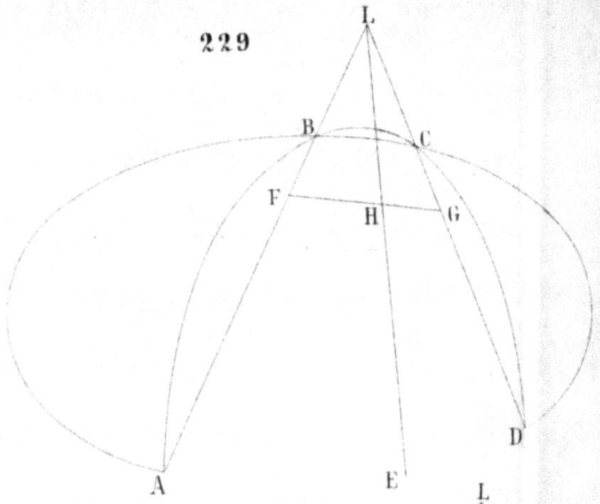

6

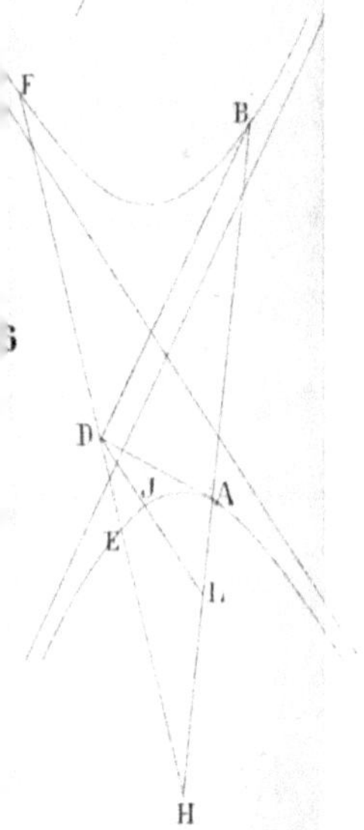

228

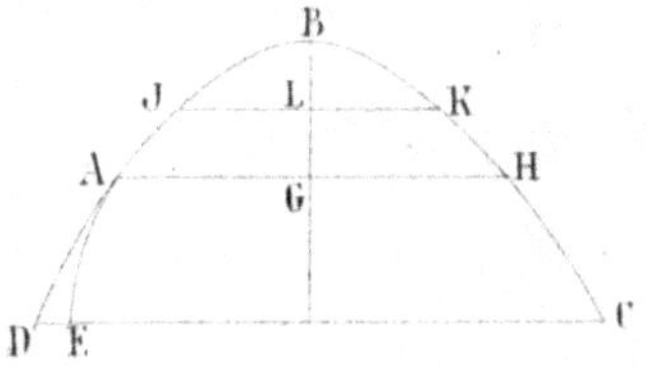

232

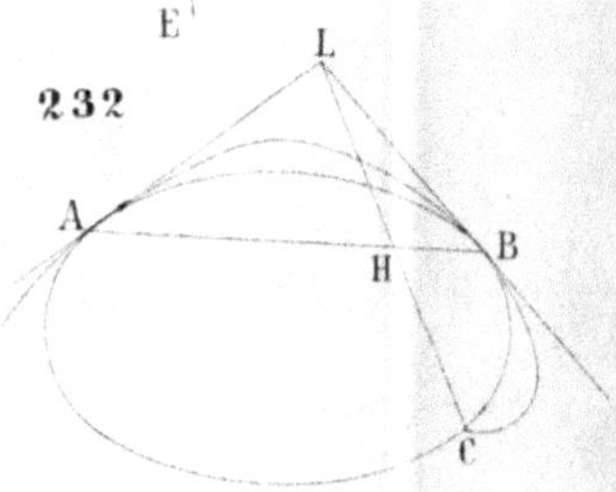

230

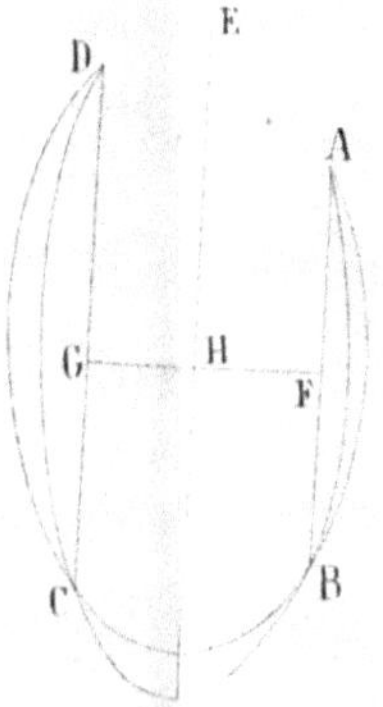

231

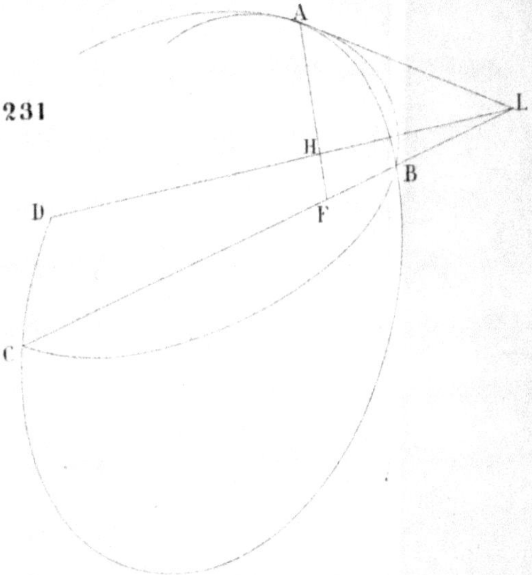

Lith. Anst. v. Leopold Kraatz in Berlin

233

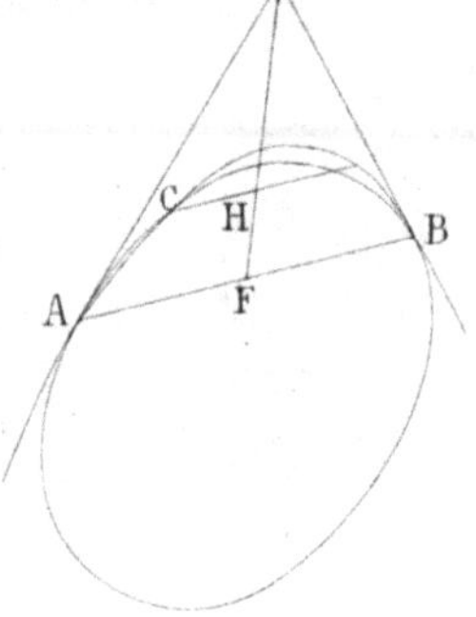

234

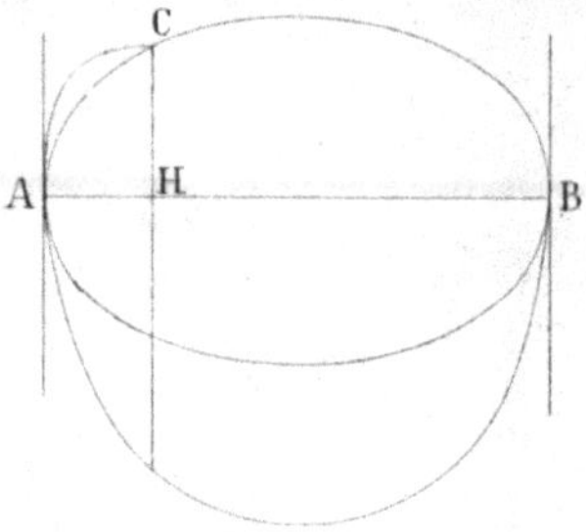

235

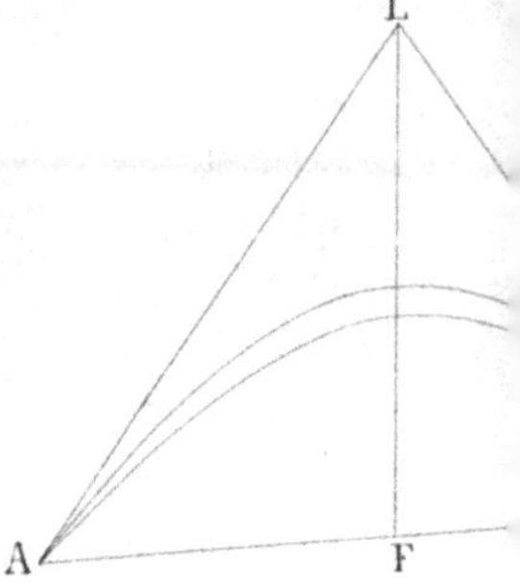

240

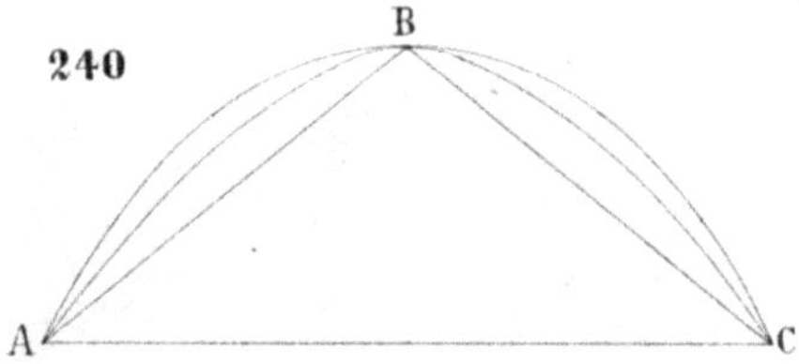

241

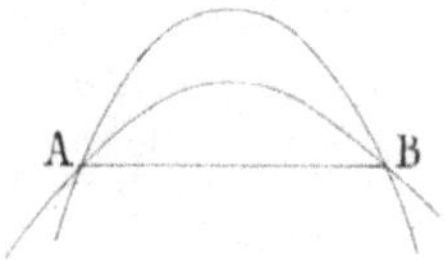

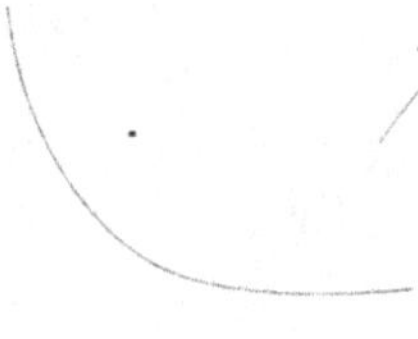

245

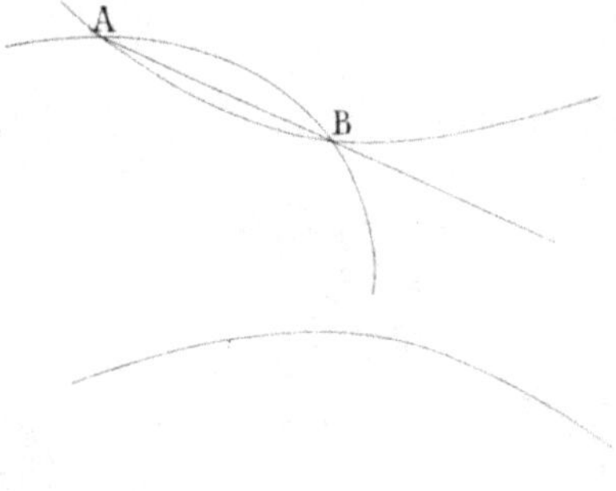

246

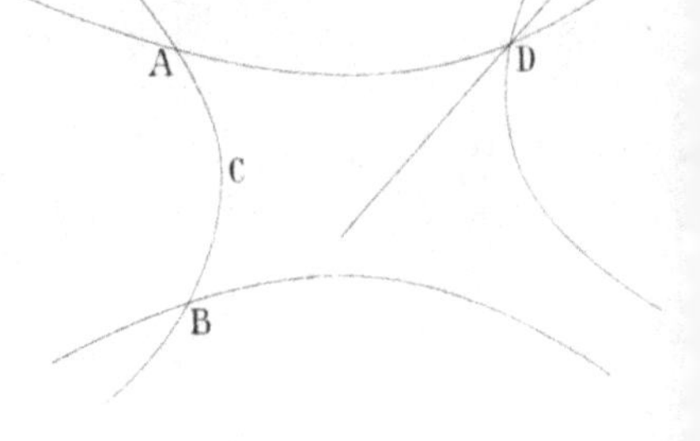

236

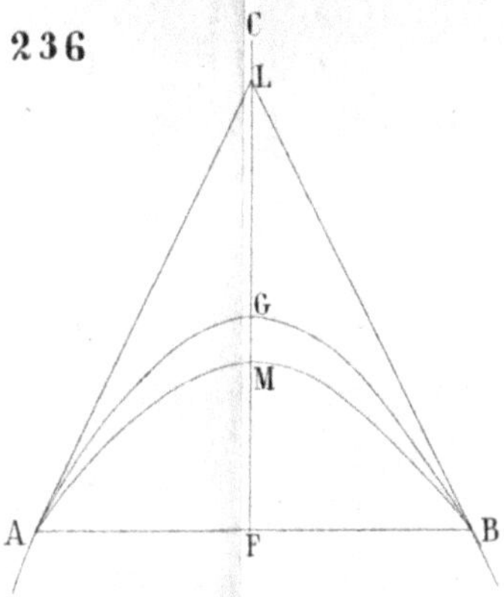

237

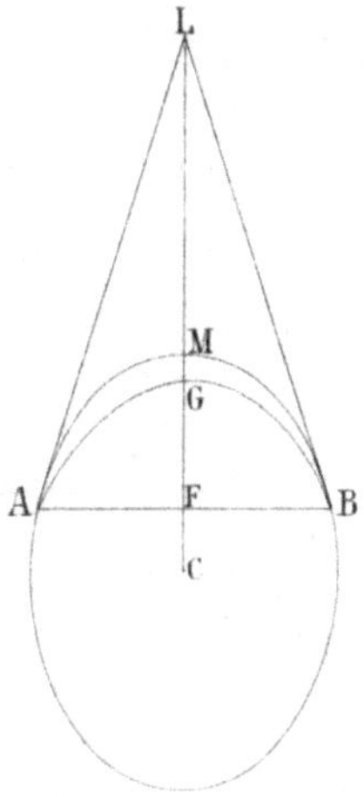

238

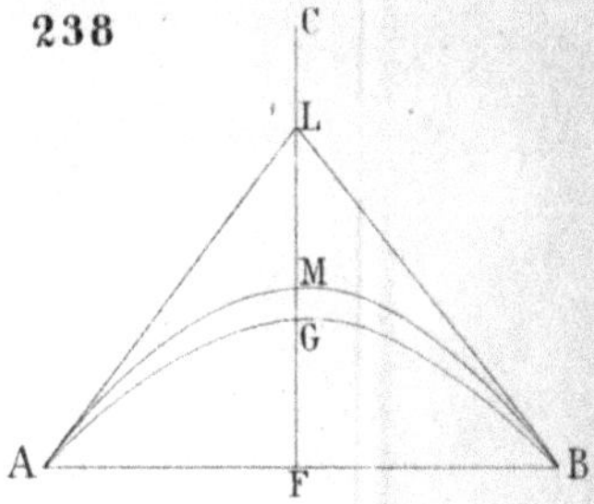

239

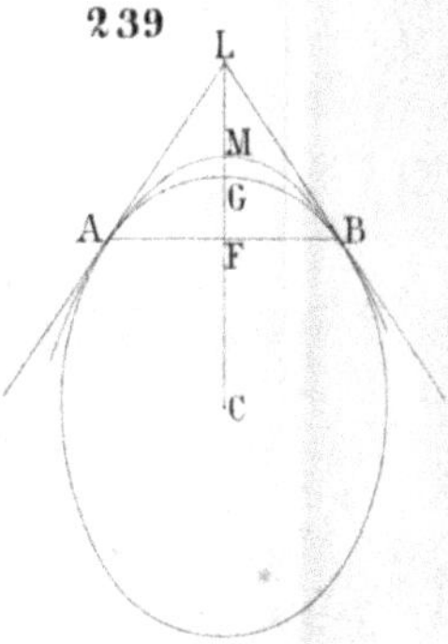

243

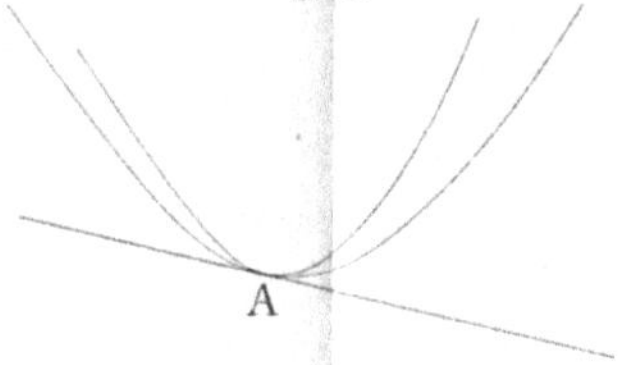

244

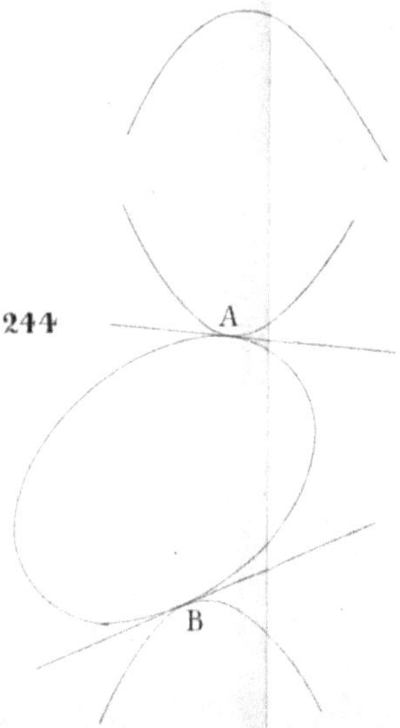

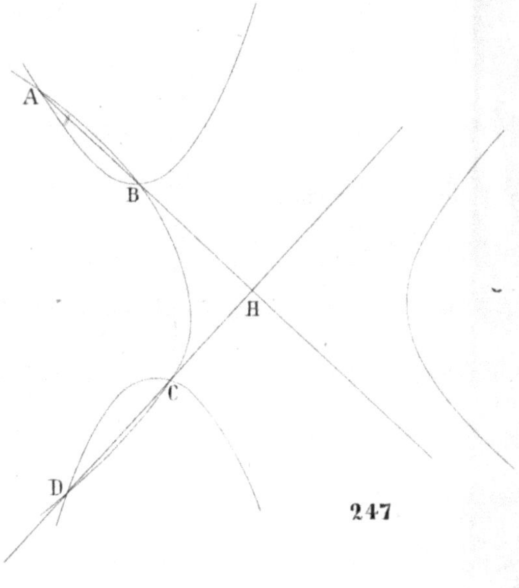

247

Lith. Anst. v. Leopold Kraatz in Berlin

250.

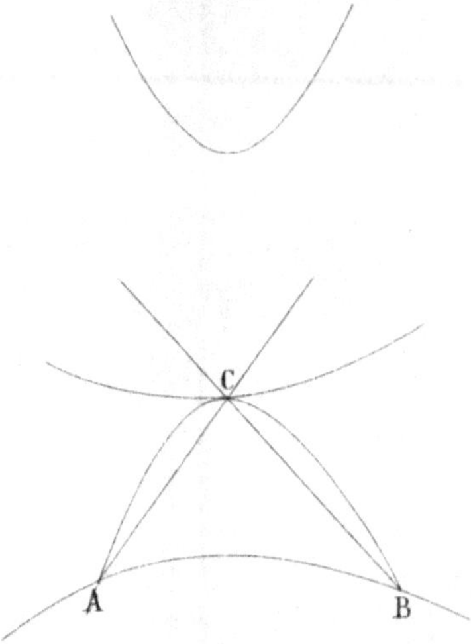

248.

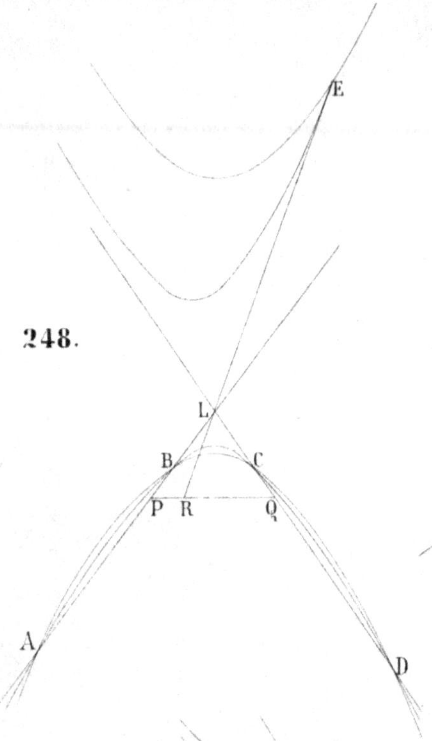

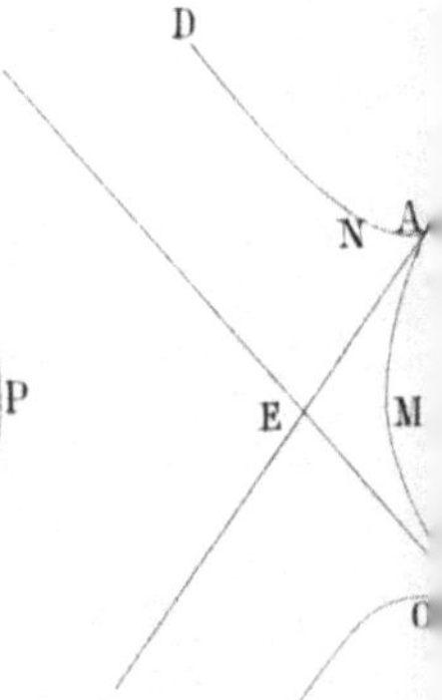

253 a.

249.

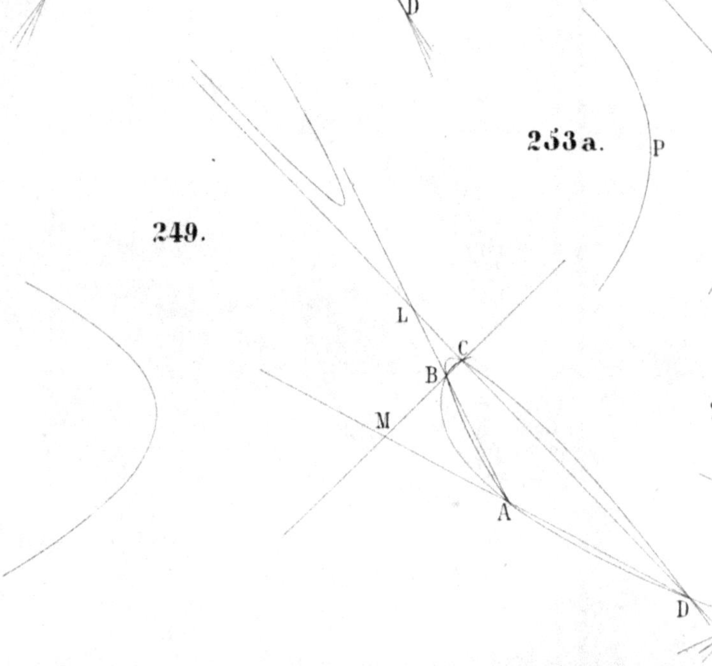

253 b

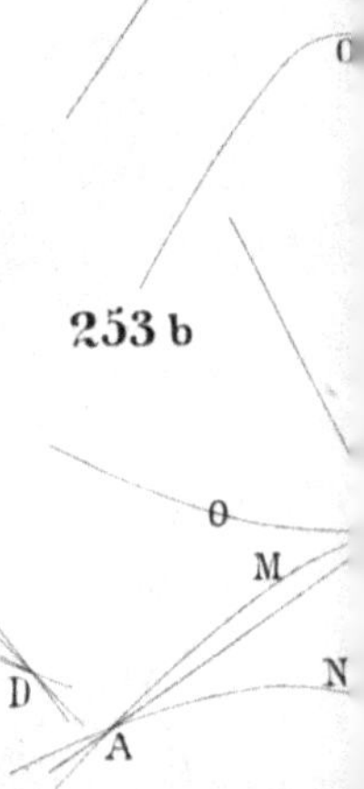

255

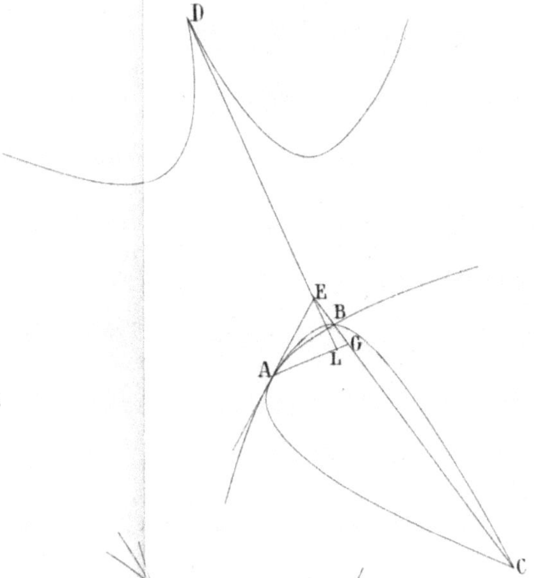

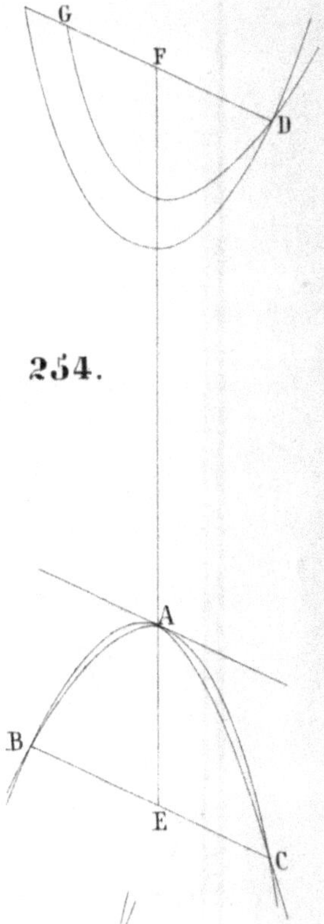

254.

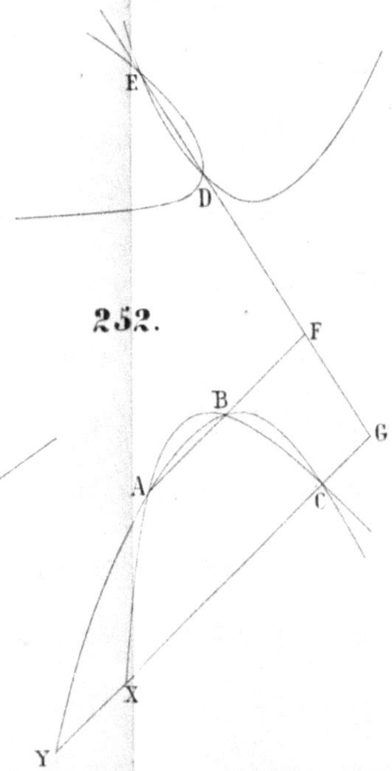

252.

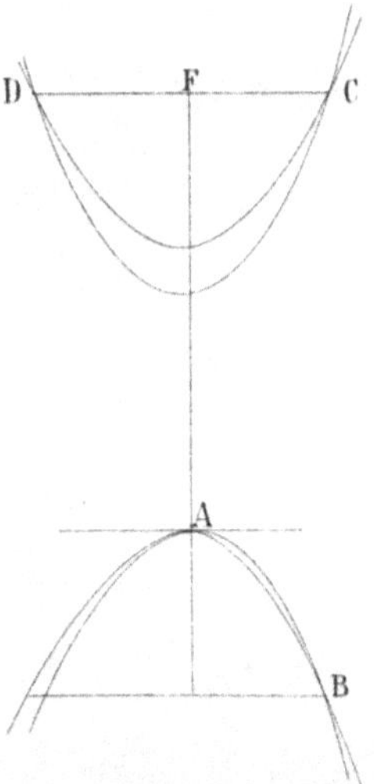

256.

Lith Anst v Leopold Kraatz in Berlin

257

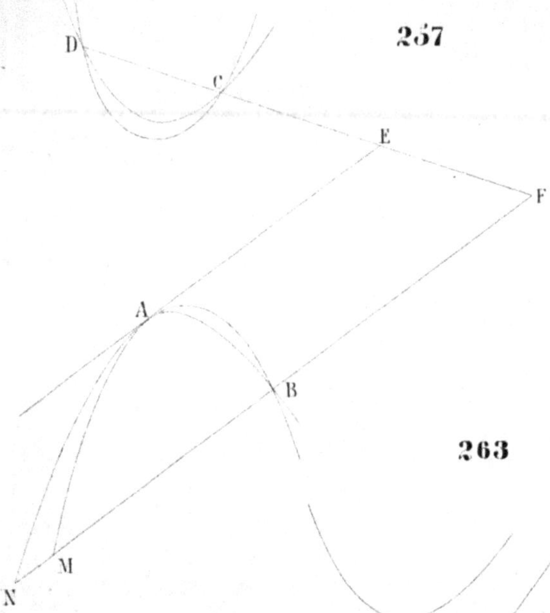

258

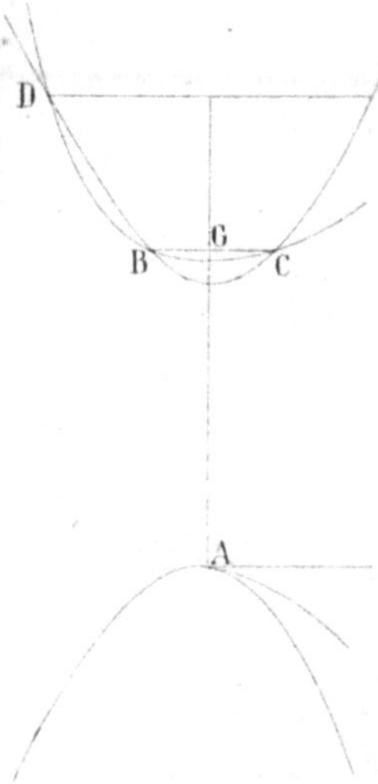

263

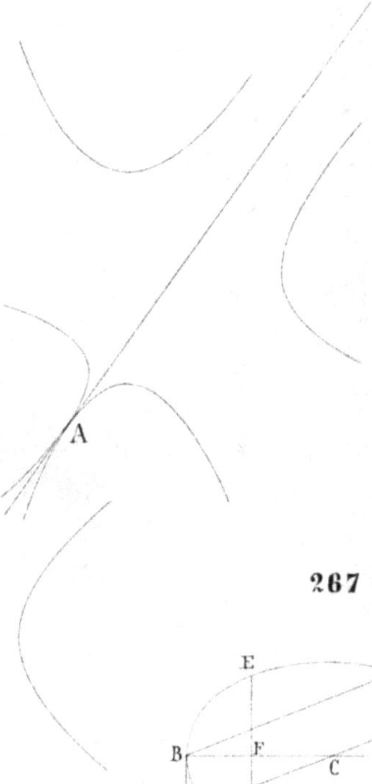

264

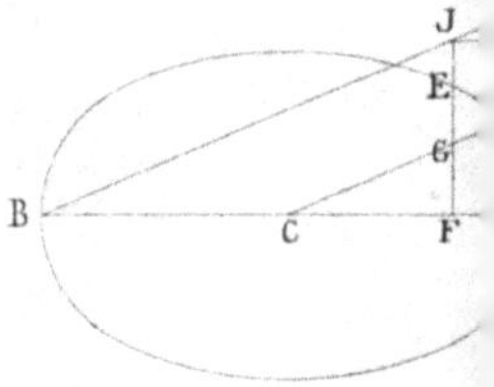

260

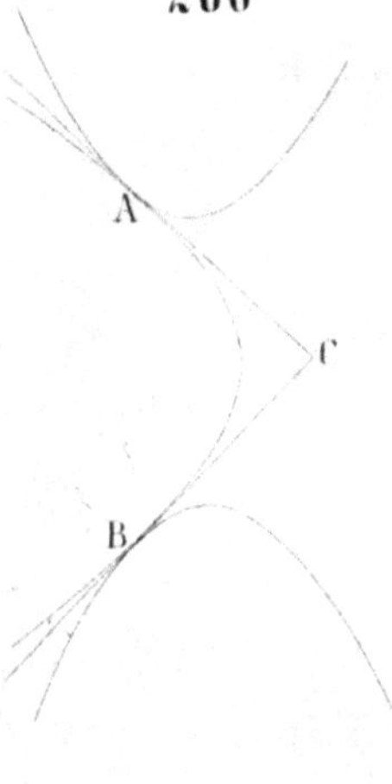

267

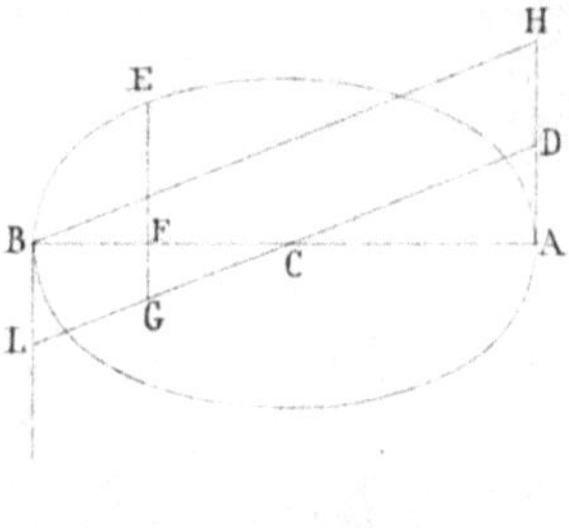

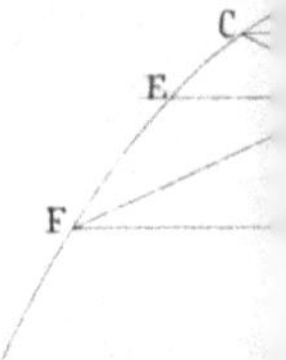

259

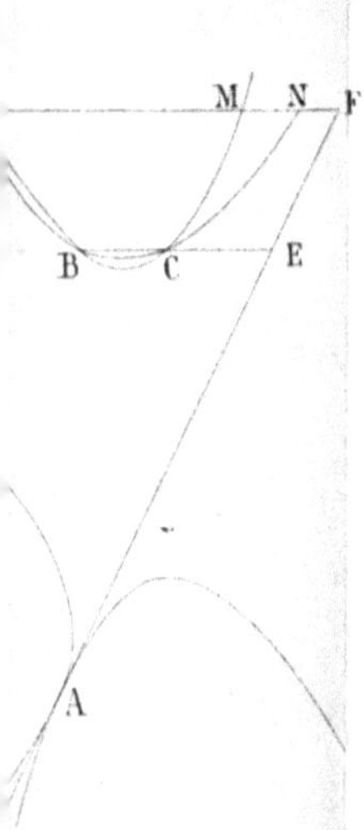

261

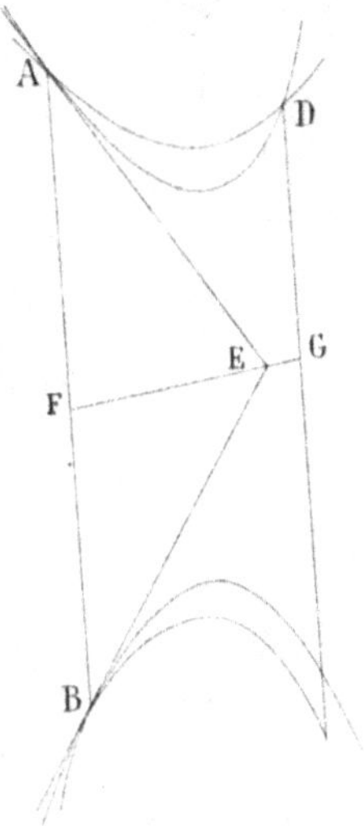

262

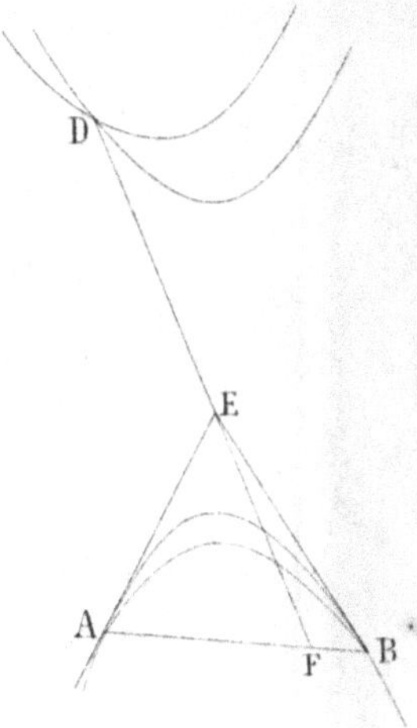

265

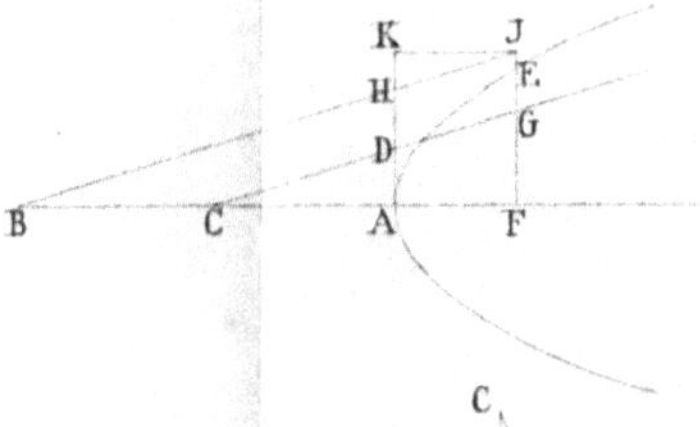

266

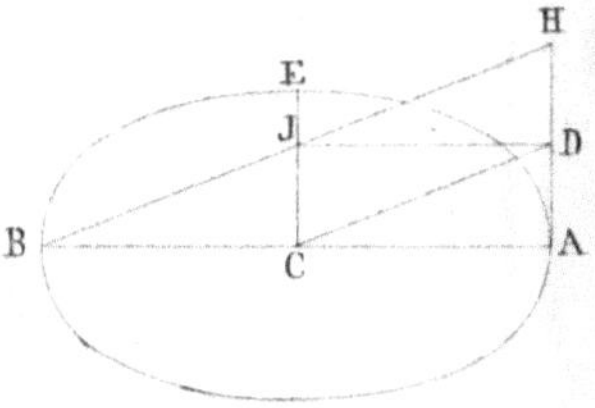

269

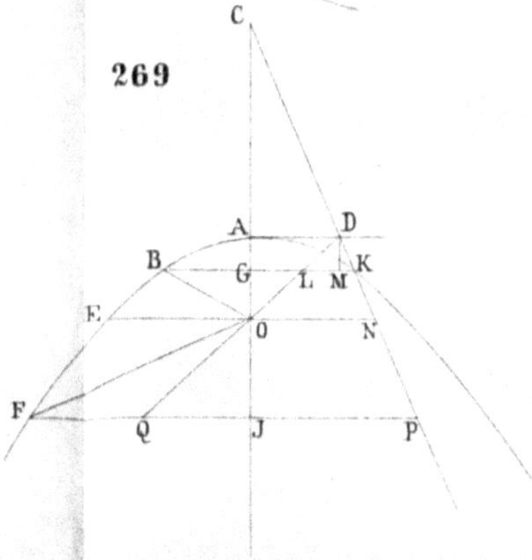

270

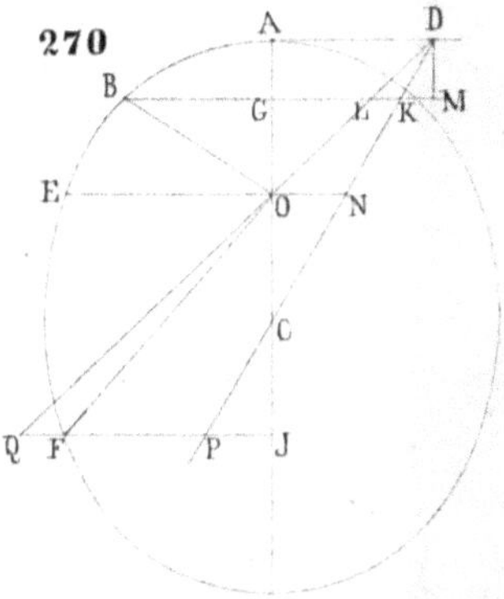

271

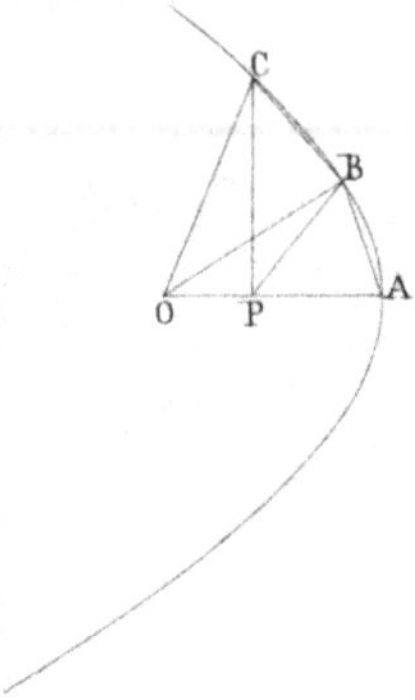

272

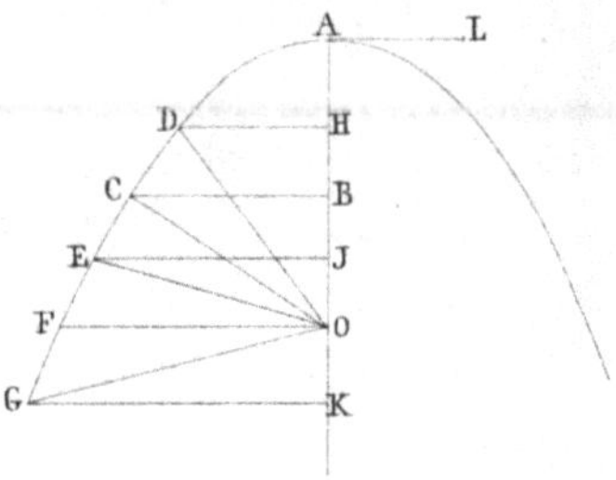

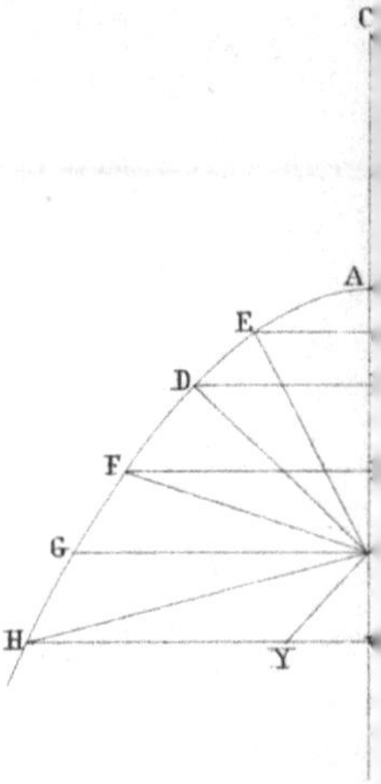

276

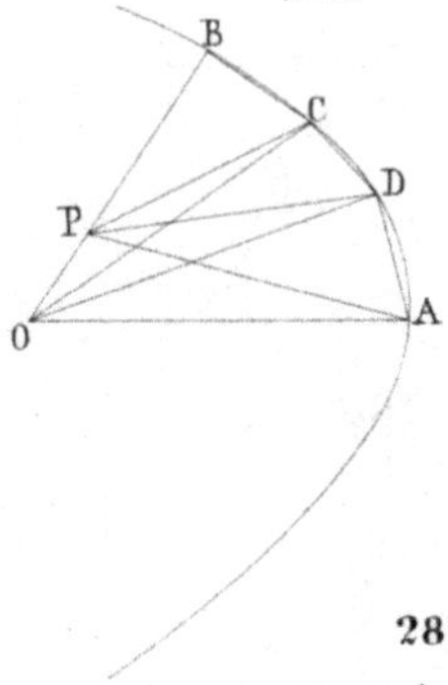

277

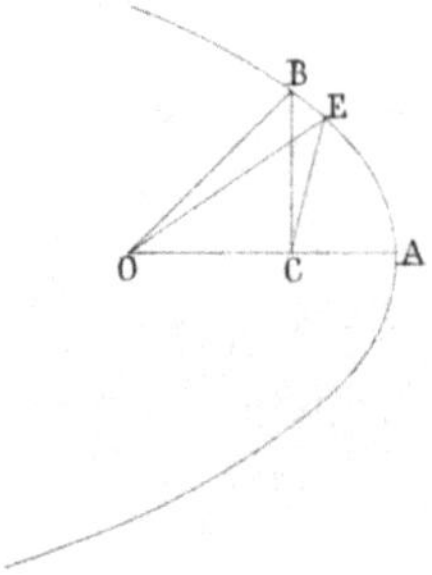

278

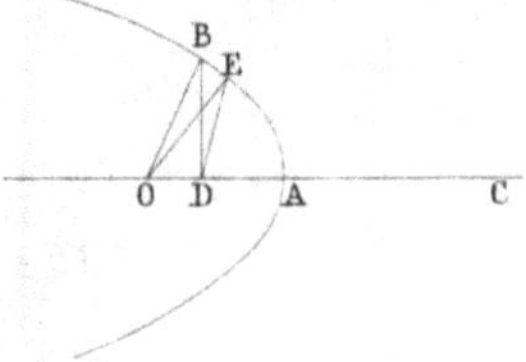

281

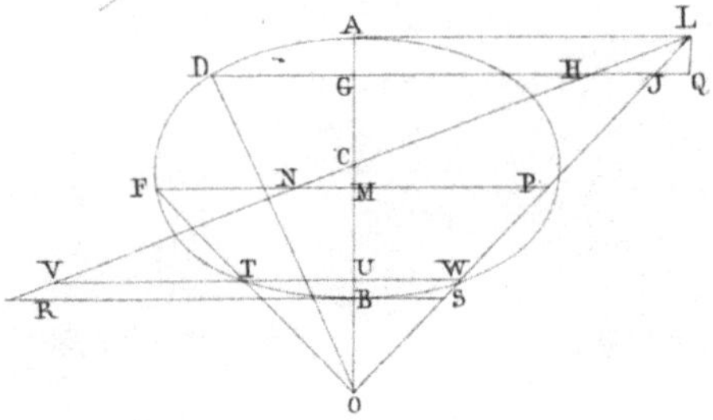

283

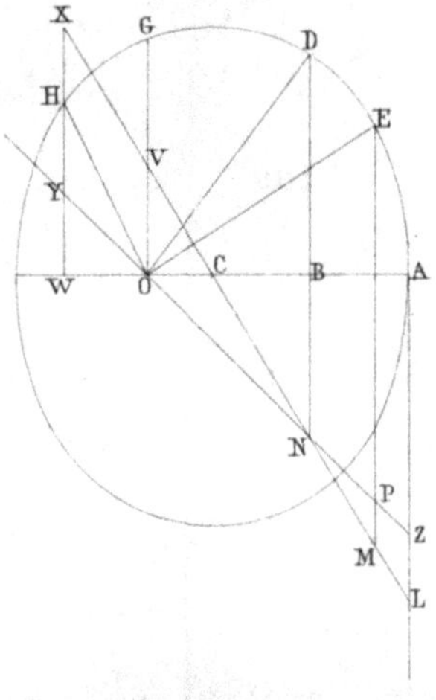

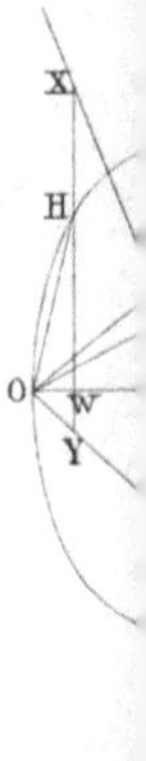

282

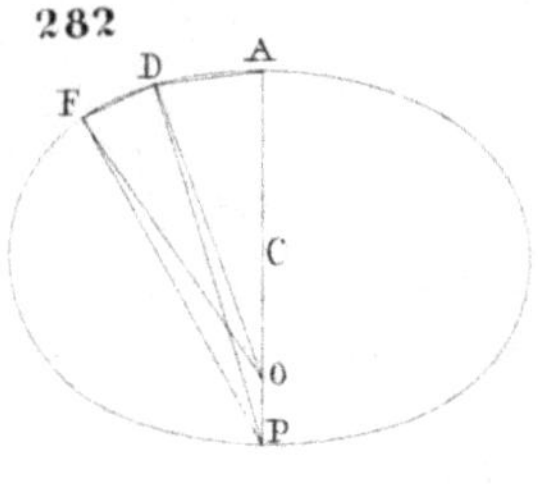

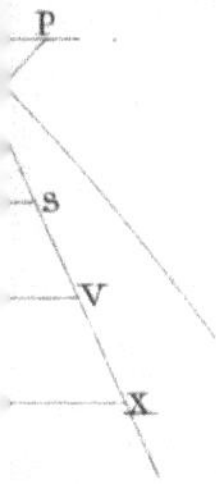

274

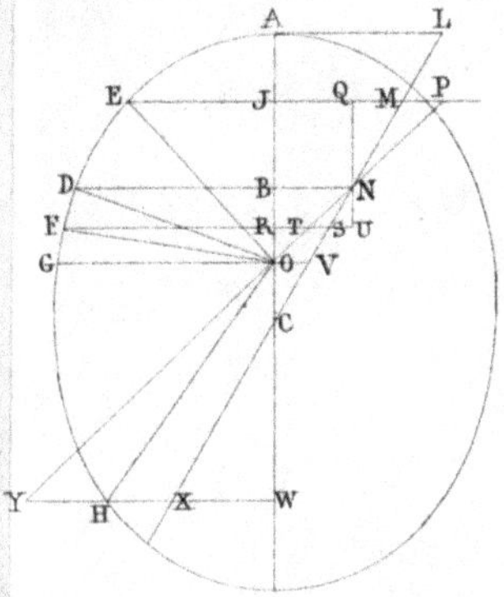

275

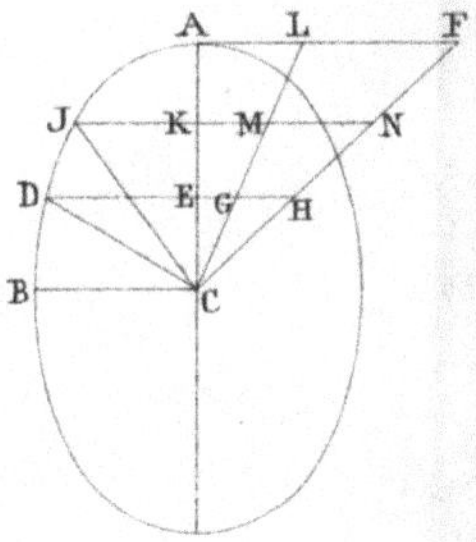

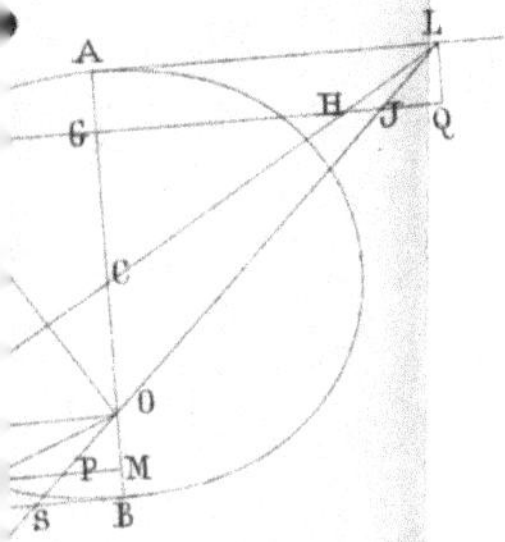

286

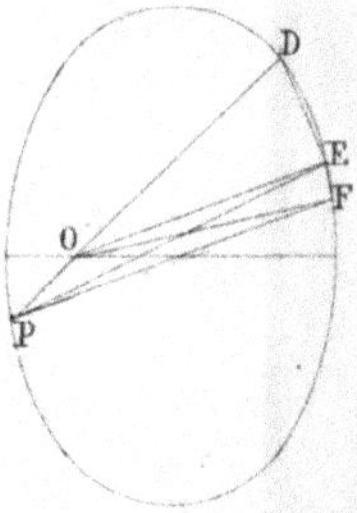

280

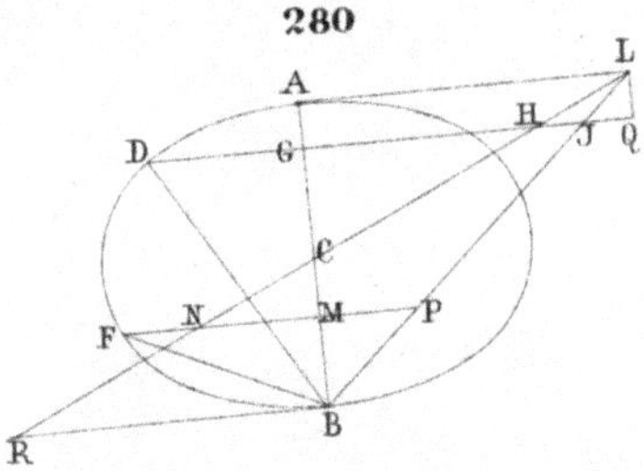

285

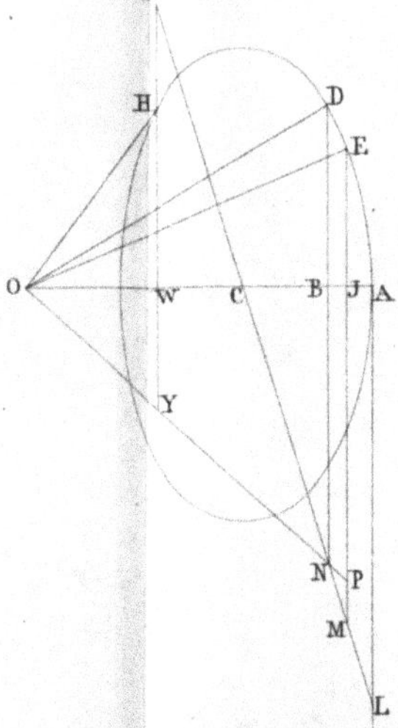

287

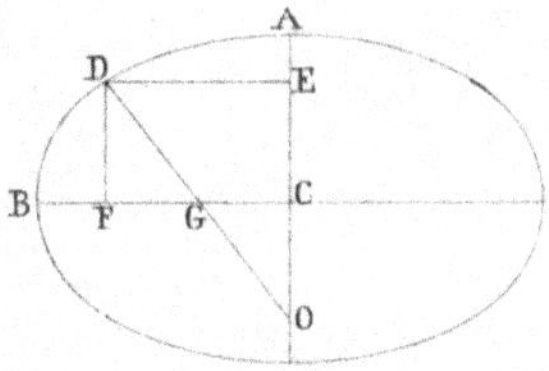

288

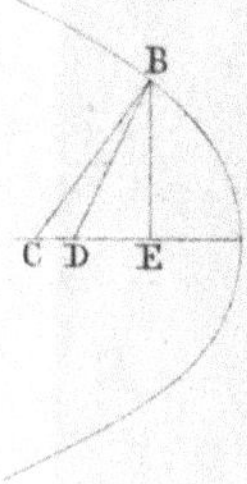

289

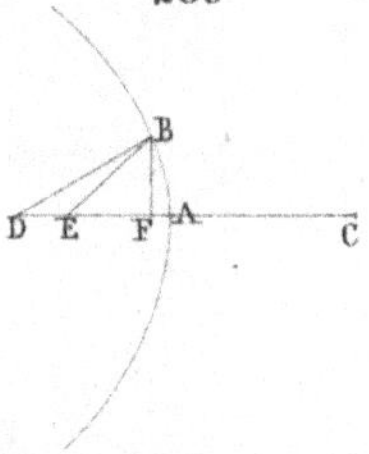

290

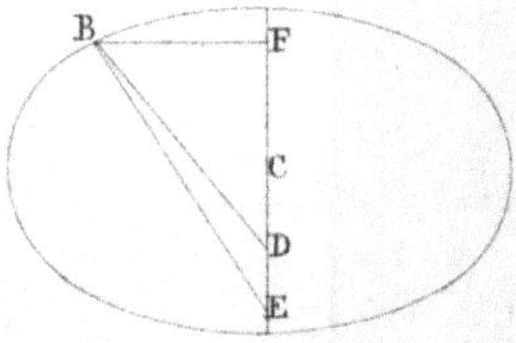

291

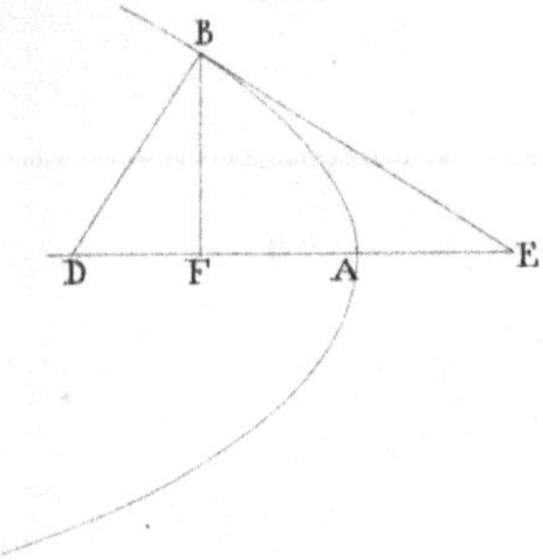

292

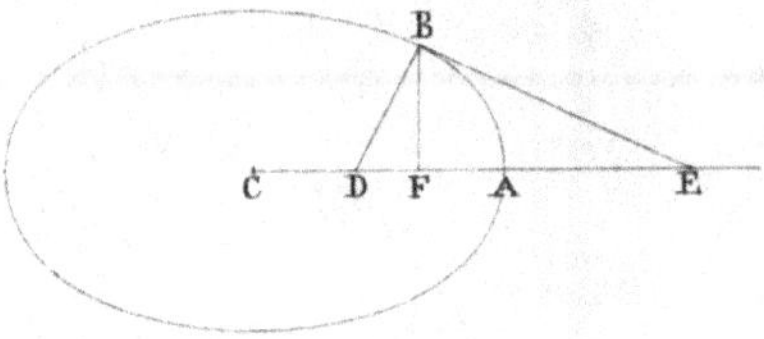

293

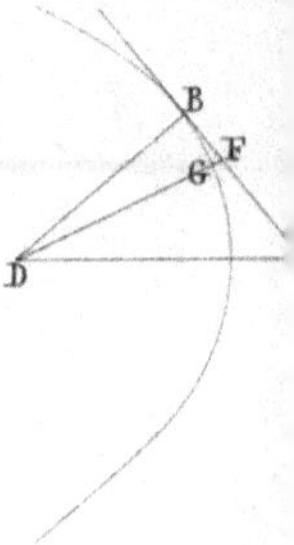

297

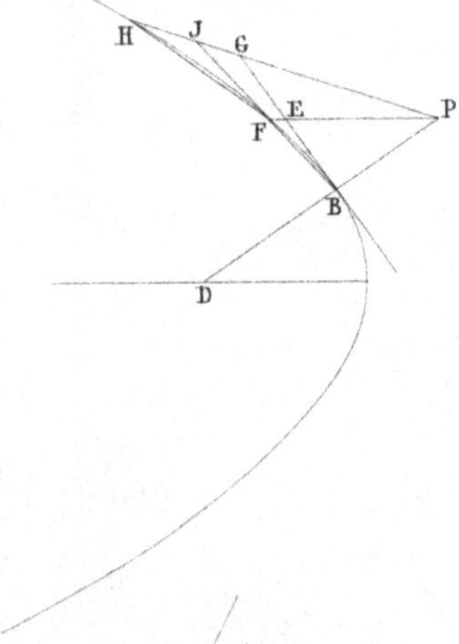

298

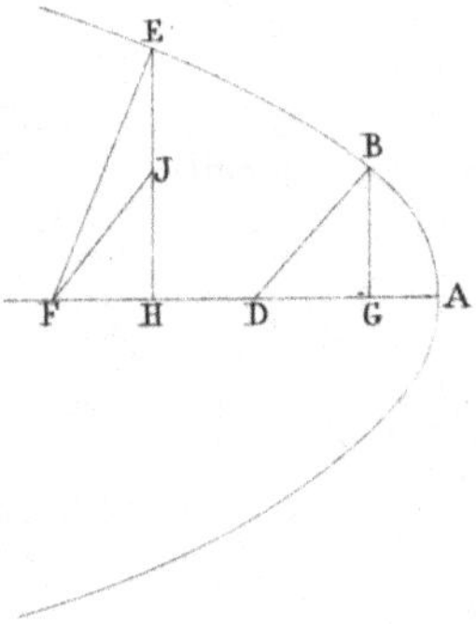

299

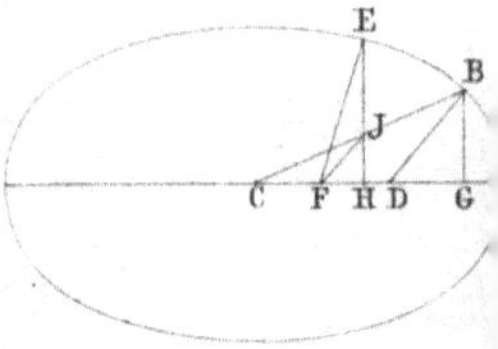

306

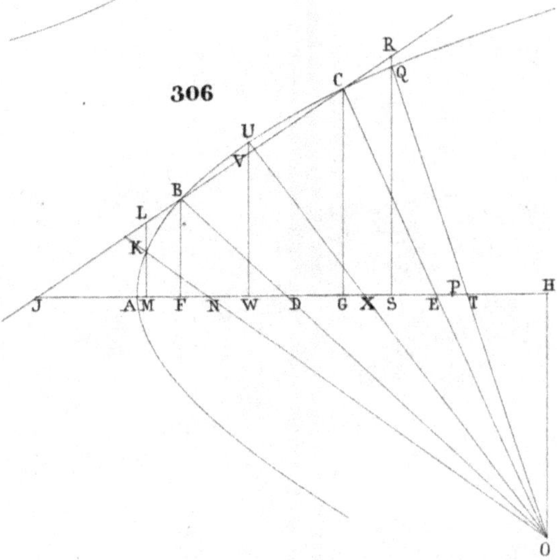

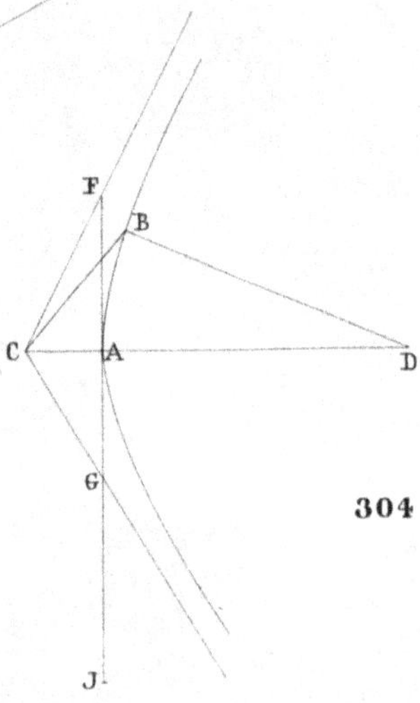

304

294

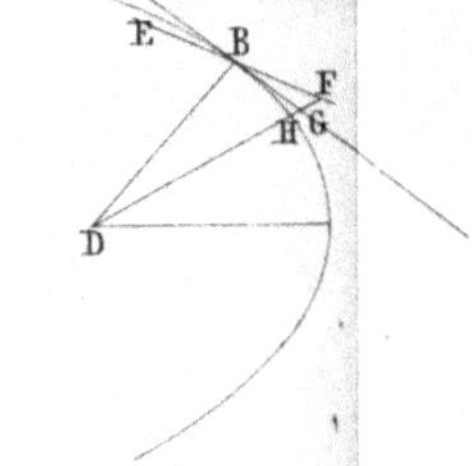

295

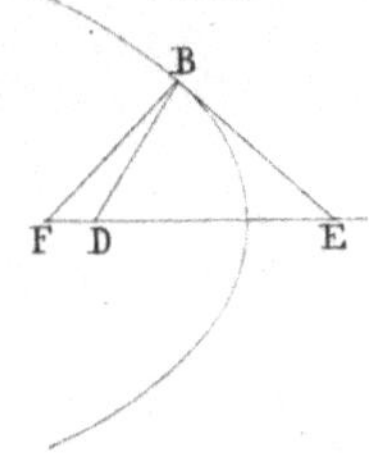

296

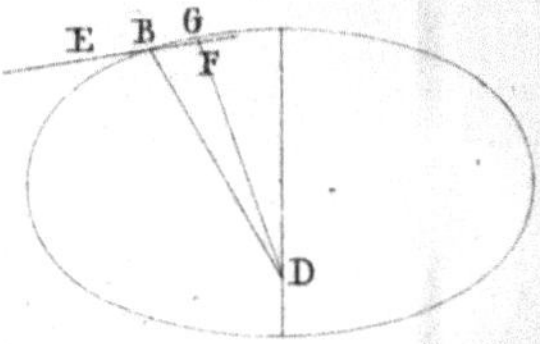

300

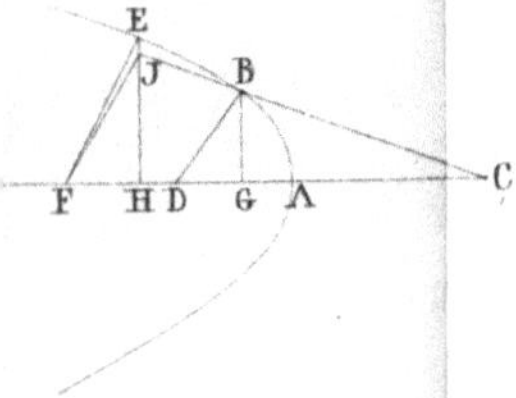

301

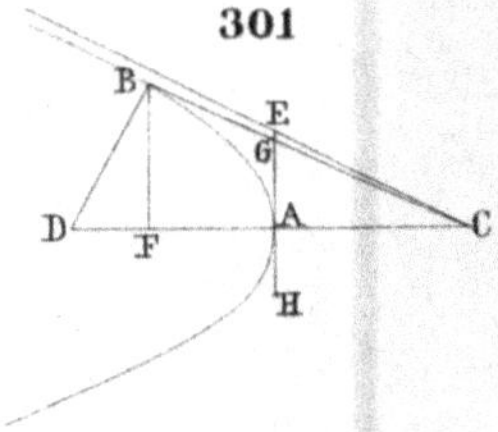

302

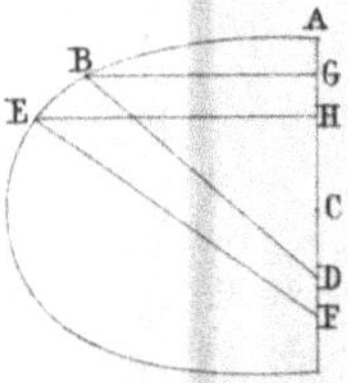

303

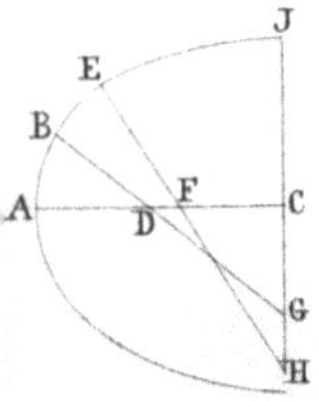

307

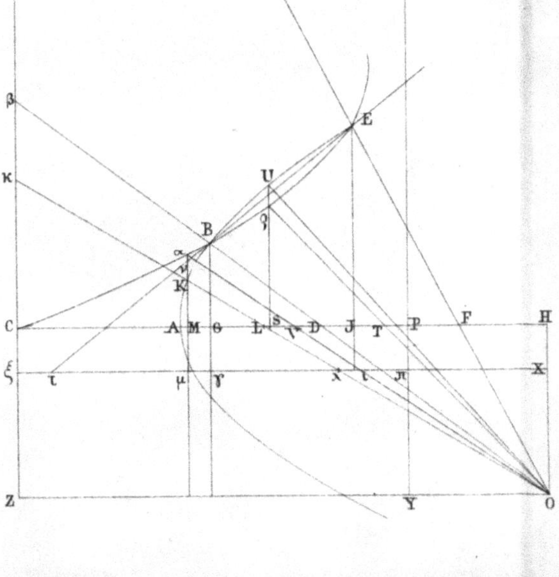

305

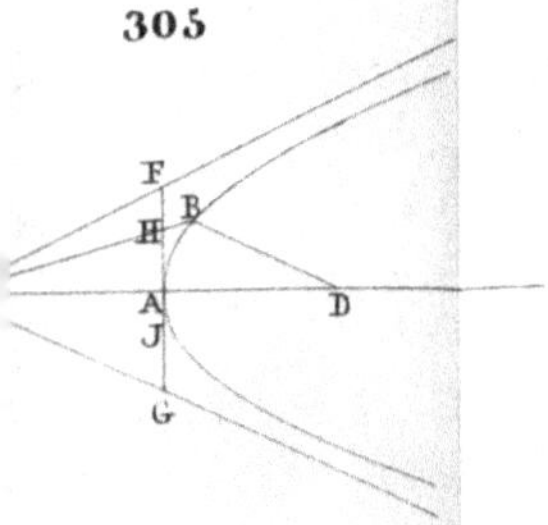

308

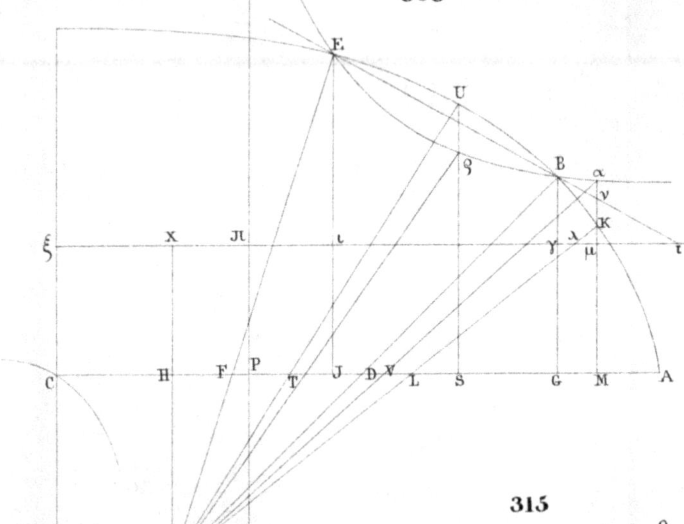

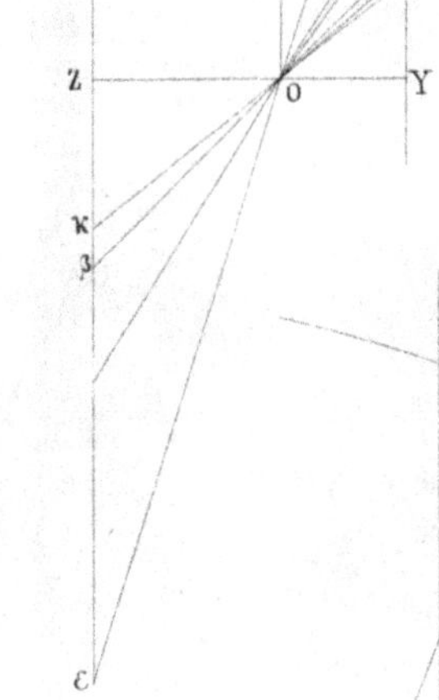

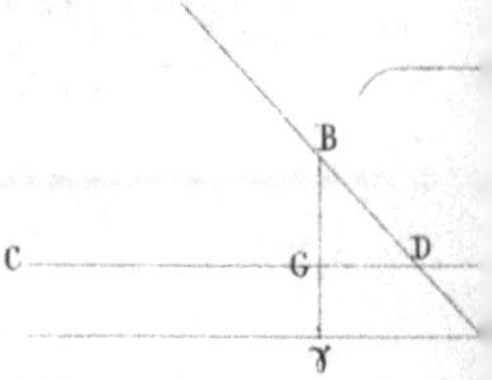

31

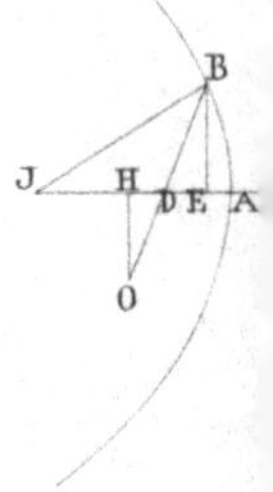

315

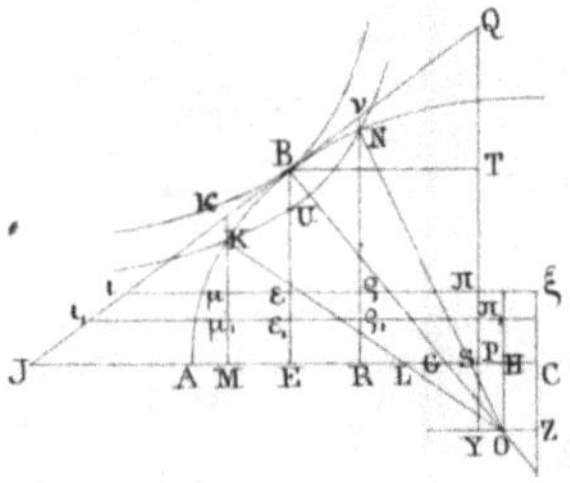

316

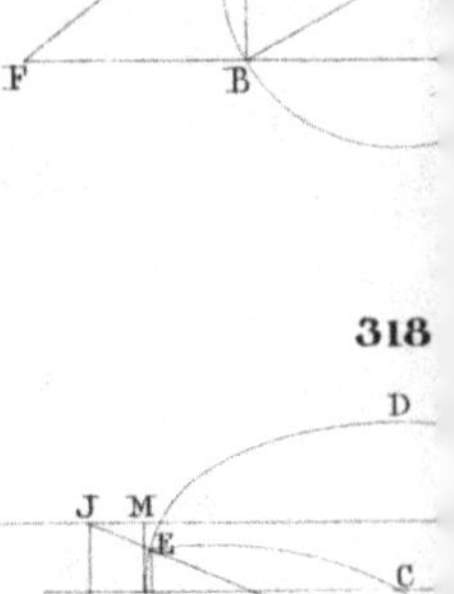

313

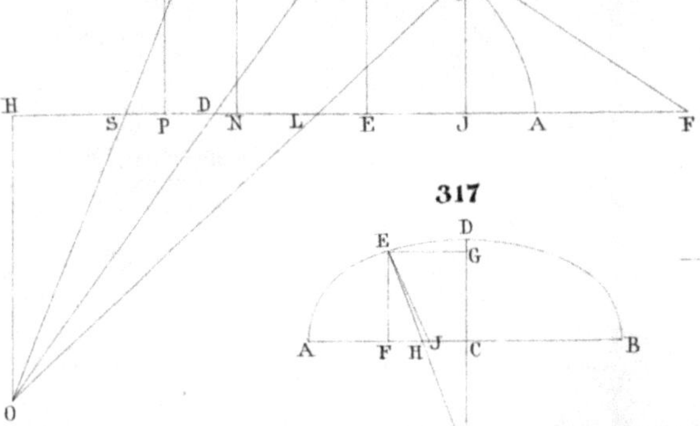

317

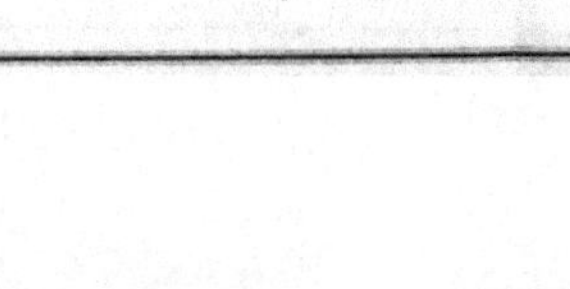

318

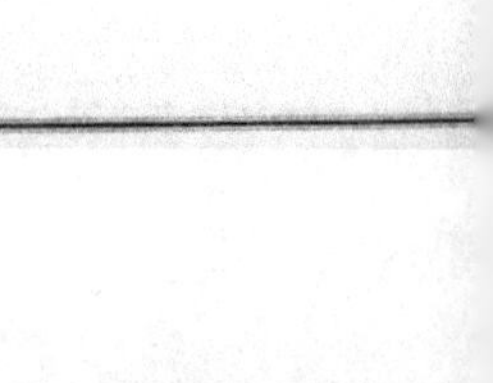

309

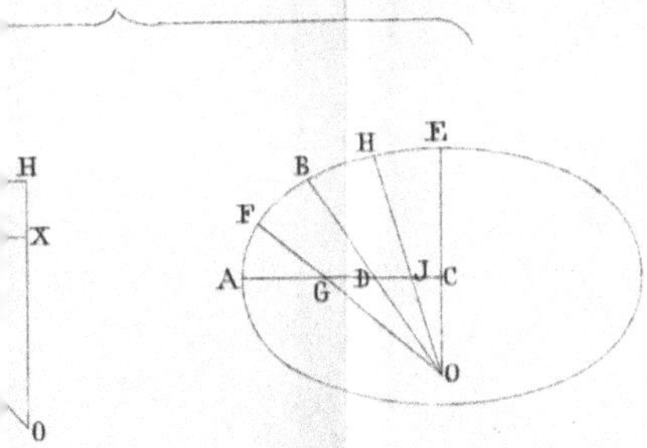

310

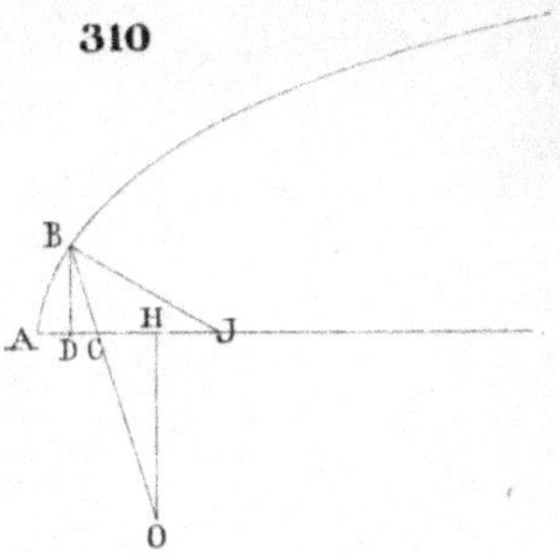

312

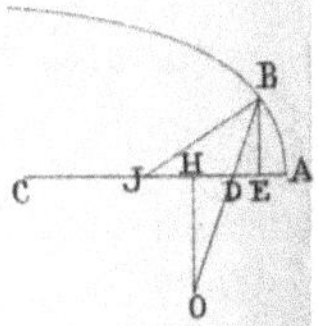

314

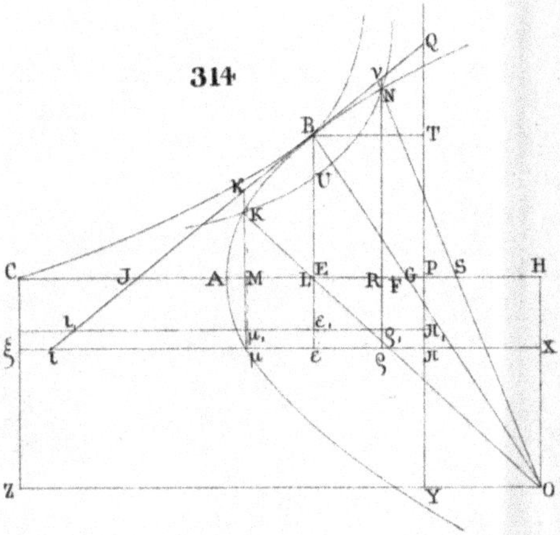

319

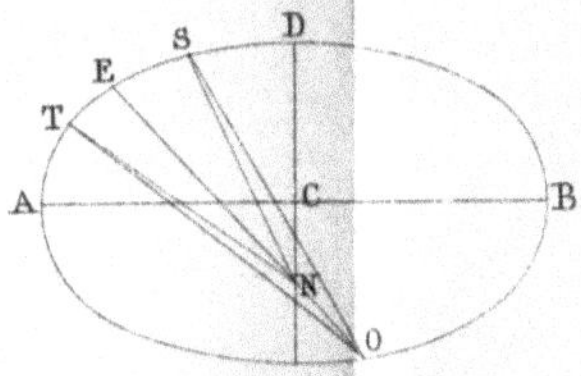

320

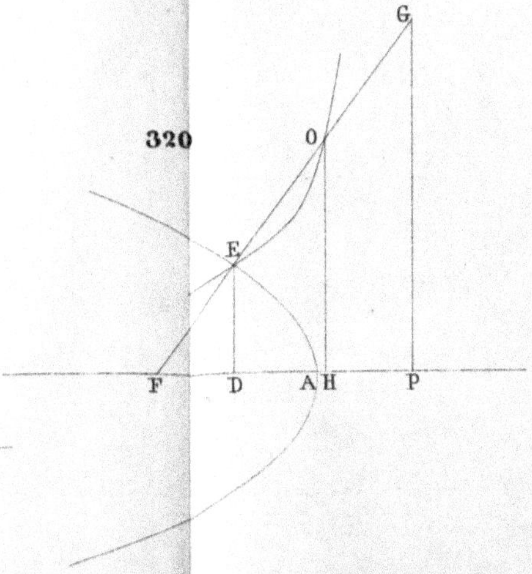

321

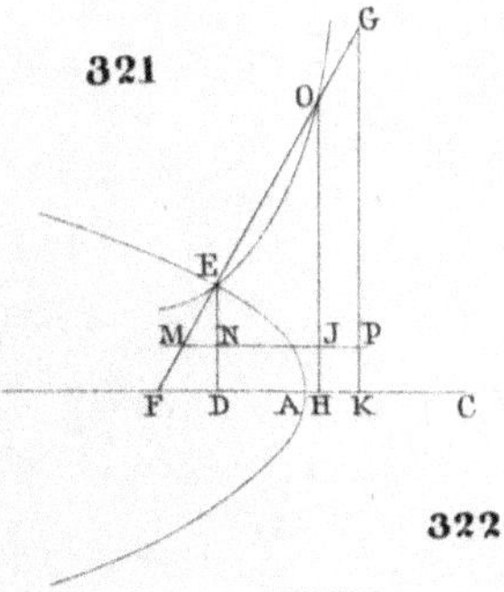

322

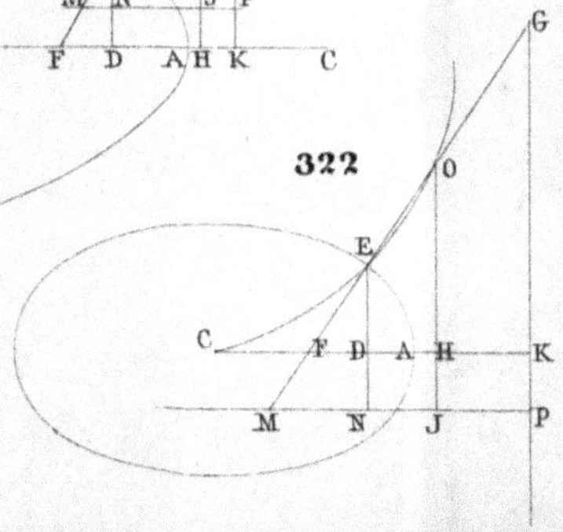

Lith. Anst. v. Leopold Kraatz in Berlin.

323

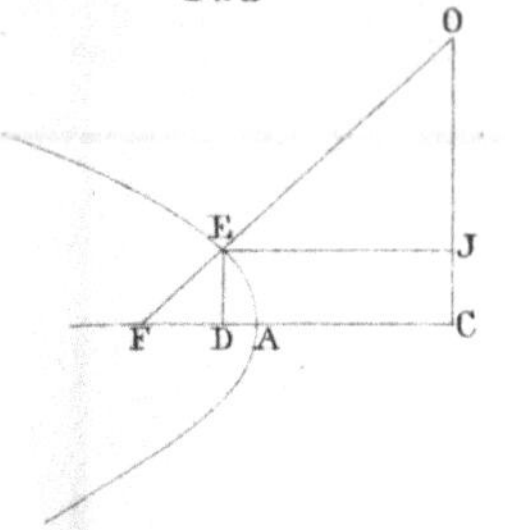

324

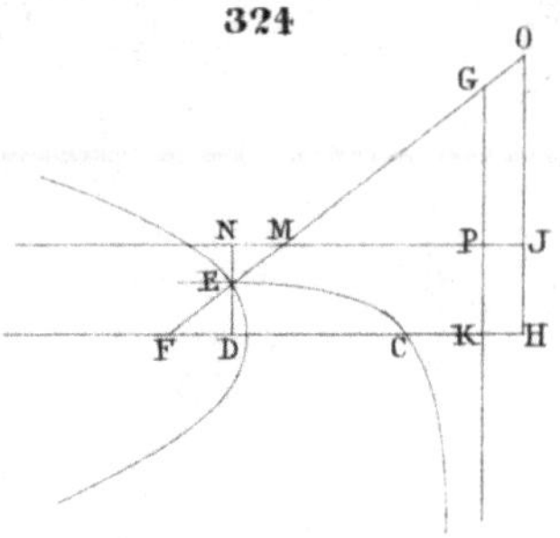

325

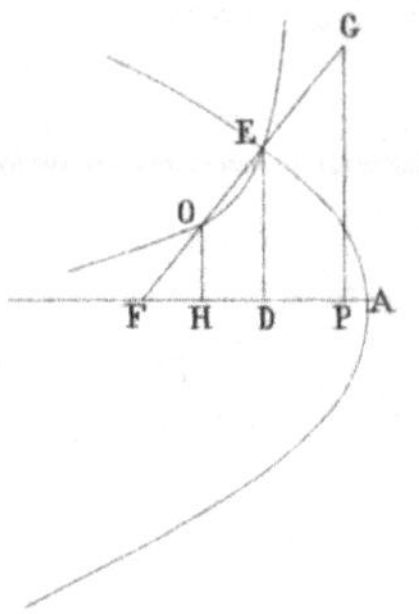

328

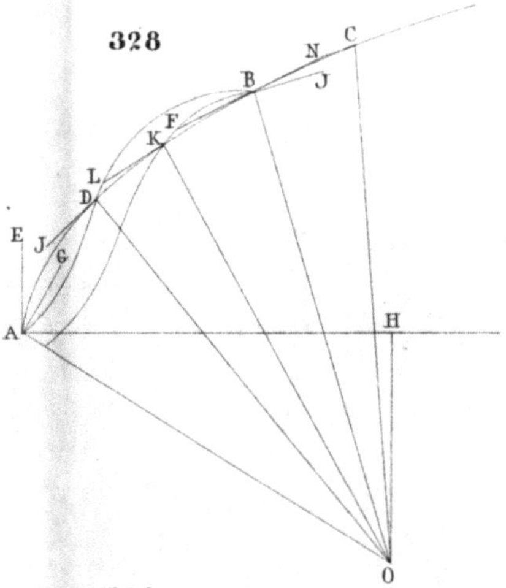

329

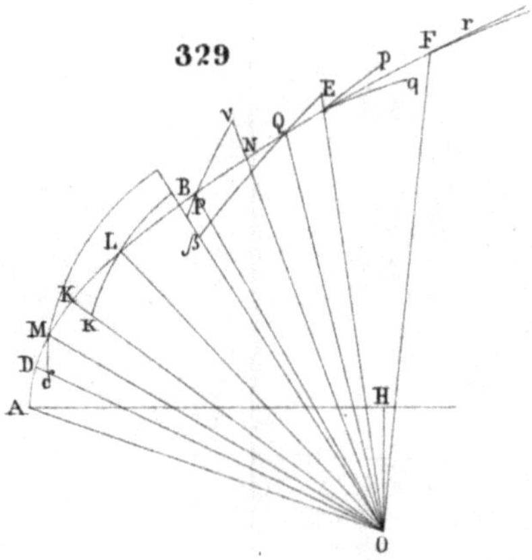

334

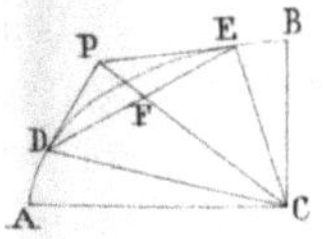

335

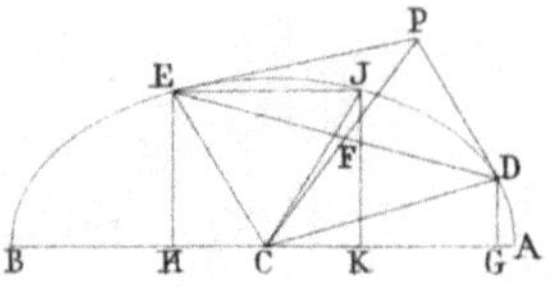

337

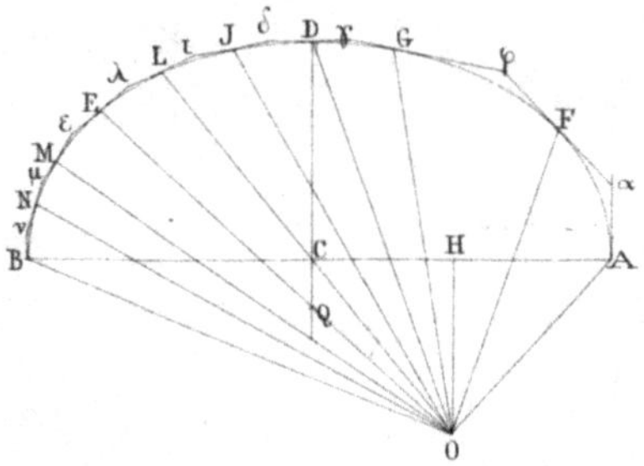

338

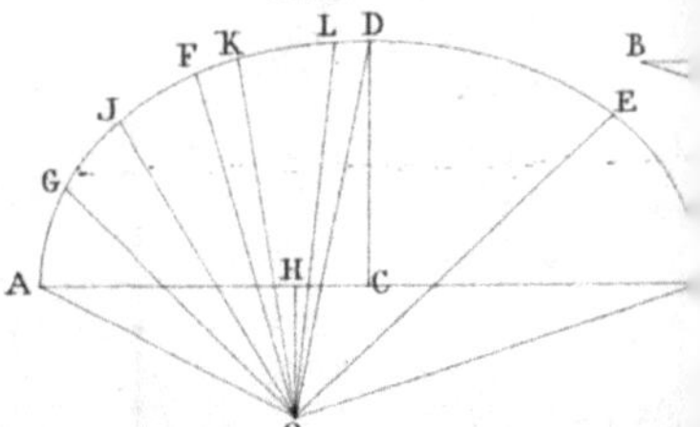

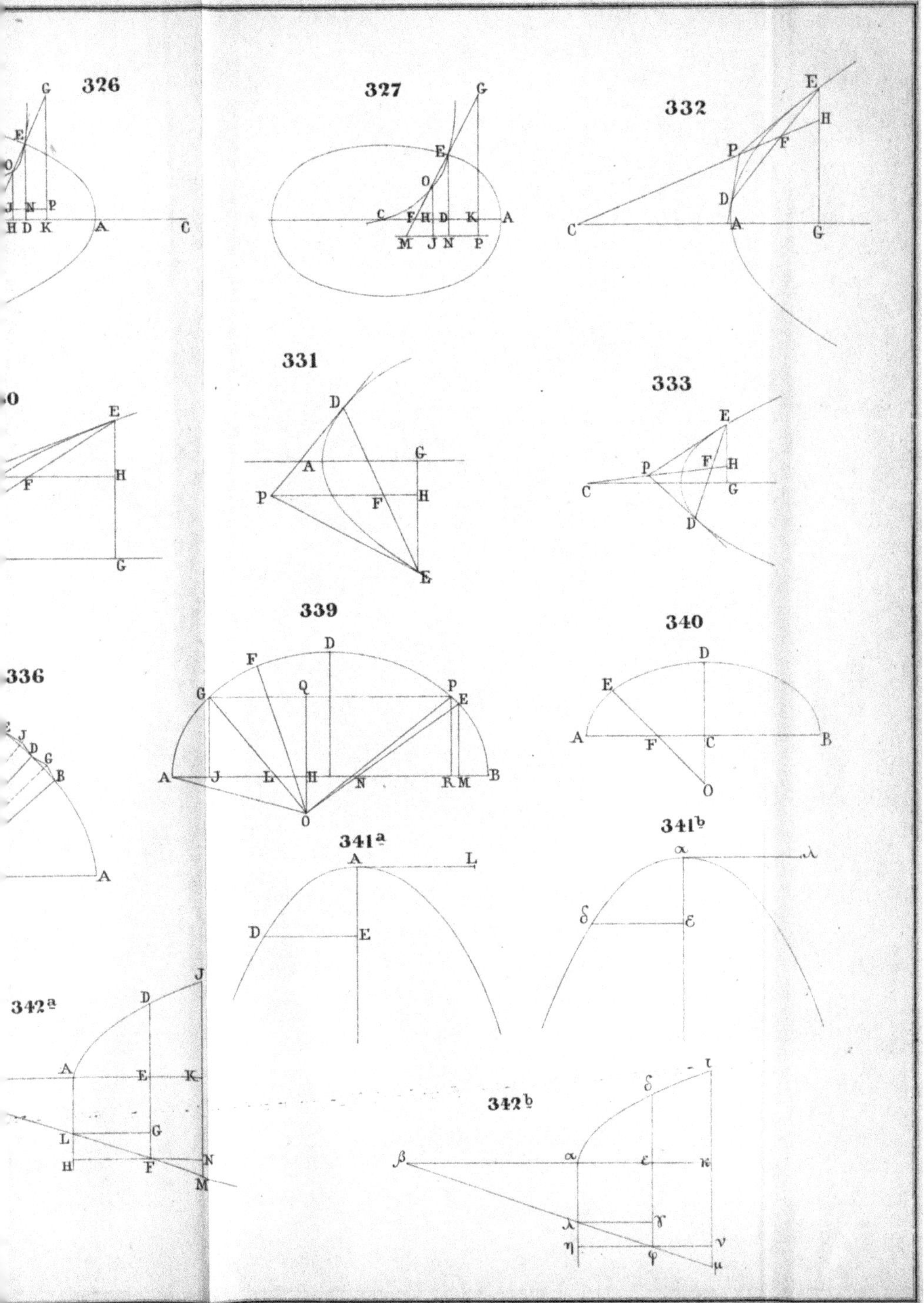

Lith. Anst. v. Leopold Kraatz in Berlin.

343ª

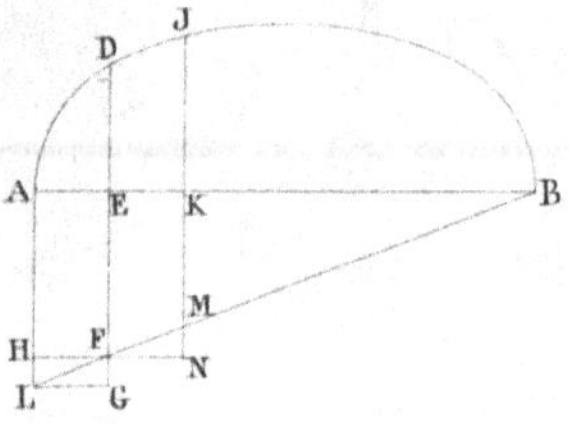

343ᵇ

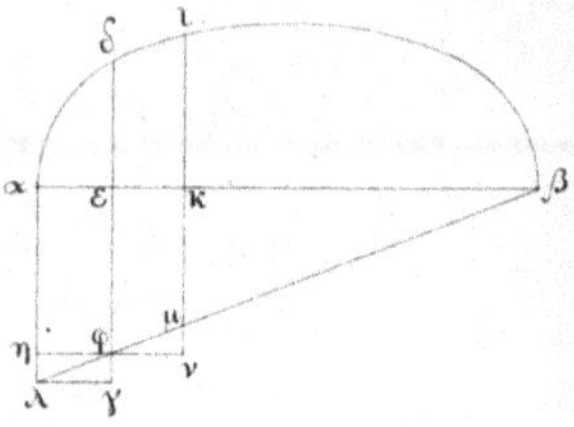

344ª

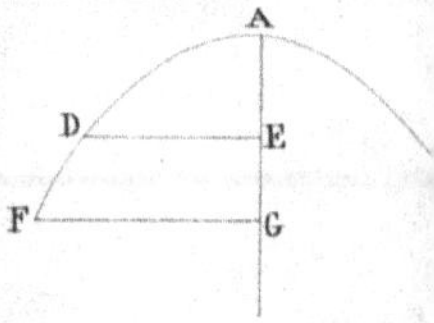

347

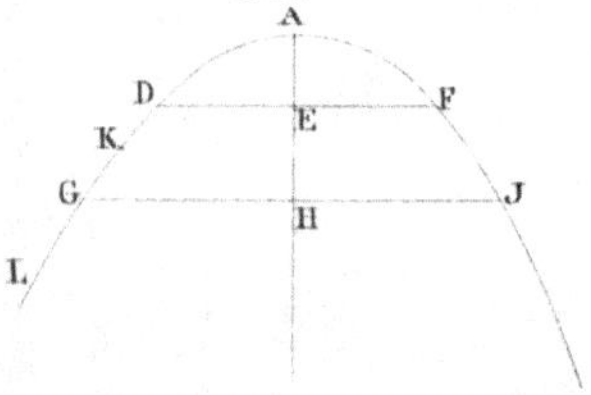

348

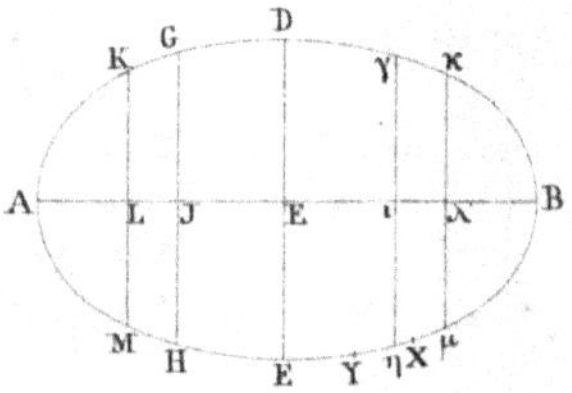

349ª

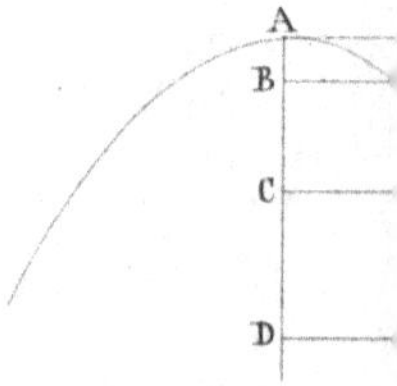

351ª

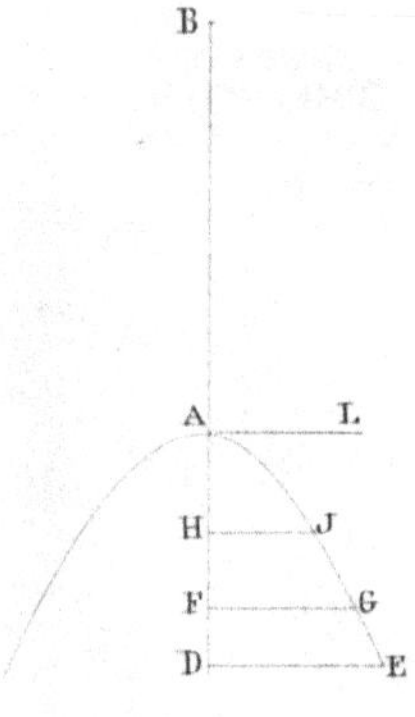

351ᵇ

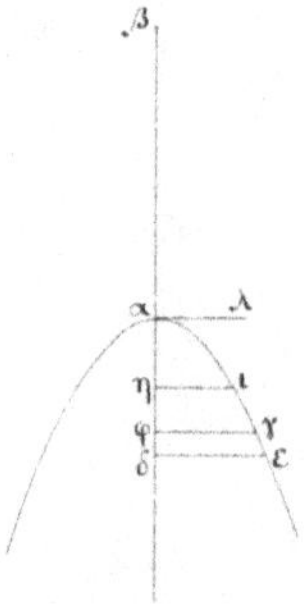

352ª

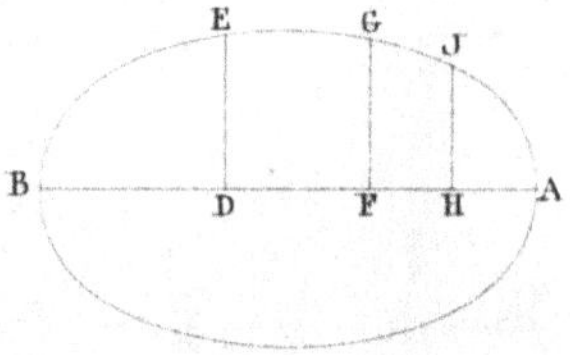

352ᵇ

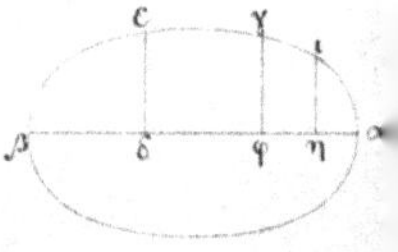

356ª

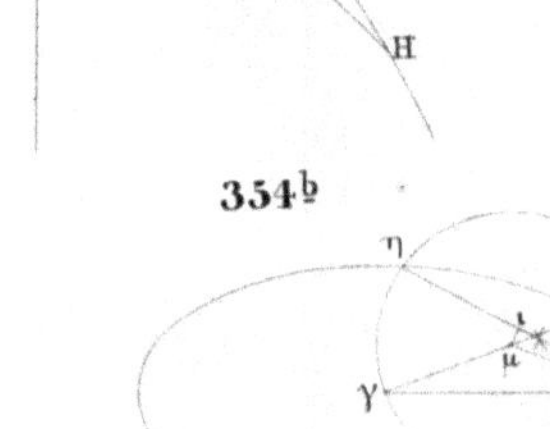

356ᵇ

354ª

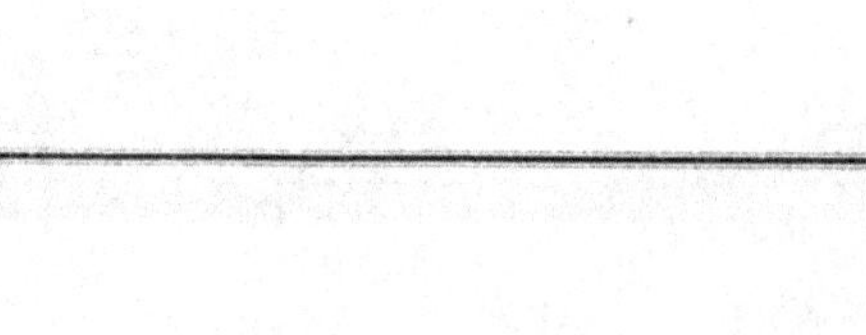

354ᵇ

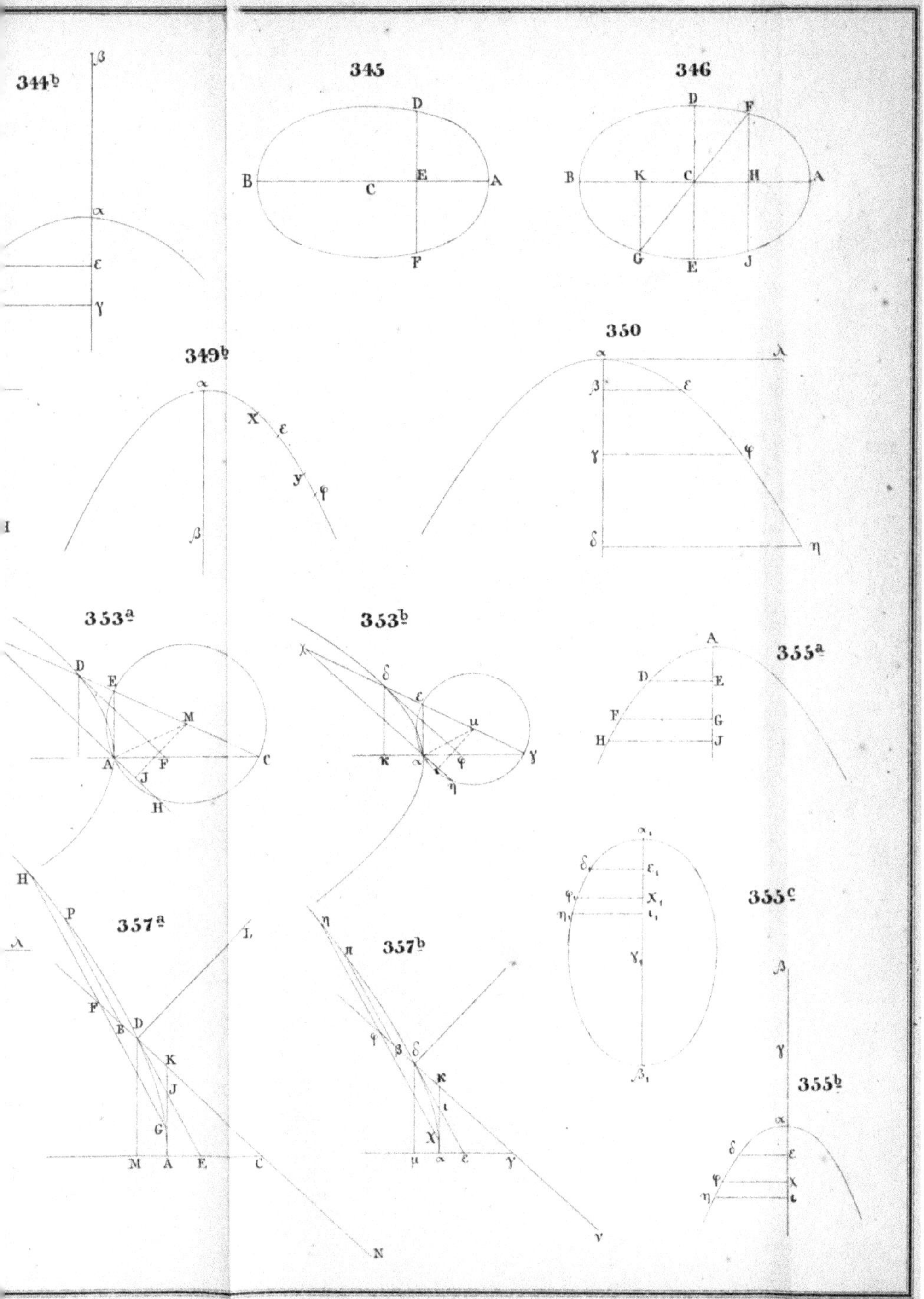

Lith. Anst. v. Leopold Kraatz in Berlin.

358a

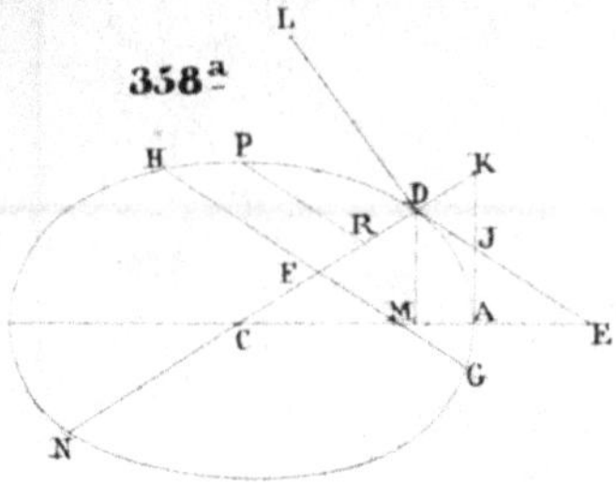

358b

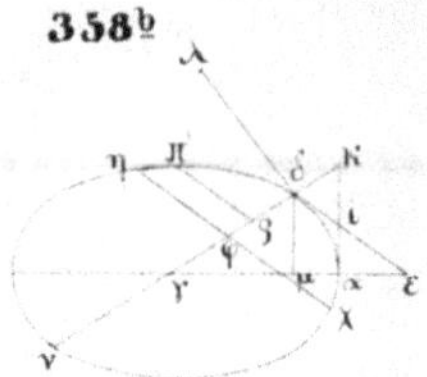

359

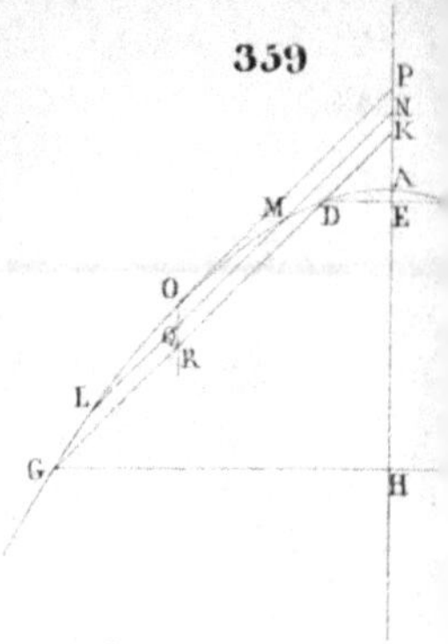

362a

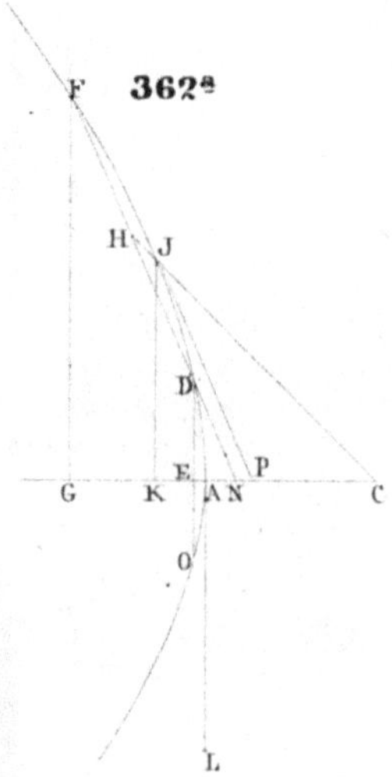

362b

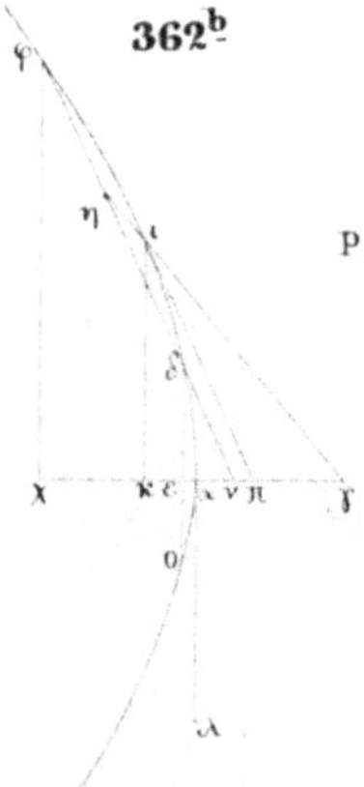

363a

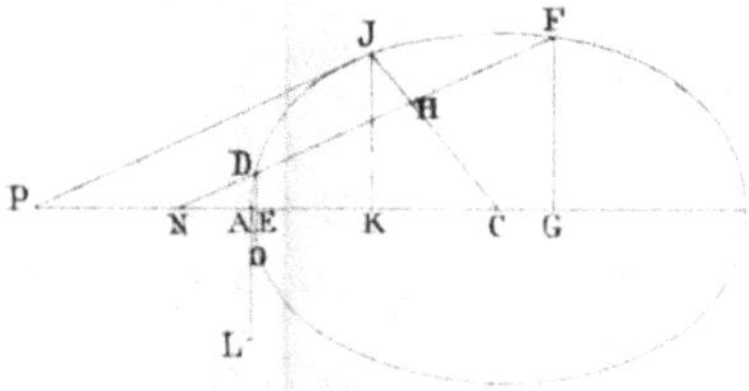

367

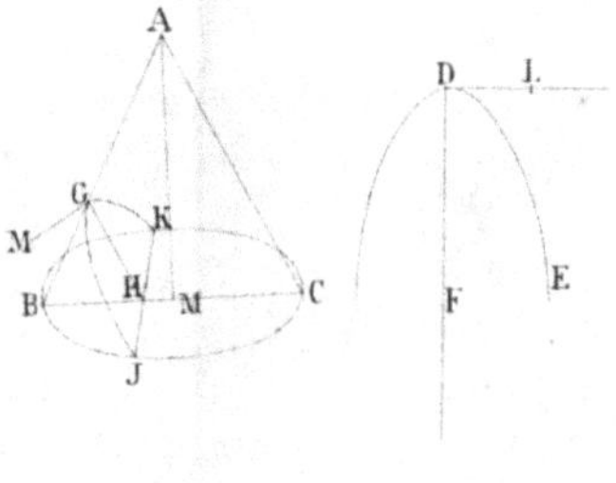

366

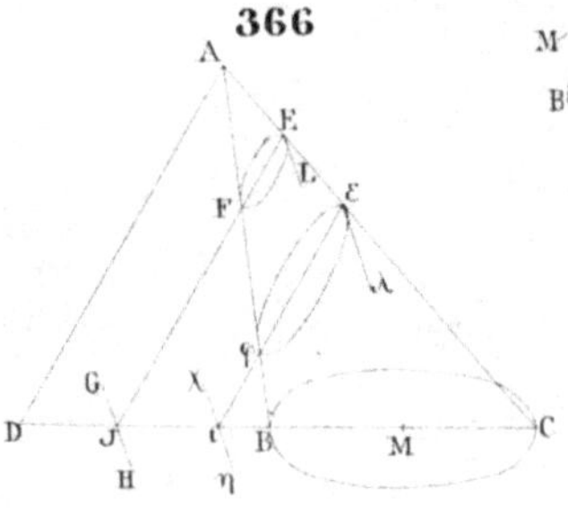

365

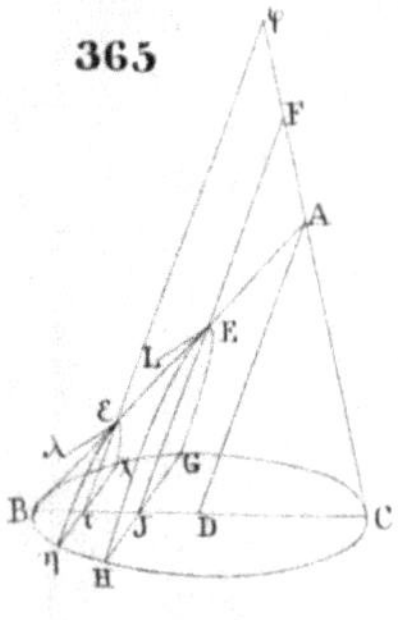

371a

371b

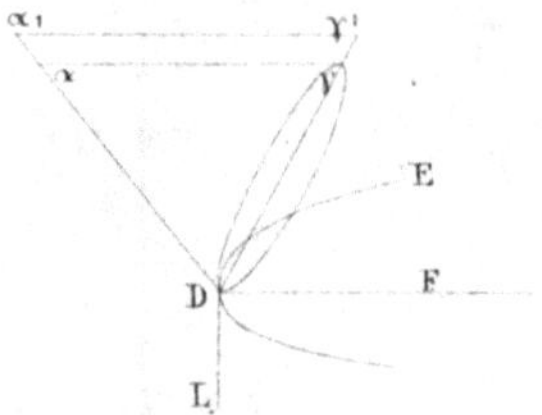

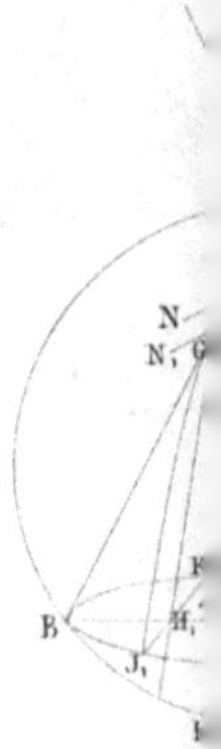

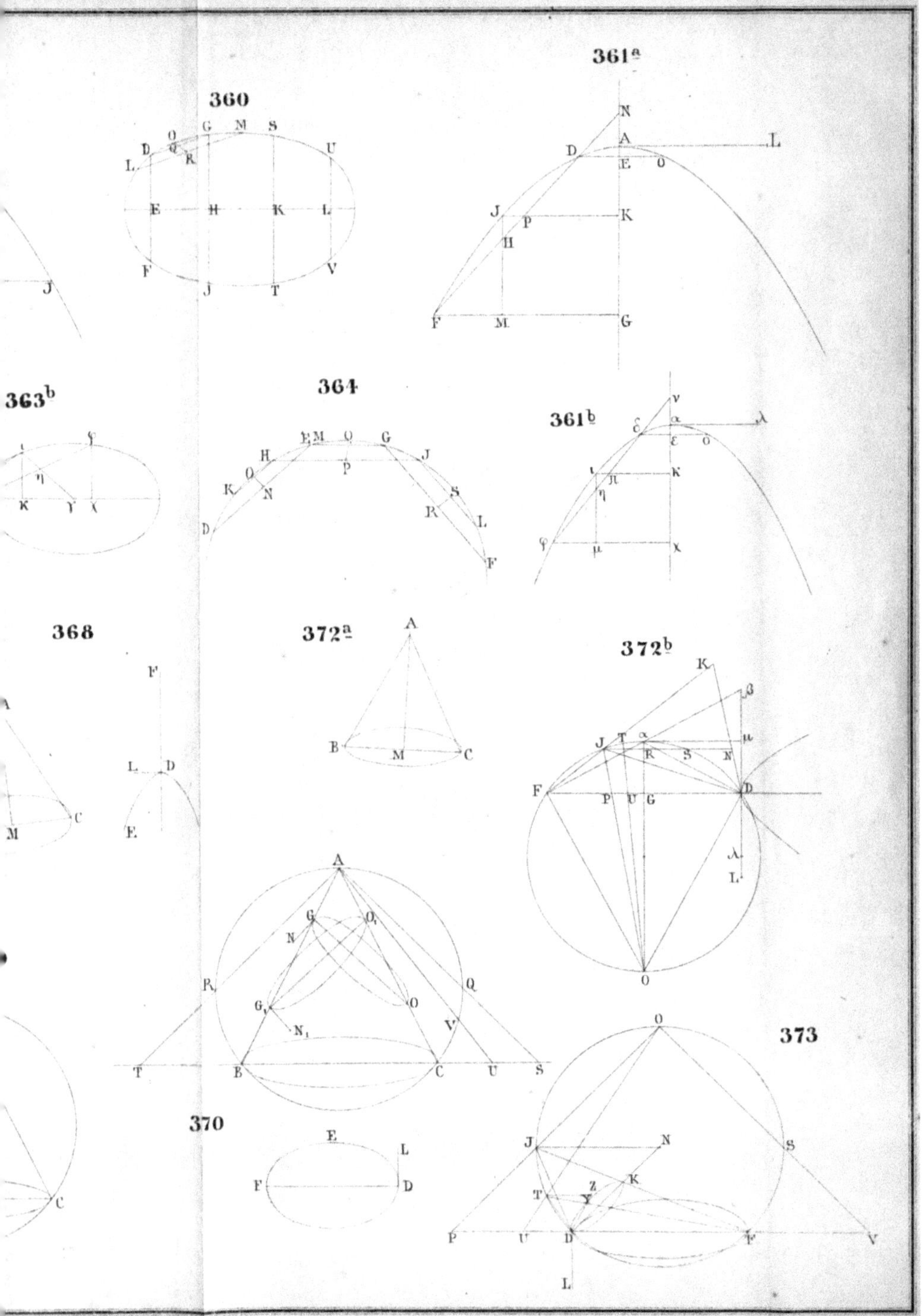

Lith. Anst. v. Leopold Kraatz in Berlin.

374

375

376

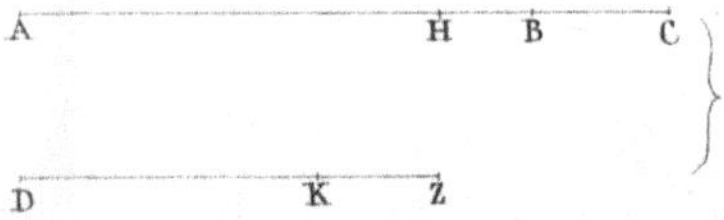

377

378

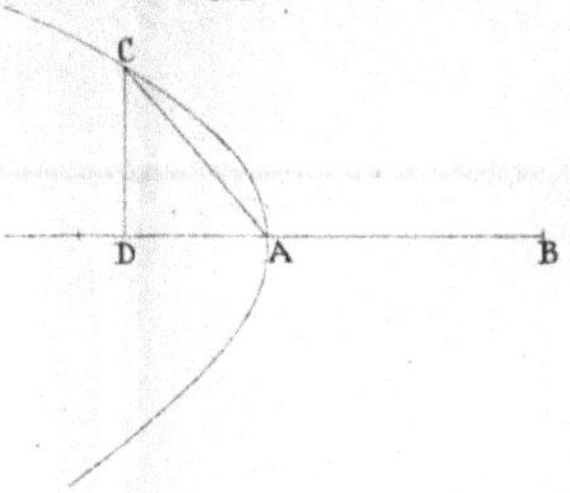

380ª

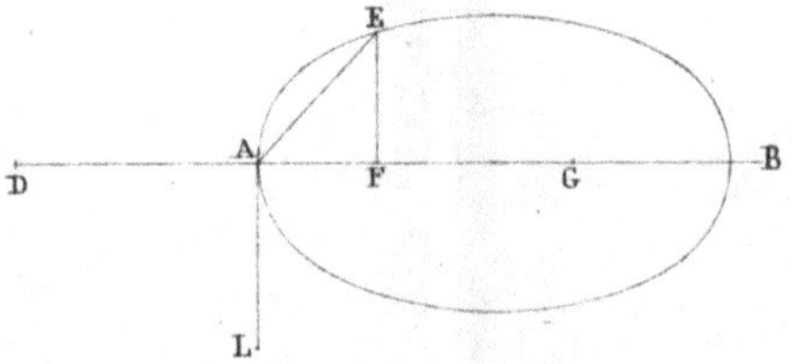

381ª

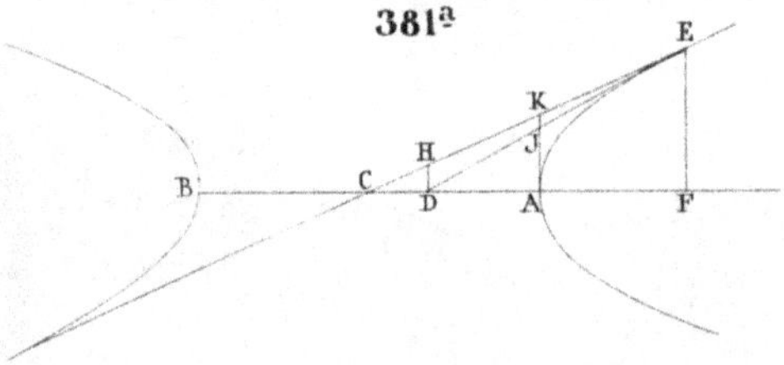

381ᵇ

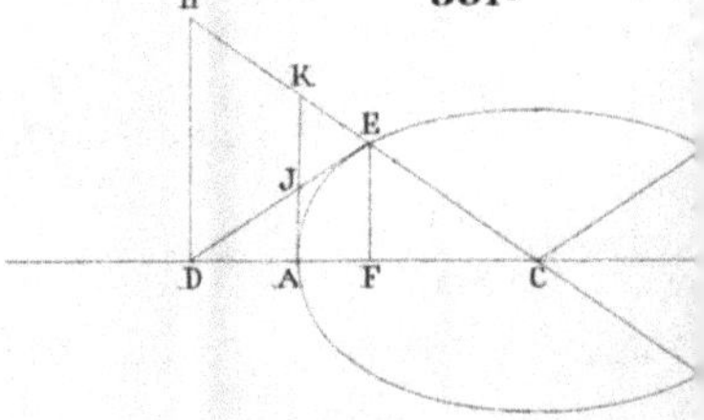

386

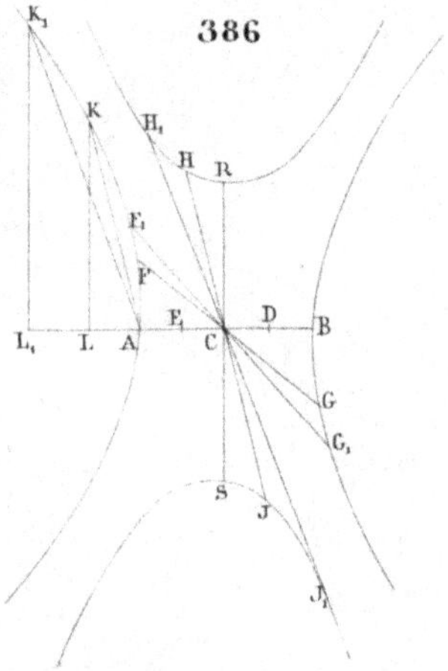

387

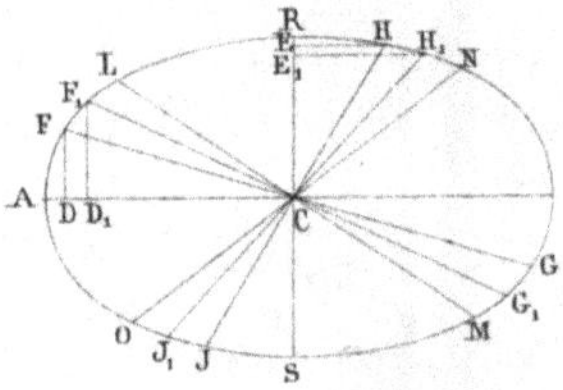

379a

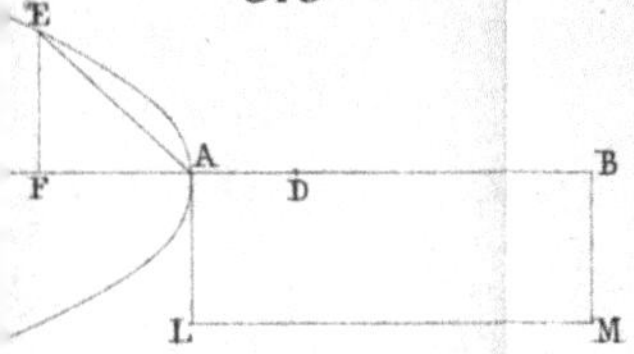

379b

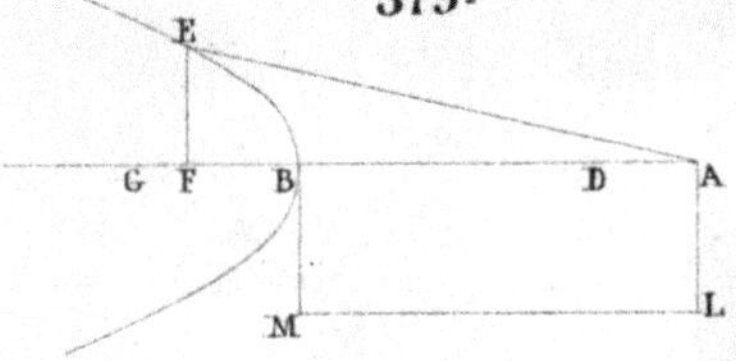

380b

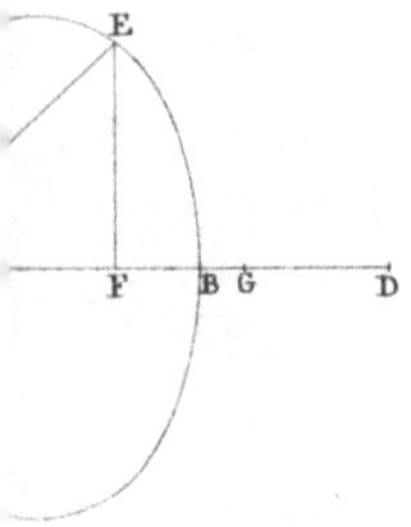

382a

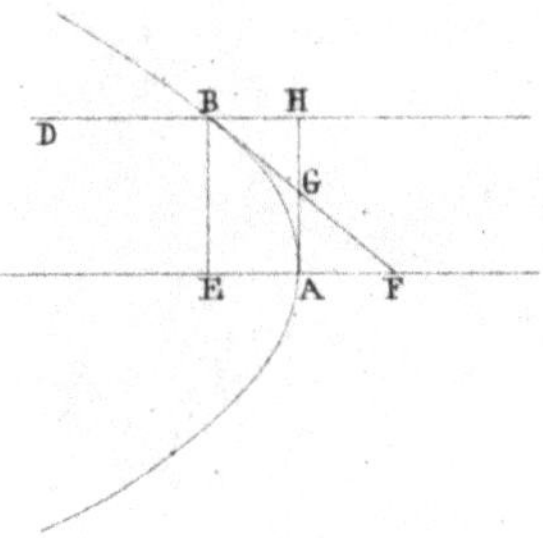

383b

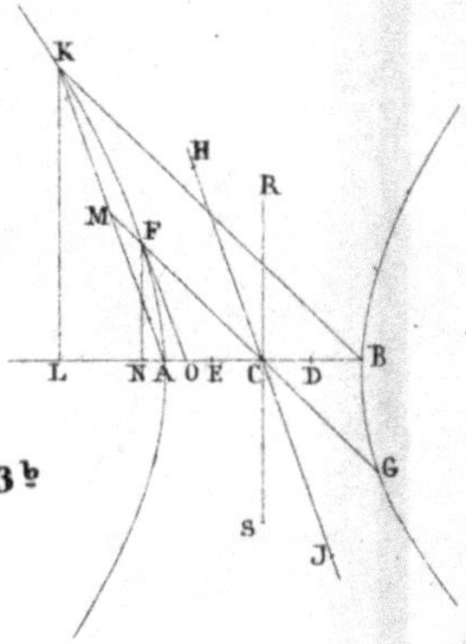

383a

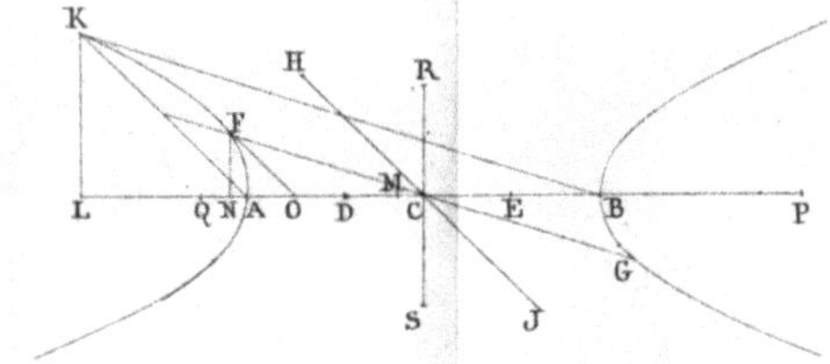

384b

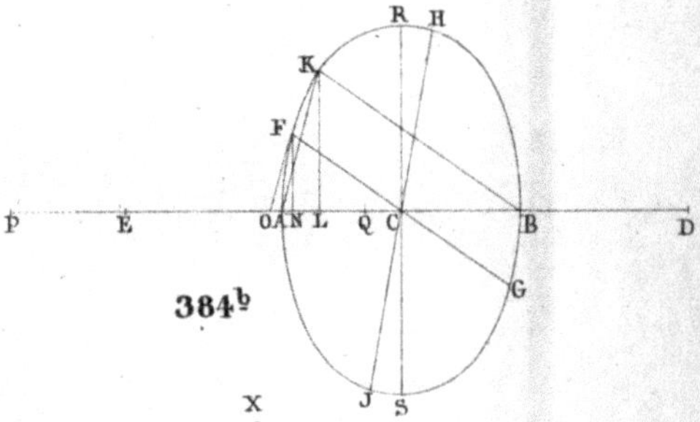

385

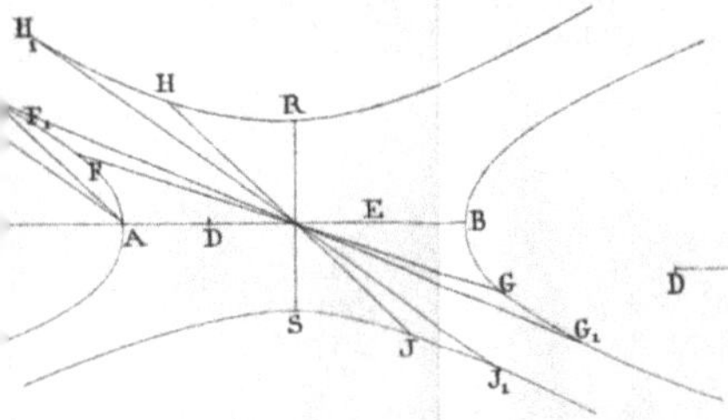

384a

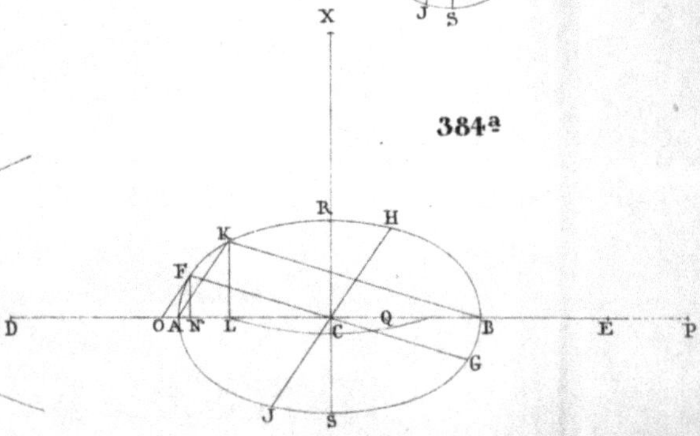

Lith. Anst. v. Leopold Kraatz in Berlin.

388a

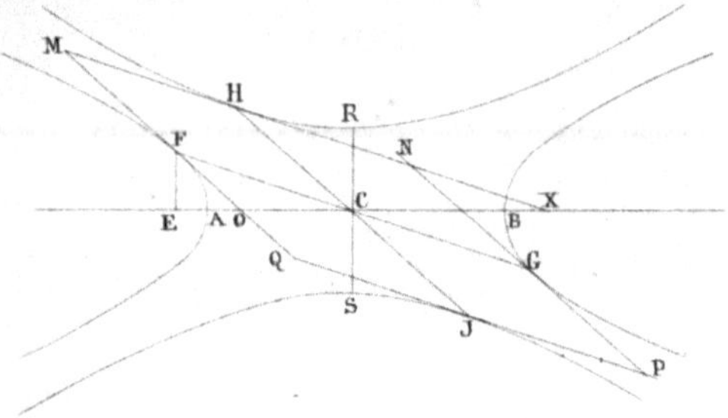

388b

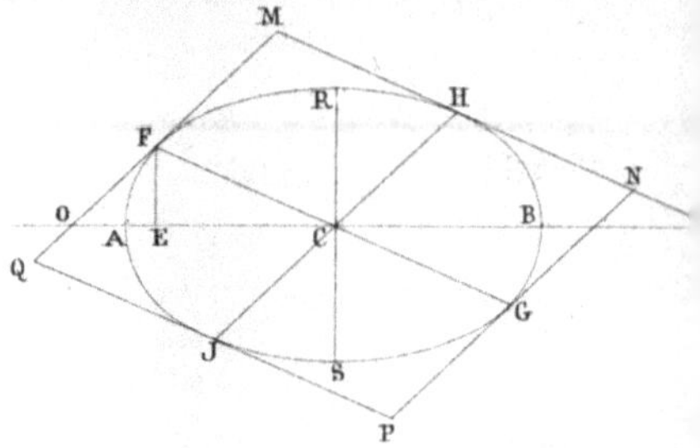

389

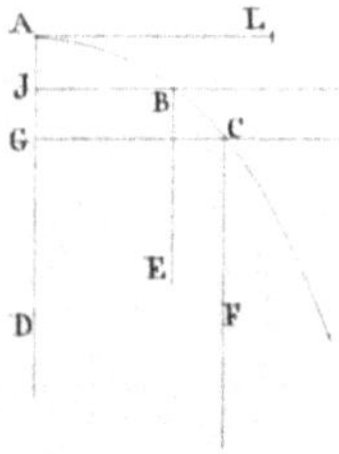

391

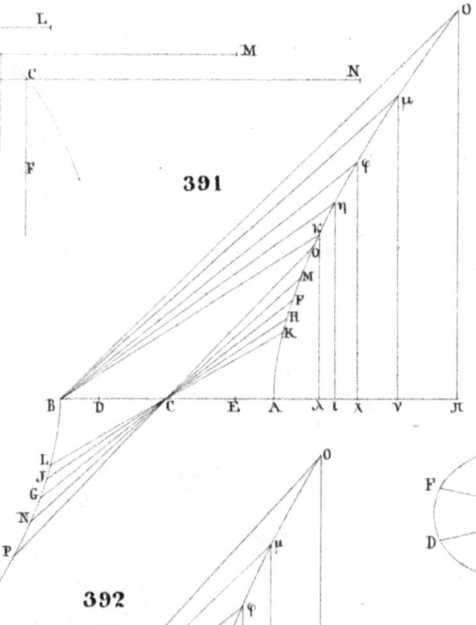

392

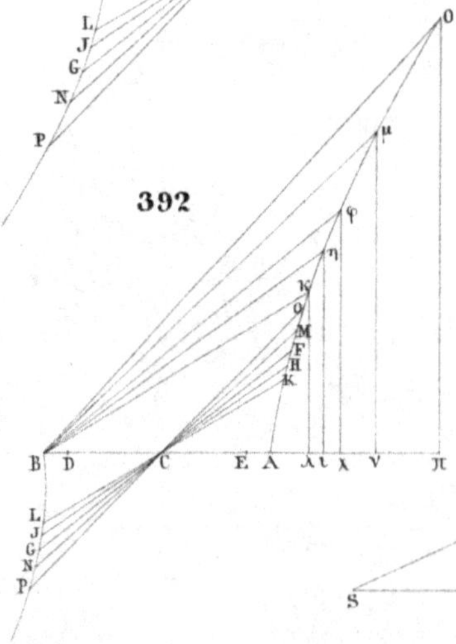

395

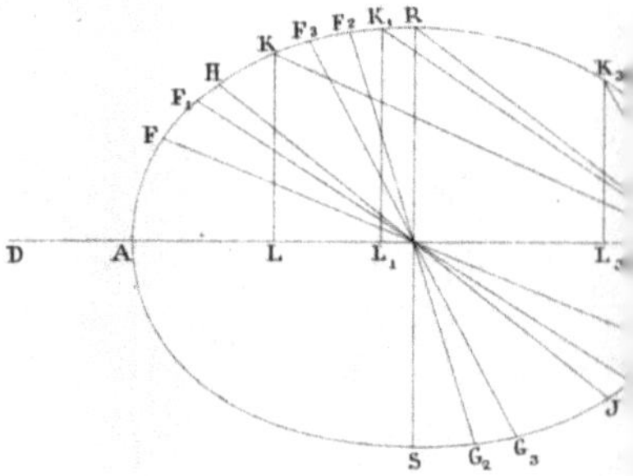

398

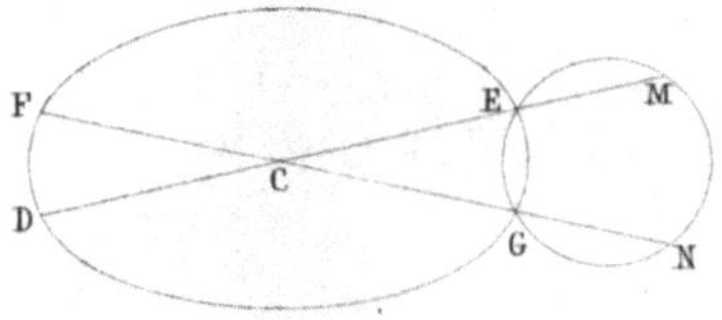

402

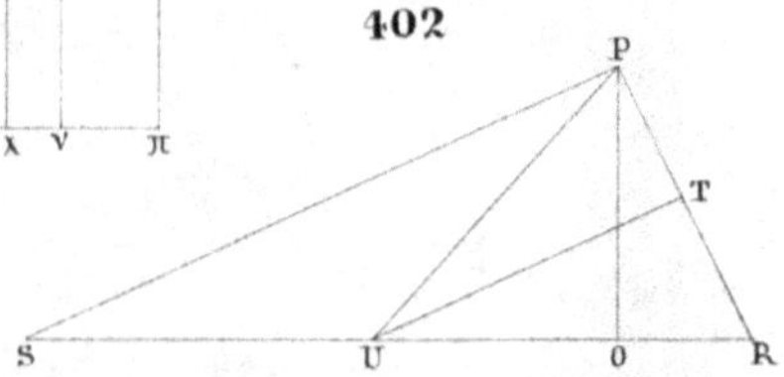

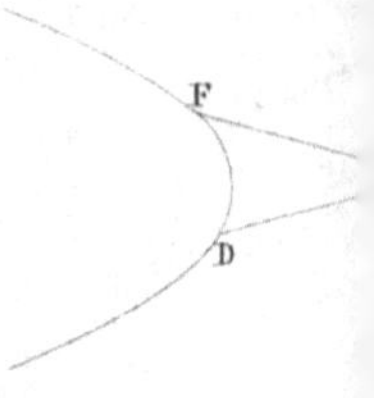

390

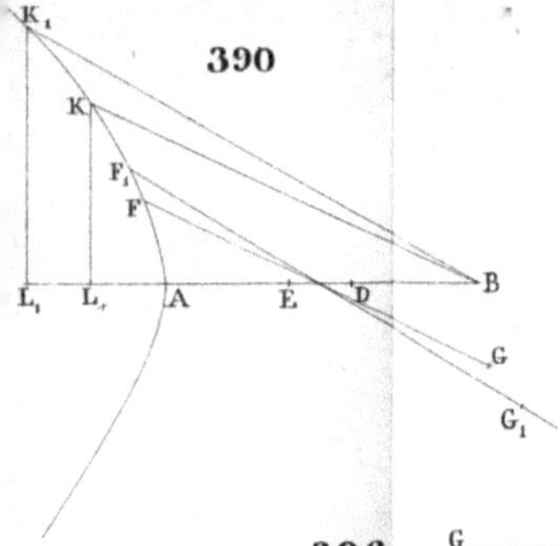

393

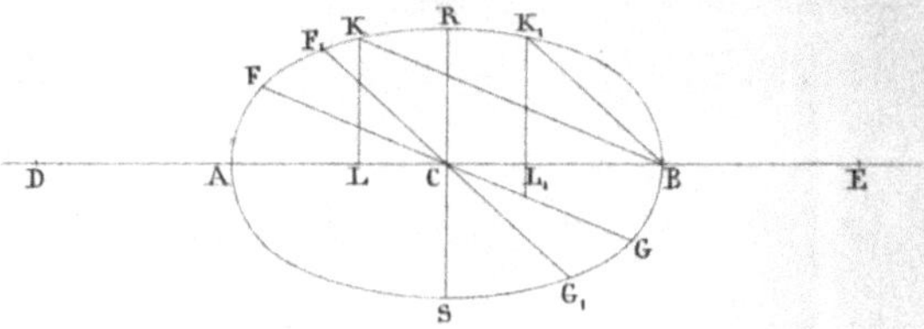

394

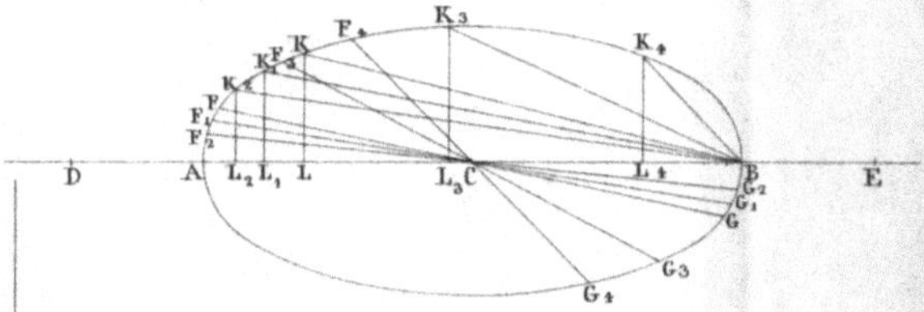

396

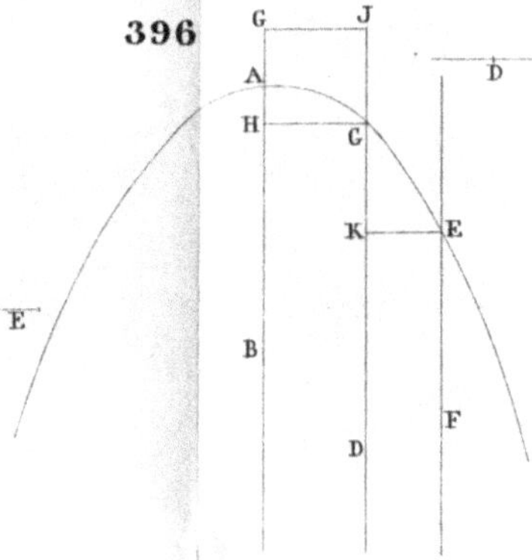

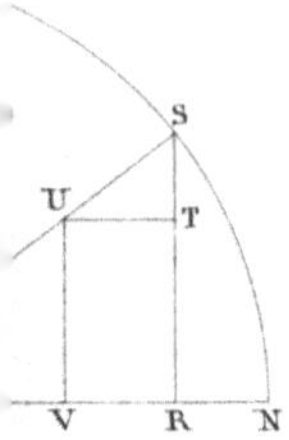

401

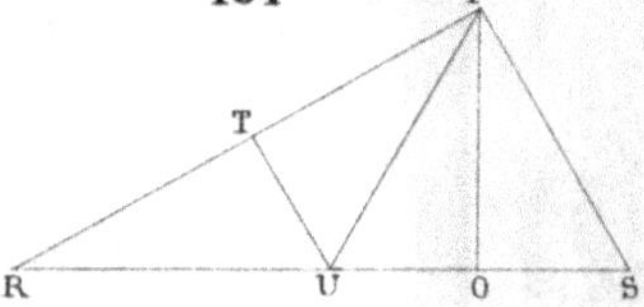

400

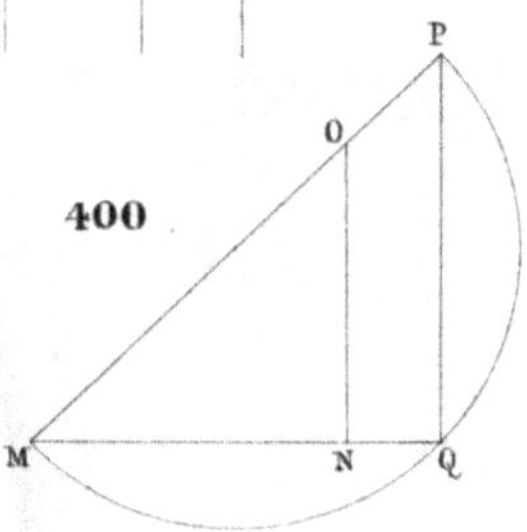

403

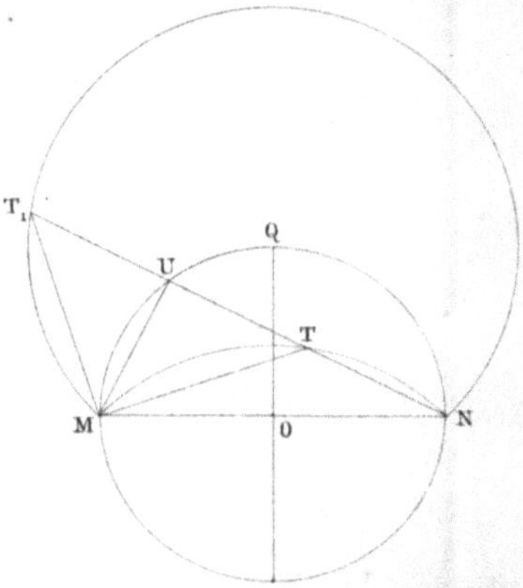

97

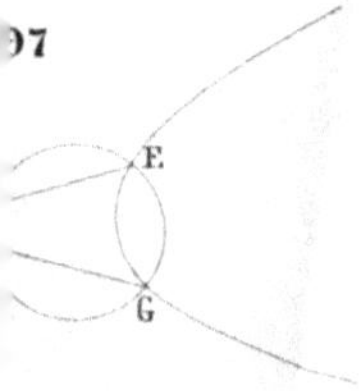

404

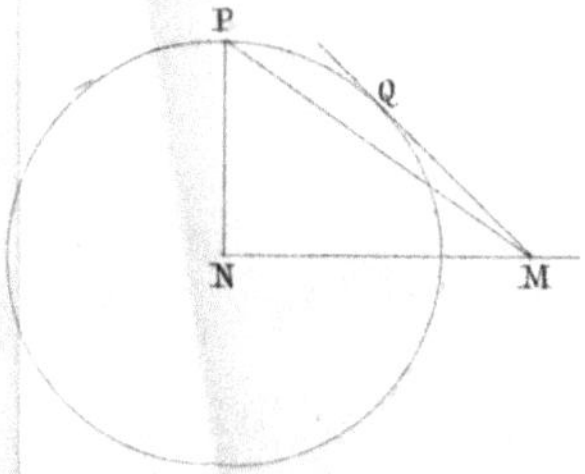

Lith. Anst. v. Leopold Kraatz in Berlin.

405

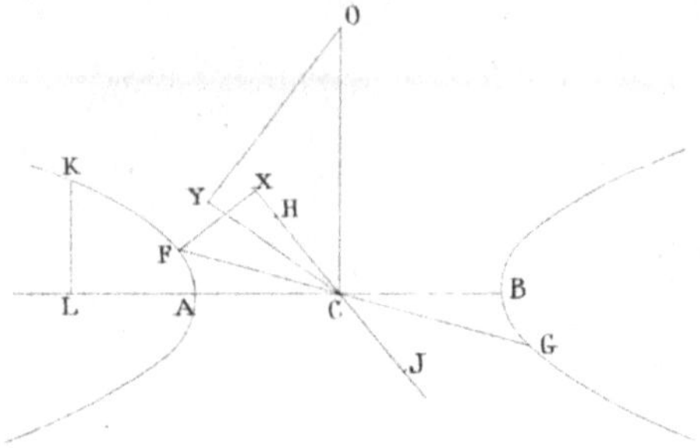

407

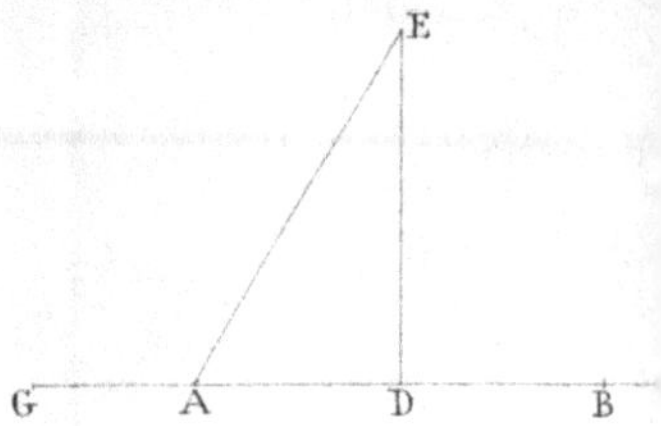

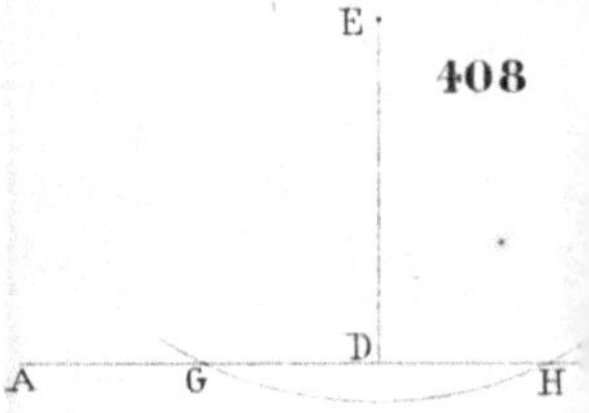

408

406

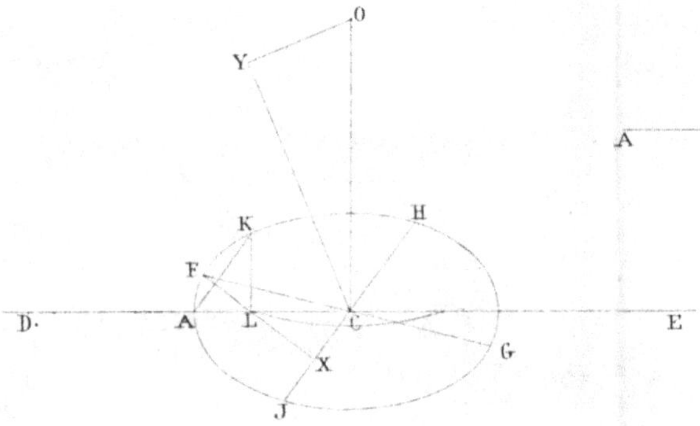

416

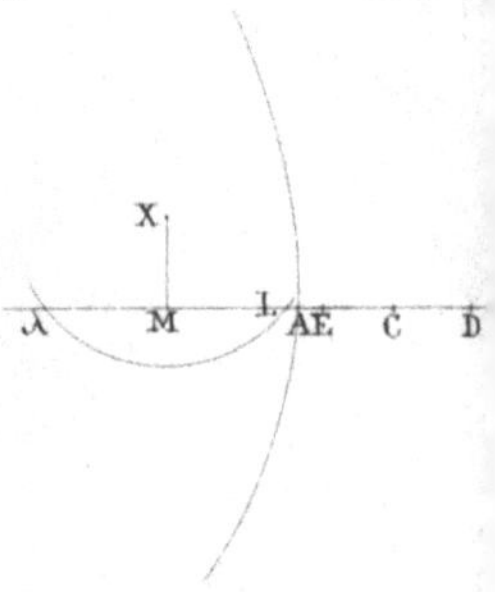

413

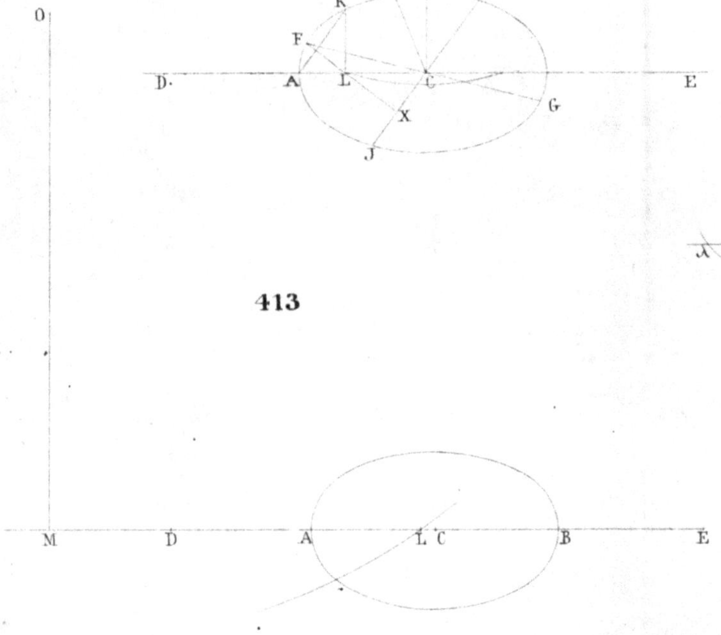

409

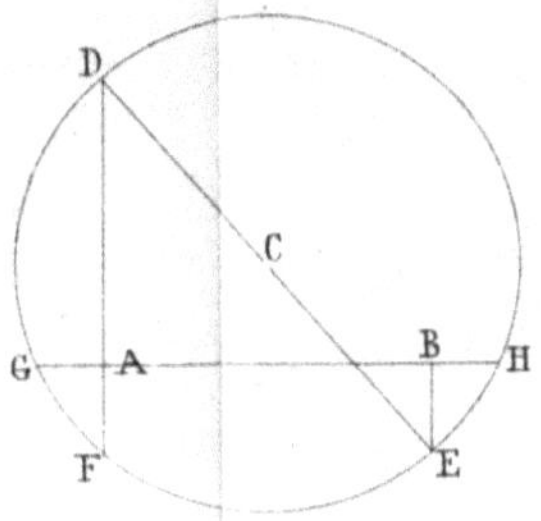

410

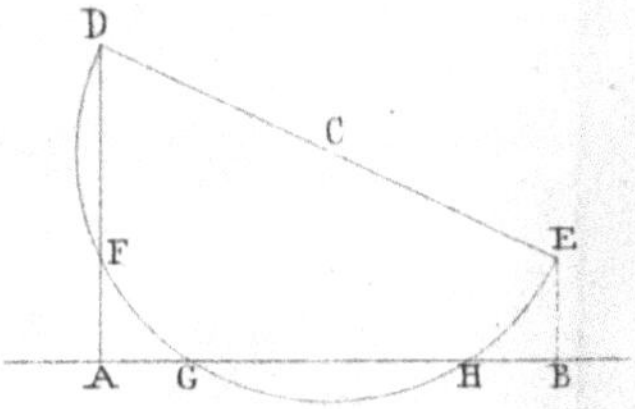

411

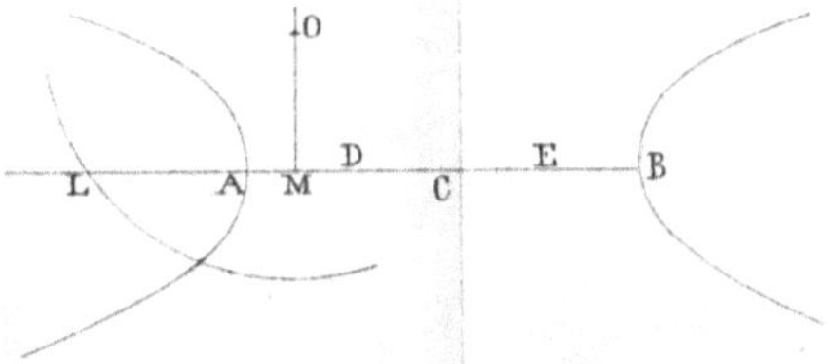

412

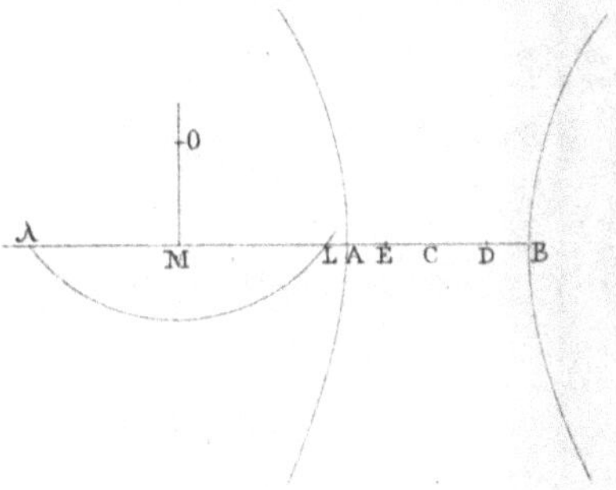

414

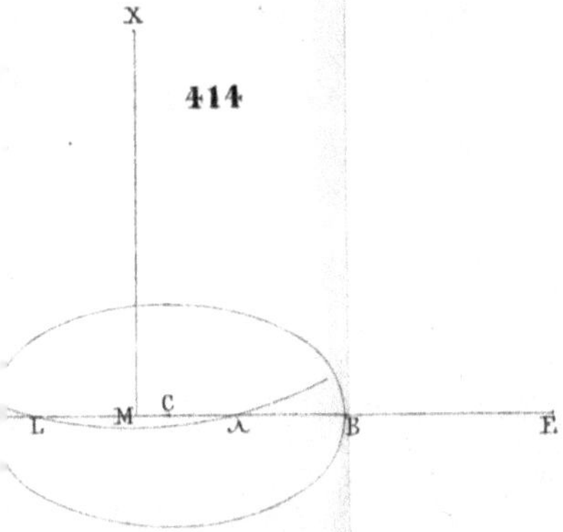

415

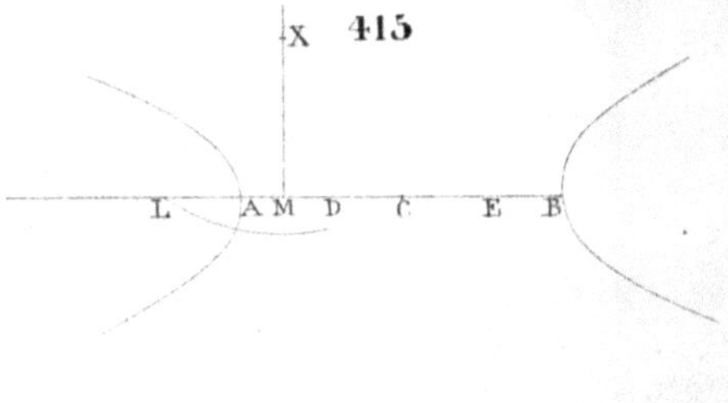

Lith. Anst. v. Leopold Kraatz in Berlin

1

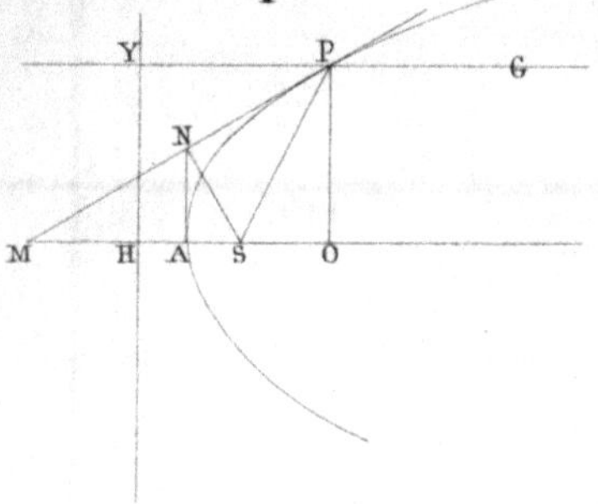

2ª

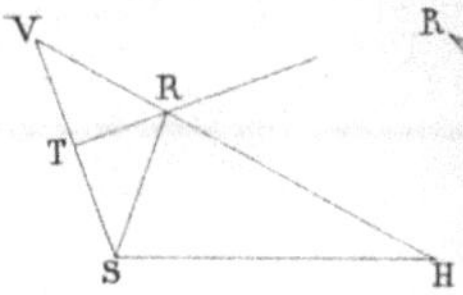

2ᵇ

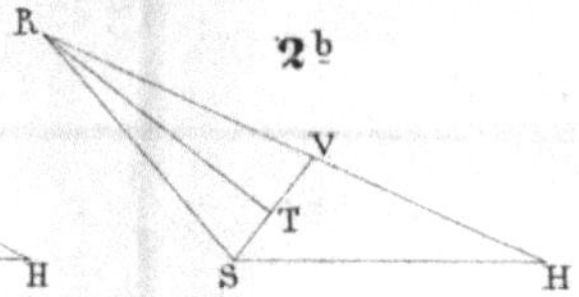

5

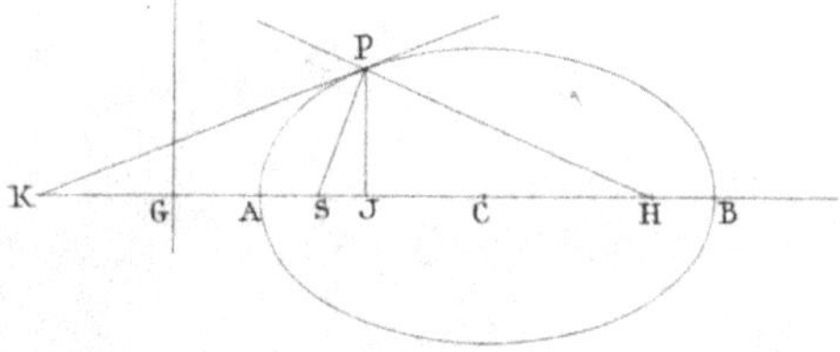

7

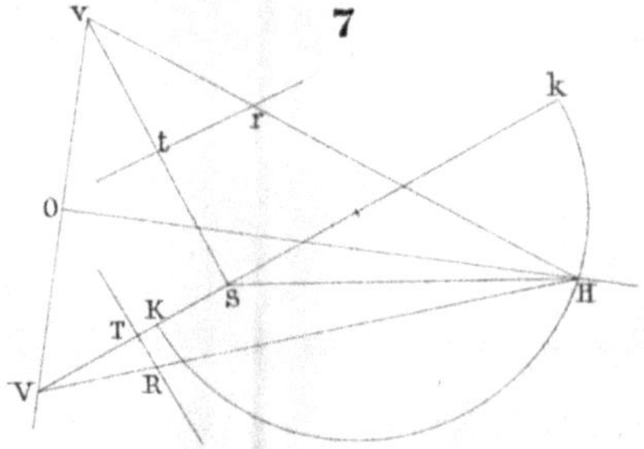

10

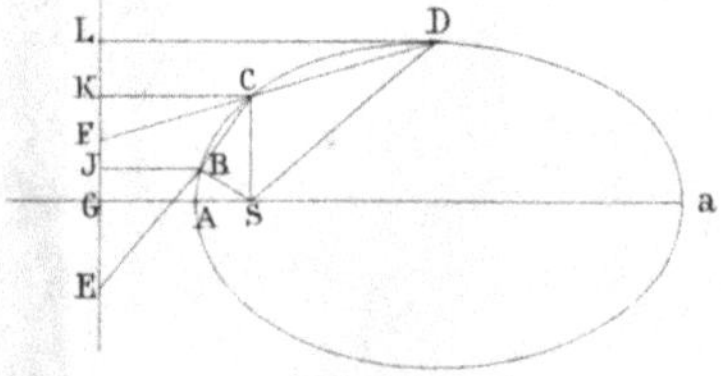

11

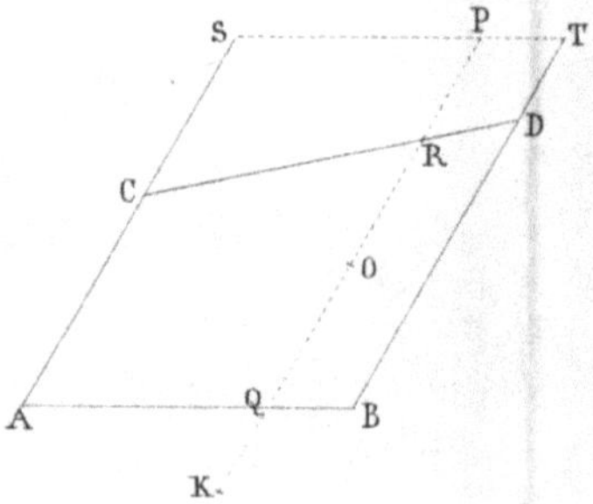

15

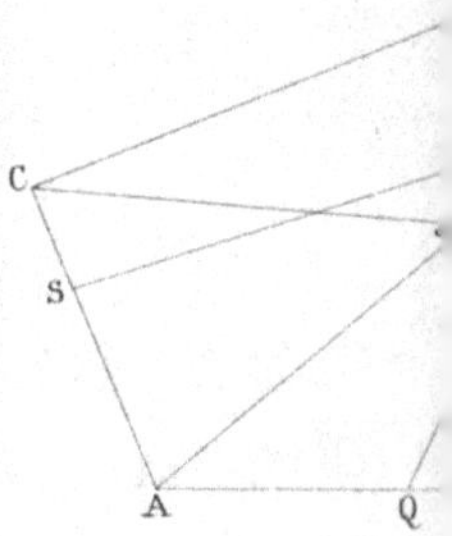

12

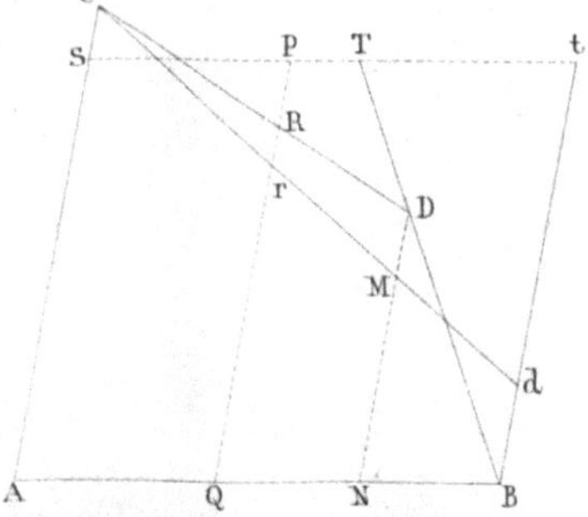

13

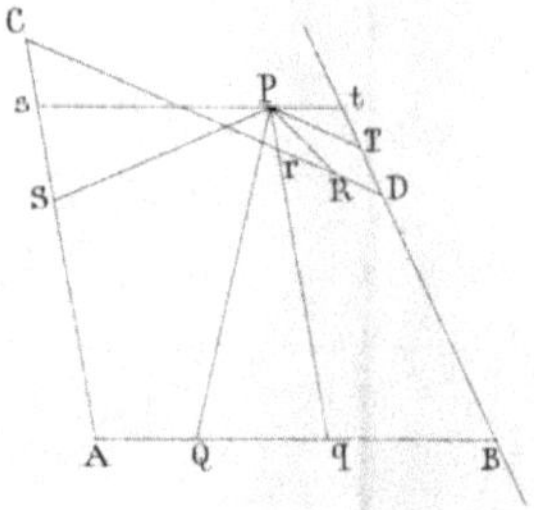

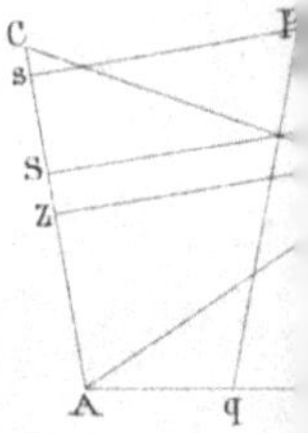

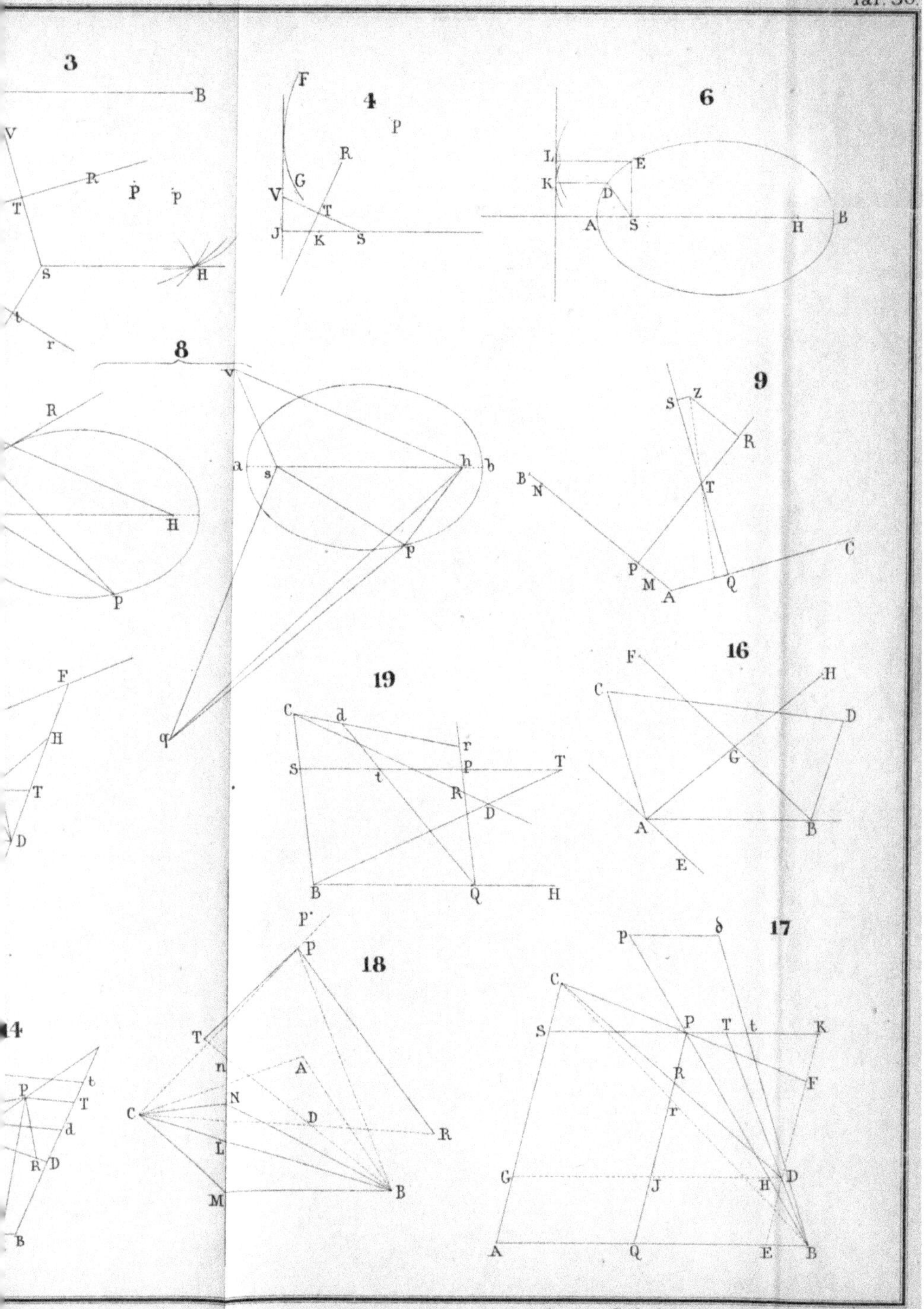

Lith. Anst. v. Leopold Kraatz in Berlin.

20

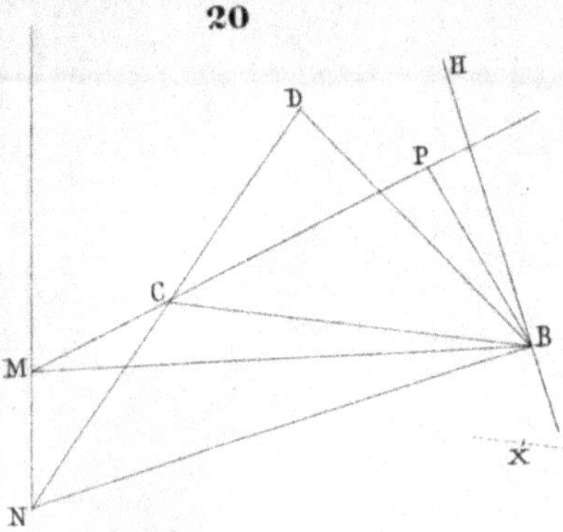

21

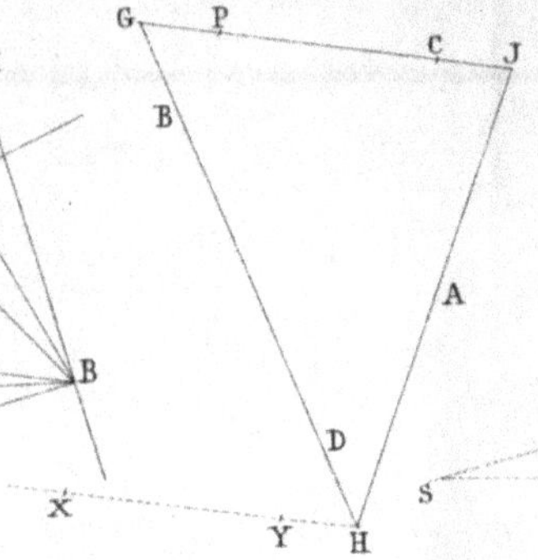

22

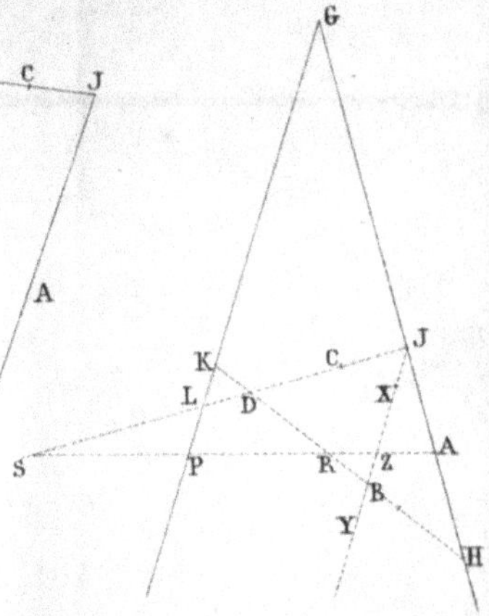

24

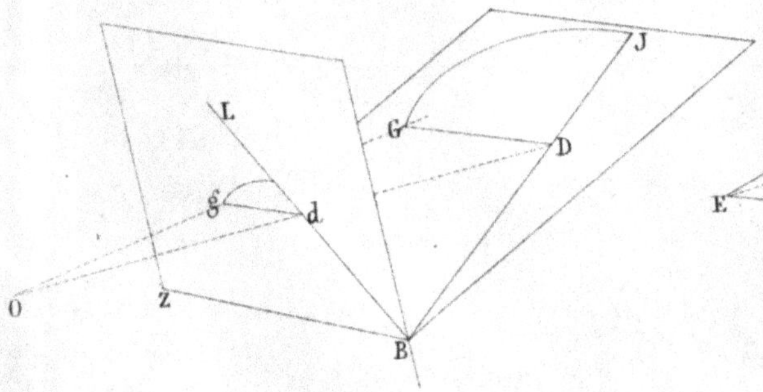

26

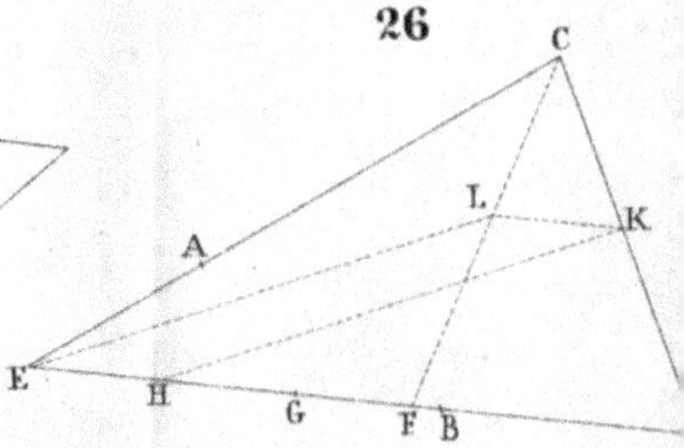

31

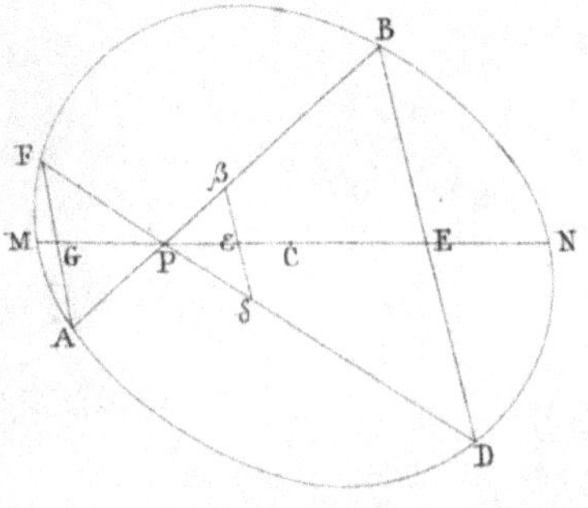

30

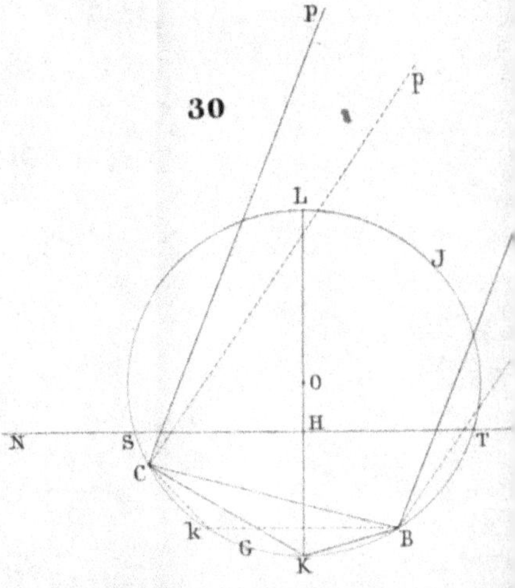

23

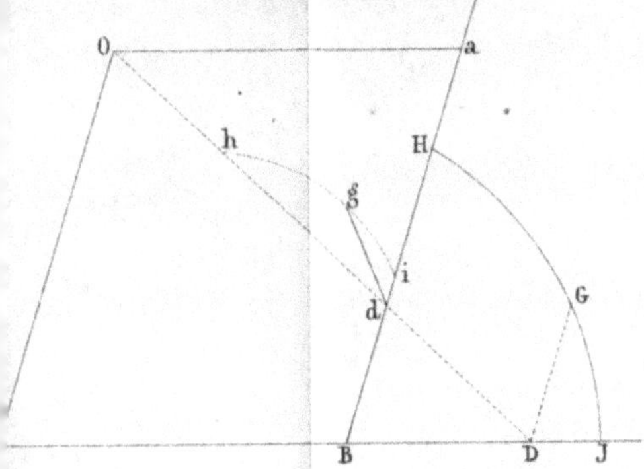

25

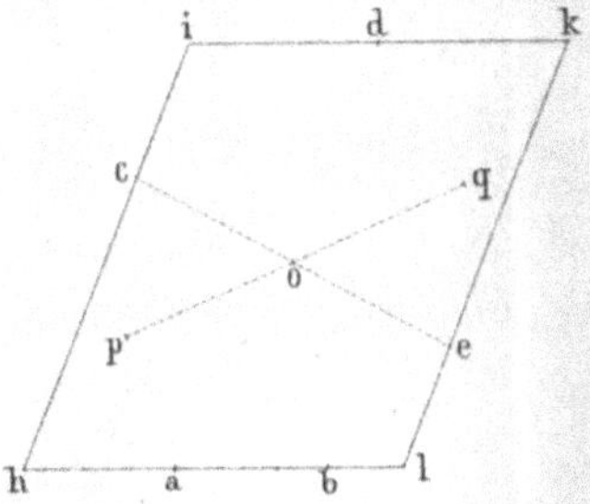

27

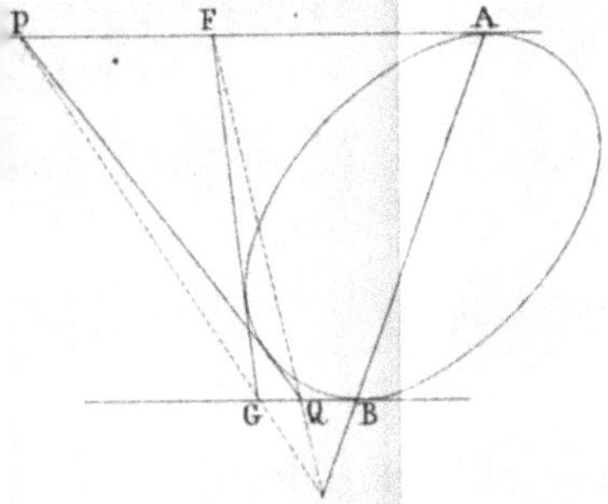

28

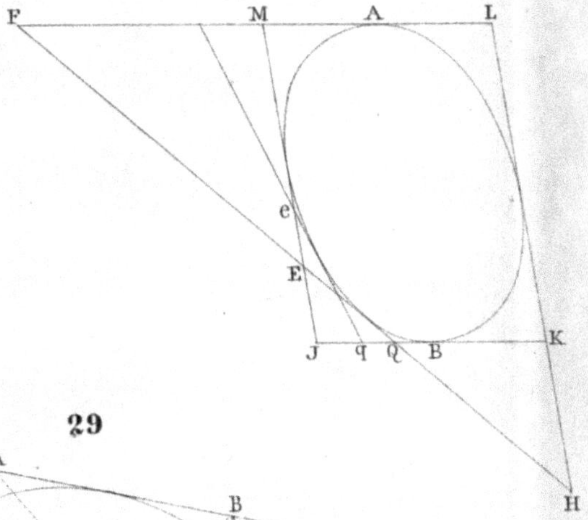

29

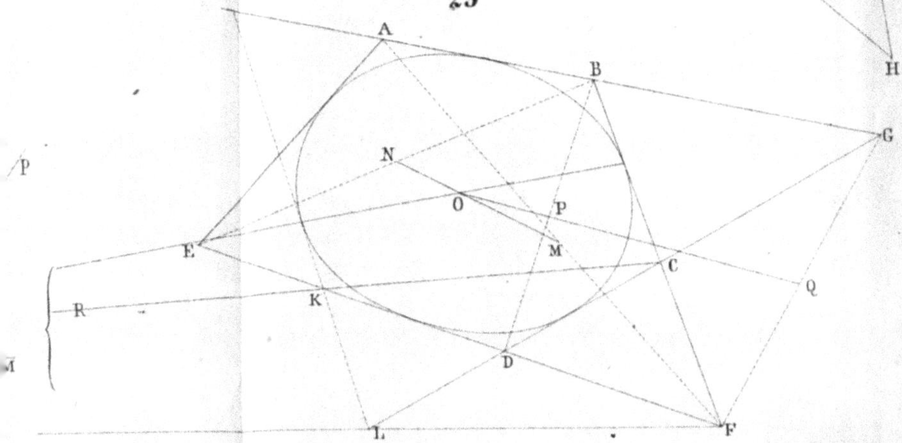

Lith Anst. v. Leopold Kraatz in Berlin.

FSC
www.fsc.org
MIX
Papier | Fördert gute Waldnutzung
FSC® C083411

Kolibri 360 GmbH
Ferdinand-Jühlke-Straße 7
99095 Erfurt, Deutschland
produktsicherheit@kolibri360.de